材料科学与工程著作系列
HEP Series in Materials Science and Engineering

材料相变

Phase Transformation in Materials

徐祖耀　主编

徐祖耀　金学军　张骥华　孟庆平
杨志刚　张文征　秦亦强　顾正彬
卢　柯　梅青松　编著

中国教育出版传媒集团
高等教育出版社·北京

图书在版编目（CIP）数据

材料相变 / 徐祖耀主编． — 北京：高等教育出版社，2013.10（2022.10重印）

（材料科学与工程著作系列）

ISBN 978-7-04-037977-8

Ⅰ．①材… Ⅱ．①徐… Ⅲ．①材料-相变 Ⅳ．①TB303

中国版本图书馆 CIP 数据核字（2013）第 159552 号

策划编辑	焦建虹	责任编辑	焦建虹	封面设计	姜 磊	版式设计	杜微言
插图绘制	郝 林	责任校对	胡美萍	责任印制	刘思涵		

出版发行	高等教育出版社	咨询电话	400-810-0598
社 址	北京市西城区德外大街 4 号	网 址	http://www.hep.edu.cn
邮政编码	100120		http://www.hep.com.cn
印 刷	唐山市润丰印务有限公司	网上订购	http://www.landraco.com
开 本	787mm×1092mm 1/16		http://www.landraco.com.cn
印 张	36.75	版 次	2013 年 10 月第 1 版
字 数	670 千字	印 次	2022 年 10 月第 2 次印刷
购书热线	010-58581118	定 价	109.00 元

本书如有缺页、倒页、脱页等质量问题，请到所购图书销售部门联系调换

版权所有 侵权必究

物 料 号 37977-A0

前言

相变是研究材料科学的基础,是材料科学的重要组成部分。由于材料涉及范围广泛,几乎包括宇宙世界的全部物质都在不断地变化,因此材料相变的研究领域也极为广泛;各类材料相变过程发生遍及微观世界到宏观世界,包含化学和物理等过程,因此其研究的内容必然跨越多个学科领域,包括物理、化学、数学等学科。

本书试图以材料相变的基本原理为出发点,从材料相变过程的热力学、动力学和晶体学角度,论述固态相变中各类典型的材料相变过程的基本规律。其中包括材料的凝固、熔化相变过程,固态的扩散和无扩散相变规律,二级相变和纳米材料相变的特征和近代相变理论研究的展望。

本书第一章是全书的概述,简述相变的基本规律,概括本书的主要内容。第二~四章是材料相变过程共同遵循的基本原理和规律:从热力学、动力学和晶体学三方面介绍材料相变过程的理论基础。第五、六两章分别陈述凝固和熔化相变过程,描述从液态到固态和从固态到液态的相变规律。第七、八两章介绍固态相变中的扩散型和无扩散型相变两种基本相变过程的特点和其所具有的规律。第九章是材料中二级相变的原理和二级相变与一级相变间可能的关联。第十章讨论纳米材料相变过程所具有的特殊性质。最后第十一章介绍近代固态相变研究的一些新发展理论和成果,展示材料相变研究的前景。

本书综合了国内有关材料相变研究领域的各家所长,是众多材料科学专家及学者共同合作和努力的结晶,全书抓住各类材料相变的共性和所遵循的基本规律,注重材料研究与近代物理、化学和数学间跨学科研究最新的材料相变研究成果,可供从事材料科学研究的科技工作者和高等院校的有关专业师生教学和研究参考之用,希望本书能为我国的材料科学研究和教学的发展作出有效的贡献。

本书以徐祖耀院士为主编,由上海交通大学(徐祖耀、金学军、张骥华、孟庆平)、清华大学(杨志刚、张文征)、南京大学(秦亦强、顾正彬)、中国科学院金属研究所(卢柯、梅青松)等有关材料相变研究专家和教师共同编写。其中第一章

前言

由徐祖耀编写,第二章由金学军编写,第三章由杨志刚编写,第四章由张文征编写,第五章由秦亦强、顾正彬编写,第六章由卢柯、梅青松编写,第七章由杨志刚编写,第八、九、十一章由张骥华编写,第十章由孟庆平编写。

由于编者水平有限,书中错误和不妥之处敬请广大读者批评指正。

编者

2013.3

目录

第一章 相变概述 … 1
1.1 引言 … 1
1.2 相变的分类 … 2
1.2.1 按热力学分类 … 2
1.2.2 按相变方式分类 … 5
1.2.3 按原子迁动特征分类 … 6
1.2.4 常见一级固态相变的简明分类 … 8
1.3 相变的一般特征 … 9
1.3.1 相变的发生 … 9
1.3.2 形核 … 13
1.3.3 新相长大 … 17
1.3.4 相界面 … 24
1.3.5 新相与母相的晶体学关系 … 30
1.4 相变研究的展望 … 35
参考文献 … 37

第二章 相变热力学 … 43
2.1 新相的形成和相变驱动力 … 44
2.1.1 新相的形成 … 44
2.1.2 形核能垒 … 46
2.2 马氏体相变热力学 … 48
2.2.1 马氏体相变的一般特征 … 48
2.2.2 铁基合金马氏体相变热力学 … 50
2.2.3 陶瓷和有色合金中的马氏体相变热力学 … 51
2.3 凝固与熔化 … 52
2.3.1 相线和分配系数 … 52
2.3.2 固体表面曲率对熔点的影响 … 53
2.3.3 压力对凝固的影响 … 54
2.4 无序-有序转变热力学 … 55
2.4.1 原子配置的有序化 … 55

- 2.4.2 长程有序的 B-W-G 模型在 CuAu 合金中的应用 …… 56
- 2.4.3 平衡有序度的不连续变化 …… 58
- 2.5 失稳分解——Spinodal 分解热力学 …… 60
  - 2.5.1 二元 Spinodal 分解的热力学条件 …… 60
  - 2.5.2 Cahn-Hilliard 方程及其求解 …… 62
  - 2.5.3 Spinodal 分解的实验研究 …… 64
- 2.6 脱溶分解热力学 …… 66
  - 2.6.1 脱溶时成分起伏和沉淀相形核 …… 66
  - 2.6.2 脱溶驱动力计算 …… 67
- 2.7 珠光体转变(共析分解)热力学 …… 69
  - 2.7.1 共析相变的有效驱动力 …… 69
  - 2.7.2 珠光体转变的速度公式(界面扩散+界面迁移模型) …… 70
- 参考文献 …… 73

第三章 相变动力学 …… 75

- 3.1 形核理论 …… 76
  - 3.1.1 经典形核理论 …… 76
  - 3.1.2 稳态形核率和与时间相关的形核率 …… 88
  - 3.1.3 Cahn-Hilliard 非经典形核理论 …… 96
  - 3.1.4 界面能及新相核心的形状 …… 101
- 3.2 新相长大动力学 …… 108
  - 3.2.1 Fick 扩散定理 …… 110
  - 3.2.2 扩散控制新相长大速度 …… 111
  - 3.2.3 片状相和针状相长大的 Zener-Hillert 理论 …… 119
  - 3.2.4 片状铁素体台阶长大理论 …… 124
  - 3.2.5 三元系扩散控制新相长大 …… 125
- 3.3 相变总体动力学 …… 135
- 参考文献 …… 140

第四章 相变晶体学 …… 145

- 4.1 概述 …… 145
  - 4.1.1 母相与新相的位向关系 …… 146
  - 4.1.2 新相的形貌 …… 147
- 4.2 沉淀相变晶体学分析 …… 149
  - 4.2.1 O 点阵理论及其应用 …… 150
  - 4.2.2 其他 fcc/bcc 体系沉淀相变晶体学模型 …… 171
- 4.3 马氏体相变晶体学表象理论 …… 179

4.4 位向关系的变体及生成相晶粒间的位向差 …… 182
参考文献 …… 186

第五章 凝固理论 …… 191

5.1 一般凝固理论 …… 191
5.1.1 晶体形核的基本理论 …… 191
5.1.2 固-液相界面结构与晶体长大 …… 195
5.1.3 凝固过程的溶质再分配 …… 198
5.1.4 凝固过程固-液界面熔体的过冷状态 …… 207
5.1.5 界面稳定性与晶体形态 …… 210

5.2 多相合金的凝固 …… 214
5.2.1 共晶合金的凝固 …… 215
5.2.2 偏晶合金的凝固 …… 217
5.2.3 包晶合金的凝固 …… 219

5.3 现代凝固理论及铸造组织 …… 220
5.3.1 铸件凝固组织的形成 …… 220
5.3.2 铸件组织的控制 …… 221
5.3.3 铸件中的缺陷 …… 225
5.3.4 快速凝固 …… 241

参考文献 …… 244

第六章 熔化与过热 …… 247

6.1 引言 …… 247

6.2 熔化理论与过热极限 …… 249
6.2.1 Lindemann 熔化准则 …… 249
6.2.2 力学不稳定性(Born)判据 …… 249
6.2.3 热弹性失稳判据 …… 250
6.2.4 缺陷熔化理论 …… 250
6.2.5 过热极限 …… 252
6.2.6 不同熔化理论之间的联系 …… 255

6.3 表面熔化 …… 257
6.3.1 实验观察 …… 257
6.3.2 表面熔化的唯象理论 …… 258
6.3.3 晶体缺陷处的预熔化 …… 261

6.4 小粒子的熔化行为 …… 263
6.4.1 小粒子熔化的实验研究 …… 263
6.4.2 小粒子熔化的模型 …… 265

- 6.4.3 粒子形状对熔化的影响 ································ 268
- 6.4.4 表面包覆对小粒子熔化的影响 ···················· 269
- 6.4.5 小粒子熔化焓与尺寸的关系 ······················· 270
- 6.4.6 团簇的熔化 ································ 272
- 6.5 镶嵌粒子的过热 ································ 275
  - 6.5.1 界面结构对镶嵌粒子过热的影响 ··················· 275
  - 6.5.2 过热粒子熔化过程的观察 ·························· 279
  - 6.5.3 镶嵌粒子过热的解释 ······························· 282
  - 6.5.4 压力导致的过热现象 ······························· 284
  - 6.5.5 过热粒子的物理性能 ······························· 285
- 6.6 薄膜的过热 ································ 286
- 6.7 结语与展望 ································ 290
- 参考文献 ································ 291

第七章 扩散型相变 ································ 295
- 7.1 沉淀相变的基本理论 ································ 296
  - 7.1.1 沉淀过程的相变驱动力 ···························· 296
  - 7.1.2 沉淀相的应变能和核胚形貌 ······················ 303
  - 7.1.3 沉淀相粗化 ································ 310
- 7.2 沉淀相变实例 ································ 312
- 7.3 共析相变 ································ 322
  - 7.3.1 珠光体的形核和长大 ······························· 323
  - 7.3.2 合金成分对钢中珠光体相变的影响 ············· 331
  - 7.3.3 纤维沉淀和相间沉淀 ······························· 333
- 7.4 块状相变 ································ 335
  - 7.4.1 块状相变的特征 ································ 336
  - 7.4.2 块状相变的热力学和动力学 ······················ 338
  - 7.4.3 存在块状相变的相图和合金 ······················ 340
- 7.5 有序相变 ································ 342
- 参考文献 ································ 346

第八章 马氏体相变 ································ 349
- 8.1 马氏体相变的定义和分类 ································ 349
  - 8.1.1 马氏体相变的定义 ································ 349
  - 8.1.2 马氏体相变的分类 ································ 352
- 8.2 马氏体相变驱动力 ································ 354
  - 8.2.1 马氏体相变的热力学条件 ·························· 354

  8.2.2 铁碳合金 ·· 355
  8.2.3 Fe-X-(C)系 ·· 359
  8.2.4 铜基合金 ·· 361
 8.3 马氏体相变动力学 ·· 363
  8.3.1 马氏体相变动力学特征 ···································· 363
  8.3.2 变温马氏体相变动力学方程 ································ 363
  8.3.3 等温相变动力学 ·· 364
 8.4 马氏体相变晶体学 ·· 365
  8.4.1 马氏体相变晶体学经典模型 ································ 365
  8.4.2 马氏体相变晶体学基础 ···································· 368
  8.4.3 马氏体相变晶体学的表象理论 ······························ 373
 8.5 马氏体形核和马氏预相变 ······································ 382
  8.5.1 马氏体形核理论 ·· 382
  8.5.2 马氏体预相变现象的实验研究 ······························ 406
参考文献 ·· 419

第九章 二级相变 ·· 425
 9.1 二级相变的特征 ·· 425
  9.1.1 二级相变的特性 ·· 425
  9.1.2 二级相变中的 Ehrenfest 方程 ······························ 426
  9.1.3 液氦的 λ 相变 ·· 427
 9.2 铜基合金中的二级有序相变 ···································· 428
  9.2.1 铜基合金中的晶体结构 ·································· 428
  9.2.2 铜基合金的有序转变 ···································· 429
 9.3 铁电相变 ·· 431
  9.3.1 铁电相变中的一级和二级相变 ······························ 431
  9.3.2 铁电相变的 Laudau 理论 ·································· 433
 9.4 超导相变 ·· 435
  9.4.1 超导相变与 Ginzburg-Laudau 理论 ·························· 435
  9.4.2 高温超导的晶体结构特征 ·································· 439
  9.4.3 $Y_1Ba_2Cu_3O_{7-x}$ 超导性和一级相变 ···················· 440
  9.4.4 元素替换对 $Y_1Ba_2Cu_3O_{7-x}$ 超导性的影响 ············ 443
  9.4.5 其他晶体结构的 YBaCuO 超导相 ·························· 444
 9.5 一级马氏体相变与二级反铁磁相变的耦合 ························ 447
  9.5.1 反铁磁性金属和合金的分类 ································ 447
  9.5.2 γMn 基合金的反铁磁转变与 fcc→fct 马氏体相变 ············ 449

         9.5.3 γMn 基合金的反铁磁转变软模 ································ 452
         9.5.4 γMn 基合金的相变耦合对合金材料性能的影响 ············· 454
    参考文献 ··· 456

第十章 非晶晶化转变和纳米材料相变 ·································· 459
    10.1 非晶晶化的热力学 ··· 461
    10.2 非晶晶化的形核理论 ··· 469
         10.2.1 形核吉布斯自由能 ······································ 469
         10.2.2 稳态的形核率 ··· 469
         10.2.3 与时间相关的形核率 ··································· 471
    10.3 非晶晶化动力学的热分析理论 ································ 475
         10.3.1 基本理论 ·· 475
         10.3.2 等温过程分析 ··· 476
         10.3.3 匀速加热过程分析 ······································ 478
    10.4 纳米材料的结构特征 ··· 482
    10.5 纳米晶体的熔化 ·· 485
    10.6 纳米晶体中同素异构转变理论 ································ 487
    10.7 纳米晶体中的扩散型相变理论 ································ 492
    10.8 纳米晶体中的均匀形核能垒 ··································· 495
    参考文献 ··· 499

第十一章 近代相变理论 ·· 511
    11.1 Landau 理论与结构相变 ······································· 512
         11.1.1 Laudau 二级相变理论 ·································· 512
         11.1.2 Laudau 理论与一级相变 ······························· 516
         11.1.3 Laudau 理论与热力学 ·································· 519
         11.1.4 Ginzburg-Laudau 理论 ································· 521
         11.1.5 Laudau 理论的应用实例 ······························· 522
    11.2 马氏体相变的孤立子理论 ······································ 528
         11.2.1 孤立子的基本理论和性质 ······························ 528
         11.2.2 相变中的孤立波和孤立子 ······························ 533
    11.3 相场理论 ··· 544
         11.3.1 描述相场的动力学方程 ································· 544
         11.3.2 相场理论的应用 ··· 547
    11.4 群论与相变 ·· 555
         11.4.1 群的基本概念 ··· 555
         11.4.2 晶体点群与空间群 ······································ 559

11.4.3 群的表示和特征标表 …………………………………… 564
11.4.4 群论在相变中的应用 …………………………………… 566
参考文献 ………………………………………………………… 571

第一章
相变概述

1.1 引言

材料在环境作用下的相变通常简称为材料相变。不同的相具有不同的原子(分子)集合态、不同的结构形式(如晶体结构)、不同的化学成分或不同的物理性质。一个相受环境(外界条件)的影响，如在热场、应变能、表面能和外力以及磁场作用下，转变为另一相，称为相变。和体系内原子(分子)迁动的再结晶及晶粒长大不同，相变受相变驱动力(相变后体系自由能降低，其母相自由能与相变产物自由能之差称为相变驱动力)作用而发生。

物理学家对相变研究作出了杰出贡献，如：以平均场理论研究铁磁相变(P. I. Weiss，1907)和有序 – 无序相变(L. D. Landau，1987)；提出标度律与普适性(B. Widom and L. P. Kadanoff，1965，1966)、重正化群理论(K. G. Wilson，1972)，从而建立了相变临界现象的近代理论。

材料工作者着重研究材料成分和制备或加工工艺对结构、显微组织形态的改变，进而对性质(效能)的影响，从而对材料应用的评价和开发作出贡献。材料工作者在探求"相变是如何产生的？"和"相变是怎么进行的？"这两个问题之际，还在实验基础上寻求材料

第一章　相变概述

通过一定的相变,获得理想的组织和性质的途径,以改造传统材料和研发新型材料。

大多材料中的相变是晶体结构的改变,称为结构相变。也有一些相变,如磁性相变,其中晶体结构并不改变,仅电子结构或转向发生改变。为较全面地认识材料中的相变的概念,本章试图对材料相变进行分类。然后简述相变的一般特征,其中包括为什么会发生相变——相变的发生,一般相变(形核-长大型)是如何进行的——形核、长大,新相和母相间界面(相界面)的结构和作用,以及母相和新相的晶体学关系,仅提供基础性内容,为以后学习相变热力学、相变动力学和相变晶体学等内容作铺垫,也为本科教学和研究生的相变课程间试筑通道。较深的内容和相变研究的较新成果都将在以后各章中介绍。

1.2　相变的分类

不同相变可以按热力学分类(Ehrenfest 分类)[1],分为一级相变和高级相变(二级相变、三级相变等),它们各有其热力学参数改变的特征[2];也可以按不同的相变方式分类(Gibbs[3]和 Christian[4]分类),分为经典的形核-长大型相变和连续型相变;按原子迁动方式分类,又可分为扩散型相变和无扩散型相变。本节在介绍上述分类的概念后,将常见的一级相变作简明的分类。

1.2.1　按热力学分类

由 I 相转变为 II 相时,$G_1 = G_2$,$\mu_1 = \mu_2$,但化学势的一级偏微商不相等的相变,称为一级相变。即一级相变时

$$\left.\begin{array}{l}\left(\dfrac{\partial \mu_1}{\partial T}\right)_p \neq \left(\dfrac{\partial \mu_2}{\partial T}\right)_p \\[2mm] \left(\dfrac{\partial \mu_1}{\partial p}\right)_T \neq \left(\dfrac{\partial \mu_2}{\partial p}\right)_T\end{array}\right\} \tag{1.1}$$

但

$$\left(\dfrac{\partial \mu}{\partial T}\right)_p = -S$$

$$\left(\dfrac{\partial \mu}{\partial p}\right)_T = V$$

因此一级相变时,具有体积和熵(及焓)的突变,即

$$\left.\begin{array}{l}\Delta V \neq 0 \\ \Delta S \neq 0\end{array}\right\} \tag{1.2}$$

焓的突变表示相变潜热的吸收或释放。

当相变时，$G_1 = G_2$，$\mu_1 = \mu_2$，而且化学势的一级偏微商也相等，只是化学势的二级偏微商不相等的相变，称为二级相变。即二级相变时

$$\left. \begin{array}{l} \mu_1 = \mu_2 \\[6pt] \left(\dfrac{\partial \mu_1}{\partial T}\right)_p = \left(\dfrac{\partial \mu_2}{\partial T}\right)_p \\[10pt] \left(\dfrac{\partial \mu_1}{\partial p}\right)_T = \left(\dfrac{\partial \mu_2}{\partial p}\right)_T \\[10pt] \left(\dfrac{\partial^2 \mu_1}{\partial T^2}\right)_p \neq \left(\dfrac{\partial^2 \mu_2}{\partial T^2}\right)_p \\[10pt] \left(\dfrac{\partial^2 \mu_1}{\partial p^2}\right)_T \neq \left(\dfrac{\partial^2 \mu_2}{\partial p^2}\right)_T \\[10pt] \left(\dfrac{\partial^2 \mu_1}{\partial T \partial p}\right) \neq \left(\dfrac{\partial^2 \mu_2}{\partial T \partial p}\right) \end{array} \right\} \quad (1.3)$$

但

$$\left. \begin{array}{l} \left(\dfrac{\partial^2 \mu}{\partial T^2}\right)_p = -\left(\dfrac{\partial S}{\partial T}\right)_p = -\dfrac{C_p}{T} \\[10pt] \left(\dfrac{\partial^2 \mu}{\partial p^2}\right)_T = \dfrac{V}{V}\left(\dfrac{\partial V}{\partial p}\right)_T = -V\beta \\[10pt] \left(\dfrac{\partial^2 \mu}{\partial T \partial p}\right) = \left(\dfrac{\partial V}{\partial T}\right)_p = \dfrac{V}{V}\left(\dfrac{\partial V}{\partial T}\right)_p = V\alpha \end{array} \right\} \quad (1.4)$$

其中 $\beta = -\dfrac{1}{V}\left(\dfrac{\partial V}{\partial p}\right)_T$，称为材料的压缩系数；$\alpha = \dfrac{1}{V}\left(\dfrac{\partial V}{\partial T}\right)_p$，称为材料的膨胀系数。由式(1.4)可见，二级相变时

$$\left. \begin{array}{l} \Delta C_p \neq 0 \\ \Delta \beta \neq 0 \\ \Delta \alpha \neq 0 \end{array} \right\} \quad (1.5)$$

即在二级相变时，在相变温度，$\partial G/\partial T$ 无明显变化，体积及焓均无突变，而 C_p 及 α、β 具有突变。

一级相变和二级相变时，两相的吉布斯自由能、熵及体积的变化分别如图 1.1 和图 1.2 所示。

二级相变时，在相变温度，$\partial G/\partial T$ 无明显变化，它在 $G-T$ 图中可以有两种情况，如图 1.3 所示。其中 I、II 分别表示 I 相和 II 相。在第①种情况下，I 相的吉布斯自由能总比 II 相的高，显示不出相变点上下的稳定相。在第②种情况下，在相变点附近未能显示二级偏微商不相等，而只是三级偏微商不相

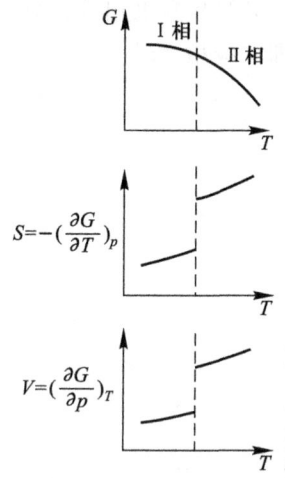
图1.1 一级相变时两相的吉布斯自由能、熵及体积的变化

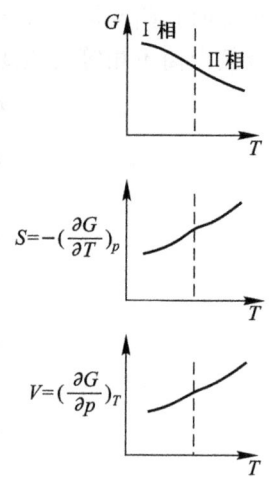
图1.2 二级相变时两相的吉布斯自由能、熵及体积的变化

等。可以认为,Ehrenfest 的分类还是正确的,但它不保证超过相变点的情况[5,6]。一级相变时的吉布斯自由能、焓及体积的变化如图1.4所示。二级相变时焓及序参量的变化如图1.5所示。二元系相图中,具二级相变时,平衡两相的浓度相同,即单相区与单相区接触,不需由两相区分隔开,如图1.6所示[7]。

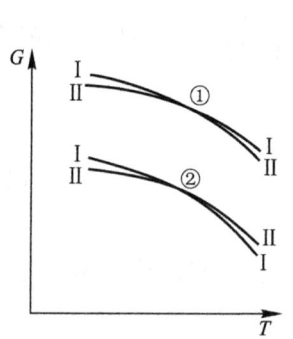
图1.3 二级相变时两相的吉布斯自由能变化

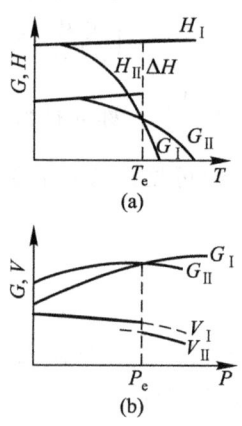
图1.4 (a)一级相变时两相的吉布斯自由能及焓变化,(b)一级相变时两相的吉布斯自由能及体积变化

当相变时两相的化学势相等,其一级和二级的偏微商也相等,但三级偏微商不相等的相变,称为三级相变。以此类推,化学势的$(n-1)$级偏微商相等,

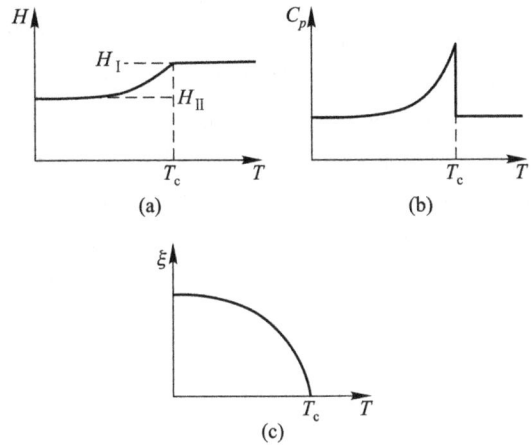

图 1.5 二级相变时，(a)焓、(b)比热及(c)序参量的变化

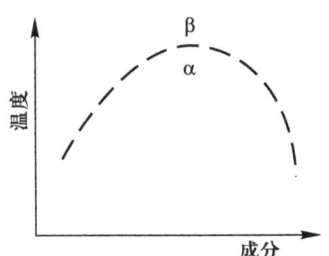

图 1.6 具有二级相变时的二元系相图

n 级偏微商不相等时称为 n 级相变。$n \geqslant 2$ 的相变均属于高级相变。

晶体的凝固、沉积、升华和熔化，金属及合金中的多数固态相变都属于一级相变。超导态相变、磁性相变、液氦的 λ 相变以及合金中部分的无序－有序相变都为二级相变。量子统计爱因斯坦玻色凝结现象称为三级相变。二级以上的高级相变并不常见。

1.2.2 按相变方式分类

Gibbs[3] 把相变分为两类：一类相变是由程度大、范围小的起伏开始发生相变，即形核－长大型相变；另一类相变却由程度小、范围广的起伏连续地长大形成新相，称为连续型(continuous)相变，如 Spinodal 分解和连续有序化。和 Gibbs 的分类相似，Christian[4] 把相变分为均匀相变和非均匀相变两类。均匀相变是指整个体系均匀地发生相变，其新相成分和(或)序参量逐步地接近稳定相的特性，这一类相变是由整个体系通过过饱和或过冷相内原始小的起伏经"连续"地扩展（相界面不明显）而进行的，因此一般称为连续型相变。Christian 所称的非均匀相变是指在母相中形核，然后长大，一般为形核-长大型相变。连续型相变不需要形核过程，由起伏直接长大为新相。上述"范围小的起伏"，也称为核胚，当核胚能稳定地长成新相时称为"核心"，由一个核心长大成为一颗晶粒，是形核-长大型相变。当母相形核不需要母相内含晶体缺陷或夹杂物等帮助时，称为均匀形核；当母相内含晶体缺陷或夹杂物等并由它们帮助形核时，称为非均匀形核，如一般马氏体相变为非均匀形核。

1.2.3 按原子迁动特征分类

在相变过程中，相变依靠原子（或离子）的扩散来进行，称为扩散型相变；相变过程不存在原子（或离子）的扩散，或虽存在扩散，但不是相变所必需的或不是主要过程，称为无扩散型相变。连续型、扩散型相变，包括 Spinodal 分解和连续有序化，Spinodal 分解是上坡扩散，图 1.7 示意比较了脱溶分解时的正常扩散和 Spinodal 分解的上坡扩散[8]。形核-长大型的扩散型相变包括：新相经长程扩散长大的，如脱溶（沉淀）；新相仅由短程扩散而长大的，如块状相变中新相通过界面短程扩散而长大。

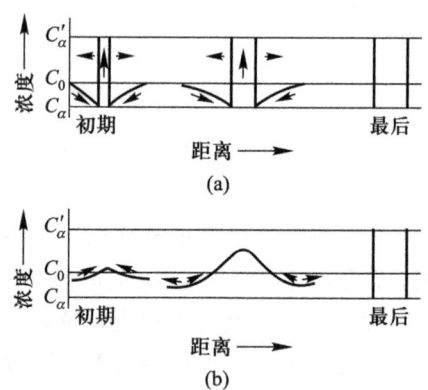

图 1.7 （a）脱溶分解时的正常扩散和（b）Spinodal 分解时的上坡扩散

Cohen、Olson 和 Clapp[9]把位移型的无扩散型相变分为点阵畸变位移［指相变时原子保持相邻关系进行有组织的位移，如图 1.8(a)所示］相变和原子位置调整位移［原子只在晶胞内部改变位置，如图 1.8(b)所示］相变。前一相变中也可以包含原子只在晶胞内部的原子位置调整，但具有点阵畸变，并且原子位置调整并不决定相变动力学及相变产物的形态。点阵畸变位移相变以应变能为主；而原子位置调整位移相变以界面能为主，包括连续型的无扩散型相变

1.2 相变的分类

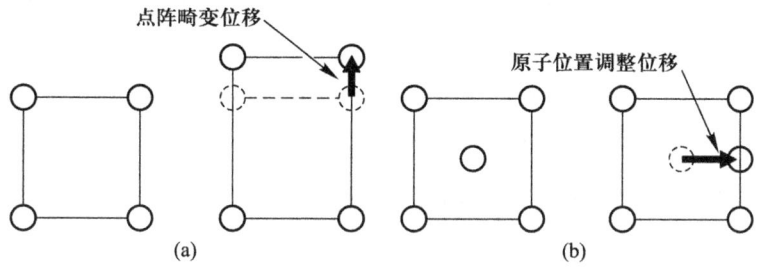

图 1.8 （a）点阵畸变位移相变和（b）原子位置调整位移相变

（ω 相变）和以界面能为主的其他相变。点阵畸变的无扩散型相变又分为：以正应力为主的位移（无畸变线）相变和以切应力为主的位移（有畸变线）相变，后者又分为马氏体相变（其应变能决定相变的动力学及相变产物的形态）和赝马氏体相变（其应变能并不决定相变的动力学及相变产物的形态）。图 1.9

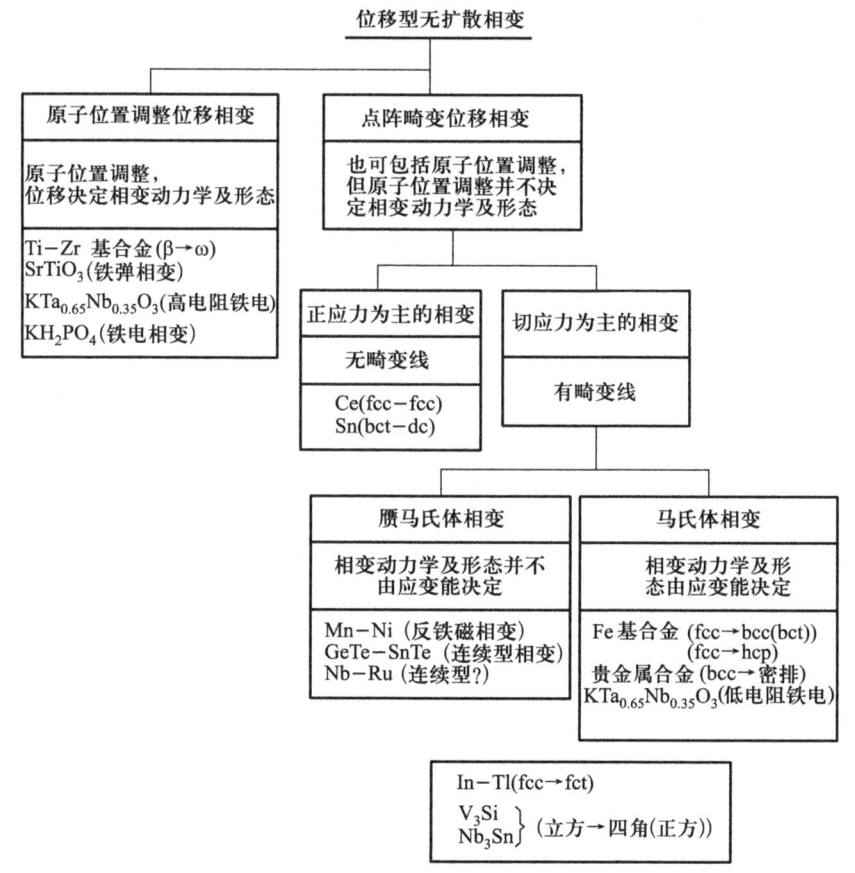

图 1.9 位移型无扩散型相变的分类

列出他们对位移型无扩散型相变的分类简况。按此分类定义马氏体相变为：点阵畸变的、无扩散的、以切应力为主使结构改变并具形状改变，因此应变能决定相变动力学及形态的位移型相变。钢中马氏体相变的应变能较大，但非铁合金的马氏体相变的应变能很小。

1.2.4 常见一级固态相变的简明分类

形核-长大型相变中，当核心形成后，核心长大过程中，新相和母相间存在明显的相界面。Christian[4]将形核-长大型相变分为界面滑动(glissile)型和界面非滑动(non-glissile)型两类。前者如马氏体相变，原子按规则迁动，其界面具有滑动性，形成新相的长大过程；后者界面原子要经过较高吉布斯自由能位置，需经热激活帮助迁动，因此高温时相变容易进行，而低温时相变将停滞不前。他将马氏体相变认定为变温长大(athermal growth)、滑动界面相变[4]。马氏体相变也有等温相变，不一定非变温不可。为简明起见，我们把前者(马氏体相变)称为无扩散型相变，后者(经热激活帮助迁动的)称为扩散型相变。

Christian[4]把非滑动型界面又按动力学分为界面控制型相变和扩散控制型相变两类。新相和母相间无成分差别，相界面的原子迁动决定相变动力学的相变称为界面控制型相变，如同素异构相变及有序-无序相变；新相和母相间成分不同，相变时原子需作长程扩散，原子的扩散决定相变动力学的相变称为扩散控制型相变。简单地说，前者为短程扩散(成分无变化)型，后者为长程扩散(成分改变)型。他将凝固归为热传导控制型相变。

常见的一级固态相变的简明分类如图1.10所示。各类相变的发生及过程在以下各章将涉及。长程扩散型相变可参阅参考文献[10]，块状相变属于短程扩散型相变，可参阅参考文献[11]，马氏体相变可参阅参考文献[12]和[13]。贝氏体相变机制目前尚有争论[14]。根据贝氏体相变热力学，钢中贝氏体相变按扩散型机制其相变驱动力大于按切变机制的[15-18]，相变驱动力也无法抵偿切变所需的应变能[19]。对铜基合金的贝氏体相变，按扩散型机制，$\Delta G < 0$，相变可行；而按切变机制，$\Delta G > 0$，相变不可行[20-25]。$CeO_2 - ZrO_3$陶瓷中也发现具有成分改变的贝氏体相变，论证属于扩散型机制[26]。其他贝氏体相变属于扩散型机制的论证文献可参见参考文献[14, 27]。

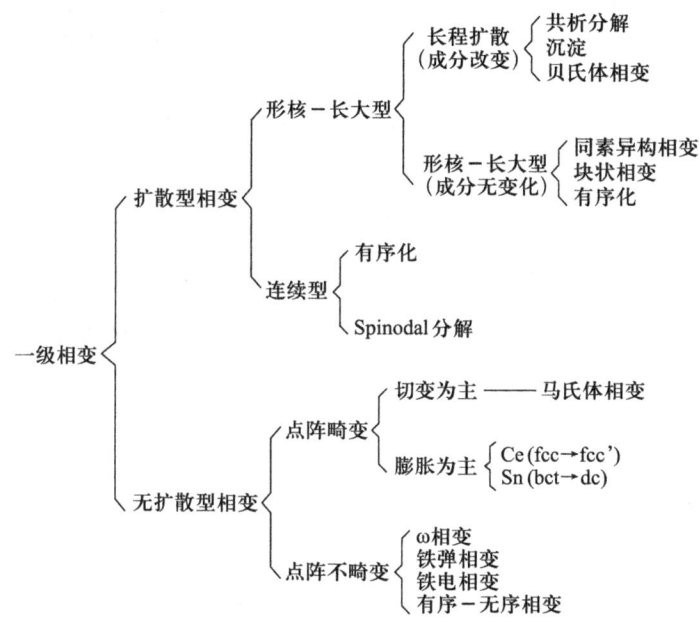

图1.10 常见一级固态相变的简明分类

1.3 相变的一般特征

1.3.1 相变的发生

从物理学理念，应计算相内单体原子(分子)和其集合体的能量。近年提出的由第一性原理量子态计算的密度泛函理论(density functional theory)[28]能较完整作出计算，但计算较困难。其他学者也提出金属键和共价键的计算模型。但目前还是以溶液的热力学来计算母相的吉布斯自由能和相变产物的吉布斯自由能，当 $\Delta G < 0$ 时，即表征母相的失稳。

当母相失稳而新相具有较高的稳定性时就会发生相变。在一级相变中，当母相 α 失稳分解为稳定的 α_1 和 α_2 两相时，体系的吉布斯自由能-浓度曲线如图1.11所示；当由母相 α 析出沉淀相 β 时，体系的吉布斯自由能-浓度曲线如图1.12所示。其中相变产物(混合物，图1.11中 $\alpha \rightarrow \alpha_1 + \alpha_2$ 和图1.12中 $\alpha \rightarrow \alpha + \beta$)的吉布斯自由能都低于母相。在图1.11中，设 α_1 相的浓度为 C_{α_1}，α_2 相的浓度为 C_{α_2}，C_S 为 Spinodal 浓度 $\left(此时 \dfrac{\partial^2 G}{\partial C^2} = 0\right)$。在母相浓度为 C_0 的合金中，当出现不同浓度的起伏时，起伏的吉布斯自由能可从 C_0 沿吉布斯自由能曲线所做的切线上求得；形核时的 ΔG(形核驱动力)可由切线和吉布斯自由能曲线的高度差求得[29]，如图 1.13 所示。图中 C_M 表示经典形核理论所要求的起伏浓度，$-\Delta G$ 表示经典形核理论所要求的形核驱动力的最大负值。图 1.13(b)表示合金浓度小于 C_S，母相中出现不同浓度起伏时的 ΔG，其中浓度为 C_d 时 ΔG 最大。当浓度超过 C_b 的起伏核胚导致 ΔG 呈负值时，核胚有可能形核，此时母相失稳。图 1.13（c）表示合金浓度 C_0 大于 C_S $\left(\dfrac{\partial^2 G}{\partial C^2}<0\right)$ 发生 Spinodal 分解时的 ΔG。此时任意浓度起伏的形成以及起伏浓度的增幅均使 ΔG <0。即此时母相已呈亚稳态，任意起伏都能稳定地、连续地长大成为新相，而无须形核过程。

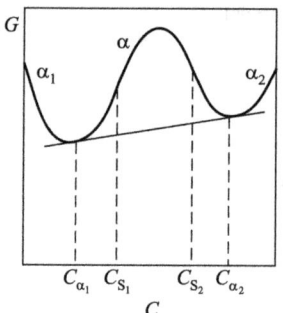

图 1.11　$\alpha \to \alpha_1 + \alpha_2$

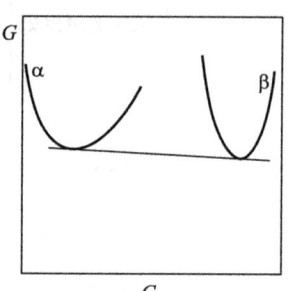

图 1.12　由 α 相析出 β 相时，α 及 β 的吉布斯自由能－浓度曲线

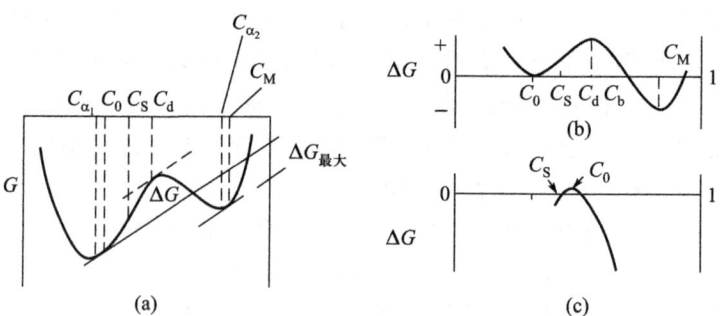

图 1.13　母相中出现起伏时的吉布斯自由能变化 ΔG：(a) ΔG 的求法；(b) $C_0 < C_S$ 的情况；(c) $C_0 > C_S$ 的情况

在二级相变的临界温度 T_c 以下，母相将连续地失稳。如在二级相变的有

序-无序相变中,在 T_c 以上,无序相(有序参数 $\eta=0$)为稳定相;在 T_c 以下,无序母相失稳,体系吉布斯自由能下降,使具有一定序参量值的新相成为稳定相,如图 1.14(a)所示。在一级相变的有序-无序相变或结构改变型相变(此时 η 为结构位移参数)中,在相变温度 T_c 进行相变具有能垒 ΔG^*。在某些情况下,当 $T=T_0<T_c$ 时也会发生母相连续失稳(没有能垒的连续型相变),如图 1.14(b)所示。

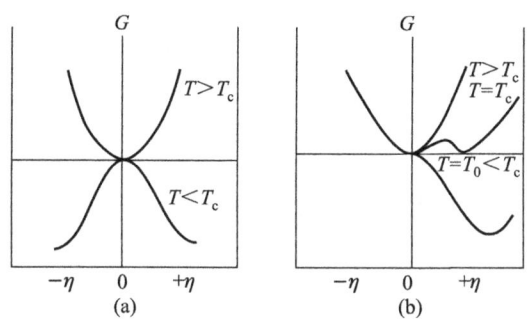

图 1.14 母相的连续失稳:(a)二级相变;(b)一级相变($T=T_0<T_c$)

在一些固态相变中,除温度因素外,压强和应变也可引起母相的失稳。在位移型相变中,一种情况是当母相点阵应变达 ε_β 时,母相即转变为 β 相;当应变超过 ε_S(应变 Spinodal,此时 $\dfrac{\partial^2 G}{\partial \varepsilon^2}=0$)时,母相中任意小的应变就使母相连续失稳,如图 1.15(a)所示。和图 1.13(c)相对应,此时 ΔG 和 ε 的关系如图 1.15(b)所示。

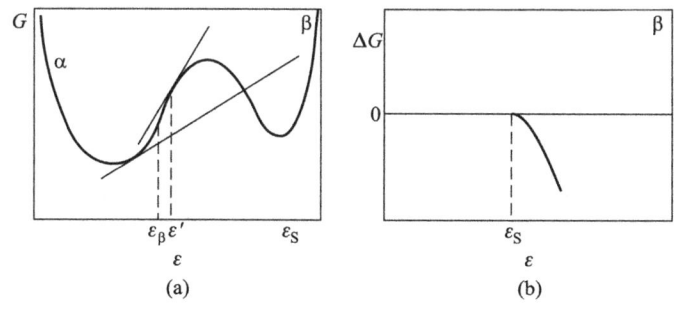

图 1.15 应变 Spinodal 示意图

另一种情况是母相中已存在的一定程度应变(包括缺陷)将促使新相形核。在达到临界应变值 ε^* 时,一级形核-长大型相变会出现图 1.14(b)中 $T=T_c$

的情况；高级或一级连续型相变会使母相连续失稳，如图 1.16 所示。图中 η 表示位移或序参量。

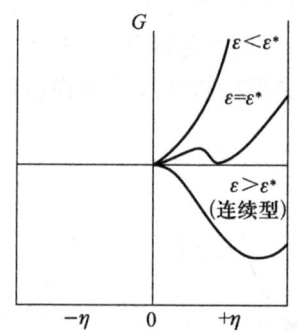

图 1.16　应变使母相失稳示意图

20 世纪 60 年代初，由研究电解质开始，人们提出母相点阵的失稳是由于点阵振动模（光学振动模或声学振动模）的软化所致，这种软化的振动模称为软模。在某些情况下，部分合金在相变温度以上的预相变（如弹性常数的下降，甚至趋达零值）有的也归属软模，有的则尚无定论。

一级相变需要或多或少的相变驱动力，也显示或多或少的热滞。纯组元两相的吉布斯自由能相等时的温度为两相的平衡温度，如图 1.17(a) 中的 T_0 温度。当温度低于 T_0 时，Ⅰ 相将转变为 Ⅱ 相。两相之间热力势的降低 (ΔG) 作为相变驱动力。浓度为 x 的二元合金，由一相 (α) 析出另一相 (β) 形成两相 ($\alpha + \beta$) 混合时的相变驱动力为 ΔG，以图 1.17(b) 为例，即以母相和混合相之间的自由能差驱动相变。冷却相变时，为了获得相变驱动力需要一定的过冷度 ΔT（此时 $\Delta T = T_0 - T$），相反，加热相变时需要一定的过热度 ΔT（此时 $\Delta T = T - $

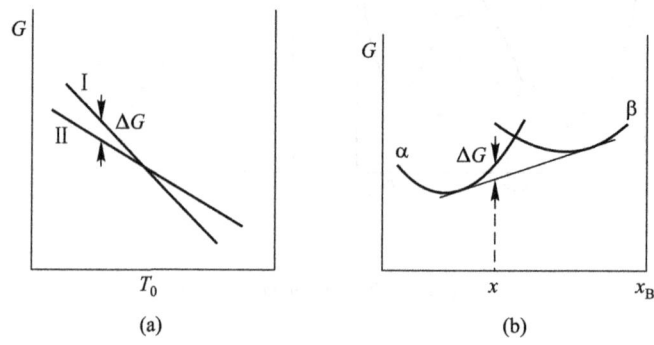

图 1.17　相变驱动力示意图：(a) 纯组元；(b) 二元合金

T_0)。ΔG 习惯上称为相变驱动力，实际上是进行相变所需做的功，如形核功及驱动长大所需做的功。一般主要是补偿新相形成时所增加的表面能量、扩散所需的能量和赋予固态相变时的应变能和界面迁动能量，相变总驱动力的热力学计算将在第二章详述。

1.3.2 形核

多数相变属于形核－长大型相变。这类相变的主要特征即为形核和长大。本节介绍扩散型相变中形核和长大的一般概念。这类相变开始时，先形成的新相核心即称为形核或生核。连续型相变，例如 Spinodal 分解及 Spinodal 有序化则无须进行形核过程。扩散型相变的形核过程主要为扩散形核。母相中组成新相的原子（或分子）集团称为核胚。形核过程就是以这些核胚或新相的起伏依靠单个原子热激活的扩散跃迁，形成最小的、可供相变为更稳定相的集合体的过程。原子集团在母相中很小尺度范围内发展成为核心，并依靠偏摩尔自由能梯度作为驱动力。

Q_1 表示单个原子，Q_2 表示两个原子组成的核胚，以此类推，Q_n 表示含 n 个原子组成的核胚，依靠原子（单原子的概率最大）碰迁至核胚，使核胚所含的原子数增加并逐渐长大。如

$$Q_n + Q_1 \rightarrow Q_{n+1}$$
$$Q_{n+1} + Q_1 \rightarrow Q_{n+2}$$
$$\vdots$$

当温度低于临界温度（T_0），但 $n < n^*$（或核胚半径 $r < r^*$）时，由 n 态变为 $n+1$ 态的过程将使体系的吉布斯自由能升高，只有当 $n > n^*$ 时，由 n 态变为 $n+1$ 态才使体系的吉布斯自由能下降，如图 1.18 所示。因此当 $n < n^*$ 时，下列式（1），（核胚原子数增加）过程的概率小于式（2）（核胚原子数衰减）过程的概率：

（1）$Q_n + Q_1 \rightarrow Q_{n+1}$
（2）$Q_{n+1} - Q_1 \rightarrow Q_n$

在 $n = n^*$（或 $r = r^*$）时，进行式（1）和式（2）过程的概率相等，只有当 $n > n^*$（或 $r > r^*$）时，进行式（1）过程的概率大于式（2）过程的概率。

图 1.18 中体系吉布斯自由能曲线是体积吉布斯自由能的下降曲线 a（由于 $T < T_0$）与上升曲线 b（由于核胚形成时核胚和母相之间表面能的产生使吉布斯自由能增加）之和。在固态相变时，新相与母相之间的应变能也升高体系的吉布斯自由能，在曲线 a（$\Delta G_{体积}$ 或 Δg_V）中应包括应变能（应变能为正值，降低了 $\Delta G_{体积}$），即

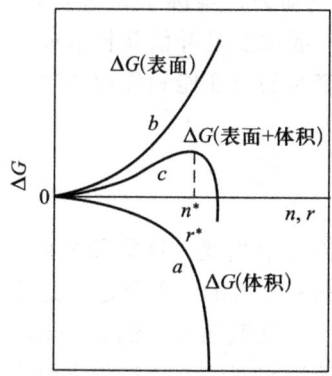

图 1.18 形核时体系吉布斯自由能的变化

$$\Delta G = -n\Delta g_V + \eta n^{2/3} s \tag{1.6}$$

其中 Δg_V 为每原子体积自由能(焓)的变化；η 为核胚的形状因子，并使 $\eta n^{2/3} = A$ (A 为核胚的表面积)；s 为表面自由能。曲线 b 与 r^2 成正比，曲线 a 与 r^3 成正比。当 r 很小时曲线 c 上升，$r = r^*$ 时达极大值，更大的 r 使曲线 c 下降。令 $\frac{\partial \Delta G}{\partial n} = 0$，有

$$\Delta G^* = \frac{4\eta^3 \delta^2}{27 \Delta g_V^2} \tag{1.7}$$

$$n^* = \left(\frac{2\eta\sigma}{3\Delta g_V}\right)^3 \tag{1.8}$$

当核胚(核心)为球体，其半径为 r 时，式(1.6)变成

$$\Delta G = -\frac{4}{3}\pi r^3 \Delta g_V + 4\pi r^2 \sigma \tag{1.9}$$

其中 Δg_V 为单位体积自由能差。令 $\frac{\partial \Delta G}{\partial r} = 0$，得

$$\Delta G^* = -\frac{32\pi\sigma^3}{3(\Delta g_V)^2} + \frac{16\pi\sigma^3}{(\Delta g_V)^2} = \frac{16\pi\sigma^3}{3(\Delta g_V)^2} = \frac{1}{3}\sigma A^* \tag{1.10}$$

$$r^* = -\frac{2\sigma}{\Delta g_V} \tag{1.11}$$

其中 ΔG^* 为形成临界大小核胚(核心) n^* (或 r^*) 所需的能量(形核功)，需由形核时借热激活能量起伏(涨落)来供给，n^* (或 r^*) 称为临界核心。

显然，当 $T > T_0$ 时，体系的吉布斯自由能将随 n (或 r) 的增加而单调地升高。在 $T < T_0$，小于 n^* 的核胚由 n 态变为 $n+1$ 态，还需超越能垒 ($\Delta G_{\text{diff}} + \Delta G^{n \to n+1}$)，如图 1.19(a)所示。图中 ΔG_{diff} 表示原子由母相扩散至核胚所需的

扩散激活能，$\Delta G^{n \to n+1}$ 则为两态之间的吉布斯自由能差。而由 $n+1$ 态变为 n 态，只需越过 ΔG_{diff}，这说明当 $n < n^*$ 时，式(2)过程的概率大于式(1)过程的概率。当 $T < T_0$，大于 n^*（或 r^*）的核胚由 n 态变为 $n+1$ 态时，仍需越过扩散激活能 ΔG_{diff}，因此图 1.18 的 $\Delta G - n(r)$ 的曲线上实际应存在峰谷形式，如图 1.20 所示。

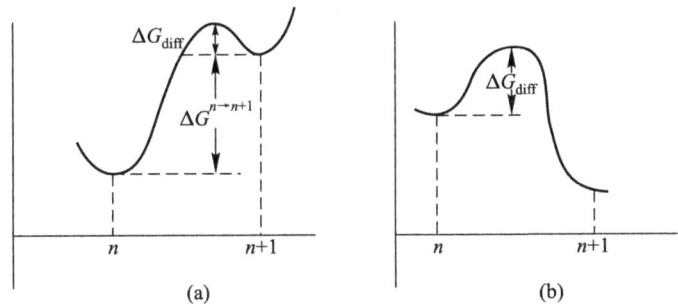

图 1.19　核胚由 n 态变为 $n+1$ 态所需超越能垒示意图

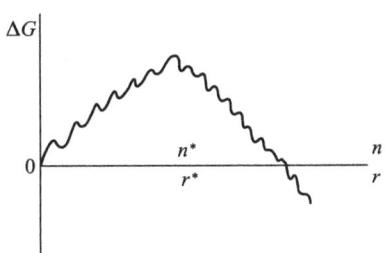

图 1.20　形核的 $\Delta G - n(r)$ 曲线

在母相整个体积内均匀形成新相核心的称为均匀形核。在一定基底上形核的称为非均匀形核，这种基底原来一般为外来质点或结构缺陷，它们使所需的形核功小于均匀形核的形核功。在均匀形核时，形成 n^*（或 r^*）大小的核胚的长大和收缩的概率相等，热起伏强度 kT 可使核胚回到 Q_1 态。只有当 $\Delta G = \Delta G^* - kT$ 时，n（或 r）大小的核胚才能保证不受热起伏的破坏。已知在 1 cm³ 具有 10^{23} 个原子，在均匀形核时，1 cm³ 中约有 10^{18} 个原子成为临界核心，而在非均匀形核时只有 $10^4 \sim 10^6$ 个原子成为临界核心。

在凝固过程中，液相中需具浓度、结构及能量起伏，这些起伏的基本理论由 Einstein 所奠定。多数的凝固过程为非均匀形核，即利用现成的质点，将籽晶或合适的模壁作为基底。设新相在基底 B 上形成曲率半径为 r 的球冠状晶核

S，如图 1.21 所示。晶核和基底面的接触角为 θ，固相 S 和液相 L 之间的界面能为 σ_{LS}，固相 S 与基底 B 之间的界面能为 σ_{SB}，液相 L 和基底 B 之间的界面能为 σ_{LB}，液相 L 与固相 S 之间的接触面积 A_{LS} 为

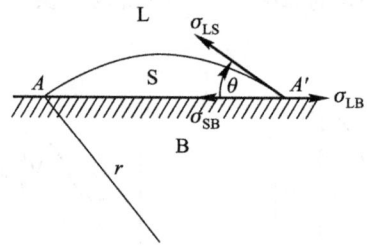

图 1.21 球冠状非均匀形核示意图

$$A_{LS} = 2\pi r^2 (1 - \cos\theta)$$

固相 S 与基底 B 之间的接触面积 A_{SB} 为

$$A_{SB} = \pi r^2 \sin^2\theta \tag{1.12}$$

在上述非均匀形核时表面能的增量为

$$\sum A\sigma = 2\pi r^2 (1 - \cos\theta)\sigma_{LS} + \pi r^2 \sin^2\theta (\sigma_{SB} - \sigma_{LB})$$

根据式(1.10)同样可得非均匀形核所需的形核功 $\Delta G_{非}^*$ 为

$$\Delta G_{非}^* = \frac{1}{3}\sum \sigma A \tag{1.13}$$

当晶核具有稳定的周界，L、S 和 B 之间的表面张力达到平衡时，有

$$\sigma_{LB} = \sigma_{SB} + \sigma_{LS}\cos\theta \tag{1.14}$$

或

$$\sigma_{SB} - \sigma_{LB} = -\sigma_{LS}\cos\theta$$

将式(1.12)、式(1.13)和式(1.14)合并，得

$$\Delta G_{非}^* = \frac{1}{3}\pi r^{*}\sigma_{LS}(2 - 2\cos\theta - \sin^2\theta\cos\theta)$$

由于

$$r^* = \frac{2\sigma}{2\Delta g_V}$$

则 $\Delta G_{非}^*$ 也可以表示为

$$\Delta G_{非}^* = \frac{4\pi\sigma^3}{3\Delta g_V^2}(2 - 3\cos\theta + \cos^3\theta)$$

设 $s = \cos\theta$，则

$$\Delta G_{非}^* = \frac{4\pi\sigma^3}{3\Delta g_V^2}(2 - 3s + s^3) \tag{1.15}$$

对照式(1.10),可见

$$\Delta G_{\text{非}}^* = \Delta G^* f(\theta) \tag{1.16}$$

其中

$$f(\theta) = \frac{(2 - 3s + s^3)}{4}$$

由式(1.16)可知,当 $\theta = 180°$ 时,$\Delta G_{\text{非}}^* = \Delta G^*$,基底对形核不起作用;当 $\theta = 0°$ 时,则 $\Delta G_{\text{非}}^* = 0$,即非均匀形核不需作形核功。在一般情况下,$\theta$ 在 $0° \sim 180°$ 之间,即 $\Delta G_{\text{非}}^* < \Delta G^*$,因此凝固时往往出现非均匀形核。

由于液相中原子扩散迅速,因此凝固时一旦形核,晶体就能很快长大(在 1 cm/s 以上)。由于释放热量,使相变成为变温(非等温)的。在不透明液相中直接研究形核动力学很困难,有人曾以小滴液相(直径为 1 μm 量级)来观察等温凝固:假如形核率与小滴表面面积成正比,可证明为非均匀形核,即在小滴表面上形核;假如形核率与小滴体积成正比,可证明为均匀形核。但实际上,问题并非如此简单。

在固态相变中,具有晶体结构或位向关系改变的大多都需经形核过程。扩散形核需具有结构、浓度和能量起伏。在很多情况下,固态相变是非均匀形核。均匀形核只在驱动力很大或核心的晶体结构与基体结构十分相近、两者之间的界面能量很低的情况下才会出现。一些相变的非均匀形核理论和实验以及形核率的计算(决定相变动力学和新相的组织形态)将在第三章中述及。

1.3.3 新相长大

晶核依靠原子跳跃到晶核表面,使晶核长大成为一个晶体(晶粒)。当没有其他因素(如温差、热流、涡流碰迁以及固态相变时的应力、应变等)干扰时,会由蒸气凝聚为固体,液相凝固为固体,在固态相变中,晶核还常以一定的结晶面暴露于母相之中。

如图 1.22 所示,设晶核自 O 点开始长大,长成晶面 S_1 和晶面 S_2,两晶面

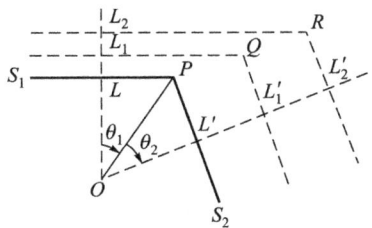

图 1.22 晶体长大时晶面的发展和收缩

交线(晶棱)在纸面上的迹为 P。又设晶面 S_1 的法向长大速度为 v_1，设晶面 S_2 的法向长大速度为 v_2，OL，OL_1，$\cdots$ 及 OL'，OL'_1，$\cdots$ 分别为 S_1 和 S_2 的法向，则

$$\frac{\cos\theta_1}{\cos\theta_2} = \frac{OL}{OP} \cdot \frac{OP}{OL'} = \frac{OL}{OL'}$$

假定 $v_1 < v_2 \dfrac{\cos\theta_1}{\cos\theta_2}$，当 S_1 由 L 发展至 L_1 时，S_2 已由 L' 发展至 L'_1，此时晶面 S_1 和晶面 S_2 交线的迹已由 P 变为 Q。按此晶核继续长大，两晶面交线的迹将由 Q 变为 R，等等。可见长大速度较小的晶面 S_1 将扩展，而长大速度较大的晶面 S_2 将收缩，但长大速度决定于晶面的表面能量。

取一定的晶核体积 V，晶核所取的形状应使它的表面能趋于最低。设 σ_i 为晶面 i 的单位面积表面能，A_i 为晶面 i 的面积，则晶核的表面能 $u = \sum_i \sigma_i A_i$。一个凸面多晶面体的晶核自中心 O 引向各晶面的法线长度为 L_i，如图 1.23 所示。把晶核分成 i 个锥体，可得

$$V = \frac{1}{3}\sum_i L_i A_i \qquad (1.17)$$

现在要求

$$\delta V = \frac{1}{3}\sum_i A_i \delta L_i + \frac{1}{3}\sum_i L_i \delta A_i = 0 \qquad (1.18)$$

$$\delta u = \sum_i \sigma_i \delta A_i = 0 \qquad (1.19)$$

δV 又可写成

$$\delta V = \sum_i A_i \delta L_i \qquad (1.20)$$

将式(1.20)代入式(1.18)，得

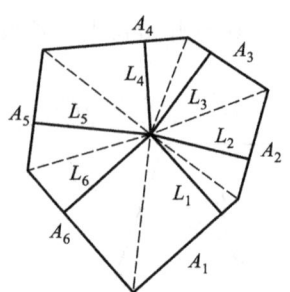

图 1.23 晶体长大成多面体的示意图

1.3 相变的一般特征

$$\delta V = \frac{1}{3}\sum_i L_i \delta A_i = 0 \qquad (1.21)$$

$$\delta u = \sum_i \sigma_i \delta A_i = 0 \qquad (1.22)$$

由于 δA_i 是任意的,于是

$$L_1:L_2\cdots = \sigma_1:\sigma_2\cdots \qquad (1.23)$$

由式(1.23)可见,σ 较小的晶面,其法线长大的速度较小,将在长大过程中扩展,相反,σ 较大的晶面将在长大过程中收缩,以致消失。这个法则称为 Wulff 法则。由临界核心长成宏观晶体还要受周围环境的热力学和动力学因素的控制,因此很难按上述 Wulff 法则长成完整的晶体。

与蒸气或液相呈平衡的晶核,其表面张力 σ(或表面能,单位为 J/cm²)常为各向异性。如面心立方晶核中八面体的面及立方体的面,其表面张力较小。σ 的各向异性通常用"σ 极图"及 Wulff 结构图(图 1.24[30])来表示。图中放射形矢量表示面的法向,其大小为该面的表面张力。二维的 σ 极图表示各面的 σ 值,如图 1.24 中的曲面体;核心的平衡形状以 Wulff 结构表示,如图 1.24 中的多面体(详见参考文献[7]中的第四章)。平衡时,给定体积的晶核的表面能应达最低值

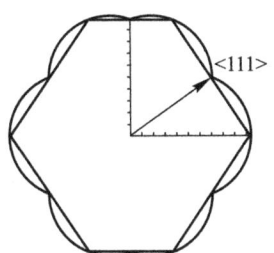

图 1.24 σ 极图及 Wulff 结构图

$$\int_{\text{表面}} \sigma \mathrm{d}A = \text{Min.} \qquad (1.24)$$

一个相在呈小粒时,其组元的化学势比呈大粒时高。对各向同性的球状粒子,其第 i 组元化学势的增量与曲率半径的关系可由 Gibbs-Thomson 公式得到

$$\Delta \mu_i = 2\sigma \overline{V}_a^i / r \qquad (1.25)$$

其中 $\overline{V}_a^i$ 为第 i 组元的偏克原子体积。对一组元,$\overline{V}_a^i$ 是相同的。式(1.25)可写成粒子半径 r 与驱动力 ΔG_V 的关系式

$$r_K = \frac{-2\sigma}{\Delta G_V} \qquad (1.26)$$

式(1.26)为 Gibbs-Thomson 公式的常见形式,它可用于 σ 各向同性的情况。对

σ 各向异性的情况，关系式更为复杂。

各向同性晶核呈球状时具有最低的表面积。各向异性晶核的平衡形状需以 σ 图表示，在平衡晶体上 σ 最低的方向常呈小面。一般金属常形成球状，但在低指数位向上易形成小面。

新相晶核具有 $\left(n^* + \dfrac{1}{2}\delta\right)$ 的大小（如图 1.25 所示），以后继续长大就作为长大的过程。图 1.25 中 $(\Delta G^* - kT)$ 的意义如上所述（见 1.2.2 节），δ 表示 $\Delta G - n(r)$ 曲线上 $\Delta G^* - kT$ 的宽度。$\left(n^* + \dfrac{1}{2}\delta\right)$ 大小的晶核将不受热起伏而收缩，δ 称为临界宽度。当核心长大到 $\Delta G < 0$ 以后，长大进入"宏观"阶段。

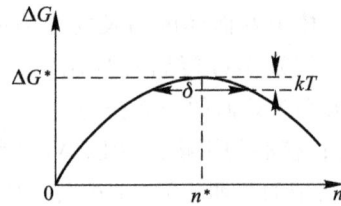

图 1.25　临界宽度 δ 的示意图

新相形核后的长大有两种方式：扩散控制型长大和界面控制型长大。扩散控制型长大是受原子长距离体积扩散所控制，界面控制型长大是受相界面上原子短程迁动所控制。一般相变则兼有体积扩散和界面反应，因此相变长大的驱动力一部分用于扩散的驱动力，另一部分用于界面反应的驱动力。当界面反应时，界面迁动速度 v 为

$$v = M\Delta G^B \tag{1.27}$$

其中 M 为迁动因子，正比于 $D^B/(RT)$，D^B 为界面扩散率；ΔG^B 为界面反应的驱动力。由于 M 随 v 而变化，因此有时把式（1.27）写为

$$v = M(\Delta G^B - F) \tag{1.28}$$

其中 F 为一常数。

Turnbull 提出单相材料非共格晶界移动的 M 值为

$$M = \dfrac{\delta D^B V_m}{b^2 RT} \tag{1.29}$$

其中 δ 为界面宽度，b 为原子间距。式（1.29）也可借用于相界面的迁动。

扩散控制的界面迁动速度可以表示为

$$v = AD^V \Delta T \tag{1.30}$$

其中 A 为常数，D^V 为体积扩散率，ΔT 为过冷度。ΔT 可由过饱和度来代替。若以 Q_o 代表过饱和度，则式(1.30)成为

$$v = AD^V Q_o \tag{1.31}$$

根据式(1.25)和式(1.26)，考虑到新相迁动面上的曲率，则式(1.31)改为

$$v = A'D^V Q_o/r \tag{1.32}$$

新相形成长条柱状可能是由于其端部曲率较大而条柱宽面较平直所致。与形核时不同，长大时和临界核心所接触的基体浓度不为 C_α 而为平衡浓度 $C_\alpha^{\alpha/\beta}$，即 $\alpha/(\alpha+\beta)$ 相界上 α 的浓度（设 α 相中析出 β 相）。晶核的形状主要决定于最低的表面张力，但在长大时，只要 $\sum A\sigma/(\Delta G_V \cdot V) \ll 1$，则晶体形状由长大动力学的边界位向关系所决定。表面效应是形核的主要因素，而在长大阶段（粒子大小达微米），它并不影响整个晶体的长大，只影响小的弯曲界面处的长大，如新相片的边缘、针的尖端，这些地方的曲率不随长大时间增加而减小。在有些合金中，新相端部曲率半径 r 值越小，则与新相平衡的基体中含溶质组元的浓度越高，因此加速了界面的迁移率，如式(1.32)所示。

晶核与基体之间形成低能量的、一定的点阵位向关系。这种关系在长大过程中可能仍旧保持着，也可能再出现一些新的低能量位向关系。除了界面控制长大能保持晶核的形状外，在扩散长大时，一般不保持晶核的形状。

当原子以协作迁动的切变方式长大时，新相将随位错的快速运动而长大，高碳型片状马氏体的长大速度高达 10^5 cm/s，可能就属于此例。在扩散型相变中，母相和新相的浓度不同，在共格区域原子要进行单个的（不相关联的）扩散跃迁，这样置换（替代）原子就必须暂时占据间隙位置。对密堆晶体，这在能量上是不利的，因此这些界面（属于半共格界面，见 1.3.4 节）往往是不动界面；而且除了形成台阶处之外，还是平直界面。图 1.26 表示由面心立方相基体中长成密排六方相的情况，界面以 $\{0001\}_{hcp} // \{111\}_{fcc}$，$\langle 11\bar{2}0 \rangle_{hcp} //$ $\langle 110 \rangle_{fcc}$ 呈很好适配。图中左边表示一定的长大阶段，右边表示经 Shockley

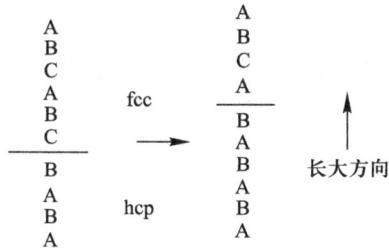

图 1.26　fcc→hcp 在所示长大方向上能量不利的情况

不全补偿位错的扫动,新相已长大了两个原子层。要使左边的原子层变为右边的原子层,就需有置换原子插入已经存在的密排原子面中,这在能量上是不利的。

  Gibbs[31]对液-固及气-固界面的推移提出台阶机制。沿袭这个模型,Aaronson[32]认为共格和半共格界面宽面的推移(图 1.27 中空心箭头表示推移方向)是借台阶的伸长(实心箭头表示台阶伸长方向)来实现的,其台阶边假定为非共格界面。图 1.27 表示 α→β 时 β 相宽面为不动界面(其中位错为不动位错),β 相向母相 α 的推进是依赖台阶的伸长而实现的,台阶间距往往就决定推进的速度。当台阶的间距较大时,推进速度就会低于无序平面界面由体积扩散而迁动的速度。图 1.28 所示为 Fe-0.29 C 合金经 700 ℃ 1 min 等温形成的先共析铁素体宽面上巨型台阶的复型电镜照片[32],它是固态相变中首次强调指出的台阶实例。

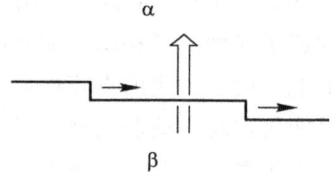

图 1.27 台阶机制长大示意图

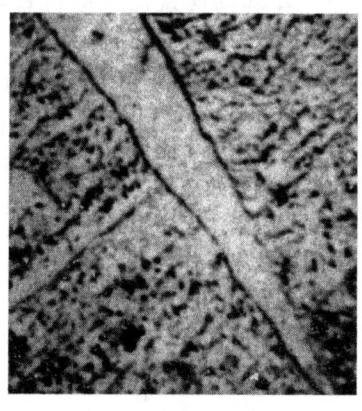

图 1.28 Fe-0.29C 合金先共析铁素体宽面上的巨型台阶(5 000×)

  以后观察到 Al-15 Ag 合金中由 α 相(fcc)析出 γ 相(hcp)时,相界面上主要含刃型不全位错,其 Burgers 矢量为 $\frac{1}{6}a<112>$,平行于 γ 相的宽面。它在刃型方向不能攀移,在螺旋方向不能滑移,呈不动位错,这样 γ 相宽面的推进只能以台阶伸长而实现[33]。Al-4Cu 合金中沉淀相 θ′ 界面上的补偿位错会形成台阶[34],由此进一步证实台阶长大机制,并据此建立起台阶长大理论[35]。在 Fe-0.62C-2Si 钢中,发现在 450~475 ℃ 时析出的先共析铁素体与奥氏体之间为半共格界面,包含平行的补偿位错(混合型位错),Burgers 矢量为 $\frac{1}{2}a$ $<\bar{1}10>_\gamma$ 及 $\frac{1}{2}a<\bar{1}1\bar{1}>_\alpha$,在惯习面 $\{111\}_\gamma //\{110\}_\alpha$ 上,为不动位错,新相的加厚只能依赖台阶侧边的扩散运动。

假如在基体上存在结构不同的沉淀相,在一个界面位向上存在间隔较大的台阶,而在另一位向界面(半共格或非共格)上存在间隔较密的台阶,则前者长大较慢,长大面发展,而后者长大较快,长大面受限制,结果形成片状或扁片状的沉淀相。假如两点阵之间只在一维上适配得很好,缓慢长大的半共格界面将为圆柱状,使新相呈针状。

当界面为无序非共格时,原子将很快穿越界面(此时原子仅需跳跃两三步,而且界面扩散率比体积扩散率更大)。当基体与沉淀相浓度殊异时,在长大过程中基体内需进行间隙原子的体积扩散或置换原子的互扩散。扩散距离为沉淀晶体半厚度数量级。即使对 $\left(n^* + \frac{1}{2}\delta\right)$ 大小的核心,其扩散距离也大于相界间扩散。体积扩散距离一般在微米数量级或更大,而体积扩散率比相界面扩散率(如按晶界扩散率)又小几个数量级(尤其在低温)。按 Einstein 关系式:

$$s = (2Dt)^{1/2}$$

其中 s 为扩散距离,t 为扩散时间。相界面扩散由于 s 比体积扩散小、D 却比体积扩散大,因此除了特殊的溶质偏聚效应外,原子越过相界的扩散并不是沉淀相速度控制的因素。无序相界迁移动力学受非界面结构因素,包括基体中的扩散率、作为长大驱动力的浓度或者活度差(C_{α_1} 和 $C_\alpha^{\alpha/\beta}$ 之差)及 α/β 界面的曲率等所控制。实际上无序相界形核和长大往往为晶界形核所代替。在同时存在置换原子和间隙原子的新相长大时,置换原子和相界的强烈结合能及其对间隙溶质活度的影响,显著改变了间隙组元的活度梯度及其扩散驱动力。因此在此情况下,置换原子在很大程度上或完全不进行体积扩散,使相变产物常常具有非平衡浓度,长大速度由间隙原子扩散控制,置换原子只通过对间隙原子扩散率的改变而影响长大动力学。晶体长大至互相接触时,晶体形状再度决定于表面张力。晶体长大机制涉及相界面结构并决定相变动力学。相界面的基础知识见 1.3.4 节,其对动力学的影响见第 3 章。

1.3.4 相界面

相变时母相和新相之间界面的结构影响新相长大的形态和动力学。凝固时，液、固相之间的界面分为粗糙界面（或渐进界面）和光滑界面（或突变界面），如图 1.29 所示。这些界面结构所描述的都属于原子尺度，前者由几层原子构成，后者仅由单层原子构成。

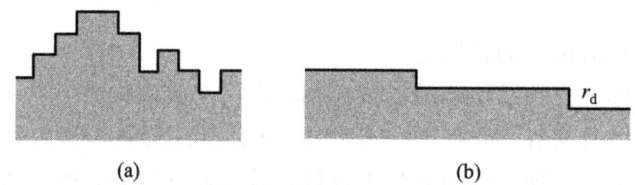

图 1.29　液、固相之间原子尺度的相界面结构示意图：
（a）粗糙界面　（b）光滑界面

原子进入固相的粗糙界面后，由于邻近原子较多，增加的表面能量较低，长大速度较大，因此晶体的小面没有机会暴露在外，有时呈树枝状长大。原子进入固相的光滑界面时，所增加的表面能较大，长大缓慢，晶体外形常呈小面，晶体具有一定晶形。Jackson 提出了决定粗糙界面和光滑界面的定量模型[36,37]，他认为 $\Delta s/R$ 越大，越容易形成光滑界面。单个原子实际最近邻的原子数和原子在内部的近邻总数的比值较大的容易形成光滑界面。一般以 $\Delta s/R$ 是否大于 2（呈光滑界面）和小于 2（呈粗糙界面）作为判据。Jackson 理论符合一些实验结果，但不能解释非平衡凝固时过冷度对晶体形状的影响[38]，有的作者对其键能理论提出质疑[39]。

Cahn[40] 提出相界面一般伸展为几层原子，设 g 为粗糙度参数，粗糙界面 $g<1$，光滑界面 $g=1$，a 为面间距，V_s 为摩尔体积，则相变驱动力决定界面性质的临界条件为

$$\Delta G = -\frac{\pi \sigma g V_s}{a} \tag{1.33}$$

当过冷度较小时，$\Delta G \approx \dfrac{\Delta T \Delta H}{T_m}$，$T_m$ 为熔点，代入式（1.33），得

$$\Delta T^* = -\sigma g V_s T_m/(a\Delta H) \tag{1.34}$$

由式（1.33）或式（1.34）可见，小的相变驱动力或小的过冷度凝固时只能由粗糙界面进入原子而长大。

利用粗糙界面，晶体将连续长大；在完全光滑界面上将进行二维形核，部

分地也借螺型位错得以长大。

固态相变时，由于母相和新相都为晶体，其相界面结构较为复杂，因此是固态相变研究的一个关键。

固态相变时两相间界面分为完全共格界面、半共格界面和非共格界面三类。

1. 完全共格界面

当两相界面上原子排列完全吻合，两相的晶格共同联结，或者说界面上的原子为两相所共有时，就形成完全共格界面。理想的完全共格界面如图1.30所示，其中图1.30(a)表示两相的原子列，图1.30(b)表示两相原子在界面接合的情况。但实际上两相点阵总会有些差别，因此在共格界面上将产生弹性应变，如图1.31所示，其中图1.31(a)表示新相体积膨胀，图1.31(b)表示新相体积收缩。因此完全共格界面上形成很大的弹性应变(随 ΔV 增大而升高)。但由于点阵间的联结较好，两相之间的表面能较小，因此当弹性应变能大至一定程度时，完全共格界面将被破坏。

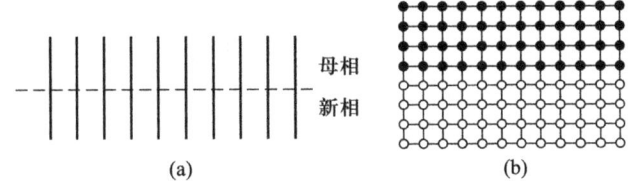

图1.30　理想的完全共格界面：(a) 表示原子列；
(b) 两相原子在界面上的接合

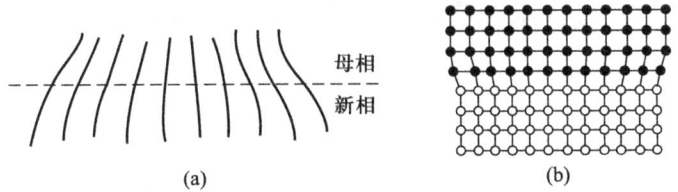

图1.31　具有应变的完全共格界面：(a) 原子列，新相体积膨胀；(b) 两相原子示意图，新相体积收缩

2. 半共格界面

两相界面上分布着若干位错及相当于小角度晶界的相界面称为半共格界面。图1.32表示界面上具有刃型位错时的半共格界面，其中图1.32(a)表示新相体积膨胀，图1.32(b)表示新相体积收缩。在半共格界面上，也产生一些

弹性应变能,但比完全共格界面的小得多,一般所说的共格界面多指半共格界面。在完全共格或半共格界面的情况下,两相原子位置之间有相互对应关系。

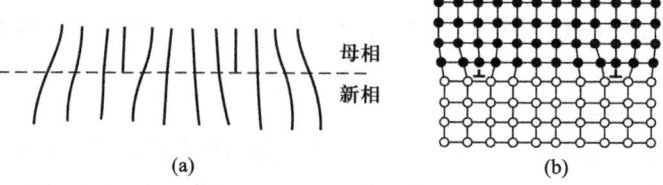

图 1.32 半共格界面:(a)原子列,新相体积膨胀;(b)原子示意图,新相体积收缩

共格界面可以由压应力或拉应力来保持,如一般沉淀相的界面;也可由切应力来保持,如马氏体的界面。

3. 非共格界面

两相界面上原子排列完全不吻合,或者说有很多缺陷分布在界面上,这样的相界面称为非共格界面,如图 1.33 所示。非共格界面上可以存在刃型位错、螺型位错和混合型位错,呈复杂的缺陷分布,相当于大角度晶界。由于非共格界面上原子分布较为紊乱,其表面能量比共格界面的高,但由图 1.33 可见,形成这种界面时,弹性应变能较低。

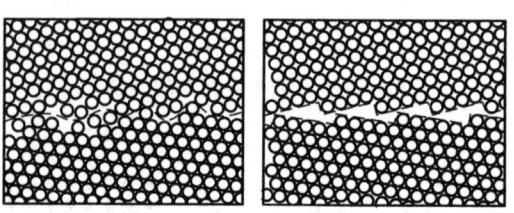

图 1.33 非共格界面

为补偿两相之间的不适配,设想在相界面上安有"补偿错配位错",这个概念在 1949 年已经被人提出,现已为实验所证实。最简单的情况是设两相具有位向相同的简单立方点阵,只是两相的点阵常数具有差异。当相界面上安有刃型位错时,就能补偿错配。如图 1.34 所示的 α 和 β 两相相隔 m 距离点阵适配,如 β 晶体的点阵常数为 a_1,α 晶体的点阵常数为 a_2,则

$$m = na_1 = (n+1)a_2 \tag{1.35}$$

而

$$n = \frac{a_2}{a_1 - a_2} \tag{1.36}$$

1.3 相变的一般特征

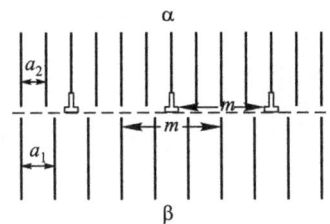

图 1.34　相界面补偿错配位错示意图

即在 α 相内每 $(n+1)$ 个 a_2 安一个位错，β 相内每 n 个 a_1 安一个位错，可以补偿点阵常数的差别，减少相界面上的应变能。

为了定量计算 α 和 β 点阵的错配度，常使用平均"参考"点阵常数 c，$c = \dfrac{a_1 + a_2}{2}$。以此为基础，将式(1.35)改写为 $m = (n + 1/2)c$，m 为重合间距，则

$$m = \left[\frac{a_1 + a_2}{2(a_1 - a_2)}\right]c$$

把 α 和 β 点阵之间的错配度或不适配度 δ 定义为参考点阵常数与重合间距之比，即 $\delta \equiv c/m$，这样，使得

$$\delta = \frac{a_1 - a_2}{\frac{1}{2}(a_1 + a_2)} = \frac{a_1 - a_2}{c} \tag{1.37}$$

因此错配度为 α 和 β 点阵常数之差和参考点阵常数之比。参见图 1.34，可得 $m = c/\delta = b/\delta$，其中 b 为补偿位错的 Burgers 矢量的刃型分量。

一般将错配度或不适配度简单地定义为：两相在平行界面的一个共同方向，原子间距差 Δa 和母相在这方向上的原子间距 a 之比，即

$$\delta = \frac{\Delta a}{a}$$

相界面上补偿两相点阵不适配的位错，在有的外文书刊上往往简称为"不适配位错"，所表达的意义不清晰，似简称"补偿位错"为宜。

1961 年人们在蒸气沉积的 PbSe 和 PbS 单晶薄膜上经透射电镜观察到平行立方面排列着相界位错，1964 年人们在 UC 基体上沉淀相 UC_2 宽面上首次直观地发现界面位错网，如图 1.35 所示，位错呈方格的简单组列(位错间距比平衡值略大)[41,42]。

20 世纪 60 年代，人们以透射电镜对一些扩散型沉淀相进行界面位错观察[42]，观察条件较为严格，位错成像宽度仅为 5～10 nm，说明找到界面位错

27

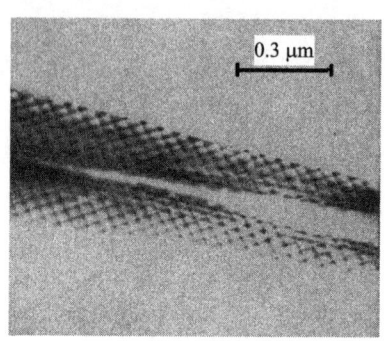

图 1.35　UC 基体上沉淀相 UC$_2$ 宽面上的界面位错网

的机会比找到单相内的位错困难得多，并且要具有较好的反差技术，否则水纹反差可能被误为界面位错。实验发现，一般在弹性应变较大的界面上具有位错列。例如在 Cu - Si 合金中 fcc 的 α 析出 hcp 的 κ 相时，α - κ 相之间的错配度仅为 0.05%，相间不存在补偿位错，相界平直，如图 1.36 所示。图 1.36(a) 示出 κ 相呈亮色，图 1.36(b) 示出 κ 相呈黑色[43]。在 Ni - 6.5Si 合金中，由基体无序 fcc 的 α 相在 775℃ 时效沉淀出有序 fcc 的 γ′ 相时，当 γ′ 相球尚小（时效 32 h）、错配 0.3% 时，相界上弹性应变能不大，当 γ′ 球长大（时效 238 h），则相界上弹性应变能很大，吸收基体中的位错形成补偿位错，以弛豫所累积的错配，如图 1.37 所示，在图 1.37(b) 中位错排列成网[44]。

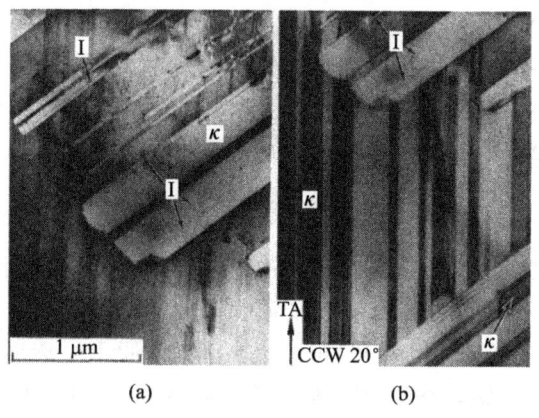

图 1.36　(a) Cu - Si 合金中由 α 基体析出的 κ 相；(b) α - κ 相界保持平直（错配度仅为 0.05%）

1.3 相变的一般特征

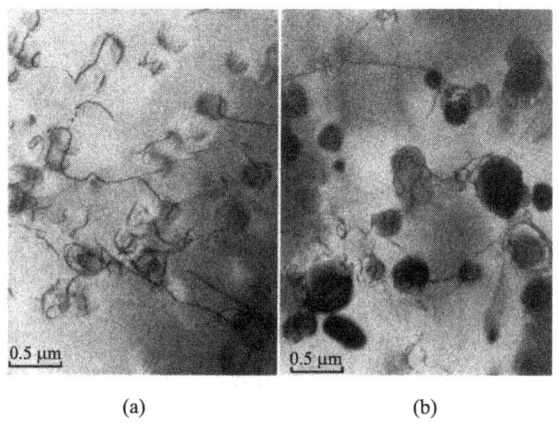

图 1.37　Ni-6.5Si 合金中 γ′球长大(由 a 图至 b 图)吸收基体中的位错

图 1.38 显示 Ti-8%Al-8%Ga(原子分数)合金中,在 hcp 基体上共格沉淀出 hcp α_2 相 700℃时效 72 h 时的相界面形态,为使界面能与包围沉淀相位错圈的线张力达到平衡,共格相界面呈鼓突状[42]。

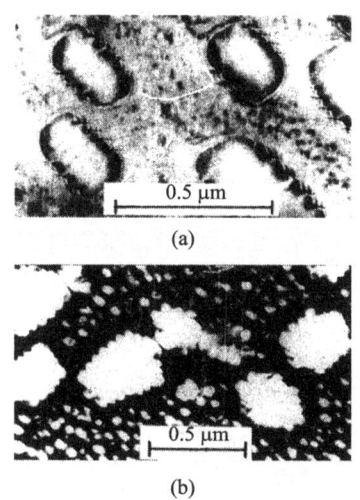

图 1.38　Ti-8%Al-8%Ga(原子分数)合金中沉淀相(α_2)的界面呈鼓突形态:(a)明场;(b)暗场

在 fcc→hcp 相变中往往以不全位错作为界面补偿位错,可由反应形成 $a/6$ <112> Shockley 不全位错。如 Al-15Ag 中,在面心立方基体上析出六方 γ 片时,在惯习面上的错配度约为 0.8%,发现相界面的 $a/6$<112> 不全位错。显然，平行惯习面不全位错的位移完成 fcc→hcp 相变，这里界面位错具有二重作用——补偿错配及垂直惯习面的长大[33]。

人造相界面，包括蒸气沉积、定向共晶已成为研究界面结构的有力工具[42,45]。

1.3.5 新相与母相的晶体学关系

固态相变时新相往往在母相的一定晶体面上开始形成，这个晶面称为惯习面，也有译为惯析面的。图 1.39 表示 Al-Ag 合金中从 fcc 基体析出 hcp 的 γ′ 相（过渡相）时在 (111) 面上开始形成，向母相 <110> 长大[图 1.39(a)]，及长成薄片时的情况[图 1.39(b)]。当新相为片状时，很容易在金相切面上观察到由于惯习面上长大结果的定向形态，称为魏氏组织。这种组织形态首先由 Widmanstatten 经在 Fe-Ni 陨石表面上侵蚀而发现，因此命名为魏氏组织。图 1.40 为原始陨石侵蚀面组织的照片（1820 年由 Schreibers 发表[46]）。图 1.41 为 Al-Ag 合金中呈片状 hcp γ 相的魏氏组织。

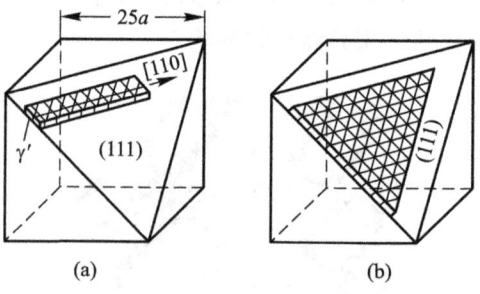

图 1.39　Al-Ag 合金 γ′ 相的惯习面

图 1.40　原始 Fe-Ni 陨石侵蚀面的组织（Schreibers，1820）

1.3 相变的一般特征

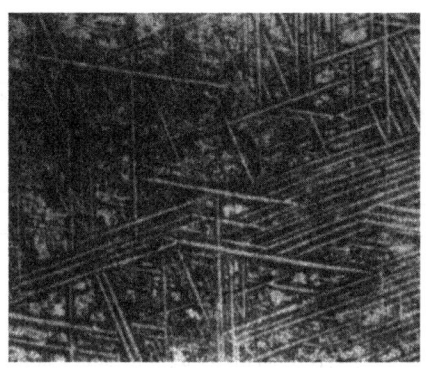

图 1.41　Al-Ag 合金中 γ 相的魏氏组织

图 1.42 表示铁基合金 fcc→bct 马氏体的一些惯习面及其位向。

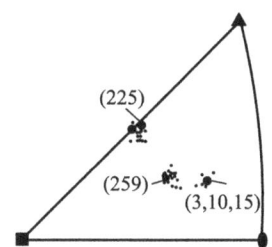

图 1.42　铁基合金马氏体的惯习面

惯习面可能是原子仅移动最小距离就能形成新相的面。

为了减少两相间的界面能，新、旧相之间的晶面和晶向形成一定的晶体学关系。只要两相间保持共格或半共格界面，这种关系会一直保持。这种晶体学关系以两相之间匹配面和方向表示，如面心立方奥氏体→体心立方铁素体时，形成 $\{111\}_\gamma /\!/ \{110\}_\alpha$，$[\bar{1}01]_\gamma /\!/ [\bar{1}\bar{1}1]_\alpha$（"$/\!/$"表示互相匹配，即互相对应的结晶面和方向）。这种关系称为位向关系。

假定面心立方母相按图 1.43(a)转变为体心四角（正方）相（Bain 应变）时，面心立方晶胞中单位矢量与体心立方晶胞中单位矢量呈线性关系

$$\left.\begin{aligned} Ox' &= \frac{1}{2}Ox - \frac{1}{2}Oy + 0Oz \\ Oy' &= \frac{1}{2}Ox + \frac{1}{2}Oy + 0Oz \\ Oz' &= 0Ox + 0Oy + 1Oz \end{aligned}\right\} \quad (1.38)$$

将式(1.38)右边的系数写成矩阵

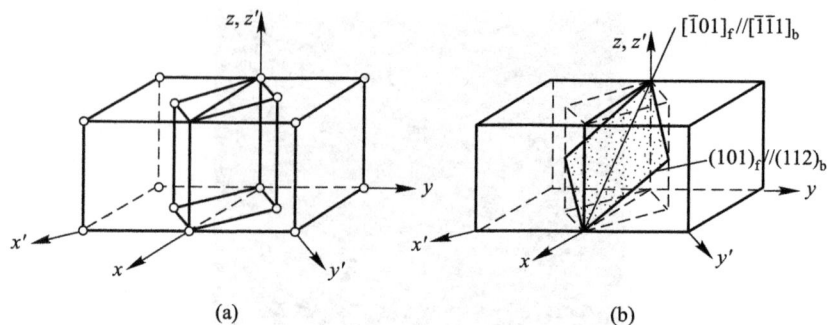

图 1.43 面心立方母相转变为体心四角相(Bain 应变)时两相间的晶面和位向关系

$$\frac{1}{2}\begin{bmatrix} 1 & \bar{1} & 0 \\ 1 & 1 & 0 \\ 0 & 0 & 2 \end{bmatrix}$$

面心立方相的任一面$(hkl)_f$和任一方向$[uvw]_f$,转变为体心相的面$(h'k'l')_b$和方向$[u'v'w']_b$,具有下列关系:

$$\begin{bmatrix} h' \\ k' \\ l' \end{bmatrix}_b = \frac{1}{2}\begin{bmatrix} 1 & \bar{1} & 0 \\ 1 & 1 & 0 \\ 0 & 0 & 2 \end{bmatrix}\begin{bmatrix} h \\ k \\ l \end{bmatrix}_f = \frac{1}{2}\begin{bmatrix} h-k \\ h+k \\ 2l \end{bmatrix}_b \quad (1.39)$$

$$\begin{bmatrix} u' \\ v' \\ w' \end{bmatrix}_b = \begin{bmatrix} 1 & \bar{1} & 0 \\ 1 & 1 & 0 \\ 0 & 0 & 1 \end{bmatrix}\begin{bmatrix} u \\ v \\ w \end{bmatrix}_f = \begin{bmatrix} u-v \\ u+v \\ w \end{bmatrix}_b \quad (1.40)$$

式(1.40)为式(1.39)的转置倒阵。由此两式可得$(101)_f//(112)_b$,$[\bar{1}01]_f//[\bar{1}\bar{1}1]_b$,如图 1.43(b)所示,其余诸面和方向关系均可按此求得。

利用矩阵处理能简易地求得相变中晶面和位向的转换。表 1.1 列出实验测得的一些合金系沉淀相变时新、旧相之间的位向关系。

表 1.1 一些合金系新、旧相之间的位向关系

合金系	母相	沉淀相	位向关系
Ag-Zn	bccβ	fccα	$(110)_\beta//(111)_\alpha$,$[111]_\beta//[110]_\alpha$
Ag-Zn	bccβ	立方γ	$(100)_\beta//(100)_\gamma$,$[010]_\beta//[010]_\gamma$
Al-Ag	fccα	hcp AgAl$_2$ γ	$(111)_\alpha//(0001)_\gamma$,$[110]_\alpha//[11\bar{2}0]_\gamma$
		hcpγ'	$(111)_\alpha//(0001)_{\gamma'}$,$[110]_\alpha//[11\bar{2}0]_{\gamma'}$

1.3 相变的一般特征

续表

合金系	母相	沉淀相	位向关系
Al-Cu	fcc α	tetr. $CuAl_2$ θ tetr. θ′	$(100)_\alpha //(011)_\theta$，$[120]_\alpha //[011]_\theta$ $(100)_\alpha //(001)_{\theta'}$，$[120]_\alpha //[011]_{\theta'}$
Al-Mg	fcc α	hex. β	先在$\{110\}_\alpha$析出，后在$\{120\}_\alpha$析出
Al-Mg-Si	fcc α	立方 Mg_2Si	在$\{100\}$析出
Al-Zn	fcc α	hcp Zn	惯习面$\{111\}_\alpha$，$\{111\}_\alpha //(0001)_{Zn}$ $[110]_\alpha //[11\bar{2}0]_{Zn}$
Co-Pt	fcc 无序 α	fctetr. AuCu 型有序 α′	
Cu-Ag	fcc-Ag 固溶体	fcc-Cu 固溶体	惯习面$\{100\}$，所有方向平行
Cu-Ag	fcc-Cu 固溶体	fcc-Ag 固溶体	惯习面$\{111\}$或$\{100\}$，所有方向平行
Cu-Au	fcc 无序 α	fctetr. AuCu 型有序 α	$(100)_{无序}//(100)_{有序}$，$[010]_{无序}//[010]_{有序}$
Cu-Be	fcc α	立方 CsCl 型 γ′	$[100]_\alpha //[100]_\gamma$，$[011]_\alpha //[010]_\gamma$
Cu-Co	fcc α	fcc 富 Co 相	惯习面$\{100\}$，新相位向同母相
Cu-Fe	fcc α	fcc γ	惯习面$\{100\}$，新相位向同母相
Cu-Fe	fcc α	bcc α	惯习面$\{111\}$
Cu-Ni-Co	fcc α	fcc 富 Co 相	惯习面$\{100\}$，新相位向同母相
Cu-Pd	fcc 无序 α	bcc 有序 β	$(110)_\alpha //(113)_\beta$，$[311]_\alpha //[100]_\beta$
Cu-Si	fcc α	hcp κ	惯习面$\{111\}$，$(111)_\alpha //(0001)_\kappa$，$[110]_\alpha //[11\bar{2}0]_\kappa$
Cu-Sn	bcc β	fcc α	$(110)_\beta //(111)_\alpha$，$[111]_\beta //[110]_\alpha$
Cu-Zn	bcc β	fcc α	$(110)_\beta //(111)_\alpha$，$[111]_\beta //[110]_\alpha$
Cu-Zn	bcc β	立方 γ	$(100)_\beta //(100)_\gamma$，$[010]_\beta //[010]_\gamma$
Fe-C	fcc γ	bcc α	$(111)_\gamma //(110)_\alpha$，$[110]_\gamma //[111]_\alpha$ $(111)_\gamma //(110)_\alpha$，$[211]_\gamma //[110]_\alpha$
Fe-C	fcc γ	正交 Fe_3C（先共析）	Fe_3C片不平行$(111)_\gamma$，Fe_3C片的面不为$(001)_{Fe_3C}$，大致平行$(521)_\gamma$或$(722)_\gamma$

续表

合金系	母相	沉淀相	位向关系
Fe-N	bccα	fcc Fe$_4$N	$(210)_\alpha //(112)_{Fe_4N}$
Fe-P	bccα	fctetr. Fe$_3$P	惯习面(21,1,4)

Mg-Sn	hcpα	立方 Mg$_2$Sn	$(0001)_{Mg}//(111)_{Mg_2Sn}$, $[1001]_{Mg}//[011]_{Mg_2Sn}$
			$(0001)_{Mg}//(110)_{Mg_2Sn}$, $[1001]_{Mg}//[110]_{Mg_2Sn}$
			$(0001)_{Mg}//(111)_{Mg_2Sn}$, $[1101]_{Mg}//[110]_{Mg_2Sn}$

Zn-Cu	hcpε	hcpη	$(10\bar{1}4)_\varepsilon //(10\bar{1}4)_\eta$, $[11\bar{2}0]_\varepsilon //[11\bar{2}0]_\eta$

小角度 X 射线衍射、电子衍射和中子衍射目前被广泛地用来测定相变中的位向关系。图1.44 为马氏体(α)与奥氏体(γ)之间选区电子的衍射斑点及其指标化—$\{111\}_\gamma //\{110\}_\alpha$, $(\bar{1}10)_\gamma //(\bar{1}11)_\alpha$ 符合 K-S(Kurdjumov-Sachs)关系[47]。

高碳钢回火初期析出 ε 碳化物(密排六方),一般符合下列关系:
$$(1\bar{1}\bar{1})_\alpha //(1\bar{2}10)_\varepsilon ; (101)_\alpha //(0001)_\varepsilon$$
称为 Jack 关系[48]。

钢回火时基体析出 Fe$_3$C,一般符合
$$(1\bar{1}\bar{1})_\alpha //(010)_{Fe_3C}, (101)_\alpha //(103)_{Fe_3C}$$
称为 Isaichev 关系[49]或 Bagaryatskii 关系[50]
$$(0\bar{1}1)_\alpha //(100)_{Fe_3C}, (\bar{1}11)_\alpha //(010)_{Fe_3C}, (211)_\alpha //(001)_{Fe_3C}$$
测得过饱和奥氏体(γ)中析出 Fe$_3$C 时两者间的位向关系为
$$(10\bar{1})_\gamma //(010)_{Fe_3C}, (112)_\gamma //(001)_{Fe_3C}$$
称为 Pitsch 关系[51]。

刘文西等[52]揭示 0.6C-4Cr-3Mo-2Ni-1W-1V 钢回火时渗碳体和基体 α 之间符合 Bagaryatskii 关系,Fe$_3$C 析出的惯习面为(211)孪晶面。这种钢在回火时析出 V$_4$C$_3$ 和 M$_2$C。M$_2$C 与基体之间的位向关系符合 Pitsch-Schrader 关系
$$(01\bar{1}0)_{M_2C}//(01\bar{1})_M, (0001)_{M_2C}//(011)_M, (2\bar{1}\bar{1}0)_{M_2C}//(100)_M$$
V$_4$C$_3$ 和基体之间的关系符合 Baker-Nutting 关系
$$(011)_{V_4C_3}//(100)_M, (100)_{V_4C_3}//(010)_M, (01\bar{1})_{V_4C_3}//(001)_M$$

4340(0.4C-Ni-Mo-Cr)加硅钢贝氏体中的 ε 碳化物与基体符合 Jack 关系,其中渗碳体(较长等温时间后析出)和基体 α 之间符合 Isaicher 关系,而和 γ 之间符合 K-S 关系[53,54]。

1.4 相变研究的展望

近年来相变学者持续奋战，相变研究成果丰硕。展望取得的突破性创新，如形核理论的创新，除特殊条件下直接由起伏长大的 Spinodal 分解外，材料一级相变均以形核为开端。在均匀形核理论中，对起伏形核，按统计热力学[55,56]获得 n 个原子组成新相集团的概率 P_n，决定于形成新核集团的最低可逆功 ΔG_n，即

$$P_n \propto \exp[-\Delta G_n/(kT)] \quad (1.41)$$

其中 k 为玻耳兹曼常数。由式(1.41)得每摩尔平衡集团的大小分布 N_n^e：

$$N_n^e = N_A \exp[-\Delta G_n/(kT)] \quad (1.42)$$

其中 N_A 为阿伏加德罗常数。

对浓度起伏，由下式求得：

$$\overline{(\Delta c)^2} = \frac{kT}{N\left(\dfrac{\partial \mu}{\partial c}\right)_{p,T}} \quad (1.43)$$

其中 N 为这部分中物质的数量，μ 为溶质的化学势。

由式(1.41)~式(1.43)可见，经起伏形核的概率与温度呈正比。因此一般固体相变依赖较大浓度起伏来形核的概率很小。

固态相变一般以母相中的缺陷(晶界、位错等)形核，属于非均匀(非均质)形核[57,58]。经典形核理论在近百年来被广泛应用，颇见成效，但也颇受质疑。其形核率的基本方程不但难于求解，其结果也往往不符合实验数据。非均匀形核由于实验情况难于描述清楚，形核率的计算颇有难度。Kelton 在 1991 年的论文[57]中瞻望研究"非稳态形核率"(按数学，形核率为时间的函数时即为非稳态形核)。

20 世纪末，欧洲兴起同步辐射强 X 射线衍射三维仪，以测定一个晶粒(亚晶)内的相变。Offerman 等[59]以此设备测得 0.21C - 0.51Mn - 0.20Si 钢中奥氏体→铁素体相变非均匀形核(晶界形核)相界能要比经典理论预测的小两个数量级或以上，即小于经典理论中的驱动力即能晶界形核。Aaronson 等[60]对上述 Offerman 等的结果提出一些质疑(如忽略扩散场的重叠)，但 Offerman 等称这些质疑并不影响所得到的结果[61]。杨志刚和 Enomoto[62]计算证明，如大部分晶核在晶界隅角形成，其相界能符合上述结果。2007 年 Dijk 和 Offerman 等又发表兼具理论分析和实验的论文[63]，阐明 C35 钢(0.364C - 0.656Mn - 0.305Si - 0.226Cu - 0.177Cr - 0.092Ni - 0.016Mo - 0.017Sn - 0.021S - 0.014P 钢)中奥氏体→铁素体等温相变时，随过冷度的增加，最大自由能 γ^* 和临界核

胚大小 n^* 急剧下降。当达一定过冷度(如 30°)时呈现无形核能垒的晶界形核,如图 1.44 所示,对此宜予重视。保加利亚 Kashchier 2000 年出版形核专著[64],内容丰硕,可供参考。Balluffi、Allen 和 Carter 合著的《材料动力学》于 2005 年出版[65]。此书包含相变动力学,是一本较好的教学用书。

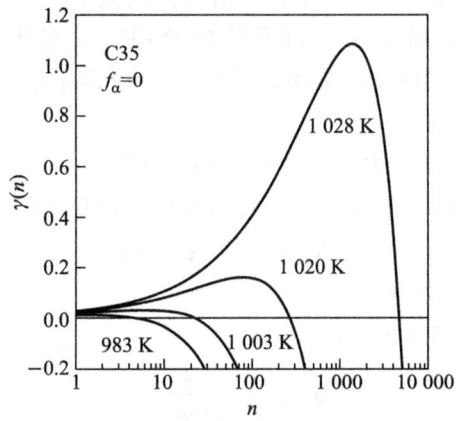

图 1.44 C35 钢中奥氏体在一些温度等温形成铁素体时,相对自由能 $\gamma(n) = \Delta G(n)/(RT)$ 与核胚大小 n 的关系

相变研究包括相变热力学、新相长大理论、动力学(含相场理论)、晶体学和形态学以及相变建模等,这些均有待深入、创新,衷心盼望我国学者在上述领域及其集成作出贡献。

2008 年倡议建设材料形态学[66],材料相变改变和决定材料的结构、显微组织和性质,是控制材料中组织形态的重要内容。材料组织形态的形成和改变与力学行为紧密相关。相变研究和组织形态学与力学密不可分。例如,相变诱发塑性钢中,因马氏体相变而产生塑性增加,应用力学观点[67],它不但有塑性效应,还存在因马氏体变体的位向效应,形成相变切变分力,并应用"相变力学"(transformation thermomechanics)一词,值得重视。

相变研究不但在理论上探视材料相变的特征,还为材料工艺技术的创新提供途径。例如,20 世纪 40 年代,专家们热衷于钢中珠光体相变研究之际,Zener[68]独具匠心,将相变能量和形态(珠光体片层厚度)相联系,提出珠光体的片层厚度 S(与表面能相关)和相变过冷度 ΔT(与相变驱动力有关)的关系式:

$$S \cdot \Delta T = \text{const.} \tag{1.44}$$

结合 Kramer 等[69]测得 α/Fe_3C 间的界面能为 $700 \pm 300 \text{ erg/cm}^2$,求得 $S \cdot \Delta T$ 的常数[66,70]为

$$S \cdot \Delta T = 6 \times 10^{-4} \text{ cm} \cdot \text{℃} \tag{1.45}$$

Marder 和 Bramfitt[71]以 0.81% C 钢的实验值,得 $S \cdot \Delta T$ 的常数的普适值为 8.02×10^3 nm·K。参照上述 α/Fe₃C 间的界面能实验值大的误差范围,此值与式(1.45)相差并不大。按 Marder 和 Bramfitt[72]对 0.81% C 钢的实验,得珠光体形态(片间距单位为 μm)与钢的屈服强度 σ_{ys} 和断裂强度 σ_{fs} 的关系分别为

$$\sigma_{ys} = (139 + 46.4 S^{-1}) \text{ MPa} \tag{1.46}$$

$$\sigma_{fs} = (436.4 + 98.1 S^{-1}) \text{ MPa} \tag{1.47}$$

以 $S \cdot \Delta T$ 常数为 8.02×10^3 nm·K 代入式(1.46)和式(1.47),得

$$\sigma_{ys} = (5.77 \Delta T + 139) \text{ MPa} \tag{1.48}$$

$$\sigma_{fs} = (12.23 \Delta T + 436.4) \text{ MPa} \tag{1.49}$$

式(1.48)和式(1.49)为共析钢热处理工艺提供参考值[66]。

又如,研究应力对钢中奥氏体→铁素体和珠光体相变[73]、贝氏体相变[74,75]以及马氏体相变[76]的影响[77,78],其结果期望能发展成为塑性成型与热处理一体化的新工艺[79,80]。再如,对钢中相变研究的积累势必开发出新的超高强度钢[81,82]。

参考文献

[1] Ehrenfest P. Proc. Amsterdam Acad. 1933, 36:153.

[2] 徐祖耀. 金属材料热力学[M]. 1 版. 北京:科学出版社, 1981:155-177, 199-221.

[3] Gibbs W J. On the equilibrium of heterogeneous substances[C]. 1876, in Collected Works, Volume 1, Longmans, Green and Co., New York, 1928; Yale University Press, New Haven Connecticut, 1948; Scientific Papers, Ⅰ, Dover, New York, 1961:105-115, 252-258.

[4] Christian J W. The theory of transformation in metals and alloys[M]. 3rd ed. Oxford:Pergamon-Elsevier, 2002.

[5] Pippard A B. Element of classical thermodynamics[M]. Cambridge University Press, 1966.

[6] Rao C H R, Rao K J. Phase transitions in solids[M]. McGraw-Hill, 1978:20.

[7] 徐祖耀. 相变原理[M]. 北京:科学出版社, 1988.

[8] Cahn J W. On Spinodal decomposition[J]. Acta Met., 1961, 9:795.

[9] Cohen M, Olson G B, Clapp P C. Proc. Intern. Conf. Martensitic Transformations ICOMAT-79, MIT., 1979, 1.

[10] 徐祖耀. 热处理的基本理论-相变研究得新进展(一)[J]. 金属热处理学报, 1980, I(1):1.

- [11] 徐祖耀. 块状相变[J]. 热处理, 2003, 18(3): 1.
- [12] 徐祖耀. 马氏体相变研究的进展(一, 二)[J]. 上海金属, 2003, 25(3, 4): 1.
- [13] 徐祖耀. 马氏体相变和马氏体[M]. 2版. 北京: 科学出版社, 1999.
- [14] 徐祖耀. 贝氏体相变简介[J]. 热处理, 2006, 21(2): 1.
- [15] Hsu T Y (Xu Zuyao), Mou Y. Phase transformations in ferrous alloys. Proc. TMS - AIME, 1984: 327.
- [16] Hsu T Y (Xu Zuyao), Mou Y. Thermodynamics of the bainitic transformation in Fe - C alloys[J]. Acta Metall., 1984, 32: 1469.
- [17] 徐祖耀, 牟翊文. Fe - C 合金贝氏体相变热力学 (KRC 模型)[J]. 金属学报, 1985, 21: A107.
- [18] 徐祖耀, 牟翊文. Fe - C 合金贝氏体相变热力学 (LFG 模型)[J]. 金属学报, 1987, 23: A33.
- [19] Mou Y, Hsu T Y (Xu Zuyao). Bainite formation in low carbon Cr - Ni steel[J]. Metall. Trans. A, 1988, 19A: 1695.
- [20] Hsu T Y (Xu Zuyao), Zhou X. Thermodynamics of the bainitic transformation in a Cu - Zn alloy[J]. Acta Metall., 1989, 37: 3095.
- [21] 徐祖耀, 周晓望. Cu - Zn 合金贝氏体相变热力学[J]. 材料科学进展, 1989, 3: 391.
- [22] 徐祖耀, 周晓望. Cu - Al 合金贝氏体相变热力学[J]. 金属学报, 1992, 28: A262; Hsu T Y (Xu Zuyao), Zhou X. Thermodynamics of bainitic transformation in Cu - 24at.% Al alloy[J]. Acta Metall. Sinica. (English Edition) Ser. A., 1992, 5: 465.
- [23] Hsu T Y (Xu Zuyao), Zhou X W. Thermodynamics of bainitic transformation in Cu - Zn - Al alloy[J]. Acta Metall. Mater., 1991, 39: 2615.
- [24] 徐祖耀. Cu - Zn - Al 合金中贝氏体相变的机制及应用[J]. 上海金属(有色分册), 1993, 14(5): 1.
- [25] Hsu T Y (Xu Zuyao), Zhou X W. Thermodynamic consideration of formation mechanism of α_1 plate in β Cu - base alloys[J]. Metall. Mater. Trans., 1994, 25: 2555.
- [26] Jiang B, Tu J, Hsu T Y (Xu Zuyao), Qi X, Zheng X, Zhong J. Mater. Res. Soc. Symp. Proc., 1992, 246: 213
- [27] 徐祖耀, 刘世楷. 贝氏体相变与贝氏体[M]. 北京: 科学出版社, 1991.
- [28] Sutton A P, Balluffi R W. Interfaces in crystalline materials[M]. Oxford: the Clarenden Press, 1995
- [29] 徐祖耀, 李麟. 材料热力学[M]. 3版. 北京: 科学出版社, 2005.
- [30] Mullins W W. Metal interfaces[M]. ASM, 1963.
- [31] Gibbs J W. The scientific papers of Gibbs J Willard[G]. Vol. 1., Thermodynamics,

Dover publications, New York, N. Y., 1961, 325.

[32] Aaronson H I. Decomposition of austenite in diffusional processes[M]. Interscience, 1962, 387.

[33] Laird C, Aaronson H I. The dislocation structures of the broad faces of widmanstätten γ plates in an Al – 15% Ag alloy[J]. Acta Met., 1967, 15: 73.

[34] Laird C, Aaronson H I. Structures and migration kinetics of alpha: theta prime boundaries in AI – 4 pct Cu: part I – interfacial structures[J]. Trans. Met. Soc. AIME, 1968, 242: 1393.

[35] Aaronson H I, Laird C. Structure and migration kinetics of alpha: theta prime boundaries in AI – 4 pct Cu: part II – kinetics of growth[J]. Trans. Met. Soc. AIME, 1968, 242: 1437.

[36] Jackson K A. Liquid metals and solidification[M]. ASM, 1958: 174.

[37] Jackson K A. Growth and perfection of crystals[M]. John Wiley & Sons, Inc., 1958, 319.

[38] 徐祖耀，李鹏兴. 材料科学导论[M]. 上海：上海科学技术出版社，1986

[39] Tiller W A. Solidification. ASM, 1971: 59.

[40] Cahn J W. Theory of crystal growth and interface motion in crystalline materials[J]. Acta Met., 1960, 8: 554.

[41] Whitton J L. Transmission electron microscopy of uranium monocarbide[J]. J. Nucl. Mater., 1964, 12: 115.

[42] Kinsman K R, Aaronson H I. Structure of crystalline interfaces[J]. Metallography, 1964, 7: 361.

[43] Kinsman K R, Aaronson H I, Eichen E. The kinetics and mechanism of the thickening of κ plates in a Cu – Si alloy[J]. Met. Trans. A, 1971, 2: 1041.

[44] Rastogi P K, Ardell A J. The coarsening behavior of the γ' precipitate in nickel-silicon alloys[J]. Acta Met., 1971, 19: 321.

[45] Cline H E. et al. The variation of interface dislocation networks with lattice mismatch in eutectic alloys[J]. Acta Met., 1971, 19: 405.

[46] Mehl R F. The sorby centennial symposium on the history of metallurgy[J]. Metall. Soc. Conf., 1963, 27: 245 – 269.

[47] Kurdjumov G, Sachs G. Über den Mechanismus der Stahlhärtung[J]. Z. Physik, 1930, 64: 325.

[48] Jack K H. Structural transformations in the tempering of high carbon martensitic steel [J]. JISI., 1951, 169: 26.

[49] Iисайчев И В. Ориентация цементита в отпущенной углеродистой стали[J]. Жтф, 1947, T. 17: 7839

[50] Bagaryatskii Y A. Вероятный механизм распада мартенсита[J]. Dan. Sssr, 1950,

75：1161.
- [51] Pitsch W. Der Orientierungszusammenhang zwischen Zementit und Austenit[J]. Acta Met., 1962, 10：897.
- [52] 刘文西, 王冰辉, 种克端, 张存信. 6Cr4Mo3Ni2WV 钢中的碳化物[J]. 金属学报, 1981, 17：513.
- [53] 徐祖耀, 顾文桂, 俞学节. 贝氏体中的巨型台阶和碳化物[J]. 金属学报, 1983, 19：A12.
- [54] Hsu T Y (Xu Zuyao), Gu Wengui, Yu Xuejie. Proc. Inter. Conf. Solid-Solid Phase transformations. TMS-AIME, 1982, 1029.
- [55] Landau L D, Lifshitz E M. Statistical physics[M]. Oxford：Pergamon Press, 1969.
- [56] 朗道, 利弗席紫. 统计物理学[M]. 杨训恺, 等译. 北京：人民教育出版社, 1979：4.
- [57] Kelton K F. Solid State Phys[M]. Academic Press Inc., 1991, 45：75.
- [58] Christian J W. The theory of transformations in metals and alloys[M]. 3rd ed. Oxford：Pergamon-Elsevier, 2002.
- [59] Offerman S E, Dijk N H. van, Sietsma J, Grigull S, Lauridsen E M, Margulies L, Poulsen H F, Rekveldt M Th, Zwang S van. Grain Nucleation and Growth During Phase Transformations[J]. Science, 2002, 298：1003.
- [60] Aaronson H I, Lange W F, Purdy G R. Discussion to "Grain nucleation and growth during phase transformations"[J]. Science, 298, 1003 (November 1, 2002); Scripta Mater., 2004, 51：931.
- [61] Offerman S E, Dijk N H van, Sietsma J, der Zwang S van, Lauridsen E M, Margulies L, Grigull S, Poulsen H F. Reply to the discussion by Aaronson et al. to "Grain nucleation and growth during phase transformations"[J]. Science, 298, 1003 (November 1, 2002); Scripta Mater., 2004, 51：937.
- [62] Yang Zhi-gang, Enomoto M. Proc. solid-solid phase transformations in inorganic materials[G]. Vol.1, Diffusional Transformation, Soffa, TMS(The Minerals, Metals & Materials Society), 2005, 47-52.
- [63] Dijk N H van, Offerman S, Sietsma J, der Zwang S van. Barrier-free hetero-geneous grain nucleation in polycrystalline materials：the austenite to ferrite phase transformation in steel[J]. Acta Mater., 2007, 55：4489.
- [64] Kashchier D. Nucleation, basic theory with applications[M]. Oxford：Butterworth-Heinemann, 2000.
- [65] Balluffi R W, Allen S M, Carter W C. Kinetics of Materials[M]. Hoboken, New Jersey：Wiley Interscience, John Wiley & Sons, Inc., 2005.
- [66] 徐祖耀. 第八届全国相变及凝固学术会议特邀大会报告[C]. 会议详细摘要集, 中国金属学会材料科学分会, 宝山钢铁公司编, 2008：3；热处理, 2009, 24

(2): 1.

[67] Fisher F D, Reisner G, Werner E, Tanaka K, Cailletaud G, Antretter T. A new view on transformation induced plasticity (TRIP)[J]. Inter. J. Plasticity, 2000, 16: 723.

[68] Zener C. Trans. AIME, Contents of Volume 167, Iron and Steel Division, 1946, 167: 550.

[69] Kramer J J, Pound G M, Mehl R F. The free energy of formation and the interfacial enthalpy in pearlite[J]. Acta Metall., 1958, 6: 763.

[70] 徐祖耀. 金属材料热力学[M]. 北京: 科学出版社, 1981: 280-282.

[71] Marder A R, Bramfitt B L. Effect of continuous cooling on the morphology and kinetics of pearlite[J]. Metall. Trans. A, 1975, 6A: 2009.

[72] Marder A R, Bramfitt B L. Pearlite growth rate of Fe-C-X eutectoid alloys[J]. Metall. Trans. A, 1976, 7A: 902.

[73] Ye J S, Chang H B, Hsu T Y (Xu Zuyao). A kinetics model of isothermal ferrite and pearlite transformation under applied stress[J]. ISIJ. Inter., 2004, 44(6): 1079.

[74] 徐祖耀. 应力对钢中贝氏体相变的影响[J]. 金属学报, 2004, 40(2): 113.

[75] Hsu T Y (Xu Zuyao). Invited paper [C]. Proc. Inter. Conf. Solid-Solid Phase Transformations in Inorganic Materials. Vol. 1, Diffusional Transformation, TMS (The Minerals, Metals & Materials Society), 2005: 485-496.

[76] Hsu T Y (Xu Zuyao). Plenary lecture at ICOMAT-05, Martensitic transformation under stress[J]. Mater. Sci. Eng. A, 2006, 438-440: 64.

[77] 徐祖耀. 应力作用下的相变[J]. 热处理, 2004, 19(2): 1.

[78] Hsu T Y (Xu Zuyao). Additivity hypothesis and effects of stress on phase transformation in steel[J]. Current Opinion in Solid State & Mater. Sci., 2005, 9: 256.

[79] 徐祖耀. 材料塑性成形与热处理一体化工程的理论基础[J]. 中国工程科学, 2004, 6(1): 16.

[80] Hsu T Y (Xu Zuyao). Pacific Rim Inter. Conf. Advanced Materials and Processing. Mater. Sci. Forum, 2005, 475-479: 31.

[81] Hsu T Y (Xu Zuyao). Phase transformation session. Pacific Rim Inter. Conf. Advanced Materials and Processing. Mater. Sci. Forum, 2007, 561-565: 2283.

[82] 徐祖耀. 用于超高强度钢的淬火-碳分配-回火(沉淀)(Q-P-T)工艺[J]. 热处理, 2008, 23(2): 1; Hsu T Y (Xu Zuyao). International heat treatment and surface engineering. 2008, 2(2): 1.

第二章
相变热力学

相变热力学的基本内容为计算相变驱动力，以相变驱动力大小决定相变的倾向，有时，能帮助判定相变机制，在能够估算临界相变驱动力（相变发生所需的驱动力）的条件下，可求得相变的临界温度。本章通过计算材料相变过程中新相与母相的自由能与外界约束条件（温度、压力或组分）的关系，介绍材料中一些常见相变的热力学计算。

相变存在各种各样的形式，沿袭 J. W. Christian 的一种分类，根据相变是形核类型还是非形核类型，是热激活型还是无扩散型，在热激活型中是扩散控制还是界面控制，可将本章所涉及的相变分成如表 2.1 所示的各种类型。

表 2.1 本章所涉及相变的分类

生长过程 初期过程	热激活型		无扩散型
	界面控制	扩散控制	
非形核类型		无序-有序转变(2.4 节) 失稳分解(2.5 节)	
形核类型	纯物质凝固 (2.3 节)	脱溶析出(2.6 节) 共晶-共析相变(2.7 节)	马氏体相变 (2.2 节)
	珠光体相变(2.7 节)		

第二章 相变热力学

2.1 新相的形成和相变驱动力

2.1.1 新相的形成

通过热力学计算各相的自由能数值,可以指明某一新相的形成是否可能。材料发生相变时,在形成新相前往往出现浓度起伏,形成核胚,再成为核心并长大。在相变过程中,所出现的核胚,不论是稳定相或亚稳相,只要符合热力学条件,都可能成核长大,因此相变中可能出现一系列亚稳定的新相。

例如材料凝固时往往出现亚稳相,甚至得到非晶态。根据热力学,虽然吉布斯自由能最低的相最为稳定,但只要在一个相的熔点(理论平衡熔点)以下,这个相虽然对稳定相来说,具有较高的吉布斯自由能,只要亚稳相的形成会使体系的吉布斯自由能降低,材料的凝固就是可能的。例如图 2.1 所示为某纯物质在 T_m^α 温度以下液相 L、稳定相 α 和亚稳定相 β、γ、δ 的自由能随温度的变化曲线。若过冷至 T_m^α 以下,由液相凝固为 α、β 和 γ 都是可能的,都引起吉布斯自由能的下降,当然 δ 相是不可能存在的。

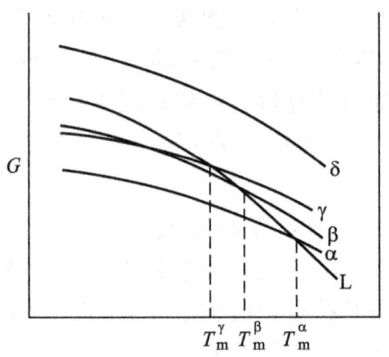

图 2.1 具有几个亚稳相纯物质的吉布斯自由能

在 T_m^α 时,由于 α 相和液相 L 平衡共存,因此

$$\Delta G_m^{L\to\alpha} = \Delta H_m^{L\to\alpha} - T_m^\alpha \Delta S_m^{L\to\alpha} = 0 \qquad (2.1)$$

其中,$\Delta H_m^{L\to\alpha}$ 为发生 L→α 相变时的热效应,称为相变潜热。所以有

$$\Delta S_m^{L\to\alpha} = \Delta H_m^{L\to\alpha}/T_m^\alpha$$

在合金的温度为略低于 T_m^α 的某一温度 T,当 T 与 T_m^α 相差不大时,在温度 T 时液相至 α 相的吉布斯自由能差为

2.1 新相的形成和相变驱动力

$$\Delta G^{L\to\alpha} = \Delta H^{L\to\alpha} - T\Delta S^{L\to\alpha} = \Delta H_m^{L\to\alpha} - T\Delta S_m^{L\to\alpha}$$
$$= \Delta H_m^{L\to\alpha}(1 - T/T_m^{\alpha}) \tag{2.2}$$

对于液相凝固过程，一般为放热过程，因此 $\Delta H_m^{L\to\alpha} < 0$。所以，当 $T < T_m^{\alpha}$ 时，$\Delta G^{L\to\alpha} < 0$，此时，从热力学上讲液相将有转变为 α 相的趋势，因此 $\Delta G^{L\to\alpha}$ 称为相变的驱动力。

一般情况下，金属的熔化焓与熔点大体上成比例关系，并有如下理查德经验定律(如图 2.2 所示)[3]

$$\Delta H_m^{L\to\alpha} \approx -RT_m^{\alpha} \tag{2.3}$$

因此，在 $T < T_m^{\alpha}$ 时的金属凝固相变驱动力，即两相吉布斯自由能差可进一步近似为

$$\Delta G^{L\to\alpha} = -R(T_m^{\alpha} - T) \tag{2.4}$$

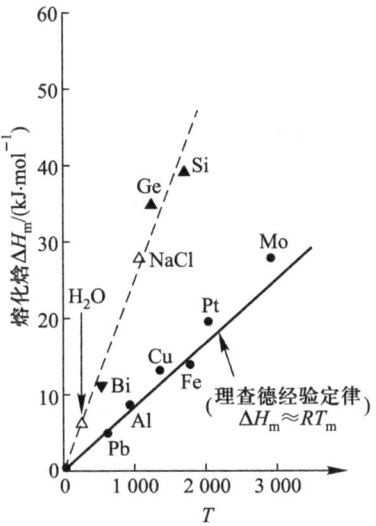

图 2.2 理查德经验定律[3]

在合金中，成分为 x_α 的合金具有的自由能为 $G(x_\alpha)$，其 μ_A^α 及 μ_B^α 可由切线原则求得。在大量成分为 x_α 的 α 中若加入极微量的摩尔成分为 x 的材料，则这部分的自由能将为 $G(x, x_\alpha)$，如图 2.4 所示。由于 $G_m(x, x_\alpha) > G_m(x_\alpha)$，这部分起伏或核胚将显而覆灭，不能持续存在。如果体系内部存在成分涨落，则体系自由能增至 $G'(x_\alpha)$，体系将恢复至原来的状态。

又如图 2.3，此时合金的稳定相为 α 和 β，其平衡相浓度可由公切线求得(稳定 β 相的浓度为 x_β，当成分为 x_α 的 α 相内先出现微量的、浓度为 x_γ 的起伏时，可将它看做由大量 α 相中转移少量成分为 x_γ 的部分至成分为 x_β 的 β

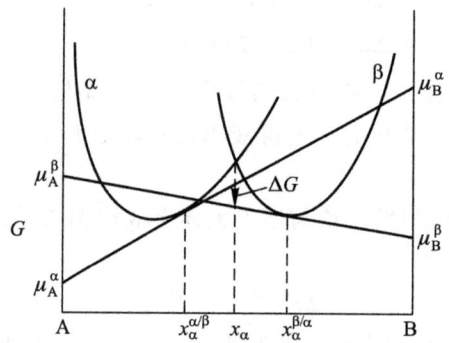

图 2.3　将一摩尔成分为 x 的材料加至大量的 α（成分为 x_α）
中时自由能的变化

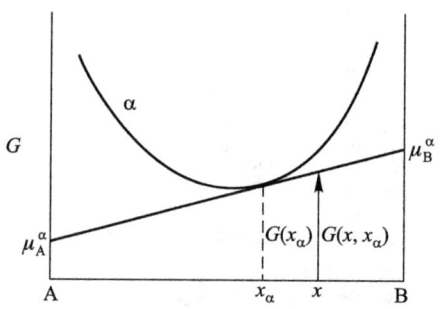

图 2.4　由成分为 x_α 的 α 相转移成分为 x_γ 的部分至成分为 x_β 的 β
相时自由能的变化

相）。此时自由能的变化 ΔG（见图 2.3）为

$$\Delta G = (1 - x_\gamma)(\mu_A^\beta - \mu_A^\alpha) + x_\gamma(\mu_B^\beta - \mu_B^\alpha) \tag{2.5}$$

由图 2.4 可见，此时 $\Delta G < 0$，因此成分为 x_γ 的起伏或核胚将能持续存在、长大成为稳定新相。

2.1.2　形核能垒

虽然溶体中存在相变驱动力，但是对于形核类型的相变能否发生，即新相形成的先决条件为相变的驱动力是否大于新相的形核能垒。下面以简单的液相凝固为例（相变阻力仅考虑形成新相界面所需的能量）简要说明形核类型（新相核胚为球形）相变的形核能垒。

将由于温度降低而产生的新相与母相的体积自由能差称为相变的驱动力，

2.1 新相的形成和相变驱动力

而相变产生的界面（新相表面）自由能则为相变的阻力，因此相变前后整个体系自由能的变化为体积自由能变化与界面自由能变化的代数和。

球形核胚的体积为 $V_\alpha = \frac{4}{3}\pi r^3$，表面积为 $A_\alpha = 4\pi r^2$，考虑界面能全的体系相变自由能的变化为

$$\Delta G^{L\to\alpha} = -V_\alpha \Delta G_V^{L\to\alpha} + A_\alpha \Delta G_S^{L\to\alpha} \tag{2.6}$$

式中，ΔG_V 和 ΔG_S 分别为单位体积自由能变化和新相与母相单位界面自由能差。

虽然在形成新相之前，母相中存在大量新相晶胚，但是这些晶胚能否发展成为新相晶核，要看晶胚尺寸的大小。由于球形晶胚的表面积和体积与半径的关系分别是平方和立方的关系，因此，体系相变自由能的变化与球形晶胚半径 r 的关系具有如图 2.5 所示先增后降的特征[4]。当晶胚尺寸小于 r^* 时，晶胚的继续长大将使自由能变化 ΔG 增加（越来越正），晶胚变得不稳定，而存在逐渐减小直至消失的趋势。只有当晶胚尺寸大于 r^* 时，晶胚的继续长大将使自由能变化 ΔG 不断减少，而成为稳定的新相晶核。所以 r^* 称为临界晶核尺寸。

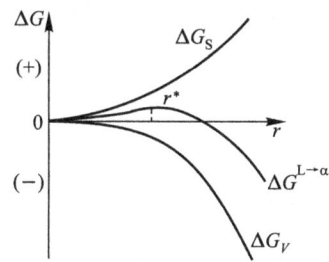

图 2.5　相变形核时体积自由能、表面自由能和体系
自由能变化情况

由于临界晶核尺寸 r^* 对应着 ΔG 的极大值 ΔG^*（称为临界形核功）的位置，因此有

$$\left(\frac{\partial \Delta G}{\partial r}\right)_{r^*} = 0 \tag{2.7}$$

代入

$$\Delta G_S^{L\to\alpha} = \sigma, \quad \Delta G_V^{L\to\alpha} = \Delta H_m^{L\to\alpha}(1 - T/T_m^\alpha) = \Delta H_m^{L\to\alpha}(\Delta T/T_m^\alpha)$$

得到

$$r^* = \frac{2\sigma T_m}{\Delta H_m \Delta T} \tag{2.8}$$

式中，$\Delta T = T_m - T$ 称为过冷度。所以，临界形核功为

第二章 相变热力学

$$\Delta G^* = \frac{64\pi}{3} \frac{T_m^2 \sigma^3}{(\Delta H_m)^2 (\Delta T)^2} = \frac{1}{3} A_S^* \sigma \qquad (2.9)$$

其中，A_S^* 为临界晶核的表面积。

式(2.9)适用于各向同性的母相(例如液相)中均匀形核的情形。实际液相的凝固是靠非均匀形核，其临界晶核尺寸与均匀形核的相同，但其临界形核功小于均匀形核的临界形核功，因此所需的过冷度也小。具体原理可参考相变动力学的资料[5]。对于固态相变(常需要考虑相变应变能垒)，随着相变类型的不同，其临界晶核尺寸也不同。

2.2 马氏体相变热力学

1895 年将高碳钢经淬火后的显微结构命名为马氏体，以后人们就以这类组织的形态(针叶状)及其性质(硬度高，具铁磁性)来描述马氏体，把形成这类组织的过程及其晶体结构改变(面心立方→四角正方)过程称为马氏体相变。这种根据马氏体形态和性质来定义使得多年来对马氏体的反映相变本质特征的严格定义存在颇多争议。徐祖耀总结了半个多世纪以来各学者所做的定义，建议将马氏体相变定义为：替换原子经无扩散位移(均匀和不均匀形变)，由此产生形状改变和表面浮突，呈不变平面应变(相界面不应变、不转动)特征的一级、形核长大型相变[2]。

2.2.1 马氏体相变的一般特征

马氏体相变是一种位移型相变，通过在相界面处位错的保守运动、原子高度有序"军事化"的迁移(shuffling)，使相界面推进，产生宏观的形状改变，不涉及长程扩散，因此，马氏体和其母体相有相同的化学组成。在这种机制下，热激活是不重要的，所以，马氏体在相对低的温度能高速转变。这些特征与机械孪生过程相似。

但是马氏体相变与机械孪生在本质上是不同的。马氏体与其母相是不同的相，具有不同的晶体结构和密度。但是孪晶及其母体(parent)是同一种相，区别仅仅是晶体取向不同。分别通过马氏体相变和孪生过程中产生的宏观应变如图 2.6 所示。在孪生过程中，没有体积改变，形状改变(或称为应变)由一个平行于孪晶面的切变组成，这个应变被归类为不变平面应变，因为孪晶面在孪生过程中既没有应变也没有转动，因此孪晶面被称为孪生形变的不变平面[6]。

马氏体的形成过程中，沿着马氏体与母相界面(也称惯习面)处产生很好的尺寸匹配，因而降低两相间的弹性错配能，所以从某种程度上讲，惯习面也是一个不变平面。马氏体相变产生的体积变化表现为垂直于惯习面方向的膨

2.2 马氏体相变热力学

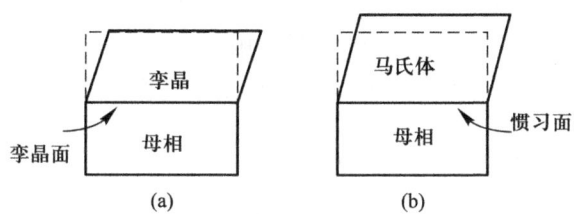

图 2.6 （a）孪生、（b）马氏体相变引起的宏观应变示意图

胀。所以，整个相变应变可以分解为平行于惯习面的切变分量和垂直于惯习面的膨胀分量[如图 2.6(b)]。图 2.7 揭示了当马氏体切割(traverse)一个单晶母相时的形状改变。当马氏体在母相中以夹杂物形式生长时，夹杂物常形成透镜状，并以透镜的长面平行于惯习面而降低弹性应变能。

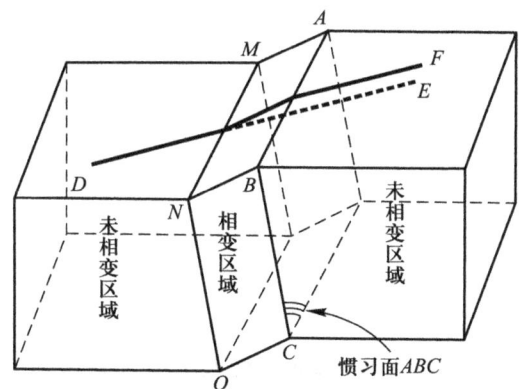

图 2.7 一片马氏体穿过单晶母相时产生的宏观应变[6]

马氏体相变的驱动力来自单位体积的体积自由能（化学自由能）的降低。然而，由于马氏体相变会使样品的形状发生改变，当应力存在时（受束缚），相变进程受到阻碍，既然马氏体相变的形状改变可以分为不变平面切变分量和垂直于不变平面的膨胀分量，那么相变阻力也可以分为两部分。其中，切变分量可表示为 σ_s、ε_s，式中 σ_s 为沿不变平面切变方向分解得到的切变应力，ε_s 为切应变。膨胀分量可表示为 σ_{nn}、ε_{nn}，式中 σ_{nn} 为垂直于不变平面的正应力，ε_{nn} 为正应变。因此，马氏体相变总和的能量变化可表示为

$$\Delta G = \Delta G_C + \sigma_s \varepsilon_s + \sigma_{nn} \varepsilon_{nn} \tag{2.10}$$

马氏体相变通常是冷却母相至 ΔG_C 为负值以后的某个温度而触发的，马氏体随后在化学自由能降低的驱动下以保守的界面滑动(glissile)方式形核、长

大。有时，甚至能以接近声速的速度生长，并能听到界面滑动发出的声音。

式(2.10)给出了马氏体相变所需要克服的应变能，有时还需要考虑相变所需克服的界面能，伴随相变能量方面的讨论见2.2.2节。

2.2.2 铁基合金马氏体相变热力学

材料进行马氏体相变时的吉布斯自由能变化可表述为[2]

$$\Delta G^{P \rightarrow M} = \Delta G_C + \Delta G_{NC} \tag{2.11}$$

其中：ΔG_C 表示化学自由能的改变（化学驱动力）；ΔG_{NC} 表示非化学自由能的改变（需克服的相变阻力），包括马氏体形成时所需供给的表面能和需克服的应变能。由于马氏体相变为无扩散型相变（低碳 Fe–C 基合金中碳原子扩散除外），母相 P 与马氏体 M 的浓度相等。

对于 Fe 基合金的马氏体相变，fcc(γ)$\rightarrow$bcc(α) 的马氏体相变，$\Delta G^{\gamma \rightarrow M}$ 可表述为

$$\Delta G^{\gamma \rightarrow M} = \Delta G^{\gamma \rightarrow \alpha} + \Delta G^{\alpha \rightarrow M} \tag{2.12}$$

其中，γ 和 α 的浓度相等。T_0 的温度定义为 $\Delta G^{\gamma \rightarrow \alpha} = 0$ 的温度。$\Delta G^{\gamma \rightarrow \alpha}$ 可由不同热力学模型求得，$\Delta G^{\alpha \rightarrow M}$ 表示非化学自由能的改变，在 M_s 时

$$\Delta G^{\gamma \rightarrow \alpha} = \Delta G^{\alpha \rightarrow M} \tag{2.13}$$

因此，$\Delta G^{\alpha \rightarrow M} |_{M_s}$ 一般称为相变所需的临界相变驱动力。

马氏体相变的临界相变驱动力可表示为

$$\Delta G^{\alpha \rightarrow M}_{el} = \Delta G^{\alpha \rightarrow M} + E_{fr} + aA \tag{2.14}$$

式中：$\Delta G^{\alpha \rightarrow M}_{el}$ 为弹性储存能，即 Rain 应变及随后在惯习面上滑移或孪生自协调残余应变所需的能量，在一些 Fe 基合金中也可能发生塑性变形；E_{fr} 为不可逆的摩擦能，与相变中界面迁动和缺陷产生有关；aA 为界面能，即由于母相和马氏体相界面生成所需的能量，然而对于共格或半共格界面，这项数值很小，常被忽略。

式(2.14)中，非化学能项分为两部分：储存能，即弹性、塑性变形、缺陷形成表面能等，假设与成分和温度无关，取 900 J·mol^{-1}；切变能，即开动切变所需能量，可表示为

$$U_s = \frac{1}{2} V \phi \tau$$

式中：V 为总的形变体积，即形成马氏体摩尔体积之和及变性奥氏体的摩尔体积之和；ϕ 为切变量；τ 为切变应变。徐祖耀推得切变能为

$$U_s = 2.1\alpha \quad J \cdot mol^{-1} \tag{2.15}$$

式中 α 为奥氏体在 M_s 的屈服强度。

据估算，对 Fe-C 和 Fe-X-C（X 含量不太大）合金，$\Delta G^{\alpha \to M}|_{M_s}$ 为

$$\Delta G^{\alpha \to M}|_{M_s} = (2.1s + 900) \quad \text{J·mol}^{-1} \tag{2.16}$$

其中，s 表示奥氏体在 M_s 时的屈服强度，900 J·mol^{-1} 为切变成马氏体所需的能量（包括马氏体内的储存能）。由实验所得 M_s，并应用 Fisher-徐模型所得 Fe-C 的 $\Delta G^{\gamma \to \alpha}$，求得 Fe-C 马氏体相变的临界驱动力，它和式(2.16)所估算的值符合得很好。

应用不同模型求出 $\Delta G^{\gamma \to \alpha}(T)$，可求得 T_0 温度；经测定奥氏体在 M_s 时的屈服强度 s，由 $\Delta G^{\gamma \to \alpha}(T)$ 及式(2.16)即可求得不同成分 Fe-C、Fe-X 和 Fe-X-C 合金的 M_s，与实测的颇为符合[7]，见图 2.8。

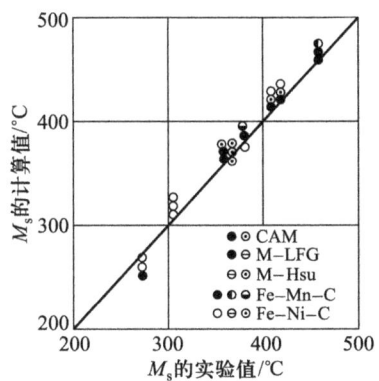

图 2.8 Fe-Ni-C 合金 M_s 温度计算值与实验值的比较

假设马氏体界面的可动性受固溶原子的影响，以 Olson 和 Cohen 提出的马氏体形核模型为基础，Ghosh 和 Olson 提出了马氏体变温形核的热力学方法。非均匀形核的能量由两部分组成，即位错能和层错能，临界形核取决于层错能和界面摩擦功之间的相对大小（平衡），摩擦功又可分为两部分，即变温项 E_{fr}^{atherm}（仅取决于成分）和恒温项 E_{fr}^{therm}（与成分和温度都有关），因此，马氏体相变的驱动力可表示为

$$\Delta G^{\alpha \to M} = K_1 + E_{fr}^{atherm}(K_i^{atherm}, X_i) + E_{fr}^{therm}(K_i^{therm}, X_i, T) \tag{2.17}$$

式中，常数 K_1 包含应变、界面和缺陷能，系数 K_i^{atherm} 和 K_i^{therm} 表示变温、等温摩擦功中不同项的贡献。

2.2.3　陶瓷和有色合金中的马氏体相变热力学

对含 ZrO_2 陶瓷中正方 t→单斜 M 马氏体相变，可列出

$$\Delta G^{t \to M} = \Delta G_C^{t \to M} + \Delta G_{sur} + \Delta G_{str} + \Delta G_{mic} \tag{2.18}$$

式中，$\Delta G_\text{C}^{\text{t}\to\text{M}}$ 表示化学自由能差，ΔG_sur 为表面能，ΔG_str 为应变能，ΔG_mic 为微裂纹形成能。ΔG_sur、ΔG_str、ΔG_mic 均为非化学自由能。经由相图求得 $\Delta G_\text{C}^{\text{t}\to\text{M}}$，并经估算非化学自由能后，即可求得不同成分 ZrO_2 陶瓷的 T_0 和 M_s。对 Ce-ZrO_2 所求得的 M_s 与实验值相吻合[8]。

对 β-Cu 基合金 β′-M 的热弹性马氏体相变和 fcc(t)→hcp(ε) 马氏体相变[9]，分别考虑相变所涉及的有序化转变和层错机制、热力学对相变温度的预测，获得的结果与实验结果符合得较好[2]，为材料设计提供了有效数据。

2.3 凝固与熔化

2.3.1 相线和分配系数

讨论用正规溶体模型来分析 A、B 二组元组成 α、L 两相平衡时吉布斯自由能的变化。

$$\begin{aligned}
G_\text{A}^\alpha &= {}^\circ G_\text{A}^\alpha + RT\ln x_\text{A}^\alpha + (1 - x_\text{A}^\alpha)^2 I_\text{AB}^\alpha \\
G_\text{B}^\alpha &= {}^\circ G_\text{B}^\alpha + RT\ln x_\text{B}^\alpha + (1 - x_\text{B}^\alpha)^2 I_\text{AB}^\alpha \\
G_\text{A}^\text{L} &= {}^\circ G_\text{A}^\text{L} + RT\ln x_\text{A}^\text{L} + (1 - x_\text{A}^\text{L})^2 I_\text{AB}^\text{L} \\
G_\text{B}^\text{L} &= {}^\circ G_\text{B}^\text{L} + RT\ln x_\text{B}^\text{L} + (1 - x_\text{B}^\text{L})^2 I_\text{AB}^\text{L}
\end{aligned} \quad (2.19)$$

$$\begin{aligned}
{}^\circ G_\text{A}^\alpha &= {}^\circ G_\text{A}^\text{L} + \frac{\Delta H_\text{A}^{\alpha\to\text{L}}}{T_\text{A}}(T_\text{A} - T) \\
&= {}^\circ G_\text{A}^\text{L} + R(T_\text{A} - T)
\end{aligned} \quad (2.20)$$

其中，${}^\circ G_\text{A}^\alpha$ 和 ${}^\circ G_\text{A}^\text{L}$ 分别为纯 A 在标准状态下 α 相和液相的摩尔吉布斯自由能。对于金属符合理查德经验定律，两相平衡，$G_\text{A}^\alpha = G_\text{A}^\text{L}$，$G_\text{B}^\alpha = G_\text{B}^\text{L}$，$x_\text{A} + x_\text{B} = 1$，可得

$$\begin{aligned}
RT\ln\frac{x_\text{A}^\alpha}{x_\text{A}^\text{L}} &= (x_\text{B}^\text{L})^2 I_\text{AB}^\text{L} - (x_\text{B}^\alpha)^2 I_\text{AB}^\alpha + R(T_\text{A} - T) \\
RT\ln\frac{x_\text{B}^\alpha}{x_\text{A}^\text{L}} &= (x_\text{A}^\text{L})^2 I_\text{AB}^\text{L} - (x_\text{A}^\alpha)^2 I_\text{AB}^\alpha + R(T_\text{B} - T)
\end{aligned} \quad (2.21)$$

可令 $K_{\text{A/B}}^{\alpha/\text{L}} = x_\text{A}^\alpha/x_\text{A}^\text{L}$，$K_{\text{B/A}}^{\alpha/\text{L}} = x_\text{B}^\alpha/x_\text{B}^\text{L}$，称之为分配系数。

已知组元间相互作用系数时，通过计算可得溶体的液相线和固相线，见图 2.9；或者已知液固转变温度、组元的分配系数，可计算得到组元间的相互作用系数。

由于熔化熵和相互作用参数的不同，半导体化合物的液相线与固相线之间

2.3 凝固与熔化

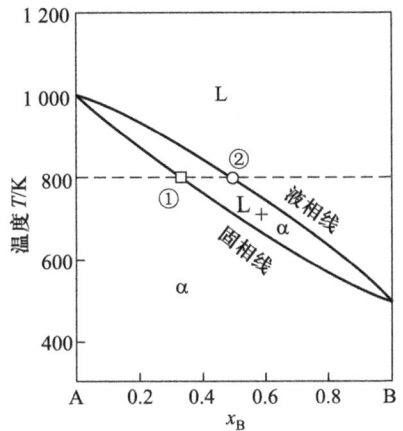

图 2.9 固液相完全互溶的固相线和液相线

的宽度明显较大。

2.3.2 固体表面曲率对熔点的影响

已知曲率较大的小粒子，其蒸汽压较大，具有较高的自由能，这部分较高的自由能作为熔点降低 $(T_m - T)$ 时自由能的变化。

在凝固过程中，树枝晶被熔化、断开，使小晶粒飘移他处，作为结晶核心。

对于合金，由于固相表面存在曲率使固相的化学势增加：

$$G_i^\alpha = {}^\circ G_i^\alpha + RT\ln x_i^\alpha + 2\overline{V_i^\alpha}\sigma\kappa \tag{2.22}$$

式中，$\kappa = \dfrac{1}{2}\left(\dfrac{1}{r_1} + \dfrac{1}{r_2}\right)$ 为平均表面曲率，s 为表面能，$\overline{V_i^\alpha}$ 为摩尔体积，$i = (A, B)$。

$$G_i^L = {}^\circ G_i^L + RT\ln x_i^i \tag{2.23}$$

当液相和固相平衡时，$G_i^S = G_i^L$，则

$$RT\ln\dfrac{x_i^S}{x_i^L} = \Delta\, {}^\circ G^{\alpha\to L} - 2\overline{V_i^\alpha}\sigma\kappa \tag{2.24}$$

对于具有曲率的固相，分配系数为 K'，则

$$\ln K' = \ln\dfrac{x_i^S}{x_i^L} = \dfrac{\Delta\, {}^\circ G^{\alpha\to L}}{RT} - \dfrac{2\overline{V_i^\alpha}\sigma\kappa}{RT} \tag{2.25}$$

设平衡时（不考虑固相曲率）分配系数 $K = x_i^\alpha / x_i^L$，则

$$\ln K = \dfrac{\Delta\, {}^\circ G^{\alpha\to L}}{RT} \tag{2.26}$$

因此

$$\frac{K'}{K} = \exp\left(-\frac{2\overline{V_i^\alpha}\sigma\kappa}{RT}\right) \tag{2.27}$$

对于稀溶液，K'/K 接近于 1，可近似写成

$$\frac{K'}{K} = 1 - \frac{2\overline{V_i^\alpha}\sigma\kappa}{RT} \tag{2.28}$$

所以当合金凝固时，考虑固相的曲率将引起液相线和固相线均匀按 ΔT 下移，只有当曲率半径很小（小于 10 nm）时，K' 与 K 才显示出明显的偏差，一般凝固所得固相的曲率半径为 1 μm 或更大[2]，因此表现出分配系数和曲率半径无关，固相的曲率半径对液相线和固相线的影响如图 2.10 所示。

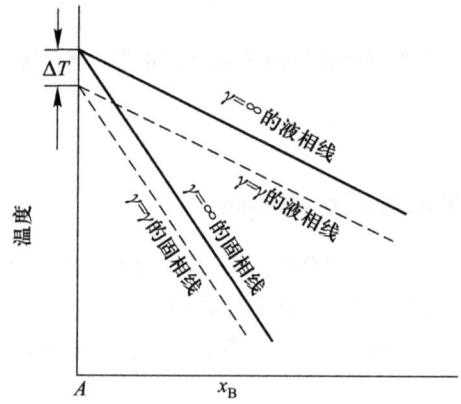

图 2.10　固相的曲率半径对液相线和固相线的影响示意图

2.3.3　压力对凝固的影响

按克劳修斯 – 克拉珀龙（Clausius-Clapeyron）方程

$$\frac{\mathrm{d}p}{\mathrm{d}T} = \frac{\Delta H}{T_m \Delta V} \tag{2.29}$$

对液体金属，压力对熔点的影响很小，约在 $10^{-2}\,^\circ\mathrm{C}/(10^5\,\mathrm{Pa})$ 的数量级。但当液体中形成气泡，当气泡消失时将产生很大的压力，可使熔点升高达几十摄氏度或开。

压力升高使固相的化学势发生变化，可写成

$$\Delta\mu_i^S = \overline{V_i^S}\Delta p \tag{2.30}$$

如式（2.28），可将因压力引起的分配系数（偏离平衡时的数值 K）设为 K''，则由式（2.30），也可近似地写成

$$\frac{K''}{K} = 1 - \frac{\overline{V_i}\Delta p}{RT} \tag{2.31}$$

式中，$\overline{V_i}$为溶质 i 在稀溶液中偏摩尔体积的改变。将金属的典型数据代入式(2.31)，得到只有当压力超过 10 MPa 时，K''与K才有明显偏离。一般情况下，分配系数可视为不变。

这样，当形成气泡时产生压力。升高合金的液相线和固相线温度，如图 2.11 所示。

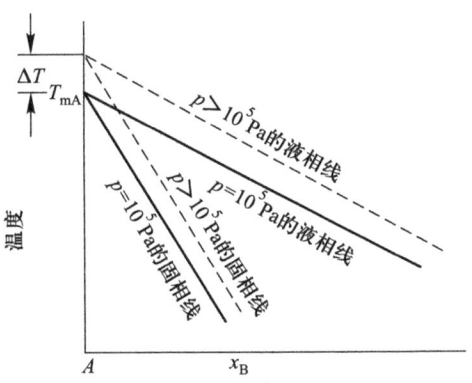

图 2.11　压力对液相线和固相线的影响

2.4　无序 – 有序转变热力学

2.4.1　原子配置的有序化

无序状态就是一种无规则排列状态，所以熵 S 比较大，焓也比较大；而有序状态的熵 S 比较小，焓也比较小。因此，自由能 $G = H - TS$ 的数值便是：高温下无序状态的自由能低，低温下有序状态的自由能低，所以伴随着升温或降温将发生有序和无序状态变化[图 2.12(a)]。

这种有序化现象首先是由 E. C. Bain 于 1923 年用 X 射线衍射法确认的。他在 Cu – 25% Au(摩尔分数，即 Cu_3Au)固溶体的 X 射线衍射谱中，发现了 fcc 固溶体中本来不应该出现的(100)和(110)等衍射线。出现这些衍射线的原因正是 Cu 原子和 Au 原子位置配置上的有序化。同样的有序化现象也发生在 Cu – Zn 系的固溶体中，所有这些有序固溶体被统称为有序相[图 2.12(b)]。

第二章 相变热力学

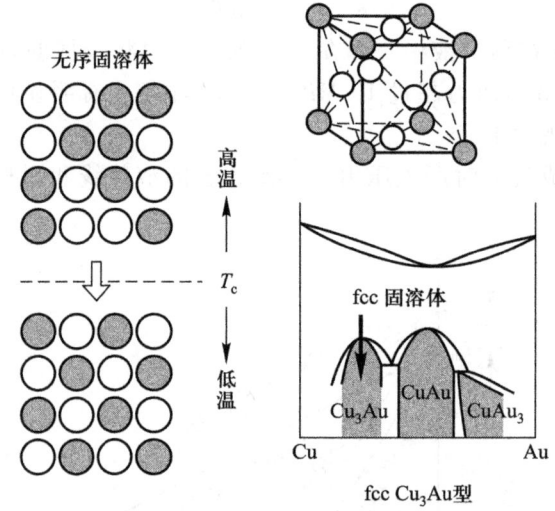

图 2.12 (a)典型的有序化现象和(b)具有代表性有序相的合金系

2.4.2 长程有序的 B–W–G 模型在 CuAu 合金中的应用

原子配置的有序化现象可用长程和短程两种有序化模型来讨论。短程有序化模型关注异质原子间价键的个数,适用于高温下的小量级有序化现象。下面以 CuAu 为例讨论高量级有序化的 W. L. Bragg – E. J. Williams – W. S. Gorsky 长程有序化模型(简称 B – W – G 模型)。

依据图 2.13 所示,取 $L1_0$ 中的灰点为 II 亚点阵,白点为 I 亚点阵。可将 fcc 晶格分成由 I 亚点阵和 II 亚点阵构成。可以定义有序度如下:

$$\varphi = \frac{B_{II} - (B_{II})_0}{(B_{II})_1 - (B_{II})_0} = \frac{B_{II} - \dfrac{N}{4}}{\dfrac{N}{2} - \dfrac{N}{4}}$$

(2.32)

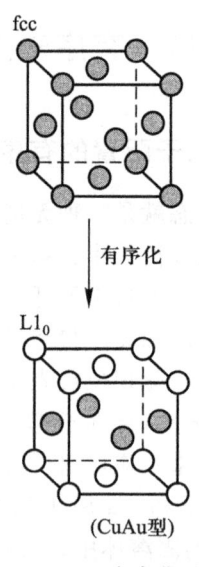

图 2.13 CuAu 有序化示意图

又

2.4 无序-有序转变热力学

$$\begin{cases} A_{\mathrm{I}} + B_{\mathrm{I}} = A_{\mathrm{II}} + B_{\mathrm{II}} = \dfrac{N}{2} \\ A_{\mathrm{I}} + A_{\mathrm{II}} = B_{\mathrm{I}} + B_{\mathrm{II}} = \dfrac{N}{2} \end{cases} \quad (2.33)$$

解式(2.32)、式(2.33)得

$$\begin{cases} A_{\mathrm{I}} = B_{\mathrm{II}} = \dfrac{N}{4}(1+\varphi) \\ A_{\mathrm{II}} = B_{\mathrm{I}} = \dfrac{N}{4}(1-\varphi) \end{cases} \quad (2.34)$$

若已知每一种最近邻原子对的能量为 ε_{AA}、ε_{BB}、ε_{AB}，则焓可近似表示为

$$H = \varepsilon_{AA} P_{AA} + \varepsilon_{BB} P_{BB} + \varepsilon_{AB} P_{AB} \quad (2.35)$$

这里的 P_{AA}、P_{BB} 和 P_{AB} 分别表示各类原子对的总数。

在计算 A-B 对的总数时，假设 I 亚点阵上 A 原子的最近邻原子为 B 的概率等于 II 亚点阵中 B 原子的平均分数（平均场近似），于是得到下面表示各类原子对总数的近似式：

$$\begin{cases} P_{AA} = \dfrac{1}{2} A_{\mathrm{I}} \cdot 4 \cdot \left(\dfrac{A_{\mathrm{I}}}{N/2}\right) + A_{\mathrm{I}} \cdot 8 \cdot \left(\dfrac{A_{\mathrm{II}}}{N/2}\right) + \dfrac{1}{2} A_{\mathrm{II}} \cdot 4 \cdot \left(\dfrac{A_{\mathrm{II}}}{N/2}\right) \\ \qquad = \dfrac{N}{2}(3-\varphi^2) \\ P_{BB} = \dfrac{1}{2} B_{\mathrm{I}} \cdot 4 \cdot \left(\dfrac{B_{\mathrm{I}}}{N/2}\right) + B_{\mathrm{I}} \cdot 8 \cdot \left(\dfrac{B_{\mathrm{II}}}{N/2}\right) + \dfrac{1}{2} B_{\mathrm{II}} \cdot 4 \cdot \left(\dfrac{B_{\mathrm{II}}}{N/2}\right) \\ \qquad = \dfrac{N}{2}(3-\varphi^2) \\ P_{AB} = A_{\mathrm{I}} \cdot 4 \cdot \left(\dfrac{B_{\mathrm{I}}}{N/2}\right) + A_{\mathrm{I}} \cdot 8 \cdot \left(\dfrac{B_{\mathrm{II}}}{N/2}\right) + B_{\mathrm{I}} \cdot 8 \cdot \left(\dfrac{A_{\mathrm{II}}}{N/2}\right) + A_{\mathrm{II}} \cdot 4 \cdot \left(\dfrac{B_{\mathrm{II}}}{N/2}\right) \\ \qquad = N(3+\varphi^2) \end{cases}$$

$$(2.36)$$

$$H = \dfrac{3N}{2}(\varepsilon_{AA} + \varepsilon_{BB} + 2\varepsilon_{AB}) + \dfrac{\Omega_{AB}}{12}\varphi^2 \quad (2.37)$$

其中，$\Omega_{AB} = 12N\left[\varepsilon_{AB} - \dfrac{\varepsilon_{AA}+\varepsilon_{BB}}{2}\right]$，为相互作用参数。

整理以上各式有

$$H = (H)_{\varphi=0} + \dfrac{\Omega_{AB}}{12}\varphi^2$$

其中

$$(H)_{\varphi=0} = \dfrac{3N}{2}(\varepsilon_{AA} + \varepsilon_{BB} + 2\varepsilon_{AB}) + \dfrac{\Omega_{AB}}{12}\varphi^2$$

$$\Delta H = \frac{\Omega_{AB}}{12}\varphi^2 \tag{2.38}$$

同时，有序化引起的熵的变化可根据玻耳兹曼公式来求解：

$$S = k_B \ln W = R\ln 2 - \frac{R}{2}[(1+\varphi)\ln(1+\varphi) + (1-\varphi)\ln(1-\varphi)]$$

$$= (S)_{\varphi=0} - \frac{R}{2}[(1+\varphi)\ln(1+\varphi) + (1-\varphi)\ln(1-\varphi)] \tag{2.39}$$

因此

$$\Delta S = -\frac{R}{2}[(1+\varphi)\ln(1+\varphi) + (1-\varphi)\ln(1-\varphi)] \tag{2.40}$$

物质的平衡状态可由体系吉布斯自由能的极小值条件来决定，因此，由以上讨论可求出有序化过程中的吉布斯自由能变化为

$$\Delta G = \Delta H - T\Delta S = \frac{\Omega_{AB}}{12}\varphi^2 + \frac{RT}{2}[(1+\varphi)\ln(1+\varphi) + (1-\varphi)\ln(1-\varphi)]$$
$$\tag{2.41}$$

再根据极小值条件求出以下关系式：

$$\left[\frac{\partial \Delta G}{\partial \varphi}\right]_{\varphi=\varphi_e} = \frac{\Omega_{AB}}{6}\varphi_e + \frac{RT}{2}\ln\left(\frac{1+\varphi_e}{1-\varphi_e}\right) = 0 \tag{2.42}$$

将 $\ln(1+\varphi) \approx \varphi - \frac{\varphi^2}{2} + \frac{\varphi^3}{3}$ 代入式(2.42)得到：

$$\frac{\Omega_{AB}}{6}\varphi + \frac{RT}{2} \cdot 2 \cdot \left(\varphi + \frac{\varphi^3}{3}\right) = 0$$

代入 $\varphi_e = 0$，得到

$$T_c = -\frac{\Omega_{AB}^{fcc}}{6R} \tag{2.43}$$

2.4.3 平衡有序度的不连续变化

1. Ti 的同素异构吉布斯自由能的变化

Ti 的 hcp⇔bcc 相变在过冷度小的时候，吉布斯自由能的变化值与过冷度成正比，如下式所示：

$$\Delta G^{\beta \to \alpha} \approx \left[\frac{d(G^\alpha - G^\beta)}{dT}\right]_{T_c} \cdot \Delta T = -\left(\frac{\Delta H^{\alpha/\beta}}{T_c}\right) \cdot \Delta T \tag{2.44}$$

式中，$\Delta H^{\alpha/\beta}$ 是 β→α 相变引起的焓变，对 Ti 的固态相变来说，$\Delta H_{Ti}^{\alpha/\beta} = 4.1$

kJ·mol^{-1}，所以，ΔT 的系数 $\dfrac{\Delta H^{\alpha/\beta}}{T_c} \approx 0.43R$。

2. CuAu 型有序化的吉布斯自由能的变化

利用泰勒级数 $\ln(1+x) \approx x - x^2/2$ 及 $\Omega_{AB} = -6RT_c$

$$(\Delta G)_{\text{CuAu}} \approx -\dfrac{RT_c}{2}\varphi^2 + \dfrac{RT}{2}\varphi^2$$

$$= -\dfrac{R}{2}(T_c - T)\varphi^2 = -\dfrac{R}{2}\Delta T \varphi^2 \tag{2.45}$$

由式(2.42)结合 $\ln(1+\varphi) \approx \varphi - \dfrac{\varphi^2}{2} + \dfrac{\varphi^3}{3}$ 可得

$$\varphi^2 \approx 3\dfrac{T_c - T}{T} = 3\dfrac{\Delta T}{T}$$

因此在临界温度 T_c 附近

$$(\Delta G)_{\text{CuAu}} \approx -\dfrac{3}{2}\dfrac{R}{T}(\Delta T)^2 \tag{2.46}$$

$$(\Delta G)_{\text{CuAu}} \propto (\Delta T)^2$$

通过以上分析可知，由于 Ti 的固态相变吉布斯自由能变化与 ΔT 成正比，而 CuAu 型有序化的吉布斯自由能变化与 $(\Delta T)^2$ 成正比，所以，它们分别被称为 1 级相变和 2 级相变。

3. Cu$_3$Au 型有序化的吉布斯自由能的变化

对于 CuAu 型有序化转变，在临界温度 T_c 以下，有序度 φ 发生 0→0.46 的不连续变化，因而产生下面的焓变（相变潜热）：

$$(\Delta H)_{\text{Cu}_3\text{Au}} = \dfrac{\Omega_{\text{CuAu}}}{16}\varphi^2 = -\dfrac{7.3RT_c}{16}(0.46)^2 = 0.096RT_c \tag{2.47}$$

但是，有序度 φ 从 0.46→1 的变化却和 CuAu 型的一样，属于连续变化。因此，Cu$_3$Au 型有序化转变的吉布斯自由能变化包含着 ΔT 的 1 次项和 2 次项两种类型，所以被看做是 1 级相变和 2 级相变的复合型相变。

图 2.14 给出了以上三种类型相变所引起的焓和吉布斯自由能变化的比较。

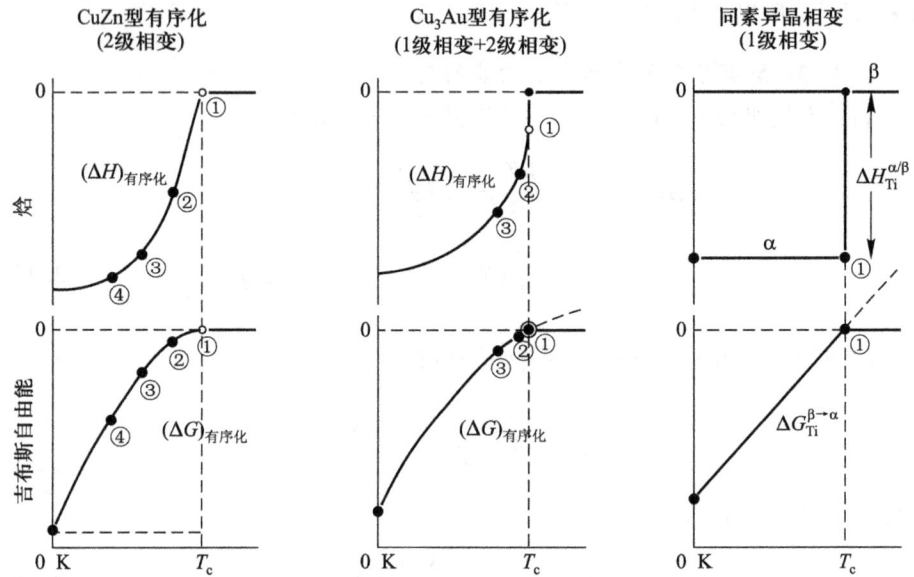

图 2.14　不同级别(1 级和 2 级)相变所引起的焓和吉布斯自由能的变化

2.5　失稳分解——Spinodal 分解热力学

当均匀固溶体中自由能与成分的关系满足二阶偏导小于零时，系统对于涨落将失去稳定而出现幅度越来越大的成分涨落并最终分解为两相，这就是失稳分解。J. W. Gibbs 早就从理论上预见到匀相失稳分解的可能性，但是由于失稳分解产生的成分波动周期很短，典型为 5 ~10 nm，而且失稳分解产生的两相又是共格的，所以直到 20 世纪 40 年代才由 A. J. Bradley 在永磁合金 Cu - Ni - Fe 的 X 射线衍射斑点附件中发现了"卫星峰"，随后 V. Daniel 和 H. Lipson 指出，这种现象可能是由沿 <110> 方向的周期性成分调制产生的。在 M. Hillert 的基础上，J. W. Cahn 建立了失稳分解的动力学理论，成功解释了失稳分解产生的成分调制结构的波长，而且阐明了材料的弹性各向异性对失稳分解产物形态的影响。

2.5.1　二元 Spinodal 分解的热力学条件

图 2.15(a)是合金具有不互溶区间(溶解度区间)的相图部分，图 2.15(b)是在 $T = T_1$ 时相应的自由能 - 浓度($G - C$)曲线。当合金由单相 α(液体溶液或固溶体)自 T_2 温度以上被过冷至 T_1 温度时，将进行脱溶分解：

2.5 失稳分解——Spinodal 分解热力学

$$\alpha \longrightarrow \alpha_1 + \alpha_2 \tag{2.48}$$

α_1 和 α_2 的平衡浓度分别为 C_1 和 C_2。

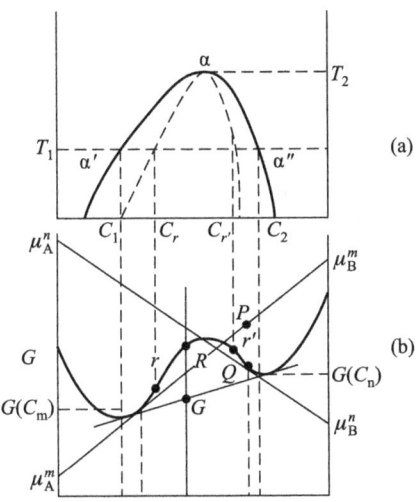

图 2.15 （a）具有不溶区间合金的相图；（b）在 T_1 时的吉布斯自由能-浓度曲线

图 2.15（a）中的虚线表示 Spinodal 线，相当于 $d^2G/dC^2 = 0$，即图 2.15（b）中的 r 和 r' 点。在 $r-r'$ 之内，$d^2G/dC^2 < 0$，而在 $r-r'$ 之外则 $d^2G/dC^2 > 0$。成分在 $C_1 - C_r$ 或 $C_{r'} - C_2$ 之间的合金在 T_1 时脱溶，将按经典形核-长大过程进行，其相变驱动力可由切线原理求得。如成分为 C_m 的合金中出现成分为 C_n 的新相核心，其分解驱动力为图 2.15（b）中的 PQ。成分为 $C_r - C_{r'}$ 之间的合金在 T_1 时进行 Spinodal 分解，例如，成分为 C 的合金在 T_1 时的分解驱动力为 RG，相变驱动力可按下述方法计算。

设浓度为 C_0 的溶液中形成浓度为 C' 的起伏，$\delta C = C' - C_0$，其自由能的改变对 B 组元为 $[\mu_B(C') - \mu_B(C_0)]C'$，对 A 组元则为 $[\mu_A(C') - \mu_A(C_0)](1-C')$，因此体系总的自由能变化 ΔG 为

$$\Delta G = [\mu_B(C') - \mu_B(C_0)]C' + [\mu_A(C') - \mu_A(C_0)](1-C')$$

或

$$\Delta G = C\mu_B(C') + (1-C')\mu_A(C') - C_0\mu_B(C_0) - (1-C_0)\mu_A(C_0) + (C_0 - C')[\mu_B(C_0) - \mu_A(C_0)]$$

$$\Delta G = G(C') - G(C_0) - (C' - C_0)\left(\frac{dG}{dC}\right)_{C_0} \tag{2.49}$$

G 以 C_0 作泰勒级数展开，得

$$G(C') = G(C_0) + \delta C G'(C_0) + \frac{1}{2}(\delta C)^2 G''(C_0) + \cdots \quad (2.50)$$

式(2.50)中，G'表示对C的一阶导数，G''为二阶导数。将式(2.50)代入式(2.49)，就有

$$\Delta G = \frac{1}{2}(\delta C)^2 G''(C_0) + \cdots \quad (2.51)$$

由式(2.51)，不计高次项，可见：对 Spinodal 线以外的合金，由于 $G'' = (d^2G/dC^2) > 0$，形成极小起伏(δC)将使 $\Delta G > 0$，因此小的起伏将现而复灭，不能引起母相的失稳；而对 Spinodal 线以内的合金，由于 $G'' = (d^2G/dC^2) < 0$，任何小的起伏的形成均使 $\Delta G < 0$，这类一定波长的小的起伏借上坡扩散，使浓度波幅连续增高，形成新相，由于此时 $(d^2G/dC^2) < 0$，因此，符合上坡扩散的条件。

2.5.2　Cahn-Hilliard 方程及其求解

Cahn 利用非均匀体系的自由能可由多变量泰勒展开来进行处理

$$\begin{aligned}f(y,z,\cdots) = & y(\partial f/\partial y) + z(\partial f/\partial z) + \cdots + (1/2)[y^2(\partial^2 f/\partial y^2) + \\ & z^2(\partial^2 f/\partial z^2) + 2yz(\partial^2 f/\partial y \partial z) + \cdots] + \cdots\end{aligned} \quad (2.52)$$

其中，y, z, $\cdots$变量为空间成分导数 dC/dx, d^2C/dx^2, $\cdots$。对一维成分变化及小体积元的自由能，可将三次项以上忽略不计，则

$$f = f(C) + L(dC/dx) + K_1(d^2C/dx^2) + K_2(dC/dx)^2 \quad (2.53)$$

其中

$$L = \partial f/\partial(dC/dx)$$
$$K_1 = \partial f/\partial(d^2C/dx^2)$$
$$K_2 = (X_2)\partial^2 f/\partial(dC/dx)^2$$

$f(C)$表示成分为C的均匀体积元的自由能。对以中心对称的晶体，当轴的方向(符号)改变时吉布斯自由能并无变化，因此式(2.53)中的 $L = 0$。对截面积为A的体系，总的表面吉布斯自由能 G_T 为

$$G_T = A\int[f(C) + K_1(d^2C/dx^2) + K_2(dC/dx)^2]dx \quad (2.54)$$

将第二项积分

$$\int K_1(d^2C/dx^2)dx = [K_1(dC/dx)] - \int(dK_1/dC)(dC/dx)^2 dx$$

假定体系在表面为均匀态，则上式右边第一项为零(对宏观体系，即使 dC/dx 不为零，这项也可忽略)。这样式(2.54)成为

$$G_T = A\int[f(C) + K(dC/dx)^2]dx \quad (2.55)$$

其中
$$K = K_2 - (dK_1/dC)$$
K 为梯度能量系数。

当考虑共格应变能时，式(2.55)中应包括弹性应变能项 $\eta^2 Y(C-C_0)^2$。设固溶体的点阵常数为 a，$\eta=(1/a)(da/dC)$，如固溶体为各向异性，则 $Y=E/(1-\nu)$，其中 E 为弹性模量，ν 为泊松比，C_0 为无应变时的平均成分。式(2.55)成为

$$G_T = A \int [f(C) + \eta^2 Y(C-C_0)^2 + K(dC/dx)^2] dx \tag{2.56}$$

已知
$$J = -M(d/dx)(dG/dC)$$
其中，M 为原子迁移率。由

$$\frac{\partial C}{\partial t} = (M/N\nu) G''(\partial^2 C/\partial x^2) \tag{2.57}$$

与 Fick 第二定律比较，得 $M = \tilde{D} N\nu / G''$，其中，$N\nu$ 为单位体积中的原子数，$M/N\nu$ 恒为正值。将式(2.49)代入式(2.50)，得

$$\frac{\partial C}{\partial t} = \tilde{D} \{[1+(2\eta^2 Y/G'')](d^2 C/dx^2) - (2K/G'')(d^4 C/dx^4)\} \tag{2.58}$$

式(2.58)为广义的 Fick 扩散方程。此方程的解即为 Spinodal 分解形成的成分分布线。式(2.58)中的通解形式为

$$C - C_0 = \exp[R(\lambda) t] \cos \frac{2\pi}{\lambda} x \tag{2.59}$$

其中，λ 为调幅波波长

$$R(\lambda) = -M \frac{4\pi^2}{\lambda^2} \left(G'' + 2\eta^2 Y + \frac{8\pi^2 K}{\lambda^2} \right)$$

由式(2.59)可见，只有当 $R(\lambda)>0$，波幅才随时间的延长而加大。$2\eta^2 Y$ 和 $\frac{8\pi^2 K}{\lambda^2}$ 均为正值，因此，只有当

$$|G''| > \left(2\eta^2 Y + \frac{8\pi K}{\lambda^2} \right) \tag{2.60}$$

时，$R(\lambda)$ 才出现正值，此时才发生 Spinodal 分解。如图 2.16 所示，虚线表示不考虑梯度能和共格应变能时的经典扩散方程的解。因此将 $G''=0$ 的轨迹线称为化学 Spinodal 线，而将 $G''(C)+2\eta^2 Y=0$ 的轨迹线称为共格 Spinodal 线。当两相共格、具有应变能时，需在共格 Spinodal 线温度以上进行 Spinodal 分解，波幅随时间的延长而加大，直至达到平衡浓度。

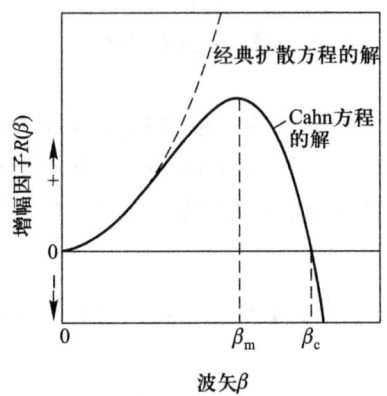

图 2.16　增幅因子 $R(\beta)$ 和波矢 $\beta = \dfrac{2\pi}{\lambda}$ 的关系

2.5.3　Spinodal 分解的实验研究

如果系统中存在长波长的成分调制，那么它的 X 射线衍射图样中除包含正常的点阵反射外，还有卫星峰或边带。X 射线衍射小角散射可较方便地用于研究失稳分解产生的成分调制结构。小角散射强度的增加与系统中浓度波振幅的增加有直接的关系，计算表明，小角度散射强度 $I(\beta, t)$ 满足以下关系：

$$I(\beta, t) = I(\beta, 0) \cdot \exp[2R(\beta)t] \qquad (2.61)$$

式中，$R(\beta)$ 为增幅因子，t 为样品时效时间。K. B. Rundman 和 J. E. Hilliard[10] 利用这种方法研究了在 65 ℃ 时效的 Al-22%Zn（原子分数）失稳分解产生的成分调制随时效时间变化的情况，及在 4 个不同时间时效的样品中得到的 $I(\beta, t)$ 与 β 的关系。$R(\beta)/\beta^2$ 和 β^2 之间应存在线性关系，图 2.17 为实验结果求出的 $R(\beta)/\beta^2$ 和 β^2 的关系，它们的确近似为线性关系，而且由直线的截距求出的互扩散系数也和其他方法在较高温度测得的结果外推到 65 ℃ 得到的数值大体一致。这个实验结果表明，J. W. Cahn 等关于失稳分解的理论是成功的。G. Thomas 等[11] 利用高分辨率电子显微镜拍摄了经 700 ℃ 时效 10 min 的 Cu-29%Ni-3%Cr（原子分数）合金失稳分解产生的成分调制结构的晶格像。他们发现，此时晶格参数出现了调制，调制波长为 (4.8 ± 0.8) nm，与由电子衍射卫星斑求出的波长一致，其结果见图 2.18。显然，这种晶格参数调制是由成分调制引起的。他们还发现，在失稳分解的早期，相界面是弥散的，而经长时间时效后相界面就变得越来越敏锐。

一般来说，失稳分解与经典成核生长机制在现象上表现出以下差异[12]：

2.5 失稳分解——Spinodal 分解热力学

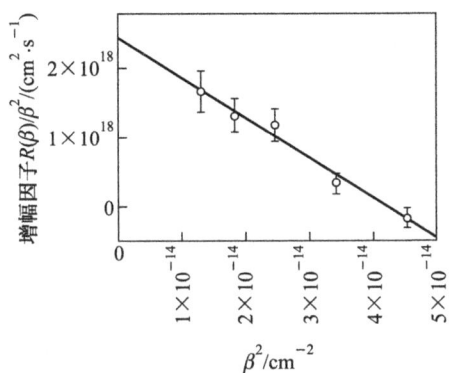

图 2.17 X 射线小角散射结果求出的 $R(\beta)/\beta^2$ 和 β^2 的依赖关系

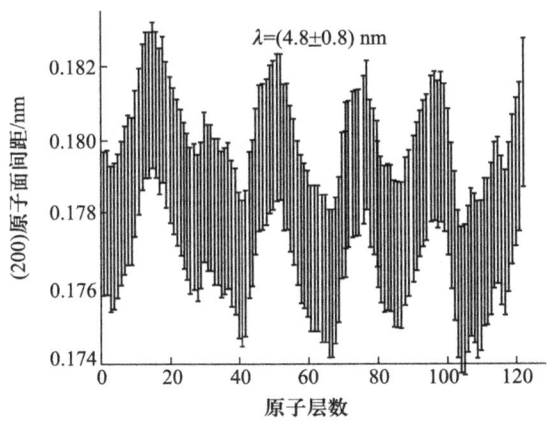

图 2.18 Cu-29%Ni-3%Cr(原子分数)合金在 700℃ 时效 3 min 的晶格像上求出的晶格条纹间距的分布

① 失稳分解初期，系统中化学成分的起伏是逐步建立起来的，两相的成分随着反应时间的加长连续变化，最终达到平衡相的成分，在成核生长相变中，新相的晶核一旦形成，其化学成分便不再发生大的变化。

② 失稳分解的产物为成分调制结构或海绵状组织。成核生长相产生的多为杂乱分布的、互不连接的新相区。

③ 失稳分解在系统中各处几乎是同时发生，并不优先在什么特殊区域开始。成核生长相变则经常在晶体缺陷或其他奇异区域非均匀成核。

④ 与成核生长相变不同，失稳分解的初期无须形成临界核心，因而没有相变孕育时期。

2.6 脱溶分解热力学

2.6.1 脱溶时成分起伏和沉淀相形核

固溶体 α 在一定温度下脱溶析出固溶体 β，其自由能曲线如图 2.19 所示。原始亚稳固溶体 α 的浓度为 x，相应的自由能值为 G。当均匀亚稳固溶体中出现较大的浓度起伏时，起伏可作为新相的核胚。如在浓度为 x 的 α 中出现由 n_1 摩尔组成的、浓度为 x_1 的原子集团，其吉布斯自由能值为 G_1，以及由 n_2 摩尔组成的、浓度为 x_2 的原子集团，其自由能值为 G_2。当不考虑相间的界面能时，出现浓度起伏时对体系吉布斯自由能的增量为

$$\Delta G = n_1(G_1 - G) + n_2(G_2 - G)$$

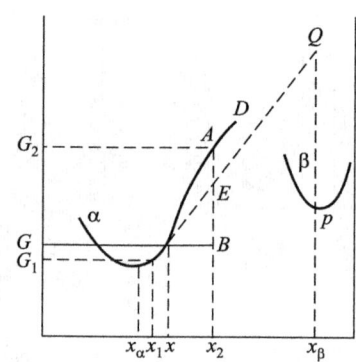

图 2.19 固溶体 α 脱溶析出固溶体 β 时的吉布斯自由能变化

根据质量平衡规则

$$n_1(x - x_1) = n_2(x_2 - x)$$

因此

$$\Delta G = n_2 \left\{ (G_2 - G) + \left[\frac{(G_1 - G)(x_2 - x)}{x - x_1} \right] \right\} \quad (2.62)$$

假设 x_1 很接近于 x，核胚只占整个体系中很小的部分，即 $n_1 \gg n_2$，则可写成

$$\frac{G_1 - G}{x - x_1} = -\left(\frac{\mathrm{d}G}{\mathrm{d}x} \right)_x \quad (2.63)$$

其中，$\left(\dfrac{\mathrm{d}G}{\mathrm{d}x} \right)_x$ 代表在浓度 x 处自由能曲线的斜率。

$$\Delta G = n_2 \left\{ (G_2 - G) - (x_2 - x)\left(\frac{\mathrm{d}G}{\mathrm{d}x} \right)_x \right\} \quad (2.64)$$

2.6 脱溶分解热力学

对照图 2.19 中的几何关系，得

$$G_2 = Ax_2, \quad G = Bx_2$$

而且

$$(x_2 - x)\left(\frac{dG}{dx}\right)_x = BE$$

因此

$$\Delta G = n_2[(Ax_2 - Bx_2) - BE] = n_2[AB - BE] = n_2 AE \quad (2.65)$$

可见，浓度起伏部分的吉布斯自由能值落在由原合金成分吉布斯自由能所做的切线上，但偏离 x 较小（如形成 x_2 的起伏）时，体系的吉布斯自由能将增高 $n_2(AE)$。但当浓度起伏很强时，即偏离 x 很大，同时，新相的吉布斯自由能又较低时，则体系的自由能将降低。如出现浓度为 x_β 的核胚，其 $\Delta G = -n_2(PQ)$，当表面能等相变能垒不大时，以浓度为 x_β 的核胚就能以 $n_2 PQ$ 为驱动力发展成为 β 相的临界核心，进行脱溶（沉淀）。

2.6.2 脱溶驱动力计算

设由 α 相沉淀出 β 相，母相 α 的浓度改变为 $α_1$，则脱溶（沉淀）相变可列为 α→β + $α_1$，其相变驱动力 $\Delta G^{α→β+α_1}$ 的具体计算如下。

设 $α_1$ 在温度 T 时的平衡浓度为 $x_α^{α/β}$，沉淀相 β 的平衡浓度为 $x_β^{β/α}$，此时自由能 - 浓度曲线如图 2.20 所示。

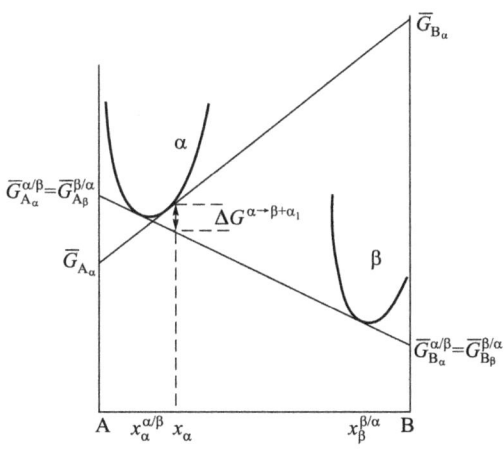

图 2.20　由浓度为 $x_α$ 的 α 相沉淀 β 相时的相变驱动力示意图

α→β + $α_1$ 相变的驱动力为自 $x_α$ 沿 α 自由能线所做的切线和 α、β 自由能公切线之间的距离，如图 2.20 中箭头所示的垂直距离。按热力学基本公式

$G = \sum x_i \overline{G}_i$,在 x_α 处相变前体系,α 相的自由能为

$$G^\alpha = (1 - x_\alpha)\overline{G}_{A_\alpha} + x_\alpha \overline{G}_{B_\alpha} \tag{2.66}$$

同样,可得到相变后平均浓度为 x_α 混合相($\beta + \alpha_1$)的自由能 $G^{\beta + \alpha_1}$

$$G^{\beta + \alpha_1} = (1 - x_\alpha)\overline{G}^{\alpha/\beta}_{A_\alpha} + x_\alpha \overline{G}^{\alpha/\beta}_{B_\alpha} \tag{2.67}$$

因此,$\overline{G}_i = G_i + RT\ln a_i$,其中 G_i 为纯组元 i 在一定晶体中的自由能,a_i 为组元 i 在 A-B 固溶体中的活度,脱溶相变的驱动力为

$$\begin{aligned}
\Delta G^{\alpha \to \beta + \alpha_1} &= (1 - x_\alpha)(\overline{G}^{\alpha/\beta}_{A_\alpha} - \overline{G}_A) + x_\alpha(\overline{G}^{\alpha/\beta}_{B_\alpha} - \overline{G}_{B_\alpha}) \\
&= (1 - x_\alpha)(G_{A_\alpha} + RT\ln a^{\alpha/\beta}_{A_\alpha} - G_{A_\alpha} - RT\ln a_{A_\alpha}) + \\
&\quad x_\alpha(G_{B_\alpha} + RT\ln a^{\alpha/\beta}_{B_\alpha} - G_{B_\alpha} - RT\ln a_{B_\alpha}) \\
&= RT\left[(1 - x_\alpha)\ln\frac{a^{\alpha/\beta}_{A_\alpha}}{a_{A_\alpha}} + x_\alpha \ln\frac{a^{\alpha/\beta}_{B_\alpha}}{a_{B_\alpha}}\right]
\end{aligned} \tag{2.68}$$

当有活度数据时,可作准确运算,否则按不同的溶体模型进行估算,如 α 为理想溶液,则

$$\Delta G^{\alpha \to \beta + \alpha_1} = RT\left[(1 - x_\alpha)\ln\frac{1 - x^{\alpha/\beta}_\alpha}{1 - x_\alpha} + x_\alpha \ln\frac{x^{\alpha/\beta}_\alpha}{x_\alpha}\right] \tag{2.69}$$

如 α 为规则溶液,则

$$\begin{aligned}
\Delta G^{\alpha \to \beta + \alpha_1} &= (1 - x_\alpha)\left\{RT\ln\left(\frac{1 - x^{\alpha/\beta}_\alpha}{1 - x_\alpha}\right) + B\left[(x^{\alpha/\beta}_\alpha)^2 - x^2_\alpha\right]\right\} + \\
&\quad x_\alpha\left(RT\ln\frac{x^{\alpha/\beta}_\alpha}{x_\alpha} + B\left[(1 - x^{\alpha/\beta}_\alpha)^2 - (1 - x_\alpha)^2\right]\right) \\
&= RT\left[(1 - x_\alpha)\ln\left(\frac{1 - x^{\alpha/\beta}_\alpha}{1 - x_\alpha}\right) + x_\alpha\ln\frac{x^{\alpha/\beta}_\alpha}{x_\alpha}\right] + B(x^{\alpha/\beta}_\alpha - x_\alpha)^2
\end{aligned} \tag{2.70}$$

当在大量浓度为 x_α 的 α 中析出少量浓度为 $x^{\beta/\alpha}_\beta$ 的 β 相时,其驱动力为

$$\begin{aligned}
\Delta G &= (1 - x^{\beta/\alpha}_\beta)(\overline{G}^{\alpha/\beta}_{A_\alpha} - \overline{G}_{A_\alpha}) + x^{\beta/\alpha}_\beta(\overline{G}^{\alpha/\beta}_{B_\alpha} - \overline{G}_{B_\alpha}) \\
&= RT\left[(1 - x^{\beta/\alpha}_\beta)\ln\frac{a^{\alpha/\beta}_{A_\alpha}}{a_{A_\alpha}} + x^{\beta/\alpha}_\beta\ln\frac{a^{\alpha/\beta}_{B_\alpha}}{a_{B_\alpha}}\right]
\end{aligned} \tag{2.71}$$

母相中少量起伏进行扩散形核时的驱动力,包括界面迁动和扩散的长大驱动力也按式(2.71)计算。

考虑表面能效应使自由能改变,影响沉淀相长大的驱动力可详细参见参考文献[1]。

2.7 珠光体转变(共析分解)热力学

珠光体转变(共析分解)是 Fe-C 中最基本的相变,也是在传统工业应用上重要的相变之一。由奥氏体[fcc 固溶体,能溶解约 9%(原子分数)的间隙碳原子]分解出铁素体[bcc 固溶体,仅溶解低于 0.1%(原子分数)的间隙碳原子]和渗碳体为共析分解(先共析铁素体析出)。

2.7.1 共析相变的有效驱动力

参照 Nishizawa 的处理方式,推导如下。

推动相变的驱动力 ΔG 在过冷度 ΔT 不大的时候可近似表示为

$$\Delta G = \frac{\Delta H}{T_E} \cdot \Delta T \tag{2.72}$$

其中,ΔH 为相变时的焓变,T_E 为平衡相变温度。

在共晶、共析相变过程中,伴随相变进行要形成 α/β 界面,因此要损耗掉一部分相变化学驱动力。以 $\sigma^{\alpha/\beta}$ 表示 α/β 界面的能量,V 代表 α+β 层状组织的摩尔体积,$\lambda = \lambda_\alpha + \lambda_\beta$ 为层状组织一个单位的间距。在如图 2.21 所示的界面为单位面积、体积为 V 的长方体中,α、β 层各自都存在 $V \cdot \lambda^{-1}$ 层,在一个单位的 α+β 层中具有两个 α/β 界面,所以 α/β 界面的总面积 $A^{\alpha/\beta} = 2V \cdot \lambda^{-1}$。因此,生成 α/β 层状界面需要的摩尔能量可用下式计算:

$$\Delta G^{\alpha/\beta} = \frac{2\sigma^{\alpha/\beta} V}{\lambda} \tag{2.73}$$

所以,从相变驱动力中减去上述界面生成能即为共析相变的有效驱动力,可用下式表示:

$$\Delta G_{有效} = \Delta G - \frac{2\sigma^{\alpha/\beta} V}{\lambda} \tag{2.74}$$

有效驱动力相当于消耗在共晶或共析体前沿原子扩散上的能量。

关于共晶凝固(体扩散模型)和共析转变(界面扩散模型)的速度公式推演可参见参考文献[3],简述如下。

对于共晶凝固($L \rightarrow \alpha + \beta$),如果共晶生长速度最大时的层间距为 λ_0,则此时的相变驱动力 ΔG 最小,消耗在形成界面上的能量 $\Delta G^{\alpha/\beta}$ 与消耗在扩散上的有效驱动力 $\Delta G_{有效}$ 相等。Wagner 将其称为最佳条件,并提出 λ_0 的数值相当于实际中共晶组织的层间距。最后可以得到以体扩散模型求解的共晶组织的层间距以及生长速度与过冷度之间的关系式

$$\lambda_0 = \frac{k_1}{\Delta T} \tag{2.75}$$

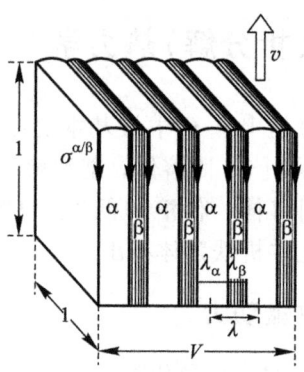

图 2.21 共晶、共析相变组织示意图

$$v_0 = k_2(\Delta T)^2 \tag{2.76}$$

$$k_1 = \frac{4\sigma^{\alpha/\beta}VT_E}{\Delta H}, \quad k_2 = \frac{2\sigma^{\alpha/\beta}Vk_E}{k_1^2}, \quad k_E = \frac{2D_{A-B}^L}{RT_E x_B^L(1-x_B^L)}$$

$$\Delta G_{\text{有效}} = \Delta G^{\alpha/\beta} = \frac{\Delta G}{2} \tag{2.77}$$

可以看出,层间距与扩散系数没有关系,与过冷度成反比。

一般来讲,固相中的体扩散要比液相中的扩散慢得多,因此,采用成功应用于共晶转变的体扩散模型得到共析组织的生长速度比实际的要小三个数量级[3]。因此,D. Turnbull 等提出了一个建立在沿母相 γ 和共析层状组织 α + β 之间的界面扩散基础上的模型。

$$\lambda_0^* = \frac{k_1^*}{\Delta T} \tag{2.78}$$

$$v_0^* = k_2^*(\Delta T)^3 \tag{2.79}$$

$$k_1^* = \frac{3\sigma^{\alpha/\beta}VT_E}{\Delta H}, \quad k_2^* = \frac{\sigma^{\alpha/\beta}Vk_E^*}{(k_1^*)^3}, \quad k_E^* = \frac{4D_B^i\delta}{RTx_B^\gamma(1-x_B^\gamma)}$$

$$\Delta G_{\text{有效}}^* = \frac{\Delta G^{\alpha/\beta}}{2} = \frac{\Delta G}{3} \tag{2.80}$$

2.7.2 珠光体转变的速度公式(界面扩散+界面迁移模型)

Fe - C 系合金的珠光体是人们熟知的共析组织,关于 Fe - C - X 合金奥氏体分解为铁素体和渗碳体的驱动力详细的推导和分析过程参见参考文献[2],下面引用参考文献[3]简单讨论珠光体转变作为一个共析相变却具有与共晶转变相近的异常迅速的生长速度,这是因为 C 原子是间隙溶质,必须采用碳原子

2.7 珠光体转变（共析分解）热力学

界面扩散与铁原子界面迁移复合的模型（图 2.22）来分析。

把珠光体的层间距 λ 和生长速度 v 的一些试验数值整理后可以看出，与体扩散控制（$v \cdot \lambda^2 =$ 常数）相比，珠光体转变的机制更接近于碳原子的界面扩散控制（$v \cdot \lambda^3 =$ 常数）。对于含有合金元素的 Fe-C-M 系的珠光体转变，由于合金元素的存在，更有利于碳原子的界面扩散模型机制。参考文献[3]中假定碳原子沿珠光体前沿的 $(\alpha+\theta)/\gamma$ 界面的扩散系数为 α 铁中碳原子间隙扩散系数的 5 倍，演算得到界面扩散模型的生长速度是体扩散模型的 13 倍。

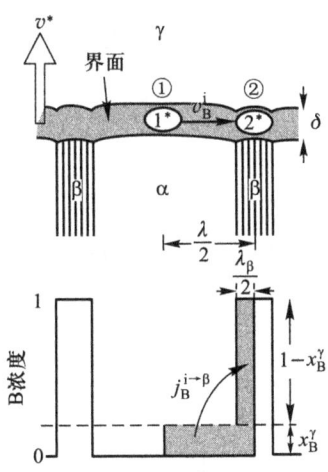

图 2.22 共析相变的界面模型[3]

在珠光体的生长中，铁原子穿过界面的界面迁移过程是必要的，因此，珠光体转变过程中，驱动力需要用于三个方面的能量消耗，即界面能 $\Delta G^{\alpha/\theta}$、碳原子界面扩散消耗的能量 ΔG_D 和铁原子界面迁移过程消耗的能量 ΔG_M

$$\Delta G(\gamma \rightarrow \alpha + \theta) = \Delta G^{\alpha/\theta} + \Delta G_D + \Delta G_M \qquad (2.81)$$

在过冷度很小的温度范围内，几乎所有的转变驱动力都消耗在 θ/α 界面的形成和碳原子的界面扩散上，珠光体转变的机制是碳原子的界面扩散控制。而在过冷度较大的范围内，铁原子界面迁移消耗的能量甚至比碳原子界面扩散消耗的能量还要大，因此，过冷度很大的珠光体转变机制是铁原子界面迁移与碳原子界面扩散复合控制过程。

图 2.23 为 Fe-C 系合金珠光体与通常的共晶、共析体的层间距和生长速度的比较。Fe-C 珠光体转变的机制和能量分配见图 2.24。

第二章 相变热力学

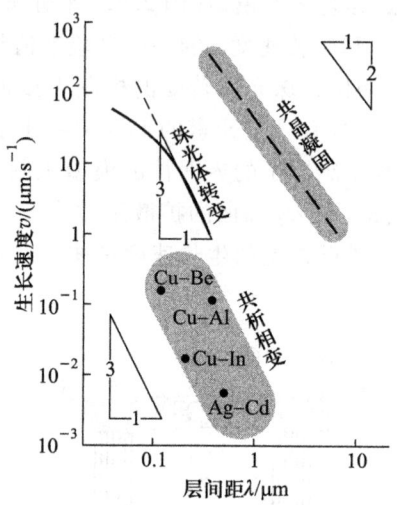

图 2.23 Fe-C 系合金珠光体与通常的共晶、共析体的 λ 和 v 的比较[3]

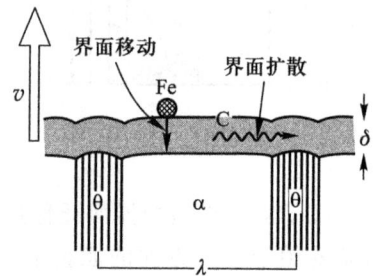

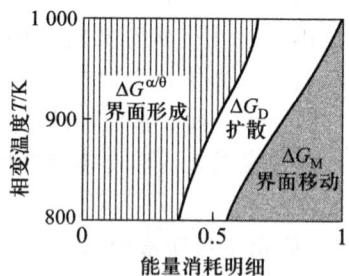

图 2.24 Fe-C 珠光体转变的机制和能量分配[3]

参 考 文 献

[1] Christian J W. Transformation in metals and alloys[M]. Pergamon Press, 1965: 9.
[2] 徐祖耀,李麟. 材料热力学[M]. 北京:科学出版社,1999.
[3] 西泽泰二. 微观组织热力学[M]. 郝士明,译. 北京:化学工业出版社,2006.
[4] 徐瑞,荆天辅. 材料热力学与动力学[M]. 哈尔滨:哈尔滨工业大学出版社,2003.
[5] Balluffi R W, Allen S M, Carter W C. Kinetics of materials[M]. New Jersey: John Wiley & Sons, Inc., 2005.
[6] Bhattacharya K. Microstructure of martensite, Why it forms and how it gives rise to the shape-memory effect[M]. New York: Oxford University Press, 2003.
[7] 徐祖耀,潘牧. Fe-Mn-C 及 Fe-Ni-C 合金马氏体相变热力学[J]. 金属学报,1989,25: A250-A256.
[8] Hsu T Y, Li L, Jiang B H. Mater. Thermodynamic calculation of the equilibrium temperature between the tetragonal and monoclinic phases in $CeO_2 - ZrO_2$[J]. Mater. Trans. JIM, 1996, 37: 1281-1283.
[9] 徐祖耀. $\beta(\gamma) \to \varepsilon$ 马氏体相变热力学[J]. 金属学报,1980,16: 430-434.
[10] Rundman K B, Hilliard J E. Early stages of spinodal decomposition in an aluminum-zinc alloy[J]. Acta Met., 1967, 15: 1025-1033.
[11] Wu C K, Sinclair P, Thomas G. Lattice imaging and optical microanalysis of a Cu-Ni-Cr spinodal alloy[J]. Metall. Trans., 1978, 9A: 381.
[12] 冯端,等. 金属物理学[M]. 第二卷,相变. 北京:科学出版社,1998: 203.

第三章
相变动力学

　　相变动力学是研究相变发生的过程、速度和程度等涉及时间变化的基本相变理论。相变热力学通过计算平衡或者亚稳平衡系统的能量，给出相变发生的方向和驱动力的大小，但它不能说明相变进行得多快，研究相变过程发生的快慢、程度属于动力学的范畴。多数相变发生的过程包括两个阶段——形核和长大，相变动力学也可分为形核动力学和长大动力学两部分，在大部分情况下动力学理论主要是建立在原子热激活运动和扩散理论的基本概念之上。

　　在形核过程中，母相基体中形成热力学上更稳定的最小原子集合体（由十几个到几十个原子组成），这些集合体在成分和/或原子结构上与母相有明显的差别，而与新相完全相同，在物理上也与母相有着清晰的界面，称为新相的核（经典的相变理论）。在随后的相变过程中，新相的核成分和结构保持稳定，而在尺寸上逐步加大，进入长大阶段。在多数的扩散形核过程中，晶体结构和成分同时发生改变，但也可以只改变晶体结构而不改变成分（如块状转变和纯金属的凝固等），或者只改变成分而不改变晶体结构（如一些沉淀析出）。马氏体相变属于无扩散形核，新核不改变成分，但通过切变方式改变晶体结构。还有一类特殊的相变没有形核阶段，只有连续长大阶段，新相形成过程中成分连续变化，新相与母相之间没有明显的界面，这就是 Spinodal 分解。

第三章 相变动力学

3.1 形核理论

了解相变形核的基本模型和动力学理论,对于相变过程研究和将相变规律应用于工业实际都是非常重要的,因此有必要进行深入的研究和探讨。由于形核过程在时间上一般非常短暂,新相核心尺寸也很小(纳米量级),在实验上对于形核过程的直接观察研究比较困难,所以对于形核的研究以理论分析居多,也比较系统,主要是 20 世纪前半叶 Gibbs[1]、Becker 和 Döring[2]、Hobstetter[3]、Cahn 和 Hilliard[4,5]等建立的形核理论模型。这些不同的模型分别推导出了不同的形核功、形核速率、界面能和平衡的核心形状,是研究形核过程的基础理论。

3.1.1 经典形核理论

1. 均匀形核

从自由能为 G_1 的均匀液体中析出一个固体核心,则系统的自由能变化为 G_2(在液-固相变中应变能的增加可以忽略):

$$G_2 = V_S G_V^S + V_L G_V^L + A_{SL} \sigma_{SL} \tag{3.1}$$

式中,V_S 是新形成的固体核心的体积,V_L 是剩余液体的体积,G_V^S 和 G_V^L 分别是固体和液体的单位体积自由能,A_{SL} 是固体与液体之间的接触面积,σ_{SL} 是固体与液体之间的界面能。忽略固相与液相之间的体积差别,形核前的系统自由能可以写成

$$G_1 = (V_S + V_L) G_V^L \tag{3.2}$$

则固相形核产生的自由能变化为

$$\Delta G = G_2 - G_1 = -V_S(G_V^L - G_V^S) + A_{SL}\sigma_{SL} = -V_S \Delta G_V + A_{SL} \sigma_{SL} \tag{3.3}$$

式中,ΔG_V 是凝固的驱动力。低于熔点温度,ΔG_V 为正值,对系统总自由能变化产生负的贡献,降低自由能;而新形成的液-固界面所带来的界面能则对系统造成正的贡献,提高自由能,是相变的阻力。在小的过冷度(ΔT)下,认为 L_V 不随温度变化,则 ΔG_V 与 ΔT 可以近似为如下的线性关系:

$$\Delta G_V = \frac{L_V \Delta T}{T_m} \tag{3.4}$$

式中,L_V 是单位体积的融化潜热,T_m 是熔点温度。

在液-固相变中可以假设 σ_{SL} 是各向同性的,则对于一个半径为 r 的球状新核,系统自由能的变化与 r 的关系可以写成:

$$\Delta G_r = -\frac{4}{3} \pi r^3 \Delta G_V + 4\pi r^2 \sigma_{SL} \tag{3.5}$$

由式(3.5)可见，影响系统自由能变化的两项中，单位体积自由能一项的贡献随 r^3 而变化，但界面能的贡献随 r^2 而变化。在熔点温度以上，体积自由能和界面能的贡献都为正值，两项综合作用的结果使系统自由能随新相核心半径的增加而增加，从能量上考虑，形核过程不可能发生。低于熔点温度，体积自由能的贡献为负值，界面能的贡献为正值，其叠加的结果如图 3.1 所示。在图 3.1 中，在一定的过冷度下有一个特定的临界半径 r^* 和与之相对应的最大系统自由能增加值 ΔG^*（形核势垒）。如果液相中球形的原子团半径小于 r^*，则其溶解可以降低系统的能量，这种不稳定的原子团称为核胚；而大于 r^* 的原子团，其长大会降低系统的能量，称为可以长大的晶核。

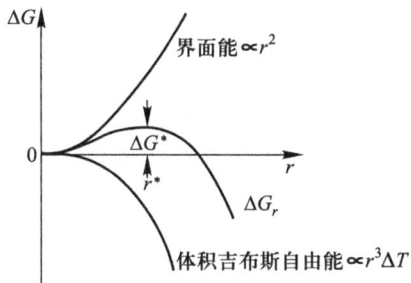

图 3.1　在熔点温度以下某一过冷度球形固相核心形成时系统
吉布斯自由能的变化与半径 r 的关系

临界晶核的半径 r^* 必须满足

$$\frac{\partial \Delta G_r}{\partial r} = 0 \tag{3.6}$$

将式(3.4)和式(3.5)代入式(3.6)中，可以很容易地求得

$$r^* = \frac{2\sigma_{SL}}{\Delta G_V} = \frac{2\sigma_{SL} T_m}{L_V} \frac{1}{\Delta T} \tag{3.7}$$

$$\Delta G^* = \frac{16\pi \sigma_{SL}^3}{3\Delta G_V^2} = \frac{16\pi \sigma_{SL}^3 T_m^2}{3 L_V^2} \frac{1}{(\Delta T)^2} \tag{3.8}$$

和

$$\Delta G^* = \frac{4\pi \sigma_{SL}}{3}(r^*)^2 \tag{3.9}$$

式(3.7)也可以由 Gibbs-Thomson 方程推导得到。由于 r^* 是与周围液体处于热力学上平衡的固体小球的半径，所以凝固前的液体必定和已凝固的球体吉布斯自由能相等。根据毛细管效应，半径为 r^* 的固体小球的吉布斯自由能要比大块固体吉布斯自由能每单位体积提高 $2\sigma_{SL}/r^*$，这意味着为达到平衡，液体也

需要过冷到一定温度以提供额外的吉布斯自由能增量,才能使形核发生。这部分额外的吉布斯自由能增量为

$$\Delta G_V = \frac{2\sigma_{SL}}{r^*} \qquad (3.10)$$

式(3.10)与式(3.7)是等同的。

式(3.8)中的形核势垒 ΔG^* 为形成临界半径的原子团所造成的系统自由能的增加值。也就是说,类固态的原子团在长大变成稳定的晶核之前,必须越过 ΔG^*,这是一个热激活的过程,获得这一能量的概率正比于 $\exp[-\Delta G^*/(kT)]$,所以只有当 ΔG^* 减小到一定的数值以后,稳定的形核才是可能的,一般估算这个值在 $60kT \sim 80kT$ 之间。

式(3.7)和式(3.8)清楚地表明,在凝固形核阶段,临界晶核半径和形核势垒分别线性反比于过冷度和过冷度的平方(只适用于小的过冷度),过冷度增加可以显著地降低临界晶核半径和形核势垒。图3.2中给出了 r^* 以及液体中最大类固态原子团的半径 r_{max} 随 ΔT 的变化示意图。由图可见,在较低的过冷度下,r^* 过大,而 r_{max} 过小,远远小于 r^*,所以液体中没有机会形成稳定的晶核。随着过冷度的增加,r^* 降低,r_{max} 增加,当过冷度达到 ΔT_N 时,$r_{max} = r^*$,液体中的最大原子团达到临界尺寸成为稳定的固体颗粒,形核就开始了。

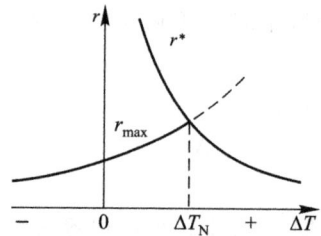

图3.2 临界晶核半径 r^* 以及液体中最大类固体原子团的半径 r_{max} 随 ΔT 的变化示意图

2. 非均匀形核

在实际的液-固相变过程中,均匀形核并不常见。一般来说,液体的容器壁(如铸造模具壁)或者液体中的固态杂质颗粒(如钢液中的高熔点的非金属夹杂物)都会促使固相发生非均匀形核,即非均匀形核是更普遍的。非均匀形核发生的根本原因就是可以有效地减少界面能(形核阻力项)的影响,从而降低形核的势垒。

假设在一个大平面上形成一个小的球冠状的固相晶核,如图3.3所示。考虑液相与析出固相之间的界面能 σ_{SL} 是各向同性的,对于给定体积的固体,其

平衡的形状为球冠状，润湿角根据界面张力平衡的要求为

$$\cos\theta = (\sigma_{ML} - \sigma_{SM})/\sigma_{SL} \tag{3.11}$$

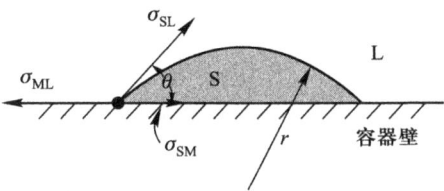

图 3.3　液体在一个大平面容器壁上非均匀形成的球冠状固相核心

固相核形成所引起的附加自由能为

$$\Delta G_{非均匀} = -V_S \Delta G_V + A_{SL}\sigma_{SL} + A_{SM}\sigma_{SM} - A_{SM}\sigma_{ML} \tag{3.12}$$

式中，V_S 是球冠的面积，A_{SL} 和 A_{SM} 分别是固相与液相、固相与容器壁之间的接触界面面积，σ_{SL}、σ_{SM} 和 σ_{ML} 分别是固相与液相、固相与容器壁以及容器壁与液相之间的界面能。式(3.12)可以进一步以润湿角 θ 和球冠半径 r 的形式写成

$$\Delta G_{非均匀} = \left(-\frac{4}{3}\pi r^3 \Delta G_V + 4\pi r^2 \sigma_{SL}\right) S(\theta) \tag{3.13}$$

式中，$S(\theta)$ 被称为形状因子，其数值小于或等于1，只与润湿角有关(见表3.1)，可以表示为

$$S(\theta) = \frac{1}{4}(2 + \cos\theta)(1 - \cos\theta)^2 \tag{3.14}$$

表 3.1　形状因子 $S(\theta)$ 与润湿角 θ 之间的关系举例

$\theta/(°)$	0	10	60	90	180
$S(\theta)$	0	约 10^{-4}	约 0.2	0.5	1

令式(3.13)微分等于零，得到非均匀形核的激活能势垒为

$$\Delta G^*_{非均匀} = \left(\frac{16\pi\sigma_{SL}^3}{3\Delta G_V^2}\right) S(\theta) = \Delta G^*_{均匀} S(\theta) \tag{3.15}$$

非均匀形核的临界半径与均匀形核情况下的完全一致[同式(3.7)]，只与液-固界面能和过冷度有关，不受容器壁的影响。图3.4比较了均匀形核与非均匀形核条件下附加自由能与核胚半径的关系。图中可见，虽然临界形核半径相同，但非均匀形核的势垒可以远低于均匀形核，例如，如果润湿角为10°，则降低约为原数值的万分之一，相应的形核所需要的过冷度也大大降低。

实际上，不考虑临界核心的形状，非均匀形核(包括其他非平面容器壁上

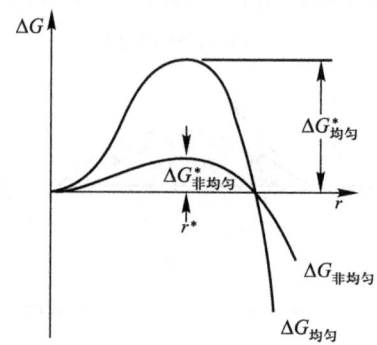

图 3.4 均匀形核与非均匀形核条件下附加自由
能与核胚半径的关系

的形核)和均匀形核的形核势垒可以写成更一般的形式：

$$\Delta G^* = \frac{1}{2} V^* \Delta G_V \tag{3.16}$$

式中，V^* 是临界晶核的体积。形核势垒越低，临界体积越小，所需要的过冷度也越小。

在极端的情况下，如果润湿角为 $0°$（完全润湿），则形核势垒为 0，形核不需要过冷度就能发生。例如，对于凝固的相反过程，熔化形核通常在熔点(甚至低于熔点)就开始了。这是因为对一般金属而言，固 – 液界面能与液 – 气界面能之和要小于固 – 气界面能，因此 $\cos\theta > 1$，液体的形核不需要过热。理论上，这种界面关系意味着在固体表面一个薄的液体层可以在低于熔点温度就形成。如果润湿角为 $180°$（完全不润湿），则 $S(\theta) = 1$，形核势垒与均匀形核的相同，不会发生非均匀位置的优先形核了。

3. 固态相变过程中的晶界形核

与凝固过程不同，固态相变过程中的形核要涉及一项体积应变能的增加，这是由于相变后新相体积一般与母相有所不同而造成的。如果母相为液体，则应变能可以忽略；如果母相为固体，这一项则有必要加以考虑。因此在固态相变的形核过程中，总的自由能变化为

$$\Delta G = -V\Delta G_V + \sum_i A_i \sigma_i + V\Delta G_S \tag{3.17}$$

式中，ΔG_S 为单位体积新相的应变能。式(3.17)与凝固形核的式(3.3)除了多一项应变能之外，还考虑到固相形核界面能各向异性较强，由共格界面的低数值到非共格界面的高数值，σ 会在很大范围内变化，所以总界面能应该写成晶核所有位向界面能的加和形式。按照与凝固相变相同的处理方法，仅考虑球形

晶核，并且暂时忽略界面能的各向异性，得到的临界晶核半径和形核势垒计算公式与凝固过程的非常相似，只是由于存在一个正的应变能项，而消耗了化学驱动力，分别表示为

$$r^* = \frac{2\sigma}{\Delta G_V - \Delta G_S} \tag{3.18}$$

$$\Delta G^* = \frac{16\pi\sigma^3}{3(\Delta G_V - \Delta G_S)^2} \tag{3.19}$$

如同液相中形核一样，固相中的形核也几乎都是非均匀形核。而固相中的缺陷种类更多，如晶粒边界、多余空位、位错、堆垛层错、夹杂物和自由表面等。在这些位置形核可以使原始缺陷消失，可以有效减少形核势垒。以较为常见的晶界形核为例，为简单计算，完全忽略应变能和界面能的各向异性，获得最低界面能的晶核形状为如图 3.5(a) 所示的两个相连接的球冠，其润湿角 θ 表示为

$$\cos\theta = \sigma_{\alpha\alpha}/(2\sigma_{\alpha\beta}) = k \tag{3.20}$$

或者与相邻的某一个晶粒形成低能量的有取向的平面[图 3.5(b)]。

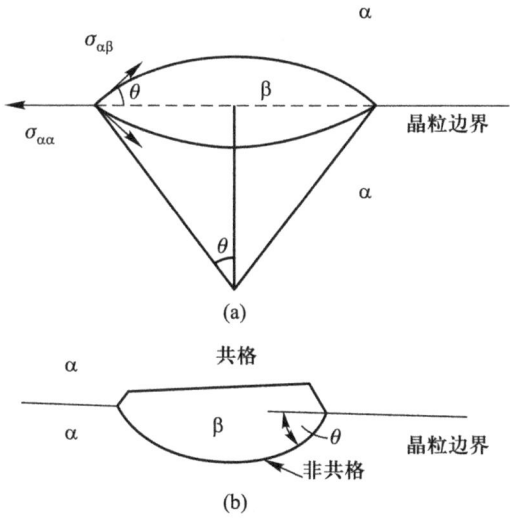

图 3.5　晶界形核的新相平衡形状：(a) 双球冠模型；
(b) 球冠加小平面模型

球冠的临界半径与晶界无关，与均匀形核的情况完全一致[同式(3.7)]，只是用固相之间的界面能代替了液-固两相的界面能；形核势垒与在大平面容器壁上凝固形核相似，与均匀形核相比，降低到 $2S(\theta)$ 倍。如果两个界面能的比值 k 超过 1，则式(3.15)中 $S(\theta) = 0$，不存在形核障碍。对于在三个晶粒相

交的边棱上和四个晶粒相交的晶隅位置，形核更容易进行，见图 3.6[6]。Clemm 和 Fisher 用一个统一的公式给出了晶面（face）、晶边（edge）和晶隅（corner）上形核时自由能的变化（假设界面能各向同性并忽略应变能）：

$$\Delta G = -Ar^3 \Delta G_V + Br^2 \sigma_{\alpha\beta} - Cr^2 \sigma_{\alpha\alpha} \tag{3.21}$$

式中 A、B 和 C 是只与 θ 相关的函数，详见表 3.2[6]。

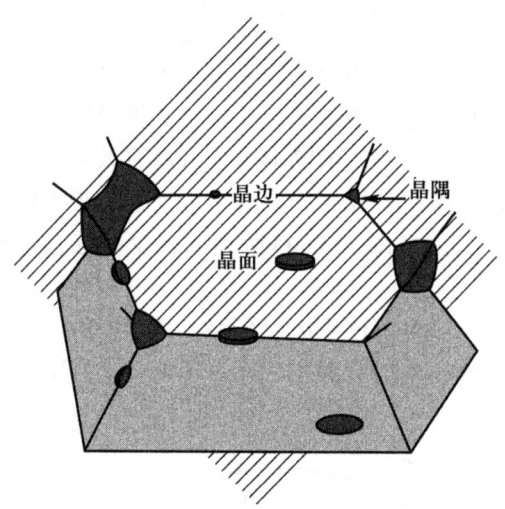

图 3.6 晶面、晶边和晶隅形核示意图

对式（3.21）微分可以得到球冠状临界晶核的半径和形核势垒

$$r^* = -\frac{2(C\sigma_{\alpha\alpha} - B\sigma_{\alpha\beta})}{3A\Delta G_V} \tag{3.22}$$

$$\Delta G^* = \frac{4(B\sigma_{\alpha\beta} - C\sigma_{\alpha\alpha})^3}{27A^2 \Delta G_V^2} = \Delta G^*_{均匀} \frac{(2+\cos\theta)(1-\cos\theta)^2}{2} \tag{3.23}$$

晶面、晶边和晶隅形核及均匀形核之间形核势垒的比值与 $\cos\theta$ 的关系见图 3.7。可见，在同样的润湿角下，晶隅形核比晶边形核容易，晶边形核比晶面形核容易；润湿角越小，非均匀形核越容易。从理论上分析，固态相变过程中的形核是按晶隅、晶边、晶面和均匀形核的顺序发生的。同时也应当考虑到，三种非均匀形核在位置、数量上有着显著差别。

实际上由于固态相变过程中母相与新相之间的界面能通常具有一定的各向异性，生成的新相核心趋向于在低界面能的位向（如共格、半共格位向）上保持一个大面积平面，在一些高界面能的位向（如非共格位向）上保持一些小面积曲面，以降低整体界面能的增加。因此考虑到界面能的各向异性，可以把球冠模型修正为球冠加小平面的模型［图 3.5（b）］，其上的小平面为低能量界面。

3.1 形核理论

表 3.2 晶面、晶边和晶隅形核时，A、B 和 C 与 θ 之间的关系式

相关参数	晶面形核	晶边形核	晶隅形核
A	$\dfrac{2\pi}{3}(2-3k+k^3)$	$2\left\{\pi-2\alpha+\dfrac{k^2}{3}(3-4k^2)^{1/2}-\beta k(3-k^2)\right\}$	$2\left\{4\left(\dfrac{\pi}{3}-\delta\right)+kR\left[\left(1-k^2-\dfrac{R^2}{4}\right)^{1/2}-\dfrac{R}{\sqrt{8}}\right]-2k\phi(3-k^2)\right\}$
B	$4\pi(1-k)$	$12\left(\dfrac{\pi}{2}-\alpha-k\beta\right)$	$24\left(\dfrac{\pi}{3}-k\phi-\delta\right)$
C	$\pi(1-k^2)$	$3\beta(1-k^2)-k(3-4k^2)^{1/2}$	$3\left\{2\phi(1-k^2)-R\left[\left(1-k^2-\dfrac{R^2}{4}\right)^{1/2}-\dfrac{R}{\sqrt{8}}\right]\right\}$
相关参数	$k=\cos\theta=\dfrac{\sigma_{\alpha\alpha}}{2\sigma_{\alpha\beta}}$	$\alpha=\arcsin\left[\dfrac{1}{2(1-k^2)^{1/2}}\right]$ $\beta=\arccos\left[\dfrac{k}{\{3(1-k^2)\}^{1/2}}\right]$	$R=\dfrac{4}{3}\left(\dfrac{3}{2}-2k^2\right)^{1/2}-\dfrac{2}{3}k$ $\phi=\arcsin\left\{\dfrac{R}{2(1-k^2)^{1/2}}\right\}$ $\delta=\arccos\left\{\dfrac{\sqrt{2}-k(3-R^2)^{1/2}}{R(1-k^2)^{1/2}}\right\}$
形核势垒为零时的润湿角	$k=1,\theta=0°$	$k=\dfrac{\sqrt{3}}{2},\theta=30°$	$k=\sqrt{\dfrac{2}{3}},\theta=35.2°$

更进一步，Aaronson 等提出了"帽盒"(Pillbox)模型来描述晶界核心的形状。他们认为晶面形核的平衡形状为"帽盒"状，帽盒顶(底)面为低界面能的大平面，侧面为高能的曲面，如图 3.8 所示。相对应的晶边形核为三棱柱状，晶隅形核为正四面体状。

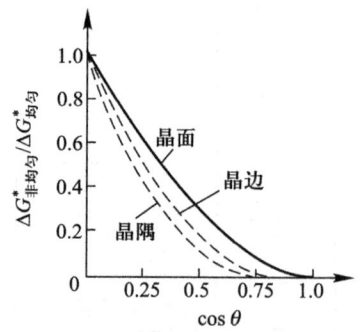

图 3.7　晶面、晶边和晶隅形核及均匀形核之间形核势垒的比值与 $\cos\theta$ 的关系

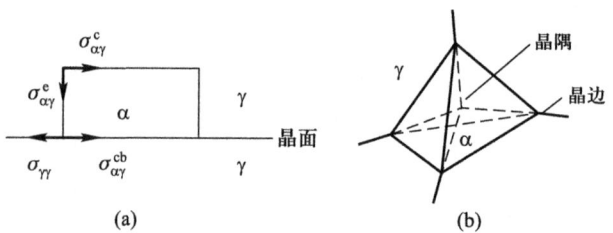

图 3.8　Pillbox 模型中，在(a)晶面和(b)晶隅形成的核心形状示意图(γ 为母相，α 为新相)

4. 固态相变中的其他缺陷形核

在固体中，还存在大量的位错和空位等缺陷，它们也是非均匀形核的有利位置。晶界形核的主要作用是减少晶界面积、减少形核时的界面能，从而降低所需要的形核功。位错形核主要是由于位错的应变能和位错与临界核心应变能的交互作用，使形核时应变能减少，从而降低所需要的形核功。

位错形核[7]时位错与新相核心的接触面积很小，对形核界面能的作用较小，一般可以忽略(当核心的尺寸很小时，位错的应变能最为重要；当核心的尺寸较大时，体积自由能的影响最为重要；只有核心在适当的尺寸时，界面能才起主要作用)。这样，位错形核导致的自由能变化为

$$\Delta G = -V\Delta G_V + S\sigma + V\Delta G_S - W_e \tag{3.24}$$

式中，V 和 S 分别为新相核心的体积和表面积，W_e 为由于新相在位错上形核所释放的位错能。W_e 由三部分组成，包括位错本身的应变能、位错核（core）的能量和位错应变场之间的相互作用能。简化处理，只考虑位错本身的应变能，而且假设位错为纯刃型或纯螺型位错，核心和母相基体的弹性常数相同，且都为各向同性，则单位长度的位错应变能为（假设新相以圆筒状围绕位错线形核，见图3.9）：

$$W_s = A \ln \frac{r}{r_c} \tag{3.25}$$

式中，r 为新相核心的半径，r_c 为位错核的半径。对刃型位错，常数 A 表示为

$$A = \frac{\mu b^2}{4\pi(1-\nu)} \tag{3.26a}$$

对螺型位错，常数 A 表示为

$$A = \frac{\mu b^2}{4\pi} \tag{3.26b}$$

式中，μ 为弹性剪切模量，b 为位错的 Burgers 矢量，ν 为泊松比。则新相以圆筒状围绕位错线形核时，单位长度的自由能变化可以写成（忽略体积应变能的增加）：

$$\Delta G = -\pi r^2 \Delta G_V + 2\pi r \sigma - A \ln \frac{r}{r_c} \tag{3.27}$$

ΔG 与 r 的关系如图3.10所示。令 $\partial \Delta G / \partial r = 0$，可以得到临界新相核心的半径：

$$r^* = \frac{\sigma}{2\Delta G_V}(1 - \sqrt{1-\alpha}) \tag{3.28a}$$

式中

$$\alpha = \frac{2A\Delta G_V}{\pi \sigma^2} \tag{3.28b}$$

当 $\alpha > 1$ 时，图3.10中的曲线 B 没有低谷，不存在 r^*。在这种情况下，ΔG 随着 r 的增加连续下降，不存在形核势垒。当 $\alpha < 1$ 时（图3.10中的曲线 A），存在形核的能垒，只有达到临界核心半径时，形核才能造成吉布斯自由能的连续下降。此时，如图3.10所示形状的临界核心所对应的临界形核功为

$$\Delta G^* = \frac{\pi \sigma^3}{\Delta G_V^3}(1 - \sqrt{1-\alpha})^2 I \tag{3.29}$$

其中，I 为通过数值积分得到的一个常数。位错形核的形核功 ΔG^* 与均匀形核的形核功之比，随 α 值的增大而减少，如图3.11所示。α 值的增大意味着 A 和 ΔG_V 的增大以及界面能的降低。代入合适的数据通过计算，Cahn[7] 得到在位错形核的形核率是均匀形核的 $10^{70} \sim 10^{80}$ 倍。一般而言，刃型位错比螺型位错应变能大，所以在刃型位错形核更加容易；较大 Burgers 矢量的位错（α 值

大)更有效地促进形核；在位错结和位错割阶处(局部 Burgers 矢量大)更容易形核；单独的位错比亚晶界上的位错更有利于形核。

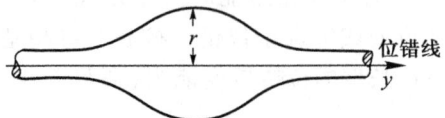

图 3.9　位错线上形核的新相形状示意图

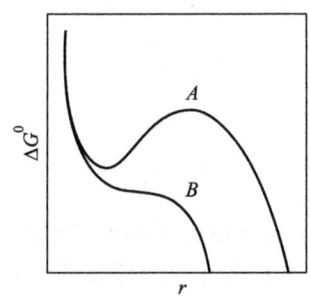

图 3.10　位错形核时吉布斯自由能变化与新相核心
半径的关系（曲线 A，$\alpha<1$；曲线 B，$\alpha>1$）

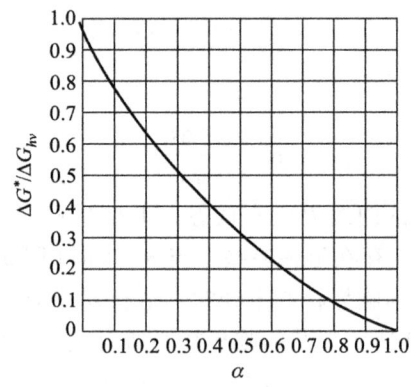

图 3.11　位错形核与均匀形核的形核势垒的比值与 α 的关系

堆垛层错往往也可以提供优先形核的有利位置。基体中出现层错，使结构接近于沉淀相就容易促使沉淀相形核。例如，在 Al－Ag 中，γ' 相(Ag_2Al)的沉淀过程就是在层错开始形核的。层错的结构与 γ' 相结构相同，当层错富 Ag 后，形成 4 个原子厚的沉淀相，开始了形核过程。层错是由扩展位错形成的，层错形核与位错形核有相似之处，如往往在扩展位错网中位错结上形核。

晶体中由于高温淬火和辐照等原因保留下来的一些过饱和空位能够提高原子的扩散速度，或者消除错配应变能（尤其是对于新相体积比基体相大的情况），所以也能够帮助形核的发生。单个空位或者聚积成的空位团都可能影响形核过程。例如经辐照的16Cr－12Ni－1Nb不锈钢中，具有比未经辐照处理的同样成分的钢细得多的碳化物沉淀，这种均匀分布的碳化物是通过空位帮助形核的。因为空位带来的应变能ΔG_d相对较小，所以对形核的影响也较小，必须在低的界面能、小的体积应变能和高的相变驱动力下才能有效促进形核的过程。

基体中预先存在的第二相粒子提供了一种有利于形核的相界面。与晶界形核相似，较高的相界面能对形核有促进作用，另外一方面，相界面上化学成分的差别也往往有利于新相形核。例如钢中在奥氏体和夹杂物的界面上经常会出现铁素体的优先形核[8]；实验中也观察到，Al－Cu合金中θ相在θ′和基体的界面上形核。

如果将各种可能的形核位置按照形核从难到易的程度排序，大体如下：

① 均匀形核。
② 空位形核。
③ 位错形核（刃型位错比螺型位错容易）。
④ 堆垛层错。
⑤ 晶界形核（晶面、晶边、晶隅由难到易）。
⑥ 相界形核（与相界面能和相界成分关系很大）。
⑦ 自由表面。

还要注意到这些位置在决定相变总体速度方面的重要程度，即相变速度取决于形核的难易程度，也取决于这些可形核位置的相对数量。对均匀形核来说，每个原子都是潜在的形核位置。对于晶界和缺陷形核，则只有少数原子可以参与形核，其总数量大大低于均匀形核的位置数。表3.3列出了各种非均匀形核的潜在位置数与均匀形核的位置数的比值[9]。

表3.3 各种非均匀形核的潜在位置数与均匀形核的位置数的比值

晶面 晶粒直径		晶边 晶粒直径		晶隅 晶粒直径		位错 密度		空位 浓度	
500 μm	50 μm	500 μm	50 μm	500 μm	50 μm	10^{11} m^{-2}	10^{14} m^{-2}	10^{-6}	10^{-4}
10^{-6}	10^{-5}	10^{-12}	10^{-11}	10^{-18}	10^{-17}	10^{-8}	10^{-5}	10^{-6}	10^{-4}

3.1.2 稳态形核率和与时间相关的形核率

形核率可以定义为单位时间内在未经转变或成分未发生变化的母相基体中单位体积所形成的核心的数目。对于均匀形核和非均匀形核，其形核率有很大差别。首先考虑在保持温度恒定的条件下，稳态形核率的计算方法。

1. 稳态形核率

理论上讲，形核率与相变的时间密切相关。在某一个特定的过冷度下，一般相变刚开始形核的数量较少，然后迅速增加，到相变后期又趋于稳定。为简化起见，先假设形核率不随时间而变化（在相变时间远大于孕育期，而相变过程尚未显著改变未转变母相成分的条件下，这个假设是可以接受的），称为稳态形核率。

设在母相基体中单位体积内存在的含有 n 个原子的原子团的数目为 C_n，单个原子被其吸附使之成为含有 $(n+1)$ 个原子团的概率为 β_n；含有 $(n+1)$ 个原子的原子团的数目为 C_{n+1}，单个原子脱离使之成为含有 n 个原子团的概率为 α_{n+1}（α 取决于表面张力），如图 3.12 所示。则核胚大小由 n 变化为 $n+1$ 的净核胚通量 J_n（当 n 为临界核心所含的原子数目 n^* 时，J_n 即为形核率）可以写为

$$J_n = \beta_n C_n - \alpha_{n+1} C_{n+1} \tag{3.30}$$

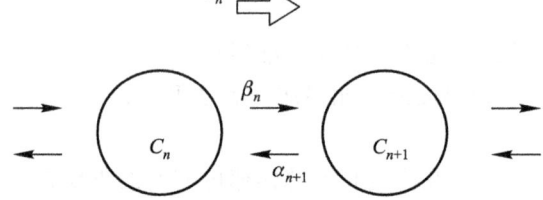

图 3.12　原子团之间原子流动的通量

平衡状态下，即 $J = 0$ 时，有

$$\beta_n C_n^0 - \alpha_{n+1} C_{n+1}^0 = 0 \tag{3.31}$$

式中，C_n^0 是达到平衡条件后，母相中含有 n 个原子的原子团的浓度。将式 (3.31) 代入式 (3.30) 中，消去 α_{n+1}（假设不论是否处于平衡态，α 与 β 之间都保持一定的比例关系），则得到

$$J_n = \beta_n C_n^0 \left(\frac{C_n}{C_n^0} - \frac{C_{n+1}}{C_{n+1}^0} \right) \tag{3.32}$$

当 n 值大时，式 (3.32) 中括号内的两项可以近似写成微分形式

$$J_n = -\beta_n C_n^0 \left(\frac{\partial (C_n/C_n^0)}{\partial n} \right) \tag{3.33}$$

只要母相的过饱和度较低,单原子体的供给不会耗尽,因此一个所有的 C_n^0 与时间无关的稳态就能建立。为了保证 C_n^0 与时间无关,J 应该与 n 及时间两者都无关,所以形成临界核心的速率 J^* 也可以用式(3.33)中的 J_n 来表示。对式(3.33)进行微分,并考虑边界条件如下:当 n 值小时,长大(形核)还不显著影响 C_n,即 $n \to 1$ 时,$C_n/C_n^0 \to 1$;当 n 值足够大时,不存在无穷大的核胚,即 $n \to \infty$ 时,$C_n/C_n^0 \to 0$。得到

$$J^* \int_1^\infty \frac{\mathrm{d}n}{\beta_n C_n^0} = -\int_1^0 \mathrm{d}\left(\frac{C_n}{C_n^0}\right) = 1 \tag{3.34}$$

考虑平衡条件下,母相中含有 n 个原子的原子团的浓度 C_n^0 可以写成

$$C_n^0 = C_1^0 \exp\left(-\frac{\Delta G_n}{kT}\right) \tag{3.35}$$

式中含有一个原子的原子团浓度为 C_1^0(即原子的体积密度)。式(3.34)可以进一步写成

$$J^* = \frac{\beta_n}{\int_1^\infty \left\{C_1^0 \exp\left(-\frac{\Delta G_n}{kT}\right)\right\}^{-1} \mathrm{d}n} \tag{3.36}$$

这里考虑 β_n 与 n 的依赖关系不大,可以近似写为 $\beta^*(n = n^*$,即达到临界核心所含有的原子数目)。ΔG_n(含有 n 个原子的原子团的自由能)为 n 的函数,将它以 $n = n^*$ 作泰勒级数展开,并只保留到二次项,作为二级近似:

$$\Delta G_n = \Delta G_n^* + (n - n^*) \frac{\partial G_n}{\partial n}\bigg|_{n=n^*} + \frac{(n-n^*)^2}{2!} \frac{\partial^2 G_n}{\partial n^2}\bigg|_{n=n^*} + \cdots \tag{3.37}$$

式中,ΔG_n^* 为临界形核功。注意到,在 $n = n^*$ 时,有

$$\frac{\partial G_n}{\partial n}\bigg|_{n=n^*} = 0 \tag{3.38}$$

将式(3.37)代入式(3.36),可得到

$$J^* = \frac{\beta^* C_1^0 \exp\left(-\frac{\Delta G_n^*}{kT}\right)}{\int_1^\infty \exp(-\alpha(n-n^*)^2) \mathrm{d}n} \tag{3.39}$$

式中

$$\alpha = -\frac{\frac{\partial^2 G_n}{\partial n^2}\bigg|_{n=n^*}}{2kT} \tag{3.40}$$

式(3.39)中积分项的正确解为

$$\int_1^\infty \exp(-\alpha x)^2 \mathrm{d}x \approx \int_{-\infty}^\infty \exp(-\alpha x)^2 \mathrm{d}x = \sqrt{\frac{\pi}{\alpha}} \tag{3.41}$$

因此，将式(3.41)的规律应用于式(3.39)中，可以得到稳态形核率的最终形式为

$$J^* = \beta^* C_1^0 \exp\left(-\frac{\Delta G_n^*}{kT}\right) \left\{-\frac{1}{2\pi kT} \frac{\partial^2 G_n}{\partial n^2}\bigg|_{n=n^*}\right\}^{1/2} \tag{3.42}$$

式(3.42)称为 Becker-Döring 方程[2]，其中大括号内的平方根项称为"Zeldovich 非平衡因子"，表示为 Z；将 C_1^0 以单位体积内原子的数目 N_V 来表示（即单位体积内均匀形核可能发生的位置数目），临界形核功 ΔG_n^* 以 ΔG^* 来表示，则式(3.42)的稳态形核率 J^* 可以进一步简写为

$$J^* = N_V \beta^* Z \exp\left(-\frac{\Delta G^*}{kT}\right) \tag{3.43}$$

式中，Z 将临界核心的虚拟平衡形核率改变为真实的稳态形核率，其典型的值约为 1/20。β^* 是单个原子加入到临界核心上的频率或速率，称为频率因子。β^* 为下列两项的乘积：母相与新相核心界面上的可以越过界面的溶质原子数目和越过界面的这些溶质原子的跃迁概率。其中第一项表示为 $S^* x_B / a^2$，S^* 为界面面积，x_B 为溶质原子的摩尔分数，a 为晶格常数；第二项表示为 $6D/d^2$，D 为扩散系数，d 为扩散原子跳跃的距离。经过合理的近似，可以得到

$$\beta^* \approx \frac{S^* D x_B}{a^4} \tag{3.44}$$

对于半径为 r 的球状新相核心，其临界形核功可以由下式求得（仅考虑化学驱动力和界面能阻力项）：

$$\Delta G^* = \frac{16\pi \gamma^3}{3 \Delta G_V^2} \tag{3.45}$$

假设核心内单个原子所占的体积为 v_a，原子个数为 n，则有

$$n v_a = \frac{4}{3} \pi r^3 \tag{3.46}$$

以原子数目和体积表示的新相形核自由能的变化为

$$\Delta G_n = n v_a \Delta G_V + \pi^{1/3} (6 n v_a)^{2/3} \gamma \tag{3.47}$$

因此

$$\frac{\partial^2 G_n}{\partial n^2}\bigg|_{n=n^*} = -\frac{v_a^2 \Delta G_V^4}{32 \pi \gamma^3} \tag{3.48}$$

所以 Zeldovich 因子 Z 可以写为

$$Z = \frac{v_a \Delta G_V^2}{8\pi (kT\gamma^3)^{1/2}} \tag{3.49}$$

频率因子 β^* 可以写为

$$\beta^* \approx \frac{4\pi(r^*)^2 D x_B}{a^4} = \frac{16\pi\gamma^2 D x_B}{a^4 \Delta G_V^2} \tag{3.50}$$

这样根据式(3.43),只要在已知的过冷度下,给定了基本的材料参数就可以定量地计算形核率的大小了。

对于合金凝固过程中的形核率,可以更进一步地进行估算。在过冷度 ΔT 不太大的情况下,式(3.43)可以写为 ΔT 的函数

$$J^* = N_V f_0 \exp\left(-\frac{A}{(\Delta T)^2}\right) \tag{3.51}$$

式中,f_0 是一个复杂的函数,与原子的振动频率、液体中的扩散激活能和临界晶核的表面积等有关,可以近似看成等于 10^{11} 的常数。N_V 的典型数值为 10^{29} 个原子/m^3;在 ΔG^* 为 $78kT$ 时,可以得到一个合理的形核率为 $1\ cm^{-3} \cdot s^{-1}$。A 可以看成是一个与温度不敏感的常数[见式(3.8)]

$$A = \frac{16\pi\sigma_{SL}^3 T_m^2}{3L_V^2 kT} \tag{3.52}$$

在图 3.13 中示意性给出了形核率与过冷度 ΔT 之间的函数关系。由于幂指数中 $(\Delta T)^2$ 项的作用,形核率在一个很窄的温度范围内从几乎为零的值急剧上升了好几个量级。这表明,形核过程确实存在一个临界过冷度,在未达到临界过冷度之前根本没有固相核心生成,而一旦达到临界过冷度,则发生"爆炸"式地形核,形核在很窄的温度范围内迅速完成。

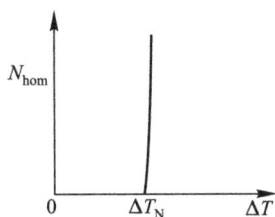

图 3.13 合金凝固过程中的形核率和过冷度之间的
关系(ΔT_N 是临界过冷度)

2. 与时间相关的形核率

真实的相变过程中,形核率是与时间相关的,尤其是相变初期,需要一个形核孕育期。这是由于临界核心的形成往往需要原子的扩散过程,而原子的扩散过程需要一定的时间,于是就需要形核的孕育期。在孕育期内,形核率很低,达到孕育期后,形核明显增加。在气相反应中,孕育期在微秒量级,而在固态相变中,即使溶质为间隙原子,孕育期也需要秒的量级。

考虑形核孕育期(与时间相关)的形核率,其分析解比较复杂,一般所接

受的形核率公式为

$$J^* = N_v \beta^* Z \exp\left(-\frac{\Delta G^*}{kT}\right)\exp\left(-\frac{\tau}{t}\right) \quad (3.53)$$

式中，τ 为形核孕育期，t 为等温时间。式(3.53)表明在超过孕育期以后的足够长的时间内，形核率将趋于一定值。当然在形核后期，由于有效形核位置的减少和饱和，形核率将显著下降，相变由形核期转入长大期。

对于形核孕育期，Feder 等[10]给出了定量的计算方法。如图 3.14 所示，将 t 分成两个组成部分：在 n 由 0 变化到 $(n^* - \delta/2)$ 的时间 t' 和由 $(n^* - \delta/2)$ 变化到 $(n^* + \delta/2)$ 的时间 t_δ。这两部分由性质完全不同的驱动力所策动。在 t' 时间段内，$\partial \Delta G/\partial n$ 较大，这一过程是由一定的化学驱动力来促进的；在 t_δ 时间段内，$\partial \Delta G/\partial n$ 很小，这一过程可以用无规行走（布朗运动）来近似描述。δ 对应于在低于 ΔG^* 值到 kT 的自由能变化范围内，核坯尺寸变化的幅度，其定义如下

$$kT = \Delta G^* - \Delta G_{n^* + \delta/2} \quad (3.54)$$

将式(3.54)最后一项以 n^* 作泰勒级数展开，并考虑到在 $n = n^*$ 时，ΔG 对 n 的一阶偏微分为零[见式(3.38)]，可以得到

$$kT = -\frac{\delta^2}{8} \left.\frac{\partial^2 \Delta G}{\partial n^2}\right|_{n=n^*} \quad (3.55)$$

或者写为

$$\delta = \left(-\frac{1}{8kT} \left.\frac{\partial^2 \Delta G}{\partial n^2}\right|_{n=n^*}\right)^{-1/2} \quad (3.56)$$

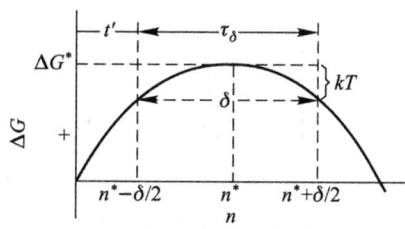

图 3.14 $\Delta G - n$ 图中标志孕育期的两个组成部分

考虑原子按无规行走方式穿越 δ 区，应用爱因斯坦关系式

$$S = (2Dt)^{1/2} \quad (3.57)$$

式中，S 为扩散距离，D 为自扩散系数，t 为扩散时间。相应地，可以列出

$$\delta = (2\beta^* \tau_\delta)^{1/2} \quad (3.58)$$

式中，β^* 可看做是扩散系数，δ 看做是扩散距离。进一步可以写成

$$\tau_\delta = \frac{\delta^2}{2\beta^*} \tag{3.59}$$

将式(3.56)代入式(3.59)，可以得到

$$\tau_\delta = \frac{-4kT}{\beta^* \left.\frac{\partial^2 \Delta G}{\partial n^2}\right|_{n=n^*}} \tag{3.60}$$

对于均匀形核的球形新相核心，将式(3.48)和式(3.50)代入式(3.60)，可以得到

$$\tau_\delta = \frac{8kT\gamma a^4}{v_a^2 \Delta G_V^2 D x_B} \tag{3.61}$$

在 t' 时间段内，假设核胚起伏过程中的产生和消失沿相同的动力学进行，因此可以将核胚长大动力学用等效的衰减动力学来表示。核胚自 $(n^* - \delta/2)$ 衰减到单个原子的速率 dn/dt，可以写为核胚的界面迁移能力 M 和驱动力 $\partial \Delta G/\partial n$ 的乘积，为负值：

$$\frac{dn}{dt} = -M \frac{\partial \Delta G}{\partial n} \tag{3.62}$$

根据爱因斯坦的另一个关系式

$$D = kTM = \beta \tag{3.63}$$

式中，β 可看做是扩散系数。将式(3.63)代入式(3.62)，消去 M 可得到

$$\frac{dn}{dt} = -\frac{\beta}{kT} \frac{\partial \Delta G}{\partial n} \tag{3.64}$$

将式(3.64)积分，可以得到 t' 的表达式为

$$t' = \int_1^{n^* - \delta/2} \left(\frac{\beta}{kT} \frac{\partial \Delta G}{\partial n}\right)^{-1} dn \tag{3.65}$$

对于均匀形核的球形新相核心，Feder 等计算得出

$$\tau_\delta > 2t' \tag{3.66}$$

Russell 认为对于晶界上两个球冠状的新相核心

$$\tau_\delta \approx 4t' \tag{3.67}$$

由于 t_δ 时间段是原子的无规行走，而 t' 时间段是在自由能梯度驱动下的长大行为，因此 t_δ 比 t' 要大得多，把孕育期 τ 用 τ_δ 来近似是合理的，即

$$\tau \approx \tau_\delta \tag{3.68}$$

一般 t' 称为瞬时形核期，τ_δ 称为稳态形核期，孕育期可由稳态形核期来计算。

3. 非均匀形核的形核率

对于非均匀形核的情况，其形核率的计算与均匀形核的情况基本相同，原则上可以应用式(3.43)(稳态形核率)和式(3.53)(与时间相关的形核率)的公式。但注意形核位置数应当修正为单位体积内可形核的缺陷位置数，形核势垒

ΔG^*也会大大降低[见式(3.15)],同时对其他参数也需要适当修正。

对于固相中在晶面、晶边、晶隅处形成双球冠状新核的情况(如图3.7所示),不同位置的最大形核位置数由母相晶粒大小和晶格常数所决定。相关参数按如下公式修正[6]:

$$\Delta G^*_{\text{非均匀}} = \Delta G^*_{\text{均匀}} K(\theta) \quad (3.69)$$

$$Z_{\text{非均匀}} = \frac{Z_{\text{均匀}}}{K(\theta)^{1/2}} \quad (3.70)$$

$$\beta^*_{\text{非均匀}} = \beta^*_{\text{均匀}} L(\theta) \quad (3.71)$$

$$\tau_{\text{非均匀}} = \tau_{\text{均匀}} \frac{K(\theta)}{L(\theta)} \quad (3.72)$$

式中,θ为润湿角。$\cos\theta$的数值等于母相晶界能与两相界面能的比值的一半。为方便计,可以将$\cos\theta$用k来表示,见式(3.20),则$K(\theta)$和$L(\theta)$可以写为k的函数:

$$K(\theta) = \frac{(2+k)(1-k)^2}{2} \quad (3.73)$$

$$L(\theta) = 1 - k \quad (3.74)$$

对于晶面形核,当$k=1$($\theta=0°$)时,$\Delta G^*_{\text{非均匀}}=0$,这时在晶面上形核不需要克服任何形核势垒,形核在过冷度为零时就会立即发生,称为界面润湿(wetting);对于晶边形核,界面润湿的条件是$\theta=30°$;对于晶隅形核,界面润湿的条件是$\theta=35.2°$。

在过冷度较小的情况下,晶隅形核和晶边形核由于形核势垒较低,形核的数量占主要;在过冷度较大的情况下,均匀形核(晶内形核)和晶面形核由于形核位置数较多,形核的数量占主要。此外,晶粒尺寸越小,则界面位置越多,非均匀形核的数量也越大。

如果考虑晶界形成的新相核心的界面能各向异性,则采用Pillbox模型来描述固态相变中的晶界形核更为合理,如图3.8所示。对于Pillbox模型的三种形核位置,以奥氏体中先共析铁素体形核为例,对晶面(f)、晶边(e)和晶隅(c),形核率公式可分别推导为以下形式:

$$J_f^* = N_f \cdot \frac{2Dv_a \varepsilon_{\alpha\gamma}^{1/2} x_\gamma}{a^4 (3kT)^{1/2}} \exp\left(-\frac{4\pi(\sigma_{\alpha\gamma}^e)^2 \varepsilon_{\alpha\gamma}}{\Delta G_V^2 kT}\right) \exp\left(-\frac{12kTa^4 \sigma_{\alpha\gamma}^e}{Dx_\gamma v_a^2 \Delta G_V^2 t}\right) \quad (3.75)$$

$$J_e^* = N_e \cdot \frac{2Dv_a (\sigma_{\alpha\gamma}^e)^{1/2} x_\gamma}{a^4 \left(\frac{\pi}{2\sqrt{3}} kT\right)^{1/2}} \exp\left(-\frac{8\sigma_{\alpha\gamma}^e \varepsilon_{\alpha\gamma}^2}{\sqrt{3}\Delta G_V^2 kT}\right) \exp\left(-\frac{4kTa^4 \varepsilon_{\alpha\gamma}}{Dx_\gamma v_a^2 \Delta G_V^2 t}\right) \quad (3.76)$$

$$J_c^* = N_c \cdot \frac{2Dv_a (6\varepsilon_{\alpha\gamma})^{1/2} x_\gamma}{a^4 (\pi kT)^{1/2}} \exp\left(-\frac{32\varepsilon_{\alpha\gamma}^3}{3\Delta G_V^2 kT}\right) \exp\left(-\frac{16kTa^4 \varepsilon_{\alpha\gamma}}{\sqrt{3}Dx_\gamma v_a^2 \Delta G_V^2 t}\right) \quad (3.77)$$

式中，D 为扩散系数。对于 Fe-C 合金，为 C 的扩散系数；对于 Fe-C-X 合金，在准平衡条件下为 C 的扩散系数，在正平衡条件下为合金元素在奥氏体晶界的扩散系数。x_γ 是奥氏体中扩散原子的浓度，v_a 是铁原子占据的体积，a 是奥氏体最近邻原子间距。根据 Pillbox 模型的临界形核尺寸，可以分别计算单位体积奥氏体晶面、晶边和晶隅有效形核的位置数[11]：

$$N_f = \frac{3.35 d^{-1}}{4 r^{*2}} = 0.21 \frac{1}{d}\left(\frac{\Delta G_V}{\sigma_{\alpha\gamma}^e(f)}\right)^2 \quad (3.78)$$

$$N_e = \frac{8.5 d^{-2}}{h^*} = 2.1 \frac{1}{d^2}\left(\frac{\Delta G_V}{\sigma_{\alpha\gamma}^e(e)}\right) \quad (3.79)$$

$$N_c = \frac{12.0}{d^3} \quad (3.80)$$

式中，r^* 是帽盒底面半径，h^* 是帽盒高度。通常 $N_f > N_e > N_c$，但当奥氏体晶粒较小，而过冷度也较小，并且考虑到形核引起的碳及合金元素浓度分布的变化会抑制附近核心的生成，三者的形核位置数比较接近，为 $10^{16} \sim 10^{18}$ m^{-3}（以奥氏体晶粒直径为 10 μm 估算）。

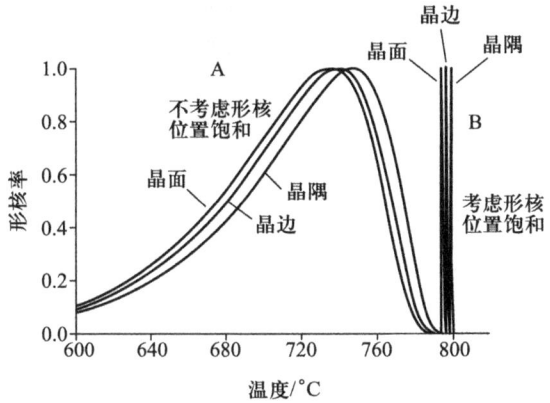

图 3.15　Fe-0.2C-0.5Mn-0.2Si（质量分数）合金连续冷却时归一化的晶面、晶边和晶隅形核率随温度的变化关系（A 为不考虑形核位置饱和，B 为考虑形核位置饱和）

随着铁素体核心的形成及长大，形核位置数逐渐减少，需要对形核率公式中的可形核位置加一个修正项 $(1-f)$，其中 f 为已经形核数占总形核位置数的百分比。图 3.15 中以 Fe-0.2C-0.5Mn-0.2Si（质量分数）合金从高温连续冷却过程为例，给出了计算得到的晶面、晶边和晶隅三种形核位置的铁素体的形核率（以最大形核率进行归一化处理）随温度变化的曲线[11]。图中的两组曲线分别为考虑和不考虑形核位置饱和的情况。可见，随温度下降，形核自晶隅、晶边、晶面由易到难。在连续冷却过程中，首先在晶隅形核，随着可形核位置的消耗，晶边、晶面开始形核，考虑到形核过程中形核位置的饱和，形核过程实际上将在很窄的温度范围内完成。图 3.16 是同步辐射实验测量得到的铁素体的形核数据，与理论结果定性符合得较好[12]。

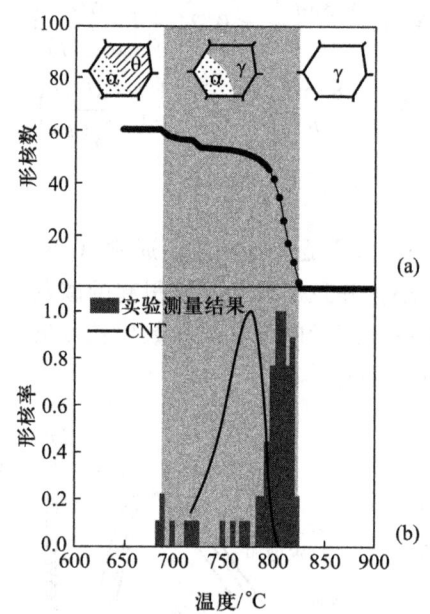

图 3.16　(a) Fe－0.2C－0.5Mn－0.2Si(质量分数)合金从 900 ℃冷却到 600 ℃过程中实验测量得到的铁素体形核数和(b) 相对应的形核率

3.1.3　Cahn-Hilliard 非经典形核理论

经典的形核模型认为新旧两相界面具有固定的厚度（两个原子层的距离）和浓度，即新相核心与母相具有明锐的界面，而且核心成分保持大致不变。通过这样的假设可以将体自由能变化和界面自由能变化分开来考虑。Cahn 和 Hilliard[5]提出的非经典形核理论认为，对于介稳态的非均匀固溶体，相界面在一定的温度和压强的条件下，其厚度不再是一个固定值，相界面附近的浓度是连续变化的，相界包含一系列界面弥散且其成分与位置相关的同相涨落。这也称为连续理论模型。

连续理论模型提出非均匀浓度区的自由能取决于该区域及附近区域的浓

度，包含两个部分：一部分是成分的函数，另一部分是浓度导数的函数。假定以原子层间距来考虑，浓度梯度不是很大，且浓度及其导数都是独立的变量，则单个原子的自由能 g 可以写为这些变量的连续函数，并以平均浓度的自由能 g_0 作泰勒级数展开[13]，以一维形式为例写为(略去高次项)

$$g = g_0(C) + \left(\frac{dC}{dx}\right)\left[\frac{\partial g}{\partial\left(\frac{dC}{dx}\right)}\right] + \left(\frac{d^2C}{dx^2}\right)\left[\frac{\partial g}{\partial\left(\frac{d^2C}{dx^2}\right)}\right] + \frac{1}{2}\left\{\left(\frac{dC}{dx}\right)^2\left[\frac{\partial^2 g}{\partial\left(\frac{dC}{dx}\right)^2}\right]\right\}$$

(3.81)

式中，x 表示距离，C 表示浓度。引入一些符号代替自由能对浓度梯度的导数项，式(3.81)可以进一步简写为

$$g = g_0(C) + E\left(\frac{dC}{dx}\right) + K_1\left(\frac{d^2C}{dx^2}\right) + K_2\left(\frac{dC}{dx}\right)^2 \quad (3.82)$$

考虑晶体的中心对称性，其自由能应该与坐标轴的方向无关，因此 E 必须为零。将式(3.82)对所有原子积分，得到界面面积为 A 的体系的总自由能 G 为

$$G = An_V\int g\,dn = An_V\int\left[g_0(C) + K_1\left(\frac{d^2C}{dx^2}\right) + K_2\left(\frac{dC}{dx}\right)^2\right]dx \quad (3.83)$$

式中，n_V 表示单位体积的原子数目。通过进一步的计算和简化，最终可以将式(3.83)中的自由能写成

$$G = An_V\int_{-\infty}^{+\infty}\left[g_0(C) + K\left(\frac{dC}{dx}\right)^2\right]dx \quad (3.84)$$

式中

$$K = \frac{1}{2}\frac{\partial^2 g}{\partial(dC/dx)^2} - \frac{\partial^2 g}{\partial C(d^2C/dx^2)} \quad (3.85)$$

式(3.84)即为 Cahn 和 Hilliard 模型的主要方程。它表明，一个非均匀固体的自由能，按一级近似为平均成分的自由能和以局部成分为函数的"梯度能量"的两部分能量之和。K 为梯度能量系数，它可以表示为

$$K = \frac{2}{3}H_{0.5}^M r_0^2 \quad (3.86)$$

式中，$H_{0.5}^M$ 为浓度 $C=0.5$ 时的单位体积的混合焓，r_0 为最近邻原子间距。

三维形式的 Cahn 和 Hilliard 模型把单位体积非均匀溶液的自由能表示为

$$G = \int_V\left[g_0(C) + K(\nabla C)^2\right]dV \quad (3.87)$$

式中

$$K = \frac{1}{2}\frac{\partial^2 g}{\partial|\nabla C|^2} - \frac{\partial^2 g}{\partial C\partial|\nabla^2 C|} \quad (3.88)$$

考虑 G 为成分起伏体系的自由能体积积分,当浓度起伏很小时,体系平均浓度保持不变,$g_0(C)$(负值)的降低不足以抵消梯度能量 $K(\nabla C)^2$(正值)的增加,则不论起伏尺寸的大小,G 总是增加。但当浓度起伏足够大时,情况会有所不同,单个起伏大得足以抵消梯度能量项,总积分会导致 G 呈负值。

为得到临界形核功 ΔG^*,在浓度对自由能的函数关系中,需要对式(3.87)求极值,同时保持体系的平均浓度恒定。经过一系列的变换,并考虑合理的形核边界条件,得到

$$\Delta G^* = \int_V [\Delta g + K(\nabla C)^2] dV \qquad (3.89)$$

$$2K(\nabla^2 C) + \frac{\partial K}{\partial C}(\nabla C)^2 = \frac{\partial(\Delta g)}{\partial C} \qquad (3.90)$$

式(3.89)和式(3.90)为连续非经典形核理论的普遍公式,其中式(3.90)为欧拉(Euler)方程,可由浓度 C 为函数求解,相关数据代入式(3.89)可以求得 ΔG^*。注意,非经典形核理论对 ΔG^* 的推导计算和经典形核理论的不同之处在于,不需要像经典理论那样假设核心成分均匀恒定,非经典方程中也不明显包含表面能的项。

对于各向同性体系中的球状临界核心区域中的成分函数 $C(r)$(以 r 表示离区域中心的径向距离),可以由式(3.90)Euler方程经数值积分得到

$$2K \frac{d^2 C}{dr^2} + 4 \frac{K}{r} \frac{dC}{dr} = \frac{\partial g}{\partial C}\bigg|_C - \frac{\partial g}{\partial C}\bigg|_{C_0} \qquad (3.91)$$

其边界条件是核心中心 $r = 0$,$dC/dr = 0$,在足够远处 $r \to \infty$,$C = C_0$。同时,式(3.89)中的临界形核功 ΔG^* 也可以表示为

$$\Delta G^* = 4\pi \int_0^\infty \left[\Delta g - \frac{C - C_0}{2}\left(\frac{\partial g}{\partial C}\bigg|_C - \frac{\partial g}{\partial C}\bigg|_{C_0}\right)\right] r^2 dr \qquad (3.92)$$

如果求得了临界形核功 ΔG^*,就可以通过式(3.43)和式(3.53)计算得到均匀形核的稳态形核率和与时间相关的形核率。如果知道了自由能 g(可以由规则溶液模型近似计算)、给定成分 C_0 和梯度能系数 K 的值,就可以由式(3.91)积分求解得到成分分布函数 $C(r)$。

图 3.17[14] 所示为温度 $T/T_c = 0.25$ 时不同成分 C_0 的过饱和固溶体中新相核心的成分分布曲线(T_c 为临界温度)。在低过饱和度的情况下[图 3.17(d)],$C_0 = 2 \times 10^{-3}$],核心成分几乎为常数,对应于平衡时的新相 β 成分 C_β^e。其界面与经典形核模型一样尖锐、清晰。相应地,由非经典模型和经典模型求得的临界形核功以及临界尺寸(R^*)几乎相同(图 3.18),且在 C_0 接近于 C_α^e 时趋向于无穷大。随过饱和度的增大,核心中心处溶质成分降低,核心区域成分曲线变得更加平缓[图 3.17(a)]。此时,经典形核理论不再适用。进一步增加过饱

和度,当初始成分 C_0 接近临界失稳成分 C_S^c 时,非经典理论得到形核势垒降低到零[图 3.18(a)]、而临界涨落的扩展区(R^*)趋向于无穷大的结果[图 3.18(b)]。这标志着分解机制在失稳临界线处出现不连续,与经典理论不同。在接近失稳线时,形核势垒非常低,而系统中存在许多成分涨落,它们的空间扩展尺度比临界涨落的尺度小得多,而它们的形成能也仅稍高于形核势垒。此时,尽管要求的激活能稍高一些,但系统通过形成许多"短波"涨落而演化成新相的概率也要远高于形成"长波"临界涨落的概率。

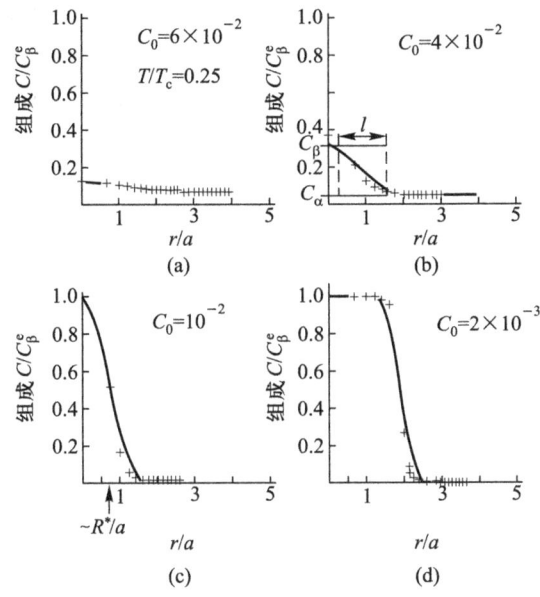

图 3.17 按非经典理论模型计算得到的,在过冷到亚稳区 $T = 0.25 T_c$ 处,不同成分 C_0 的球形新相核心内部成分分布(实线)。十字标为离散晶格点阵模型的计算结果,a 为假定的面心立方晶格常数,l 为相界面宽度

要将非经典形核理论应用于具体的相变过程,必须预先计算出远离平衡态的单个原子自由能随成分变化函数 Δg 和梯度能量系数 K,以便计算平衡的成分分布和形核势垒。为简单起见,Cahn 和 Hilliard 采用规则溶液模型处理,将 K 写为 K_R

$$K_R = N_V k T_c r^2 \tag{3.93}$$

式中,r 表示相互作用距离的平方均根,N_V 为单位体积的原子数目。在 T_c 温度附近,接近 Spinodal 分解成分点 C_S,近似有

$$\Delta G^* \approx 460 \left(\frac{T}{T_c}\right)^{1/2} \left(\frac{T_c - T}{T_c}\right)^{-1/4} k T_c (C_S - C_0)^{3/2} \tag{3.94}$$

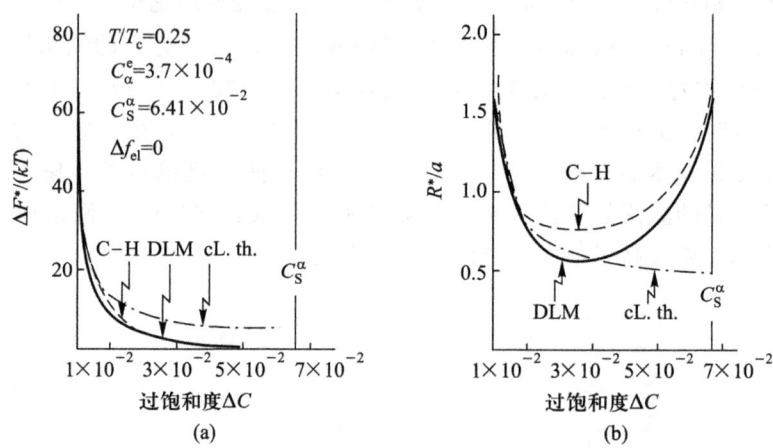

图 3.18 在 $T=0.25T_c$ 处，(a) 临界形核势垒、(b) 临界半径 R^* [对应于成分点 $(C_0+C_e)/2$] 与过饱和度的关系（cL. th. 表示经典形核理论计算结果，C-H 表示非经典连续模型的计算结果，DLM 表示离散晶格点阵模型的计算结果）

由于非经典形核理论的复杂性，仅仅在一些简单的体系中才能适用。多数情况下，实验工作者倾向于使用相对简单的经典形核理论。如果相界面宽度 l 明显小于核心的半径，完全可以应用经典的形核理论来考虑形核问题。对于形核率可测的最大 ΔG^*，如果不超过 $60kT$，则按经典形核理论，临界球形核心半径 r^* 应满足以下式子：

$$r^* < \left(\frac{45kT}{\pi\delta}\right)^{1/2} \tag{3.95}$$

相界面宽度 $l \ll r^*$，则要求

$$\frac{\pi\sigma}{45kT}l^2 \ll 1 \tag{3.96}$$

如果对于固态均匀形核，认为形核率可测的最大 ΔG^* 不超过 $25kT$，则得到

$$\frac{4\pi\sigma}{75kT}l^2 \ll 1 \tag{3.97}$$

对于经典形核是适用的。对于 Cu-Ti（取界面能 $\sigma=0.067$ J/m²，$T=623$ K）、Fe-Cu（$\sigma=0.25$ J/m²，$T=773$ K）和 Cu-Co 合金（$\sigma=0.17$ J/m²，$T=893$ K），计算得到的界面宽度分别要小于 0.56 nm、0.33 nm 和 0.42 nm。这样的界面相当尖锐。

这里要指出，用非经典的连续模型来处理固态相变的形核，其形核核心尺寸在几十到数百个原子体积的范围，而采用宏观表面和体热力学性质进行理论

分析是否完全合理，需要进一步地仔细考虑。

3.1.4 界面能及新相核心的形状

在相变动力学理论中的形核率和临界形核功等的计算过程中，常常避免不了涉及界面能的因素，但由于试验上的难度，目前关于这种界面能量测量的可靠数据还比较少，而且界面能因不同相界的性质、不同温度以及不同的界面位向而有所不同，因此有必要从理论上对界面能进行系统的研究。在此基础上，利用界面能的各向异性就可以直接给出新相核心的平衡形状。

按照 Turnbull 的理论[15]，界面能可以分为两个部分：界面化学能和界面结构能。界面化学能是由于界面两侧化学成分的差异所引起的，界面结构能是由于界面上原子排列的不匹配所引起的（一般以错配位错模型进行计算）。对于完全共格的相界面只存在界面化学能；对于常见的半共格相界面，既有界面化学能也有界面结构能，如果错配度不是特别大，可以把总界面能近似为两项之和。

1. 共格相界面的界面能

考虑新相与母相在界面上的原子有着严格的一一对应关系，例如两相晶体结构相同，而且晶格常数也相差很小，析出的新相尺寸较小时，或者两相虽然晶体结构和晶格常数不同，但经过适当的旋转，在某一个界面位向上界面原子可以达到一一对应的关系，可以采取 Becker 的分离点阵双平面模型，以及在此基础上发展的分离点阵多平面模型，或者 Cahn-Hilliard 的连续模型来计算界面能。

（1）Becker 的分离点阵双平面模型

Becker[16]假定共格界面之间由不同点阵间相隔一层平面（界面区只包含其两侧的两个原子层，故称双平面模型）组成，两相内部成分均匀，并且延伸到在界面处的最后一个原子面，只是跨过界面成分才有突然的变化，存在着一个尖锐明晰的相界面。计算得到的界面能虽过高，但计算过程简单方便，而且提供了进一步改善的基础。

以 A 和 B 原子组成的二元合金为例，在母相 α 中析出新相 β，两相形成共格界面，界面无限大，只考虑最近邻原子的作用（对于 fcc 结构一般只考虑最近邻原子的作用，对于 bcc 结构往往还要考虑次近邻原子的作用），形成的界面如图 3.19 所示。其界面能定义为

$$\sigma = E_{\alpha/\beta} - \frac{1}{2}(E_{\alpha/\alpha} + E_{\beta/\beta}) \tag{3.98}$$

式中，$E_{\alpha/\beta}$ 表示单位面积 α/β 相界面的结合能，$E_{\alpha/\alpha}$ 和 $E_{\beta/\beta}$ 分别表示与 α/β 相界面平行的 α 相内部和 β 相内部的相应界面的单位面积的结合能。

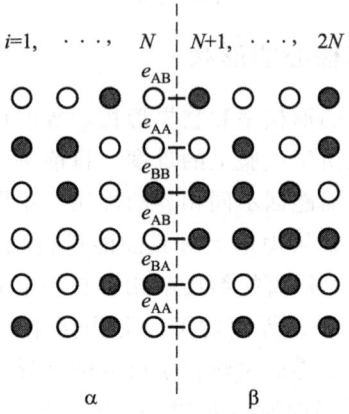

图 3.19 共格界面的双平面模型

设 α 相和 β 相的 B 原子摩尔分数分别为 x^α 和 x^β，α/β 相界面的单位面积的原子个数为 n_s，每个原子穿过界面的最近邻原子数为 Z_s[称为界面配位数，如对 fcc 的(111)界面，$Z_s = 3$]，则穿过单位面积界面的 A—A 原子键的数目为

$$N_{AA} = n_s(1-x^\alpha)Z_s(1-x^\beta) \tag{3.99}$$

同样也可以计算穿过单位面积界面的 B—B 原子键的数目和 A—B 原子键的数目。则界面原子总的结合能可以写为

$$\begin{aligned}E_{\alpha\beta} &= N_{AA}e_{AA} + N_{BB}e_{BB} + N_{AB}e_{AB} \\ &= n_sZ_s\{(1-x^\alpha)(1-x^\beta)e_{AA} + x^\alpha x^\beta e_{BB} + \\ &\quad [x^\alpha(1-x^\beta) + (1-x^\alpha)x^\beta]e_{AB}\}\end{aligned} \tag{3.100}$$

式中，e_{AA}、e_{BB} 和 e_{AB} 分别表示 A—A 原子键、B—B 原子键和 A—B 原子键的单键结合能量。类似的，有

$$E_{\alpha\alpha} = n_sZ_s[(1-x^\alpha)^2 e_{AA} + (x^\alpha)^2 e_{BB} + 2x^\alpha(1-x^\alpha)e_{AB}] \tag{3.101}$$

$$E_{\beta\beta} = n_sZ_s[(1-x^\beta)^2 e_{AA} + (x^\beta)^2 e_{BB} + 2x^\beta(1-x^\beta)e_{AB}] \tag{3.102}$$

因此，界面能可以写成

$$\sigma = \frac{n_sZ_sL(x^\alpha - x^\beta)^2}{ZN_0} \tag{3.103}$$

式中，L 是规则溶液常数，为

$$L = ZN_0\left[e_{AB} - \frac{1}{2}(e_{AA} + e_{BB})\right] \tag{3.104}$$

Z 是每个原子的总原子配位数(例如对 fcc 晶体，$Z = 12$)，N_0 是阿伏加德罗常数。式(3.103)就是可以通过热力学参数简便地计算界面化学能的 Becker

公式。

（2）分离点阵多平面模型

理论上讲，只有在绝对零度的条件下，分离点阵双平面模型才是可能的。在 $T>0$ K 时，两相分离点阵界面由一相到另一相成分不会呈突然剧变，而是经过一系列 n 个平面展现成分的逐步越阶变化，这就是分离点阵多平面模型。分离点阵多平面模型把界面区域扩展到了界面附近的多个平面，是对双平面模型的进一步发展。Lee 和 Aaronson[17]较早应用分离点阵多平面模型计算了 α/β 共格相界面上的浓度分布和界面能量，并与双平面模型和连续模型进行了定量的比较。Yang 和 Enomoto[18-21]进一步发展了这个模型，把它扩展到三元（含间隙原子）的体系，使之可应用于金属/陶瓷相界面，计算了非金属夹杂物与奥氏体和铁素体的界面能。

根据界面的各向异性，利用 Wulff 作图法，可以确定新相析出的平衡形状。图 3.20 是所给出的在绝对零度 fcc 母相析出完全共格 fcc 新相的平衡形状，是由 8 个(111)大平面和 6 个(100)小平面组成的十四面体，这是与最低的(111)界面能和较低的(100)界面能密切相关的。随温度的升高，平衡的临界核心形状向球状变化。

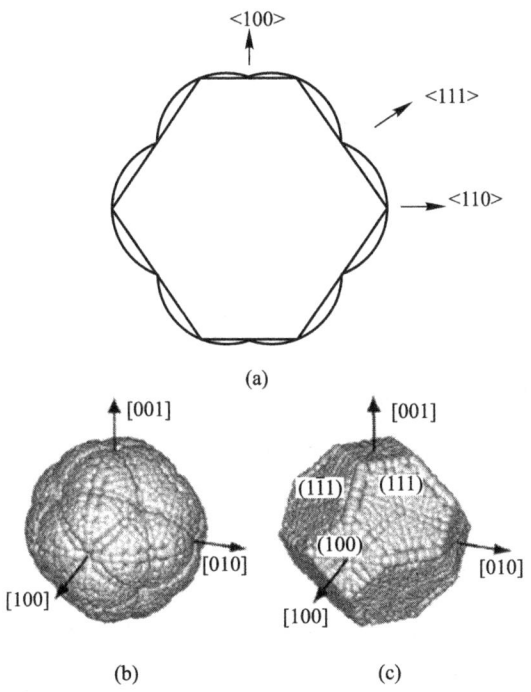

图 3.20　在绝对零度 fcc 母相析出完全共格 fcc 新相的平衡形状的确定：(a)界面能的(110)二维 Wulff 图；(b)界面能的三维 Wulff 图；(c)平衡形状

（3）Cahn-Hilliard 连续模型

连续模型认为在界面区域浓度是连续变化的，相界面的界面能即为含有界面时的体系自由能[式(3.84)]与不含界面的均匀 α 相或 β 相的自由能[$(1-x)\mu_A + x\mu_B$]的差值，再除以面积。

$$\sigma = \frac{\Delta G}{A} = n_V \int_{-\infty}^{+\infty} \left[g_0(x) + K\left(\frac{\mathrm{d}x}{\mathrm{d}s}\right)^2 - x\mu_A - (1-x)\mu_B \right] \mathrm{d}s$$
$$= n_V \int_{-\infty}^{+\infty} \left[\Delta g(x) + K\left(\frac{\mathrm{d}x}{\mathrm{d}s}\right)^2 \right] \mathrm{d}s \quad (3.105)$$

式中，x 表示 B 原子的摩尔浓度，s 表示离开界面的距离。界面达到平衡时，界面能最低，应满足

$$\Delta g(x) - K\left(\frac{\mathrm{d}x}{\mathrm{d}s}\right)^2 = 0 \quad (3.106)$$

将式(3.106)代入式(3.105)，得到

$$\sigma = 2n_V \int_{-\infty}^{+\infty} \Delta g(x) \mathrm{d}s = 2n_V \int_{x^\alpha}^{x^\beta} [K\Delta g(x)]^{1/2} \mathrm{d}x \quad (3.107)$$

式(3.107)即为相同立方结构的晶体之间的共格相界面能的 Cahn-Hilliard 方程的一般表达式。为了求得温度对界面能的影响，在临界点（温度为 T_c，浓度为 x_c）将 g_0 作泰勒级数展开至四次项，代入式(3.107)，并假设在临界点附近梯度能量系数 K 为常数，可积分得到

$$\sigma(T \sim T_c) = \frac{2\sqrt{2}n_V}{3\gamma} K^{1/2} \beta^{2/3} (T_c - T)^{3/2} \quad (3.108)$$

式中，β 和 γ 都是正的泰勒展开系数

$$\beta = \frac{1}{2!} \frac{\partial^3 g_0}{\partial T \partial x^2}$$
$$\gamma = \frac{1}{4!} \frac{\partial^4 g_0}{\partial x^4} \quad (3.109)$$

在 $T \sim T_c$ 时，将有关项代入式(3.108)，可计算界面能为

$$\sigma(T \sim T_c) = 2n_V \lambda k T_c \left(\frac{T_c - T}{T_c}\right)^{3/2} \quad (3.110)$$

在低温 $T \sim 0$ 时，界面能可以简化为

$$\sigma(T \sim 0) = 2n_V \lambda k T_c \left(\frac{\pi}{4\sqrt{2}} - 0.426 \frac{T}{T_c}\right) \quad (3.111)$$

在其他温度范围内，通过线性外推可以近似得到（误差小于1%）

$$\sigma \approx 2n_V \lambda (kT_c)^{1/2} \left[\frac{\pi(x^\beta - x^\alpha)(\Delta g(x=0.5))^{1/2}}{2} \right] \left[1 - \left(\frac{\pi}{2} - \frac{4}{3}\right)\left(\frac{T}{T_c}\right) \right]$$
$$(3.112)$$

Lee 和 Aaronson[17] 比较了上述三种模型对规则溶液中的两相共格界面能的计算结果，如图 3.21 所示。其中曲线 a 和 b 是根据分离点阵多平面模型求得的面心立方点阵(111)面及(100)面的界面能，曲线 c 是根据连续模型求得的(100)面的界面能，曲线 d 是分离点阵双平面模型(Becker 方程)的(100)面界面能的计算结果。当 T/T_c 超过 0.2 时，分离点阵双平面模型所得的结果明显偏高，一直到接近 T_c 温度都存在严重误差，因此在扩散型相变经常出现的温度范围内，分离点阵双平面模型的 Becker 方程都不能适用。在 T/T_c 超过 0.7 时，分离点阵多平面模型和连续模型所得的结果相同。在高温时界面能几乎是各向同性的。

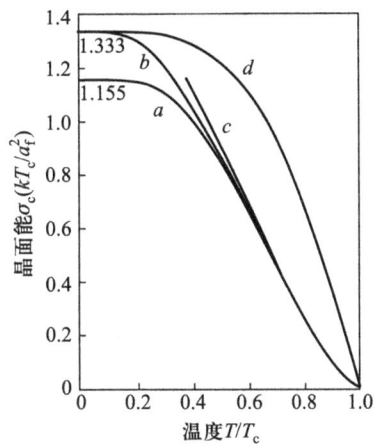

图 3.21 规则溶液面心立方点阵的两相界面能与温度之间关系的计算结果。
(a) 分离点阵多平面模型(111)面；(b) 分离点阵多平面模型(100)面；
(c) 连续模型(100)面；(d) 分离点阵双平面模型(100)面

2. 半共格界面的界面结构能

实际体系中完全共格的界面并不多见，两相晶格常数常常有所不同，临界核心(大小在 10 nm 数量级)与母相界面之间往往会存在一个或几个结构补偿位错，这些位错所产生的能量称为界面结构能。界面结构能与前面讨论的界面化学能之和构成了界面能。

对于球状析出相周围单个棱柱形的位错环，其能量包含两个部分，一是位错线本身的能量

$$\sigma_{\text{self}} = \frac{\mu b r_l}{2(1-\nu)} \left[\ln \frac{8 r_l}{r_0} - 1 + \frac{3-2\nu}{4(1-\nu)} \right]^{1/2} \tag{3.113}$$

二是位错和析出相应力场的交互作用能

$$\sigma_{\text{int}} = -4\pi\mu b\varepsilon r^2 \tag{3.114}$$

式中:μ 为剪切模量(设两相剪切模量相同);ν 是泊松比;b 是 Burgers 矢量;r_1 为位错环的半径;r_0 为位错芯的半径;r 是新相的半径;ε 是错配度参数,由析出相的晶格常数 a_1 和母相的晶格常数 a_2 所决定

$$\varepsilon = \frac{2(a_1 - a_2)}{3a_1} \tag{3.115}$$

将式(3.113)和式(3.114)相加作为界面结构能,忽略了位错芯的能量和位错之间的交互作用能。

对于两相半共格界面,由于晶格常数差别所出现的一组平行的位错,Van der Merwe[22]给出了计算其界面结构能的公式(也适用于薄膜界面的应变能)

$$\sigma_{\text{structure}} = \frac{\mu c}{4\pi^2}\{1 + \beta - (1+\beta^2)^{\frac{1}{2}} - \beta\ln[2\beta(1+\beta^2)^{\frac{1}{2}} - 2\beta^2]\} \tag{3.116}$$

式中

$$\beta = 2\pi\delta\left(\frac{\Omega}{\mu}\right)$$

$$\frac{1}{\Omega} = \frac{1-\nu_\alpha}{\mu_\alpha} + \frac{1-\nu_\beta}{\mu_\beta} \tag{3.117}$$

式中:δ 是错配参数,定义为 $\delta = 2(a_1-a_2)/(a_1+a_2)$;$\mu$ 是界面的剪切模量(可以由两相的剪切模量 μ_α 和 μ_β 来估算);ν_α 和 ν_β 分别是 α 相和 β 相的泊松比;$c = (a_1+a_2)/2$ 表示界面位错 Burgers 矢量的大小。式(3.116)的等式右边的前半段是位错芯的能量,后半段是位错弹性应变场的能量。未考虑位错之间的相互作用能。

真实的两相界面位错往往是两组或更多组不同位向的位错组成的位错网,对于这样复杂的位错,要计算位错能量,首先必须确定其准确结构。Spanos[23]提出了采用 O 点阵的理论确定位错网络的方法,成功地应用到了 fcc/fcc 界面,陈会强和杨志刚[24]又把该方法扩展到 bcc/bcc 界面。

将界面结构能和界面化学能相加,得到各向异性的总界面能,可以更好地预测新相析出的平衡形状,如图 3.22 所示。从图中可以确定 TiC 在奥氏体中析出的平衡形状基本为立方体,但其棱角和棱边可能被削去一部分。

3. 非共格界面的界面能

当形成界面的两相晶格常数相差较大(如错配度在 25% 以上),或者晶格体系完全不同,界面上原子的一一对应关系就很难维持了,这样的界面称为非共格界面。初步的电镜实验证明,非共格界面可以用大角度晶界的结构进行描

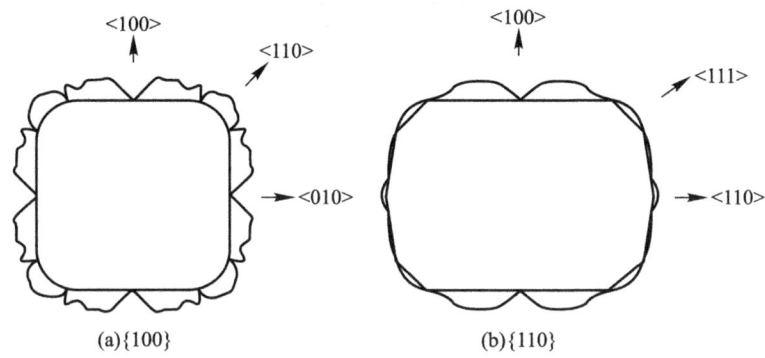

图 3.22 奥氏体/TiC 总界面结构能的(a){100}和(b){110}极图投影和 Wulff 形状

述,如重合位置点阵模型,后来又引入了描述液态原子结构的 Bernal 多面体来表示。一般认为晶体原子结构由五种多面体组成(四面体、八面体、三菱柱、阿基米德方柱、四角十二面体),如 fcc 晶内结构可视为由四面体和八面体组成,但晶界结构有所不同,是由三菱柱和四角十二面体组成,它们在晶界上重复出现以保持界面位向不变。

关于非共格界面的界面能理论至今还涉及不多,已有一些实验的结果,主要是测定两相之间的相对于大角度晶界能的相对界面能。对金属体系,一般粗略有

$$0.7 \leqslant \frac{\sigma_{\alpha\beta}}{\sigma_{\alpha\alpha}} \leqslant 0.9 \tag{3.118}$$

虽然有些情况下界面能和大角度晶界能可以相接近,但总体上两相界面能要小一些。晶界能只具有结构分量,两相界面能则还具有化学分量(成分差别),溶质易在相界面吸附,并且可以形成特殊的原子重排,以降低整体能量。

表 3.4 比较了金属体系界面能的大致数量范围,由此可见一般非共格相界面能要高于半共格相界面能,半共格相界面能要高于共格相界面能,它们与晶界能处于一个数量级上。孪晶界能相对比较低,而表面能一般相对比较高。近年来,一些学者采用更加复杂的多体作用势来代替传统热力学中的简单对势,对界面能进行了计算,如 Yang 和 Johnson[25]用埋入原子法得到奥氏体和铁素体的半共格界面能为 0.24 J/m^2,这与经典理论估算的结果基本相符合。注意对于含有非金属的系统,由于非金属原子与金属原子之间的强相互作用,其界面能可以显著高于表 3.4 中的数值。

表 3.4　金属体系界面能的大致比较

界面、表面	能量/(J·m^{-2})
共格相界面	0.005~0.2
半共格相界面	0.2~0.8
非共格相界面	0.8~2.5
晶界	0.3~1
孪晶界	0.01~0.08
表面	1~3

3.2　新相长大动力学

相变过程产生的新相核胚达到了临界尺寸之后，核胚中的原子借热起伏脱离核心的概率已经足够小了，形核阶段结束，相变进入新相的长大阶段。可以认为形核阶段产生了两相的界面，长大阶段就是此界面向母相的移动过程。

两相界面基本上可以分为两种不同类型：滑动型的界面和非滑动型的界面。滑动型的界面靠位错的滑动而迁移，结果使母相点阵切变而转化为新相，如马氏体相变和孪晶界面的形成等。滑动型界面的迁移对温度不敏感，即所谓的非热激活型迁移。界面附近的任一原子的最近邻在相变前后基本不变，原子保持协调运动和队列式相变（切变）的特征，母相和新相成分相同。在大多数的情况下滑动型界面的移动速度非常快（如可以高达 10^7 m/s），呈现"爆发"式的相变特征，其相变动力学基本上由形核控制。

在实际的体系中，更常见的相界面是非滑动型的，它的迁移是通过类似于大角度晶界迁移的方式，由单个原子近乎随机地跳越界面而进行，具有非队列式转变的特征。母相和新相成分可以相同，如纯铁中的块状转变，这时原子以多大速度跨过界面，新相就以多大速度长大，称为界面控制的相变；但大多数的情况下，母相和新相有明显的成分差别，新相长大需要长程扩散。如图 3.23 所示，富 B 原子的 β 相（新相）向富 A 原子的 α 相（母相）中长大，则要求界面处 A 原子向 α 相扩散，而 B 原子向 β 相扩散。这是一个借浓度梯度进行的质量输送过程。如果界面反应很快，即原子跨过界面而形成新相很容易，则 β 相的长大速度主要受界面前沿移动多余 A 原子的点阵扩散过程所控制，称为扩散控制长大。但是如果界面反应的速度由于某种原因比点阵扩散要慢得多，长大速度由界面动力学所控制，称为界面反应控制长大。如果界面反应速度和扩散速度相当，这时的界面迁移是由界面反应和扩散混合控制的。

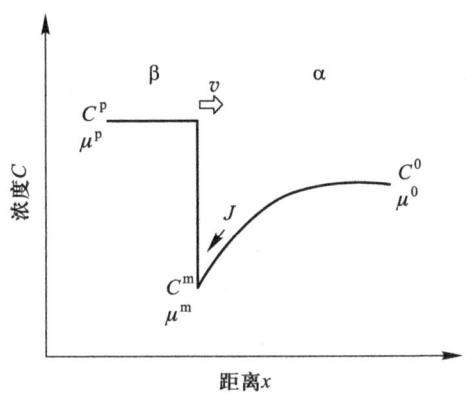

图 3.23　扩散控制的新相长大前沿的成分分布曲线示意图
（假设新相富含溶质 B，为正沉淀）

当新相比较小时，界面反应可能是长大速度的控制环节，因为此时需要的扩散距离较短。对于向 α 相生长的富含 B 原子的 β 相，由越过界面的 B 原子流所决定的界面反应的速度（类似于大角度晶界的迁移）可以表示为

$$v = M\Delta\mu_B/V_m \tag{3.119}$$

式中，M 称为界面迁移能力（即单位相变驱动力下的界面的迁移速度），它与界面原子的扩散密切相关，表示为

$$M = \frac{n_s v V_m^2}{N_0 RT}\exp\left(-\frac{\Delta G^*}{RT}\right) \tag{3.120a}$$

式中，V_m 是 β 相的摩尔体积，n_s 是界面上单位面积的原子的个数，v 表示原子的平均跳跃频率，N_0 是阿伏加德罗常数，R 为气体常数，T 为温度，ΔG^* 是 α → β 相变的势垒。例如，由实验结果推算得到的纯铁中的界面迁移能力为

$$M = 0.035\exp\left(-\frac{17\,700}{RT}\right) \tag{3.120b}$$

式中，M 的单位为 $m^4/(J\cdot s)$。$\Delta\mu_B$ 是界面处 B 原子由 α 相转变为 β 相的驱动力，对于稀溶液或理想溶液可以写为

$$\Delta\mu_B = \frac{RT}{C^e}(C^m - C^e) \tag{3.120c}$$

式中，C^m 表示界面处 α 相中 B 原子的实际摩尔分数，C^e 表示界面处 α 相中 B 原子的平衡摩尔分数。可见界面控制的界面移动速度正比于界面浓度偏离于平衡浓度的程度。

当新相长大到一定尺度，其周围基体出现溶质贫乏和相应的驱动力的降低，扩散过程变慢而成为长大的控制环节。本节重点讨论扩散控制长大的动力学。

3.2.1　Fick 扩散定理

将 Fick 第一扩散定律应用到相变过程原子的扩散，在稳态的条件下，单位面积、单位时间的原子通过某个界面的通量 J 可以表示为

$$J = -D\frac{\partial C}{\partial x} \tag{3.121}$$

式中，D 为扩散系数，C 为溶质原子的浓度，x 为扩散距离（考虑一维扩散）。如果考虑时间因素，则浓度随时间的变化应符合 Fick 第二扩散定律的要求：

$$\frac{\partial C}{\partial t} = D\frac{\partial^2 C}{\partial x^2} \tag{3.122}$$

引入适当的界面边界条件，解 Fick 扩散方程就可以得到扩散控制相变的长大速度。

考虑一个一维成分起伏为正弦函数型的不均匀封闭体系（例如铸件中的偏析），在某一温度下等温到一定的时间，其成分变化的情况。在原始状态 $t=0$ 时，浓度分布表达式为

$$C = C_0 + \beta_0 \sin\frac{\pi x}{l} \tag{3.123}$$

式中，C 是体系中某一位置在某一时刻的成分，C_0 是系统的平均成分，β_0 是原始浓度分布的正弦波振幅（偏离平均成分的最大成分波动），x 是位置坐标，l 是正弦波的波长。假设在一定的温度下，扩散系数 D 为一个与浓度无关的常数，则 Fick 第二定律的方程[式(3.122)]满足这样初始条件的解为

$$C = C_0 + \beta_0 \sin\frac{\pi x}{l}\exp\left(-\frac{t}{\tau}\right) \tag{3.124}$$

式中，t 是时间；τ 称为弛豫时间，是一个常数，表示为

$$\tau = \frac{l^2}{\pi^2 D} \tag{3.125}$$

经一定时间 t 后，浓度的最大波动振幅为

$$C - C_0 = \beta_0 \exp\left(-\frac{t}{\tau}\right) \tag{3.126}$$

浓度的最大波动振幅随时间的延长而衰减，其衰减速度取决于弛豫时间的大小。扩散系数越大，原始浓度波长越小，则弛豫时间越短，浓度振幅的衰减也越快。在 $t=\tau$ 时，浓度振幅衰减到原始状态的大约 37%；在 $t=2\tau$ 时，浓度振幅衰减到原始状态的大约 14%，即成分不均匀减少接近一个量级。如果时间足够长，浓度的最大波动振幅将衰减到零，体系中各处的成分都达到平均成分。

当然一个体系中真实的成分分布通常不会是理想的正弦函数型的，但是理

论上任何一种浓度分布都可以由不同波长和振幅的无限正弦级数的加和来表示。每一个正弦波的衰减由其本身的 τ 值所决定。总体上，短波长的正弦波的衰减快（τ 值低），长波长的正弦波的衰减慢（τ 值高），因此体系成分的均匀化过程主要由最长波长的 τ 值所决定。

再考虑一个足够大的一维开放体系，其体内平均浓度为 C_0，采取一定的措施使其表面浓度提高到一个固定值 C_s（例如钢铁材料在富碳的环境中高温渗碳的过程）。假设扩散系数不随成分而变化，或者取平均值作为常数，可得到 Fick 第二定律的解析解为

$$C = C_s - (C_s - C_0)\mathrm{erf}\left(\frac{x}{2\sqrt{Dt}}\right) \tag{3.127}$$

式中，t 为时间；x 为离开表面的距离；erf( ) 表示误差函数，表示为

$$\mathrm{erf}(Z) = \frac{2}{\sqrt{\pi}}\int_0^Z \exp(-y^2)\mathrm{d}y \tag{3.128}$$

则得到如图 3.24 所示的浓度分布曲线。随时间的增加，浓度曲线更加平缓，系统内部发生成分变化的深度越深。将成分达到 C_s 和 C_0 的平均值处的距离定义为渗入深度，注意到 $\mathrm{erf}(0.5) \approx 0.5$，则渗入深度 $x \approx \sqrt{Dt}$，即渗入深度与时间的平方根成正比。例如在 1 000 ℃ 碳在奥氏体中扩散的情况下，扩散系数 D 约为 $4 \times 10^{-11}\ \mathrm{m}^2 \cdot \mathrm{s}^{-1}$，若要获得 0.2 mm 的渗碳层，约需 17 min 的时间。

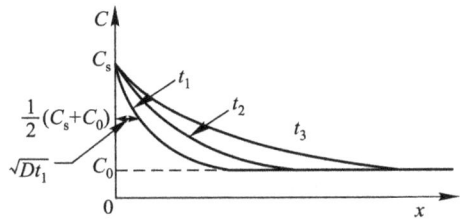

图 3.24　表面浓度不变的无限大体系，经不同时间扩散后的
浓度分布曲线（$t_3 > t_2 > t_1$）

3.2.2　扩散控制新相长大速度

对于新相 β 与母相 α 成分不同的情况，两相界面附近的母相基体中会出现溶质原子的贫乏（或富集），如图 3.23 所示。在母相中出现了不均匀的成分分布，也导致了原子的长程扩散，其扩散过程的快慢决定了新相的长大速度 v。

考虑界面处的质量守恒，从 α 相流出的溶质质量应等于流入 β 相的溶质

质量，在界面处的通量应满足如下方程（一维情况）：

$$(C^p - C^m)v = -J = D\left(\frac{\partial C}{\partial x}\right) \tag{3.129}$$

式中，C^p 为新相的平衡成分，C^m 为母相在界面处的成分（假设界面达到了局部平衡，C^m 是母相与新相平衡的浓度），D 是母相中溶质原子的扩散系数。这里假设新相内部成分均匀一致，都达到了平衡成分。考虑到界面移动速度 $v = \mathrm{d}x/\mathrm{d}t$，式(3.129)也可以写成

$$(C^p - C^m)\frac{\mathrm{d}x}{\mathrm{d}t} = D\left(\frac{\partial C}{\partial x}\right) \tag{3.130}$$

如果考虑连续冷却的非等温过程中，新相内部尚未达到均一的成分值，像母相一样在界面与内部存在有一个成分差别，则在界面处有

$$(C^p - C^m)v = D\left(\frac{\partial C}{\partial x}\right) - D'\left(\frac{\partial C}{\partial x}\right) \tag{3.131}$$

式中，D' 是新相中溶质原子的扩散系数。在一般情况下，可以忽略新相中的成分不均匀，下面仅考虑新相成分达到相平衡的情况，忽略其中的成分变化对界面扩散的影响。

1. 扩散控制长大的一般解

由式(3.129)可以看出，要求出新相的长大速度必须先得到母相中的实时浓度梯度。因此有必要在母相中，解出扩散方程的解。在母相中的溶质扩散应当满足 Fick 第二定律的扩散方程[式(3.122)]。同时满足边界条件：在界面处，$C = C^m$；在无穷远处，$C = C^0$。考虑新相长大的对称性，以 r 坐标增大方向为长大的方向，在一维情况下，r 表示无限大片状新相的厚度方向的半厚度；在二维情况下，r 表示无限长圆柱形新相的径向半径；在三维情况下，r 表示球状新相的半径，设定原子扩散系数为一个常数，可以用一个统一的公式表示三种情况下的扩散方程：

$$\frac{\partial C}{\partial t} = D\nabla^2 C = \frac{D}{r^{p-1}}\frac{\partial}{\partial r}\left(r^{p-1}\frac{\partial C}{\partial r}\right) \tag{3.132}$$

式中，∇ 表示拉普拉斯变换，$p = 1, 2, 3$ 分别对应于一维、二维和三维的情况。为进一步计算方便，引入 $s = r/t^{1/2}$，代入式(3.132)进行变量置换

$$-\frac{s}{2}\frac{\mathrm{d}C}{\mathrm{d}s} = \frac{D}{s^{p-1}}\frac{\mathrm{d}}{\mathrm{d}s}\left(s^{p-1}\frac{\mathrm{d}C}{\mathrm{d}s}\right) \tag{3.133}$$

并令 $g(s) = s^{p-1}\mathrm{d}C/\mathrm{d}s$，代入式(3.133)，得到一个一阶常微分方程

$$\frac{s}{2D}g(s) + \frac{\mathrm{d}g(s)}{\mathrm{d}s} = 0 \tag{3.134}$$

对式(3.134)积分，可以解出

$$g(s) = K \cdot \exp\left(\frac{-s^2}{4D}\right) \tag{3.135}$$

式中，K 是积分常数。将 $g(s)$ 的定义代入式(3.135)，可以求出 C 的表达式为

$$C = A + B\int_s^\infty s^{1-p}\exp\left(\frac{-s^2}{4D}\right)\mathrm{d}s \equiv A + B\phi_p(s) \tag{3.136}$$

式中，A 和 B 都是积分常数。根据边界条件限制，在无限远处，$A = C^0$，在相界处(坐标为 ξ)，母相成分应为满足局部平衡的相界成分 C^m，B 应满足如下方程：

$$C^m = C^0 + B\int_{\xi/\sqrt{t}}^\infty s^{1-p}\exp\left(\frac{-s^2}{4D}\right)\mathrm{d}s \equiv C^0 + B\phi_p(\alpha) \tag{3.137}$$

式中，$\phi_p(\alpha)$ 为一常数，α 称为界面的抛物线长大速度常数

$$\alpha = \frac{\xi}{\sqrt{t}} \tag{3.138}$$

从式(3.137)得出的 B 值代入式(3.136)，得到

$$C = C^0 + (C^m - C^0)\frac{\phi_p(s)}{\phi_p(\alpha)} \tag{3.139}$$

在界面位置处，$r = \xi$，将 s 代入质量守恒方程[式(3.130)]：

$$(C^p - C^m)\frac{\alpha}{2} = D\left(\frac{\partial C}{\partial s}\right)\bigg|_{s=\alpha} \tag{3.140}$$

将式(3.139)代入式(3.140)，得到

$$\frac{C^m - C^0}{C^m - C^p} = \frac{\alpha^p}{2D}\exp\left(\frac{\alpha^2}{4D}\right)\phi_p(\alpha) \equiv f_p\left(\frac{\alpha}{2\sqrt{D}}\right) \tag{3.141}$$

引入过饱和度 Ω（无量纲化的浓度）和无量纲化的抛物线长大速度参数 λ

$$\Omega = \frac{C^m - C^0}{C^m - C^p} \tag{3.142}$$

$$\lambda = \frac{\alpha}{2\sqrt{D}} \tag{3.143}$$

则式(3.141)可以简写成

$$\Omega = f_p(\lambda) \tag{3.144}$$

式中，过饱和度可以由相图中两相平衡的相界(或者过冷到单相区，则采用相界的延长线)成分和母相的原始成分直接得出，见图 3.25。这样已知过饱和度(由相变温度确定)，就可以用式(3.141)求出新相在扩散控制下的长大速度常数了。片状新相的半厚度和球状新相的半径直接取决于抛物线长大速度常数：

$$\xi = 2\lambda\sqrt{Dt} \tag{3.145}$$

对一维(片状)、二维(圆柱状)和三维(球状)新相情况，分别将式(3.144)和式(3.139)展开，可以写出长大速度和界面附近母相浓度分布的具体的解析公式，如表 3.5 所示。表中还给出了在过饱和度 Ω 极大(约为 1)和极

小(约为0)的极端情况下,长大速度的渐近解,可以用于简便的近似计算。Ω 在两个极端情况之间,λ 值应落在两个渐近解之间。

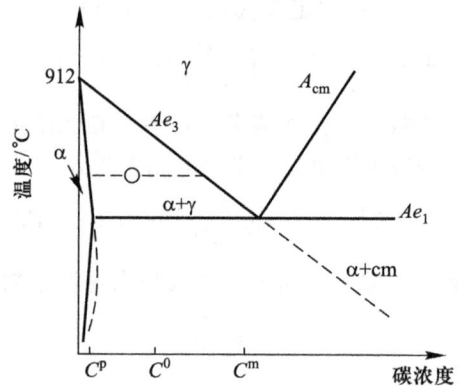

图 3.25 由 Fe-C 相图中的相界成分确定铁素体相变的过饱和度

2. 扩散控制长大的近似解

虽然随着计算技术的发展,采用数值解法(或者图解法),现在已经可以精确地解出表 3.5 中的各种方程。但在很多情况下,采用一些合理的近似可以使计算过程大大简化,而且有助于方便地理解扩散控制新相长大的物理本质。

按照 Zener[26] 提出的线性近似处理方法,把基体中的浓度分布曲线近似为一条直线,如图 3.26 所示,其斜率固定为一个常数

$$\frac{\partial C}{\partial x} = \frac{C^0 - C^m}{\Delta x} \tag{3.146}$$

式中,Δx 表示扩散区的宽度。根据溶质质量守恒的要求,图 3.26 中的两块阴影的面积应相等,即

$$(C^p - C^0)\xi = \frac{1}{2}(C^0 - C^m)\Delta x \tag{3.147}$$

式中,ξ 为片状新相的半厚度(相界面的位置)。将式(3.147)中的 Δx 求出,并代入式(3.146),得到

$$\frac{\partial C}{\partial x} = \frac{(C^0 - C^m)^2}{2(C^p - C^0)\xi} \tag{3.148}$$

将式(3.148)代入界面通量守恒的式(3.130),可得到界面的移动速度 v

$$v = \frac{d\xi}{dt} = \frac{D(C^0 - C^m)^2}{2(C^p - C^m)(C^p - C^0)\xi} \tag{3.149}$$

对式(3.149)积分,得到

$$\xi = \frac{(C^0 - C^m)}{\sqrt{(C^p - C^m)(C^p - C^0)}} \sqrt{Dt} = \alpha_1^* \sqrt{Dt} \tag{3.150}$$

3.2 新相长大动力学

表 3.5 扩散控制的片状、圆柱状和球状新相长大速度和浓度分布计算公式

新相形状	p	∇^2	$\Omega = f_p$	f_p 的渐近解 $\lambda \ll 1 (\Omega \sim 0)$	f_p 的渐近解 $\lambda \gg 1 (\Omega \sim 1)$	浓度分布
平面	1	$\dfrac{\partial^2}{\partial x^2}$	$f_1 = \sqrt{\pi}\lambda\exp(\lambda^2)\mathrm{erfc}(\lambda) = \Omega$	$\lambda = \dfrac{\Omega}{\sqrt{\pi}}$	$\lambda = \dfrac{1}{\sqrt{2(1-\Omega)}}$	$U = \dfrac{\mathrm{erfc}\left(\dfrac{x}{2\sqrt{Dt}}\right)}{\mathrm{erfc}(\lambda)}$
圆柱状	2	$\dfrac{\partial^2}{\partial r^2} + \dfrac{1}{r}\dfrac{\partial}{\partial r}$	$f_2 = -\lambda^2 \exp(\lambda^2) \cdot \mathrm{Ei}(-\lambda^2) = \Omega$	$2\lambda^2 \ln\dfrac{0.749\,2}{\lambda} = \Omega$	$\lambda = \dfrac{1}{\sqrt{1-\Omega}}$	$U = \dfrac{\mathrm{Ei}\left(-\dfrac{r^2}{4Dt}\right)}{\mathrm{Ei}(-\lambda^2)}$
球状	3	$\dfrac{\partial^2}{\partial r^2} + \dfrac{2}{r}\dfrac{\partial}{\partial r}$	$f_3 = 2\lambda^2\{1-\sqrt{\pi}\exp(\lambda^2)\cdot\mathrm{erfc}(\lambda)\} = \Omega$	$\lambda = \sqrt{\dfrac{\Omega}{2}}$	$\lambda = \sqrt{\dfrac{3}{2(1-\Omega)}}$	$U = \dfrac{\dfrac{\exp\left(-\dfrac{r^2}{4Dt}\right)}{\dfrac{r}{\sqrt{Dt}}} - \dfrac{\sqrt{\pi}}{2}\mathrm{erfc}\left(\dfrac{r}{2\sqrt{Dt}}\right)}{\dfrac{\exp(-\lambda^2)}{2\lambda} - \dfrac{\sqrt{\pi}}{2}\mathrm{erfc}(\lambda)}$

注:$U = (C - C^0)/(C^m - C^0)$,为归一化浓度;erfc( ) 为误差函数的补函数,erfc$(y) = \sqrt{\dfrac{2}{\pi}}\int_y^\infty \exp(-y^2)\mathrm{d}y$;Ei( ) 是指数积分函数,

$\mathrm{Ei}(-y) = -\int_y^\infty \dfrac{\exp(-y)}{y}\mathrm{d}y$。

$$v = \frac{d\xi}{dt} = \frac{(C^0 - C^m)}{2\sqrt{(C^p - C^m)(C^p - C^0)}}\sqrt{\frac{D}{t}} = \frac{\alpha_1^*}{2}\sqrt{\frac{D}{t}} \quad (3.151)$$

式中，α_1^* 是一维问题近似解的抛物线长大常数，与准确解的抛物线长大常数 α_1 相比较，可以引入常数 K_1

$$\alpha_1 = K_1 \alpha_1^* = K_1 \frac{(C^0 - C^m)}{2\sqrt{(C^p - C^m)(C^p - C^0)}} \quad (3.152)$$

当 C^0 由 C^m 变到 C^p 时，K_1 由 1.13 变至 1.41[27]。可见在大多数的条件下，这种线性近似还是相当合理的。通过线性近似，可以得到长大速度的解析解，这对于进一步的理论推导工作是很有意义的。

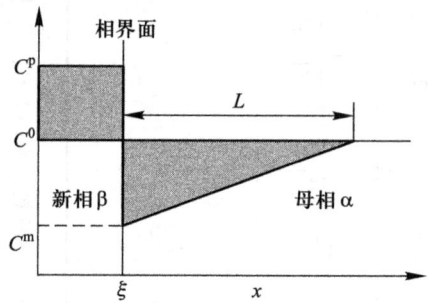

图 3.26　界面附近基体浓度的线性近似示意图

对于三维粒子的长大，考虑两种极端的情况，采用类似的处理办法求近似解。C^0 接近 C^p，长大速度常数远远大于 1，相当于溶质原子只在粒子周围有很薄的一层贫化，贫化距离远远小于粒子半径；或者 C^0 接近到 C^m 时，长大速度常数远远小于 1，相当于溶质原子的贫化距离远远大于粒子半径，可以得到

$$\alpha_3^* = K_3 \sqrt{\frac{(C^0 - C^m)}{(C^p - C^0)}} \quad (3.153)$$

当 C^0 由 C^m 变到 C^p 时，K_3 由 1.4 变至 2.4[27]。

另一种近似处理的方法是静止界面近似。假设界面的移动速度非常低，接近于零，界面位置几乎不发生变化，固定在初始位置。这种近似适用于过冷度 Ω 很小、新相长大很慢的情况。

在所考虑的 $0 \sim t$ 的时间范围内，设界面位置 $r = 0$，保持不变。有以下边界条件成立：$r \to \infty$，$C = C^0$；$r = 0$，$C = C^m$。因此对于一维情况，式(3.136)浓度分布函数可以写成

$$C^m = C^0 + B \int_0^\infty \exp\left(\frac{-s^2}{4D}\right) ds \quad (3.154)$$

3.2 新相长大动力学

考虑到积分项

$$\int_{-\infty}^{\infty} \exp(-ax^2)\,dx = \sqrt{\frac{\pi}{a}} \qquad (3.155)$$

则得到

$$B = \frac{C^m - C^0}{\sqrt{\pi D}} \qquad (3.156)$$

对于界面位置 $r = \xi$ 的情况，有

$$C = C^0 + (C^m - C^0)\,\mathrm{erfc}\left(\frac{r-\xi}{2\sqrt{Dt}}\right) \qquad (3.157)$$

根据界面通量平衡的要求，界面移动速度为

$$v = 2\Omega\sqrt{\frac{D}{\pi t}} \qquad (3.158)$$

还有一种近似处理的方法是固定浓度场的近似。新相尺寸增加得很慢，以至于可以假设界面附近的浓度场不随时间而发生变化。对于球形的三维粒子（因为与边界条件矛盾，所以不适合于一维情况），在 Fick 第二扩散方程中浓度随时间的微分项等于零（拉普拉斯方程）

$$\frac{d^2 C}{dr^2} + \frac{2}{r}\frac{dC}{dr} = \frac{dC}{dt} = 0 \qquad (3.159)$$

此时的扩散场为

$$C = C^0 + (C^m - C^0)\frac{\rho}{r} \qquad (3.160)$$

式中，ρ 为粒子的半径。

表 3.6 总结了对于一维板状和三维球状新相长大过程的几种近似处理公式。图 3.27 是长大速度常数与过饱和度之间的关系的三种近似解与精确解的比较结果。在所有的情况下，精确解的长大速度常数值都是最大的。对于一维板状新相而言，线性近似和静止界面近似与精确解的差别都不大（对静止界面近似，要求过冷度不能太大，以至于接近1）；对于球状新相，线性近似的结果与精确解在大多数情况下的差别都很大，只是在很大的过冷度下，才有一个较小误差。相反，过冷度较小时，静止界面近似和静止浓度场近似都给出了与精确解基本符合的结果。

表 3.6 扩散控制的平板状和球状新相长大速度和浓度分布近似计算公式

近似法	一维平板状新相	三维球状新相
线性近似	$\lambda = \dfrac{\Omega}{2\sqrt{1-\Omega}}$ $U = 1 - \dfrac{x-\xi}{\Delta x},\ \xi < x < \xi + \Delta x$ $\Delta x = 2\left(\dfrac{1}{\Omega}-1\right)\xi$	$\lambda = \sqrt{\dfrac{2\Omega}{A+B-\dfrac{4}{3}}}$ $U = 1 - \dfrac{\rho}{\Delta r},\ \rho < r < \rho + \Delta r$ $\Delta r = \left(A+B-\dfrac{4}{3}\right)R^{*}$
静止界面近似	$\lambda = \dfrac{\Omega}{\sqrt{\pi}}$ $U = \operatorname{erfc}\left(\dfrac{x-\xi}{2\sqrt{Dt}}\right)$	$\lambda = \dfrac{\Omega}{2\sqrt{\pi}} + \sqrt{\dfrac{\Omega}{2}\left(1+\dfrac{\Omega}{2\pi}\right)}$ $U = \dfrac{\rho}{r}\operatorname{erfc}\left(\dfrac{r-\rho}{2\sqrt{Dt}}\right)$
固定浓度场近似	不适用	$\lambda = \sqrt{\dfrac{\Omega}{2}}$ $U = \dfrac{\rho}{r}$

注：* 表示 $A = \left\{-P + \left(P^{2}+\dfrac{8}{729}\right)^{1/2}\right\}^{1/3}$，$B = \left\{-P - \left(P^{2}+\dfrac{8}{729}\right)^{1/2}\right\}^{1/3}$，$P = \dfrac{10}{27} - \dfrac{2}{\Omega}$。

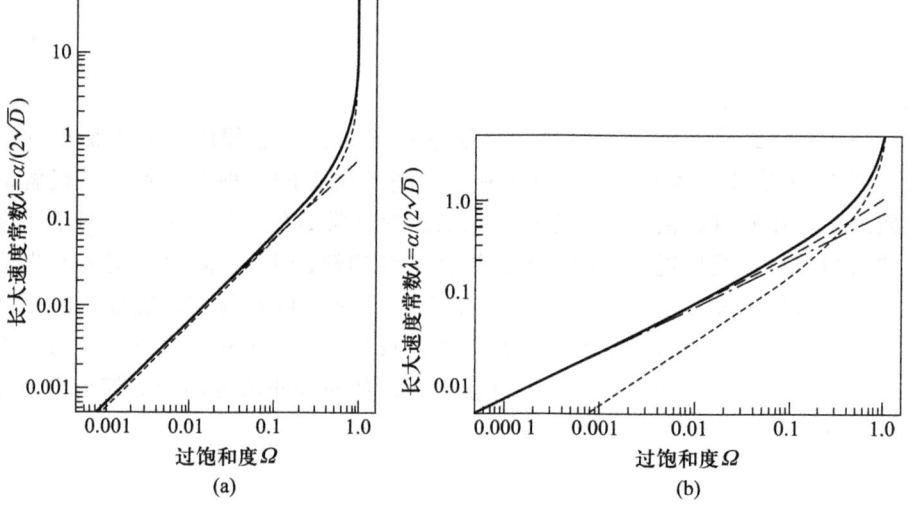

图 3.27 （a）一维板状和（b）三维球状新相的长大速度常数与过饱和度的关系。实线为精确解，短虚线为线性近似解，虚线为静止界面近似解，点画线为固定浓度场近似解

3.2.3 片状相和针状相长大的 Zener-Hillert 理论

固态相变过程中析出的新相由于晶体学的关系经常呈现薄片状(称为魏氏体片)。这种片状相的尖端曲率半径很小,所以必须考虑它的尖端界面毛细管效应。例如,钢中的晶界仿形铁素体和魏氏铁素体都是扩散控制长大形成的,但两者的长大速度不同,前者符合抛物线长大规律,而后者则近似于线性长大过程。为解释此差别,Zener[28]提出铁素体尖端曲率半径减小、碳扩散加强的观点(这是魏氏组织伸长为片条的原因之一),并给出了伸长速率方程。该方程又经 Hillert[29]修正,成为著名的 Zener-Hillert 方程,已为人们普遍采用,成为长大动力学的一个经典方程,奠定了扩散控制片状相长大动力学理论的基础。

1. Zener-Hillert 方程

考虑图 3.28 中的一个尖端曲率半径为 r 的片状相,在尖端两相浓度应满足局部平衡。根据界面通量平衡(一维情况),有

$$(C^p - C^{m'}) \frac{dx}{dt} = D\left(\frac{\partial C}{\partial x}\right)_{x=\xi} \tag{3.161}$$

式中,$C^{m'}$ 表示界面母相浓度因尖端小曲率毛细管现象的影响而偏离 C^m。

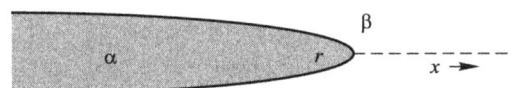

图 3.28 片状相扩散长大示意图

假设扩散场宽度正比于尖端曲率半径 r,比例系数为 α,则浓度梯度可用浓度差近似表示为

$$\left(\frac{\partial C}{\partial x}\right)_{x=\xi} = \frac{C^0 - C^{m'}}{\alpha r} \tag{3.162}$$

将式(3.162)代入式(3.161),得到片状新相的长大速度为

$$G_l \equiv \frac{dx}{dt} = \frac{D(C^0 - C^{m'})}{\alpha r(C^p - C^{m'})} \tag{3.163}$$

在大过冷度($C^p \sim C^0$)时,片的长大速度应当接近于马氏体的长大速度(近似无穷大),但按式(3.163)得到的伸长速度 G_l 却为有限值,因而以 $C^{m'}$ 代替 C^0 作如下修正:

$$G_l = \frac{D(C^0 - C^{m'})}{\alpha r(C^p - C^0)} \tag{3.164}$$

根据 Gibbs-Thomson 效应,毛细管现象引起的界面处母相溶质浓度变化为

$$C^{m'} = C^m + C^m \frac{\Gamma_D}{r} \quad (3.165)$$

式中

$$\Gamma_D = \frac{\sigma V_m (1 - C^m)}{RT(C^p - C^m)} \quad (3.166)$$

式中，σ 是两相的界面能，V_m 是新相的摩尔体积。当长大速度 $G_l = 0$ 时，根据式(3.164)，要求 $C^{m'} = C^0$，则代入式(3.165)，得出临界尖端半径 r_c 为

$$r_c = \frac{C^m}{C^0 - C^m} \Gamma_D \quad (3.167)$$

利用式(3.167)，式(3.164)变为

$$G_l = \frac{D}{\alpha r} \frac{C^0 - C^m}{C^p - C^0} \left(1 - \frac{r_c}{r}\right) = \frac{D}{\alpha r} \frac{\Omega}{1 - \Omega} \quad (3.168)$$

式中，过饱和度 $\Omega = (C^0 - C^m)/(C^p - C^m)$。

Zener 认为，新相长大过程中，r 趋向使 G_l 成为极大值，$\partial G_l/\partial r = 0$，得到最大伸长速度 G_{max} 时，$r = 2r_c$，此时

$$G_{max} = \frac{D}{4\alpha r_c} \frac{\Omega}{1 - \Omega} \quad (3.169)$$

这里 α 值一般认为近似于 2。式(3.169)称为 Zener-Hillert 公式。

2. Ivantsov 和 Trivedi 修正

Zener-Hillert 公式仅考虑一维扩散情况，对尖端浓度场的处理比较粗糙。Ivantsov[30]假设新相尖端为抛物圆柱面，则可用二维扩散的 Fick 第二定律进一步精确处理：

$$\frac{\partial C}{\partial t} = D\left(\frac{\partial^2 C}{\partial x^2} + \frac{\partial^2 C}{\partial y^2}\right) \quad (3.170)$$

在忽略表面效应和界面动力学的影响、假定两相界面的溶质浓度保持局部平衡并为恒定值的条件下，可得到长大速度 G_l、过饱和度及尖端半径之间的关系方程为

$$\Omega = \sqrt{\pi P} \exp(P) \operatorname{erfc}(\sqrt{P}) \quad (3.171)$$

式中，$P = G_l r/(2D)$，被称为佩克莱(Peclet)数。

Horvay 和 Cahn[31]则做了进一步的处理，考虑到了新相尖端为抛物椭圆面和球面等各种情况，得到了更普遍适用的方程。Trivedi[32]把毛细管现象和界面反应动力学引入 Ivantsov 理论，此时界面浓度不再固定为一常数，得到尖端长大速度与过饱和度之间应满足如下方程：

$$\Omega = \sqrt{\pi P} \exp(P) \operatorname{erfc}(\sqrt{P}) \left[1 + \frac{G_l}{G_c} \Omega S_1(P) + \frac{r_c}{r} \Omega S_2(P)\right] \quad (3.172)$$

式中，G_c 为界面动力学控制的平面界面移动速度，决定于界面的移动能力和浓度差（界面移动的驱动力），可由式(3.119)计算。$S_1(P)$ 和 $S_2(P)$ 是 Peclet 数的复杂函数：

$$S_1(P) = \frac{N_1(P)}{2P} - 1 \qquad (3.173a)$$

$$S_2(P) = \frac{N_2(P)}{2P} - 1 \qquad (3.173b)$$

当 P 值大时，函数 N_1 及 N_2 接近于 $2P$ 渐近值；当 $P\to 0$ 时，N_1 和 N_2 分别趋于 $2/\pi$ 和 $4/\pi$ [或者 $S_1 \approx 1/(\pi P)$，$S_2 \approx 2/(\pi P)$]。式(3.172)中等式右边方括号内的第二项是加入界面移动速度的修正项，第三项是加入表面效应的修正项。

式(3.171)和式(3.172)的形式比较复杂，应用上有一定难度。Bosze 和 Trivedi[33]假定片的边际为无序结构，当 G_l 小于 10^{-3} cm/s 时，界面反应非常快，μ_0 趋于无穷大，界面反应可忽略不计。同时由于在一些常见合金 Al-Cu、Al-Ag、Fe-C、Fe-N 及 Fe-Au 中，P 值非常小（$10^{-2} \sim 10^{-5}$），这样对 G_{max} 的计算可进行简化，在较小过饱和度（$\Omega < 0.85$）下，得到下式：

$$G_{max} = \frac{9D}{8\pi r}\left[\frac{\Omega}{1 - \frac{2}{\pi}\Omega - \frac{1}{2\pi}\Omega^2}\right]^2 \qquad (3.174)$$

图 3.29 给出了 Zener-Hillert、Ivantsov 和 Trivedi 三种方法计算得到的片状相伸长速度与过饱和度的关系曲线。

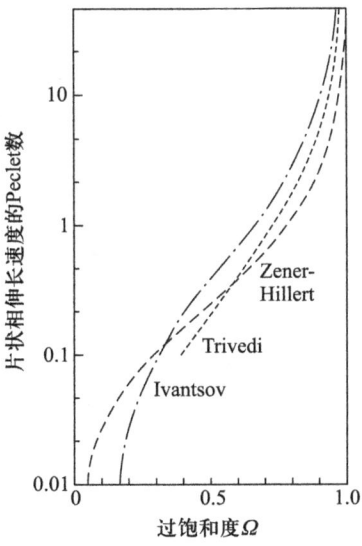

图 3.29　Zener-Hillert、Ivantsov 和 Trivedi 三种方法计算得到的片状相伸长速度的 Peclet 数 [$P = G_l r/(2D)$] 与过饱和度（Ω）的关系曲线

Trivedi 还分析了针状新相的伸长动力学,并与片状相作了比较。假设针状相的尖端为回转抛物面,采用类似的处理方法得到

$$\Omega = P\exp(P)\text{Ei}(P)\left[1 + \frac{G_l}{G_c}\Omega R_1(P) + \frac{r'_c}{r}\Omega R_2(P)\right] \quad (3.175)$$

式中,r'_c 为针状相尖端的临界半径,其值为片状相临界半径的 2 倍($r'_c = 2r_c$),$R_1(P)$ 和 $R_2(P)$ 是 Peclet 数的复杂函数,$\text{Ei}(P)$ 是指数积分函数,具体如下式:

$$-\text{Ei}(-y) = \int_y^\infty \frac{\exp(-y)}{y}dy \quad (3.176)$$

对式(3.175)以及相应的积分式 $\partial\Omega/\partial r = 0$ 同时求解,可以得到最大伸长速度的解,如图 3.30 所示。图中无量纲参数 q' 表示界面迁移动力学和尖端毛细管效应导致的扩散的相对大小:

$$q' = \frac{\mu_0(C^0 - C^m)}{D/r_c} \quad (3.177)$$

图 3.30 中的 r'_c 同时作为片状和针状的临界半径,以便直接比较。在所有的情况下,可以看出针状相的伸长速度要快于片状相的伸长速度,这是由于尖端的扩散效果对针状相长大更为有利。在较低的过饱和度下,针状相伸长可以快一个量级。因此从这一点考虑,针状相似乎比片状相更容易形成,实际上在凝固相变的过程中,确实如此,但在固态相变中却不一定如此。在固态相变中还要考虑到体积应变能、扩散系数和晶体学的各向异性等因素,可能出现片状、针状以及其他各种不同形状的新相。

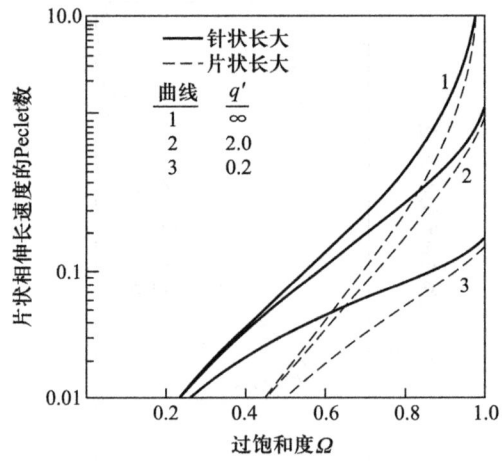

图 3.30 计算得到的针状相和片状相伸长速度比较

3. 与实验结果的比较

图 3.31 是 Cu-40%Zn(原子分数)在 250 ℃时片状相的长大速度和 Cu-43%Zn(原子分数)在 300 ℃时针状相的长大速度的测量结果。片状相的长大速度为 37 nm/s,而针状相的长大速度为 0.99 nm/s。两者都与时间无关。在其他很多合金系中,析出相的长大速度也为常数值。

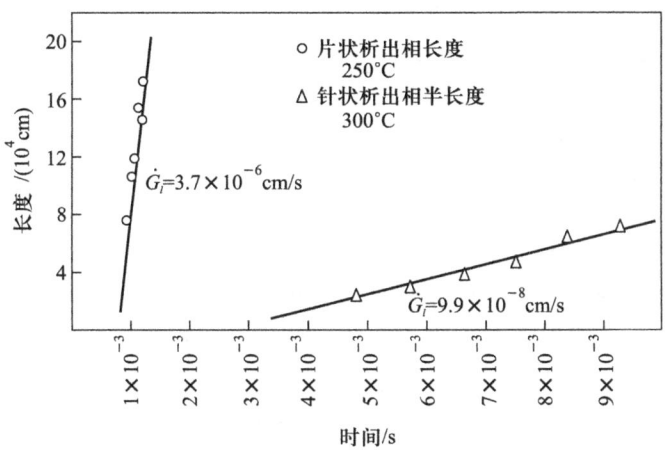

图 3.31 Cu-Zn 合金中片状析出相和针状析出相长度与时间关系的实验结果

图 3.32(a) 和 (b) 为 Fe-C 和 Fe-C-Mn-Si 合金铁素体片尖端长大速度的实验值与理论值的比较[34]。由图可知,前者吻合较好,后者吻合较差。在

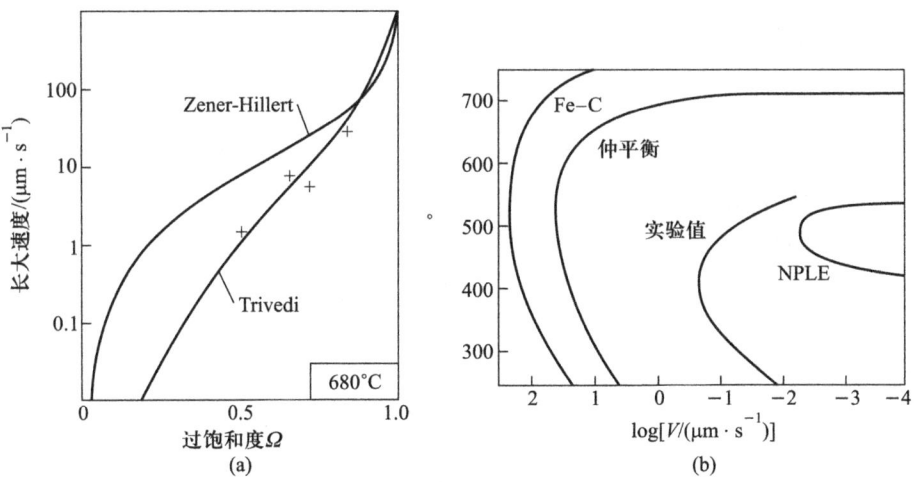

图 3.32 (a) Fe-C 和 (b) Fe-C-Mn-Si 合金铁素体片尖端长大速度的实验值与理论值的比较

Fe－C－Mn－Si合金中,实验测得长大速度比准平衡(paraequlibrium)要慢,但比无再分配的局部平衡NPLE(negligible partition local equilibrium)快。一般在普碳钢中理论值与实验值较接近,而在很多合金钢中相差较大。

在很多体系中的片状相长大,如钢中的铁素体、贝氏体以及Ti－Cr中的α相,实验得到的长大速度都低于体积扩散计算值。这些较慢的长大速度可以归结于半共格界面按台阶长大的机制。

3.2.4 片状铁素体台阶长大理论

Aaronson等[35]将气－固相变中的台阶长大机制引入固态相变中片状相的扩散长大过程,并认为魏氏铁素体的长大都是受碳扩散控制的台阶长大过程。在此基础上,Enomoto[36,37]根据扩散控制机制给出了台阶长大的数值计算方法,并通过计算机模拟取得了较好的结果。

根据台阶长大机制,片状相从母相析出时,其宽面上存在可长大的台阶,称为生长台阶;台阶的台面平行于宽面,具共格或半共格属性,阶面具非共格属性。台阶的台面又由结构台阶、不适配位错和完全共格区组成。非共格的台阶阶面可通过热激活进行扩散迁移,而共格或半共格的台阶台面的迁移率很低,不易移动。因此,新相的伸长是依靠其宽面上台阶阶面的侧向迁移而长大,而加厚则是通过新台阶的生成及台阶阶面侧向迁移而进行的。

台阶长大过程中,碳在新相和母相之间发生再分配,从新相中向母相扩散,在界面台阶附近造成碳浓度场。碳浓度场的存在又反过来影响台阶的长大过程,见图3.33。

考虑台阶阶面碳通量平衡,第i个台阶的长大速度v_i应满足:

$$(C^p - C_i^m)v_i = -D\left(\frac{\partial C}{\partial x}\right)_{x=x_i} \quad (3.178)$$

式中,C^p和C_i^m分别是铁素体和台阶阶面底部奥氏体中的碳浓度,D为碳扩散系数,x为伸长方向的坐标。

根据Fick第二扩散定律(二维),台阶迁移有关的基本方程可写为

$$\frac{\partial C}{\partial t} = D\left(\frac{\partial^2 C}{\partial x^2} + \frac{\partial^2 C}{\partial y^2}\right) \quad (3.179)$$

并满足以下边界条件:

$$\left[\frac{\partial C}{\partial y}\right]_{terrace} = 0 \quad \text{(边界条件1:台面无扩散)} \quad (3.180)$$

$$\left[\frac{\partial C}{\partial x}\right]_{riser} = \text{const.} \quad \text{(边界条件2:阶面浓度梯度恒定)} \quad (3.181)$$

$$C = C^m = C^e \quad \text{(边界条件3:阶面底部满足局部平衡)} \quad (3.182)$$

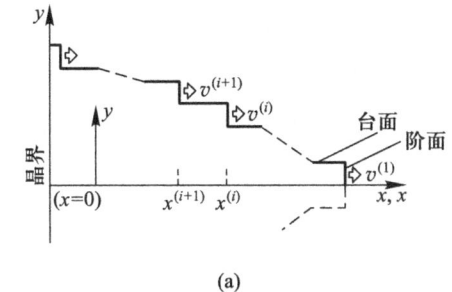

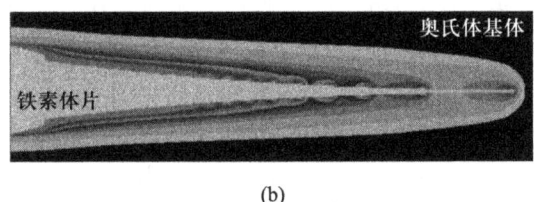

图 3.33 （a）台阶机制铁素体长大示意图；（b）台阶扩散长大的数值模拟图

$$C = C^0 \quad x,y \to \infty \quad （边界条件4:无限远处无扩散场）\quad (3.183)$$

通过变量代换

$$X = \frac{x - vt}{h}, \quad Y = \frac{y}{h} \quad (3.184)$$

式(3.179)变为

$$\frac{\partial U}{\partial T} = \frac{\partial^2 U}{\partial X^2} + \frac{\partial^2 U}{\partial Y^2} + V\frac{\partial U}{\partial X} \quad (3.185)$$

式中，$U = (C - C^0)/(C^m - C^0)$ 为正交化浓度，$T = Dt/h^2$ 为正交化时间，$V = hv_i/D$ 为正交化速度，它们均为无量纲参数。

根据以上方程及边界条件，采用差分方法离散化时间和浓度场，就可用计算机进行数值模拟计算。通过模拟新相的真实长大过程，可得到不同时间台阶长大的位置、台阶及铁素体片周围的扩散场等结果，并可用计算机形象化表达。同时，也可计算出新相长大的动力学过程。

3.2.5 三元系扩散控制新相长大

对实际应用中经常出现三元（及以上）的多元系统而言，由于第三组元的影响，使新相长大过程中相界面附近的平衡成分和溶质扩散出现了很多新的特点。需要分别考虑两种溶质原子的平衡和扩散以及相互之间的影响，在有些情况下，并非每种成分都能够达到平衡状态，这样使三元系的扩散控制长大过程的研究变得非常复杂。

1. **三元系扩散控制长大的基本特征**

在三元系统中，$i=0,1,2$ 分别表示溶剂原子(基体)、第一种溶质原子和第二种溶质原子。按 Fick 第一扩散定律，在稳态的条件下，单位面积、单位时间内两种溶质原子通过某个界面的通量 J 可以分别表示为(一维情况)

$$J_1 = -D_{11}\frac{\partial C_1}{\partial x} - D_{12}\frac{\partial C_2}{\partial x}$$
$$J_2 = -D_{21}\frac{\partial C_1}{\partial x} - D_{22}\frac{\partial C_2}{\partial x} \tag{3.186}$$

式中，$C_i(i=1,2)$ 为 i 原子的浓度；x 为扩散距离；D_{ij} 表示在第 j 个组元的影响下第 i 个组元在母相中的扩散系数($i\neq j$)，称为互扩散系数。在一定温度下设 D_{ij} 为常数，不随成分而变化(或者取为平均值)，则两种溶质浓度随时间的变化应满足 Fick 第二扩散定律：

$$\frac{\partial C_1}{\partial t} = D_{11}\frac{\partial^2 C_1}{\partial x^2} + D_{12}\frac{\partial^2 C_2}{\partial x^2}$$
$$\frac{\partial C_2}{\partial t} = D_{21}\frac{\partial^2 C_1}{\partial x^2} + D_{22}\frac{\partial^2 C_2}{\partial x^2} \tag{3.187}$$

在两相界面处($x=\xi$)，扩散控制界面长大的长大速度 v 应满足质量守恒方程：

$$(C_1^p - C_1^m)v = -J_1$$
$$(C_2^p - C_2^m)v = -J_2 \tag{3.188}$$

式中，上标 p 表示新相，m 表示母相。在界面处，约束条件为

$$C_1 = C_1^m$$
$$C_2 = C_2^m \tag{3.189}$$

在离开界面无穷远处，约束条件为

$$C_1 = C_1^0$$
$$C_2 = C_2^0 \tag{3.190}$$

在式(3.187)中，如果忽略 D_{12} 和 D_{21} 的项，假设 $D_{12}=D_{21}=0$，认为溶质原子之间互不影响，各自独立在母相中扩散，则有

$$\frac{\partial C_1}{\partial t} = D_{11}\frac{\partial^2 C_1}{\partial x^2}$$
$$\frac{\partial C_2}{\partial t} = D_{22}\frac{\partial^2 C_2}{\partial x^2} \tag{3.191}$$

式(3.191)与二元系中的公式形式上完全一致，因此可以借用二元系中的计算公式分别求解其长大速度与饱和度的关系：

3.2 新相长大动力学

$$\Omega_1 = \frac{C_1^m - C_1^0}{C_1^m - C_1^p} = \sqrt{\pi}\lambda_1 \exp(\lambda_1^2)\operatorname{erfc}(\lambda_1) = f_1(\lambda_1)$$
$$\Omega_2 = \frac{C_2^m - C_2^0}{C_2^m - C_2^p} = \sqrt{\pi}\lambda_2 \exp(\lambda_2^2)\operatorname{erfc}(\lambda_2) = f_1(\lambda_2)$$
(3.192)

式中

$$\lambda_1 = \frac{\alpha}{\sqrt{2D_{11}}}$$
$$\lambda_2 = \frac{\alpha}{\sqrt{2D_{22}}}$$
(3.193)

式中，α 为三元系中的新相长大速度常数。

在三元体系中某一温度下，两相界面的平衡成分是由两相自由能曲面的公切面所确定的一系列联结线(tie-line)，并不唯一，如图3.34所示[6]。根据 D_{11} 和 D_{22} 的相对大小，可以出现以下三种情况（Ω_i 是 i 原子的过饱和度）：

(1) $D_{11} = D_{22}$，此时 $\Omega_1 = \Omega_2$，联结线为通过母相平均成分点 $A(C_1^0, C_2^0)$ 的线1。

(2) $D_{11} > D_{22}$，此时 $\Omega_1 < \Omega_2$，溶质1（水平方向）的过饱和度比溶质2（垂直方向）的过饱和度小，这时联结线为线2。

(3) $D_{11} \gg D_{22}$（例如1为间隙原子，2为置换原子），此时可以把 Ω_1 视为接近于零（垂直线），或者把 Ω_2 视为接近于1（水平线），这时联结线为线3。

由式(3.192)，如果固定相界面浓度 C_i^m 和 C_i^p 的值，则母相的原始成分 C_i^0 可以随抛物线长大速度常数 α 而变化，有一系列的可能取值，如图3.34中的虚线所示。在第一种情况下，$D_{11} = D_{22}$，虚线与线1重合；在第二种情况下，$D_{11} > D_{22}$，虚线为一条曲线，其端点与线2重合；在第三种情况下，$D_{11} \gg$

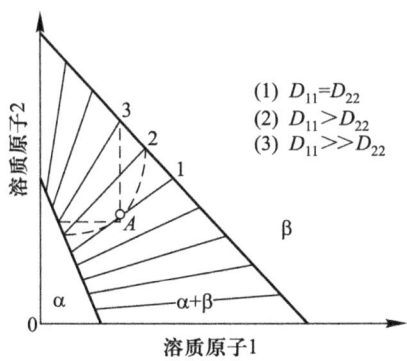

图3.34 三元系两相界面平衡成分的公切线示意图

D_{22},虚线由相交于 A 点的一条平行线和一条垂直线所组成。每一条虚线上不同的母相原始成分点所对应的界面成分与 A 点所对应的界面成分完全相同,因此可以把虚线称为等界面成分线,其上的所有成分点组成等界面成分的系统。

由式(3.192),如果固定抛物线长大速度常数 α,则母相的原始成分 C_i^0 随界面成分而变化,作出相应的曲线,如图 3.35 所示。这些曲线称为等界面速度线,其上的所有成分点组成等界面速度的系统。在第一种情况下,$D_{11} = D_{22}$,等界面速度线与两相的相界线大致平行;在第二种情况下,$D_{11} > D_{22}$,等界面速度线不再与相界线大致平行;在第三种情况下,$D_{11} \gg D_{22}$ 时,等界面速度线收敛于图 3.35(b) 中的 p 点或 q 点。这意味着在较低过饱和度的情况下,新相的长大速度主要是由溶质 2 的过饱和度所决定,反之在较高过饱和度的情况下,新相的长大速度主要是由溶质 1 的过饱和度所决定。pq 线以上和以下的两个区域,其长大速度差别很大。

总之,三元体系在相界局部平衡条件下,其相界面成分和长大速度与两种扩散系数(D_{11} 和 D_{22})之间的差别密切相关。如果其差别很大,相界成分会远离母相成分;母相成分落在两相区内的不同区域,新相生长速度会有很大差别。

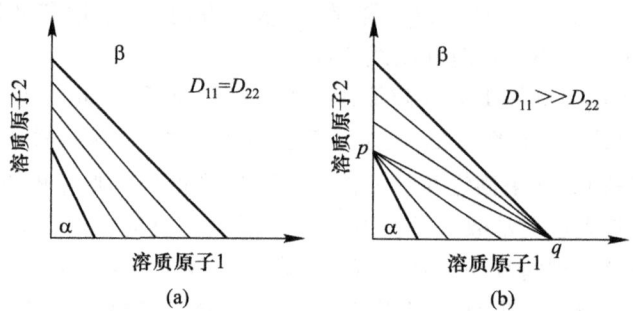

图 3.35 三元系两相界面等界面速度曲线示意图
(由 α 相向 β 相方向,速度常数增加)

2. Fe – C – X 系中铁素体扩散控制长大

三元体系的一个最常见的重要应用就是在合金钢 Fe – C – X(X 表示置换的合金元素,如 Mn、Si 等)中铁素体的长大过程。除了碳浓度以外,还必须考虑到合金元素 X 的平衡扩散问题。一般 X 扩散要比 C 扩散困难得多,在母相奥氏体中 C 的扩散系数为 $10^{-12} \sim 10^{-14}$ m²/s,X 的扩散系数为 $10^{-16} \sim 10^{-18}$ m²/s,相差几个数量级,$D_{11} \gg D_{22}$。考虑到 C 的扩散还要受到 X 浓度的影响,$D_{12} \neq 0$,在 C 和 X 浓度都很低的情况下,D_{12} 可以从热力学关系求得:

$$\frac{D_{12}}{D_{11}} \approx \frac{\varepsilon_{12} C_1^m}{1 + \varepsilon_{11} C_1^m} \tag{3.194}$$

式中，ε_{12} 是第 1 种组元(C)和第 2 种组元(X)之间在奥氏体中的相互作用瓦格纳(Wagner)系数。同时考虑 X 的扩散受 C 的浓度影响不大，$D_{21} \neq 0$。在这种情况下，得到在相界面附近奥氏体中 C 和 X 的浓度分布为(一维情况)

$$C_1 = C_1^0 + \left[(C_1^m - C_1^0) - \frac{D_{12}(C_2^m - C_2^0)}{D_{11} - D_{22}}\right] \frac{\mathrm{erfc}\left(\dfrac{x}{2\sqrt{D_{11}t}}\right)}{\mathrm{erfc}(\lambda_1)} +$$

$$\frac{D_{12}(C_2^m - C_2^0)}{D_{11} - D_{22}} \frac{\mathrm{erfc}\left(\dfrac{x}{2\sqrt{D_{22}t}}\right)}{\mathrm{erfc}(\lambda_2)}$$

$$C_2 = C_2^0 + (C_2^m - C_2^0) \frac{\mathrm{erfc}\left(\dfrac{x}{2\sqrt{D_{22}t}}\right)}{\mathrm{erfc}(\lambda_2)} \tag{3.195}$$

在界面通量平衡的条件下，有

$$\Omega_1 = f_1(\lambda_1) - \frac{m_{21}D_{12}}{D_{11} - D_{22}}[f_1(\lambda_2) - f_1(\lambda_1)] \tag{3.196}$$

$$\Omega_2 = f_1(\lambda_2)$$

式中，Ω_1 和 Ω_2 分别是 C 和 X 的过饱和度。m 表示界面上 C 和 X 的浓度关系：

$$m_{21} = \frac{C_2^p - C_2^m}{C_1^p - C_1^m} \tag{3.197}$$

因为 $D_{11} \gg D_{22}$，相界面的平衡成分基本上符合图 3.34 中的线 3 的情况。在图 3.36 中同时给出了对应的碳和合金原子的浓度分布曲线($\varepsilon_{12} < 0$，碳和合金原子相互吸引)。由于扩散系数比较大，C 的扩散场比 X 的扩散场要大得多。直线 st 表示 C 在奥氏体中的等活度线，在 st 线上的母相合金[图 3.36(a)]，$\lambda_1 \sim 0$，$f_1(\lambda_1) \sim 0$，处于较低的过饱和度下，式(3.196)变为

$$\Omega_1 = -\frac{m_{21}D_{12}}{D_{11} - D_{22}} f_1(\lambda_2) \tag{3.198}$$

$$\Omega_2 = f_1(\lambda_2)$$

此时，X 原子在新相和母相间重新分配，发生扩散，称为有合金元素再分配的局部平衡(partition local equilibrium，PLE)。

在 tu 线上的母相合金[图 3.36(a)]，其中铁和合金元素的摩尔分数的比例应保持为常数，$\Omega_2 \sim 1$，$f_1(\lambda_1) \sim 0$，处于较高的过饱和度下，式(3.196)变为

$$\Omega_1 = f_1(\lambda_1) - \frac{m_{21}D_{12}}{D_{11} - D_{22}}[1 - f_1(\lambda_1)] \tag{3.199}$$

$$\Omega_2 = f_1(\lambda_2) \approx 1$$

此时，X原子在新相和母相间基本没有再分配，只在相界上出现了一个X浓度尖峰，称为无合金元素再分配的局部平衡（negligible/no partition local equilibrium，NPLE）。以图3.36(b)中通过t点的一条点画线为界，把两相区分成两个部分，上部为PLE模式区，下部为NPLE模式区。

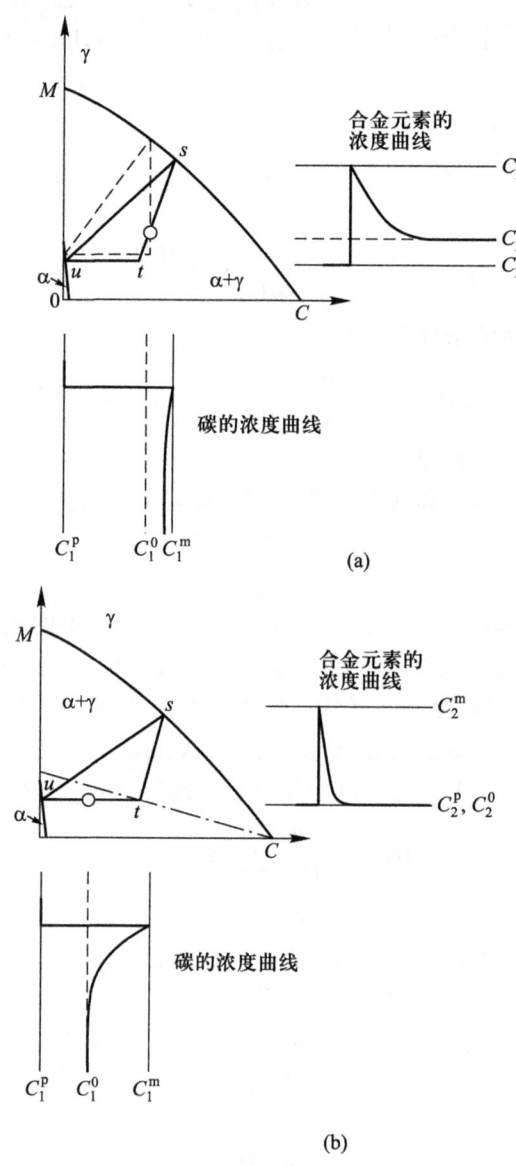

图3.36 (a)有合金元素再分配的局部平衡(PLE)和(b)无合金元素再分配的局部平衡(NPLE)模式下相界成分和浓度曲线

3.2 新相长大动力学

将这一模型可以扩展到 Fe-C-X_1-X_2 四元系。在 PLE 模式下，由于铁素体生长被合金元素扩散控制，碳扩散的作用可以忽略，$f_1(\lambda_1) \sim 0$，式 (3.198) 改写为

$$\Omega_1 + \Omega_2 m_{21} \frac{D_{12}}{D_{11}-D_{22}} + \Omega_3 m_{31} \frac{D_{13}}{D_{11}-D_{33}} = 0 \quad (3.200)$$

在 NPLE 模式下，式 (3.199) 改写为

$$\Omega_1 = f_1(\lambda_1) - \frac{m_{21}D_{12}}{D_{11}-D_{22}}[1-f_1(\lambda_1)] - \frac{m_{31}D_{13}}{D_{11}-D_{33}}[1-f_1(\lambda_1)]$$

$$\Omega_2 = f_1(\lambda_2) \approx 1$$

$$\Omega_3 = f_1(\lambda_3) \approx 1$$

$$(3.201)$$

式中

$$m_{ij} = \frac{C_i^p - C_i^m}{C_j^p - C_j^m} \quad (3.202)$$

3. Fe-C-X_i 多元系中 PLE/NPLE 温度的确定

Aaronson 等[38]曾测得 Fe-0.37%C-3.14%Mn（质量分数）合金中 Mn 在铁素体和奥氏体中的浓度比值与温度的关系曲线，如图 3.37 所示。在较高温度下，$C_{Mn}^\alpha/C_{Mn}^\gamma < 1$，说明 Mn 在 α 和 γ 之间发生了扩散，属于 PLE 机制；随温度降低，$C_{Mn}^\alpha/C_{Mn}^\gamma$ 越来越大，当温度降低到 620 ℃ 左右时，$C_{Mn}^\alpha/C_{Mn}^\gamma$ 接近于 1；温度再降低，$C_{Mn}^\alpha/C_{Mn}^\gamma$ 保持恒定。说明低于 620℃ 以后，Mn 在 α 和 γ 之间不再发生扩散，属于 NPLE 机制。这从实验上证明了 PLE 和 NPLE 机制的客观存在。

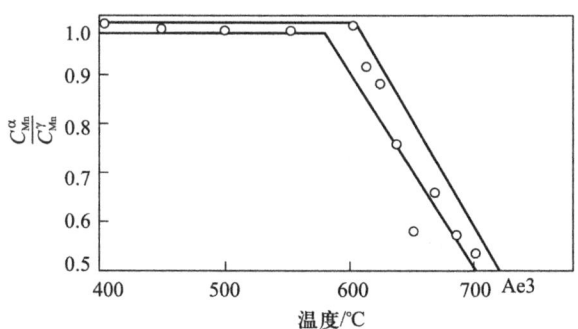

图 3.37 Fe-0.37%C-3.14%Mn（质量分数）合金中 Mn 在铁素体和奥氏体中的浓度比值与温度的关系曲线

随温度降低,从 PLE 到 NPLE 的转变是一个突然过程。在相图上可以看到 PLE 和 NPLE 机制之间有明确分界线。PLE/NPLE 转变线把两相区分成两个部分,上部为 PLE 模式区,下部为 NPLE 模式区。母相原始成分落在不同的区域就会表现出截然不同的铁素体长大动力学特征。对于成分不同体系,如果能计算出这一临界转变温度随成分的变化,就可以根据已知合金成分判断某一温度下的铁素体长大处于哪种模式。因此,确定 PLE/NPLE 转变温度十分重要。

当铁素体生长模式从高温的 PLE 模式转向低温的 NPLE 模式时,长大速度常数有数量级的升高,这一临界转变温度就是 PLE/NPLE 转变温度。因此可以通过计算铁素体的长大速度常数得到 PLE/NPLE 转变温度[39,40]。对于 Fe-C-X 三元系,在给定温度下,对应的 PLE 和 NPLE 模式下的抛物线长大速度常数可以由式(3.198)和式(3.199)[对四元系可应用式(3.200)和式(3.201)]计算。由于 NPLE 模式下的铁素体长大速度常数在 PLE/NPLE 转变温度附近会急剧下降,实际上只计算 NPLE 模式下的长大速度常数即可推测 PLE/NPLE 转变温度。

图 3.38 是根据这一方法计算的成分为 Fe-0.56%C-2.83%Mn-3.02%Si(质量分数)合金的铁素体长大速度常数与温度的关系曲线,从图中可以看出随着温度升高,长大速度常数缓慢下降,但在接近 715℃时突然下降,因此可以判断在高于这一温度时将进入生长速度较慢的 PLE 模式。这一合金的 PLE/NPLE 转变温度($\theta_{P/N}$)在 715 ℃左右[41]。

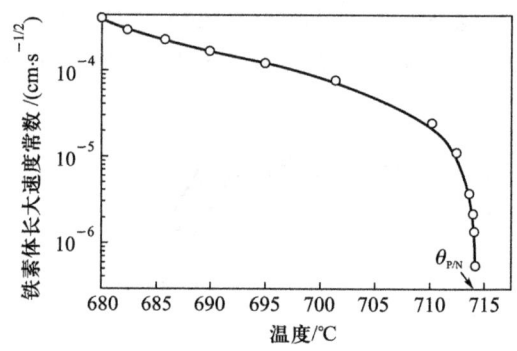

图 3.38　计算得到的 Fe-0.56%C-2.83%Mn-3.02%Si(质量分数)合金在 NPLE 模式下铁素体长大速度常数与温度的关系曲线

4. 溶质拖曳

由于溶质原子(或者杂质原子)与晶界或者相界之间的交互作用,溶质原子容易富集在界面处,消耗掉一部分的驱动力,使晶界或者相界移动发生困

3.2 新相长大动力学

难,这种移动速度降低的现象被称为溶质拖曳[42,43]。溶质在界面的偏聚程度可以用其界面浓度 C^b 与体内浓度 C^0 之比来表示,称为偏聚系数, $\beta = C^b/C^0$。C^b 与温度有关,表示为(适用于溶质浓度不太高的情况)

$$C^b \approx C^0 \exp\left(\frac{E_b}{RT}\right) \qquad (3.203)$$

式中,E_b 是溶质原子与界面的结合能(为正值)。溶质原子在母相中的固溶度越小,E_b 越大,界面偏聚程度也越大。

偏聚原子与界面的结合能在界面附近随坐标 x 而变化,写为 $E(x)$ ($x=0$, $E(x) = -E_b$),如图 3.39 所示。相应的化学位为

$$\mu(x) = kT\ln C(x) + E(x) + \mu_\alpha^0 \qquad (3.204)$$

式中,$C(x)$ 是溶质的浓度,μ_α^0 是母相 α 中的溶质原子标准自由能。由于化学位的驱动,原子通过界面发生扩散。界面的移动速度 v 与原子迁移性 M 和化学位有关,即

$$v = M\frac{\partial \mu(x)}{\partial x} \qquad (3.205)$$

在稀溶液的条件下,M 近似为[44]

$$M \approx \frac{D^b}{RT} \qquad (3.206)$$

式中,D^b 为溶质在界面的扩散系数。界面溶质原子的通量 J 为

$$J = C(x)v = \frac{DC(x)}{RT}\frac{\partial \mu(x)}{\partial x} = D\frac{\partial C(x)}{\partial x} + \frac{DC}{RT}\frac{\partial E(x)}{\partial x} \qquad (3.207)$$

为简单计,考虑界面达到稳态扩散,J 为常量,有

$$\frac{\partial C(x)}{\partial t} = \frac{\partial J}{\partial x} = 0 \qquad (3.208)$$

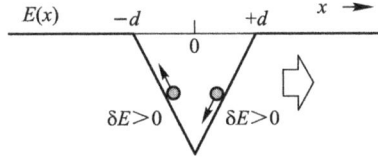

图 3.39 溶质原子与界面相互作用能与位置之间的关系示意图

此时,采用图 3.39 中的线性近似 $E(x)$ 函数,可以得到图 3.40[42]中的溶质原子在界面的浓度分布曲线。图 3.40 中从曲线 a 到曲线 e,界面移动速度逐步提高,界面偏聚程度逐步降低。当界面移动速度非常小时,可以得到接近平衡的较高的偏聚浓度(类似于曲线 a)。这时,单位面积界面受到的溶质拖曳力为

$$P = -n_V \int_{-\infty}^{\infty} (C - C^0) \frac{\mathrm{d}E(x)}{\mathrm{d}x} \mathrm{d}x \tag{3.209}$$

式中，n_V 是单位体积的原子个数。式(3.208)可以近似为

$$P = \frac{\alpha v \cdot C^0}{1 + \beta^2 v^2} \tag{3.210}$$

式中

$$\alpha = 4 n_V kT \int_{-\infty}^{\infty} \frac{\sinh^2 \frac{E(x)}{2kT}}{D} \mathrm{d}x \tag{3.211}$$

$$\frac{\alpha}{\beta^2} = \frac{n_V}{kT} \int_{-\infty}^{\infty} D \left(\frac{\mathrm{d}E}{\mathrm{d}x} \right)^2 \mathrm{d}x$$

由式(3.210)，当界面移动速度增大时，拖曳力先增加，至 $v\beta = 1$ 时达到最大值，然后继续增加速度，拖曳力降低，如图 3.41 所示[27]。

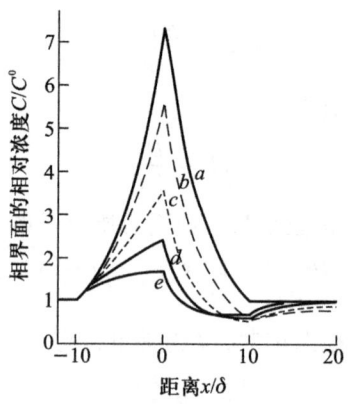

图 3.40 线性近似 $E(x)$ 得到的溶质原子在界面的浓度分布曲线。
图中曲线 $a \to e$，界面移动速度逐步提高。曲线 c 的拖曳效果最大

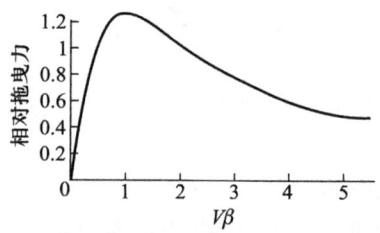

图 3.41 晶界迁移速度对拖曳力的影响

图 3.39 中的界面向正的方向移动，则界面右侧的溶质原子向界面偏聚，以降低能量。同时，界面移动要求左侧溶质原子向后移动离开界面，这个过程能量增高。因此界面移动速度低的情况下，浓度曲线呈左右对称形状，拖曳效果相互抵消，总体效果大大降低，如图 3.40 中的曲线 a；在界面移动速度适中的情况下，浓度曲线左右两侧差别最大，相应的拖曳效果也最为显著，如图 3.40 中的曲线 c。移动速度大于曲线 c，称为高速模式，此时溶质拖曳效果与其在界面的扩散系数 D^b 成正比；移动速度小于曲线 c，称为低速模式，此时溶质拖曳效果与其在界面的扩散系数 D^b 成反比。

由于溶质拖曳效应，Fe-C-X 合金中 α/γ 两相界面处的浓度可能达不到局部平衡的浓度，同时溶质拖曳效果也受界面的扩散所控制。置换原子的偏聚处于低速模式，所以其拖曳力应当较小。由于置换原子在相界面的扩散系数比较大，与碳在奥氏体中的扩散系数在一个量级上，因此铁素体（或者渗碳体）的长大有可能受到置换原子的拖曳而减慢。

当 X 的浓度较高时，将改变和界面相呈平衡的奥氏体内的碳浓度。当 X 显著降低碳在奥氏体中的活度时（例如 Mo），这部分碳浓度将降低，使奥氏体内浓度梯度减少，也使铁素体长大的抛物线速度常数减少，称为"类溶质拖曳"效应。当 X 增加碳在奥氏体中的活度时，铁素体长大的抛物线速度常数增加，称为"类反溶质拖曳"效应。

3.3 相变总体动力学

相变总体动力学是研究相变到一定程度时，转变总量与温度和时间的关系。对于包括形核和长大两个过程的扩散型相变，相变总体动力学是形核动力学和长大动力学两部分的综合效果。由于形核和长大都是温度和时间的函数，总体相变的分数也是温度和时间的函数。它受到形核率、长大速度、形核位置的密度和分布、已形成新相之间的碰撞（hard impingement）以及已形成新相之间的扩散场重叠（soft impingement）等诸多因素影响。

图 3.42 示意性给出了形核-长大型相变几种可能的总体过程[9]。在热力学处于亚稳的母相中产生新相，其中含有许多潜在的形核位置。一种情况是在整个相变过程中，都有新相形核，如图 3.42(a)所示，同时先形成的核心不断长大，于是在任何时候新相的尺寸分布范围都是很宽的，新相的体积分数取决于形核率和长大速度。另一种情况是所有的核都是在相变开始时形成的，如图 3.42(b)所示，如果所有的潜在形核位置在过程中全部耗尽，就是所谓的形核位置饱和。此时新相的体积分数只与形核位置的数量和长大速度有关系，会得到尺寸比较均匀的新相。对于 α→β 或者 α→β+γ 类型的相变（统称为胞状转

变，例如块状转变和再结晶等无成分变化转变），到相变的后期，所有的母相都被相变产物所消耗掉，如图 3.42(c)所示，相变不是由于新相生长速度的逐渐减少而停止，而是由于恒速长大的相邻新相碰撞而中断。一般情况下，在小的过冷度时，形核率较低，是控制相变总速度的主要因素；在大的过冷度时，形核率很高，以致形核位置在相变早期就已饱和，总相变速度只受长大速度控制。

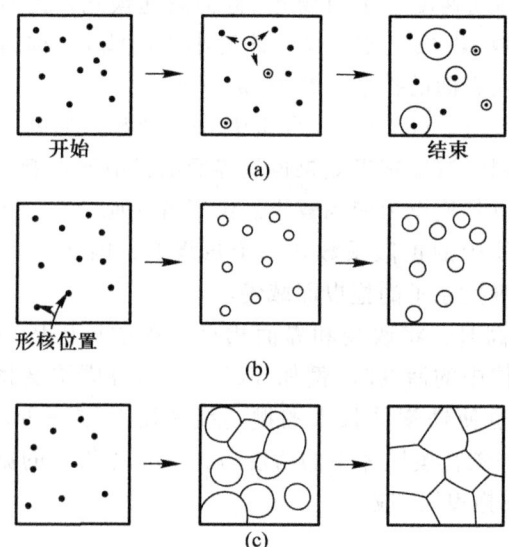

图 3.42 相变过程中，(a) 连续形核，连续长大；(b) 形核位置饱和，新核数量固定；(c) 相邻新相接触导致相变完成

对于高温母相向低温新相的转变过程，新相形核和长大速率的综合作用导致相变总速度随温度的降低而先增加后减小，使等温转变曲线(TTT 曲线)呈 C 型，如图 3.43(a) 所示。在低于临界相变温度的某一恒定温度下，随时间的变化，相变速度先增加，达到峰值后再下降，这样得到的相变体积分数曲线呈 S 型，如图 3.43(b) 所示。

为简单计，假设新相以固定的速率 J 连续形核，并且形核之后以固定的速度 v 长成各向同性的球状。形核的孕育期为 τ（$t<\tau$，则形核率为零）。整个系统的体积为 V。在某一时间 t 由母相 α 转变到新相 β 的体积为

$$V^\beta = \frac{4}{3}\pi v^3 (t-\tau)^3 \tag{3.212}$$

在未转变的母相中，在 $\mathrm{d}\tau$ 的时间间隔内所形成的新相核心数量为 $JV\mathrm{d}\tau$。在相变开始阶段，新相核心之间距离较大，各核心互不干扰，则

3.3 相变总体动力学

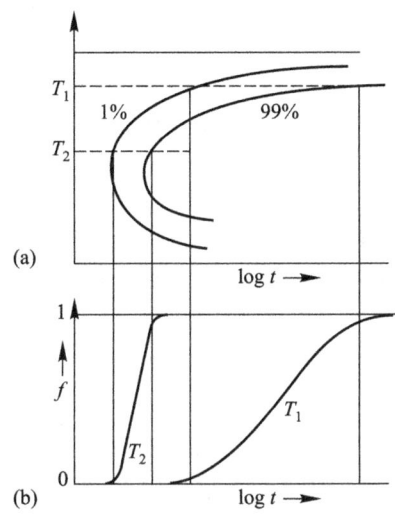

图 3.43 相变过程中新相体积分数与温度和时间的关系示意图：(a) 等温转变曲线；(b) 相变分数与时间的关系

$$dV^\beta = \frac{4}{3}\pi v^3 (t-\tau)^3 JV d\tau$$
$$V^\beta = \frac{4}{3}\pi V \int_0^t v^3 (t-\tau)^3 J d\tau \quad (3.213)$$

因为 J、v 都为与时间无关的常数，所以相变的体积分数可以写为

$$f = \frac{V^\beta}{V} = \frac{\pi}{3} J v^3 t^4 \quad (3.214)$$

由式(3.214)可见，f 随时间增长而迅速增加，在相变的开始阶段，相变体积分数增加得很快。但随着时间的延长，新相之间要相互接触，相变速度将不可能继续增加，相变体积分数应收敛于最大值 1，所以式(3.214)只在 $f \ll 1$ 的相变初始阶段有效。

Johnson 和 Mehl 以及 Avrami[45-47] 考虑到相变到一定程度，相邻的已相变区将碰撞，形成共同界面后就会停止长大，其他地方则继续长大，直至全部相变完成。因此计算相变分数时，需要把已经相变的区域从母相中剔除，修正后得到

$$dV^{\beta'} = \frac{V - V^{\beta'}}{V} dV^\beta \quad (3.215)$$

$V^{\beta'}$ 为经剔除已形成相之后得到的真实的新相体积。相变的体积分数 $f = V^{\beta'}/V$，则

$$df = \frac{V - V^{\beta'}}{V} d\left(\frac{V^{\beta}}{V}\right) = (1-f) d\left(\frac{V^{\beta}}{V}\right) \tag{3.216}$$

对式(3.216)积分得到

$$f = 1 - \exp\left(-\frac{\pi}{3} J v^3 t^4\right) \tag{3.217}$$

式(3.217)在 t 很小的时候与式(3.214)是等价的,在 t 无限大时,f 趋近于 1。

在一般的情况下,形核率和长大速度都随时间而变化,但通常式(3.215)的形式仍可适用。根据形核和长大过程所做的假设不同,可以写成更一般的形式

$$f = 1 - \exp(-Kt^n) \tag{3.218}$$

即为经典的 Avrami 公式(也称 Johnson-Mehl-Avrami 公式)。式中,K 为速度常数,与温度密切相关;n 是与相变类型有关的常数,在相当大的温度区间内可以看做与温度无关。对式(3.218)两边取双对数作图,可以得到相变分数的双对数与时间为线性关系,这已为许多的实验结果所证实。如图 3.44 所示,在不同的温度下,βMn 向 αMn 的转变过程基本都符合直线关系,由直线的斜率可以求出 n 值。

由于 n 与相变的类型有关,在不同的相变情况下,n 值有明显的差别。例如在形核率一定的连续形核的模式下,相变初期,不论在晶内、晶面、晶边和晶隅形核,其 n 值都为 4;但在相变后期,其 n 值分别为 4、1、2、3。在形核位置饱和情况下(形核率为零),相变初期,不论在晶内、晶面、晶边和晶隅形核,其 n 值都为 3;但在相变后期,其 n 值分别为 3、1、2、3。表 3.7 是由实验数据整理得到的各种不同的相变情况下的 n 值[27]。

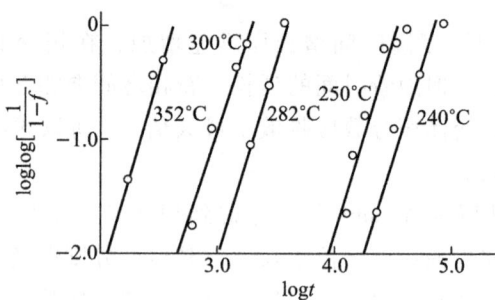

图 3.44　在几种温度下,βMn 向 αMn 的转变动力学曲线

表 3.7　在不同相变条件下 Avrami 方程中的 n 值

情　况	n 值
（a）多型相变，非连续沉淀，共析分解，界面控制长大等	
形核率增加	>4
形核率为恒值	4
形核率减小	3~4
零形核率	3
晶界面形核（饱和后）	1
晶粒棱边形核（饱和后）	2
（b）扩散控制长大	
新相由小尺寸长大，形核率增加	>2.5
新相由小尺寸长大，形核率为恒值	2.5
新相由小尺寸长大，形核率减小	1.5~2.5
新相由小尺寸长大，零形核率	1.5
原始具有相当尺寸的长大	1~1.5
针状、片状新相具有有限长度	
两相远离	1
长柱体（针）的加厚（端际完全相遇）	1
很大片状新相的加厚（边际完全相遇）	0.5
薄膜	1
丝	2
位错上沉淀（很早期）	约 0.5

　　Radcliffe 等[48]研究了一系列碳钢的贝氏体等温相变动力学，测定了不同温度下的 n 值，见图 3.45。图中可见，虽然 n 值比较分散（1.8~4.0），但在 300~350 ℃ 间存在一个界限，在此界限以上，$n=1.8~2.5$，在此界限以下，$n=3.0~4.0$。n 值的显著变化可以给不同温度区间贝氏体相变的特征的研究提供参考。

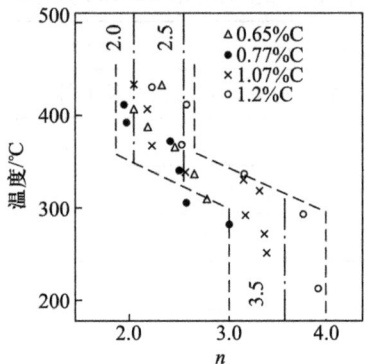

图 3.45 不同成分碳钢在中温相变时的 n 值与温度的关系

参考文献

[1] Gibbs J W. On the equilibrium of heterogeneous substances. Collected Works, Vol. I. New Haven: Yale University Press, 1948: 105 – 252.

[2] Becker R, Döring W. Kinetishe Behandlung der Keimbildung in Übersättiger Dämpfen [J]. Annalen der Physik, 1935, 416(8): 719 – 752.

[3] Hobstetter J N. Stable transformation nuclei in solids [J]. Trans. AIME, 1949, 180: 121 – 130.

[4] Cahn J W, Hilliard J E. Free energy of a nonuniform system. I. Interfacial free energy [J]. Journal of Chemical Physics, 1958, 28: 258 – 267.

[5] Cahn J W, Hilliard J E. Free energy of a nonuniform system. III. Nucleation in a two-component incompressible fluid [J]. Journal of Chemical Physics, 1959, 31: 688 – 699.

[6] Enomoto M. 金属和合金中的相变[M]. 东京: 内山老鹤圃, 2000.

[7] Cahn J W. Nucleation on dislocations [J]. Acta Metallurgica, 1957, 5(3): 169 – 172.

[8] 杨志刚. 晶内铁素体在夹杂物上形核机制的讨论[J]. 金属热处理, 2005, 30(1): 20 – 23.

[9] 波特 D A, 伊斯特林 K E. 金属和合金中的相变[M]. 李长海, 余永宁, 译. 北京: 冶金工业出版社, 1988.

[10] Feder J, Russell K C, Lother J, et al. Homogeneous nucleation and growth of droplets in vapours [J]. Advances in Physics, 1966, 15(57): 111 – 178.

[11] 王启超, 杨志刚, 李昭东. Ae3 温度以上变形对先共析铁素体相变形核影响的理论分析[J]. 金属学报, 2007, 43(4): 344 – 348.

[12] Offerman S E, Dijk S E, Sietsma J, et al. Grain nucleation and growth during phase transformations[J]. Science, 2002, 298: 1003 – 1005.

[13] Hilliard J E. Spinodal decomposition[M]. Phase transformations. Metals Park, Ohio: American Society for Metals, 1970: 497 – 560.

[14] Hassen P. 材料的相变[M]. 刘治国,等译. 北京:科学出版社, 1998: 226.

[15] Turnbull D. Impurities and imperfections[M]. Metals Park, Ohio: American Society for Metals, 1955: 121 – 144.

[16] Becker R. Die Keimbildung bei der Ausscheidung in metallischen Mischkristallen[J]. Annalen der Physik, 1938, 424(1 – 2): 128 – 140.

[17] Lee Y W, Aaronson H I. Anisotropy of coherent interphase boundary energy[J]. Acta Metallurgica, 1980, 28(4): 539 – 548.

[18] Yang Z G, Enomoto M. A discrete lattice plane analysis of coherent FCC/B1 interfacial energy[J]. Acta Materialia, 1999, 47(18): 4515 – 4524.

[19] Yang Z G, Enomoto M. Calculation of interfacial energy of B1 type carbides and nitrides with austenite[J]. Metallurgical and Materials Transactions A, 2001, 32(2): 267 – 274.

[20] Yang Z G, Enomoto M. Discrete lattice plane analysis of baker-nutting related B1 compound / ferrite interfacial energy[J]. Materials Science and Engineering A, 2002, 332(1 – 2): 184 – 192.

[21] Enomoto M, Yang Z G, Nagao T. Calculation of the equilibrium shape of TiN particles in iron[J]. ISIJ International, 2004, 44(8): 1454 – 1456.

[22] Van der Merwe J H. Crystal interfaces. Part I. Semi-infinite crystals[J]. Journal of Applied Physics, 1963, 34(117): 117 – 122.

[23] Spanos G. Ph. D. Thesis[D]. Pittsburgh: Carnegie-Mellon University, 1989.

[24] 陈会强,杨志刚. 立方晶体相界面位错的计算机模拟[J]. 金属学报, 2007, 43(7): 710 – 712.

[25] Yang Z, Johnson R A. An EAM simulation of the $\alpha - \gamma$ iron interface[J]. Modeling and Simulation in Materials Science and Engineering, 1993, 1(5): 707 – 716.

[26] Zener C. Theory of growth of spherical precipitates from solid solution[J]. Journal of Applied Physics, 1949, 20: 950 – 953.

[27] 徐祖耀. 相变原理[M]. 北京:科学出版社, 1988.

[28] Zener C. Kinetics of the decomposition of austenite[J]. Trans. AIME, 1946, 167: 550 – 595.

[29] Hillert M. The role of interfacial energy during solid state phase transformations[J]. Jernkontorets Annaler, 1957, 141: 757 – 789.

[30] Ivantsov G P. Temperature field around a spheroidal, cylindrical and acicular crystal growing in a supercooled melt[J]. Doklady Akademii Nauk SSSR, 1947, 58(4):

567 – 569.

[31] Horvay G, Cahn J W. Dentritic and spheroidal growth[J]. Acta Metallurgica, 1961, 9(7): 695 – 705.

[32] Trivedi R. The role of interfacial free energy and interface kinetics during the growth of precipitate plates and needles[J]. Metallurgical and Materials Transactions B, 1970, 1(4): 921 – 927.

[33] Bosze W P, Trivedi R. On the kinetic expression for the growth of precipitate plates [J]. Metallurgical and Materials Transactions B, 1974, 5(2): 511 – 512.

[34] Hillert M. Diffusion and interface control of reactions in alloys [J]. Metallurgical Transactions A, 1975, 6(1): 5 – 19.

[35] Aaronson H I. The decomposition of austenite by diffusional processes[M]//Zackay V F, Aaronson H I. New York: Interscience, 1962: 387 – 546.

[36] Enomoto M. Computer modeling of the growth kinetics of ledged interphase boundaries I [J]. Acta Metallurgica, 1987, 35(4): 935 – 945.

[37] Enomoto M. Computer modeling of the growth kinetics of ledged interphase boundaries II [J]. Acta Metallurgica, 1987, 35(4): 947 – 956.

[38] Aaronson H I, Domian H A. Partition and alloying elements between austenite and proeutectoid ferrite or bainite[J]. Trans. AIME, 1966, 236: 781 – 796.

[39] Enomoto M. Comparison of alloy element partition behavior and growth kinetics of proeutectoid ferrite in Fe – C – X alloys with diffusion growth theory[J]. Trans. ISIJ, 1988, 28(10): 826 – 835.

[40] Sheng G, Yang Z G. Transition between partitioned and unpartitioned growth of proeutectoid ferrite in Fe – C – Xi systems[J]. Materials Science and Engineering A, 2007, 465(1 – 2): 38 – 43.

[41] 盛广, 杨志刚. Fe – C – Xi 多元合金系 $\gamma \to \alpha$ 相变 PLE/NPLE 转变温度的计算 [J]. 金属学报, 2007, 43(4): 349 – 352.

[42] Cahn J W. The impurity-drag effect in grain boundary motion[J]. Acta Metallurgica, 1962, 10(9): 789 – 798.

[43] Purdy G R, Brechet Y J M. A solute drag treatment of the effects of alloying elements on the rate of the proeutectoid ferrite transformation in steels [J]. Acta Metallurgica et Materialia, 1995, 43(10): 3763 – 3774.

[44] Shewmon P. Diffusion in solids[M]. 2nd ed. TMS – AIME, 1989.

[45] Avrami M. Kinetics of phase change[J]. Journal of Chemical Physics, 1939, 7(12): 1103 – 1112.

[46] Avrami M. Kinetics of phase change[J]. Journal of Chemical Physics, 1940, 8(2): 212 – 224.

[47] Avrami M. Kinetics of phase change[J]. Journal of Chemical Physics, 1941, 9(2):

177 – 184.

[48] Radcliffe S V, Rollason E C. The Rinetics of the formation of bainite in high purity Fe – C alloys[J]. The Journal of the Iron and Steel Institute, 1959, 191: 56 – 65.

第四章
相变晶体学

4.1 概述

许多工程材料中的复相组织是通过晶体的固态相变产生的。新相的形状、位向关系和分布等组织特征是决定材料性能的重要因素。大量实验结果表明，千姿百态的复相组织形貌和取向往往可以用特定的相变晶体学特征描述。新相晶体相对于母相晶体有什么位向关系？为什么有择优的位向关系？新相的形状有什么晶体取向？为什么形状？这些是相变晶体学关心的问题。具体来说，相变晶体学是描述两相晶体的位向关系、新相的形状及其晶体学取向等晶体学特征的知识。这些晶体学特征与晶体结构演变的界面过程及微观机制密切相关，因此相变晶体学是深入理解材料组织的形成、科学预测和合理控制材料组织的理论基础。本章首先介绍位向关系和新相形状的基本概念，随后重点介绍 O 点阵理论和以之为基础的相变晶体学定量分析方法，此外还介绍一些影响较大的其他沉淀相变晶体学模型，关于马氏体相变晶体学主要介绍最成熟的马氏体表象理论。

4.1.1 母相与新相的位向关系

两相之间的位向关系(orientation relationship)是指一个晶体的取向相对于另一个晶体取向的描述。许多材料系统中新相与母相之间呈现可重复的一种或若干种位向关系,早期测量的结果常以最初发现或提出者命名。位向关系有许多表述方式,人们往往选择最直观的方式来表述,下面介绍常用的几种。

1. 基矢表示法

该方法通常是将新相晶体的基矢在母相晶体坐标系中表示,使新相相对于与母相的位向关系唯一确定且一目了然。人们曾经采用面指数或方向指数表示位向关系,例如下列渗碳体(C)和奥氏体(A)之间的位向关系,Pitsch 位向关系为[1]

$$(1\ 0\ 0)_C \ // \ (5\ \bar{5}\ 4)_A$$
$$(0\ 1\ 0)_C \ // \ (1\ 1\ 0)_A$$
$$(0\ 0\ 1)_C \ // \ (\bar{2}\ 2\ 5)_A \tag{4.1a}$$

而 Thompson-Howell 位向关系为[2]

$$[1\ 0\ 0]_C \ // \ [1\ 1\ 8]_A$$
$$[0\ 1\ 0]_C \ // \ [1\ \bar{1}\ 0]_A$$
$$[0\ 0\ 1]_C \ // \ [4\ 4\ \bar{1}]_A \tag{4.1b}$$

在上述例子中,两种方法可以互换,但是对于对称性差的系统则不然,这需要特别注意。

2. 面-向结合表示法

如果系统中两相的某些低指数面平行,而且面上存在一对低指数方向平行,则位向关系往往直接采用这些平行矢量的指数描述。该方法采用的矢量往往与形貌关联,或者是符合错配相关性的低指数矢量(后面将解释),因此比基矢表示的位向关系具有更清晰的物理意义,结果也通常更直观。例如金属材料常见的 fcc(面心立方)/bcc(体心立方)系统的 K-S 和 N-W 位向关系、bcc/hcp(密排六方)系统的 Burgers 位向关系都是以该方法表示的(见表 4.1)。

表 4.1 金属相之间几种简单位向关系

	K-S 位向关系	N-W 位向关系	Burgers 位向关系
平行面	$\{1\ 1\ 1\}_f \ // \ \{1\ 1\ 0\}_b$	$\{1\ 1\ 1\}_f \ // \ \{1\ 1\ 0\}_b$	$(0\ 0\ 0\ 1)_h \ // \ \{1\ 1\ 0\}_b$
平行方向	$<\bar{1}\ 1\ 0>_f \ // \ <\bar{1}\ 1\ 1>_b$	$<\bar{1}\ 1\ 0>_f \ // \ <0\ 0\ 1>_b$	$<1\ 1\ \bar{2}\ 0>_h \ // \ <\bar{1}\ 1\ 1>_b$

这些关系的共同特点是两相晶体中有一对最密排面互相平行,并且在 fcc

或 hcp 中这一对面上的一个密排方向平行于 bcc 的密排方向或 $<100>_b$。同时这些平行矢量之间符合后面要介绍的错配相关性。

面-向结合表示法主要适用于存在以低指数严格表示的一对平行关系。如果实际位向关系相对于一对面-向平行关系存在少量偏差，仍然有人会采用该方法。要注意，同一个位向关系可以由不同的面-向结合表示法近似描述，其结果可能造成相同位向关系之间没有直观的联系。此外，要当心相同面-向表述的位向关系意味不同位向关系的可能。这种不确定性主要源于忽略了平行矢量的正负方向选择上可能造成的差异。例如，如果让某一个晶体绕平行方向转180°，使原来平行面的法向矢量反向平行。除非转轴是晶体的二次轴，否则上述操作会导致晶体学不等价的位向关系。表 4.1 的例子中，平行方向 $<1\bar{1}0>_f$ 或 $<11\bar{2}0>_h$（只考虑点阵）满足上述要求，因此，这些常见系统中采用的面-向结合表示法对位向关系的描述是晶体学等价，但它可能造成不同变体。当转轴对于两侧晶体都是二次轴时，上述操作不会造成变体的改变（例如 N-W 位向关系）。不可将这些特殊系统中的面-向结合表示法的唯一性推广到一般系统。对于一般系统，即使位向关系可以用低指数矢量通过面-向结合表示法精确表示，最好还要补充基矢关系的近似描述，以避免位向关系描述的不唯一性。如果标定指数时注意，严格遵守右手系，则也可以避免上述不唯一性。

3. 位向关系矩阵表示法

位向关系矩阵联系两相中互相平行的单位矢量，该矩阵中的行向量和列向量分别反映了一相晶体的基矢在另一相晶体坐标系中的表示，因此它与基矢表示方法之间可以直接对应。其输入数据可以来自任何取向下点阵衍射斑中菊池线的一对测试结果[3]。该方法的优点是精确和普适，但其矩阵形式会使结果显得不如其他两种表示法直观，因此应用并不广泛。有关位向关系矩阵的具体计算方法将在 4.3.2 节中介绍。

4.1.2 新相的形貌

一般来说，在固态相变过程的不同时期，新相的形貌（morphology）是不一样的。即使在相变总体完成之后的粗化阶段，形状也可能随着新相长大而改变。Cahn 和 Kalonji[4] 注意到：新相形成过程既受随机因素的影响（例如母相中的缺陷、成分的起伏以及先形成的相对新相形核的影响），又受物理原则的支配（例如平衡条件下体系自由能应该趋于最小），在两种因素的共同影响下，一个材料中的新相颗粒没有两个形状是一模一样的，然而在一个材料中某种相的许多颗粒的形貌往往十分相像，这种自相似性说明它们服从共同原则。这正如自然界中的树，没有两棵树（甚至两片树叶）是一模一样的，但人们却不难从它们的共同特点来辨认它们的类型。当忽略了随机因素造成的差异时，人们可以用定性的语言描述新相形状的共同特征，例如等轴状、（多边形）块状、片状、板条状、杆状、针状、透镜状、球状等。最近关于组织三维形貌的研究，揭示了有的系统中固态相变产物也能出现枝晶形貌，固态相变产生的枝晶可能与合金凝固产生枝晶的理由类似，也是由于成分过冷造成。此外，有些相同变体的新相形成有规律的团簇，并可能在生长中会聚成一个晶粒，构成复杂的三维结构。这些三维形貌是目前的研究前沿课题，尚没有十分成熟的理论。本章内容主要关于非枝晶的单个颗粒形貌，这些单个颗粒形貌的知识是研究复杂形貌的基础。

影响不同新相颗粒形状形成的因素很多，一个根本原因是两相晶体本身的各向异性以及它们之间匹配的各向异性，这造成影响形状形成因素的各向异性。这些影响因素包括界面能、界面的迁移率和界面附近应变场等。

不同形状的析出相可能具有显著的平刻面（facet），尤其是片状或板条状相的最宽面。当观察到显著的择优刻面时，界面能是形状形成的主导因素。在界面能最小的优化条件下，可以通过 Wulff 图的方法来获得平衡形状。即使新相不能形成平衡形状，这些择优界面也往往应该对应界面能的能谷点。界面能可以分为结构分量和化学分量，结构分量与界面上的错配［两相格点（或原子）对不齐称为错配（misfit）］有关。如果界面能不受界面错配程度的影响，那么没有理由认为界面能与位向关系有关。反过来看，当观察到可重复的位向关系时，位向关系和形状形成往往受界面能结构分量的支配。当显著的择优刻面平行于低指数晶面时，位向关系和形状形成往往受界面能化学分量的支配。当择优刻面偏离低指数晶面时，界面能结构分量是主导因素。如果存在第三晶体（如相邻晶粒或夹杂）的影响，新相和母相之间的位向关系可能不基于两相本身的界面能。

如果界面迁移率是主导因素，那么界面迁移最快的方向应该最长。界面（结构）控制的迁移率往往是各向异性的，在此影响下，相变过程中（即使是相变结束发生一定粗化之后）发展的界面刻面的相对大小或具有择优生长方向的杆的粗细长短，经常不符合 Wulff 图的预测，界面结构各向异性的差异性可能被迁移率的作用而放大。不过界面迁移率因素只是改变了不同取向界面大小的比例，一般不改变择优界面和界面能谷点的对应关系。因此，即使相变产物可能远离平衡形状，仍然可以基于界面能谷的奇异性特征对所观察到的择优界面进行分析和解释。

以界面能为主导因素的分析往往假设错配不造成长程应变场，或忽略长程应变场的影响。当错配很大时，错配造成的长程应变场很难在尺寸较大的新相周围维持。所以，对于尺寸较大的新相，上述假设可能比较符合实际情况。有一类相变，其界面的结构具有半松弛特征，也就是一个最宽的界面（即惯习面)上的错配可以完全被位错或其他缺陷所松弛,而其他取向的界面没有松弛或部分松弛。因为在惯习面上不存在长程(宏观)应变场,在马氏体相变表象理论中称这一类惯习面为宏观不变应变面[5]。当相变应变场全部或部分表现为长程应变场时,刻面之间的过渡会趋于平缓,片状析出相的端部尖锐,例如钢中的竹叶状或透镜状片状马氏体。应变场影响下的新相形状定量计算可参考 Khachaturyan 的基于弹性力学计算的理论[6]。本章分析侧重界面能为主导因素的相变晶体学分析。

同一些在气相或液相中生长的晶体类似,有的新相形状也会显出特定的对称性。要注意,对于在晶体中生长的新相,其形状的对称性不仅仅取决于新相晶体的对称性,还取决于在特定位向关系下两相对称元素点群的交群(intersection group)[4],新相形状必须符合在交群中对称元素的特征。根据已知相结构和形状的对称性,可以利用上述特性来推测或验证位向关系。不过在实际材料中,即使两相存在不少共同的对称元素,自然选择的位向关系不一定使这些对称元素在交群中保留。

最后提一下温度的影响,温度对界面能的影响与温度对表面能的影响有同样的趋势,提高温度会减少界面能谷点的相对深度,其作用是使平刻面之间过渡更平缓,平刻面的面积减少,并且随温度提高逐步消失[7]。这是由于界面能中熵的贡献随温度增加。基于界面错配分析的方法完全忽略了熵的贡献,因此一般不能预测在给定温度下会出现什么平刻面,只能解释所观察到的择优界面。

4.2 沉淀相变晶体学分析

片状或板条状新相的最宽刻面,又称惯习面或主刻面,是新相形状的主要特征,绝大多数模型都是以理解这个特征着手分析的。这些模型往往隐含着择优位向关系,提供了形成该惯习面上特殊(低能)结构所需要的界面几何。目前,尚不能通过方便的手段,获得任意相变系统中界面能随界面几何(包括由 5 个参数描述的位向关系和界面取向)的变化值。根据择优位向关系的存在,可以推测界面能的结构分量一定支配了择优界面的选择。因为界面能的结构分量主要与界面结构相关,因此有可能通过分析界面结构来辨识和理解择优界面。长期以来,人们建立了各种界面结构模型,并采用了不同参数或特征来代表界面能,试图以之解释实验结果。研究最多的例子是 fcc/bcc 体系。在金属材料中该体系的两相结构简单,一个阵点只有一个原子,所以阵点错配代表了原子错配。相关研究方法也可推广到其他相变体系。本节主要介绍基于 O 点阵(O-lattice)理论的方法和应用,然后以 fcc/bcc 体系为例简要介绍其他沉淀相变晶体学模型。

4.2.1 O点阵理论及其应用

按照 Wulff 图构造,在描述界面几何的五维空间中,作为面积最大的惯习面应该对应能量曲面的一个最低能谷。即使新相不能实现平衡形状,惯习面作为稳定存在的刻面,仍然会对应能量曲面的一个显著能谷,即一个奇异点。对应界面能奇异点的界面,称为奇异界面(singular interface)[8]。

既然能量是结构的函数,能量的奇异性与界面结构的奇异性应该存在对应关系。结构的奇异性表现为,该结构只能在特定的位向关系下,在特定取向的界面上存在[9]。而一旦界面取向发生任何稍微偏离,界面结构会有一个质的改变;一旦位向关系稍微偏离,奇异结构不复存在。奇异界面附近的界面上的结构随界面几何的改变一般可以用界面缺陷分布的变化来描述。因为界面缺陷引起界面能提高,界面能谷应该对应界面缺陷的局域极少。这能量和结构的奇异性的对应关系,可以用关于奇异表面的结构来类比,表面随取向变化而产生的主要缺陷是台阶(包括台阶上的弯折)。如图 4.1(a)所示,一般情况下,对应显著能谷的奇异表面(singular surface)的结构是无台阶的,一旦表面取向发生任何稍微改变[结果形成邻位表面(vicinal surface)],该邻位表面上将含台阶结构。界面随取向和位向关系变化所引入的主要缺陷除了台阶还有位错。显然,无缺陷的界面对应界面能的显著能谷,一个众所周知的例子是平行于低指数晶

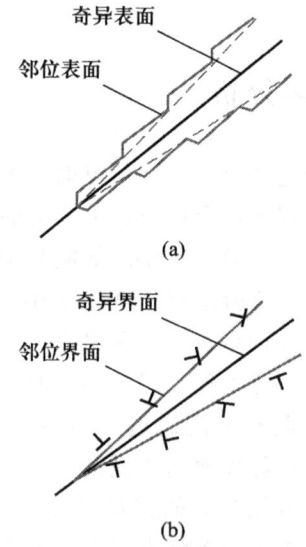

图 4.1 奇异界面结构的示意图[9]:(a)奇异表面相对于邻位表面;(b)奇异界面相对于邻位界面

面的共格孪晶界。然而，一般系统中两相之间的界面难以满足无缺陷结构对系统晶格常数的特殊要求，因此大多数择优相界面上是存在缺陷的。含有缺陷的奇异界面结构同样可以具有奇异性特征，也表现为缺陷的局域极少。如图 4.1(b) 所示，一旦界面几何相对于奇异界面发生任何稍微偏离，于是形成邻位界面(vicinal interface)，该邻位界面上会增加与在奇异界面上的缺陷类型不同的位错或台阶等缺陷。关于界面台阶结构，可以根据基本晶体学知识输入两相各自界面取向进行估算，这里不作介绍。而界面位错是界面几何的函数，这可以借助于 O 点阵理论计算。因为国内少有教科书介绍这个理论，为了给定量分析提供基础，下面先介绍该理论的主要概念和计算方法。

1. O 点阵的基本概念和计算公式

O 点阵理论[10]在 20 世纪 60 年代末由瑞士物理学家 Bollmann 创建，是分析晶间位错的有力工具，其数学形式的简单、严谨和普适等优点为之赢得了界面理论里程碑的声誉。O 点阵的构造是通过设想界面两侧的点阵互相穿插而成。一般情况下，这种穿插结果是出现在三维空间中各处不同的点阵错配分布。如果点阵间的错配形成匹配好和差区的周期性阵，这便是描述这种错配度变化周期性的点阵。图 4.2 是一个二维 O 点阵的例子，由重合的 $\{111\}_f$ 面与 $\{110\}_b$ 面构成。两个点阵的某个格点在原点重合，随着离原点的距离增加，格点间错配先逐渐增大然后减小，在一定方向上交替发生错配的增加和减少。在图 4.2 中每个匹配好区的中心就是一个 O 点，其严格定义是错配为零的位置。周期性分布的 O 点构成了一个 O 点阵。

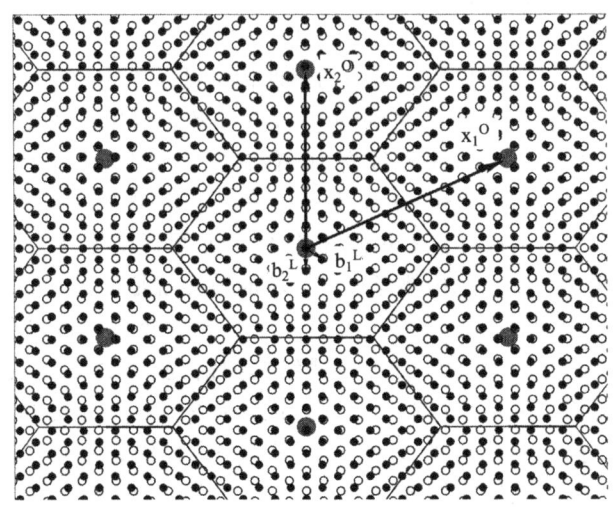

图 4.2 N-W 位向关系下 $(111)_f$（以空心圆表示）和 $(110)_b$（以实心圆表示）面重叠后形成的二维 O 点阵，图中 x_i^0 为主 O 点阵矢量，b_i 为 Burgers 矢量

在三维空间中，每个好区中心是一个 O 单元(O-element)，这些 O 单元的形状可以是点、线或面。O 点阵是 O 单元周期性平移形成的格子(即 O 格子，但本书按习惯称为 O 点阵)。O 单元之间由匹配较差的 O 胞壁(O-cell wall)分隔，例如图 4.2 由实线网格表示的 O 胞壁。每个 O 单元周围由 O 胞壁包围的区域称为 O 胞(O-cell)。O 点阵的构造与界面无关。如果一个界面正好穿一系列 O 单元和 O 胞壁，那么 O 胞壁与界面的截线就是可能的位错位置，而每一个位错间好区的中心就是 O 单元的位置。因此，从 O 点阵的构造可见位错计算的前提，即界面错配必须由位错完全承担。

根据 O 单元上错配为零的定义可以计算 O 点阵，计算 O 点阵的前提是定量描述错配。错配场的计算需要以下三个要素：

① 两相的晶格常数。
② 两相间的位向关系。
③ 两相匹配的相关关系。

晶格常数和位向关系是不易含混的要素。两相匹配的相关关系错配有时并非一目了然。错配是针对匹配(fit)而言，因此首先必须定义匹配。对于常见的半共格界面，何谓匹配是众所周知，即晶格面和方向在界面上皆一对一连续，也称为共格，例如图 4.2 中好区位置的情况。如果两相晶格常数相差很大，空间中可能存在相重或近似相重的晶格点，这些仍然属于匹配好的位置。此外，总会剩余没有匹配对象的点。当一种匹配好的周期性结构能够在局域重复出现，界面可能出现 Bollmann[11] 称之为界面的择优态的结构。他将一一匹配的共格结构称为一次择优态，而将其他择优态统称为二次择优态。择优态反映了局部界面形成低能结构，它本身具有周期性。一次择优态结构的周期特点可用两个晶格之一描述；二次择优态结构的周期特点可以描述为在一个面上一个晶格的 n 点与另一个晶格 m 重位共格(n 和 m 为整数，其中值较小的数一般不超过 5)，即局部面上含较高密度的重位点，它可以通过构造重位点阵(Coincidence Site Lattice, CSL)来描述[11]。相对于择优态的偏离，便是错配。如图 4.2 所示，偏离一次择优态的错配在 O 单元附近最小，因此 O 单元可以代表择优态区域的中心，而相邻择优态区域的边界就是位错。同理，二次择优态界面上择优态区域的中心称为二次 O 单元，相邻择优态区域的边界是二次位错。由此可见，通过 O 点阵计算位错结构的前提是，建立能够正确描述界面择优态的匹配相关关系。这对于一次择优态系统，往往是已知的。下面以一次择优态为例，推导 O 点阵的计算公式(对于一次择优态的 O 点阵和位错，不加以一次说明，而二次的才加以区别)。

方便起见，必须将两个点阵放在一个公用直角坐标系计算错配位移。该公用坐标系可以选择平行于其中一个晶体点阵(如果存在一个立方系)的基，例如钢的马氏体表象理论计算中常以 fcc 点阵的基为公用坐标系[5]。O 点阵计算常参照位向关系面 - 向结合表示法中采用的面和方向来建立公用直角坐标系，具体例子可以参照 Bollmann 介绍的 O 点阵应用[12]。

在包含原点的 O 胞内，择优态联系的相关点一定是最近邻的点(如图 4.2 所示)。因此可以在原点附近选取来自不同晶体点阵的一对相邻点，定义这对点的矢量便是相关矢量，在公用直角坐标系下表示为 x_α 和 x_β。在含原点的 O 胞内，择优态联系的任何相关矢量之间都可以通过相变矩阵 A 进行变换：

$$x_\beta = Ax_\alpha \tag{4.2}$$

在不含原点的 O 胞内，由式(4.2)联系的相关矢量不同于以局域择优态为参照的相关矢量。

两个相关矢量之间的位移为

$$\Delta x = x_\beta - x_\alpha \tag{4.3a}$$

又称相关位移。相关位移的空间分布以某一点的位移来描述更为方便，为此，要先规定这一点来自的点阵，称之为名义点阵。根据 Bollmann 的选择[10]，取转变后的 β 点阵为名义点阵。于是，矢量 x_β 的相关位移为

$$\Delta x = x_\beta - A^{-1}x_\beta = Tx_\beta \tag{4.3b}$$

式中，$T = 1 - A^{-1}$，是位移矩阵，这是 O 点阵计算的关键矩阵。

以式(4.3b)描述的相关位移随矢量长度的增加而增加，而错配位移必须以局域择优态为参照，其实就是来自不同相的最近邻格点间的位移，如图 4.3 所示。x_β 点错配位移($\Delta x_{\beta m}$)是相对其最近邻 $x_{\alpha n}$ 而言的。于是错配位移可以通过下式计算

$$\Delta x_{\beta m} = x_\beta - x_{\alpha n} \tag{4.4}$$

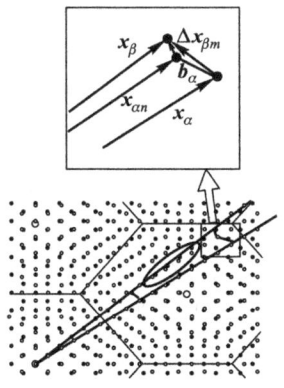

图 4.3 示意错配位移和相关位移之间的联系

其条件是 $|\Delta x_{\beta m}|$ 最短，即 $|\Delta x_{\beta m}| < |\Delta x_{\beta m} - b_{\alpha i}^{\mathrm{L}}|$，这里 $b_{\alpha i}^{\mathrm{L}}$ 是 α 点阵中的任意 Burgers 矢量，下标 i 用来注明某个特定矢量。对于任何 x_β，总可以从其相关的 x_α 出发，通过不同 Burgers 矢量组合（$\sum k_i b_{\alpha i}^{\mathrm{L}}$，其中 k_i 为整数）的平移，找到满足最邻近条件的 $x_{\alpha n}$：

$$x_{\alpha n} = x_\alpha + \sum k_i b_{\alpha i}^{\mathrm{L}} \tag{4.5}$$

将式(4.5)代入式(4.4)可得

$$\Delta x_{\beta m} = x_\beta - (x_\alpha + \sum k_i b_{\alpha i}^{\mathrm{L}}) = \Delta x - \sum k_i b_{\alpha i}^{\mathrm{L}} \tag{4.6}$$

于是零错配（$\Delta x_{\beta m} = 0$）的条件为

$$\Delta x = Tx_\beta = \sum k_i b_{\alpha i}^{\mathrm{L}} \tag{4.7}$$

所有满足以上条件的位置就构成 O 点阵中的 O 单元。O 点阵以 O 胞为单元平移，连接相邻 O 胞中 O 单元的矢量，称为主 O 点阵矢量，x_i^{O}，见图 4.1 中的例子。它可通过下式计算：

$$Tx_i^{\mathrm{O}} = b_i^{\mathrm{L}} \tag{4.8}$$

这就是 Bollmann 著名的 O 点阵计算公式[10]。式(4.8)没有下标，要记住式中将 x_i^{O} 看成是 β 点阵的矢量计算位移；而 b_i^{L} 是来自 α 点阵，Bollmann 称之为参照点阵（reference lattice）。不过 α 和 β 如果互换角色，O 点阵的结果不变。

连接近邻 O 单元的 x_i^{O} 都必须满足式(4.8)。当 T 是一个满秩矩阵时，x_i^{O} 可以用以下公式计算

$$x_i^{\mathrm{O}} = T^{-1} b_i^{\mathrm{L}} \tag{4.9}$$

对应三个不共面 b_i^{L}，可以通过式(4.9)求出三个不共面的 x_i^{O}。以它们作为平移矢量，便可在三维空间完整地建立一个由周期性 O 点构成的 O 点阵。

在 T 为降秩矩阵的情况下，对于给定 b_i^{L}，式(4.8)未必可解。该公式有解的条件是 b_i^{L} 必须包含在 T 矩阵规定的位移空间里。如果式(4.8)可解，x_i^{O} 的解并不是唯一，O 单元由所有解的集合所定义。对应 T 矩阵的秩分别为 2 和 1，O 单元分别为 O 线和 O 面。当 T 矩阵的秩为 2 时，位移空间垂直于倒易空间的不变线 n_{in}（相变前后不改变的倒易矢量），三维周期分布的 O 线要求 n_{in} 垂直于至少两个 b_i^{L}，这意味着两相中含两个 Burgers 矢量的密排面必须平行而且面间距严格相等。因此周期性 O 线的典型例子往往是来自转轴垂直于密排面的晶界[10]。在通常的相变系统中，当 T 矩阵的秩为 2 时，一般只有一个 b_i^{L} 垂直于 n_{in}，这可用于计算含一组 O 线的惯习面。作为没有错配的位置，O 线自然平行于不变线 x_{in}（invariant line）（满足 $x_{\mathrm{in}} = A x_{\mathrm{in}}$）。当 T 矩阵的秩为 1 时，x_i^{O} 有解的条件是所有相关位移的方向平行于一个 b_i^{L}，这个条件一般难以满足。不过即使没有周期性分布的 O 面，仍然可以得到一个过原点的 O 面，它自然平行于不变面（invariant plane），这足以描述一个不含位错的惯习面。

4.2 沉淀相变晶体学分析

分隔 O 单元的 O 胞壁是计算界面位错组态的基本几何。O 胞壁可以用下列倒易矢量表示[13]：

$$c^O_{\beta i} = T' b^*_{\alpha i} \quad (4.10\text{a})$$

式中，$b^*_{\alpha i}$ 为 α 点阵的倒易 Burgers 矢量[14]，定义为

$$b^*_{\alpha i} = b^L_{\alpha i} / |b^L_{\alpha i}|^2 \quad (4.10\text{b})$$

$c^O_{\beta i}$ 的方向表示了 O 胞壁法向，$1/|c^O_{\beta i}|$ 是这一组 O 胞壁的面间距。

界面位错的几何结构除了决定于错配场的 O 结构之外，还与界面取向有关。在一般界面上位错不一定是周期性分布，具体位错结构随界面位置改变，计算比较复杂，有需要的读者可以参照 Bollmann 原著[11]。这里主要介绍周期性位错的计算。如图 4.2 所示，沿 x^O_i 方向正好含一组位错，不过位错的方向不一定垂直于 x^O_i。位错的位置由 x^O_i 所截取的 O 胞壁（对应相同的 b^L_i）在界面上的截线所决定。如果已知一个含 x^O_i 的界面的法矢为单位矢量 n，根据 b^L_i 所对应的 c^O_i，可以得到描述位错方向的矢量 ξ_i[13]：

$$\xi_i = n \times c^O_i \quad (4.11)$$

位错间距 D 为[13]

$$D = 1/|\xi_i| \quad (4.12)$$

从上述结果可见，计算 O 点阵和位错的公式都十分简单。所有公式也适用于二次 O 点阵和二次位错的计算（见本节 3. 中的例子）。二次择优态界面应用的关键是正确挑选优态，这同时决定了两个基本输入量：Burgers 矢量和 A 矩阵。历史上，对用于计算 A 矩阵的相关关系是存在争议的，这曾经使 O 点阵理论受到质疑。Bollmann 早就提出了最近邻原则[10]，即在含原点的 O 胞内，择优态决定的相关矢量总是建立在最近邻的点之间（参照图 4.2 和图 4.3）。该原则只适用于一次择优态的界面。人们对很多一次择优态系统的相关关系往往是有共识的，如 fcc/bcc 系统通常采用著名的 Bain 关系（参照 4.3 节）。不过二次择优态系统的相关关系往往要根据经验或实验结果进行选择。具体分析可以参照本节 3. 中的例子或渗碳体/奥氏体界面的实例计算[15]。

一旦错配场的三个要素已经确定，所有相关点的位置都可以在一个公用坐标中描述。在原点附近任意挑选三对不共面的相关矢量（对于一次择优态，常用三对不共面的 Burgers 矢量），分别作为矩阵 X_α 和 X_β 的列向量（即 $X_\alpha = [x_{\alpha 1}, x_{\alpha 2}, x_{\alpha 3}]$，$X_\beta = [x_{\beta 1}, x_{\beta 2}, x_{\beta 3}]$）。根据 $X_\beta = A X_\alpha$，即可求出

$$A = X_\beta X_\alpha^{-1} \quad (4.13)$$

由于测试的位向关系存在一定误差，而特别在满足奇异界面的位向关系附近，惯习面和界面结构对位向关系的改变很敏感，因此研究者可以在输入的位向关系的误差范围内加以适当转动使 $A = R A_0$（这里 A_0 是根据输入位向关系计算的

相变矩阵),这可能有助于使界面结构的计算结果与测试数据吻合得更好。

综上所述,根据已知晶格常数、位向关系、择优态、界面取向,可以通过基于 O 点阵的公式计算出界面位错结构。一般必须将计算结果从公用坐标系变换到晶体坐标系下描述,从而与测试结果进行比较。坐标变换的基本公式将在 4.3.2 节介绍。关于 O 点阵计算实例及结果的坐标变换,可参考相关参考文献[16]。

2. 应用 O 点阵分析相变晶体学

前面已经介绍,择优界面可以利用奇异界面的结构特征来辨识。对于以位错为主要缺陷的界面,可以基于 O 点阵描述。为方便起见,先以位错缺陷的奇异性定义奇异方向(singular direction)。类似奇异界面的定义,奇异方向具有特定奇异结构,在附近任何偏离的方向[称为邻位方向(vicinal direction)]上会存在新添类型的位错。具有显著奇异位错结构的方向有两种:无位错方向(即不变线 x_{in});含一组位错的方向,即主 O 点阵矢量方向(即 x_i^O)。含两个奇异方向的面是奇异界面,一旦界面取向发生任何改变,都会使界面上引入新类型的位错。表 4.2 中按不同奇异方向组合列出可能的奇异界面,并且给出相应的 O 单元特征。

表 4.2 奇异界面结构及其 O 单元特征

O 单元	界面含奇异方向		界面含位错组数	
			奇异界面	邻位界面
O 点	x_1^O	x_2^O	2 组(或 3 组共面 $b_{\alpha i}^L$)	≥3 组(不共面 $b_{\alpha i}^L$)
O 线	x_{in}	x_i^O	1 组	≥2 组
O 面	x_{in1}	x_{in2}	0 组	≥1 组

表 4.2 中奇异界面在 O 点阵中的描述是:O 点的点阵中含两个主 O 点阵矢量的面,O 线点阵中含 O 线的面或含 O 面的面,所有这些 O 点阵中的特征面曾经被统称为主 O 点阵面[13, 17](这些定义同样用于二次择优态界面)。这些面具有分立法向,一旦偏离其特定取向,界面上的位错结构就会改变,这正符合奇异性结构条件。主 O 点阵面的法线虽然可通过其所含的两个奇异矢量求出,但它更方便由倒易矢量描述。一个重要原因是因为这个倒易矢量可以在电子衍射斑中直接测量。

根据式(4.9)中正空间的 O 点阵定义,O 点阵的倒易矢量 x_i^{*O} 可以表示为[11, 18]

$$x_i^{*O} = T' g_i \tag{4.14a}$$

式中,g_i 是 α 点阵的倒易矢量。若以行向量表示,并将 T 的表达式代入,式

(4.14a)可改写成

$$(x_i^{*0})' = g_i' - g_i'A^{-1} \tag{4.14b}$$

因为倒易空间的相关矢量由 $g_\beta' = g_\alpha'A^{-1}$ 表示，所以 x_i^{*0} 实际上是一对相关倒易矢量的位移，可以用习惯的形式表示如下[18]（如图4.4所示）：

$$\Delta g_I' = g_\alpha'T = g_\alpha' - g_\beta' \tag{4.15}$$

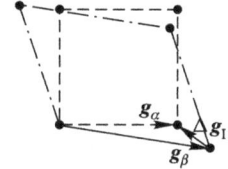

图4.4 倒易矢量 g_α 和 g_β 之间的位移 Δg_I

式中，下标 I 用来注明 Δg 必须联系一次择优态的相关倒易矢量。定义主 O 点阵面的倒易矢量又称为主 Δg_I 或 Δg_{P-I}。Δg_{P-I} 对应的 $g_{P-\alpha}$ 面上必须含有至少两个 b_i^L。因为 b_i^L 是最短平移矢量，因此满足上述条件的 $g_{P-\alpha}$ 面一般是最密排面或次密排面，这些 $g_{P-\alpha}$ 和相关 $g_{P-\beta}$ 很容易在电子衍射斑中辨认。

当 T 是满秩矩阵时，Δg_{P-I} 和 $g_{P-\alpha}$ 是一一对应的，因此，可以针对每一个 $g_{P-\alpha}$ 求出主 O 点阵面 Δg_{P-I}。从下面的公式可以验证[19]，当 $g_{P-\alpha}$ 面含 b_i^L 时，对应的 Δg_{P-I} 面必须含有与 b_i^L 相关的主 O 点阵矢量 x_i^0［式(4.8)］：

$$\Delta g_{P-I}' x_i^0 = g_{P-\alpha}'Tx_i^0 = g_{P-\alpha}'b_i^L = 0 \tag{4.16}$$

因此，当界面以 Δg_{P-I} 为法向时，界面上位错的 Burgers 矢量限制在 $g_{P-\alpha}$ 面上，位错组数正好等于 $g_{P-\alpha}$ 面上 b_i^L 的数目。主 O 点阵面的数量与含两个 Burgers 矢量的密排面的数量是一样的，一般不超过10个。

当 T 不是满秩矩阵时，位移公式(4.15)总是成立的。当 T 的秩是 2 时，式(4.16)可以开拓为下面的广义关系[17]：

$$\Delta g_{P-I}' v = g_{P-\alpha}'Tv = g_{P-\alpha}'d = 0 \tag{4.17}$$

也就是说，Δg_{P-I} 面上的任一点 v 的位移 d 一定在 g_α 面上，同时位移 d 必须含在以 n_{in} 为法线的面上。同理，在倒易空间，位移 Δg_{P-I} 必须含在以 x_{in} 为法线的面上。根据不变应变线的性质可以证明[20,21]，如果界面含 x_{in}，界面上的位移只在一个方向。如果该位移平行于 b_i^L，则该界面含以 b_i^L 为 Burgers 矢量的 O 线。此时，该 b_i^L 晶带轴上的所有 $g_{P-\alpha}$ 相关的 Δg_{P-I} 会互相平行（或反平行），并且上述含 O 线的界面垂直于这些平行的 Δg_{P-I}。当 T 的秩是 1 时，所有相关倒易矢量之间的位移只在一个（包含正或反的）方向，所有 Δg_{P-I} 将互相平行（或反平行），垂直于不变面。

总之，含 0 组、1 组、2 组、3 组周期分布位错的主 O 点阵面，均可以用 $\Delta \boldsymbol{g}_{P-I}$ 来表征。表 4.3 总结了不同情况下 O 单元形状及主 O 点阵面及其对应的 $\Delta \boldsymbol{g}_{P-Ii}$。可见所有主 O 点阵面都至少垂直于一个 $\Delta \boldsymbol{g}_{P-I}$。当界面垂直于一个 $\Delta \boldsymbol{g}_{P-I}$ 时，界面含 2 组或 3 组位错；当界面垂直于多个线性相关的 $\Delta \boldsymbol{g}_{P-I}$ 时，界面只含 1 组位错；当界面垂直于 3 个非线性相关的 $\Delta \boldsymbol{g}_{P-I}$ 时，界面不含位错。因此表 4.2 中的所有奇异界面都可以用 $\Delta \boldsymbol{g}_{P-I}$ 表征。反过来也正确，垂直于 $\Delta \boldsymbol{g}_{P-I}$ 的都是奇异界面。这个结论对于 T 的秩为 3 或 1 的情况显然是符合的。而对 T 的秩为 2 的情况要补充一种类型的界面。前面只考虑两种奇异位错结构的方向，按照奇异方向的定义，含 2 组位错的方向也可能是奇异方向，如果任何正、反向的偏离都会引入第三组位错。这存在两种情况：一种情况是该方向位于由 $\boldsymbol{x}_1^0$ 和 $\boldsymbol{x}_2^0$ 所决定的面上，因此它与 $\boldsymbol{x}_i^0$ 的组合不形成新的奇异界面；另一种情况是它与 $\boldsymbol{x}_{in}$ 组合，那么界面含 2 组平行的位错线，界面取向的任何偏离将引入第三组位错，符合奇异界面的条件。该奇异界面只垂直于一个 $\Delta \boldsymbol{g}_{P-I}$，它不属于上面定义的主 O 点阵面。

一般情况下，二次择优态的奇异界面也可以用 $\Delta \boldsymbol{g}_{P-II}$ 表示界面法向，上面 $\Delta \boldsymbol{g}_{P-II}$ 是代表二次主 O 点阵面的倒易矢量。不过二次主 O 点阵面与二次择优态（含高密度的 CSL 点或强制 CSL 点）所处的面不一定平行，自然选择的奇异界面往往使两个面尽可能偏离少。此时，一次择优态界面分析中隐含的位错 Burgers 矢量最小和奇异界面条件中位错组数最少的择优条件，都可能妥协于上述面偏离少的择优条件，因此，观察到的奇异界面可能垂直于其他 $\Delta \boldsymbol{g}_{II}$。二次择优态的奇异界面的建模，往往要根据实验结果的启示，本节 3. 中将简要介绍一个例子。关于对二次择优态的相关背景知识可以参见相关参考文献[11, 17]。

表 4.3 O 单元形状及主 O 点阵面在不同 T 的秩条件下的改变

T 的秩	O 单元	主 O 点阵面个数	主 O 点阵面法向	主 O 点阵面上位移	主 O 点阵面含位错组数
3	O 点	等于 $\boldsymbol{g}_{P-\alpha i}$ 的个数	$\perp \Delta \boldsymbol{g}_{P-Ii}$	$\perp \boldsymbol{g}_{P-\alpha i}$	2 组或 3 组
2	O 线	2 或 3 组，每面含一组 O 线	$\perp \Delta \boldsymbol{g}_{P-Ii} \& \Delta \boldsymbol{g}_{P-Ij}$ ($\Delta \boldsymbol{g}_{P-Ii} = \Delta \boldsymbol{g}_{P-Ij}$)	$// \boldsymbol{b}_\alpha^L$	1 组
2	O 线	一个经原点的面含一组 O 线	$\perp \Delta \boldsymbol{g}_{P-Ii} \& \Delta \boldsymbol{g}_{P-Ij}$ ($\Delta \boldsymbol{g}_{P-Ii} // \Delta \boldsymbol{g}_{P-Ij}$)	$// \boldsymbol{b}_\alpha^L$	1 组
1	O 面	1 组（所有位移 $// \boldsymbol{b}_\alpha^L$）	$\perp$ 所有 $\Delta \boldsymbol{g}_{P-Ii}$	0	0 组
1	O 面	一个经原点的 O 面	$\perp$ 所有 $\Delta \boldsymbol{g}_{P-Ii}$	0	0 组

4.2 沉淀相变晶体学分析

由倒易矢量 Δg_{P-I} 代表的面有一个特殊的性质，这些面是其相关的两组面形成干涉纹面，又称为 Moiré 面（有人译为水纹面），如图 4.5 所示。垂直于 Δg_{P-I} 奇异界面，作为含大量匹配好区的界面，自然位于相关面匹配最好的位置。当相关面不平行时，这些相关面会在界面上一一匹配。当界面垂直于多个 Δg_{P-I} 时，多组相关晶面都会在界面上一一匹配[参考图 4.8(b)]。这个 Moiré 面的性质有助于分析高分辨电子显微照片中奇异界面上的两侧晶面匹配的情况，并有助于分析材料变形中位错能否穿过特定奇异界面。利用相关晶面匹配的性质，还可以根据 Δg_{P-I} 的分布分析点阵错配的分布[22]。在合适条件下，在电子显微照片中可以直接观察到 Moiré 条纹，例如图 4.6 中 $Mg_{17}Al_{12}$ 与镁合金基体之间的 Moiré 条纹[23]。这个例子中两个侧刻面分别与一组条纹平行，直接验证了刻面与 Δg 的关系[即图 4.6 中 $g(\bar{1}100)_\alpha - g(03\bar{3})_\beta$ 和 $g(10\bar{1}0)_\alpha - g(4\bar{1}\bar{1})_\beta$，这里 α 代表母相，β 代表沉淀相]。从这个例子也可见，以 Δg 方法比以高指数表征这两个侧刻面，能够更直观地反映界面取向与界面结构之间的联系，该界面结构将在后面作进一步分析。

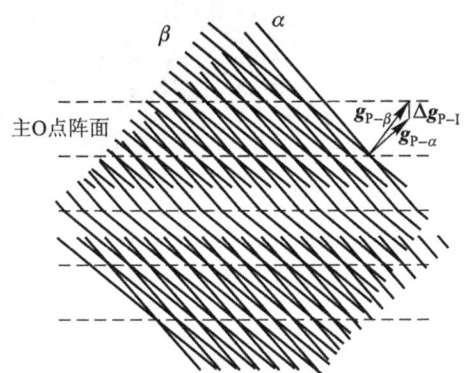

图 4.5 主 O 点阵面平行于其相关两个的面形成的 Moiré。两个相关面在主 O 点阵面上一一匹配

$1/|\Delta g|$ 的值是描述界面台阶结构的一个十分有用的参数。它反映了垂直于界面方向的错配周期，台阶两侧联系等价奇异界面。以 $1/|\Delta g|$ 为高度的台阶已被不少实验证实。图 4.6 左上角中放大显示了这样一个台阶。这些台阶往往携带位错，同时可能具有未松弛的长程应变场。当 Δg 真正代表三维点阵的一组面的倒易矢量时，其长度反映了面上阵点密度。当存在 O 点的点阵时，垂直于模较长 Δg_{P-I} 的界面含较低密度的 O 点和围绕 O 点的位错，如果以位错密度低为择优原则，择优界面会垂直于最长的 Δg_{P-I}[13]。

二次择优态的择优界面一般以含较高密度的重合点为择优原则，如果存在

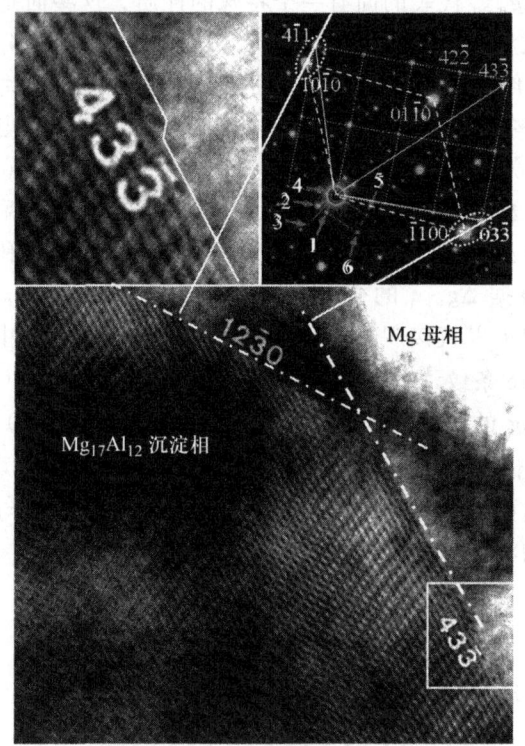

图 4.6　镁合金中 $Mg_{17}Al_{12}$ 沉淀相侧刻面平行于 Moiré 条纹，
界面台阶高度等于条纹间距

三维重位点阵，任何 Δg 都视为重位点阵的倒易矢量，垂直于模较短 Δg 的界面含较高密度的 CSL 点，所以可能被择优[24]。不过对存在二次错配的界面来说，衍射斑上往往只能直接测量代表二次主 O 点阵的倒易矢量 Δg_{P-II} 或其他 Δg_{II}，但不能直接测出代表面上重位点阵密度的 Δg。关于二次择优态界面的 Δg 分析，可以参照 $Mg_{17}Al_{12}$ 沉淀相侧刻面分析的实例。

3. 位向关系的 Δg 平行法则及其应用

如果偏离一次择优态的错配不大，根据奇异界面的定义，任何位向关系下都可以出现奇异界面，因此这些界面不具备相对于位向关系的奇异性。如果在相变过程中位向关系是可以自由选择的，特定位向关系可以使某些界面缺陷消失，导致界面结构相对于这些位向关系的奇异性。大多数相变系统中存在重复的位向关系，往往伴随着只在这些特殊位向关系下才能实现的界面奇异结构，说明实现奇异结构是这些位向关系的择优条件，因此可以通过辨认奇异结构来解释位向关系。

4.2 沉淀相变晶体学分析

在 O 点阵理论中只关注位错结构,而忽略了台阶。在全面考虑位向关系对界面缺陷的影响时必须包括界面台阶,显然无台阶缺陷本身也是一个奇异特征。实验表明,不少择优界面是存在台阶的。这是因为实现以位错缺陷所支配的奇异界面结构,经常要以增加台阶为代价。台阶缺陷是否存在于奇异界面,在很大程度上取决于具体系统中台阶引起的界面能升高与位错引起的界面能减少的较量,不过这方面的定量研究仍十分缺乏。一次择优态界面的台面一般以含两个(或两个以上)Burgers 矢量为条件,通常是最密排面或次密排面,或统称为低指数面。如果代表二次择优态结构的面不平行于某一相的低指数面,那么其择优态本身可能含相对于该相的台阶,不过该择优态内部的台阶不属于界面缺陷。当台阶是不同位置二次择优态结构的边界时,如果按照界面上择优态不连续处定义界面位错,这些台阶可以等价于二次位错。不过在使用二次 O 点阵计算位错时,台阶是否与二次位错位置相同,取决于三维重位点阵建模,关于这一点在本节的例子里会进一步讨论。

Zhang 和 Weatherly 曾经总结出 12 种常见奇异界面结构[17](注意,本章中界面奇异性概念与以前介绍的有所不同)。考虑到作为二次择优态间断处的台阶和二次位错的等价实质,可以将 12 种合并为 10 种,如图 4.7 所示。在图 4.7 中每种结构上标出针对位错缺陷提出的两种奇异方向及无台阶特征(Lf 表示 ledge free)。在图 4.7 中位错以实线表示,台阶以虚线表示,一次择优态的背底为白色,二次择优态的背底为灰色,表示某种重位共格结构,奇异矢量用上标 II 区别。

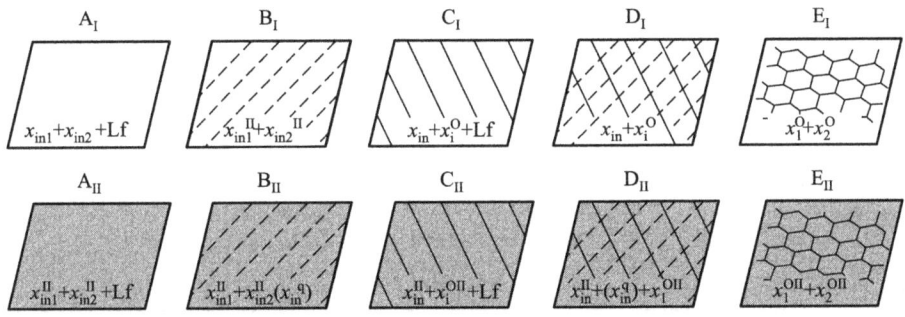

图 4.7 奇异界面结构的示意图:一次择优态和二次择优态分别用白色背底和灰色背底来表示;虚线代表台阶,实线代表位错

图 4.7 中的奇异结构都满足位错奇异特征,因此所有界面都平行于主 O 的点阵面。此外它们还满足其他要求,这只能在特殊位向关系下才出现。根据界面奇异结构及主 O 点阵面的倒易矢量描述,可以用下列 Δg 平行法则来标识能够满足奇异结构的位向关系[17,25]。初学者不需要通过 O 点阵计算,便可以根

据这些易于测量的法则大致解释新相的形貌和位向关系的实验结果。

法则 I：$\Delta g_{P-I} /\!/ g_{P-\alpha}$ 或 $g_{P-\beta}$ 或 $\Delta g_{P-II} /\!/ g_\alpha /\!/ g_\beta$

法则 II：$\Delta g_{P-Ii} /\!/ \Delta g_{P-Ij}$

法则 III：$\Delta g_{P-IIi} /\!/ \Delta g_{P-IIj}$ 或 $\Delta g_{CSL-r} /\!/ \Delta g_{P-II}$

满足法则 I 的界面含二组或三组位错，如果界面是一次择优态的，界面一般平行于至少一侧的低指数 $g_{P-\alpha}$ 或 $g_{P-\beta}$ 面，如果界面平行于一对低指数面，它们必须是对应主 O 点阵面的相关面。如果界面是二次择优态的，界面一般平行于定义择优态的高密度重位点面的一对有理面。满足法则 II 的界面是一次择优态的，界面只含一组位错，从表 4.3 可知，含 O 线必须垂直于一组 Δg_{P-Ii}。满足法则 III 的界面是二次择优态的，当界面垂直于平行的 Δg_{P-IIi} 和 Δg_{P-IIj} 时，界面上至少在一个方向无二次位错；当界面垂直于平行的 Δg_{CSL-r} 和 Δg_{P-IIj} 时，界面结构具有台阶和位错一体的特征。这里下标 r 表示 Δg_{CSL-r} 是从强制状态下代表择优态的高密度重位点面 Δg_{r-CSL} 回复（recover）原有长度的 Δg [比较图 4.9(b) 和图 4.10(d)]。多次服从相同或不同法则，意味着该法则相应形式缺陷在该界面上进一步消失。例如，法则 II 在不同的晶带轴成立，相当于一个界面两次满足法则 II，那么界面上就没有位错。根据 Δg_{P-Ii} 之间的线性组合，可以证明这种情况下所有 Δg_{P-Ii} 都互相平行，正如表 4.3 所总结的，这些平行的 Δg_{P-Ii} 垂直于不变面。表 4.4 罗列了图 4.7 中奇异界面与 Δg 平行法则的关系，表中每个"✓"表示该界面满足行所对应的 Δg 平行法则（这里相对早期发表的关系[17]有所修正）。

表 4.4 择优界面与平行法则的关系

法则		A_I	A_{II}	B_I	B_{II}	C_I	C_{II}	D_I	D_{II}	$E_I \& E_{II}$
I	$\Delta g_{P-I} /\!/ g_{P-\alpha}$ 或 $g_{P-\beta}$；$\Delta g_{P-II} /\!/ g_\alpha /\!/ g_\beta$	✓	✓			✓	✓			✓
II	$\Delta g_{P-Ii} /\!/ \Delta g_{P-Ij}$	✓✓		✓✓		✓		✓		
III	$\Delta g_{P-IIi} /\!/ \Delta g_{P-Ij}$ 或 g_{r-CSL}			✓✓		✓✓		✓		✓

任何两相系统都可以满足法则 I。能否满足法则 II 或法则 III 要根据具体错配场的主应变特征，这只取决于晶格常数和相关关系。按照 Christian[18] 提出的判据，存在不变线的要求是：三个主应变中有一个 $\lambda_i - 1 = 0$，或有两个 $\lambda_i - 1$ 值的符号相反，即 λ_i 中必须有分别 >1 和 <1 的值。在此条件下，可以通过对任何初始转变 A_0 叠加转动使最终位向关系转变满足不变线存在条件。存在不变面应变判据的要求为：纯变形矩阵的两个 $\lambda_i - 1 = 0$，或一个 $\lambda_i - 1 = 0$，同

时有另外两个 $\lambda_i - 1$ 值的符号相反。上述判据计算很简单,也很方便应用。

一个 Δg 平行法则完全约束了界面取向,但是只部分约束了位向关系。这是因为一个 Δg 平行法则等价于一对矢量平行,这只约束了位向关系三个自由度中的两个。也就是说,服从一个 Δg 平行法则的界面完全具有相对于界面取向的奇异性,但是相对于位向关系的奇异性是不完全的。两个法则实际上约束四个自由度,如果将晶格常数拓展为变量才使这成为可能。因此只有当晶格常数具有十分特殊关系时,一个界面才可能同时服从两个以上法则,此时界面相对于位向关系任何变化都具有奇异性。如果某系统的晶格常数符合或近似符合特殊关系,位向关系会自然趋于服从多个法则,因为这意味着更多缺陷消失带来的界面能降低。众所周知,无台阶无位错的全共格界面的界面能很低,而这种奇异界面只能在特殊系统出现。

一般情况下一个择优界面只能服从一个法则。可是一个法则不足以确定位向关系,而位向关系能够重复出现,这说明存在进一步约束位向关系的其他条件。根据实验结果提示,一个常见约束是界面上有一对低指数(或有理)方向平行,对于一次择优态界面该方向往往是一对平行 Burgers 矢量,在二次择优态的奇异界面上该方向上含较高密度近重位点。不论是服从法则 I 还是法则 III,二次择优态界面往往受该条件约束,因此可以唯一确定位向关系。这也说明服从法则 III 的奇异界面的界面能对台阶结构十分敏感。如果用结构奇异性描述,可以将含较高密度近重位点的台阶棱线方向看成一个奇异方向,一旦台阶棱线偏离该方向,台阶上会存在弯折,即台阶上的缺陷。在不少服从法则 II 的系统中,界面上的台阶棱线平行于 Burgers 矢量,但也存在其他系统不受该条件约束的情况,这些其他系统的常见约束是惯习面上位错密度最低。由一个沉淀相的两个界面分别服从一个法则的位向关系也能完全约束位向关系,此时两个法则是相互约束的。例如图 4.6 中 $Mg_{17}Al_{12}$ 沉淀相的惯习面服从法则 I,而主侧刻面服从法则 III[见图 4.9(d)]。有时需要在特殊的晶格常数条件下,才可能实现多个界面皆服从法则。

前面 O 点阵分析中完全不考虑长程应变场,但是实际系统中长程应变场的存在是可能的。因此,在界面几何条件不严格满足多个法则的情况下,可能通过界面附近的晶体弹性应变去实现较少缺陷的奇异结构。如果给定晶格常数和位向关系可以近似满足多个法则,并且新相颗粒很小(不显著大于 O 胞),以保证应变能不太大,界面上很可能出现由多个法则对应的奇异结构。典型的例子是带有少量错配的完全共格或完全重位共格的界面。当然实际系统相对于多法则要求的几何不能偏离太大,因此界面能的降低足以抵消应变能的提高。这条件可能在新相体积小的时候满足,不过如果界面位错产生的能垒高,后期界面结构未必达到错配被界面位错完全抵消的要求。

当在实验中观察到择优界面时，可以根据界面取向判别所应用的法则。平行于某一相的低指数晶面的界面往往服从法则 I，多数情况下，它平行于一对有理晶面。相应的界面结构可以直接通过两个晶面叠加，根据所形成的二维 O 点阵对界面上的结构和位错的组态进行二维建模分析，例如图 4.2(N-W 位向关系)就可以看成是一个服从法则 I 的界面，界面上的位错组态可以直接通过构建的二维 O 点阵计算，但是，尤其对于含三组位错的界面，界面松弛后的位错组态很可能不同于基于刚性模型的 O 点阵给出的结果。因为 Δg 平行法则 I 比较简单，下面不作进一步分析。具有无理取向的择优界面往往服从法则 II 或法则 III，当测出大致平行的 Δg 时，两相的精确位向关系、界面的法向、界面上的位错结构都可以根据 O 点阵理论进一步计算。下面以两个例子分别说明 Δg 平行法则 II 和法则 III 的应用及相关界面结构的分析。

(1) 法则 II 的应用例子

图 4.8(a)是 Ni – 0.45% Cr 合金中从 fcc 母相析出的 bcc 沉淀相的透射电镜照片[26]，电子束方向为 $[\bar{1}01]_f//[\bar{1}\bar{1}1]_b$。该沉淀相呈片状，但是惯习面并不平行于这个晶带轴内的任何密排面。从复合在图 4.8(a)中的电子衍射斑(无磁转角)可见：该惯习面大致垂直于两对 Δg_{P-I}：$\Delta g_{P-I1} = g(111)_f - g(011)_b$，$\Delta g_{P-I2} = g(0\bar{2}0)_f - g(1\bar{1}0)_b$，通过线性相关的关系可以导出，$\Delta g_{P-I3}[= g(1\bar{1}1)_f - g(101)_b]$ 也垂直于惯习面。不过由于这一对密排面几乎平行，间距又接近，相关的两个衍射斑点难以分开，因此这个系统的位向关系曾经报道为严格的 K-S 关系：$[\bar{1}01]_f//[\bar{1}\bar{1}1]_b$，$(1\bar{1}1)_f//(101)_b$[27]。根据 Δg 与 Moiré 面的关系可知与各平行 Δg_{P-I} 相关的晶面会在界面一一匹配，如图 4.8(b)所示。按照 Christian[18] 所给的不变面应变的特征值判据，该 fcc/bcc 体系在任何位向关系下都不可能出现不变面应变，所以真实界面结构不可能完全共格，可称为伪共格。这种伪共格现象可通过高分辨电镜观察到，如图 4.8(c)所示[28]。因为与平行 Δg_{P-I} 相关的 g 只来自一个晶带轴，说明界面平行于含 O 线的主 O 点阵面。这个晶带轴即 $[10\bar{1}]_f/2$ 或 $[1\bar{1}\bar{1}]_b/2$，就是 O 线对应的 Burgers 矢量。

满足 O 线判据的位向关系主要根据 $|T|=0$ 条件计算。在 Burgers 矢量平行条件下，所有相关相变晶体学特征可以直接利用公式计算[29,30]。对于 fcc/bcc 系统，对应两种 Burgers 矢量平行关系的位向关系[以 $(1\bar{1}1)_f$ 与 $(101)_b$ 之间的夹角 ϕ 表示]、惯习面取向及面上的位错结构结果均可以作为晶格常数比($\lambda = a_f/a_b$)函数表达，见表 4.5。注意表中标识 K-S 位向关系的具体指数与测试结果不同，表中近平行的晶面标定为 $(111)_f$ 和 $(011)_b$。这属于晶体学上等价的不同位向关系变体，关于变体的知识参照 4.3.2 节。

4.2 沉淀相变晶体学分析

表4.5 在Burgers矢量平行的条件下满足O线条件的晶体学特征解析表达结果[30]

$\boldsymbol{b}_f^L // \boldsymbol{b}_b^L$	$[\bar{1}01]_f/2 // [\bar{1}1\bar{1}]_b/2$	$[\bar{1}10]_f/2 // [100]_b/2$
ϕ	$\arccos\dfrac{(2\sqrt{6}-3)(5\sqrt{6}\lambda^2+20+(8-3\sqrt{6})\sqrt{(3\lambda^2-4)(2-\lambda^2)})}{60\lambda}$	$\arccos\dfrac{\lambda^2+\sqrt{2}+(3-2\sqrt{2})\sqrt{(\lambda^2-1)(2-\lambda^2)}}{\sqrt{6}\lambda}$
惯习面法向	$\left(1 \quad \sqrt{\dfrac{6(2-\lambda^2)}{3\lambda^2-4}} \quad 1\right)_f$	$\left(1 \quad 1 \quad \sqrt{\dfrac{2(\lambda^2-1)}{2-\lambda^2}}\right)_f$
不变线方向	$\left[-\dfrac{3\lambda-\sqrt{6}}{2\sqrt{6}-3\lambda} \quad \dfrac{2\lambda-\sqrt{6}}{2\sqrt{6}-3\lambda}\sqrt{\dfrac{3(3\lambda^2-4)}{2(2-\lambda^2)}} \quad 1\right]_f$	$\left[1 \quad 1 \quad -\sqrt{\dfrac{2(2-\lambda^2)}{\lambda^2-1}}\right]_f$
位错间距	$\dfrac{a_f}{2\sqrt{6}/3-\lambda}$	$\dfrac{a_f}{\sqrt{2}-\lambda}$

将图 4.8(a)中 Ni-0.45% Cr(质量分数)合金的 $\lambda = 1.255$ 代入表 4.5 中对应 $[\bar{1}\,0\,1]_f/2 \,/\!/\, [\bar{1}\,\bar{1}\,1]_b/2$ 的计算公式,得密排面间夹角 $\phi = 0.44°$,经合适的变体变换,可以得出惯习面法向为 $(1\;-1.875\;1)_f$(与 $[1\,\bar{2}\,1]_f$ 偏差约为 $1.8°$),不变线方向为 $[-1.160\;0.085\;1]_f$(与 $[\bar{1}\,0\,1]_f$ 偏差约为 $5.3°$),位错间距为 0.97 nm($a_f = 0.365\,8$ am)。实验结果为:$\phi = 0°$;惯习面法向为 $(1\,\bar{2}\,1)_f$,不变线方向与 $[\bar{1}\,0\,1]_f$ 偏差约为 $5°^{[27]}$。在误差范围内计算结果与测试数据基本吻合。图 4.8(d)是惯习面上原子匹配状态的示意图[31]。界面上匹配好区与差区的带交替分布,好区与差区的中心分别对应面上的 O 线和位错线。虽然沿 Burgers 矢量的错配不大,但是位错间隔才几个原子间距,位错间距太小可能是界面上未观察到位错的原因。

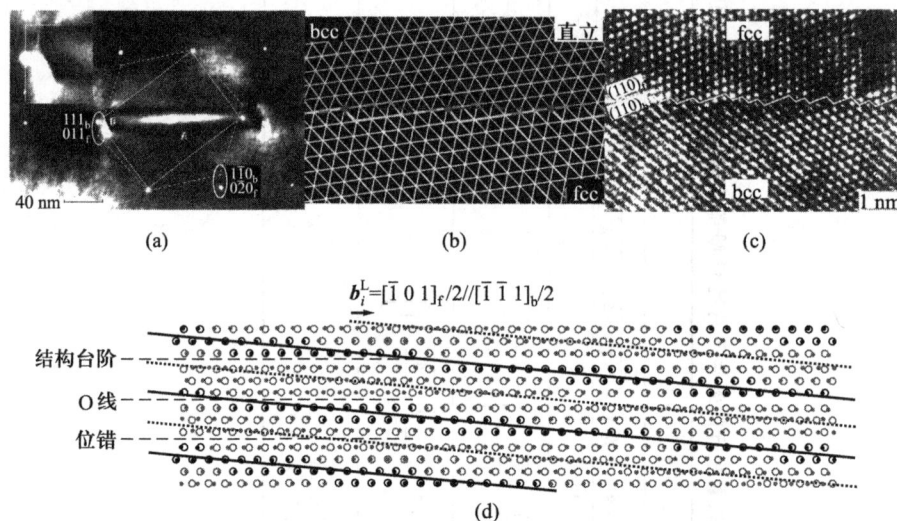

图 4.8 (a) Ni-0.45% Cr 合金中析出的板条状富 Cr 相的 TEM 照片[25],图上的白点为衍射斑。析出相的惯习面垂直于多组 Δg_{P-1};(b) 这些 Δg_{P-1} 相关的面在界面上一一匹配的示意图;(c) 界面两侧匹配的高分辨图像[27];(d) 界面匹配状态[30],图中空心点为 fcc 阵点,实心点表示 bcc 阵点,红色区域为近重位点(近重位点定义见 4.2.2 节)。

当服从法则 II 的位向关系不满足 Burgers 矢量平行的条件时,平行的 Δg_{P-1i} 和 Δg_{P-1j} 要在不同电子束方向测定[16]。位向关系和惯习面等要根据约束条件通过三维 O 线模型计算。主要计算步骤是求解 $|\boldsymbol{T}| = 0$,这可以通过数值方法或应用公式计算,然后根据施加的约束缩小解的范围[21,30,32]。由于篇幅限制,这里不作具体介绍。

4.2 沉淀相变晶体学分析

（2）法则Ⅲ的应用例子

在图 4.6 $Mg_{17}Al_{12}$ 沉淀相（β 相）的电子显微镜照片中[23]，较大的侧刻面（主侧刻面）除了垂直于 $(\bar{1}100)_\alpha - (03\bar{3})_\beta$，还垂直于多个平行的 Δg，即服从法则Ⅲ，不过许多平行的 Δg 不能在测量的衍射斑中观察到。图 4.9(a) 是在名义有理位向关系（即 Burgers 位向关系：$[0\bar{1}\bar{1}]_\beta // [000\bar{1}]_\alpha$、$[1\bar{1}\bar{1}]_\beta // [2\bar{1}\bar{1}0]_\alpha$、$[2\bar{1}\bar{1}]_\beta // [01\bar{1}0]_\alpha$）下的沿 $[0\bar{1}\bar{1}]_\beta // [000\bar{1}]_\alpha$ 电子束方向的扩大范围的衍射斑示意图[33]。由于沉淀相（β 相）与母相（α 相）的点阵常数相差很大，分析这个系统界面的第一步是要建立二次择优态模型。根据近邻法则在衍射斑中可推测倒易空间的强制重位点阵（CCSL），即将图 4.9(a) 中虚线包围的近邻点定为强制重位点，所得的强制重位点阵如图 4.9(b) 所示[33]。对应这个倒易空间的重位点阵，在 $(0\bar{1}\bar{1})_\beta // (000\bar{1})_\alpha$ 面上正空间重位点阵面如图 4.9(c) 所示，并且该重位点的分布可以代表在这个方向投影的分布[33]。在图 4.9(c) 中的格子称为 DSC 点阵，其基矢由位移矢量构成。按 Bollmann[11] 的原始定义，DSC 点阵是完整图形平移点阵（Complete Pattern Shift Lattice）。为简单起见，直接使用 DSC 点阵。该点阵的一个意义是只有经 DSC 点阵矢量平移才可能保留 CSL 图形。因此要获得位错两侧的等价二次择优态结构，二次位错的 Burgers 矢量必须来自 DSC 点阵[11]。在图 4.9(b) 中 α 和 β 倒易点之间可以建立许多相等（大小相等、方向平行）的 Δg，这些 Δg 作为倒易空间的 DSC 点阵矢量是正空间 CSL 的倒易矢量，因此最小 Δg 代表正空间的最密排面。从图 4.9(c) 可见，沿 $[1\bar{1}\bar{1}]_\beta // [2\bar{1}\bar{1}0]_\alpha$ 方向重位点最密，也就是含 $[0\bar{1}\bar{1}]_\beta // [000\bar{1}]_\alpha$ 的面中 $(2\bar{1}\bar{1})_\beta // (01\bar{1}0)_\alpha$ 面上重位点最密。可以验证，它正好垂直于图 4.9(b) 中最小的 Δg_{CSL}，即 $(2\bar{1}\bar{1})_\beta/4$ 或 $(01\bar{1}0)_\alpha/6$。这个重位点最密的面便是代表 β 相两个主侧刻面二次择优态的参考结构。

既然 $(2\bar{1}\bar{1})_\beta // (01\bar{1}0)_\alpha$ 面上强制重位点最密，那么为什么观察到的界面不平行于它们？这是因为择优界面的选择还与二次错配的分布密切相关。图 4.10(a) 显示了在 Burgers 位向关系下采用实际晶格常数画的 $(0\bar{1}\bar{1})_\beta // (000\bar{1})_\alpha$ 面上点阵匹配/错配情况。图中匹配较好的位置由虚线圈示意，图中的直线可以看成含 $[0\bar{1}\bar{1}]_\beta // [000\bar{1}]_\alpha$ 方向的直立（edge-on）界面的迹线。可见平行于 $(2\bar{1}\bar{1})_\beta // (01\bar{1}0)_\alpha$ 的界面上好区的位置较稀，而如果界面沿不同层的好区通过台阶扩展，界面上的好区密度会明显增加。实际观察到的两个侧刻面正是由台阶联系的好区构成，由此推测好区比例的增加会使界面能降低。然而，从图 4.10(a) 可见，两侧晶格中台阶的高度不同。因此，如果按照严格的 Burgers 位向关系，台面要通过弹性应变实现台面好区的匹配。此时两个侧刻面上的应变会造成扭矩，当扭矩平衡时，台面可维持平行。从台阶附近的结构

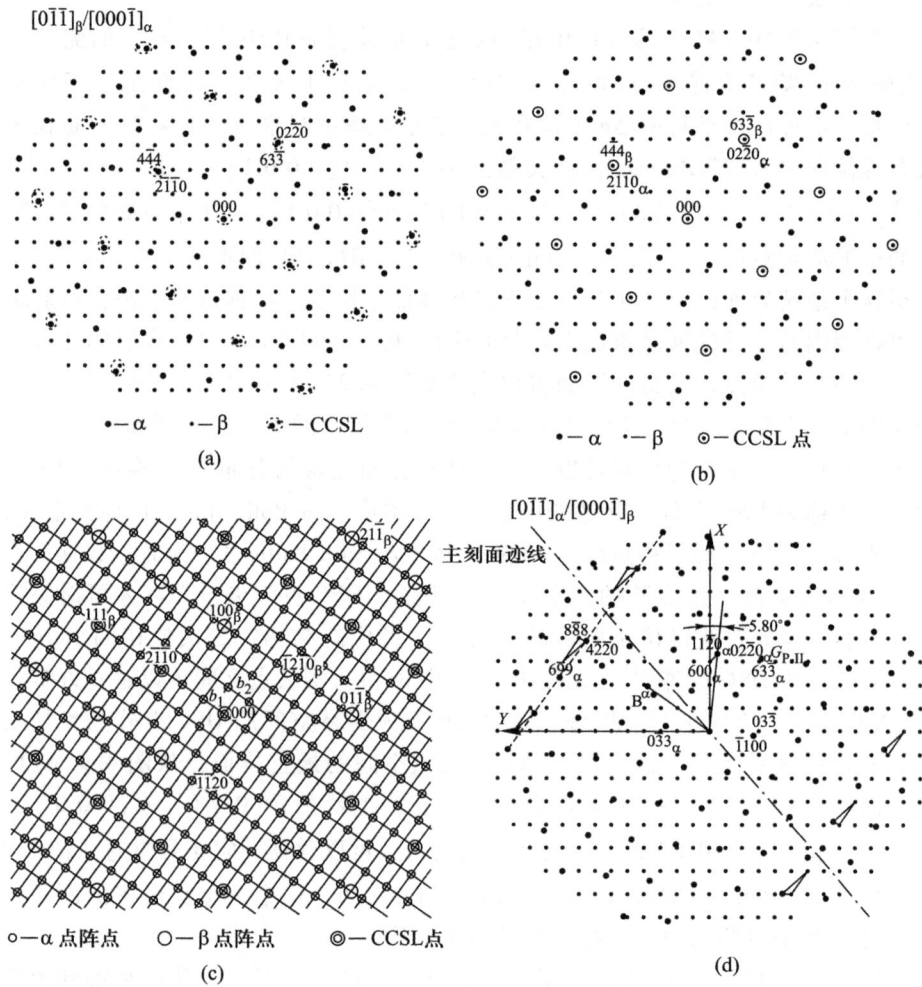

图4.9 (a) 严格 Burgers 位向关系下沿$[0\bar{1}\bar{1}]_\beta // [0 0 0\bar{1}]_\alpha$带轴的模拟衍射斑；(b) 强制重位后的衍射斑；(c) 强制重位后正空间中的点阵；(d) 满足 Δg 平行的位向关系的衍射斑[33]

看，朝左上方或右下方的台阶矢量（虚线表示含台阶的界面）可由接近平行的$[1 1 \bar{2} 0]_\alpha$和$[1 0 0]_\beta$表示，结构比另一个方向简单，因此该取向台阶伴随的界面能可能较低（符合实验观察结果，见图4.6），故界面面积较大。当侧刻面面积不同造成所携带的扭矩不平衡时，过剩扭矩会驱使转动，其最终结果使择优侧刻面上的台面——匹配，即该刻面垂直于$g(0 2 \bar{2} 0)_\alpha - (6 3 \bar{3})_\beta$（参照图4.5 Moiré 面的性质）。

4.2 沉淀相变晶体学分析

为了确保连接相邻台面上总存在好区，应该使台面中心连线平行于二次不变线或一个对应零二次错配的二次主 O 点阵矢量。本例子属于后者，也就是台阶与位错芯一一对应。这要求界面几何必须服从法则Ⅲ，并且存在一系列由 $\Delta g_{/\!/}$（平行的 Δg 之一，代表台面的 g）和非平行 $\Delta g_{Ⅱ}$ 构成的特征三角形[17]。法则Ⅱ所要求位向关系的方法同样适用于法则Ⅲ。根据定义，凡是联系原强制重合点的 Δg 为 $\Delta g_{Ⅱ}$，但是平行 Δg 未必是 $\Delta g_{Ⅱ}$。但是可以将与平行 Δg 相连的 g 设为相关矢量，求出在 $|T|=0$ 条件下的位向关系，并可以计算相应不变线[当 $\Delta g_{p-Ⅱ}$ 平行时，称为二次不变线，其他情况则称存在准不变线（quasi-invariant line）[34]]。图 4.9(d) 是满足法则Ⅲ的位向关系下 $[0\bar{1}\bar{1}]_\beta /\!/ [000\bar{1}]_\alpha$ 晶带轴的倒易点分布，它与 Burgers 位向关系的偏差约为 $0.5°$。图中标出了一系列特征三角形[17]。根据这个关系，可以从衍射斑上直接估计出二次位错与台阶重位的结构。从图 4.9(d) 可见，互相平行的 Δg 中只包括一个 $\Delta g_{p-Ⅱ} = g(02\bar{2}0)_\alpha - g(6\bar{3}\bar{3})_\beta$，此外有 $\Delta g_{CSL-r1} = g(\bar{1}100)_\alpha - g(03\bar{3})_\beta$ 或 $\Delta g_{CSL-r2} = g(11\bar{2}0)_\alpha - g(600)_\beta$ 等。此界面上准不变线的方向平行于连接好区中心的二次主 O 点阵矢量。二次主 O 点阵的计算方法与一次主 O 点阵类似，但是要根据二次择优态选择由错配相关的矢量和计算 A，同时根据 DSC 点阵和所关心的界面选择合适的 Burgers 矢量。上述例子的计算结果表明[33]，每个台阶同时是一个 Burgers 矢量为 $[1\bar{1}1]_\beta/12$ 的二次位错，这些位错正好抵消了台面的错配，如图 4.10(b) 所示。

以上分析表明，图 4.6 中垂直于 $g(\bar{1}100)_\alpha - g(03\bar{3})_\beta$ 侧刻面服从 Δg 平行法则Ⅲ，而图中另一个侧刻面只垂直于一个 $\Delta g [g(10\bar{1}0)_\alpha - g(411)_\beta]$。虽然它不满足相对于位向关系的奇异性，但是如图 4.10(a) 所示，该界面同样含有较高密度的好区。改变界面的取向，界面结构会丧失这些好区，因此该界面结构也具有相对于界面取向的奇异性。不过台面法向的残留错配可能造成该界面附近的长程应变场。如果两相台阶高度一致，则两个侧刻面都可以服从 Δg 平行法则Ⅲ。当然，这要求特殊的晶格常数比，使 $g(02\bar{2}0)_\alpha = g(6\bar{3}\bar{3})_\beta$。

一般来说，在一次择优态的系统中，即使位向关系不同，其择优态对应的相关关系是唯一的（例 fcc/bcc 系统的 Bain 关系）。然而，在二次择优态的系统中，可能存在多种二次择优态（分别对应不同局域能谷，特别是不存在显著低谷点时）。受不同择优态的支配，沉淀相会形成不同的形貌以及位向关系，因此需要针对不同形貌及其位向关系的沉淀相构造合适的强制重位点阵。这里要特别强调，正确的界面结构描述依赖于构造出能够真正代表二次择优态（二维）的重位点阵面上的结构，该结构构造通常要依照实验结果的引导（例如图 4.9 是根据图 4.6 制作的）。三维 CCSL/CDSC 点阵的构建可能因人而异，不过

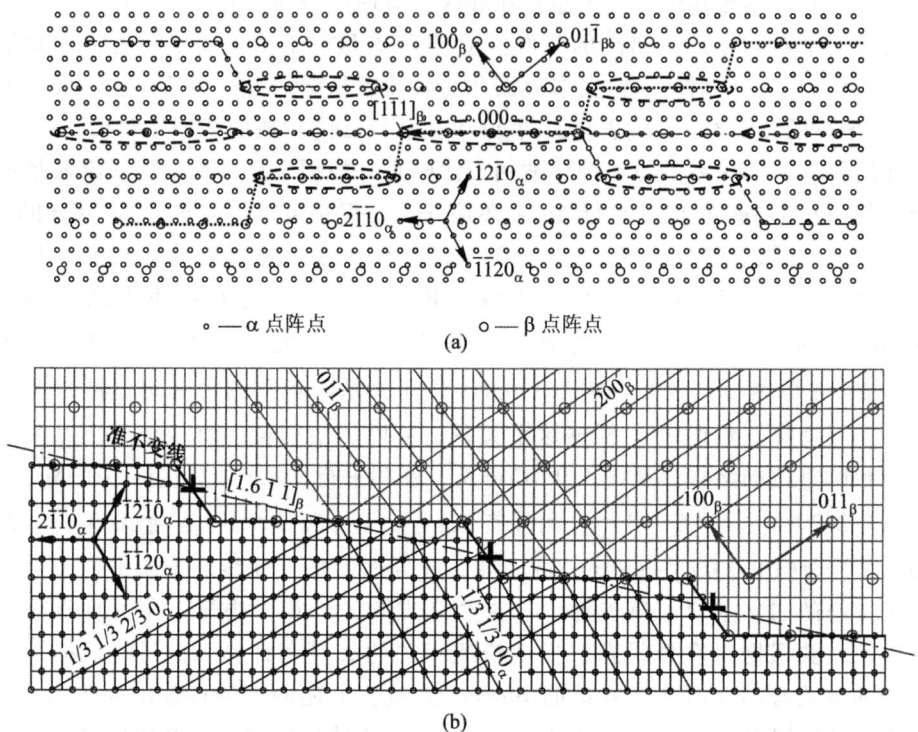

图4.10 （a）Burgers 位向关系下，面$(000\bar{1})_\alpha // (0\bar{1}1)_\beta$ 上的匹配，部分匹配好区由虚线标出；（b）满足 Δg 平行时的界面匹配，每个台阶和二次位错重合。规则网络分别为两相的 DSC 格子[33]

这可能不影响最终结果。例如，上述例子中 CCSL 也可以按另一种方法强制，使准不变线解释成为二次不变线。但在同一组 Δg 满足法则Ⅲ的条件下，位向关系、界面法向、台阶缺陷（不论是否与计算的二次位错重合）组态都不随垂直于台面方向的 CCSL 而改变，同时台阶伴随的位移也不因名称而改变。因此，表4.4 中法则Ⅲ的两种平行 Δg 的表述可以没有本质区别。

上述两个服从 Δg 平行法则的实例表明，用 Δg 来表征和解释位向关系和择优界面十分方便于建立界面几何和界面结构的内在关系。许多实验结果证明，观察到的位向关系一般都满足一个或多个 Δg 平行法则，从而使垂直于平行矢量的界面含有某种奇异结构。然而，一个相变会服从什么法则，由什么附加条件进一步约束位向关系，往往不是几何模型能够预测的。当相变系统中有至少一相具有较大的表面能各向异性时（例陶瓷相），意味着该相表面上台阶缺陷的增加可能伴随着界面能的明显提高，那么择优界面往往首先服从法则

Ⅰ。相反，当台阶缺陷影响较小时，如果晶格常数允许出现不变线或准不变线，系统可能选择服从其他法则：当相变系统中点阵差异较小时，体系服从法则Ⅱ；当相变系统中点阵差异较大时，体系服从法则Ⅲ。

4.2.2 其他 fcc/bcc 体系沉淀相变晶体学模型

fcc/bcc 体系之间无理取向（或明显偏离密排面）的惯习面，可能是被最多学者研究过的界面。4.2.1 节中法则Ⅱ的应用例子也是来自 fcc/bcc 体系。上述介绍的方法强调界面的奇异结构，具体到 fcc/bcc 金属相之间的惯习面，该方法以界面含 x_in 和 x_i^0 奇异方向为特征，等价于含 O 线。最近 Gu 等[35]比较了在近 K-S 位向关系下含 O 线界面和严格 K-S 位向关系下平行于密排面界面的界面能，结果表明总是 O 线界面的能量更低。长期以来，人们曾经为了解释观察到的无理惯习面提出十余种模型。较早的模型要输入所测的位向关系，最近的模型可以在一定条件约束下计算位向关系。这些模型都进行界面错配分析，本质上是几何模型，但是不同模型所强调的界面择优结构或采用的参量不同。下面着重介绍几个影响较大的模型。由于不同模型的关注点和专业词汇之间的差异，模型间的联系并不显而易见。在下面介绍中，会将不同模型的条件放在 O 点阵模型框架中讨论。

1. 结构台阶模型

结构台阶（structural ledge）模型大概是研究 fcc/bcc 沉淀相变的开创性模型（最早用于解释 Cu-Cr 合金中富 Cr 沉淀相的惯习面），它是由 Aaronson 及合作者在 1972 年提出并后来不断完善的[36,37]，已经被不少教科书采纳。该模型以错配位移长度小于平均 Burgers 矢量长度的 15% 作为匹配好的判据（简称 15% 判据），起初假设两相中一对最密排面 $\{111\}_\text{f}$ // $\{110\}_\text{b}$ 严格平行，考查不同层上的错配分布，计算结果表明在同层面上好区约为 8%，如图 4.11(a) 所示（N-W 关系），这也可从图 4.3 的二维 O 点阵中看出。这些面在各自晶体中的堆垛方式规定了好区的空间位置，如果让界面顺着不同层好区延续，那么界面上好区的比例可增至约 25%，如图 4.11(b) 所示。该模型选择含高比例好区的界面作为惯习面，因为不同层好区之间存在台阶，即结构台阶，故该模型称为结构台阶模型，这个模型能够很直观并且合理地解释一些观察到的无理取向惯习面[36,37]。图 4.8(c) 所示的高分辨电镜照片中界面上的台阶可被理解为结构台阶[28]。

如果密排面层高度真正相同，该面法线方向定义了倒易空间的不变线，而好区延续的方向就是正空间的不变线，此时任意一个面上的 x_i^0 与不变线的组合都定义了含 O 线的惯习面，因为三组 O 线同时可解。在这个条件下，结构台阶模型完全等价于 O 线模型。由于密排面层高度差往往很小，台阶的差异在小区间构图的模型被忽略,因此可以说是结构台阶模型近似等价于 O 线模型。早期结构台阶模型单独讨论台阶高度之间的错配,认为该方向错配可能使另一组位错松弛,但未获得实验证实。后期结构台阶模型在 bcc/hcp 体系应用时[38],允许台面小角度转动以实现台面匹配,从而可以实现好区无限连续。结果惯习面只含一组位错,描述与 O 线界面结构等价。由于该模型要求位错的 Burgers 矢量必须在界面上,而一般 O 线没有这个限制,因此通过结构台阶模型构造的界面结构属于一种特殊的 O 线。

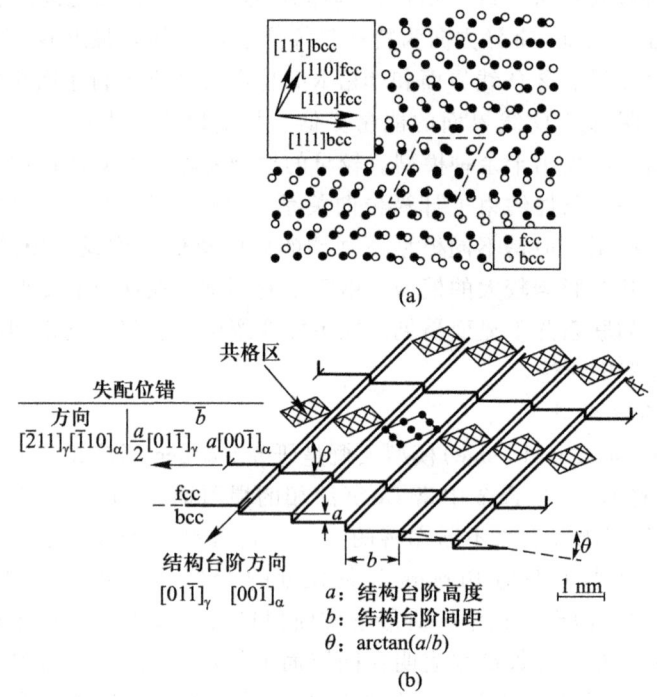

图 4.11 含有结构台阶的界面结构示意图:(a)$(111)_f/\!/(011)_b$ 面上晶格匹配情况,虚线所围区域为好区[36];(b) 引入结构台阶和失配位错后的界面晶格匹配情况[37]

注意,这个模型应用有两个误区。误区 1:既然无台阶的平界面上部分位错可以由结构台阶取代,那么可以再引入一组结构台阶继续取代剩余位错。澄清:除非系统本身存在不变面,任何取向的界面上都不可能存在无位错结构。误区 2:好区百分比大,界面的错配就小。澄清:好区百分比代表错配分布,而并不代表错配度,好区比例取决于界面错配的维数和界面的择优态[39]。在一次择优态系统,当界面必须含两组相交的位错时,好区比例总在 7% 左右

(约 $0.15^2\pi$)。典型例子是纯扭转小角度晶界，该界面上好区比例与晶粒的位向差无关。同理，如果界面只含一组位错，不论位错间距的大小，好区的面积比维持在约 30%（即 $2 \times 15\%$），这可以通过简单的几何证明[39,40]。

2. 近重合位置模型

近重合位置（Near Coincidence Site，NCS）模型由 Liang 和 Reynolds[41] 在 1998 年提出，是在结构台阶模型基础上的开拓。NCS 就是依 15% 判据计算匹配好点的位置。该模型类似于 O 点阵将两相点阵按照一定位向关系穿插后，在一定范围内计算出 NCS 的空间分布。模型根据 NCS 团簇的空间分布选择含大面积的 NCS 团簇的面为择优界面。例如，根据图 4.10(a) 中好区的位置，可以基本选择 $Mg_{17}Al_{12}$ 的两个侧刻面。因为 O 单元是零错配的数学点，当 O 胞尺寸足够大时，在 O 单元附近必然存在 NCS 团簇，如图 4.8(d) 中 NCS 带状团簇沿每一条 O 线分布。对于这个例子，根据 NCS 分布得到的惯习面与 O 线判据的结果是一致的。

Liang 和 Reynolds[41] 认为 NCS 模型特别适用于不存在点阵相关关系的相变系统，正因为缺乏错配场的描述，NCS 模型不能定量表征 NCS 团簇之间的位错缺陷。如果相邻 NCS 团簇之间位移未必是允许的 Burgers 矢量，那么由该相邻团簇决定的界面会不同于主 O 点阵面。在许多方面，NCS 模型可以与 O 点阵模型取长补短。首先，初学者很容易利用计算机获得 NCS 团簇及其空间分布，这不但有助于初学者理解观察到的择优界面，NCS 团簇内的近邻关系还可以指导建立错配场的相关关系，尤其是判别二次择优态。其次，当测试的位向关系近似奇异条件时，在原点附近的 NCS 分布会与奇异结构（如 O 线）近似，即使局部结构不能在大范围保留[22]，该结构对奇异界面建模和界面几何的精确计算也可提供启示。再有，在周期性 O 点阵无法定义的情况下，例如系统只存在一组 O 线的情况，可以根据 NCS 团簇的空间分布分析不含 O 线界面上的错配分布。该方法已成功用于解释 Ti-Cr 合金和不锈钢中沉淀相的侧刻面取向及其界面上的位错结构[40,42]。

3. 参量法

因为界面能随界面几何的变化难以通过方便的计算得到，人们曾经采用一些简易参量代表界面能以搜索低能界面。根据小角度晶界界面能的公式，Bollmann 和 Nissen[43] 在 1968 年提出以位错间距为函数的参数，其他研究者随后提出类似参量[44,45]。因为这些参量都基于近似计算，很少受到应用，这里不具体介绍。然而，有必要介绍 Bollmann 和 Nissen 的研究结果对后来模型的启示。首先，该结果表明择优界面往往含两个主 O 点阵矢量，这启发后来直接采用含两个主 O 点阵矢量及 Δg 表征择优界面，在 2.1 节已经介绍。其次，该结果发现择优界面往往在满足 $|T|=0$ 的位向关系的附近获得，这促使后来

Bonnet 和 Durand[46]直接用 $|\boldsymbol{T}|=0$ 的判据分析不同系统的相变晶体学。Dahmen 继承上述参数方法[47]，并进一步开拓为有广泛适用性的不变线判据（2.2.4 节）[48]。此外，$|\boldsymbol{T}|=0$ 的条件也是 $\Delta \boldsymbol{g}$ 平行法则Ⅱ和Ⅲ的计算基础。

  Knowles 和 Smith[45]在 Bilby 等[49]表面位错理论的基础上，以最小 Burgers 矢量含量（Burgers vector content）为判据。该方法巧妙建立了名义点阵（β）中单位球和所对应的位移椭球的关系。Zhang 和 Purdy[13]继承和发扬了该方法，建立了单位位移球及其所对应的椭球之间的关系，并开拓到倒易空间。当 $\boldsymbol{T}$ 不为满秩矩阵时，位移矢量不在三维空间，此时位移椭球成为位移椭圆（$\boldsymbol{T}$ 的秩为 2）或位移方向（$\boldsymbol{T}$ 的秩为 1）；等位移矢量定义的几何形状从椭球面变为椭圆柱面（$\boldsymbol{T}$ 的秩为 2）或平行于不变应变面的平面（$\boldsymbol{T}$ 的秩为 1）。通过对位移场 $\boldsymbol{T}$ 采取奇异值分解，可以获得正空间和倒易空间上述椭球、椭圆或特定方向的特征矢量。这种方法可以用于系统地分析不同位向关系，特别在 O 线条件下的位移场分布[50]。分析结果表明，对应 $\boldsymbol{T}$ 为任何秩的情况，Burgers 矢量含量最小面总是垂直于倒易空间最大位移的方向。如果允许任意 Burgers 矢量，这个面是含位错密度最小的界面，由于 Burgers 矢量方向是特定的，含位错密度最小的界面与最小 Burgers 矢量含量判据给出的未必一致。根据倒易矢量的性质，如果存在 O 点的点阵，位错密度最小的界面应该垂直于最大 $\Delta \boldsymbol{g}_{\text{p-I}}$，同样作为倒易空间的位移，最大 $\Delta \boldsymbol{g}_{\text{p-I}}$ 的方向是最接近倒易空间最大位移的方向。上述比较反映了最小 Burgers 矢量含量方法的连续性和 O 点阵方法的离散性造成的不同，也反映了倒易空间最大位移与界面最小错配关系的一致性。由于 Burgers 矢量含量法基于连续性位移模型，该方法仍然适用于新相早期共格状态下的错配分析，错配的各向异性会造成形状的各向异性，假设两相的弹性常数近似各向同性，等位移矢量定义的几何形状可以近似给出共格粒子的空间形状。

  位错密度为判据的分析法曾经解释一些观察结果，但仍然不能解释所有。例如近 N-W 位向关系下惯习面上位错的间距比近 K-S 位向关系下惯习面上的要明显大[26]，因此最小 Burgers 矢量含量方法可以用于解释 N-W 位向关系下的惯习面，也可以解释在 K-S 位向关系下针状沉淀相的长轴方向，却不能解释 K-S 位向关系下的惯习面[45]。一些系统中界面能的计算结果表明前者的界面能的确比后者更高[35,51]，验证了含较低密度位错界面的界面能反而高的现象。定性来看，当位错间距很小时［图 4.8(d)中位错间距约为 1 nm］，位错芯的能量占界面能的重要部分，如果不同界面上位错芯能量差异较大，位错间距相对大的界面未必界面能相对低。因此，界面能的比较不能单纯依照位错间距，这也意味了基于位错间距的参数法的局限。

4. 不变线判据及其拓展

(1) 二维不变线模型

Dahmen[48] 1982 年报道了采用 $|T|=0$ 判据对不同沉淀相的相变晶体学的系统研究,该判据称为不变线判据。他假设两相的一组密排面平行,计算满足面内不变线的位向关系。相应的相变矩阵 A 可以表示为二维矩阵,并可分解为下列形式:

$$A = RB = \begin{bmatrix} \cos\theta & \sin\theta \\ -\sin\theta & \cos\theta \end{bmatrix} \begin{bmatrix} a & \\ & b \end{bmatrix} \quad (4.18)$$

在纯变形矩阵 B 中,a 和 b 分别为相互垂直的两个主变形,在旋转矩阵 R 中,θ 是绕着密排面法线旋转的转角。根据 $|T|=0$ 可解出 $\cos\theta[\cos\theta=(1+ab)/(a+b)]$,满足不变线的位向关系由原始位向关系加上以转角为 θ 的转动所决定。对于 fcc/bcc 体系,在密排面 $\{111\}_f // \{110\}_b$ 上,$\theta=0°$ 对应 N-W 位向关系,$\theta=5.26°$ 对应 K-S 位向关系。对于 hcp/bcc 体系,在 $\{0001\}_h // \{110\}_b$ 上,$\theta=0°$ 时对应 P-S 关系,$\theta=5.26°$ 时对应 Burgers 位向关系。a 和 b 的值可以根据两相的晶格常数比在 $\theta=0°$ 条件下计算。对应不同晶格常数比(a_{fcc}/a_{bcc} 或 $\sqrt{2} a_{hcp}/a_{bcc}$),可以计算出 θ 值变化的曲线,如图 4.12 所示。大量实验结果验证不变线与析出相形貌的关系,但不变线并不都在密排面上,因此导致不变线模型在三维空间的发展。

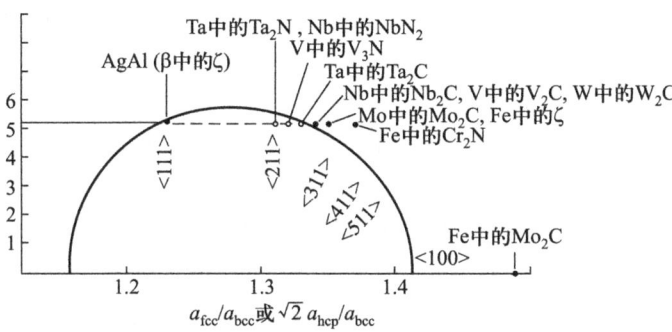

图 4.12　不同系统二维不变线的取向随晶格常数比的变化[48]

(2) 不变线判据的拓展

如果一个纯变形 B 满足 Christian 提出的不变线判据[18](4.2.1 节),在三维空间中可解的不变线方向有无限多。这可以通过纯变形 B 将单位球(母相 α)变为椭球(新相 β)的几何图形来示意[5]。由图 4.13 中可见,在 fcc/bcc 系统中 Bain 变形[式(4.19)]前的球和变形后的椭球交于一个圆(虚线)。原点出发指向这个圆的任意矢量满足 $|x_\beta|=|x_\alpha|$,因此该矢量定义了一条不伸缩

线(unextended line)。所有不伸缩线位于一个圆锥面上(图 4.13 中虚线表示),该圆锥称为终不伸缩圆锥(final unextended cone)。这些不伸缩线 x_β 与它们的相关矢量 x_α 方向不同,所有相关 x_α 也位于一个圆锥面上,该圆锥称为始不伸缩圆锥(initial unextended cone)(图 4.13 中实线表示)。当终不伸缩圆锥上任何一个 x_β 转到与其相关 x_α 平行时,才使 x_α 或 x_β 真正成为不变线(x_{in}),即可以通过在 Bain 变形上叠加合适转动使得 $x_\alpha = x_\beta = x_{in} = RBx_{in}$。

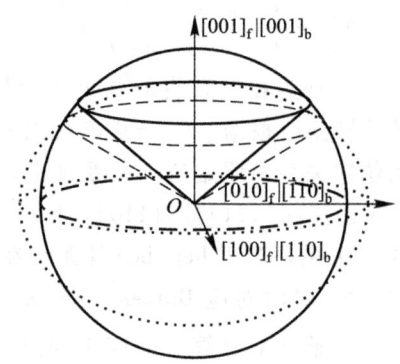

图 4.13 Bain 变形前、后在正空间的始不伸缩圆锥(实线)和
终不伸缩圆锥(虚线)

人们曾经提出不同的模型来选择不变线。Dahmen 等[52]认为:对于共格的沉淀相,不变线可能在不伸缩圆锥随机分布;但是对于半共格沉淀相,不变线应该在滑移面上。Luo 和 Weatherly[27]根据在 Ni – 0.45% Cr(质量分数)合金实测到的位向关系(K-S 关系),以始不伸缩圆锥和终不伸缩圆锥的交点为不变线,称之为三维不变线模型。如果位向关系严格满足不变线条件,那么该交点必须是不变线。一般情况下,两个相交矢量未必满足相变的相关关系,因此未必是不变线。在上述例子中,测试的位向关系十分接近满足不变线条件,少量(约 0.4°,图 4.8(a)中的例子正来自该工作)位向关系的偏差不会明显改变交点位置,因此交点方向与实际不变线十分接近,圆满地解释了实验所观察到的析出相长轴方向。该模型同时要求惯习面含其他一个不转动线,在 K-S 关系下正好是一对平行而不相等的 Burgers 矢量。根据不变线的性质,在含不变线的界面上所有相关位移必须互相平行,因为界面含上述一对 Burgers 矢量,所以界面位移必须与它们平行,这些位移自然由上述 Burgers 矢量所定义的界面位错抵消。因此,该界面等价于图 4.9 描述的 O 线的惯习面。然而,如果无特殊约束,含不变线的界面未必只含一组位错。后来,Zhang 和 Purdy[21]明确要求惯习面含一组位错,即 O 线判据,相关内容已经在前面介绍。

5. 面间匹配及原子列匹配分析法

Shiflet 和 Van der Merwe[53]的界面能计算结果表明，能够实现原子列匹配（row matching）的界面具有谷点界面能。Howe[7]的专著中根据不同研究者的计算结果也总结出类似结论。精确的原子列匹配要求界面同时平行于一对密排面，并且界面上沿密排方向的原子列必须一一匹配。对于一次择优态系统，界面上原子列匹配意味着界面的错配位移沿着列密排方向，即 Burgers 矢量方向，这是 O 线的性质。一般情况下，界面上原子列匹配，相应的倒易空间也存在倒易点列匹配的特征，特征十分明显，因为该界面同时满足 Δg 平行法则 I 和 II 或平行法则 I 和 III。前面已经讨论，服从两个法则要求两相晶格常数呈或近似呈特殊比例关系。尽管如此，人们时常会在不同系统观察到原子列匹配的界面。

Kelly 和 Zhang[54]将原子列匹配的判据开拓应用于含台阶的界面。这些界面以密排面（或低指数面）为台面，为了现实原子列的匹配，两侧晶格的台面必须匹配。因此，他们将该模型称为边-边匹配（edge-to-edge matching）模型，并提供了下列步骤[54]：

① 选取错配小（$|\delta|<10\%$）的原子列[包括平直的原子列和互相咬合（zigzag）的原子列]，使相关方向平行，作为原子列匹配方向。

② 考察含有以上方向的密排面（或低指数面），使两相中面间距相等（或非常相近）的面平行。

③ 如果对于面间距不能正好相等，找一对方向相近和长度相等的有理矢量（只能在特殊晶格常数条件下），让它们转动至相等，转动结果自然使两相密排面实现边-边匹配，该转角就是惯习面要求的位向关系。

如图 4.14 所示的 fcc/bcc 惯习面，其取向由含平行原子列（Burgers 矢量垂直于纸面）和一对相等的矢量（沿点线）所决定。因为两个皆是有理矢量，所得到的惯习面都可以用有理指数表示[54]。从图 4.14 也可以看到其他晶面也在界面上互相匹配，所以该模型思路实际上是从满足 Δg 平行法则 I 和 II（或平行法则 I 和 III）的择优界面退到只满足 Δg 平行法则 II（或平行法则 III）的界面，其原子列内部匹配可以参照图 4.8（d）。要注意，垂直于平行 Burgers 矢量的相等有理矢量未必定义了 x_{in}，因为它们不一定是相关矢量，根据图 4.8（d）可推测，相等有理矢量可能定义了零错配的 x_i^0。图 4.14 所示界面只能在特殊晶格常数比条件下实现，后来 Zhang 和 Kelly 结合边-边匹配判据和 Δg 平行法则，也获得在一般晶格常数比条件下对位向关系和惯习面的预测[55]。该模型从简单几何出发，可操作性强，并对位向关系和惯习面有一定的预测能力，虽然它不能预测或解释只满足 Δg 平行法则 I 的界面。

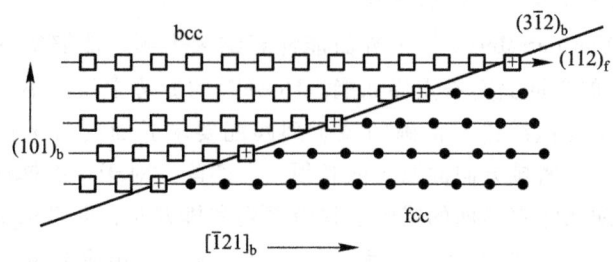

图 4.14 fcc/bcc 系统中 $[\bar{1}01]_f/\!/[\bar{1}\bar{1}1]_b$，界面处密排面边-边匹配的示意图[54]

Frank[56]曾经早在 1953 年提出类似方法计算板条马氏体的位向关系和惯习面。他在 Burgers 矢量平行条件下，推导了两种基本等价的方法。一种方法（包含近似计算）利用原子列匹配和台面的边匹配的条件，另一种方法要求相关晶面在界面上完全匹配。边-边匹配模型的原则与第一种方法的相同，不过计算方法不同，而 Burgers 矢量平行条件下 Δg 平行法则 Ⅱ 完全与第二种方法等价。最近，Pond 及合作者[57]提出了计算位向关系和惯习面的拓扑模型。其采用的计算方法与上述第一种方法类似，但是他们在计算方法上作了改进，避免了近似计算。不过拓扑模型计算台面错配应变时参照了中间点阵，而计算台阶错配应变时参照台阶高度较小的点阵，因此满足该模型定义的错配应变抵消的几何与不变线条件略有差异。

总之，fcc/bcc 系统金属相之间的惯习面（一次择优态）往往是无理取向。现在已经基本清楚，界面台阶缺陷的出现是界面形成奇异位错结构的代价，这个系统中惯习面上的奇异结构通常含一组位错。虽然位错表征的实验结果很少，但是界面几何的测试结果基本上满足 O 线要求。许多模型曾经从不同视角描述该界面结构。例如结构台阶或 NCS 模型[37,41]描述界面结构包含周期性的带状好区（近似以 O 线为带的中心），结构台阶模型强调结构台阶的存在才使好区连续成带；三维不变线模型[27]实际上以含不变线和平行 Burgers 矢量为惯习面的条件，符合含 O 线界面上的位移方向平行于 Burgers 矢量的性质；边-边匹配模型[54]、拓扑模型[56]和 Frank 模型[56]的思路基本等价，是在平行 Burgers 矢量的条件下要求不同层台面的错配被台阶位移抵消，使界面上的原子列匹配（包括台面的边-边匹配），其结果与 Δg 平行法则 Ⅱ 等价。上述模型对位向关系加以一定约束或近似，因此给出唯一的惯习面，其约束也限制了模型本身的应用范围。对应一个 Burgers 矢量，O 线判据及其对应的 Δg 平行法则 Ⅱ 只约束位向关系三个自由度中的两个，最近研究表明所有含 O 线的惯习面的法矢必须在一个椭圆锥面上[58]。如果附加约束与其他模型一致，O 线模型和其他模型的惯习面结果会相等（如果其他模型不包含近似），因此 O 线判据的普适性更广，特别是可以采用最大位错间距约束作为条件，其他模型一般不能给出这个约束条件的相应结果。

尽管O线条件符合不少观察到的惯习面，它只描述部分奇异界面结构。本章内容强调以结构奇异性作为各种择优界面的共同特征，它以界面能的奇异性为基础，通用于不同择优态的有理或无理取向的择优界面。对于给定系统（晶格常数）和大致的位向关系，可以通过原点附近匹配好点的对应关系确定匹配的相关关系，从而计算初步 A 矩阵；可以根据正空间匹配好点的分布或者倒易空间 Δg 的分布，推测结构奇异性的择优条件，根据这些条件，便可应用O点阵方法精确计算位向关系、择优界面及其面上的位错结构。如果不需要计算位错结构，可以直接应用 Δg 平行法则来解释无理位向关系和界面法向。对于有理的位向关系和界面，一般可以采用二维O点阵分析。

4.3 马氏体相变晶体学表象理论

马氏体形貌以其显著的晶体学自相似性和惯习面无理特征，吸引许多材料研究者的兴趣，不少著名材料科学家（例 Christian 和 Cohen）都对马氏体相变晶体学有所贡献。马氏体相变晶体学的研究开始得比其他相变晶体学的研究早很多，早期模型关注钢中奥氏体里原子如何转移到马氏体，但是这些模型已经被证明不能完全符合实验结果。马氏体相变晶体学表象理论（phenomenological theory of martensite crystallography，PTMC）是在20世纪50年代初由 Wechsler、Lieberman 和 Read（WLR）[59] 以及 Bowles 和 MacKenzie（BM）[20] 分别提出的。它的发展和成功应用，被认为是物理冶金学定量理论的进步里程碑。该理论以马氏体相变的特征实验现象为基础，以解释现象为目标，因为缺少类似于较早模型中原子移动的描述，也没有从能量分析，故称表象理论。根据相变引起的变形不能定量描述表面浮突的问题，马氏体表象理论引入了点阵不变畸变（lattice invariant deformation，LID）来抵消部分相变造成的变形，从而使剩余变形正好表现为表面浮突。其实当模型对内部缺陷特征的描述与实验吻合时，该理论的物理意义是明确的，对内部存在孪晶或层错的马氏体，这个理论往往能够自圆其说地解释所有实验结果。对于不能完全解释的马氏体，人们对理论进行了各种修正，但这些修正尚未得到共识。关于经典模型和修正模型的具体描述可以参考徐祖耀的专著[60]，以下主要参照 Wayman 专著[5] 和 Bhadeshia 的电子书（可自由下载）[61] 中的表达法和思路，介绍原始马氏体表象理论。

马氏体表象理论的三个重要实验依据及其相关建模假设是：

① 马氏体内部存在大量亚结构（如孪晶、位错、层错等），这支持 LID 的假设。

② 马氏体表面浮突形状具有不变面应变型(invariant plane strain，IPS)特征，这支持惯习面为宏观不变应变面的假设。

③ 许多系统中具有马氏体快速转变的特征，这支持界面的可滑动性的假设。

理论的基本输入是晶格常数(a_f, a_b)、相关关系(对于fcc/bcc为Bain关系)、界面可滑动的点阵不变畸变(假设3)，即一个简单晶格切变(LID，假设1)的切变方向 d_2 和切变面法向 p_2（在下面推导里，这些矢量定义在母相中）。根据惯习面具有IPS特征的条件(假设2)，LID的结果是完全抵消了惯习面上的错配，根据这些约束条件，可以计算出马氏体相变晶体学的位向关系、惯习面、表面浮凸和内部缺陷的分布。基本思路和计算可分四步，下面以fcc/bcc系统为例介绍计算方法。

1. 分解相变矩阵

按照假设条件，可以将相变变形 A 分解为两个具有IPS特征的变形，分别以惯习面和晶格切变面为不变面。先初步构造 A，以fcc晶体坐标作为公用直角坐标，根据$[100]_f/[110]_b$、$[010]_f/[\bar{1}10]_b$、$[001]_f/[001]_b$的Bain相关关系，以及这些相关矢量之间平行的Bain位向关系，可以构造下列的Bain变形。

$$B = \begin{bmatrix} \eta_1 & & \\ & \eta_2 & \\ & & \eta_3 \end{bmatrix} = \begin{bmatrix} \dfrac{\sqrt{2}a_b}{a_f} & & \\ & \dfrac{\sqrt{2}a_b}{a_f} & \\ & & \dfrac{a_b}{a_f} \end{bmatrix} \quad (4.19)$$

在实际位向关系下，相变变形 A 可以通过在 B 上叠加转动(R)获得，条件是它可以分解成两个IPS变形：

$$A = RB = P_1 P_2 \quad (4.20)$$

式中，P_1 代表宏观形状变形，P_2 代表LID(假定畸变发生在母相中)。一个IPS变形可以用下式表示：

$$P = I + m d p' \quad (4.21a)$$

式中，p'表示不变面法向的单位矢量，d 表示变形方向的单位矢量，m 表示变形量。与正空间相应的倒易空间的IPS变形为

$$P^* = (P')^{-1} = I - m p d'/|P| \quad (4.21b)$$

式中，p 和 d'分别为倒易空间表示变形方向和不变面法向的单位矢量。

2. 计算不变线

根据式(4.20)，A 必须满足不变线条件，两个正空间不变面 p_1 和 p_2 的交

线就是正空间不变线 x_{in},两个倒易空间不变面 d_1 和 d_2 的交线就是倒易空间的不变线 n_{in}。利用上述关系和不变线必须在不伸缩圆锥(图 4.12)上的约束,可以建立下列方程:

$$\begin{cases} x'_{in}x_{in} = 1 \\ (Bx_{in})'(Bx_{in}) = 1 \\ p'_2 x_{in} = 0 \end{cases} \qquad \begin{cases} n'_{in}n_{in} = 1 \\ ((B^{-1})'n_{in})'((B^{-1})'n_{in}) = 1 \\ n'_{in}d_2 = 0 \end{cases} \quad (4.22)$$

x_{in} 或 n_{in} 的三个分量可以通过各自三个方程解出。因为是二次方程,所以每个矢量一般有两个解。

3. 计算位向关系和相变变形矩阵

位向关系可以通过求实现以上不变线的转动矩阵 R 描述,该转动将 Bx_{in} 或 $(B^{-1})'n_{in}$ 转到 x_{in} 或 n_{in}。通过上述转动前、后两对矢量的叉乘可得到转动前、后的第三对单位矢量,写成 a、b。让包含不变线的三个列向量组成一个矩阵 $V_a = [x_{in}, n_{in}, a]$,让 Bain 变形后的矢量组成矩阵 $V_b = [Bx_{in}, (B^{-1})'n_{in}, b]$。因为 $V_a = RV_b$,所以可计算出 $R = V_a V_b^{-1}$,并进一步得到相变矩阵 $A(= RB)$。马氏体与奥氏体的位向关系常表达为密排面之间[g_α 和 $g_\beta[= (A^{-1})'g_\alpha]$]的夹角以及密排方向[$b_\alpha$ 和 $b_\beta(= Ab_\alpha)$]之间的夹角。一旦 A 已知,这些矢量间的角度计算都是简单几何。

4. 计算出其他晶体学特征

惯习面的计算是利用其面上的错配必须被位移方向为 d_2 的一组缺陷抵消的性质。根据不变线的性质,该惯习面应该垂直于一系列 Δg,其相关 g 必须含有 d_2[式(4.17)],因为切变面含有 d_2,所以 p_1 应该平行于 $\Delta p_2 (= p'_2 - p'_2 A^{-1})$。以单位矢量 p_1 表示惯习面,不便理解其无理取向。如果以倒易矢量 g_2 表示切变面,则 p_1 平行于 $\Delta g_2[= g'_2 - g'_2 A^{-1}$,与式(4.15)等价],使惯习面更便于从电子衍射斑中直接测试和理解。如果界面错配由位错 b_α^L 抵消,可以用式(4.12)求出位错间距 D。

下面求描述宏观变形位移的方向 d_1 和大小 m_1 以及 m_2。已知 p_2 面上的位移是 P_1 造成的,因此面上任何矢量的位移必须沿 d_1 方向。已知 p_2 面含有 d_2,即可知 d_1 必须平行于 $\Delta d_2 (= Ad_2 - d_2)$。按不变面的定义,如果矢量 kd_2 在 p_1 方向的投影为 1,该位移应该为 $m_1 d_1$。因为 $k = 1/(p'_1 d_2)$,所以 $m_1 = |Ad_2 - d_2|/(p'_1 d_2)$。根据已经求出的 p_1、d_1 和 m_1 便可完全确定宏观变形 P_1。从 $P_2 = P_1^{-1} A$ 可以解出 P_2,并计算出未知 m_2。

至此,全部晶体学特征都已计算出来,由于篇幅原因,这里不提供例子。在 Bhadeshia 的电子书[61]中有具体例子,方便读者练习。按照 Bollmann[11] 的 T 分解形式,当 O 线的 Burgers 矢量为 b_α^L,如果不变线正好在一个滑移面 g_β 上,

T 可以分解为两个 IPS 位移场相加的形式[19]

$$T = c_1 \Delta b \Delta g' + c_2 b_\alpha^L g_\beta' \tag{4.23}$$

式中，$\Delta b = AT b_\alpha^L$[等价于式(4.3b)]，$\Delta g' = g_\beta' AT$[等价于式(4.15)]。可以证明，式(4.23)与马氏体表象理论的分解公式(4.20)在数学上完全等价[62]。也就是说，如果 LID 是由位错滑移形成，马氏体表象理论所测的惯习面是一类特殊的 O 线界面。不过一般情况下，O 点阵不用于处理有长程应变场的情况。

4.4 位向关系的变体及生成相晶粒间的位向差

在一个母相晶粒内，即使新相以相同位向关系形成，新相晶体的空间取向以及相应的惯习面会不同，这是由于母相的晶体学对称性造成相同位向关系下的不同变体(varaint)。可以根据母相的对称性分析可能存在的变体。Frank[63] 采用简单方法分析了立方晶体对称性的影响，他设 u、v、w 为晶体的基矢方向，这些方向可以分别标定为三个不同的立方轴，结果共有 6(= 3!)种可能的排列。此外，每个轴可以有 + 和 - 方向的选择，因此每种排列有 8(= 2^3)种选择。在所有 48(= 6×8)种排列中，习惯上只采用右手系结果，于是得到共 24 种等价表示。

如果在一个位向关系下，新相的对称元素与母相的对称元素没有除了一次轴和反演之外的交群，那么位向关系的变体数目就由上述母相等价表示数目决定。如果在一个位向关系下新相的点群与母相的点群存在交群，那么对这个交群中的对称元素进行变换的结果不会产生新的变体，所以变体数量会随交群中对称元素的数目的增加而减少。Cahn 和 Kalonji[4] 利用群论方法得出变体数目的简单计算公式：变体数目 = 母相点群的阶/交群的阶。例如金属材料 fcc/bcc 系统中两相点群($m3m$)的阶都是 48，在 K-S 关系下交群是反演，其阶为 2，变体的数目是 24；在 N-W 关系下交群是 $2/m$，其阶为 4，变体的数目是 12；在 Bain 关系下交群是 $4/mmm$，其阶为 16，变体的数目是 3；在立方对立方(cubic/cubic)关系下交群保持了原来的 $m3m$ 的所有对称元素，所以变体的数目是 1。表 4.6 给出了 K-S 关系下的所有变体。注意这里新相的指数不变，这是因为对新相进行对称操作不影响新相晶体的取向和形貌，不产生有实际意义的变体。因此，位向关系用不同新相指数表示是等变体的。位向关系变体的选择往往因研究者的习惯而异，例如图 4.8 及表 4.5 中的 K-S 位向关系。如果不关心变体之间的比较，人们可以随意选择一个特定变体新相和母相的相变晶体学进行建模、计算或者测量，结果自洽就可以。如果需要建立不同变体之间的联系，例如惯习面取向变换，需要进一步计算。

4.4 位向关系的变体及生成相晶粒间的位向差

下面以 fcc 母相和 bcc 新相为例，分析坐标变换，在这个基础上计算变体之间的转角。已知在公用坐标系下由相变联系的三对矢量，即式(4.13)中矩阵 X_α 和 X_β 的列向量，它们分别对应 bcc 和 fcc 晶体坐标下的三对矢量，由 B 和 F_1 中的列向量表示(这里 fcc 矢量下标 1 表示某一个特定变体)。可以通过下列坐标转换对不同坐标下表示的矢量进行互换：$X_\alpha = Q_{of} F_1$，$X_\beta = Q_{ob} B$。例如，计算得到的不变线和惯习面法向在公用坐标系下为 x_{in} 和 r_{hp}，那么，在 fcc 坐标下，对应上述特定变体，不变线和惯习面法向可以分别表示为 $x_{in-fcc1} = Q_{of}^{-1} x_{in}$ 和 $r_{hp-fcc1} = (Q_{of})'^{-1} r_{hp}$ (用倒易空间变换公式)。同样方法也可以获得，不变线和惯习面法向在 bcc 坐标下的表示 $x_{in-bcc} = Q_{ob}^{-1} x_{in}$ 和 $r_{hp-bcc1} = (Q_{ob})'^{-1} r_{hp}$。

将上述 F_1 对应 X_α 的关系称为初始变体，如果将对应 X_α 的矢量改变为 F_i，获得新的变体，对于已知 F_1 和 F_i，可以根据晶体的对称性操作，$F_i = U_i F_1$，计算出变换矩阵 U_i。这里 U_i 为上面提到的 24 种立方系对称操作的矩阵之一(其形式是矩阵中三个组元为 1 或 -1、其他为 0 的 3×3 转动矩阵，并符合右手系法则。根据该 24 种对称操作，可以计算出表 4.6 的所有变体，具体表达和更详细的相关内容可以参照相关参考文献[64])。根据 $X_\alpha = Q_{ofi} F_i$ 可以推导出 $Q_{ofi} = Q_{of} U_i^{-1}$，以及新变体下不变线和惯习面法向的表示，$x_{in-fcci} = U_i x_{in-fcc1}$，$r_{hp-fcci} = U_i r_{hp-fcc1}$。当比较不同变体下表示的不变线方向和惯习面法向时，要同时给出相应变体的位向关系表示，以确定等价的 F_1 和 F_i。在 bcc 坐标系下的等价矢量的变换与上面方法类似。虽然 bcc 的对称性操作不改变变体，但是由于存在因人而异的位向关系表达式，在 bcc 坐标系下的结果同样需要在变换后才能进行比较。

表 4.6 K-S 位向关系的 24 个变体的取向差表示

变体	位向关系		变体 V_1 的转角/(°)	V_1 与 V_i 转动的转轴（在 bcc 晶体坐标下表示）
V_1	$(1\,1\,1)_f // (1\,1\,0)_b$	$[0\,1\,\bar{1}]_f // [\bar{1}\,1\,1]_b$	—	—
V_2		$[1\,\bar{1}\,0]_f // [\bar{1}\,1\,1]_b$	60.000	[-0.707 -0.707 0.000]
V_3		$[\bar{1}\,0\,1]_f // [\bar{1}\,1\,1]_b$	60.000	[0.707 0.707 0.000]
V_4	$(\bar{1}\,\bar{1}\,\bar{1})_f // (1\,1\,0)_b$	$[0\,1\,\bar{1}]_f // [\bar{1}\,1\,1]_b$	60.000	[-0.577 0.577 0.577]
V_5		$[1\,\bar{1}\,0]_f // [\bar{1}\,1\,1]_b$	49.471	[0.707 0.707 0.000]
V_6		$[\bar{1}\,0\,1]_b // [\bar{1}\,1\,1]_b$	10.529	[-0.707 -0.707 0.000]

续表

变体	位向关系		变体 V_1 的转角/(°)	V_1 与 V_i 转动的转轴（在 bcc 晶体坐标下表示）
V_7	$(1\bar{1}\bar{1})_f // (110)_b$	$[0\bar{1}1]_f // [\bar{1}11]_b$	10.529	$[-0.577\ 0.577\ 0.577]$
V_8		$[110]_f // [\bar{1}11]_b$	50.510	$[0.490\ -0.463\ -0.739]$
V_9		$[\bar{1}01]_f // [\bar{1}11]_b$	57.212	$[0.714\ 0.603\ -0.357]$
V_{10}	$(\bar{1}11)_f // (110)_b$	$[0\bar{1}1]f // [\bar{1}11]_b$	49.471	$[0.577\ -0.577\ -0.577]$
V_{11}		$[110]_f // [\bar{1}11]_b$	50.510	$[-0.767\ 0.186\ -0.615]$
V_{12}		$[\bar{1}01]_f // [\bar{1}11]_b$	14.879	$[0.065\ 0.354\ 0.933]$
V_{13}	$(\bar{1}11)_f // (110)_b$	$[011]_f // [\bar{1}11]_b$	20.605	$[-0.363\ -0.659\ 0.659]$
V_{14}		$[\bar{1}\bar{1}0]_f // [\bar{1}11]_b$	47.113	$[0.626\ -0.302\ -0.719]$
V_{15}		$[10\bar{1}]_f // [\bar{1}11]_b$	50.510	$[-0.739\ 0.463\ -0.490]$
V_{16}	$(1\bar{1}\bar{1})_f // (110)_b$	$[011]_f // [\bar{1}11]_b$	57.212	$[0.628\ -0.246\ -0.738]$
V_{17}		$[\bar{1}\bar{1}0]_f // [\bar{1}11]_b$	51.729	$[-0.659\ 0.363\ -0.659]$
V_{18}		$[10\bar{1}]_f // [\bar{1}11]_b$	14.879	$[-0.065\ -0.933\ 0.354]$
V_{19}	$(\bar{1}\bar{1}1)_f // (110)_b$	$[0\bar{1}\bar{1}]_f // [\bar{1}11]_b$	21.058	$[0.000\ -0.410\ 0.912]$
V_{20}		$[\bar{1}10]_f // [\bar{1}11]_b$	57.212	$[-0.603\ 0.714\ 0.357]$
V_{21}		$[101]_f // [\bar{1}11]_b$	47.113	$[0.719\ 0.626\ -0.302]$
V_{22}	$(11\bar{1})_f // (110)_b$	$[0\bar{1}\bar{1}]_f // [\bar{1}11]_b$	57.212	$[-0.738\ -0.628\ -0.246]$
V_{23}		$[\bar{1}10]_f // [\bar{1}11]_b$	50.510	$[0.615\ 0.767\ -0.186]$
V_{24}		$[101]_f // [\bar{1}11]_b$	20.605	$[-0.296\ 0.000\ 0.955]$

接下来看看如何计算不同变体下 bcc 晶体基矢与母相晶体基矢之间的关系。如果去除晶格常数的影响，可以得到公用直角坐标和立方晶体基矢之间的转动矩阵，$\boldsymbol{Q}_{ofu} = \boldsymbol{Q}_{of}/a_f$ 和 $\boldsymbol{Q}_{obu} = \boldsymbol{Q}_{ob}/a_b$。按照 $\boldsymbol{Q}_{ofu}^{-1}\boldsymbol{I}$ 的意义，$\boldsymbol{Q}_{ofu}^{-1}$ 中的列向量是公用坐标的基矢 <100> 在 fcc 晶体坐标下的表示。同理，$\boldsymbol{Q}_{obu}^{-1}$ 中的列向量也是。也就是说，$\boldsymbol{Q}_{ofu}^{-1}$ 中的列向量平行于 $\boldsymbol{Q}_{obu}^{-1}$ 中的列向量。因此，这两组平行矢量应该由位向关系矩阵 $\boldsymbol{M}$ 联系，即 $\boldsymbol{Q}_{obu}^{-1} = \boldsymbol{M}\boldsymbol{Q}_{ofu}^{-1}$，由此可得

$$\boldsymbol{M} = \boldsymbol{Q}_{obu}^{-1}\boldsymbol{Q}_{ofu} \tag{4.24}$$

同理，有 $\boldsymbol{M}_i = \boldsymbol{Q}_{obu}^{-1}\boldsymbol{Q}_{ofui}$。根据 $\boldsymbol{Q}_{ofi} = \boldsymbol{Q}_{of}\boldsymbol{U}_i^{-1}$ 或 $\boldsymbol{Q}_{ofui} = \boldsymbol{Q}_{ofu}\boldsymbol{U}_i^{-1}$，可知新变体下的位向关系矩阵为

4.4 位向关系的变体及生成相晶粒间的位向差

$$M_i = MU_i^{-1}, \qquad (4.25)$$

根据式(4.24)计算出 M 之后，利用立方系 24 个 U_i 可以直接计算出 24 个 M_i 位向关系矩阵。按照 M 的定义，并从 $I = MM^{-1}$ 关系可见，M^{-1} 中列向量是 bcc 基矢在 fcc 中的表示。将 M_i^{-1} 列向量在母相极射赤面投影图上标出，并加以 i 的标号，便得到图 4.15 中 K-S 位向关系下 24 个变体的 bcc $<100>_b$ 取向在母相 fcc$[0\,0\,1]_f$ 极射赤面投影图上的表示。如果在特定位向关系下，两相晶体之间存在交群，这会反映在 M 矩阵组元的对称性上。因此，同样母相 fcc 的 24 个 U_i 作用结果，对于 N-W 向关系会产生出一半相同的 M_i，结果变体数量减半。同理，Bain 位向关系下，变体更少。图 4.15 中极射赤面投影图上的标识晶体取向差的方法原先主要用于研究同相晶粒取向差的分布（织构），随着近年来 EBSD（背散射电子衍射图）测试技术及相关商业软件的普及，人们可以很方便地获取两相位向关系的分布统计数据[65]，甚至可以利用变体之间必须满足的关系，反推出母相的晶粒形貌[66]。

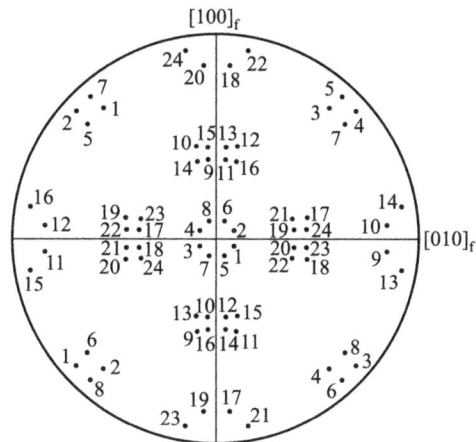

图 4.15 K-S 位向关系下，新相(bcc)的方向族 $<100>_b$ 在母相(fcc) $[0\,0\,1]_f$ 极射赤面投影图上的表示，数字代表变体编号

最后，根据上述方法得到的位向关系矩阵，可以计算对应不同变体得到的 bcc 之间取向差(disorientation)。以初始变体(1)的 bcc 晶体为参考，将对应变体 i 形成的 bcc 晶体看成是经转动得到的。根据 M 及 M_i 的定义，已知它们中列向量都是平行于 fcc 基矢 $<100>$ 的 bcc 矢量。它们之间的转动关系可以看成是，M 中列向量通过转动(R_{bi})与 M_i 中列向量平行，即 $M_i = R_{bi}M$。因此，变体 i 相对于初始变体的转动矩阵可写为

$$R_{bi} = MU_i^{-1}M^{-1} \qquad (4.26)$$

由于晶体的对称性，晶体之间的转动描述是不唯一的。如果对变体 i 的 bcc 晶体进行对称操作，晶体本身并不转动，但是它相当于初始变体晶体的转动关系(转轴和转角)发生了改变。于是对应立方系 24 种对称性变换，可以得到 24 个转动矩阵。根据每个转动矩阵，可以求出转角和转轴[64]。习惯上，一对晶体之间的转动关系由最小转角及其转轴表达。按该方法获得的 K-S 关系下不同变体之间的转动关系，列于表 4.6 中最后两列。

新相的晶体学形貌是相变组织的重要特征，但是对形貌的理解及在此基础上的控制仍然远不成熟。本章介绍的理论方法主要限于解释实验现象。随着测试技术的不断提高和理论模型的深入发展，人们有望进一步揭示新相晶体学形貌演变的微观机理，提高相变晶体学理论的预测能力。

参 考 文 献

[1] Pitsch W. Der orientierungszusammenhang zwischen zementit und austenit[J]. Acta Metall., 1962, 10(9): 897 – 900.

[2] Thompson S W, Howell P R. The orientation relationship between intragranularly nucleated widmanstattin cementite and austenite in a commercial hypereutectold steel [J]. Scripta Metall., 1987, 21(10): 1353 – 1357.

[3] Zhang M X, Kelly P M. Accurate orientation relationship between ferrite and austenite in low carbon martensite and granular bainite[J]. Scripta Materialia, 2002, 47(11): 749 – 755.

[4] Cahn J W, Kalonji G. Symmetry in solid state transformation morphology[M]. Solid to Solid Phase Transformations. Warrendale, USA, 1981.

[5] Wayman C M. Introduction to the crystallography of martensitic transformations[M]. New York: MacMillan, 1964.

[6] Khachaturyan A G. Theory of structural transformations in solids[M]. New York: John Wiley & Sons, Inc., 1983.

[7] Howe J M. Interfaces in materials[M]. New York: John Wiley & Sons, Inc., 1997.

[8] Sutton A P, Balluffi R W. Interfaces in crystalline materials [M]. Oxford: Oxford University Press, 1995.

[9] Zhang W-Z, Shi Z-Z. Description of crystallographic morphology of product phases with singularity and Δg distribution[J]. Solid State Phenomena, 2011, 172 – 174: 1096 – 1105.

[10] Bollmann W. Crystal defects and crystalline interfaces[M]. Berlin: Springer, 1970.

[11] Bollmann W. Crystal lattices, interfaces, matrices[M]. Geneva: Bollmann, 1982.

[12] Bollmann W. O-lattice calculation of an fcc-bcc interface[J]. Phys. Stat. Sol., 1974,

A21: 543 – 550.

[13] Zhang W-Z, Purdy G R. O-lattice analyses of interfacial misfit[J]. I. General Considerations Phil. Mag. , 1993, 68A(2): 279 – 290.

[14] Zhang W-Z. Formulas for periodic dislocations in general interfaces[J]. Applied Physics Letters, 2005, 86(12): 121919.

[15] Ye F, Zhang W-Z. Coincidence structures of interfacial steps and secondary misfit dislocations in the habit plane between Widmanstatten cementite and austenite[J]. Acta Materialia, 2002, 50(11): 2761 – 2777.

[16] Ye F, Zhang W-Z, Qiu D. A TEM study of the habit plane structure of intragranular proeutectoid α precipitates in a Ti-7.26 wt.% Cr alloy[J]. Acta Materialia, 2004, 52 (8): 2449 – 2460.

[17] Zhang W-Z, Weatherly G C. On the crystallography of precipitation[J]. Progress in Materials Science, 2005, 50(2): 181 – 292.

[18] Christian J W. The theory of transformation in metals and alloys[M]. 3rd ed. Oxford: Pergamon Press, 2002.

[19] Zhang W-Z. Decomposition of the transformation displacement field[J]. Phil. Mag. , 1998, 78(4): 913 – 933.

[20] Bowles J S, MacKenzie J K. The crystallography of martensite transformations I[J]. Acta Metallurgica, 1954, 2: 129 – 137.

[21] Zhang W-Z, Purdy G R. O-lattice analyses of interfacial misfit. II. Systems containing invariant lines[J]. Phil. Mag. , 1993, 68A(2): 291 – 303.

[22] Zhang W-Z, Qiu D, Yang X P, et al. Structures in irrational singualr interfaces [J]. Metall. Mater. Trans. A, 2006, 37: 911 – 927.

[23] Duly D, Zhang W-Z, Audier M. High-resolution electron microscopy observations of the interface structure of continuous precipitates in a Mg-Al alloy and interpretation with the O-lattice theory[J]. Phil. Mag. , 1995, 71A(1): 187 – 204.

[24] Zhang W-Z. Application of the DSCL in reciprocal space for the study of coincidence boundaries[J]. Scripta Materialia, 1997, 37(2): 187 – 192.

[25] Zhang W-Z. Use of D-lattice for study of crystallography of phase transformation[M]. Solid to Solid Phase Transformations, 1999.

[26] Weatherly G C, Zhang W-Z. The invariant line and precipitate morphology in fcc-bcc systems[J]. Metall. , Mater. Trans. , 1994, 25A(9): 1865 – 1874.

[27] Luo C P, Weatherly G C. The invariant line and precipitation in a Ni-45 wt.% Cr alloy [J]. Acta Metallurgica, 1987, 35(8): 1963 – 1972.

[28] Furuhara T, Wada K, Maki T. Atomic structure of interphase boundary enclosing bcc precipitate formed in fcc matrix in a Ni-Cr alloy[J]. Metallurgical and Materials Transactions A (Physical Metallurgy and Materials Science), 1995, 26A(8): 1971 –

1978.

[29] Wu J, Zhang W-Z, Gu X-F. A two-dimensional analytical approach for phase transformations involving an invariant line strain[J]. Acta Materialia, 2009, 57: 635 – 645.

[30] Gu X-F, Zhang W-Z. A two-dimensional analytical method for the transformation crystallography based on a vector analysis[J]. Phil. Mag., 2010, 90: 3281 – 3292.

[31] Zhang W Z, Qiu D, Yang X P, et al. Structures in irrational singular interfaces [J]. Metall. Mater. Trans. A, 2006, 37A: 911 – 927.

[32] Qiu D, Zhang W-Z. A systematic study of irrational precipitation crystallography in fcc-bcc systems with an analytical O-line method[J]. Philosophical Magazine, 2003, 83 (27): 3093 – 3116

[33] Zhang M, Zhang W-Z, Ye F. Interpretation of precipitation crystallography of $Mg_{17}Al_{12}$ in a Mg-Al alloy in terms of singular interfacial structure [J]. Metall. Mater. Trans., 2005, 36A(7): 1681 – 1688.

[34] Zhang W-Z, Ye F, Zhang C, et al. Unified rationalization of the Pitsch and T-H orientation relationships between Widmanstatten cementite and austenite [J]. Acta Materialia, 2000, 48(9): 2209 – 2219.

[35] Gu X-F, Zhang W-Z. An energetic study on the preference of the habit plane in fcc/bcc system[J]. Solid State Phenomena, 2011, 172 – 174: 260 – 266.

[36] Hall M G, Aaronson H I, Kinsma K R. The structure of nearly coherent fcc: bcc boundaries in a Cu-Cr alloy[J]. Surface Science, 1972, 31: 257 – 274.

[37] Rigsbee J M, Aaronson H I. A computer modeling study of partially coherent fcc-bcc boundaries[J]. Acta Metallurgica, 1979, 27(3): 351 – 363.

[38] Furuhara T, Aaronson H I. Computer modeling of partially coherent bcc-hcp boundaries [J]. Acta Metallurgica et Materialia, 1991, 39(11): 2857 – 2872.

[39] Yang X-P, Zhang W-Z. A systematic analysis of good matching sites between two lattices [G]. Science China Technological Sciences, 2012, 55(5): 1343 – 1352.

[40] Qiu D, Zhang W-Z. An extended near-coincidence-sites method and the interfacial structure of austenite precipitates in a duplex stainless steel[J]. Acta Materialia, 2008, 56: 2003 – 2014

[41] Liang Q, Reynolds W T, Jr. Determining interphase boundary orientations from near-coincidence sites[J]. Metallurgical and Materials Transactions A (Physical Metallurgy and Materials Science), 1998, 29A(8): 2059 – 2072.

[42] Ye F, Zhang W-Z, Qiu D. Near coincidence sites modeling of edge facet dislocation structures of α precipitates in a Ti-7.26wt.% Cr alloy[J]. Acta Materialia, 2006, 54: 5377 – 5384.

[43] Bollmann W, Nissen H U. A study of optimal phase boundaries: the case of exsolved

alkali feldspars[J]. Acta Cryst. A, 1968, 24(5): 546-557

[44] Ecob R C, Ralph B. A model of the equilibrium structure of fcc-bcc interfaces [J]. Acta Metallurgica, 1981, 29(6): 1037-1046.

[45] Knowles K M, Smith D A. The application of surface dislocation theory to the fcc-bcc interface [J]. Acta Crystallographica, Section A (Crystal Physics, Diffraction, Theoretical and General Crystallography), 1982, A38(pt. 1): 34-40.

[46] Bonnet R, Durand F. Geometrical discussion of the joining quality between two crystals in epitaxy[J]. Materials Research Bulletin, 1972, 7(10): 1045-1059.

[47] Dahmen U. The role of the invariant line in the search for an optimum interphase boundary by O-lattice theory[J]. Scripta Metallurgica, 1981, 15(1): 77-81.

[48] Dahmen U. Orientation relationships in precipitation systems [J]. Acta Metallurgica, 1982, 30(1): 63-73.

[49] Bilby B A, Bullough R, De Grinberg D K. General theory of surface dislocations [R]. Discussions of the Faraday Society, 1964: 61-68.

[50] Gu X-F, Zhang W-Z, Qiu D. A systematic investigation of the development of the orientation relationship in an fcc/bcc system[J]. Acta Mater., 2011, 59: 4944-4956.

[51] Nagano T, Enomoto M. Calculation of the interfacial energies between α and γ iron and equilibrium particle shape[J]. Metall. Mater. Trans. A, 2006, 37A(6): 929-937.

[52] Dahmen U, Ferguson P, Westmacott K H. Invariant line strain and needle-precipitate growth directions in Fe-Cu[J]. Acta Metallurgica, 1984, 32(5): 803-810.

[53] Shiflet G, Van der Merwe J. The role of structural ledges as misfit-compensating defects: fcc-bcc interphase boundaries [J]. Metall. Mater. Trans. A, 1994, 25(9): 1895-1903.

[54] Kelly P M, Zhang M X. Edge-to-edge matching-a new approach to the morphology and crystallography of precipitates[J]. Material Forum, 1999, 23: 41-62.

[55] Zhang M X, Kelly P M. Edge-to-edge matching and its applications Part II. Application to Mg-Al, Mg-Y and Mg-Mn alloys[J]. Acta Materialia, 2005, 53: 1085-1096.

[56] Frank F C. Martensite[J]. Acta Metallurgica, 1953, 1: 15-21.

[57] Pond R C, Celotto S, Hirth J P. A comparison of the phenomenological theory of martensitic transformations with a model based on interfacial defects [J]. Acta Materialia, 2003, 51(18): 5385-5398.

[58] Gu X-F, Zhang W-Z. Analytical O-line solutions for transformation crystallography in fcc/bcc system[J]. Phil. Mag., 2010, 90: 4503-4527.

[59] Wechsler M S, Lieberman D S, Read T A. On the theory of formation of martensite [J]. A. I. M. E Trans., 1953, 197: 1503-1515.

[60] 徐祖耀. 马氏体相变与马氏体[M]. 北京: 科学出版社, 1999.

[61] Bhadeshia H K D H. Worked examples in the geometry of crystals[G]. 2nd ed. London:

Institute of Materials, 2001.

[62] Zhang W-Z, Weatherly G C. A comparative study of the theory of the O-lattice and the phenomenological theory of martensite crystallography to phase transformations[J]. Acta Materialia, 1998, 46(6): 1837 – 1847.

[63] Frank F C. Orientation mapping[J]. Metall. Mater. Trans. A, 1988, 19A: 403 – 408.

[64] 吴静, 张文征. 从相变出发理解和计算变体间位向差[J]. 金属学报, 2009, 45(8): 119 – 124.

[65] Nolze G. Improved determination of fcc/bcc orientation relationships by use of high-indexed pole figures[J]. Cryst. Res. Technol., 2006, 41(1): 72 – 77.

[66] Kitahara H, Ueji R, Ueda M, et al. Crystallographic analysis of plate martensite in Fe-28.5 at. % Ni by FE-SEM/EBSD[J]. Mater. Charact., 2005, 54(4 – 5): 378 – 386.

第五章
凝固理论

凝固是指物质从液态向固态转变的相变过程,广泛存在于自然界及工程技术领域。如水的结冰与火山熔岩的固化、半导体及各种功能晶体的液相生长,都属于凝固过程;而几乎一切金属制品在其生产流程中都要经历一次或数次凝固过程。本章主要讨论金属(包括单质金属和合金)的凝固过程及其理论。

5.1 一般凝固理论

工程用金属材料通常都是多组分的,在凝固过程中各组分或以单质,或以固溶体,或以化合物的形式析出。合金的化学成分是决定凝固组织、成分分布及相结构形成倾向的首要因素,即不同成分的合金具有不同的凝固特性。在合金成分确定之后,凝固组织是由凝固过程的传热、传质及液体流动决定的。因而,凝固过程的传热、传质及对流成为凝固理论与技术研究的重点。

5.1.1 晶体形核的基本理论

凝固过程的第一步是在液相中形成固相的结晶核心,然后通过这些核心不断长大,完成液相向固相的转变。液态金属转变成晶体的过程称为液态金属的结晶或金属的一次结晶。一次结晶过程决定了铸件凝固后的结晶组织,并对随后冷却过程中的相变、过饱和相的析出及热处理过程产生极大影响。此外,还决定着偏析、气孔、缩松与缩孔等铸造缺陷的形成。

亚稳态的液态金属通过起伏作用在某些微观区域内形成稳定晶态小质点的过程称为形核。形核的首要条件就是体系必须处于亚稳态,即存在一定的过冷度,以提供相变驱动力;其次,需要克服热力学能障(如界面自由能)才能形成稳定存在的晶核并保证其进一步生长。根据构成能障的界面情况,可能出现两种不同的形核方式:均质形核(homogeneous nucleation,也称均匀形核)和异质形核(heterogeneous nucleation,也称非均匀形核)。

形核是凝固过程研究的主要问题之一,而热力学是凝固过程形核理论研究的基础。形核研究的主要目标是确定不同成分的合金在不同凝固条件下的形核温度及形核速率,为形核控制提供依据。迄今采用的形核研究的主要方法包括[1]:

① 测定凝固过程的冷却曲线,确定形核温度。
② 分析凝固组织中的晶粒度,定性确定形核速率。
③ 通过对凝固过程的直接观察,如高速摄影等,进行形核过程研究。
④ 在热力学和动力学基础上进行形核理论模型研究。
⑤ 形核过程的 Monte Carlo 模拟。

1. 均质形核

均质形核是在没有任何外来界面的均匀熔体中的形核过程,也称为自发形核。当合金溶液温度低于某一临界值 T_L 时,固相体积自由能(G_S)将小于液相体积自由能(G_L),固相有析出倾向。然而固相的析出将产生液-固界面,形成附加界面能(G_i),因此固相析出还需要一定的驱动力来克服界面能引起的阻力。在实际凝固过程中形核驱动力是通过合金液的过冷获得的。在过冷度为 ΔT 时,析出体积为 V 的晶核引起的体积自由能变化 ΔG_V 及产生的界面能 G_i 分别为

$$\Delta G_V = -V\Delta h\Delta T/T_0 \tag{5.1}$$

$$G_i = A\sigma \tag{5.2}$$

式中:Δh 表示凝固过程焓的变化,近似于结晶潜热;ΔT 为过冷度;T_0 为合金平衡凝固温度;σ 为界面能;A 为液-固界面面积。因而总的自由能变化 ΔG 为

$$\Delta G = \Delta G_V + G_i \tag{5.3}$$

这一过程自发进行的条件是 $\Delta G < 0$。令 $\Delta G = 0$ 即可获得如下自发形核的临界条件:

$$V\Delta T/A = \sigma T_0/\Delta h \quad (5.4)$$

如果析出的固相为球形，则 $V=(4/3)\pi r^3$，$A=4\pi r^2$，代入式(5.4)得

$$r = 3\sigma T_0/(\Delta h \Delta T) \quad (5.5)$$

ΔG、ΔG_V 及 G_i 如图 5.1 所示。

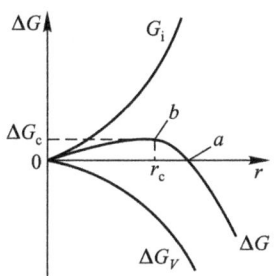

图 5.1　晶胚长成稳定的晶核及其临界半径

式(5.5)定义的条件位于图 5.1 中的 a 点。当液相中出现半径大于 r_c 的原子团时，该原子团的进一步长大会自发进行，即形核的临界条件为 b 点，而不是 a 点。半径为 r_c 的原子团定义为临界晶核。

通过对式(5.3)求极值得出的临界半径 r_c、临界形核自由能 ΔG_c 及形核过冷度 ΔT_c 别为

$$r_c = 2\sigma T_0/(\Delta h \Delta T) \quad (5.6)$$

$$\Delta G_c = (4/3)\pi r_c^2 \sigma \quad (5.7)$$

$$\Delta T_c = 2\sigma T_0/(r_c \Delta h) \quad (5.8)$$

液相中半径为 r_c 的原子团是通过过冷液相中的结构起伏产生的。根据结构起伏理论，液相中存在着大量的准固态原子团(clusters)，这些原子团时聚时散，但当过冷液相中半径为 r_c 的原子团获得一个新的原子后将变成稳定的晶体。给定液相中原子团的大小、数量及分布是过冷度或过饱和度的函数。

形核速率是表征形核规律并对凝固组织具有重要影响的量化指标，其定义为单位时间在单位体积液相中形成的晶核数目。统计热力学导出的形核速率公式为

$$u = \frac{NkT}{h}\exp\left(\frac{\Delta G_a}{kT}\right)\exp\left(\frac{\alpha\sigma^3}{kT(\Delta G_V)^2}\right) \quad (5.9)$$

式中：N 为单位体积液相中的原子总数；k 为玻耳兹曼常量；h 为普朗克常量；ΔG_a 为原子跃迁穿过液-固界面的激活能；a 为晶核形状因子，对于球形晶核，$a=16p/3$；ΔG_V 为体积吉布斯自由能。

2. 异质形核

实际中均质形核的情况很少见，在许多情况下形核依赖于液相中的固相质

点表面及各种界面而发生异质形核,也称为非均质形核或非自发形核。在异质形核过程中,液相中的原子集团依赖于已有的固相表面,在界面张力的作用下,形成如图 5.2 所示的球冠。

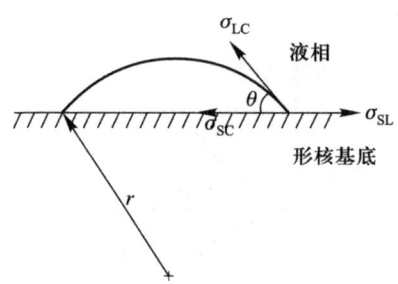

图 5.2 异质形核过程中界面张力与接触角的关系

分析表明,图中球冠的半径与均质形核的情况一致,但由于形核的体积吉布斯自由能和界面能不同,形核功随新生晶体对异质固相接触角 θ 的减小而减小,形核过冷度也因而减小。异质形核过程中的形核吉布斯自由能 ΔG_S 及异质晶核单位面积上的形核速率 μ_S 的计算式分别为

$$\Delta G_S = (4/3)\pi r^2 s_{LC} f(\theta) \tag{5.10}$$

$$\mu_S = \frac{N_S kT}{h} \exp\left(-\frac{\Delta G_a}{kT}\right) \exp\left(-\frac{a\sigma_{LC}^3 f(\theta)}{kT(\Delta G_V)^2}\right) \tag{5.11}$$

式中,θ 为新生晶体对异质晶核的接触角

$$f(\theta) = (1/4)(2 + \cos\theta)(1 - \cos\theta)^2$$

N_S 为单位面积上的原子总数。

式(5.11)仅仅给出了异质晶核单位面积的形核速率,除了这些影响因素外,异质形核速率还取决于异质晶核的数量及表面形状等因素。

3. 形核的影响因素

在工程技术领域最常见的形核方式是异质形核,其影响因素覆盖了均质形核的情况。异质形核的影响因素主要有[1]:

① 形核温度。形核温度对形核速率的影响反映在式(5.11)及图 5.3 中。在一定的过冷度下,形核过程才能发生。对于给定的合金,当过冷度大于某一值时,形核速率随温度的降低而迅速增大。由于异质形核的形核速率还受下述因素影响,因此图 5.3 只能定性地反映异质形核的规律。

② 形核时间。单位体积液相中形成晶核的数量是形核速率对时间的积分。

③ 形核基底的数量。在异质形核的过程中,形核是在外来的基底上进行的,形核基底的数量决定着形核的数量。由于形核基底的数量受各种随机因素

5.1 一般凝固理论

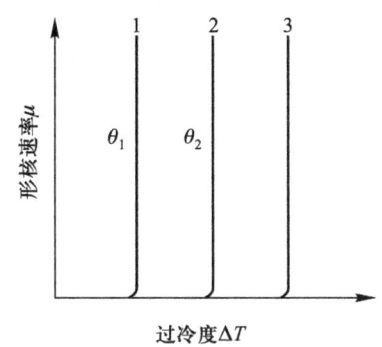

1、2—异质形核，$\theta_1 < \theta_2$；3—均质形核

图 5.3 非黏性液相中的形核速率曲线示意图

的影响，很难定量描述，在式（5.11）所示的经典模型中没有能够反映这一因素的影响，因此异质形核的理论模型仍不完善。

④ 按触角 θ。对异质形核过程而言，析出固相与外来质点的接触角是决定形核速率的关键因素。接触角越小，形核速率就越大。接触角 θ 这一表现指标是由析出相与外来质点的原子结构匹配情况决定的。当两者之间存在共格界面并具有较小的错配度时，θ 将较小，此外来质点将有条件成为形核基底。

⑤ 形核基底的形状。由图 5.4 可见，当接触角 θ 不变，在凹面、平面和凸面三种表面形状的基底中，界面为凹面时临界晶核的体积最小，形核功也最小。因此，当形核基底表面凹凸不平、存在大量凹角时，形核效率将提高。

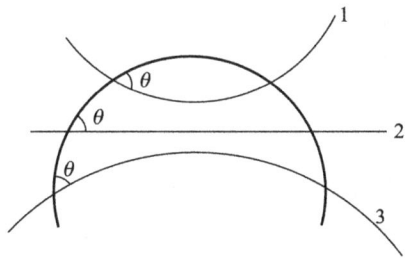

1—凹面；2—平面；3—凸面

图 5.4 形核基底表面形状对新生固相形核与尺寸的影响

5.1.2 固-液相界面结构与晶体长大

当过冷的液相中存在固相结晶核心时，液相原子不断地在固相表面排列堆砌，导致凝固界面向液相推进，实现液相的凝固。液相原子向固相沉积的方式

及速度取决于固相中结合键的特性及凝固驱动力的大小。晶体长大后的形貌更主要是取决于固-液界面原子尺度的特殊结构，这种结构与固、液两相在晶体结构与结合键力上的差别密切相关。通常，根据液相原子在界面上的沉积方式的不同，可将界面划分为非小平面界面（nonfaced structure，又称非小晶面界面）和小平面界面（faced structure，又称小晶面界面），也可称为粗糙界面（rough interface）和光滑界面（smooth interface）。材料的结晶形貌如图5.5所示。

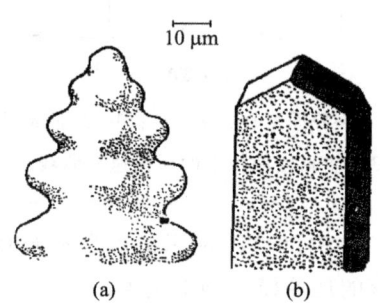

图5.5 （a）非小晶面和（b）小晶面的长大形貌

1. 非小晶面界面长大

金属和一些特殊的有机化合物属于此类，它们的晶体具有宏观上光滑的固-液界面，且显示不出任何结晶面的特征。图5.5(a)为这类晶体的外形，原子在向固-液界面上附着时是各向同性的。

非小晶面长大原子的供给取决于热流及溶质原子的扩散场，哪个方向传热、传质快，哪个方向就长大得快。与此同时，由于界面能的各向异性，这类晶体在长大方向上有择优取向的倾向，表现在树枝晶的主干有一定的结晶取向。

2. 小晶面界面长大

类金属、金属间化合物、矿物、一些有机物晶体属于此类，它们的晶体具有宏观上锯齿状的固-液界面，并显示出结晶面的特征，图5.5(b)为这类晶体的外形。这些晶体的不同晶面长大的速度是不一样的，高指数的晶面长大时向前（垂直于晶面方向）推进的速度快，最后晶体被低指数晶面包封，从而生成有棱角的外形。

凝固界面上的液相原子（或分子）可在如图5.6所示的平面、台阶或扭折三种位置上生长[1]。如果液相原子主要在台阶或扭折处沉积，凝固是通过液相原子的逐层沉积实现的，凝固界面在原子尺度上的表现就为光滑界面。反之，当液相原子的沉积位置完全随机时（称为连续生长），凝固界面在原子尺度上

的表现则为粗糙界面。Jackson 在对生长界面作这样划分的同时，提出了区分两种界面的判断 Jackson 因子

$$a = \frac{e}{kT_m} \cdot \frac{N_1}{N} \tag{5.12}$$

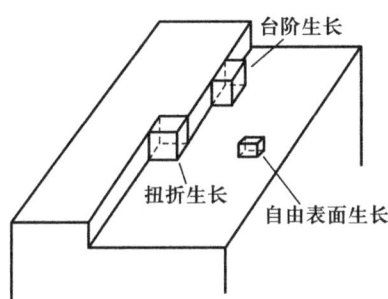

图 5.6　凝固界面原子生长的几种位置

式中，e 为固相内部原子的结合键能，k 为玻耳兹曼常数，T_m 为合金凝固温度，N 为固相内部原子的近邻数，N_1 为界面原子在凝固界面层内的近邻数。

当 $a<2$ 时凝固界面表现为粗糙界面；当 $a>5$ 时为光滑界面。由于粗糙界面上原子的沉积位置是随机的，界面能的各向异性不明确，界面在宏观上是平滑的，具有这种特性的界面又称为非小平面界面。光滑界面上原子的沉积是一层一层进行的，可通过二维形核形成台阶，或利用位错、孪晶提供的台阶生长。光滑界面在宏观上是不光滑的。具有这种凝固特性的相称为小平面相。

各种结晶面的生长速度均是生长驱动力(过冷度或过饱和度)的函数。然而，不同生长方式对应的函数关系是不同的。根据原子通过固-液界面的迁移速度、界面二维成核速度及面扩散速度可以求出连续生长、二维成核生长及位错生长情况下生长速度与过冷关系的计算式：

连续生长速度：

$$R_C = -\frac{D_L \Delta h \Delta T}{\alpha k T_m^2} \tag{5.13}$$

二维形核生长速度：

$$R_N = B_1 \frac{D_L}{D_{LM}} \exp\left(-\frac{B_2}{\Delta T}\right) \tag{5.14}$$

位错生长速度：

$$R_D = B_3 \frac{D_L}{D_{LM}} (\Delta T)^2 \tag{5.15}$$

各式中，D_L 为液相中的原子扩散系数，D_{LM} 为凝固界面上的原子面扩散系数，

Δh 为生长过程的焓的变化，a 为沿生长方向的原子层间距，T_m 为合金凝固的温度，B_1、B_2、B_3 为与合金体系物理性能相关的常数。可以看出，不同的生长方式其生长速度与生长过冷度的关系服从不同的规律。

5.1.3 凝固过程的溶质再分配

在合金凝固过程中，由于各组元在液相和固相中化学位的变化，析出固相的成分将不同于周围液相，因而固相的析出将导致周围液相成分的变化，并在液相和固相内造成成分梯度，从而引起扩散现象，发生溶质的再分配。溶质再分配是凝固过程的重要伴随现象，决定着界面处固、液两相成分变化的规律，对凝固组织有着决定性的影响，如同局部温度分布一样，也是控制晶体生长行为的重要因素之一。正是 20 世纪 50 年代以来对凝固过程溶质再分配现象的发现和研究，推动了现代凝固理论的形成与发展。

除纯金属这一特例外，单相合金的结晶过程一般是在一个固、液两相共存的温度区间内完成的。在区间内的任一点，共存两相都具有不同的成分[2]，如图 5.7 所示。在凝固过程中，随温度的下降，液、固相平衡成分随之发生改变，溶质必然要在界面前沿富集或者贫乏，所以晶体生长与传质过程必然相伴而生。

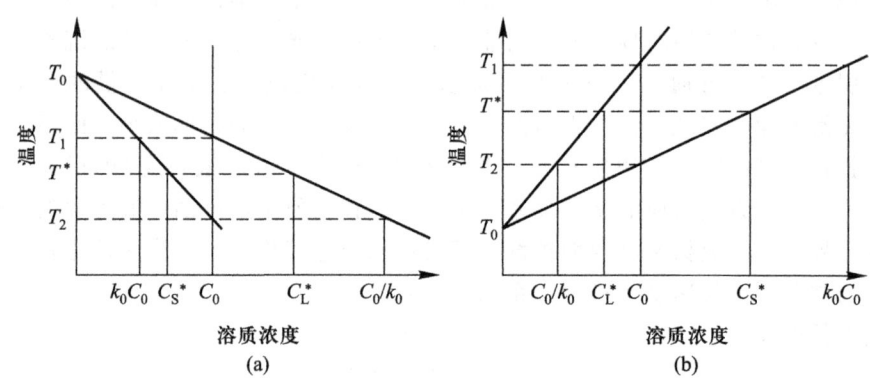

图 5.7 单相合金的平衡分配系数：(a) $k_0 < 1$；(b) $k_0 > 1$

描述凝固过程溶质再分配的关键参数是溶质分配系数 k，k 定义为凝固过程固相溶质浓度 C_S 与液相溶质浓度 C_L（均为质量浓度）之比

$$k = \frac{C_S}{C_L} \tag{5.16}$$

对于平衡凝固过程，在 T^* 温度下，固相和液相中的溶质浓度 C_S 和 C_L 是由相图的固相线和液相线确定的，分别记为 C_S^* 和 C_L^*，如图 5.7 所示。假设

合金的液相线和固相线均为直线(其斜率分别为 m_L、m_S),对给定的合金,其平衡溶质分配系数 k_0 为一常数($k_0 = m_L/m_S$),与温度和浓度无关。当合金的熔点随溶质浓度的增加而降低时,$k_0 < 1$;反之,当合金熔点随溶质浓度的增加而升高时,$k_0 > 1$。对大多数单相合金而言,$k_0 < 1$。

通过相图可以确定平衡凝固条件下的溶质分配系数,然而,平衡凝固的情况是极少见的。对应于平衡凝固、近平衡凝固和非平衡凝固,对溶质分配系数 k 的研究也包含三个层次,即平衡溶质分配系数 k_0、有效溶质分配系数 k_e 和非平衡溶质分配系数(实际溶质分配系数)k_a。

凝固过程溶质分配的平衡条件包含两方面的内容,即凝固界面上溶质迁移的平衡及固相和液相内部扩散的平衡。随着凝固速度的变化可出现如图 5.8 所示的三种溶质分配情况。

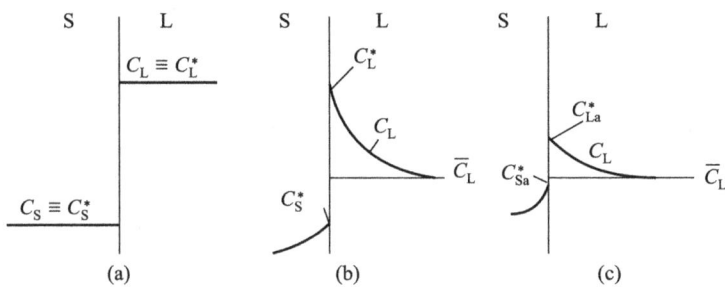

图 5.8 三种凝固条件下凝固界面附近的溶质分配情况:
(a)平衡凝固;(b)近平衡凝固;(c)非平衡凝固

C_S—固相溶质浓度;C_L—液相溶质浓度;$\overline{C}_L$—液相溶质平均浓度;

C_S^*—平衡凝固条件下界面上固相一侧的溶质浓度;

C_L^*—平衡凝固条件下界面上液相一侧的溶质浓度;

C_{Sa}^*—非平衡凝固条件下界面上固相一侧的溶质浓度;

C_{La}^*—非平衡凝固条件下界面上液相一侧的溶质浓度

1. 平衡溶质分配系数

在极其缓慢的凝固过程中,凝固界面附近的溶质迁移及固、液相内的溶质扩散均是充分的,如图 5.8(a)所示,这一过程称为平衡凝固。在平衡凝固的条件下,固相的溶质浓度与液相的溶质浓度之比定义为平衡溶质分配系数 k_0,k_0 可在热力学的范畴内根据热力学平衡条件确定。

如果忽略压力项和界面张力项的影响,k_0 的表达式为

$$k_0 = \frac{f^L}{f^S}\exp\left(\frac{\mu_0^L(p_0,T) - \mu_0^S(p_0,T)}{R_g T}\right) \tag{5.17}$$

式中：f^L、f^S 分别为溶质在液相和固相中的活度系数，是温度的函数；$\mu_0^L(p_0, T)$、$\mu_0^S(p_0, T)$ 分别为溶质元素在液相和固相中的标准化学位；R_g 为气体常数；p_0 为标准大气压；T 为热力学温度。

对于平衡溶质分配系数存在以下的影响因素。

(1) 温度与合金成分

由式(5.17)可以看出，k_0 与温度相关，而凝固温度与合金成分的关系由相图的液相线确定。因此，k_0 通常并不是常数，而是合金溶质浓度的函数。但在许多情况下 k_0 可作为常数处理，以便于进行理论分析。

在多元合金系统中，可以采用下列多项式近似表示 k_0 值：

$$k_0 = \sum_{i=0}^{n} a_i C_L^i \tag{5.18}$$

式中：a_i 为比例系数，可用线性回归方法确定；C_L^i 为组元 i 在液相中的浓度。

(2) 凝固界面曲率

由式(5.17)定义的平衡溶质分配系数对应于平面凝固界面，没有考虑凝固界面的曲率效应。在弯曲界面附近由于界面张力的作用，热力学平衡条件将发生变化，平衡溶质分配系数将偏离平面凝固界面条件下的值。通过在平衡条件中加入界面张力项，可以求出弯曲凝固界面前的平衡溶质分配系数 k_0' 为

$$k_0' = k_0 \left[1 - \frac{2V_S^B \sigma \kappa}{R_g T_M^A} \right] \tag{5.19}$$

式中：V_S^B 为溶质原子在固相中的偏摩尔体积；R_g 为气体常数；κ 为曲率；σ 为界面张力；T_M^A 为纯溶剂的熔点。

详细分析发现，仅当曲率半径小于 10^{-6} cm 时，k_0' 与 k_0 才会有明显差异。在普通铸件凝固中，枝晶尖端的半径在 $10^{-4} \sim 10^{-3}$ cm 范围内，因而曲率效应可以忽略；但在快速凝固过程中曲率效应的影响则是明显的。

(3) 压力

通常所说的 k_0 是标准大气压下的平衡溶质分配系数，压力升高时需要在平衡条件中加入压力项，从而求出高压下的平衡溶质分配系数 k_0'' 为

$$k_0'' = k_0 \left[1 - \frac{\Delta \bar{V}^B \Delta p}{R_g T_M^A} \right] \tag{5.20}$$

式中，$\Delta \bar{V}^B$ 为溶质原子在凝固过程中偏摩尔体积的变化，Δp 为实际压力与标准大气压之差。通常当 $\Delta p = 10$ MPa 时，k_0'' 与 k_0 将有明显的差异。

2. 有效溶质分配系数

在实际凝固过程中，溶质原子在固、液两相中的扩散速度有限，界面两侧固、液在大范围内成分不可能均匀化，所以是一个非平衡过程，界面不可能处

于绝对的平衡状态。

溶质分配系数研究的第二个层次是近平衡凝固过程的有效溶质分配系数。当凝固速度稍快时，凝固界面上的溶质迁移仍能达到平衡，即 $C_S^*/C_L^* = k_0$，但固相和液相内部的扩散则不能充分进行。如不考虑液相充分混合的情况，则在固 - 液界面附近形成如图 5.8(b) 所示的溶质分布。这一凝固过程称为近平衡凝固。近平衡凝固过程的有效溶质分配系数 k_e 定义为界面处固相的溶质浓度 C_S^* 与溶质富集层以外的液相溶质分数 $\bar{C}_L$ 之比，即

$$k_e = \frac{C_S^*}{\bar{C}_L} \tag{5.21}$$

有效溶质分配系数研究的基础是平衡溶质分配系数 k_0 和固、液相内的扩散动力学。Burton 等在图 5.8(b) 的基础上通过求扩散场方程确定出 k_e 的计算式为

$$k_e = \frac{k_0}{k_0 + (1 - k_0)\exp\left(-\frac{R}{D_L}\delta\right)} \tag{5.22}$$

式中，D_L 为溶质在液相中的扩散系数，R 为凝固速度（即凝固界面推进速度），k_0 为平衡溶质分配系数，d 为凝固界面前扩散边界层的厚度。

可见，当 $D_L \to \infty$，或 $d \to 0$，或 $R \to 0$ 时，$k_e \to k_0$。

3. 非平衡溶质分配系数

平衡结晶只是一种理想状态，在实际中一般不可能完全达到。随着凝固速度的进一步加快，不仅固相和液相内部溶质来不及充分扩散，凝固界面上的溶质迁移也将偏离平衡，即非平衡溶质分配系数 $k_a = C_{Sa}^*/C_{La}^* \neq k_0$，凝固将完全在非平衡条件下进行。$k_a$ 定义为界面处固相和液相的实际溶质浓度之比，如图 5.8(c) 所示，它是一个偏离 k_0、向 1 趋近的值。

在一般凝固条件下，热扩散系数 a 约为 5×10^{-2} cm²/s 数量级，而溶质原子在液态金属中的扩散系数 D_L 为 5×10^{-5} cm²/s 数量级，溶质原子在固相中的扩散系数 D_S 为 5×10^{-8} cm²/s 数量级，故扩散进程远远落后于凝固进程。因此，平衡结晶极难实现，实际结晶过程都是非平衡结晶。

下面以一个等截面的水平圆棒自左向右的单向凝固过程为例，讨论非平衡溶质分配系数[3]。假设合金原始成分为 C_0，界面前方为正温度梯度，界面始终以宏观的平面形态向前推进，并且始终忽略溶质原子在固相中微不足道的扩散过程。

（1）固相无扩散、液相均匀混合时的溶质再分配

在此情况下，另外假设结晶过程能保证液态金属在任何时刻都能通过扩散、对流或强烈搅拌而使其成分完全均匀，如图 5.9 所示。由于固相无扩散，因而其内部成分是不均匀的，从而使其平均成分偏离平衡状态图，而处于虚线 12 的位置[图 5.9(a)]。然而液相成分却始终是均匀的，其平均成分与界面处

的平衡成分相等[图5.9(c)]。

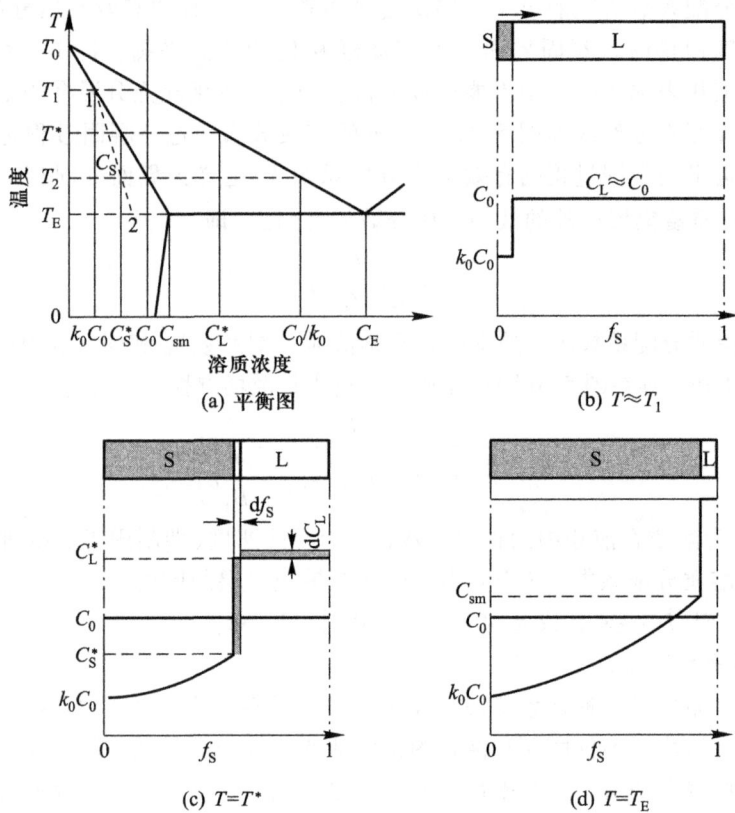

图5.9 溶质在液相中均匀混合时的溶质再分配过程

假设此时固、液两相质量分数分别为 f_S 和 f_L，根据质量守恒定律，有

$$\bar{C}_S f_S + \bar{C}_L f_L = C_0 \tag{5.23}$$

由于在相同的温度下 $\bar{C}_S < C_S^*$，$\bar{C}_L = C_L^*$，因此必有 $f_L > f_L^*$，即在此情况下，剩余液相数量 f_L 必然大于平衡凝固时的相应数量 f_L^*，以致在平衡凝固结束温度 T_2 时，还剩余一定数量的液相，有待在更低的温度下完成其凝固过程。如果图5.9(a)虚线12所示成分在共晶温度 T_E 下仍小于 C_0，则最后将残留一部分共晶成分（C_E）的液体凝固成共晶组织，如图5.9(d)所示。

假设结晶过程中的某一瞬间固、液两相在界面处的成分分别为 C_S^*、C_L^*，相应的质量分数分别为 f_S 和 f_L；当界面处的固相增量为 df_S 时，其排出的溶质量为 $(C_L^* - C_S^*)df_S$，相应地使剩余液相 $(1-f_S)$ 的浓度升高 dC_L^*，则

$$(C_L^* - C_S^*)df_S = (1 - f_S)dC_L^* \tag{5.24}$$

由于 $C_L^* = C_S^*/k_0$，故式(5.24)可写成

$$\frac{(1-k_0)C_S^* df_S}{k_0} = \frac{(1-f_S)dC_S^*}{k_0} \quad (5.25)$$

即

$$\frac{dC_S^*}{C_S^*} = \frac{(1-k_0)df_S}{1-f_S} \quad (5.26)$$

积分得

$$\ln C_S^* = (k_0 - 1)\ln(1-f_S) + \ln C \quad (5.27)$$

式中 C 为积分常数。

初始条件为 $f_S = 0$ 时，$C_S^* = k_0 C_0$，故 $C = k_0 C_0$，因此

$$C_S^* = k_0 C_0 (1-f_S)^{k_0 - 1} \quad (5.28)$$

式(5.27)与式(5.28)即为著名的 Scheil 公式，或称非平衡结晶时的杠杆定律。它在比较广泛的实验条件范围内描述了固相无扩散、液相均匀混合下的溶质再分配规律。

（2）在固相无扩散、液相只有有限扩散下的溶质再分配

在液相只有扩散传质（扩散系数 D_L）而不存在对流或搅拌的情况下，固相排出的溶质在液相中难以迅速地扩散开而达到均匀，如图 5.10 所示。当液态金属左端温度到达 T_1 时，结晶开始进行，初始时刻析出成分为 $k_0 C_0$ 的晶体 [图 5.10(b)]。由于 $k_0 < 1$，随着晶体的生长，将不断向界面前沿排出溶质原子并以扩散规律向液体内部传输。设 R 为固-液界面的生长速度，x 是以界面为原点沿其法向伸向熔体的动坐标，$C_L(x)$ 为液相中沿 x 方向的浓度分布，$\left.\frac{dC_L(x)}{dx}\right|_{x=0}$ 为界面处液相中的浓度梯度，则单位时间、单位面积界面处排出的溶质量 q_1 和扩散走的溶质量 q_2 分别为

$$q_1 = R(C_L^* - C_S^*) = RC_L^*(1-k_0) \quad (5.29)$$

$$q_2 = -D_L \left.\frac{dC_L(x)}{dx}\right|_{x=0} \quad (5.30)$$

根据固-液界面前沿液相溶质富集层成分分布及变化情况，此结晶过程分为三个阶段：

① 在结晶初期，$q_1 > q_2$，生长的结果导致溶质原子在界面前沿进一步富集。溶质的富集降低了界面处的液相线温度，只有温度进一步降低时界面才能继续生长。这一时期的结晶特点为：随着固-液界面向前推进，固、液两相平衡浓度 C_S^* 与 C_L^* 持续上升，界面温度不断下降。在此阶段，由于浓度梯度随 C_L^* 的增大而急速地上升，因此 q_2 增大的速度比 q_1 更快。故 q_1 与 q_2 之间的差值随生长的进行而迅速地减小，直到 $q_1 = q_2$。

② 当 $q_1 = q_2$ 时，界面上排出的溶质量与扩散走的溶质量相等，晶体便进

入稳定生长阶段[图 5.10(d)]。这时由于界面溶质富集不继续增大,界面处固、液两相将以恒定的平衡成分向前推进,界面必然是等温的。界面前方液相中也必然会维持着一个稳定的溶质分布状态。

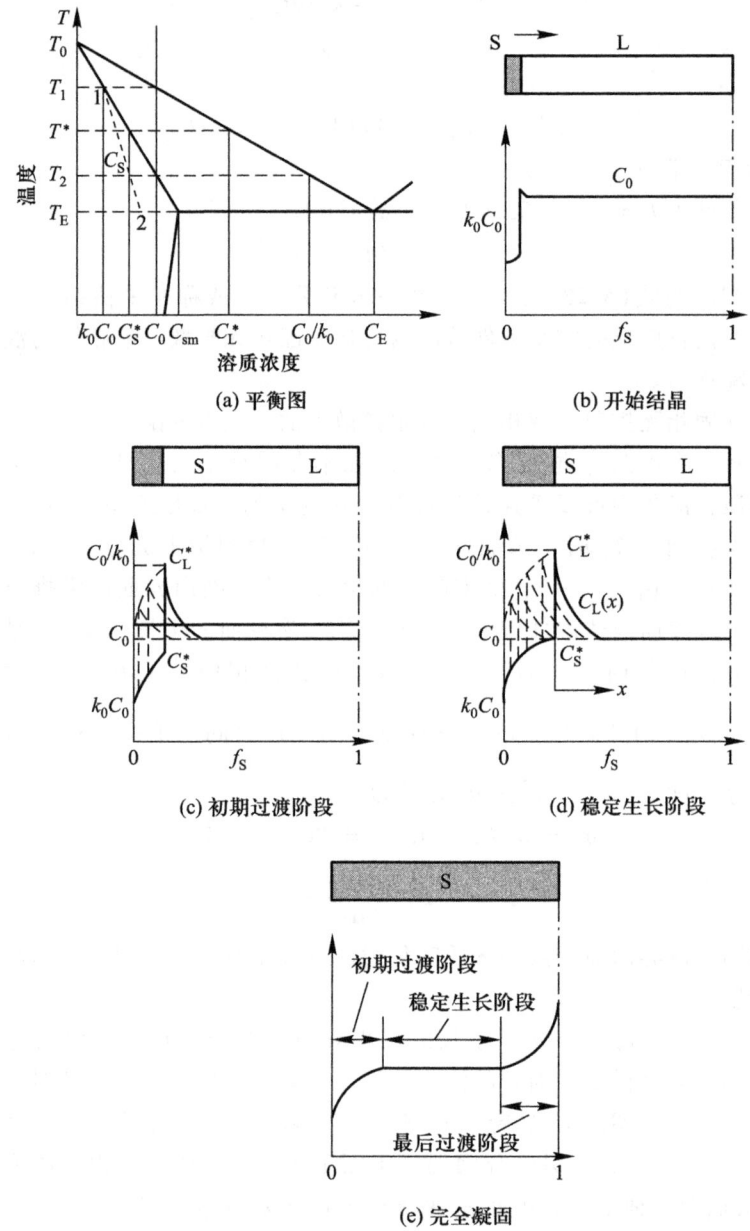

图 5.10　液相中只有有限扩散传质时的溶质再分配

③ 晶体的稳定生长临近结束时，富集的溶质集中在残余液相中无法向外扩散，于是界面前沿溶质富集又进一步加剧，界面处固、液两相的平衡浓度复又进一步上升，形成了晶体生长的最后过渡阶段，凝固完成后固相浓度分布情况如图 5.10(e) 所示。

在稳定生长过程中，界面前方液相中的浓度分布 $C_L(x)$ 取决于以下两个因素的综合作用：一个是由 Fick 第二定律确定的，即由扩散引起的浓度变化，$-D_L\dfrac{d^2 C_L(x)}{dx^2}$；另一个是整个浓度分布曲线在界面带动下以速度 R 向前推进所引起的浓度变化，$R\dfrac{dC_L(x)}{dx}$。

因此，有基本方程

$$-D_L\frac{d^2 C_L(x)}{dx^2} + R\frac{dC_L(x)}{dx} = \frac{dC_L(x)}{dt} \tag{5.31}$$

在稳定生长阶段，$\dfrac{dC_L(x)}{dt} = 0$，即

$$-D_L\frac{d^2 C_L(x)}{dx^2} + R\frac{dC_L(x)}{dx} = 0 \tag{5.32}$$

此方程通解为

$$C_L(x) = A + B\exp(-Rx/D_L) \tag{5.33}$$

其边值条件为

(a) $x = \infty$ 时，$C_L(x) = C_0$。

(b) $x = 0$ 时，$q_1 = q_2$。

由条件(a)可得 $A = C_0$，则 $C_L(x)$ 可写成

$$C_L(x) = C_0 + B\exp(-Rx/D_L) \tag{5.34}$$

由条件(b)可求得

$$B = (1 - k_0)C_0/k_0$$

因此有

$$C_L(x) = C_0\left(1 + \frac{1 - k_0}{k_0}\exp(-Rx/D_L)\right) \tag{5.35}$$

式(5.35)即为 Tiller 公式，描述了晶体在固相无扩散、液相只有有限扩散而无对流和搅拌的条件下，稳定生长阶段界面前方液相中的溶质浓度分布规律。它是一条指数衰减曲线，$C_L(x)$ 随 x 的增加而迅速地下降为 C_0，从而在界面前方形成了一个急速衰减的溶质富集边界层。令 $x = 0$，即可求得界面处液相的平衡浓度 $C_L^* = C_0/k_0$ 以及相应的固相平衡浓度 $C_S^* = k_0 C_L^* = C_0$。如果不考虑极其微小的动力学过冷，则界面温度便等于合金的平衡固相线温度 T_2。由

第五章 凝固理论

此可见,在稳定生长阶段,界面两侧以不变的成分 $C_S^* = C_0$ 与 $C_L^* = C_0/k_0$ 向前推进,一直到最后过渡阶段为止。稳定生长的结果是可以获得成分为 C_0 的单相均匀固溶体。

由式(5.35)可见,在相同的原始成分 C_0 下,$C_L(x)$ 曲线的形状受晶体生长速度 R、溶质在液相中的扩散系数 D_L 以及平衡分配系数 k_0 的影响。在稳定生长阶段,R 越大,D_L 或 k_0 越小,则界面前方溶质富集越严重,曲线 $C_L(x)$ 就越陡,如图 5.11 所示。

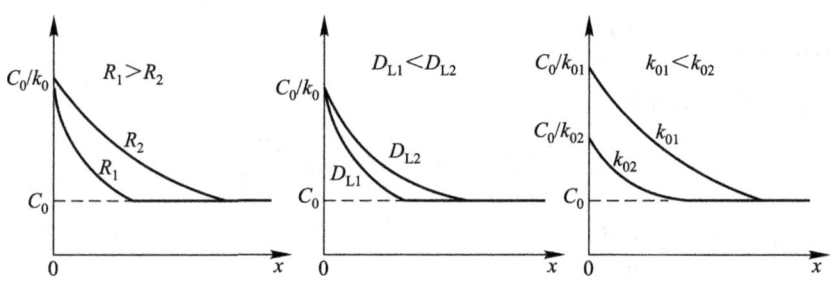

图 5.11　R、D_L 和 k_0 对稳定生长阶段 $C_L(x)$ 曲线的影响

(3) 固相无扩散、液相存在部分混合时的溶质再分配

以上讨论的只是两种极端的情况,实际上在凝固过程中,液相既不可能达到完全均匀的混合,也不可能只发生溶质的扩散,而是存在着流动传质。所以实际的晶体生长过程总是介于两者之间,即既有扩散又有对流,从而形成溶质的部分混合。

在紧靠界面的前方,存在着一薄层流速作用不到的液体,称为扩散边界层。在边界层内,溶质原子只能通过扩散进行传输;在边界层外,液相则可借助流动而达到完全混合。

边界层厚度 d 对结晶过程中液 - 固界面前方的溶质再分配起着决定性作用,d 随着流动场的增强而减小。当流动作用非常强(如强烈搅拌作用下),以致 $d \rightarrow 0$ 时,其溶质再分配规律与液相完全混合时相同[图 5.12(c)];相反,当流动作用极其微弱,使 $d \rightarrow \infty$ 时,其溶质再分配规律又接近于液相仅有有限扩散传质的情况[图 5.12(a)]。而其液相存在部分混合、d 一定时,其溶质再分配特点则介于上述两种假设之间,如图 5.12(b)所示。

5.1 一般凝固理论

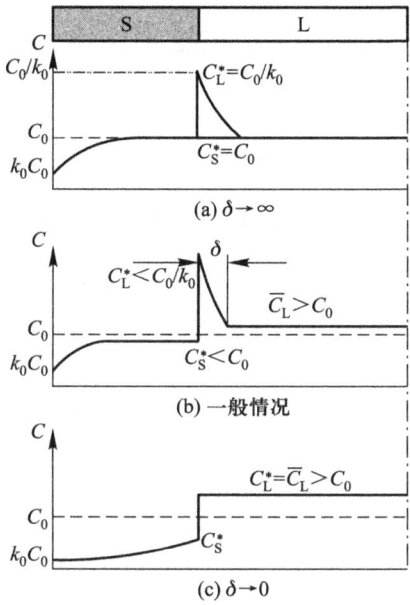

图 5.12 液相传质条件对溶质再分配规律的影响

5.1.4 凝固过程固 – 液界面熔体的过冷状态

1. 热过冷

固 – 液界面前方的局部温度分布是控制晶体生长行为的重要因素之一。如果把固 – 液界面前方局部温度分布近似地看成直线,并且假设界面平衡结晶温度为 T^*,动力学过冷度为 ΔT_K,x 是以界面为原点沿其法向伸向熔体的动坐标,则界面前方局部温度分布可表达为

$$T(x) = T^* - \Delta T_K + G_L x \tag{5.36}$$

对纯金属而言,在固定温度下结晶,其过冷状态仅与界面前方的局部温度分布有关。纯金属界面的平衡结晶温度 $T^* = T_0$,故界面前方熔体的过冷状态可以表示为

$$\begin{aligned}\Delta T_H &= T_0 - (T_0 - \Delta T_K + G_L x) \\ &= \Delta T_K - G_L x\end{aligned} \tag{5.37}$$

忽略动力学过冷度 ΔT_K 时,$\Delta T_H = -G_L x$。

可见只有当界面液相一侧形成负温度梯度时,才能在纯金属晶体界面前方熔体内获得过冷,如图 5.13 所示。这种仅由熔体实际温度分布所决定的过冷状态称为热过冷。

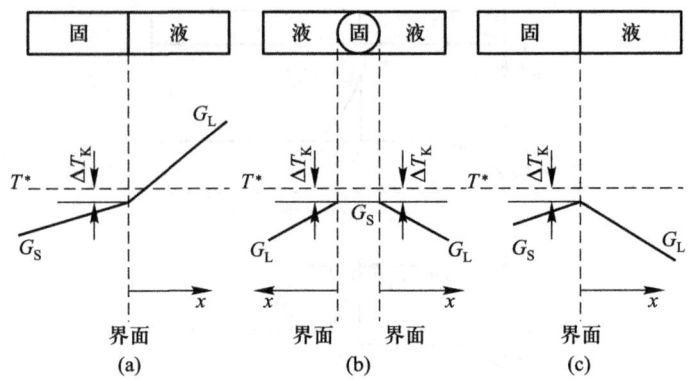

图 5.13 （a）固-液界面前方的正温度梯度；（b）晶体自由生长下界面前方的负温度梯度；（c）晶体单相生长下界面前方的负温度梯度

2. 成分过冷

合金在凝固中，由于溶质在固相和液相中的分配系数不同，溶质原子随着凝固的进行，被排挤到液相中去。在固-液界面液相一侧堆积着溶质原子，随着离开固-液界面距离的增大，溶质浓度逐渐降低，如图 5.14(b) 所示。无成分过冷条件下的实际温度 T_a 和平衡凝固温度 T_L 分布如图 5.14(c) 所示。图上沿距离各点的实际温度都高于平衡液相线温度，如果在平的界面上由于不稳定的因素鼓出，也会由于过热的环境将其熔化而继续保持平面界面。与此相反，如果实际温度低于平衡液相线温度，变成过冷的情况，这种由于成分变化引起的过冷称为成分过冷(constitutional supercooling)[3]，以便和单纯由温度引起的热过冷有所区别。从图 5.14(d) 可以看出，实际温度低于平衡液相线温度的区间称为成分过冷区。此时在平的界面上由于不稳定因素形成突起后，因处于过冷环境不可能发生熔化，从而破坏了平面凝固。

在固-液界面一侧液相中的溶质原子浓度梯度应为

$$\left(\frac{dC_L}{dx}\right)_{x=0} = -\frac{R}{D_L}C_L^*(1-k) \tag{5.38}$$

式中，R 为生长速度，C_L 为液相溶质浓度，C_L^* 为温度 T^* 下的液相平衡溶质浓度，D_L 为溶质液相扩散系数，k 为溶质分配系数。

当平界面处于平衡时，有

$$\left(\frac{dT_L}{dx}\right)_{x=0} = m_L\left(\frac{dC_L}{dx}\right)_{x=0} \tag{5.39}$$

式中，T_L 为合金液的液相线温度，m_L 为合金系的液相线斜率。

5.1 一般凝固理论

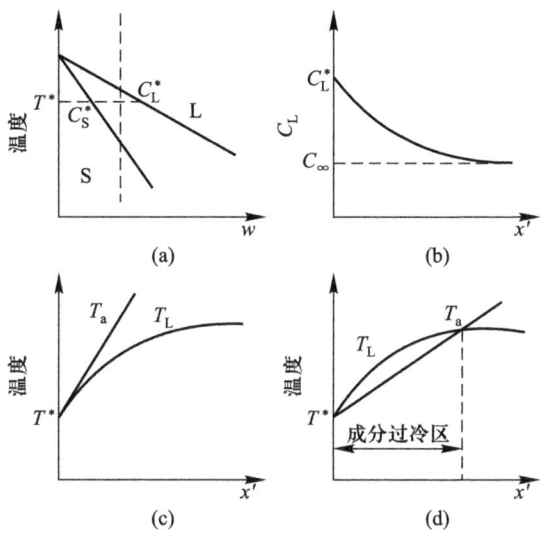

图 5.14 合金凝固时的成分过冷：
（a）相图；（b）生长界面前方液相中的溶质分布 C_L；（c）相应的平衡液相线温度；
（d）有成分过冷条件下的温度分布（C_S^*、C_L^* — 温度 T^* 下的平衡固相和液相的溶质浓度）

如果没有过冷，界面液相中的实际温度梯度 G_L 应等于或大于 $\left(\dfrac{\mathrm{d}T_L}{\mathrm{d}x}\right)_{x=0}$，即

$$G_L = \left(\dfrac{\mathrm{d}T_L}{\mathrm{d}x}\right)_{x=0}$$

或

$$\dfrac{G_L}{R} = -\dfrac{m_L C_S^*(1-k)}{kD_L} \tag{5.40}$$

不论存在或不存在对流，式(5.40)都适用，因为在固-液界面处液相中总是有一层液体不受对流影响。在稳态无对流条件下，C_S^* 等于合金溶质浓度 C_0，则式(5.40)变为

$$\dfrac{G_L}{R} = -\dfrac{m_L C_0(1-k)}{kD_L} \tag{5.41}$$

$\dfrac{G_L}{R}$ 即为固-液界面稳定因子。

而要产生成分过冷，则需界面液相中的实际温度梯度 G_L 必须小于 $\left(\dfrac{\mathrm{d}T_L}{\mathrm{d}x}\right)_{x=0}$，即

第五章 凝固理论

$$\frac{G_L}{R} < -\frac{m_L C_0(1-k)}{kD_L} \tag{5.42}$$

为成分过冷判据。

5.1.5 界面稳定性与晶体形态

1. 热过冷对凝固过程的影响

（1）界面前方无热过冷下的平面生长

当 $G_L > 0$ 时，纯金属晶体界面前方不存在热过冷，这时界面能最低的宏观平坦的界面形态是稳定的。界面上偶然产生的任何突起必将伸入过热熔体中而被熔化，界面最终仍保持其平坦状态。只有通过固相不断散热而使界面前沿熔体温度进一步降低，晶体才能得以生长，而界面本身则始终处于$(T_0 - \Delta T_k)$的等温状态下。这种界面生长方式称为平面生长(planar growth)。生长中，每个晶体逆着热流平行向内伸展成一个个柱状晶，如果开始只有一个晶粒，则可获得理想的单晶体。

（2）热过冷作用下的枝晶生长

当 $G_L < 0$ 时，界面前方存在着一个大的热过冷区。这时宏观平坦的界面形态是不稳定的。一旦界面上偶然产生一个凸起，它必将与过冷度更大的熔体接触而很快地向前生长，形成一个伸向熔体的主杆。主杆侧面析出的结晶潜热使温度升高，远处仍为过冷熔体，也会使侧面面临新的热过冷，从而生长出二次分枝。同样，在二次分枝上还可能生长出三次分枝，从而形成树枝晶。这种界面生长方式称为枝晶生长。在枝晶生长过程中，分枝迅速伸展所导致的体积自由能的降低足以抵消因此而引起的界面自由能的升高。因此，仍然是一个导致系统自由能进一步降低的自发过程。如果在结晶过程中把未凝固的液体迅速倾出（倾液法），就可以清楚地看到枝晶生长的界面形态。如果 $G_L < 0$ 的情况产生于单向生长过程中，得到的将是柱状枝晶；如果 $G_L < 0$ 发生在晶体的自由生长过程中，则将形成等轴枝晶。

2. 成分过冷对凝固过程的影响

成分过冷对一般单相合金凝固过程的影响与热过冷对纯金属的影响本质相同。但由于同时存在着传质过程的制约，在无成分过冷的情况下，界面也以平面生长方式长大，但随着成分过冷的出现和增大，界面生长方式将依次以胞状晶→柱状晶→等轴晶形式进行。

（1）界面前方无成分过冷的平面生长

当一般单相合金晶体生长符合条件时，界面前方不存在成分过冷，因此界面将以平面生长方式长大。在这种情况下，除了在晶体生长初期过渡阶段和最后过渡阶段界面要发生相应的温度和成分变化外，在整个稳定生长阶段，其生长过程与纯金属的平面生长没有本质的区别。宏观平坦的界面是等温的，并以恒定的平衡成分向前推进。生长的结果将会在稳定生长区内获得成分完全均匀的单相固溶体柱状晶甚至单晶体，如图5.15所示。

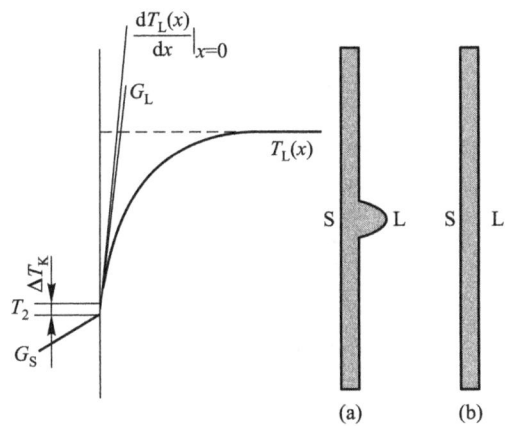

图 5.15 界面前方无成分过冷的平面生长：
(a) 局部不稳定界面；(b) 最终稳定界面

(2) 窄成分过冷区作用下的胞状生长(cellular growth)

当一般单相合金晶体生长符合条件

$$\frac{G_L}{R} = -\frac{m_L C_0 (1-k)}{k D_L}$$

时，界面前方存在着一个狭窄的成分过冷区，如图5.16所示。成分过冷区的存在破坏了平面界面的稳定性。这时宏观平坦界面偶然的扰动而产生的任何凸起都必将面临较大的过冷而以更快的速度进一步长大，同时不断向周围熔体中排出溶质(当$k_0 < 1$时)，由于相邻凸起之间的凹入部位的溶质浓度比凸起前端增加得更快，而凹入部位的溶质扩散到熔体深处比凸起前端更为困难，因此，凸起快速长大的结果导致了凹入部位的溶质进一步浓集。溶质浓集降低了凹入部位熔体的液相线温度和过冷度，抑制了凸起的横向生长速度，并形成了一些由低熔点物质汇集区所构成的网格状沟槽。而凸起前端的生长受到成分过冷区宽度的限制，不能自由地向熔体前方伸展。这样，在窄成分过冷区的作用下，不稳定的平坦界面就破裂成一种稳定的、由许多近似于旋转抛物面的凸出圆胞和网格状的凹陷沟槽构成的新的界面形态，称为胞状界面。以胞状界面向前推进的生长方式称为胞状生长，其生长结果形成胞状晶。每个胞状晶的横向成分很不均匀，$k_0 < 1$的合金其晶胞中心溶质含量最低，向四周逐渐增高。

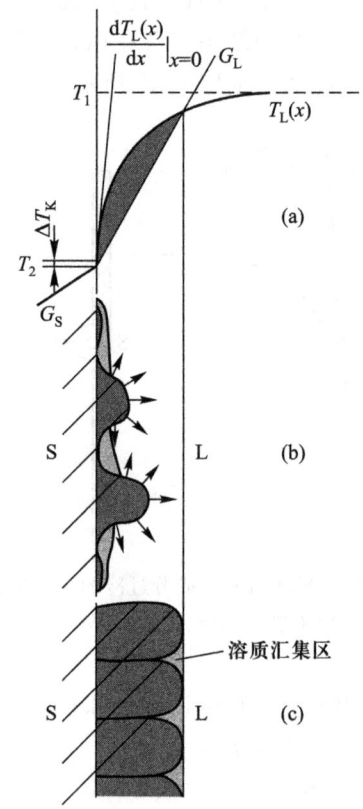

图 5.16 （a）窄成分过冷区的形成；（b）平面界面在成分过冷作用下失去稳定；
（c）稳定的胞状界面形态的形成

（3）宽成分过冷区作用下的枝晶生长（dendritic growth）

1）柱状枝晶生长

随着 G_L/R 的减小和界面前方溶质浓度 C_0 的提高（对于 $k_0<1$ 的合金），界面前方的成分过冷区逐渐加宽，晶胞凸起伸向熔体更远，凸起前端近似于旋转抛物面的界面由于溶质的析出而在熔体中面临着新的成分过冷，因而逐渐变得不稳定，胞状生长就转变为柱状枝晶生长，如图 5.17 所示。如果成分过冷区足够大，二次枝晶在随后的生长中又会在其前端分裂出三次分枝。这样不断分枝的结果是，在成分过冷区内迅速形成了树枝晶的骨架。单相合金柱状晶生长是一种热量通过固相散失的约束生长。在生长过程中主干彼此平行地向着热流相反的方向延伸，相邻主干的高次分枝往往互相连接，排列成方格网状，构成柱状枝晶特有的板状排列，从而使材料的各项性能表现出强烈的各向异性。

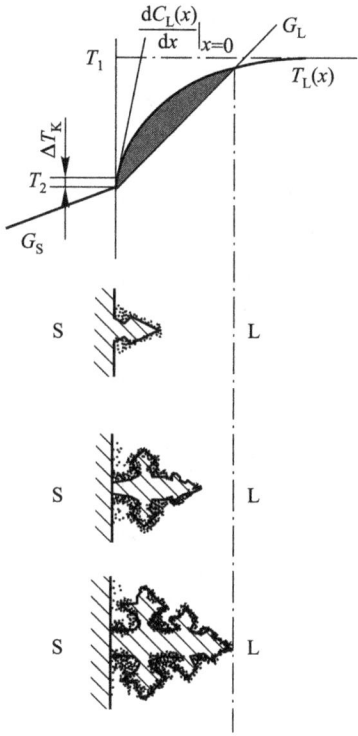

图 5.17 柱状枝晶生长过程

2）等轴枝晶生长

当界面前方成分过冷区进一步加宽时，成分过冷的极大值 ΔT_{cm} 将大于熔体中非均质成核最有效衬底大量成核所需的过冷 $\Delta T_{非}^*$，于是在柱状晶生长的同时，界面前方这部分熔体也将发生新的成核过程，并且导致了晶体在过冷熔体（$G_L<0$）的自由生长，从而形成了方向各异的等轴枝晶，如图 5.18 所示。

等轴枝晶的存在阻止了柱状晶区的单向延伸，此后的结晶过程便是等轴晶区不断向液体内部推进的过程。

由此可见，就合金的宏观结晶状态而言，平面生长、胞状生长和柱状枝晶生长皆属于一种晶体自形壁成核、由外向内单向延伸的生长方式，称为外生生长。等轴枝晶在熔体内部自由生长的方式称为内生生长。可见成分过冷区的进一步加大促使了外生生长向内生生长的转变。显然，这个转变是由成分过冷的大小和外来质点非均质成核的能力这两个因素决定的。大的成分过冷和强成核能力的外来质点都有利于内生生长和等轴枝晶的形成。

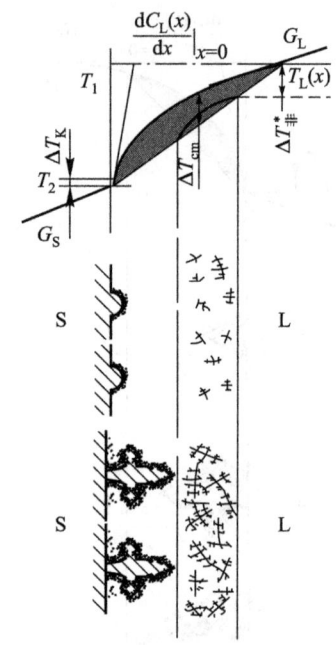

图 5.18　从柱状枝晶的外生生长转变为等轴枝晶的内生生长

5.2　多相合金的凝固

工程用金属材料通常都是多组元的，在凝固过程中各组元或以单质，或以固溶体，或以化合物的形式析出。二元合金的凝固是研究凝固过程基本原理的基础，多元系的凝固通常可用二元系的凝固特征加以分析，而单组元(纯物质)的凝固则可用二元系在溶质浓度趋于零的情况下推论。因此，对凝固过程基本原理的研究常以二元系为对象，人们通过长期的实验和计算获得的大量二元相图为凝固过程的研究奠定了基础[4]。图 5.19 是四种基本的二元相图，实际遇到的二元相图可能非常复杂，然而，仔细分析可以发现，所有的二元相图都是由这四种基本相图构成的。

图 5.19 中的 A 和 B 可以是纯物质，也可以是化合物。从图中可以看出，除具有特殊成分的合金[如图 5.19(a)中的共晶成分点 L_E 及图 5.19(b)中的偏晶成分点 L_m]外，其他成分的合金在开始凝固时仅有一个固相自液相析出，具有单相合金的凝固特征。因而，单相合金的凝固是最典型、最普遍的凝固方式。

5.2 多相合金的凝固

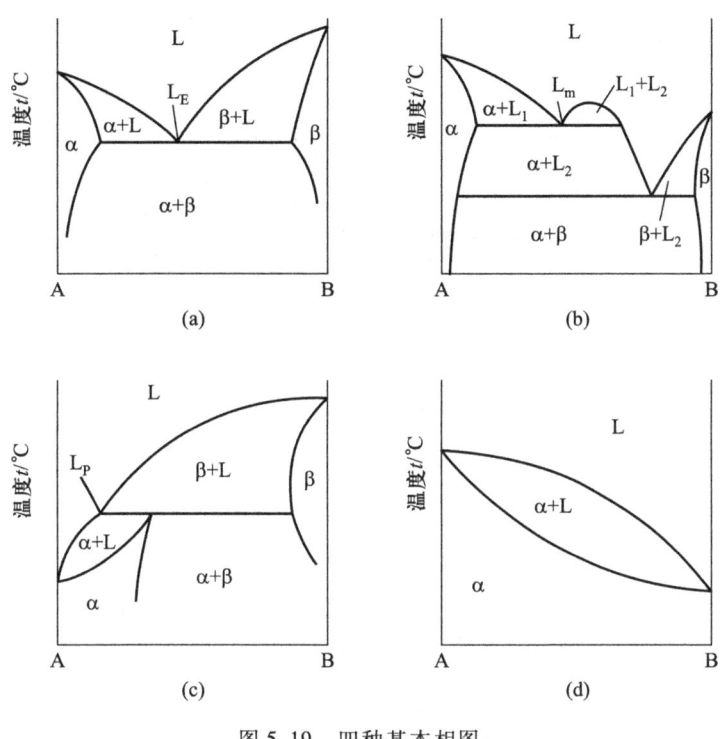

图 5.19 四种基本相图：
(a) 共晶；(b) 偏晶；(c) 包晶；(d) 连续固溶体

5.2.1 共晶合金的凝固

最常见的多相合金凝固是共晶凝固，其相图如图 5.19(a) 所示。具有共晶成分的液相 L_E 在凝固过程中同时有两个固相（α 相和 β 相）析出，即 $L_E \rightarrow \alpha + \beta$。共晶合金(eutectic alloys)，由于它们的化学组成及凝固条件不同，可以形成各种各样的组织形态，但归纳起来可以分成两大类：规则共晶（金属－金属共晶）和非规则共晶（金属－非金属共晶）。

1. 金属－金属共晶的凝固

（1）形核与长大

多数的金属－金属共晶，其长大速度在四周各个方向上是均匀的，具有球形长大的前沿，而在共晶组织内部两相之间却是层片状的。球的中心有一个核心，它是两相中的一相，起着一个共晶结晶核心的作用，如图 5.20 所示。如在 $CuAl_2$－Al 共晶中 Al 就是它们的核心，而 $CuAl_2$ 包围在 Al 相四周成为"光环"结构。共晶合金中两相交替成长并不意味着每一片都要单独形核，其长大过程是靠搭桥的办法(如图 5.21 所示)使同类相的层片进行增殖,这样就可以由一个晶核长出整整一个共晶团。

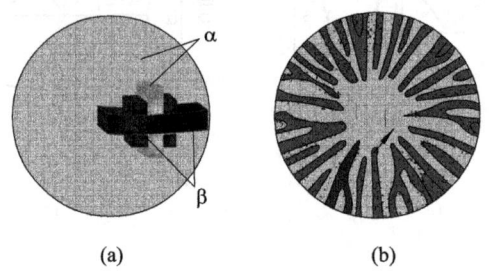

图 5.20　层片状共晶结晶形核过程示意图:(a)双相核心;
　　　　(b)双相核心剖面图

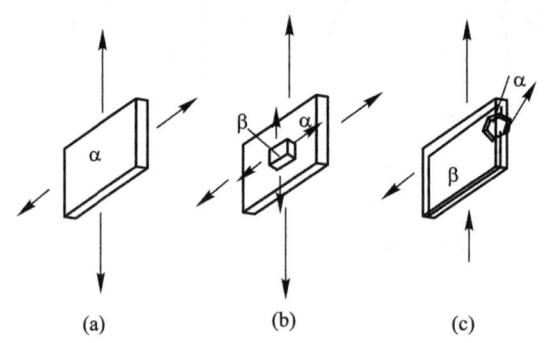

图 5.21　层片状共晶搭桥式长大过程:(a)α 相合金;
　　　　(b)β 相核心;(c)搭桥

(2) 第三组元存在的影响

纯二元共晶合金结晶时,由于存在着横向扩散的主导作用,固-液界面前方的成分不均匀区很薄,远不会引起共生界面前方的成分过冷。

2. 金属-非金属共晶的凝固

金属-非金属共晶结晶时,其热力学和动力学原理与金属-金属共晶一样,它们之间的差别是在结晶形貌上,这是由于非金属有着与金属不同的长大机制所致。金属的固-液界面从原子的尺度来看是粗糙的,界面的向前推进是连续的,而且是没有方向性的。而非金属的固-液界面从原子的尺度来看是光滑的,其固-液界面为一特定的晶面,因此,其长大是有方向性的,即在某一方向上长大速度很快,而在另一方向上长大速度则很慢。因此,金属-非金属共晶的固-液界面结晶形貌不是平直的,而是参差不齐、多角形的。

金属-非金属共晶的形核与金属-金属共晶相似,但由于金属-非金属共晶两固相熔点一般来说相差较大,所以其共晶共生区偏向于高熔点一方也更突出,一直到进入共生区后,两相才开始"合作长大"。因此,在这类共晶中经常出现组织。

金属-非金属共晶凝固时,由于非金属只能在某些方向上长大,所以非金属晶体就会产生两种长大模型。第一种长大模型称为合作长大。按这种模型,当一个非金属晶体由于缺乏非金属原子的供应而停止长大时,它可以通过孪生或亚晶界将长大方向改变到非金属原子富集区,这样就产生了非金属晶体的分枝。当长大按照这种模型进行时,非金属内部是相连的。

第二种长大模型称为重新形核长大,按照这种模型两个非金属晶体相对长大汇聚时,将导致一个或两个晶体长大的停止,而新的晶核将在非金属原子富集区重新形成,在这种情况下,非金属晶体将是不相连的。

5.2.2 偏晶合金的凝固

偏晶凝固与共晶凝固相似,但析出相中有一相为液相,即由液相 L_1 析出固相 α 与液相 L_2,即 $L_1 \rightarrow \alpha + L_2$。

1. 偏晶合金大体积的凝固

如图 5.22 所示,具有偏晶成分的偏晶合金(monotectic alloys)m,冷却到偏晶反应温度 T_m 以下时,即发生 $L_1 \rightarrow \alpha + L_2$ 反应。偏晶反应时,如果 α 与 L_2 不润湿或 L_1 与 L_2 密度相差较大,就会发生分层现象。如 Cu-Pb 合金,偏晶反应产物 L_2 中 Pb 较多,以致 L_2 分布在下层,α 与 L_1 分布在上层。因此,这种合金的特点是容易产生大的偏析。

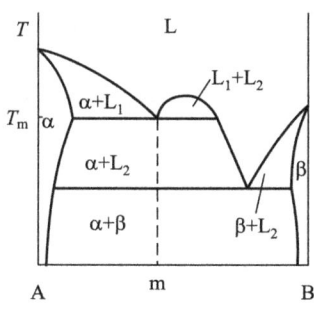

图 5.22 偏晶平衡相图

在常见的偏晶相图中,反应产生的固相 α 的量总是大于反应产生液相 L_2

的量，这意味着偏晶中的固相要连成一个整体，而液相 L_2 则是不连续地分布在 α 相基体之中，这样最终组织实质上与亚共晶没有什么区别。

2. 偏晶合金的单相凝固

偏晶反应与共晶反应相似，在一定的条件下，当其以稳定态单向凝固时，分解产物里有规则的几何分布。当液相温度低于 T_m 时，α 相首先结晶，而靠近固－液界面的液相，由于溶质的排出使组元 B 富集，这样就会使 L_2 形核出来。L_2 是在固－界面上形核还是在原来母液 L_1 中形核，要取决于界面能 $\sigma_{\alpha L_1}$、$\sigma_{\alpha L_2}$、$\sigma_{L_1 L_2}$ 三者之间的关系。

而偏晶合金的最终组织要取决于以上三个界面能、L_1 与 L_2 的密度差以及固－液界面的推进速度。

① 当 $\sigma_{\alpha L_1} = \sigma_{\alpha L_2} + \sigma_{L_1 L_2}$ 时，如图 5.23(a)所示，α 相和 L_2 并排长大，和共晶的结晶情况一样。凝固后的最终组织为在 α 相的基底上分布的棒状或纤维状的 β 相晶体。

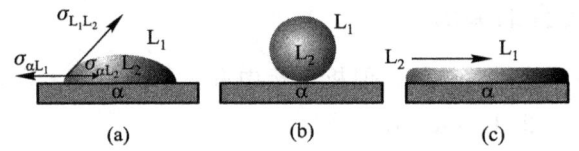

图 5.23　L_2 的形核与界面张力的关系：（a）部分浸润；
（b）不浸润；（c）完全浸润

② 当 $\sigma_{\alpha L_2} > \sigma_{\alpha L_1} + \sigma_{L_1 L_2}$ 时，如图 5.23(b)所示，液相 L_2 不能在固相 α 上形核，只能孤立地在液相 L_1 中形核。在这种情况下，如果液滴 L_2 的上浮速度大于固－液界面的推进速度 R，则将上浮至 L_2 的顶部。结果是试样的下部全部为 α 相，上部全部为 β 相。利用这种方法可以制取 α 相的单晶，其优点是不发生偏析和成分过冷。如果固－液界面的推进速度大于液滴的上升速度，则液滴 L_2 将被 α 相包围，而排出的 B 原子继续供给 L_2，从而使 L_2 在长大方向上拉长，使生长进入稳定态。最终的组织也将是在 α 相的基底上分布的棒状或纤维状的 β 相晶体。

③ 当 $\sigma_{\alpha L_1} > \sigma_{\alpha L_2} + \sigma_{L_1 L_2}$ 时，此时，$\theta = 0°$，α 相和 L_2 完全润湿，如图 5.23(c)所示。这时，在 α 相上完全覆盖着一层 L_2，使稳定态长大成为不可能，α 相只能断续地在 $L_1 - L_2$ 界面上形成，其最终组织将是 α 相和 β 相的交替分层组织。

5.2.3 包晶合金的凝固

包晶凝固是液相 L_p 和另一固相 α 反应生成一个新的固相 β，即 L_p + α → β。

1. 平衡凝固

典型的包晶合金(peritectic alloys)平衡相图如图 5.24 所示。其特点是：液相中完全互溶，固相中部分互溶或完全不互溶。以图 5.24 中 C_0 成分为例，在冷却到 T_1 时析出 α 相，冷却到 T_p 时发生包晶反应：$α_p + L_p → β_p$。

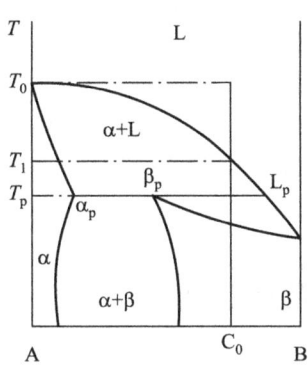

图 5.24 包晶平衡相图

在包晶反应过程中，α 相要不断分解，直至完全消失。与此同时，β 相要形核长大。

β 相的形核可以以 α 相为基底，也可以从液相中直接形成。平衡凝固要求溶质组元在两个固相及一个液相中进行充分的扩散。但实际上穿过固、液两相区时，冷却速度很快，经常是非平衡凝固。

2. 非平衡凝固

在非平衡凝固时，由于溶质在固相中的扩散不能充分进行，包晶反应之前凝固出来的 α 相内部的成分是不均匀的。当温度达到 T_p 时，在 α 相的表面发生包晶反应。以形核功的角度看，β 相在 α 相表面上非均质形核要比在液相内部均质形核更为有利。因此，在包晶反应过程中，α 相很快被 β 相包围。此时，液相与 α 相脱离，包晶反应只能依靠溶质组元从液相一侧穿过 β 相向 α 相一侧进行扩散才能继续下去，受到很大抑制（图 5.25）。

多数具有包晶反应的合金，其溶质组元在固相中的扩散系数很小。因此，利用包晶反应促使晶粒细化是有效的。在 Al 合金液中加入少量 Ti 可以形成

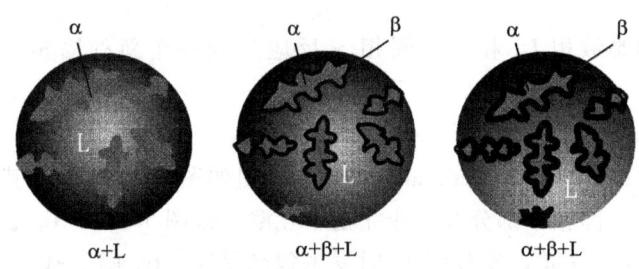

图 5.25 非平衡凝固条件下包晶反应示意图

TiAl$_3$，当 Ti 的浓度超过 0.15% 时，将发生包晶反应 TiAl$_3$ + L→α。包晶反应产物 α 为 Al 合金的主体相，它作为一个包层包围着非均质核心 TiAl$_3$。由于包层对溶质组元扩散的屏障作用，使得包晶反应不易继续进行下去，即 α 相不易继续长大。

5.3 现代凝固理论及铸造组织

5.3.1 铸件凝固组织的形成

铸件的凝固组织是由合金的成分及冷却条件决定的，而在凝固过程中，除纯金属及共晶成分合金外，断面上一般都存在三个区域，即固相区、凝固区（液固区）和液相区。铸件的质量与凝固区有密切的关系。

图 5.26 是凝固区结构及截面温度分布示意图。通常凝固界面附近的液相优先获得过冷，为晶核的长大创造了条件，随着凝固过程的进行，过冷区扩大，晶核生长的区域也扩大。大多数合金的固相密度大于液相密度，因而晶核在长大过程中不断下落。不同取向的凝固界面接受下落自由晶体的条件不同，因而发生柱状晶向等轴晶转变的条件也不同。液相中的自由晶体直接落在底部的凝固界面上，阻止了柱状晶的生长，最先发生向等轴晶的转变。而自外侧向中心接受自由晶体的时间差异使得底部柱状晶区的长度自外向内逐渐增大。对于侧面的凝固界面，仅当等轴晶沉积区达到一定高度时，才会阻止该高度处柱状晶的生长，引起该处柱状晶向等轴晶的转变。

5.3 现代凝固理论及铸造组织

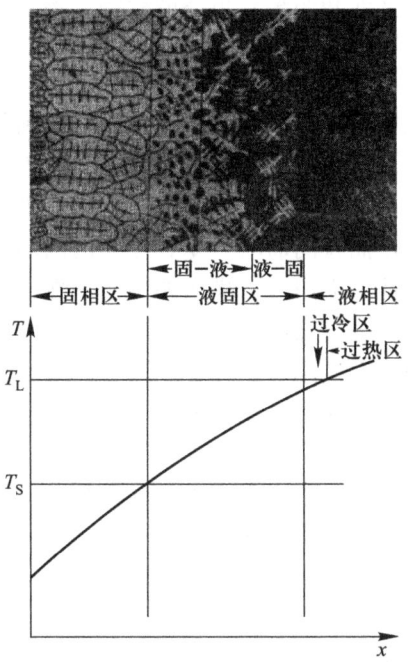

图 5.26 铸件凝固过程的典型区域及其对应的温度分布
（T_L—合金液的平衡凝固温度；T_S—合金液的固相线温度）

5.3.2 铸件组织的控制

根据结晶条件的不同，铸坯可以有不同的晶粒组织。图 5.27 为几种可能的铸坯晶粒组织示意图。长条形的组织称为柱状晶，铸坯外侧细颗粒状的组织称为细等轴晶或等轴晶，铸坯中心较粗大的颗粒组织称为等轴枝晶或等轴晶。

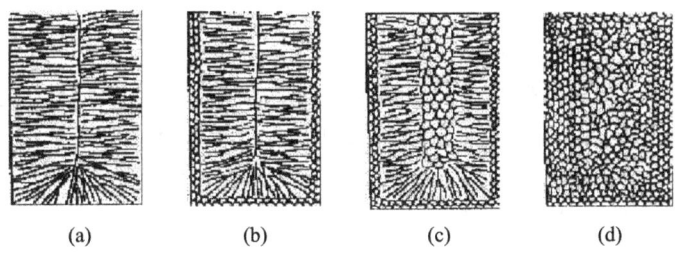

图 5.27 几种可能的铸件晶粒组织：(a) 全部柱状晶；(b) 表面细等轴晶 + 内部柱状晶；
(c) 表面细等轴晶 + 内部柱状晶 + 中心粗等轴晶；(d) 全部等轴晶

第五章 凝固理论

结晶组织对铸坯的性能和质量有很大的影响。就宏观组织而言，表面细晶区一般比较薄，对铸件的质量和性能影响不大。铸件的质量与性能主要取决于柱状晶区与等轴晶区的比例以及晶粒的大小。

柱状晶在生长过程中凝固区较窄，其横向生长受到相邻晶体的阻碍，树枝晶得不到充分的发展，分枝较少。因此结晶后显微缩松等晶间杂质少，组织比较致密，有良好的强度和塑性，但柱状晶较粗大，晶界上富集低熔点、力学性能较差的杂质等缺陷，使晶粒间的联系受到很大的削弱。因此，柱状晶组织的力学性能有明显的方向性，纵向好，横向差，铸坯在凝固或冷却过程中容易沿晶界产生裂纹。等轴晶的晶界面积较大，杂质和缺陷分布比较分散且晶粒的晶体取向不同，故性能的方向性小，比较稳定。晶粒越细，其综合性能越好，且抗疲劳性能也越高。所以，通常情况下希望获得细密的等轴晶组织。

1. 获得细等轴晶技术

通过强化非均质形核和促进晶粒游离以抑制凝固过程中柱状晶区的形成和发展，就可以获得等轴晶组织。非均质晶核数量越多，晶粒的游离作用越强，熔体内部越有利于游离晶的残存，则形成的晶粒就越细。一些具体的方法如下。

（1）利用金属流对型壁的冲刷

大野笃美针对型壁晶体脱落对形核过程的影响进行了一系列试验，证明利用金属流对型壁的冲刷作用可以获得细小等轴晶。

（2）用电磁搅拌（electromagnetic stirring）使金属液体旋转

把铸型放入类似于电动机定子的旋转磁场中，则铸型中的液体金属不断切割磁力线，将像转子一样旋转。由于铸型是不动的，凝固层与铸型一起也不参加旋转，依次旋转的液体金属不断地冲刷着型壁和以后的凝固层。这种冲刷作用是由通电来控制的，从理论上说，它可以在凝固过程的任何阶段产生不同强度的磁场，使铸件的不同部分获得不同的晶粒组织。这种技术在冶金企业已经广泛应用于连铸坯生产中。

（3）孕育处理（inoculation）与变质处理（modification）

孕育处理和变质处理都是在金属液中加入少量物质。孕育处理主要是通过促进液体内部的形核，达到细化晶粒的目的。变质处理主要通过改变晶体的生长方式，从而改变晶体的形貌和生长速度，达到细化晶粒的作用。孕育和变质作用的原理可归纳为以下三类：

1）外加晶核

在浇注时向金属液流中加入与欲细化相具有界面共格对应的高熔点物质或同类金属的碎粒，使之在液体中作为有效质点促进非自发形核。

2）加入形核剂

加入的物质本身不一定能作为晶核，但通过它们与液体金属中某些元素的相互作用，能产生晶核或有效质点，促进非自发形核。这种形核剂可分为两类：一是少量元素能与液体中某元素（最好是细化相原子）组成较稳定的化合物，此化合物与欲细化相具有界面共格对应关系，能促进非自发形核；二是少量元素能在液体中造成很大的微区富集，迫使结晶相提前弥散析出（precipitation）。

3）采用成分过冷元素

这些元素的特点是熔点低，能显著降低合金的液相线温度，在合金中固溶量很小（$k=1$）。这类元素在晶体产生时，富集在相界面上，既能阻碍已有晶体生长，又能形成较大的成分过冷促进形核，同时又使晶体的分枝形成新的缩颈，易于熔断脱落，形成新的晶核。

2. 获得柱状晶的条件和单向凝固技术

柱状晶组织虽然有晶粒粗大、杂质偏聚、性能有明显方向性等不足，但在有些情况下人们也利用其平行于晶体生长方向强度高、抗蠕变能力好的特点，制造特种铸件。例如，具有柱状晶组织的发动机叶片的性能和寿命有大幅度提高，柱状晶组织还在磁性材料中得到应用。

（1）单向凝固原理

单向凝固的目的是为了使铸件或铸锭获得按一定方向生长的柱状晶或单晶组织。要得到单向凝固组织需要满足以下条件。

首先，要在开始凝固的部位形成稳定的凝固壳。凝固壳的形成阻止了该部位的型壁晶粒游离，并为柱状晶提供了生长基础。该条件可通过各种激冷措施达到。

其次，要确保凝固壳中的晶粒按既定方向通过择优生长而发展成平行排列的柱状晶组织。同时，为使柱状晶纵向生长不受限制，并且在其组织中不夹杂有异向晶粒，固-液界面前方不应存在形核和晶粒游离现象。这个条件可通过下述措施来满足：

① 严格的单向散热。要使凝固系统始终处于柱状晶生长方向的正温度梯度作用下，并且要绝对阻止侧向散热以避免界面前方型壁及其附近的形核和长大。

② 要有足够大的 G_L/R，使成分过冷限制在允许的范围以内。同时要减少熔体的非均质形核能力，这样就能避免界面前方的形核现象。提高熔体的纯净度，减少因氧化和吸氧而形成的杂质污染，对已有的有效衬底则通过高温加热或加入其他元素来改变其组成和结构，这些方法均有助于减少熔体的非均质形核能力。

③ 要避免液态金属的对流、搅拌和振动，从而阻止界面前方的晶粒游离。对晶粒密度大于液态金属的合金，避免自然对流的最好方法就是自下而上地进行单向结晶。当然也可以通过安置固定磁场的方法阻止其单向结晶过程中的对流。

（2）单向凝固技术

根据成分过冷理论，要使合金单向凝固得到平面凝固组织，主要取决于合金的性质和工艺参数的选择。前者包括溶质含量、液相线斜率和溶质在液相中的扩散系数，后者包括温度梯度和凝固速度。如果被研究的合金成分已定，则可以依靠工艺参数的选择来控制凝固组织，其中固－液界面液相一侧的温度梯度又是最关键的，所以人们都致力于提高温度梯度。可以说，单向凝固技术的发展历史是不断提高设备温度梯度的历史。大的温度梯度一方面可以得到理想的合金组织和性能，另一方面又可以允许加快凝固速度，提高设备利用率。下面简单介绍几种单向凝固工艺。

1）炉外单向凝固法（发热剂法）

将铸型加热到高温后，迅速取出放在激冷板上，立即浇注。冒口上方盖以发热剂，激冷板下喷水冷却。由于铸型表面温度升高到熔点以上，能使金属较长时间保持液态，从而创造了自下而上的单向凝固条件。此外也可采用发热铸型的方法。早期的单向凝固技术采用的就是炉外法。其缺点是铸件一经浇注，G_L 和 R 就无法控制。由于单向散热能力随界面推进而逐渐减弱，柱状晶组织也逐渐变粗。当其长度超过 50 mm 后，便出现等轴晶粒，因此不适合制造大型和优质铸件。但由于其简单的工艺和低廉的成本，在简单零件小批量单向凝固生产中又重新引起人们的兴趣。

2）炉内单向凝固法

使铸件在加热器内浇注和冷却。由于可以调节炉内温度梯度及对结晶过程实现程度不同的控制，因此可以获得高质量的复杂铸件。

（a）功率下降法（P. D. 法）

将加热器中的开底铸型放在水冷结晶器上，加热器的感应线圈由上、下两部分组成。先把铸型加热到浇注温度以上 30～60 ℃，浇注后切断下部感应线圈电源。通过合理地调节上部线圈的输入功率，可以实现冷却速度相当大的单向凝固。其缺点是散热条件没有得到较好的改善，因此得到的柱状晶区仍不超过 180 mm。

（b）高速凝图法（H. R. S. 法）

该法是在 P. D. 法的基础上发展起来的。关键是通过逐步移出铸型（或上移加热器）加强已凝固部分的散热条件。移出速度应能确保凝固界面处于隔板附近的上方。隔板的作用是将高温区和低温区分隔开，从而有利于 G_L 的进一步提高。与 P. D. 法相比，该法的优点是：由于具有较高的 G_L(26~30 ℃/cm) 和 R(23~27 cm/h)，故枝晶间距较小，柱状晶细密挺直，生产率比 P. D. 法的高2~3倍；凝固区域较窄(仅为 P. D. 法的1/4)，故有利于补缩，铸件缺陷大大减少，能在较长期间内保持恒定生长，故组织均匀，柱状晶长度可达 300 mm 以上。

(c) 液态金属冷却法(L. M. C. 法)

为了进一步加强 H. R. S. 法的散热能力，可使结晶器连同铸型在移出隔板后尽快浸入低熔点、高沸点的液态金属中，利用液态金属的高散热能力使凝固区激冷。这便是 L. M. C. 法。该法的 G_L 可达 200 ℃/cm 以上，且原则上不受凝固层拉长的影响，可得到极长的单向柱状晶。

(d) 区域熔化液态金属冷却法(Z. M. L. M. C. 法)

加热和冷却是单向凝固过程的两个基本环节，并对单向凝固过程的温度梯度产生决定性的影响。L. M. C. 法发挥了冷却环节的最大潜力。要进一步提高单向凝固的温度梯度，改变加热方式是一条有效的途径。

分析一下 L. M. C. 法单向凝固过程不难发现，以下两个问题限制了温度梯度的提高：一是凝固界面并不处于最佳位置，当抽拉速度较低时，界面相对于挡板上移，使凝固界面远离挡板；二是未凝固液相中的最高温度面远离凝固界面，界面前沿温度分布平缓。如果改变加热方式，采用在距冷却金属液面较近的特定位置加热，使液相中最高温度区尽量靠近凝固界面，使界面前沿液相中的温度分布变陡，可进一步提高温度梯度。如果采用区域熔化法加热结合液态金属冷却，就形成了区域熔化液态金属冷却法。这种方法的 G_{TC} 可达 1 270 K/cm。

5.3.3 铸件中的缺陷

1. 偏析

合金在凝固过程中发生的化学成分不均匀的现象称为偏析。偏析按其范围大小分为两大类：微观偏析和宏观偏析。微观偏析也称短程偏析，是指在微小尺寸范围内的化学成分不均匀现象。宏观偏析也称长程偏析或区域偏析，是指较大尺寸范围内的化学成分不均匀现象。按实际铸件各部分浓度 C_S 与合金原始浓度 C_0 的关系分为正偏析($C_S > C_0$)、逆偏析($C_S < C_0$)。按其表现形式又可分为正常偏析、逆偏析和密度偏析等。

偏析将对铸件的力学性能、切削性能、耐腐蚀性能等产生不同程度的不利影响。但是，在某些情况下利用偏析可以净化和提纯金属。

(1) 微观偏析

通常微观偏析多指枝晶干(或胞晶干)心部与枝晶间(或胞晶间)成分上的

差异,按其形式分为枝晶偏析(晶内偏析)、胞晶偏析和晶界偏析,都是合金在结晶过程中溶质再分配的必然结果。

1) 枝晶偏析

枝晶偏析通常产生于具有结晶范围、能够形成固溶体的合金中。在一般的凝固条件下,因冷却速度较快,扩散过程难以充分进行,使凝固过程偏离平衡条件,形成不平衡结晶。

枝晶偏析是由合金的不平衡凝固造成的,其偏析程度主要取决于溶质分配系数、偏析元素的扩散能力及冷却条件。分配系数越小($k_0 < 1$时),扩散系数D_S越小,则枝晶的偏析越严重。因此可以用偏析系数,即$|1 - k_0|$,定性地衡量枝晶偏析的程度。另外,在研究中,还可以用偏析度S_e的偏析比S_R对枝晶偏析大小进行衡量,其定义分别为

$$S_e = \frac{C_{max} - C_{min}}{C_0} \tag{5.43}$$

$$S_R = \frac{C_{max}}{C_{min}} \tag{5.44}$$

上两式中,C_{max}、C_{min}分别为某组元在枝晶内的最高与最低浓度,C_0为某组元原始平均浓度。

冷却速度对晶内偏析也有重要的影响,在其他条件相同时,在冷却速度不大的条件下,冷却速度越大,溶质扩散越不充分,使晶内偏析越严重;当冷却速度超过某一临界值时,随冷却速度增加,使晶粒细化,晶内偏析减弱,甚至消除。

严重的晶内偏析造成晶粒内部合金成分不均匀,使其物理和化学性能不均匀,导致铸件的机械性能,特别是韧性、塑性下降。晶内偏析是不平衡结晶的结果,在热力学上是不稳定的。如果采取一定的工艺措施,使溶质进行充分扩散,就能够消除晶内偏析。生产上常采用扩散退火或均匀化退火来消除晶内偏析,即将铸件加热到低于固相线100~200 ℃的温度,进行长时间的保温,达到均匀化的目的。

2) 胞晶偏析

当成分过冷较小时,晶体呈胞状方式生长,胞状结构由一系列平行的棒状晶体所组成,沿凝固方向长大,呈六方断面。由于凝固过程中的溶质再分配,当合金的平衡分配系数$k_0 < 1$时,则在胞壁处将富集溶质;当$k_0 > 1$时,则在胞壁处的溶质会贫化。这种化学成分不均匀性称为胞晶偏析。

3) 晶界偏析

铸件在凝固过程中形成的晶界偏析有两种情况。

第一种情况如图5.28(a)所示。两个晶粒并排生长,晶界平行于生长方

向，由于表面张力平衡条件的要求，在晶界与液相交界的地方，会出现一个凹槽，深度可达 10^{-8} cm，此处有利于溶质原子的富集，凝固后就形成了晶界偏析。

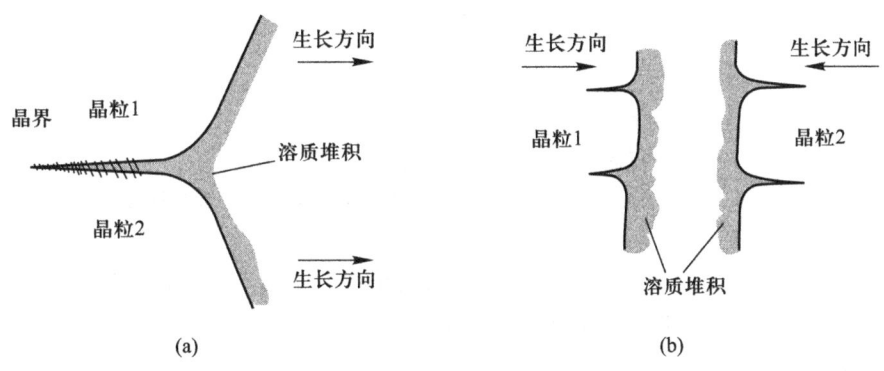

图 5.28　晶界偏析形成示意图

第二种情况如图 5.28(b)所示。两个晶粒彼此面对面生长，在固－液界面，溶质被排出（$k_0<1$），此外，其他低熔点的物质也会被排出在固－液界面，当晶界彼此相遇时，在它们之间就富集大量溶质，从而造成晶界偏析。

晶界偏析的危害要大于晶内偏析，容易引起热裂，降低合金塑性，必须予以防止。生产中消除晶界偏析的方法与晶内偏析所采用的措施相同，即均匀化退火方法。但对于氧化物和硫化物引起的偏析，即使采用均匀化退火的工艺也无法消除，必须从减少合金中的氧、硫含量着手。

（2）宏观偏析

1）正常偏析

铸件的凝固往往从与铸型壁接触的表面层开始，由于溶质再分配，当合金的溶质分配系数 $k_0<1$ 时，凝固界面的液相中将有一部分溶质被排出。随温度的降低，溶质的浓度将逐渐增加，因此，后结晶的固相，其溶质浓度高于先结晶部分。当 $k_0>1$ 时，则与此相反，后结晶的固相，其溶质浓度降低，这种符合溶质再分配规律而形成的偏析称为正常偏析。以水平单向生长的棒状试样为例，假设固相无扩散，液相充分混合、只有扩散而无对流及部分混合三种条件下凝固完成后，固相溶质浓度如图 5.29 所示。

在平衡凝固条件下，固相和液相中的溶质都可以得到充分扩散，这时从棒的开始凝固端到终了端，溶质的分布是均匀的，无偏析现象发生（如图 5.29 中的曲线 a）。在凝固过程中，如果固体内溶质无扩散或扩散不完全，液体内有溶质扩散，这时将会产生偏析，如图 5.29 中的曲线 $b\sim d$。凝固开始时在冷却

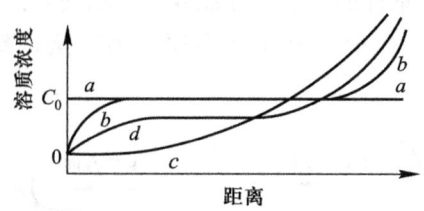

图 5.29　棒状试样单向凝固时的溶质分布
a—平衡凝固；b—固相无扩散而液相中只有溶质扩散；
c—固相无扩散而液相完全混合；d—固相无扩散而液相部分混合

端结晶的固体溶质为 k_0C_0，随后结晶出的固相中的溶质浓度将逐渐增加，最后凝固端的凝固界面附近的固相的溶质浓度急剧上升。

2）逆偏析

铸件凝固后，常常出现和正偏析相反的溶质分布情况，当 $k_0<1$ 时，表面或底部含溶质元素多，而中心部分或上部含溶质较少。这种现象称为逆偏析。铸件的逆偏析会降低力学性能、气密性和切削加工性等。

逆偏析的形成与结晶温度范围、冷却速度、枝晶的尺寸及液体金属所受的压力有关。形成原因是具有一定结晶温度范围的固溶体型合金在缓慢凝固时易形成粗大枝晶，枝晶相互交错，枝晶间富集着低熔点溶质，当铸件产生体收缩时，低熔点溶质将沿着枝晶向外移动。合金的结晶在一个温度范围内进行是形成宏观偏析的基本条件，当结晶温度范围较小时，倾向于产生正偏析。结晶温度范围越大，枝晶越发达，当其他条件相同时，易发生逆偏析。

当合金中加入细化一次分枝的元素，能够减缓或防止逆偏析的形成；反之，加入促进一次分枝长大的元素，将促进逆偏析的形成。铸件冷却缓慢，宽结晶温度范围的合金易形成发达的枝晶，有利于产生逆偏析。由于枝晶偏析，枝晶间含低熔点溶质元素较多，低熔点溶液在液体金属静压力或大气压力作用下，通过枝晶间的通道向外补缩，有利于形成逆偏析；合金中溶解的气体越多，形成的压力越有利于产生逆偏析。

采用细化晶粒的措施，减小合金液的含气量，有助于防止或减少逆偏析的产生。

2. 气孔

（1）金属中的气体

气体在金属中有三种存在形态：固溶体、化合物、气态。若气体以原子状态溶解于金属中，则以固溶体形态存在。若气体与金属中某些元素的亲和力大于气体本身的亲和力，气体就与这些元素形成化合物。气体还能以分子状态聚集成气泡存在于金属中。存在于铸造合金中的气体主要是氢、氧、氮。

氢原子半径很小,几乎能溶解于各种铸造合金中。氧是极活泼的元素,能与许多元素化合,多以化合物形态存在于铸造合金中。氮在铸钢、铸铁中有一定的溶解度,而在铝合金中几乎不能溶解。水蒸气不能直接溶解在金属中,但它是氧化性气体,能与金属反应生成氢,增加金属的吸气倾向。其他气体如CO、CO_2、碳氢化合物气体等均不能溶解在金属中。

气体的来源主要有以下几个方面:

① 在熔炼过程中,合金液直接与炉气接触,是金属吸气的主要途径。

② 炉料的锈蚀或油污、使用潮湿或含硫量过高的燃料都会导致炉气中水蒸气、氢气和二氧化硫等气体的含量增加,增加合金液的吸气。

③ 合金液与铸型的相互作用,是合金吸气的另一个途径。铸型中的水分、黏土中的结晶水在金属液的热作用下分解、有机物的燃烧都能产生大量气体。

④ 浇注系统设计不当、铸型透气性差、无足够的排气措施、浇注速度控制不当等都会使合金液在浇入型腔时发生喷射、飞溅和涡流而使空气卷入,增加合金中的气体。

(2) 气孔的种类

溶解到液态金属中的气体元素,随着温度下降会因在金属中的溶解度的显著降低而析出。尚未从金属中逸出的气体会以分子的形式残留在固体金属内部而形成气孔。气孔是铸件中最常见的一种缺陷。它不但减小铸件的有效工作断面,还产生应力集中,成为零件断裂的裂纹源,显著降低铸件的强度和塑性。尤其是形状不规则的气孔不仅增加缺口敏感使金属的强度下降,而且还降低铸件的疲劳强度。弥散性气孔使铸件组织疏松,降低铸件的气密性。

溶解于固态金属中的气体对铸件性能和质量也有不良影响。例如,溶解在合金中的氧和氮使其强度,特别是塑性大幅度降低。溶解在钢和铜合金中的氢,易使合金产生细小裂纹而变脆。

金属中的气孔可以分为析出性气孔、反应性气孔两类。

(3) 析出性气孔

气体元素在金属液中的溶解度与温度呈反比。在金属凝固过程中,随着温度降低,气体溶解度降低,气体就会析出。如果析出的气体以分子状态存在,就形成了气泡,这种气泡保留在凝固以后的金属中,就是析出性气孔(precipitating gas hole)。这类气孔在铸件断面上大面积分布,靠近冒口、热节等温度较高的区域,其分布较密集,形状呈团球形,裂纹多角形,断续裂纹状或混合型。

金属合金在凝固过程中,如果将液相中的气体溶质看成只存在有限扩散而无对流、无搅拌的状况,固相中气体溶质的扩散可以忽略不计,因此,固−液界面前液相中气体溶质的分布可用 Tiller 公式[即式(5.35)]进行描述。

由 Tiller 公式,气体在液相中的浓度分布如图 5.30 所示。气体在初始析出的固相浓度为 $k_0 C_0$,在凝固前沿 $x=0$ 处,液相中气体浓度达到最大(C_0/k_0)。假设液相中气体浓度超过其在液态金属中的饱和气体浓度 S_L 时才析出气泡,则产生的过饱和浓度 Δx 区可由 Tiller 公式求出:

$$\Delta x = \frac{D_L}{R} \ln \frac{1-k_0}{k_0 \left(\dfrac{S_L}{C_0} - 1 \right)} \tag{5.45}$$

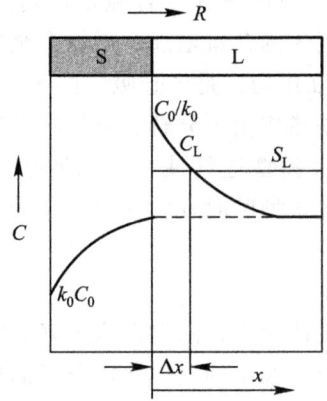

图 5.30　金属凝固时气体在固相及液相中的浓度分布

析出气泡还决定 Δx 存在时间 Δt 的长短,Δt 越长,越有利于气泡的生成,由式(5.45)可以求出:

$$\Delta t = \frac{\Delta x}{R} = \frac{D_L}{R^2} \ln \frac{1-k_0}{k_0 \left(\dfrac{S_L}{C_0} - 1 \right)} \tag{5.46}$$

由此可见,当合金成分一定时,Δt 主要由凝固速度 R 决定,而 Δx 是枝晶间尚待凝固的液相内气体溶质的富集区。所以,凝固速度 R、平衡分配系数 k_0、扩散系数 D_L 和原始气体浓度 C_0 都会影响到 Δx、Δt 和液相中气体浓度的分布。

金属在凝固过程中,如果按照体积凝固方式进行,在凝固后期,液相被周围枝晶分割成体积很小的液相区,这种情况下,可以认为液相中气体浓度是均匀的。在随后的结晶过程中,剩余的液相中气体浓度将不断增加,后结晶的固相中气体浓度也不断提高,凝固后期的液、固相中气体析出压力不断加大,到结晶末期将达到最大值。

从以上金属凝固过程中气体溶质再分配规律可见,结晶前沿,特别是枝晶内液相的气体浓度聚焦区将超过它的饱和浓度,被枝晶封闭的液相内,其气体的过饱和浓度值更大,有更大的析出压力。而液-固界面处气体的浓度最高,此处有其他溶质的偏析,易产生金属夹杂物,所以固-液界面处容易析出气泡。这时产生的气泡很难排除,保留下来就形成气孔。

将金属液浇入砂型时,由于各种原因会产生大量的气体。气体的体积随着温度的升高而增大,造成金属-铸型界面上的气压增大。当界面上局部气体的压力 p_n 满足下列条件,气体就能在铸件开始凝固的初期侵入金属液中成为气泡,气泡不能上浮逸出时就形成梨形气孔:

$$p_n > p_a + p_h + p_c \tag{5.47}$$

式中,p_a 为大气压力,p_h 为液态金属静压力,p_c 为气泡克服表面张力所构成的附加压力。

(4) 反应性气孔

金属液和铸型之间或金属液内部发生化学反应所产生的气孔,称为反应性气孔。金属液与铸型、砂型(芯)、冷铁、渣或氧化膜等外部因素发生化学反应,产生气体,形成的气孔称为金属-铸型间反应性气孔(也称外生式反应气孔)。如果反应性气孔是金属内部化学成分之间或与非金属夹杂物发生化学反应产生的,即为金属液内反应性气孔(也称内生式反应气孔)。

1) 金属-铸型间反应性气孔

根据其特征,外生式反应气孔可以分为皮下气孔、表面气孔和内部气孔三种类型。

皮下气孔通常分布在铸件表面皮下 1~3 mm,表面经过加工或清理后,就可以暴露出许多小气孔,即为皮下气孔,其形状一般为圆球形、团球形、泪滴形和长针形。

铸坯落砂清理后就可以发现,在铸坯表面上往往存在大量气孔,称为表面气孔。可分为三种:

① 贯通式表面气孔。指单个表面气孔,有孔道与内部气孔连通。

② 气坑式表面气孔。指铸坯表面有几个或多个成簇的、形状大多为半球形或半团球形、直径几毫米的凹坑,坑壁表面光滑。

③ 弥散性表面针孔。指铸坯表面大面积分布着针尖式的小孔,针孔肉眼可见,孔壁发暗,其下与皮下气孔连通。

外生式反应气孔也可以形成内部气孔,主要有渣致内部气孔,芯撑、内冷铁内部气孔,珠链内部气孔等。

2) 金属液内反应性气孔

金属液内反应性气孔一般呈梨形或团球形,均匀分布,这种气孔具有流行性缺陷的同一性特点,即同一炉、同一包所浇注的铸件都会有同样的缺陷。

① CO 反应气孔。冶炼时钢液脱氧不良或铁液严重氧化,溶解的氧若与铁液中的碳相遇,将产生 CO 气泡,CO 气体实际上是不溶于钢液中的,因此易于以固－液界面上的枝晶间凹坑或沟槽为气泡核基底,形成成群的 CO 气泡核。同时,气泡核周围钢液中溶解的氢、氮会扩散进入 CO 气泡核中,它们共同促使它长大成气泡。这种气泡是在钢液凝固时期形成的,因此难于上浮排除掉。气泡形成于固－液界面前的液相中,因此随着固－液界面向铸件中心的推进,界面前的液相中会不断地产生新的、成群的 CO 气泡,这种气孔缺陷极易成为弥散性气孔。

② 水气反应气孔。纯铜铸件、含锌锡青铜或多元锡青铜铸件,特别是纯铜铸件,如果脱氧不良就会产生内生式水气反应气孔。这种气孔缺陷的目视特征同内生式 CO 反应气孔十分相似,孔洞大,成群地分布于铸件整个截面积中。

③ SO_2 反应气孔。锡青铜铸件、多元锡青铜铸件,特别是纯铜铸件,有时会产生这种内生式反应气孔。

(5) 气孔形成的影响因素及防止措施

1) 析出性气孔的影响因素

通过对金属凝固过程中气体溶质再分配规律的分析可以看出,影响析出性气孔形成的主要因素有:

① 金属液原始含气量。由式(5.45)与式(5.46)可以看出,C_0 含量越高,C_L、Δx 和 Δt 都将增大,C_0 过高时,凝固前沿的液相能析出气泡,形状接近团球形。

② 冷却速度。铸件冷却速度越快,凝固区域就越小,枝晶不易封闭液相,且凝固速度 R 越大,Δx 和 Δt 越小,气体来不及扩散,所以气孔不易形成。

③ 合金成分。不同成分的合金,原始含气量 C_0、分配系数 k_0,扩散系数 D_L 以及合金收缩大小和凝固区域各不相同。k_0 越小,合金液收缩越大,结晶温度范围越大的合金越容易产生气孔和气缩孔。

④ 气体性质。气体的扩散系数 D_L 大,扩散速度快,则容易析出,不易产生气孔。

2) 防止或减少析出性气孔的措施

① 减少金属液的吸气量,采取烘干、除湿等措施,防止炉料、空气、铸型、浇包等方面的气体进入金属液。

② 利用浮游、氧化、真空等去气方法除去溶解于金属液中的气体。

③ 通过提高铸件冷却速度或增加凝固时的外压等方法,阻止金属液中气体的析出。

④ 对型(芯)砂进行处理,减少砂型(芯)在浇注时的发气量;使浇注时产

生的气体容易从砂型（芯）中排出，例如多扎排气孔；使用薄壁或空心和中间填焦炭块的砂型（芯）等方法。

3）反应性气孔防止措施

针对形成反应性气孔的气体种类，宜采用不同的预防措施。

① CO 反应气孔。主要措施是冶炼时，钢液要脱氧完全，可以加入硅铁、锰铁及硅钙等脱氧剂降低钢液的溶解量。最终用 Al 脱氧，以将钢液中的溶解氧量降低到很低，例如可以使溶解氧量从 40×10^{-6} 降低到 4×10^{-6}。但溶解氧量很低的钢液，很容易吸收氢，因此自熔炉出钢液一直到烧注，都要注意防止钢液的吸氢问题。

② 水气（H_2O）反应气孔。铜液中氢、氧浓度的乘积是一常数。因此使铜液富氧，增加其氧浓度，可以降低铜液中的含氢量而达到脱氢的目的。但是，富氧脱氢措施只适用于纯铜、铜 - 锡、铜 - 铅等合金中。铜液中如果已有活泼的合金化元素如 Al、Si、Mn 等时，就不宜采用这种措施，以免使这类合金化元素剧烈氧化，增大氧化夹杂物量，反而既脱不了氢又恶化了铜液质量。在此情况下，如果需要采用富氧脱氢措施，则金属炉料中不能加入含有活泼的合金化元素的回炉料。只能在富氧脱氢再脱氧后的铜液中，加入合金化元素。

③ SO_2 反应气孔。可以通过铜液脱氧、改善燃料、降低炉气中 SO_2 分压力等措施来防止 SO_2 反应气孔的形成。

3. 缩孔与缩松

液态金属浇入铸型后，由于铸型的吸热，金属温度下降，空穴数量减少，原子间距离缩短，液态金属的体积减小。温度继续下降时，液态金属凝固，发生由液态到固态的状态变化，原子间距离进一步缩短；金属凝固完毕后，在固态下继续冷却时，原子间距离还要缩短。铸件在液态、凝固态和固态的冷却过程中，所发生的体积减小现象称为收缩。收缩是铸造合金本身的物理性质，也是铸件中许多缺陷如缩孔、缩松、热裂、应力、变形和冷裂等产生的基本原因。

（1）金属的收缩

任何物体的体积皆与其温度和施于其上的压力有关。在一般铸造条件下，压力的变化可以忽略不计，铸件尺寸的变化仅取决于温度的变化（如不考虑物态的和同素异形的变化）。金属从液态到常温的体积改变量，称为体收缩（volume contraction）。金属在固态时从高温到常温的线尺寸改变量，称为线收缩（linear contraction）。

在实际中，通常以相对收缩来表示金属的收缩特性，此相对收缩称为收缩率。当温度从高温 T_0 下降到 T_1 时，金属的体收缩率 ε_V 和线收缩率 ε_L 可分别用下式表示：

$$\varepsilon_V = \frac{V_0 - V_1}{V_0} \times 100\% = \alpha_V(T_0 - T_1) \times 100\% \quad (5.48)$$

$$\varepsilon_L = \frac{L_0 - L_1}{L_0} \times 100\% = \alpha_L(T_0 - T_1) \times 100\% \quad (5.49)$$

式中，V_0、V_1 分别为金属在 T_0 和 T_1 时的体积，L_0、L_1 分别为金属在 T_0 和 T_1 时的长度，α_V、α_L 分别为金属在 $T_0 \sim T_1$ 温度范围内的体收缩系数和线收缩系数。

任何一种液态金属注入铸型以后，从浇注温度冷却到常温都要经历三个互相联系的收缩阶段，即液态收缩阶段（Ⅰ）、凝固收缩阶段（Ⅱ）、固态收缩阶段（Ⅲ），如图 5.31 所示。

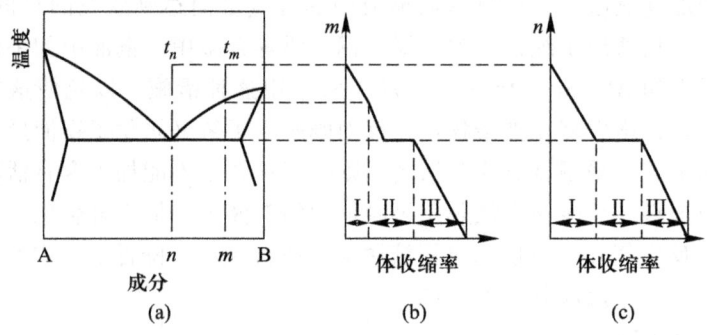

图 5.31　铸造合金的收缩过程示意图：
（a）合金相图；（b）有一定结晶范围的合金；（c）恒温凝固的合金

① 液态收缩。具有一定成分的铸造合金从浇注温度 $T_{浇}$ 冷却到液相线温度 T_L 发生的体收缩称为液态收缩。其液态收缩率 $\varepsilon_{V液}$ 可用下式表示：

$$\varepsilon_{V液} = \alpha_{V液}(T_{浇} - T_L) \times 100\% \quad (5.50)$$

式中，$\alpha_{V液}$ 是金属的液态收缩系数。

从式(5.50)中可以看出，提高浇注温度 $T_{浇}$，或因合金成分改变而降低 T_L，都使液态收缩率 $\varepsilon_{V液}$ 增加，影响 $\varepsilon_{V液}$ 的因素很多，如合金成分、温度、气体和夹杂物含量等。

② 凝固收缩。金属从液相线温度到固相线温度间产生的体收缩称为凝固收缩，记为 $\varepsilon_{V凝}$。对于纯金属和共晶合金，凝固期间的体收缩只是由于状态的改变，而与温度无关，故具有一定数值。具有一定结晶温度范围的合金由液态转变为固态时，收缩率既与状态改变时的体积变化有关，又与结晶温度范围有关。

有一些合金在凝固过程中体积不但不收缩，反而膨胀，如某些 Ga 合金、

Bi-Sb合金，故凝固收缩率为负值。

液态金属注入铸型后，首先在表面形成硬壳，其中尚处于液态的金属在此外壳中冷却时，由于液态收缩和凝固收缩使体积缩小。如果所减小的体积得不到外来金属液的补充，则在铸件中形成集中于某处的或分散的孔洞——缩孔或缩松。因此，液态收缩和凝固收缩是铸件产生缩孔和缩松的基本原因。$\varepsilon_{V液} + \varepsilon_{V凝}$越大，缩孔的容积就越大。

③ 固态收缩。金属在固相线以下发生的体收缩称为固态收缩。固态收缩率$\varepsilon_{V固}$用下式表示：

$$\varepsilon_{V固} = \alpha_{V固}(T_s - T_0) \times 100\% \tag{5.51}$$

式中，$\alpha_{V固}$为金属的固态体收缩系数，T_s为固相线温度，T_0为室温。

在固态收缩阶段，铸件各个方向上都表现出线尺寸的缩小。因此，这个阶段对铸件的形状和尺寸的精度影响最大。为方便起见，常用线收缩率表示固态收缩，即

$$\varepsilon_L = \alpha_L(T_s - T_L) \times 100\% \tag{5.52}$$

金属的线收缩是铸件中产生应力、变形和裂纹的根本原因。对于纯金属和共晶合金，线收缩在金属形成凝固壳层时开始；对具有结晶温度范围的合金，线收缩在表面形成凝固骨架后开始。

（2）缩孔的形成

铸件在凝固过程中，由于合金的液态收缩和凝固收缩，往往在铸件最后凝固的部位出现孔洞，称为缩孔。容积大而集中的孔洞称为集中缩孔，或简称为缩孔；细小而分散的孔洞称为分散性缩孔，简称为缩松。缩孔的形状不规则，表面不光滑，可以看到发达的树枝晶末梢，故可以和气孔区别开来。

在铸件中存在任何形态的缩孔或缩松，都会由于它们减小受力的有效面积，以及在缩孔或缩松的尖角处产生应力集中现象，而使铸件的机械性能显著降低。由于缩孔的存在，还降低铸件的气密性和物理化学性能。因此，缩孔和缩松是铸件的重要缺陷，在铸件生产中必须采取相应的预防措施，设法消除或减少它们的发生。

缩孔容积较大，多集中在铸件的上部和最后凝固的部位。假定所浇注的金属在固定温度下凝固，或结晶温度范围很窄，在一般的铸造条件下铸件按由表及里的逐层凝固方式凝固。在液相线温度以上时，铸型吸热，液态金属温度下降将产生液态收缩，其体积的减小可以通过浇注系统进行补充，型腔中总是充满着金属液，如图5.32(a)所示。

当铸件外表的温度下降到凝固温度时，铸件表面凝固一层硬壳，并紧紧包住内部的液态金属。内浇口此时被冻结，与浇注系统之间的通道切断，如图5.32(b)所示。

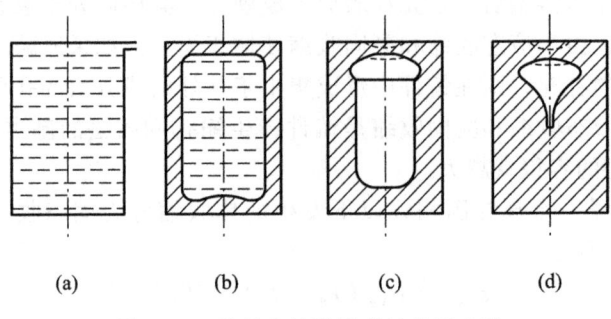

(a)　　　　(b)　　　　(c)　　　　(d)

图 5.32　铸件中缩孔形成过程示意图

进一步冷却时,硬壳内的液态金属因温度降低发生液态收缩,以及对形成硬壳时凝固收缩的补充,液面要下降。与此同时,固态硬壳也因温度降低而使铸件外表尺寸缩小。如果因液态收缩和凝固收缩造成的体积缩减等于因外壳尺寸缩小所造成的体积缩减,则凝固的外壳仍和内部液态金属紧密接触,不会产生缩孔。但是,由于合金的液态收缩和凝固收缩超过硬壳的固态收缩,因而液体将与硬壳的顶面脱离,如图 5.32(c)所示。依次进行下去,硬壳不断加厚,液面将不断下降,待金属全部凝固后,在铸件上部就形成了一个倒锥形的缩孔,如图 5.32(d)所示。整个铸件的体积因温度下降至常温而不断缩小,使缩孔的绝对体积有所减小,但其值变化不大。如果铸件顶部设置冒口,缩孔将移至冒口中。

在液态合金中含气量不大的情况下,当液态金属与硬壳顶面脱离时,液面上要形成真空。上面的薄壳在大气压力作用下,可能向缩孔方向凹进去,如图 5.32(c)、(d)中虚线所示。因此缩孔应包括外部的缩凹和内部的缩孔两部分。如果铸件顶面的硬壳强度很大,也可能不出现缩凹。

综上所述,在铸件中产生集中缩孔的基本原因是,合金的液态收缩和凝固收缩大于固态收缩。而产生集中缩孔的条件是,铸件由表及里地逐层凝固(而不是整个体积同时凝固),缩孔就集中在最后凝固的地方。

(3)缩松的形成

缩松按其形态分为宏观缩松(简称缩松)和微观缩松(或显微缩松)两类。

形成缩松的基本原因和形成缩孔一样,是由于合金的液态收缩和凝固收缩大于固态收缩。但是,形成缩松的基本条件是合金的结晶温度范围较宽,倾向于糊状凝固方式,缩孔分散;或者是在缩松区域内铸件断面的温度梯度小,凝固区域较宽,合金液几乎同时凝固,因液态收缩和凝固收缩所形成的细小孔洞分散且得不到外部合金液的补充而造成的。铸件的凝固区域越宽,就越倾向于产生缩松。

断面厚度均匀的铸件，如板状或棒状铸件，在凝固后期不易得到外部合金液的补充，往往在轴线区域产生缩松，称为轴线缩松。

缩松常分布在铸件壁的轴线区域、厚大部位、冒口根部和内浇口附近。铸件切开后可直接观察到密集的孔洞。缩松对铸件机械性能影响很大，且由于它分布面广，难于补缩，是铸件中最危险的缺陷之一。

显微缩松产生在晶间和分枝之间，与细小的析出性气孔很难区分，且经常是同时发生的，在显微镜下才能观察到。

显微缩松在各种合金铸件中或多或少都存在，它降低铸件的力学性能，对铸件的冲击韧性和延伸率影响更大，也降低铸件的气密性和物理化学性能。对一般铸件往往不作为缺陷，但是，在特殊情况下，如要求铸件有较高的气密性、高的力学性能和物理化学性能时，则必须设法减少和防止显微缩松的产生。

当铸件在凝固过程中析出气体时，显微缩松的形成条件可用下式表示：

$$p_g + p_s > p_a + \frac{2\sigma}{r} + p_H \tag{5.53}$$

式中，p_g 为某一温度下金属中气体的析出压力，p_s 为显微孔洞补缩阻力，p_a 为凝固金属上的大气压力，σ 为气-液界面上的表面张力，r 为显微孔洞半径，p_H 为孔洞上的金属压头。

当金属在常压下凝固时，式中的变化参数只有 p_g 和 p_s，气体析出压力与液态金属中的气体含量有关，显微孔洞的补缩阻力 p_s 与枝晶间通道的长度、晶粒形态以及晶粒大小等因素有关。铸件的凝固区域越宽，枝晶就越发达，则通道就越长；晶间和分枝间被封闭的可能性就越大，产生显微缩松的可能性就越大。

（4）缩孔与缩松的影响因素及防止措施

影响缩孔与缩松形成的因素概括起来有以下几方面：

① 金属的性质。我国合金的液态收缩系数 $\alpha_{V液}$ 和凝固收缩率 $\varepsilon_{V凝}$ 越大，缩孔及缩松容积越大。合金的固态收缩系数 $\alpha_{V固}$ 越大，缩孔及缩松容积越小。

② 铸型条件。提高铸型的激冷能力，可以减小缩孔及缩松容积。铸型的激冷能力大，容易造成边浇注边凝固的条件，使金属的收缩在较大程度上被后注入的金属液补充，使实际发生收缩的液态金属量减少。

③ 浇注条件。浇注温度越高，合金的液态收缩越大，缩孔容积越大；浇注速度越缓慢，浇注时间越长，缩孔容积越小。浇注条件对缩松的容积影响不大。

④ 铸件尺寸。铸件壁厚越大，表面层凝固后，内部的金属液温度越高，

液态收缩越大，缩孔及缩松容积增加。

⑤ 补缩压力。凝固过程中增加补缩压力，可减小缩松而增加缩孔的容积。

实际生产中，通常采用以下途径来防止铸件产生缩孔和缩松。

1）顺序凝固和同时凝固

铸件的顺序凝固原则是采用各种措施，保证铸件结构上各部分按照距冒口的距离由远及近地朝冒口方向凝固，冒口本身最后凝固。铸件按这一原则进行凝固，可以充分发挥冒口的补缩作用，使缩孔集中在冒口中，从而获得致密的铸件。因此，对凝固收缩大、结晶温度范围小的合金，如某些类型的铸钢件，通常采用这一原则。但是，顺序凝固时，铸件各部分存在温差，在凝固过程中易产生热裂，凝固后容易使铸件产生变形。此外，由于使用冒口和补贴，会降低工艺出品率。

同时凝固原则是采取工艺措施保证铸件结构上各部分之间没有温差或温差尽量小，使各部分同时凝固。这种凝固条件下，没有补缩通道，无法实现补缩，但是由于同时凝固时铸件温差小，不容易产生热裂，凝固后不易引起应力和变形。

2）浇注条件

浇注温度和浇注速度的调整，可以加强顺序凝固或同时凝固。采用高的浇注温度缓慢地浇注，能增加铸件纵向温差，有利于顺序凝固。通过多个内浇道低温快浇，则减小纵向温差，有利于同时凝固。

浇注工艺方案中，浇注位置设置方式有：顶注式、底注式和中注式（分型面处）。浇注位置不同，温度分布不同，补缩效果也不一样。一般情况下，冒口在顶部的顶注式浇注系统适合高温慢浇工艺，加强顺序凝固。对底注式浇注系统，采用低温快浇和补浇冒口的方法，可以减小铸件的逆向温差，实现顺序凝固。冒口设在分型面上，液态金属通过冒口引入内浇道，采用高温慢浇，有利于补缩。

3）冒口、补贴和冷铁的应用

冒口、补贴和冷铁的使用是为了防止缩孔和缩松形成最有效的工艺措施。冒口一般应设置在铸件厚壁或热节部位。冒口的大小应保证铸件被补缩部位最后凝固，并提供足够的金属液用于补缩需要，同时冒口与被补缩部位之间必须有补缩通道。

补贴和冷铁通常是配合冒口设置使用的，可以造成人为的补缩通道及末端区，延长冒口的有效距离。此外，冷铁还可以加速铸铁壁局部热节的冷却，实现同时凝固原则。

4）加压补缩

显微缩松产生在枝晶间和分枝之间，孔洞细小弯曲，且弥散分布于铸件整个断面上，一般工艺措施难以消除。加压补缩是指将铸件放在具有较高压力的装置中，使其在较高压力下凝固，通过外压可以防止或消除显微缩松的产生，获得致密铸件。

4. 铸造应力

金属在凝固和冷却过程中的体积变化将受到外界或其本身的制约，导致变形受阻，从而产生应力，称为铸造应力（casting stress）。

铸造应力和铸件的变形对铸件质量的危害很大。铸造应力是铸件在生产、存放、加工以及使用过程中产生变形和裂纹的主要原因，它降低铸件的使用性能。例如，当机件工作应力的方向与残余应力的方向相同时，应力叠加，可能超出合金的强度极限，发生断裂。有残余应力的铸件，放置日久或经机械加工后会变形，使机件失去精度。产生变形的铸件可能因加工余量不足而报废，为此需要加大加工余量。在大批量流水生产时，变形的铸件在机械加工时往往因放不进夹具而报废。此外，挠曲变形还降低铸件的尺寸精度，尤其对精度要求较高的铸件，防止产生变形尤为重要。

（1）铸造应力的分类

根据形成的原因不同，铸造应力可分为以下几类。

① 热应力（thermal stress）。铸件各部分厚薄不同，在凝固和其后的冷却过程中，冷却速度不同，造成同一时刻各部分收缩量不一致，铸件各部分彼此制约而产生的应力。

② 相变应力（phase transformation stress）。固态发生相变的合金，由于铸件各部分冷却条件不同，它们到达相变温度的时刻不同，且相变的程度也不同而产生的应力。

③ 机械阻碍应力（mechanism hindered stress）。铸件收缩受到铸型、型芯、箱挡和芯骨等机械阻碍所产生的应力。

按应力存在的时间，铸造应力又可分为临时应力和残余应力。

① 临时应力（temporary stress）。产生应力的原因消失，应力便消失。

② 残余应力（residual stress）。产生应力的原因消除后，仍然存在的应力。

（2）减小铸造应力的措施

减小铸造应力的主要途径是针对铸件的结构特点在制定铸造工艺时，尽可能地减小铸件在冷却过程中各部分的温差，提高铸型和型芯的退让性，减小机械阻碍。可采用以下具体措施：

1）合金方面

在零件能满足工作条件的前提下，选择弹性模量和收缩系数小的合金材料。

2）铸型方面

为了使铸件在冷却过程中温度分布均匀，可在铸件厚实部分放置冷铁，或采用蓄热系数大的型砂，也可对铸件特别厚大部分进行强制冷却，即在铸件冷却过程中，向事先埋没在铸型内的冷却器吹入压缩空气或水汽混合物，加快厚大部位的冷却速度。也可在铸件冷却过程中，将铸件厚壁部位的砂层减薄。

预热铸型可减小铸件各部分的温差。在熔模铸造中，为了减小铸造应力和裂纹等缺陷，型壳在浇注前被预热到 600~900 ℃。

为了提高铸型和型芯的退让性，应减小砂型的紧实度，或在型砂中加入适量的木屑、焦炭等，采用壳型或树脂砂型，效果尤为显著。采用细面砂和涂料，可以减小铸型表面的摩擦力。

3）浇注条件

内浇口和冒口的位置应有利于铸件各部分温度的均匀分布，内浇口布置要同时考虑温度分布均匀和阻力最小的要求。

铸件在铸型内要有足够的冷却时间，尤其是采用水爆清砂时，不能打箱过早，水爆温度不能过高。但对一些形状复杂的铸件，为了减小铸型和型芯的阻力，又不能打箱过迟。

4）改进铸件结构

避免产生较大的应力和应力集中，铸件壁厚差要尽可能小，厚薄壁联结处要合理过渡，热节要小而分散。

（3）消除铸件中的残余应力

铸件中的残余应力可以通过以下一些方法消除。

1）人工时效（artificial ageing）

去除残余应力的热处理温度和保温时间应根据合金的性质、铸件结构以及冷却条件不同而作不同的规定。但一般规律是将铸件加热到弹塑性状态，在此温度下保温一定时间，使应力消失，再缓慢冷却到室温。

确定热处理规范应注意的是，在铸件升温和冷却过程中力求其各处温度均匀，以免温差过大产生附加应力，造成铸件变形或冷裂。为此，铸件升温，冷却速度不宜过快。但从生产实际出发，为了提高生产效率，加热和冷却速度均不应过小，保温时间不宜过长，要根据具体情况制定既有较高生产效率，又不产生较大附加热应力的最佳热处理规范。在确定某合金铸件的热处理规范时，可用同种合金铸成许多尺寸相同的环形试样，环上开有同样尺寸的缺口，并在缺口处楔入楔形铁，使环处于应力状态，然后将试样放入加热炉内按不同规范退火。退火后去掉楔铁，根据缺口大小，可知应力减小程度。楔铁能自由地从缺口中取出的规范为最佳热处理规范。

2）自然时效（natural ageing）

将具有残余应力的铸件放置在露天场地，经数月至半年以上，应力慢慢自然消失，将此消除应力方法称为自然时效。铸件中存在残余应力，必然使晶格发生畸变，畸变晶格上的原子势能较高，极不稳定。长期经受不断变化的温度作用，原子有足够时间和条件发生能量交换，原子的能量趋于均衡，晶格畸变得以恢复，铸件发生变形，应力消除。这种方法虽然费用低，但最大缺点是时间太长，效率低，近代生产很少采用。

3）共振时效（resonance ageing）

共振时效的原理是：调整振动频率，使铸件在具有共振频率的激振力作用下，获得相当大的振动能量。在共振过程中，交变应力与残余应力叠加，铸件局部屈服，产生塑性变形，使铸件中的残余应力逐步松弛、消失。同时也使处在畸变晶格上的原子获得较大能量，使晶格畸变恢复，应力消失。

激振器主要由振动台和控制箱组成。工作时，把激振器牢固地夹在工件的中部或一端（小件则装在振动台上）。其主要工艺参数是共振频率、动应力和激振时间。

① 共振频率的确定。调整激振器的频率，激振器频率与工件固有频率一致时，振幅达到最大值，此时的频率就是共振频率。

② 动应力接近 35 Pa 时能获得最大效益。

③ 激振时间应依据铸件的原始条件和处理过程中的实际条件而定。重量大的铸件处理时间要长一些。

共振时效具有显著的优越性：时间短，费用低，功率小，功率为 0.735 kW 的激振器即可处理 50~150 t 以上的铸件，省能源，无污染，机构轻便，易操作，铸件表面不产生氧化皮，不损害铸件尺寸精度。该方法对箱、框类铸件效果尤为显著，但对盘类和厚大铸件效果较差，有待进一步完善。

5.3.4 快速凝固

在金属凝固过程中，凝固系统的传热强度和凝固速度对凝固过程和合金组织有着直接而重要的影响。快速凝固指的是在比常规工艺过程中快得多的冷却速度下，金属或合金以极快的速度从液态转变为固态的过程。在快速凝固条件下，凝固过程的各种传输现象可能被抑制，凝固偏离平衡，经典凝固理论中的许多平衡条件的假设不再适应，成为凝固过程研究的一个特殊领域。近年来，单相合金凝固过程研究的进展主要反映在快速凝固组织特征与凝固形态选择的历史相关性两方面。

1. 快速凝固原理

通常可采用以下两种途径实现快速凝固[5]。

（1）激冷法

凝固速度是由凝固潜热及物理热的导出速度控制的。通过提高铸型的导热能力、增大热流的导出速度可使凝固界面快速推进，实现快速凝固。在忽略液相过热的条件下，单向凝固速度 R 取决于固相中的温度梯度 G_s：

$$R = \frac{\lambda_s G_s}{\rho_s \Delta h} \tag{5.54}$$

式中：λ_s 为固相热导率；Δh 为凝固潜热；ρ_s 为固相密度；G_s 为温度梯度，是由凝固层的厚度 d 和铸件与铸型的界面温度 T_i 决定的。

参考图 5.33，对凝固层内的温度分布作线性近似，得到

$$R = \frac{\lambda_s}{\Delta h \rho_s}\left(\frac{T_k - T_i}{\delta}\right) \tag{5.55}$$

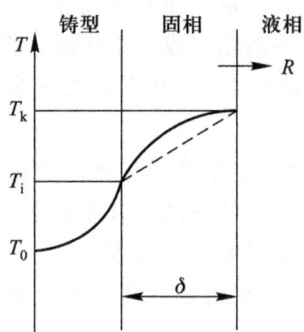

图 5.33　单向凝固速度与导热条件的关系
（d—凝固层的厚度；T_i—铸件与铸型的界面温度；T_k—凝固界面温度）

通过选用热导率大的铸型材料或对铸型强制冷却以降低铸型与铸件界面温度 T_i 均可提高凝固速度。快速定向凝固、焊接及激光等高能束的表面处理是实现快速凝固的实用技术。由于凝固层内部热阻随凝固层厚度的增大而迅速提高，导致凝固速度下降，快速凝固只能在小尺寸试件中实现。

在雾化法、单辊法、双辊法、旋转圆盘法等非晶或微晶材料制备过程，试件的尺寸足够小，以至于内部热阻可以忽略（即温度均匀），界面散热成为控制环节。通过增大散热强度，使液态金属以极快的速度降温，可实现快速凝固。对于双面散热，在不发生凝固的冷却过程中热平衡条件为

$$\rho c y \mathrm{d}T = 2\alpha \Delta T \mathrm{d}\tau \tag{5.56}$$

式中，y 为液膜厚度，ΔT 为合金液与冷却介质的温度差，ρ 为合金液密度，α 为界面传热系数，τ 为时间，c 为合金液的质量热容。

由此推出的冷却速度 ε 的估算公式为

$$\varepsilon = \frac{dT}{d\tau} = \frac{2\alpha\Delta T}{\rho c y} \tag{5.57}$$

式(5.57)反映了冷却速度 $\varepsilon = dT/d\tau$ 与界面传热系数 α、合金热物理参数(质量热容 c)、冷却温度差 ΔT 及液膜厚度 y 的关系。冷却速度随试件厚度的增大而减小。α 与 ΔT 反映了试件的冷却条件,其值越大,冷却速度也越大。而 c 反映了合金本身的性质,不同合金可获得的冷却速度也不同。

(2) 深过冷法

激冷法是通过提高热流的导出速度实现的。但是由于试样内部热阻的限制,只能在薄膜及小尺寸颗粒中实现。减少凝固过程中的热流导出量是在大尺寸试件中实现快速凝固的唯一途径。通过抑制凝固过程的形核,使合金液获得很大的过冷度,从而凝固过程释放的潜热 Δh 被过冷熔体吸收,可大大减少凝固过程需要导出的热量,获得很大的凝固速度。过冷度为 ΔT_s 的熔体凝固过程中需要导出的实际潜热 $\Delta h'$ 可表示为

$$\Delta h' = \Delta h - c\Delta T_s \tag{5.58}$$

在式(5.54)及式(5.55)中用 $\Delta h'$ 取代 Δh 可知,凝固速度随过冷度的增大而增大。当 $\Delta h' = 0$,即

$$\Delta T_s = \Delta T_s^* = \frac{\Delta h}{c} \tag{5.59}$$

时,凝固潜热完全被过冷熔体吸收,试件可在无热流导出的条件下完成凝固过程。由式(5.59)定义的过冷度 ΔT_s^* 称为单位过冷度。

深过冷快速凝固主要见于液相微粒的雾化法快速凝固和经过特殊净化处理的大体积液态金属的快速凝固。

2. 快速凝固组织特征

快速凝固可分为自由快速凝固和定向快速凝固。在自由快速凝固中,液相合金在短时间内获得很大的过冷度而发生大量形核,形核过程成为凝固组织关键的控制环节之一。随着形核速率的增大可获得细晶、微晶乃至纳米晶。

典型固溶体合金在定向凝固条件下的凝固组织及凝固界面形态随凝固速度的变化如图5.34所示。在极低速的凝固条件下凝固以平面状的方式进行。随着凝固速度的增大,平面凝固界面失稳而形成胞晶。关于平面界面向胞晶界面转变的临界条件(临界生长速度 R_c)可用成分过冷理论,或更精确地用界面动力学理论判断。当生长速度达到一定值时发生胞晶向枝晶的转变,进一步增大生长速度,枝晶生长又将转变为更细的胞晶。由于胞晶与枝晶的界线并不明显,关于胞-枝转变及枝-胞转变的条件没有深入的研究。在极高速下生长可再次获得平面凝固界面。

第五章 凝固理论

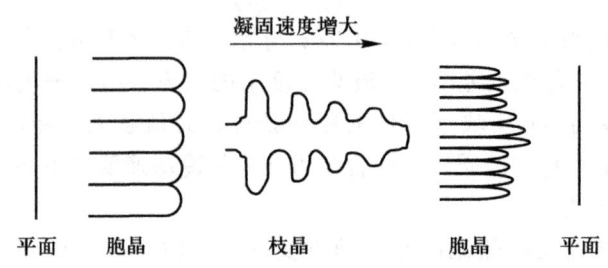

图 5.34 定向凝固组织及界面形态随凝固速度增大的变化情况

快速凝固条件下凝固过程表现出的主要特征如下。

（1）偏析形成倾向减小

随着凝固速度的增大，溶质的分配系数将偏离平衡。总的趋势是，不论溶质分配系数 $k>1$ 还是 $k<1$，实际溶质分配系数总是随着凝固速度的增大向 1 趋近，偏析倾向减小。

（2）非平衡相的形成

在快速凝固的条件下，平衡相的析出可能被抑制，析出非平衡的亚稳定相。

（3）细化凝固组织

大的冷却速度不仅可细化枝晶，而且由于形核速率的增大而使晶粒细化。随着冷却速度的增大，晶粒尺寸减小，获得微晶，乃至纳米晶。

（4）微观凝固组织的变化

在绝对稳定的凝固条件下，可获得无偏析的凝固组织。而大的冷却速度可使析出相的结构发生变化。随合金类型与成分的变化，相同成分的合金在不同冷却速度下可获得完全不同的组织。

（5）非晶态的形成

当冷却速度极高时，结晶过程被完全抑制，可获得非晶态的固体。玻璃态金属是快速凝固技术应用的成功实例，它不仅具有特殊的力学性能，同时也可获得特殊的物理性能，如超导特性、软磁特性及抗化学腐蚀特性等。非晶态材料成为材料科学研究的前沿领域之一。

参 考 文 献

[1] 周尧和，胡壮麒，介万奇. 凝固技术[M]. 北京：机械工业出版社，1998：11 - 88.
[2] 张承甫，肖理明，黄志光. 凝固理论与凝固技术[M]. 武昌：华中工学院出版社，

1985：33 - 97.
[3] 胡汉起. 金属凝固原理[M]. 北京：机械工业出版社，1991：42 - 103.
[4] 闵乃本. 晶体生长的物理基础[M]. 上海：上海科学技术出版社，1982：257 - 277.
[5] 周尧和，胡壮麒，介万奇. 凝固技术[M]. 北京：机械工业出版社，1988：227 - 231.

第六章
熔化与过热

6.1 引言

熔化是指长程有序的晶体到无序结构的相转变,是自然界常见现象,也是材料研究中的重要相变过程。熔化研究涉及材料、能源、环境、生物及其他许多领域,研究对象则涵盖了小至数十个原子的团簇,大到地球的核心[1]。熔化研究可追溯至古希腊时代,相关记载中就有熔化是一种热运动方式的描述。1762 年 Black 发现了"潜热",并研究了固态冰到液态水转变的热量。此后,Davy 受滑冰运动的启发,用实验证明摩擦可以产生热量使冰融化,第一次提出了热是运动形式的一种而非"热质"的概念。1850 年 Faraday 设计实验证明压力可导致冰的熔点降低。1870 年 Bunsen 用冰量热计测量得到了熔化体积变化与潜热的关系[2]。

可用经典热力学理论对熔化作一般理解。如图 6.1 所示,根据平衡态体系自由能最低原则,在 $T < T_f$ 时,固相的自由能最低,体系的平衡态为固态;在 $T > T_f$ 时,液相的自由能更低,体系的平衡态为液态;而 $T = T_f$ 时,固、液两相的自由能相等,T_f 即为固 – 液两相平衡温度(熔点),此时升温过程中便会发生熔化。固相达到平衡熔点以上而不熔化的现象称为过热(superheating/overheating),

过热温度超过平衡熔点的部分称为过热度。除了过热，材料表/界面会在低于平衡熔点温度熔化，称为预熔化(premelting)。实际材料内部的原子排列不可避免地存在缺陷位置，如表面、晶界、相界、位错等，材料的熔化过程与这些缺陷密切相关，过热和预熔化便为具体表现。

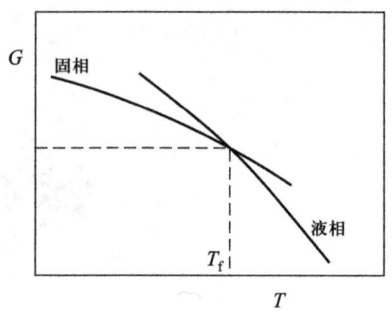

图6.1 固、液两相的吉布斯自由能 G 随温度 T 变化示意图。两相平衡温度为 T_f，即平衡熔化温度

过去一个世纪以来，人们对固体熔化展开了大量深入研究，提出了不同的熔化模型，对熔化的认识也不断提高。然而，关于熔化的许多现象及其本质机制仍有待进一步澄清。近年来低维材料制备与表征技术的发展，为工业应用提供了具有优越性能的新材料，如纳米颗粒、纳米薄膜、纳米线、纳米管以及纳米晶体材料等。同时，由于这些材料中含有大量表面和界面等缺陷，也为熔化提供了新的研究对象。研究发现，低维材料的熔化动力学与块体显著不同，如自由表面纳米粒子的熔点显著降低；同时通过适当包覆，又可实现纳米粒子过热[3]。关于过热的研究可以提高人们对熔化本质的认识，同时还对提高低维材料的热稳定性具有现实意义。

熔化与凝固互为相反的相变过程。不过尽管凝固也是一个复杂的相变，但人们对凝固的一些基本特征已有共识，而对熔化的本质起因还认识各异。正如Cotterill[4]所述："在人们所了解的各种物理现象中，一些最普遍的却最难被人们所理解的现象，熔化便为其中一例"。熔化研究中新的物理现象的发现，激发了人们的兴趣和关注。随着纳米材料制备和分析技术的提高，熔化研究会进一步深入，熔化的秘密也将逐渐被揭示。本章主要包括熔化理论与过热极限、表面熔化、小粒子熔化、镶嵌粒子过热、薄膜过热等内容，尽量涵盖熔化研究领域的经典理论与现象以及最新研究成果。

6.2 熔化理论与过热极限

对熔化机制的研究，其关键在于理解晶体"为何"与"如何"熔化，以及何种因素决定熔化温度。与经典热力学的两相理论(two-phase theory)相对应，熔化的单相理论(one-phase theory)把晶体作为单相处理，认为熔化是由晶体本身在加热过程中的某种不稳定性所导致的。从固体的不同特性出发，人们建立了多种晶格失稳模型，提出了相应的熔化判据，并得到相应的晶体过热极限温度[①]。

6.2.1 Lindemann 熔化准则

温度的升高会导致晶体中原子热运动的加剧。当在某一温度下，原子振动的振幅大到可以克服周围原子对它的束缚时，熔化发生。据此，Lindemann 于 1910 年提出假设，认为当熔化发生时，原子振幅与原子间距的比值为一常数。根据爱因斯坦模型，可得由下式表述的 Lindemann 准则。

$$L_f = \Theta_D V_a^{1/3} (M_a / T_f)^{1/2} \tag{6.1}$$

式中：L_f 为 Lindemann 常数，与晶体结构相关；Θ_D 为晶体的德拜温度；V_a 为原子体积；M_a 为原子质量。由该式计算得到的元素的熔化温度与实验值符合较好。

Lindemann 准则提出后，研究者对其作了进一步完善。现在的准确表述为：晶体中原子振动的均方根位移达到原子最近邻距离的某一临界值时，熔化发生。对 fcc 结构的元素，临界振幅约为 0.12；而对 bcc 结构的元素，临界振幅约为 0.15。该准则是一种单相理论，既没有考虑液体的性质，也未能解决晶体熔化的起因问题，但它在概念上简单明了，并具有一定的准确性，所以目前仍被广泛应用，特别是用于极端条件下物质熔点的预测。

6.2.2 力学不稳定性(Born)判据

晶体的剪切模量一般随温度的升高而降低，这主要是因为热膨胀增加了原子间距而减小了回复力。金属剪切模量与温度的关系符合如下表达式：

$$\mu = \mu_0 \left(1 - \frac{T}{T_f}\right)^2 \tag{6.2}$$

式中，μ 为晶体剪切模量，μ_0 为温度在 0 K 时的晶体剪切模量。1939 年 Born 通过研究熔化与模量的关系，得到熔化的力学不稳定性判据，即熔化是由于晶

---

① 本节相关文献未作逐一标注，可见参考文献[5]及其中所引文献。

体所具有的抵抗剪切应力的弹性阻力消失而引起的现象。该模型起初被广为接受，但后来人们并没有观察到晶体熔化时模量的消失，而是相反具有一定的数值。尽管如此，该思想还是被继承下来。Tallon 将固体熔化时的模量外推到零，发现其体积变化实际对应着液体的体积膨胀，由此认为熔化还是由模量变化引起的。固体在熔化之前之所以具有一定模量，是因为它要保持一定的弹性内能以抵消熔化后的液体由于扩散或流动而产生的熵的影响。因此，Tallon 将 Born 的力学判据改进为：固体在它的模量能够等温地转变为零时发生熔化。

最近计算机模拟研究进一步发现，Born 判据只有在零外力作用条件下有效，即当在零外力条件下加热理想晶体至其熔点，晶体会由于剪切模量的消失而引起晶格失稳，从而发生熔化；而当晶体受负压作用处于膨胀状态时，晶格失稳则是由于体模量消失而引起。

6.2.3 热弹性失稳判据

在 Born 提出熔化的力学判据的同时，Herzfeld 和 Goeppert-Mayer 也提出了另一种熔化机制，即 HGM 理论。他们在对 Ar 的状态方程进行理论分析后发现，其等温压缩率在熔点时趋于无穷。随后，Kanel 又将他们的工作扩展到其他的固体气体（He、Ne、Ke、Xe）。这种以等温压缩率的发散为熔化判据的理论不及 Born 的力学判据简洁明了，因而未受重视。直至最近，Boyer 在对碱卤化合物理论计算时，重新提及 HGM 理论，并结合 Born 的力学判据给出了一种新的热弹性失稳判据：固体随着温度的升高而引起对切变应力的阻抗降低，其特征表现为在熔化时热膨胀和等温压缩率的发散。Boyer 运用该理论框架解释了其他的一些熔化机理，并认为那些看似不同的熔化理论可在热弹性理论框架内得到统一，这后来也得到了计算机模拟的支持。

6.2.4 缺陷熔化理论

1. 空位

根据液体的孔洞理论（hole theory of liquids），熔化的基本机制与晶体中空位的形成有关。大量数据表明，金属熔化时相关物理性能的变化与影响空位形成的参数有关。通过计算熔点时的平衡空位浓度，可发现对多数不同晶体结构（fcc、bcc 和 hcp）的金属而言，其内部的平衡空位浓度均在熔化开始时达到相近的临界值（0.37%），然后，伴随着熔化潜热的吸收迅速增至 10% 左右。根据空位模型计算金属熔化时物理性能的变化，可有如下结论：

① 金属的熔化潜热与空位形成能相关。
② 熔化时的体积变化可以解释为额外空位形成引起的体积增加。
③ 金属熔化时电阻的增加与空位引起的电阻增加成正比。

④ 压力对熔点的影响可以根据压力对空位形成能的影响定量得出。

总的来说,空位模型可解释许多熔化时的特征现象,具有较好的自恰度;但不足之处是,它将液体中孔洞的尺寸等同于固体中空位的尺寸。不过尽管存在不足,仍有大量实验事实支持空位模型。例如,对一些金属的研究表明,γ 射线辐照(可导致点缺陷形成)可以导致金属熔点降低,且降低的程度与辐照的程度成正比。不过,空位模型未能解释为什么熔化时空位浓度急剧增加,即从约 0.37% 增至约 10% 的问题。

利用皂泡模型研究熔化时空位的行为显示,当加热晶体时,其内部空位的扩散加剧,室温时存在的单个空位会在熔点附近被相邻原子"共享",从而导致局部低原子密度区的形成。该研究结果从一定程度上有助于理解为什么很小的空位浓度(约 0.37%)会影响整个晶格结构的问题,即达到临界空位浓度时,由于空位扩散加剧形成的局部低密度区具有较高的原子振幅,可能激发整个晶格的失稳。

卢柯等最近的工作进一步表明空位"分解"发生的温度与固体熔化的动力学极限温度相近,这意味着空位"分解"与晶体熔化之间可能存在密切联系;同时还表明实际晶体在平衡熔点时虽然内部空位浓度很小(约 0.37%),但其表面空位浓度可达约 10%,意味着无论对于表面熔化还是内部熔化,均存在相同的"临界空位浓度"(约为 10%)。

2. 间隙原子

除空位外,另一类型点缺陷,即间隙原子也被用于解释熔化,即 Lennard-Jones-Devonshire(LJD)模型。根据该模型,熔化可看做由于原子相对位置改变而导致的有序-无序转变,其中点阵原子与间隙原子的相互作用起重要作用。与空位模型相似,熔化时间隙原子也存在临界浓度(约 10^{-5})。尽管严格地说 LJD 模型不是熔化的两相(two-phase)理论,但与其他理论(如 Lindemann 和 Born 判据)相比,它还是更多地考虑了液相的结构特征。而且,该模型有助于理解熔化的几个重要特征,如原子间作用力与熔化关系、晶体预熔化(premelting)、熔体热膨胀根源以及过冷液体结构等。不过,该模型受认可程度不及 Born 判据和 HGM 理论。

近期研究者从原子层次研究了晶格失稳的机制,通过分子动力学模拟跟踪熔化开始后每一时刻原子位置的变化。结果显示,过热 Al 晶体中导致熔化发生的热起伏区域通常为包含 6、7 个间隙原子和 3、4 个空位的团簇。该结果与通常认为的熔化初始阶段涉及大量原子的观点不同。从另一个角度考虑,该结果也促使人们考虑不同点缺陷之间的相互作用在熔化中所起的作用。Kanigel 等的研究则表明,点缺陷在导致晶体力学熔化(Born 判据)中起不同作用,如空位形成对固体模量无明显影响,但间隙原子产生则会导致模量的显著降低。

计算机模拟结果则表明,无论均匀形核或非均匀形核熔化过程都与缺陷原子相关,且熔点时晶体表面附近的缺陷原子浓度与过热极限温度时晶格内部的浓度相近。

3. 位错

基于位错机制理解熔化的想法最初由 Mott 在 1952 年提出,其基本观点是位错形成的自由能与位错密度和温度有关。之后,Kuhlmann-Wilsdorf[6]提出了解释晶体熔化的位错理论。根据该理论,当晶体中形成可动位错的自由能为负时,发生熔化。此时,位错核的形成不需额外能量,可自由充满晶体至饱和。同时,晶体吸收潜热并失去剪切抗力。该模型将熔点、熔化潜热等与晶体已知的性能以及位错核的能量与体积联系起来,与许多实验数据都符合得很好。并且,由它还可导出金属的一些经典规律与现象,如 Richard 规则,熔化潜热与熔点比近似于气体常数、熔化熵与金属韧性之间的关系以及 Lindemann 规则。熔化时的体积变化也可得到定量解释(体积收缩金属除外)。根据熔化的位错模型,液体可以等效看做是饱和充满了位错核的晶体,这为理解许多液体的性质提供了有用的模型。

Cotterill 等[4]通过大量计算机模拟研究了位错对晶体熔化的作用。研究表明熔化过程伴随着位错偶的大量增殖,同时也可观察到表面熔化以及尺寸效应导致的熔点降低等现象。基于一系列研究,他们总结出熔化可能由分叉失稳(bifurcation instability)导致。

熔化的位错理论得到了计算机模拟以及实验的支持。它可以预测熔化的一级相变特征,即熔化潜热和体积膨胀,只是不能精确确定熔点。研究者还将位错模型与 Born 理论联系起来,发现在熔点附近晶体内部热激发的位错环会引起模量消失。

关于熔化的机理还有其他不同的看法[2],但所占比例较小,在此不作详述。

6.2.5 过热极限

由于表/界面可以作为熔体非均匀形核位错,固体通常在其熔点以下便发生预熔化。当熔体在表面处的非均匀形核受到抑制时,例如通过包覆合适的高熔点材料,熔化就有可能被推迟至块体平衡熔点(T_0)以上的温度发生,即过热。大量实验表明,过热可以在金属和无机固体等不同体系中实现,其中过热度与动力学因素(如加热速度)和结构因素(如粒子尺寸和界面结构等)有关[3]。人们感兴趣的一个问题是,是否存在晶体过热的极限,而这根本上与晶体熔化的机制相关。

Kauzmann[7]在 1948 年提出过冷液体的熵在某一温度将与晶体的熵相等,低于该温度时,过冷液体不可能存在,该等熵温度就是著名的 Kauzmann 温度。

Fecht 和 Johnson[8]将这一概念用于过热晶体，认为晶体在过热极限时熵与液态的相等，而超过该温度时，晶体的熵将要超过液态的，显然这与热力学第三定律矛盾，该温度就是晶体过热的极限温度，通常被称为反 Kauzmann 温度或 F-J 温度。例如，Al 的 F-J 温度 $T = 1.38T_0$。后来 Tallon 进一步提出晶体在熔化过程中需要克服多重不稳定性[9]，而熵变不稳定性所确定的 F-J 温度则是晶体可能存在的上限温度。在此之前，晶体必须首先克服以下一系列失稳点：热力学失稳点（平衡熔点）、弹性压缩失稳点、模量失稳点、等体积失稳点，最后才是等熵失稳点（如图 6.2 所示）。Tallon 认为最后两个失稳点（等体积失稳点 T_f^V 和等熵失稳点 T_f^S）不可能从实验上实现，因为在此之前的模量失稳起主导作用，他计算出 Al 的模量失稳点 $T_f^R = 1.24T_0$，明显低于 $T_f^V = 1.28T_0$ 和 $T_f^S = 1.38T_0$，也就是说，在晶体加热过程中，当温度超过 T_0 后首先会遇到模量失稳点，在此温度时晶体已完全失去刚性，必然要发生熔化。

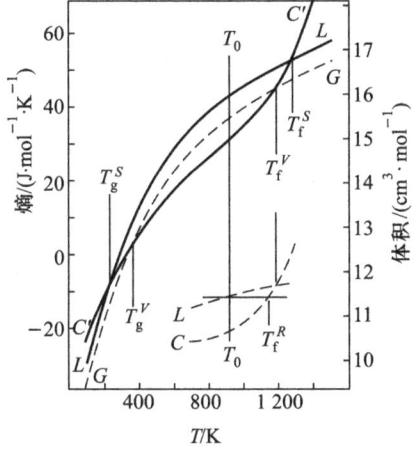

图 6.2 Al 晶体和液体的熵随温度的变化关系，给出了由一系列失稳点所确定的过热极限[9]。插图为液、固两相体积随温度的变化关系。T_0 为热力学平衡熔点，T_f^S 为过热晶体和液体的等熵温度，而 T_g^S 为过冷液体的 Kauzmann 温度，T_f^V 和 T_g^V 为等体积温度

液体的最大过冷度可以由晶体均匀形核失稳温度得出（约 $0.2T_0$）。基于该考虑，Lu（卢柯）等[10]从相变动力学角度对过热晶体熔化的均匀形核过程进行了分析。对大块晶体而言，如果表/界面处液相的非均匀形核受到有效抑制，熔化就会以晶体内部均匀形核的方式进行。此时，液相形核对应的自由能变化为

$$\Delta G(T) = \frac{4}{3}\pi r_n^3 (\Delta G_V + \Delta E) + 4\pi r_n^2 \sigma_{SL} \tag{6.3}$$

式中：$\Delta G_V = \Delta H_m (T_0 - T)/T_0$，$\Delta H_m$ 为熔化焓；ΔE 为熔化引起的应变能变化；σ_{SL} 为固-液界面能。与经典形核理论类似，可以得到临界形核尺寸

$$r_n^*(T) = \frac{-2\sigma_{SL}}{(\Delta G_V + \Delta E)} \tag{6.4}$$

和临界形核功

$$\Delta G^*(T) = \frac{16\pi\sigma_{SL}^3}{3(\Delta G_V + \Delta E)^2} \tag{6.5}$$

液相均匀形核的形核率可由下式得到

$$I_{hom} = I_0 \exp\left(-\frac{\Delta G^*(T)}{kT}\right)\exp\left(-\frac{Q_d}{kT}\right) \tag{6.6}$$

式中：I_0 为前置因子，与原子振动频率和形核的表面积有关；k 为玻耳兹曼常数；Q_d 为原子扩散激活能。图6.3中给出了Al晶体形核率与温度关系的计算结果。从图中可见，液相的均匀形核率在很窄的温度区间内迅速增加几个数量级，即存在一个临界温度 T_f^K，高于此温度时，在过热晶体内部会发生"爆炸"式形核。对Al晶体计算表明，该温度为1 127 K，约为 $1.21T_0$。对于其他许多元素，T_f^K 都在 $1.20T_0$ 左右。

从动力学角度考虑，T_f^K 可以看做是晶体的过热极限，即当温度高于 T_f^K 时会由于"灾变"式形核而导致熔化发生。对Al晶体而言，该温度在所有晶体失稳极限中是最低的，如图6.3所示。也就是说，随着晶体过热温度的增加，均匀形核失稳在其他失稳点到达之前发生。需要说明的是，该模型讨论的是过热晶体的亚稳过热极限，而更大的瞬时过热则有可能在极大的加热速度条件下得到。该模型也得到了密度泛函理论和计算机模拟的支持。

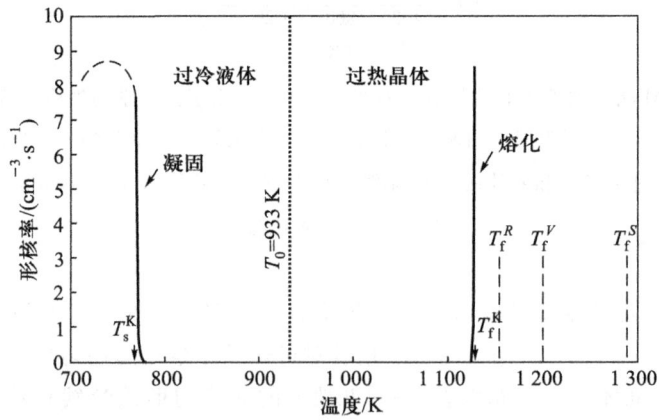

图6.3 Al熔化和凝固的均匀形核率的计算结果。均匀形核失稳所确定的过热极限低于其他的晶体过热极限[10]

6.2.6 不同熔化理论之间的联系

如前所述,根据不同的熔化模型可以得到不同的晶体过热极限,但不同熔化机制之间存在何种内在关联仍不确定。通过分子动力学模拟,Jin(金朝晖)等[11]详细研究了不同熔化理论之间的内在关联。他们考虑了两种熔化模式,即发生在平衡熔点时的熔化(从晶体表面处开始),以及过热极限时从晶体内部开始的熔化。如图6.4(a)所示,原子体积在熔化温度 $T_f = 0.79$ 时发生突变,对应熔化的发生,此时,熔化温度比平衡熔点高约20%($T_f = 0.66$),可见存在很大的亚稳过热。Lindemann 参数 δ_L 指原子振幅的均方根(rmsd)与平均最近邻原子距离的比值。如图6.4(b)所示,T_f 时系统的平均 δ_L 为 0.12~0.13,这与 Lindemann 判据一致。而随着温度升高至熔点以上,δ_L 也继续增加,直至 $\delta_L = 0.22$ 时发生熔化。有趣的是,该数值与平衡熔点附近发生的表面熔化相近。这意味着与表面原子相比,体内原子需要依靠大的过热度来达到相近的振幅(rmsd)。由此可见,$\delta_L = 0.22$ 可能是决定体熔化和表面熔化的重要条件。

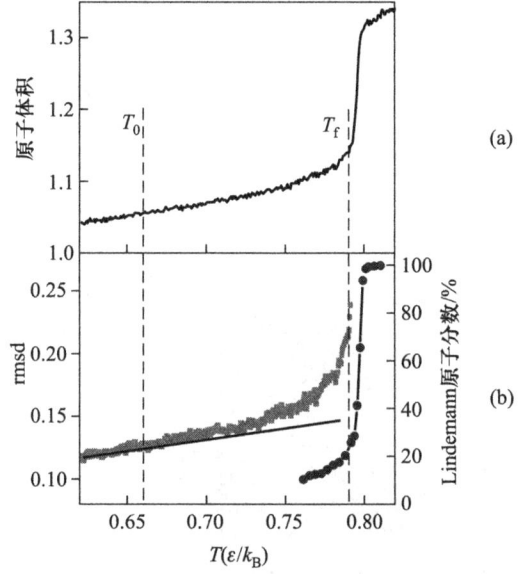

图 6.4 LJ 晶体的内部熔化:(a)原子体积与温度的关系;
(b)原子 rmsd(方点)和 Lindemann 原子分数(圆点)与温度的关系[12]

引入非高斯参数 α_2 来表征熔化时原子位置的变化情况,α_2 越大,代表系统的空间或动力学非均匀程度越高。如图 6.5 所示,计算结果表明,直至 T 接近 $T_f(T = 0.77)$ 时,α_2 保持很小数值且基本与温度无关。而在 T_f 温度发生熔化时,α_2迅速增加,这意味着熔化时原子位置相对其平衡位置发生了大量的迁移,其后α_2又迅速降至零,对应着晶格有序度的完全消失(均匀液体)。

通过计算系统的 Born 弹性模量发现,剪切模量差 $\Delta C_S = C' - C_{44}$ 在熔化开始时并不为零,而是随着熔化进行逐渐变为零,如图6.5所示。将 rmsd 达到临界值 $\delta_L^* = 0.22$ 的原子定义为 Lindemann 原子,如图6.4(b)所示,临近熔化时,Lindemann 原子数迅速增加,而且,在熔化之前其共协性增强,并组成更大的团簇(对应着α_2出现峰值)。到图6.5中的T_f时,原子在三维空间的形态反映了这种情况。这种空间结构的不均匀性意味着熔化并非在整个晶体内部突然同时发生,而是从局部失稳开始。

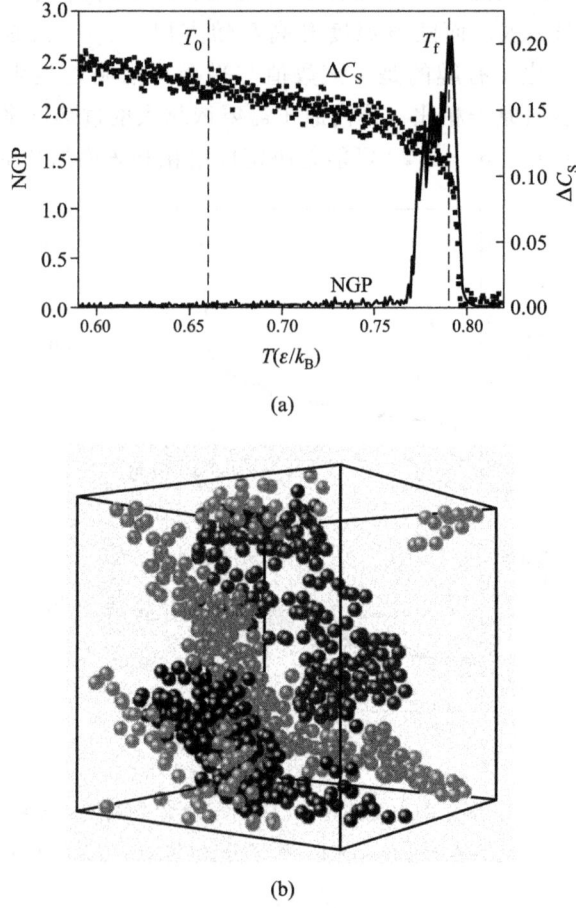

图6.5 (a) 剪切模量差 ΔC_S(方点)和非高斯参数(NGP)与温度的关系,$T = 0.79$ 时发生熔化;(b) $T = 0.79$ 时 Lindemann 原子的三维图像[12]

以上结果表明，Lindemann 判据与 Born 判据之间存在着密切的联系，即熔化是从由两种机制决定的局部失稳开始。随着温度升高，Lindemann 原子数量增加，同时晶格发生膨胀和软化。当剪切模量变得很小时（Born 判据），原子的局部失稳增强而引起满足 $\Delta C_s = 0$ 的团簇。或者可以说，正是 Lindemann 判据和 Born 判据的同时满足决定了局部失稳区域的形成，而这些局部失稳区域与平衡熔化时晶体表面的作用相似。

这种本征的动力学非均匀性也为过热晶体的均匀形核熔化提供了原子层次的图景。由局部失稳的 Lindemann 原子形成液相核，开始液相核尺寸很小，数量很少且距离很远，临近过热极限温度时，随着 Born 与 Lindemann 失稳的区域变大，这些液相核也随之聚集长大，最后达到临界形核尺寸。T_f 时，含有大约 300 个原子的液相核可以继续长大，这与均匀形核理论预测的基本一致。可见，不同的熔化机制，即 Lindemann 判据、Born 判据以及均匀形核理论之间是互相关联的。

针对上述问题的进一步研究考虑了间隙原子在熔化过程中所起的作用，发现在临近熔化时，球形的失稳区（SDI）由间隙原子组成。而这些失稳区同时满足 Born 判据和 Lindemann 判据，为固体中原子扩散提供通道，其作用类似表面熔化时表面的作用[5]。

6.3 表面熔化

6.3.1 实验观察

固体表面原子少于内部原子，故而固体表面的热稳定性通常低于内部。事实上，固体的自由表面通常可作为 T_0 以下液相非均匀形核位置。也可以说，固体表面与块体内部相比具有较低的熔化温度。

表面熔化可看做是接近熔点温度时固体表面被其液相润湿的过程，是表面相变的一种，与表面特殊的振动模式、起伏以及电子结构密切相关。现已知道固体表面在达到熔点之前会经历一系列过程：表面弛豫、表面重构、表面解构、预糙化、糙化以及润湿。润湿是表面熔化的早期阶段，热力学上等效于固体被其液体润湿的过程，故而将固体表面形成液层的温度称为润湿温度。当温度超过润湿温度时，表面熔化发生，表面准液相层继续生长，至一定厚度时转变为常规液体。接近熔点时，表面液层厚度变为无限大[13]。

早在19世纪，Faraday 就首次观察到冰的表面熔化现象，这便是最初认为固体表面存在液相层思想的起源。不过，因为涉及理想晶体表面的制备技术和表面极薄液层的探测技术,关于表面熔化的大量的实验研究直到近期才开始。人们对简单结构体系,如纯金属、惰性气体、冰以及半导体等的表面熔化现象开展了研究。关于大块晶体表面熔化的基本实验事实有[5,14]:

① 发生熔化之前,在晶体表面形成无序层,该无序层可以看做是准液相,其结构、动力学以及输运性质介于液相和固相之间。

② 表面准液相层的厚度随温度升高而增厚。

③ 表面熔化与晶面取向有关。

大量实验观察发现,纯金属表面熔化基本上可分为三种类型[5]:

① fcc 金属的(110)表面表现出完全表面预熔化行为,如 Al、Au、Cu、In 和 Ni。

② 一些 fcc 金属的(111)密排面(如 Pb、Al、Au 等)在熔点以下不熔化。

③ Pb、Ni 和 Au 等金属的(100)面,其密排程度介于(110)面和(111)面之间,表现出不完全表面熔化行为,即表面液层厚度在平衡熔点时为有限值。

6.3.2 表面熔化的唯象理论

表面熔化可用简单的热力学唯象模型来理解[13]。如图 6.6 所示,考虑两种组态——单一的固体表面和有表面液层的固体表面,其单位面积自由能的变化为

$$\Delta G(\delta) = \rho \Delta H_{\mathrm{m}} \delta \left(1 - \frac{T}{T_0}\right) + \Delta \sigma(\delta) \tag{6.7}$$

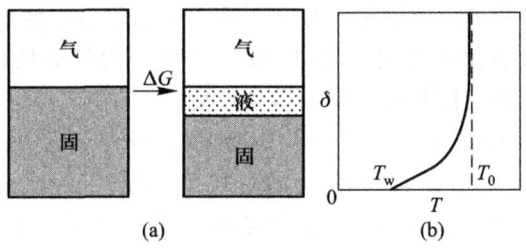

图 6.6 (a) 固-气平衡界面以及有表面液层的固体表面示意图;
(b) 平衡液层厚度 δ 随温度 T 的变化关系示意图

式中,δ 为表面液层厚度,ρ 为液体密度。对于由短程相互作用主导的体系,$\Delta\sigma(\delta)$ 可以表示为

$$\Delta \sigma(\delta) = \Delta \sigma_{\infty} [1 - \exp(-\delta/\xi)] \tag{6.8}$$

式中，ξ 为液体的关联长度，$\Delta\sigma_\infty = \Delta\sigma(\delta\to\infty)$ 是距离无限远的液－固和液－气界面的相互作用自由能，即

$$\Delta\sigma_\infty = \sigma_{SL} + \sigma_{LV} - \sigma_{SV} \tag{6.9}$$

式中 σ_{SL}、σ_{SV} 和 σ_{LV} 为各个独立界面（固－液、固－气和液－气）的界面能。

由式(6.7)可知，当 $\Delta\sigma_\infty = \sigma_{SL} + \sigma_{LV} - \sigma_{SV} < 0$ 时，会发生表面熔化。此时，可得出平衡液层厚度：

$$\delta(T) = \xi\ln\left(\frac{T_0\Delta\sigma_\infty}{\Delta H_m\rho\xi(T-T_0)}\right) \tag{6.10}$$

式(6.10)还可以写成

$$\delta(T) = \xi\ln\left(\frac{T_w - T_0}{T - T_0}\right) \tag{6.11}$$

式中，$T_w = T_0\left(1 - \frac{|\Delta\gamma_\infty|}{\Delta H_m\rho\xi}\right)$，为表面熔化开始温度，由 $\delta(T=T_w)=0$ 确定。

由以上分析可知：

① 当 $\Delta\sigma_\infty < 0$ 时发生表面熔化。

② 在 T_w 温度之前，固体表面是稳定的，无表面液层形成。

③ 当 $T_w < T < T_0$ 时，在固体表面会自发形成液层，其厚度由式(6.10)给出。

④ 随着温度趋近 T_0，液层厚度以对数方式增加。

⑤ T_0 温度以上，$\delta\to\infty$，固体熔化。

对于范德瓦耳斯力作用体系（如冰），式(6.9)相应变为

$$\Delta\sigma(\delta) = \Delta\sigma(1 - \xi^2/\delta^2) \tag{6.12}$$

从而可得到表面液层厚度与温度关系服从指数规律

$$\delta(T) = \varpi\left(\frac{T_0 - T}{T_0}\right)^{-1/3} \tag{6.13}$$

式中，参数 ϖ 与液体性质有关。

由上面可知，固体是否会发生表面熔化由 $\Delta\sigma_\infty$ 的数值决定。由于表面能的各向异性，不同指数的固体表面发生表面熔化的情况会不同。例如，Pb(110)面可以观察到表面熔化，而(111)面却不发生表面熔化。大多数固体表面都会满足 $\Delta\sigma_\infty < 0$ 的条件，所以表面熔化经常发生，但是，同时还应看到，如果能改变固体的表面能状态，使得其满足 $\Delta\sigma_\infty > 0$，则有可能实现过热。表6.1中列出了一些元素的表面能数据[15]，根据这些表面能数据可知其表面熔化类型（熔化或不熔化）。

表 6.1 一些元素的表面能数据[15]

Z		$\sigma_{SV}/(mJ\cdot m^{-2})$	$\sigma_{SL}/(mJ\cdot m^{-2})$	$\sigma_{LV}/(mJ\cdot m^{-2})$	$\Delta\sigma_{\infty}/(mJ\cdot m^{-2})$	熔化(+) 不熔化(-)
11	Na	223	31	200	-8	(-)
12	Mg	679	115	570	-6	(-)
13	Al	1 032	154	865	13	(+)
14	Si	1 038	416	800	-178	(-)
⋮	⋮	⋮	⋮	⋮	⋮	⋮
23	V	2 280	375	1 900	5	(+)
24	Cr	2 031	381	1 700	-50	(-)
25	Mn	1 297	183	1 100	14	(+)
26	Fe	2 206	326	1 830	50	(+)
27	Co	2 197	345	1 830	22	(+)
28	Ni	2 104	356	1 750	-2	(-)
29	Cu	1 592	263	1 310	19	(+)
30	Zn	895	119	770	6	(+)
31	Ga	794	58	175	21	(+)
32	Ge	870	273	640	-43	(-)
⋮	⋮	⋮	⋮	⋮	⋮	⋮
41	Nb	2 314	399	1 960	-45	(-)
42	Mo	2 546	490	2 130	-74	(-)
44	Ru	2 591	443	2 250	-102	(-)
45	Rh	2 392	384	1 970	38	(+)
46	Pd	1 808	302	1 480	26	(+)
47	Ag	1 065	184	910	-29	(-)
48	Cd	697	81	590	26	(+)
49	In	638	48	560	30	(+)
50	Sn	654	66	570	18	(+)
⋮	⋮	⋮	⋮	⋮	⋮	⋮

续表

Z		$\sigma_{SV}/(mJ \cdot m^{-2})$	$\sigma_{SL}/(mJ \cdot m^{-2})$	$\sigma_{LV}/(mJ \cdot m^{-2})$	$\Delta\sigma_\infty/(mJ \cdot m^{-2})$	熔化(+) 不熔化(-)
73	Ta	2 595	477	2 180	-62	(-)
74	W	2 753	590	2 340	-178	(-)
75	Re	3 100	591	2 650	-141	(-)
76	Os	3 055	566	2 500	-12	(-)
77	Ir	2 664	466	2 250	-52	(-)
78	Pt	2 223	334	1 860	29	(+)
79	Au	1 363	200	1 130	33	(+)
⋮	⋮	⋮	⋮	⋮	⋮	⋮
81	Tl	547	66	465	16	(+)
82	Pb	544	62	460	22	(+)
83	Bi	501	74	380	47	(+)

6.3.3 晶体缺陷处的预熔化

晶体缺陷可以促进熔化发生。实际上表面可看做是固体中最大的缺陷，因为表面原子键合作用不如体内原子，这也可以定性地来理解表面熔化的物理根源：表面原子的热振动强于体内原子，因此表面原子先满足 Lindemann 判据而发生表面熔化。同样，在晶体内部还存在着其他类型的缺陷，如位错和晶界。实验中也可观察到这些缺陷处的预熔化行为，例如，Al 晶体在平衡熔点 4 K 以下时发生晶界熔化。对缺陷预熔化行为的研究也有利于理解熔化的机制。

最近研究者运用原位视频显微技术详细观察了胶体晶体中晶界和位错的预熔化行为[5,16]。图 6.7 为晶界的预熔化过程，两个晶粒之间的取向差为 13°。图 6.7(a)中的虚线和实线分别表示不全位错和晶界，晶界由一组位错组成。随着温度升高，为了降低自由能，晶界附近原子开始发生预熔化[图 6.7(b)]，其附近的原子也表现出类液相的扩散行为。同时可以看到，不全位错由于比晶界具有更低的自由能，没有发生变化。随着温度进一步升高，晶界处发生突变熔化[图 6.7(c)]。此时，熔化区域覆盖了不全位错。预熔化区域随温度升高而变宽[图 6.7(b)~(d)]。除晶界预熔化之外，也清晰地观察到了不全位错上的熔化行为，研究发现肖克利不全位错的预熔化温度比晶界预熔化温度高 28.2 ℃。

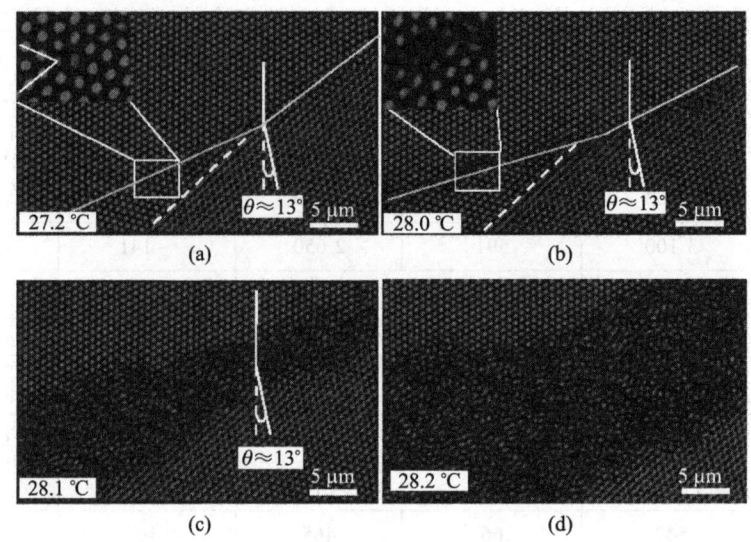

图6.7　胶体晶体晶界处的预熔化[16]

通过测量不同缺陷附近的 Lindemann 参数发现，Lindemann 判据仍然适用于缺陷附近的预熔化行为。图 6.8 所示为发生块体熔化之前 28.3 ℃时，各类缺陷附近的局域 δ_L 数值。由图 6.8 可见，缺陷附近原子振动情况明显强于正常晶格($\delta_L \approx 0.085$)，在相同温度和距离的条件下，晶界附近有最大的 δ_L，位错的 δ_L 次之，空位的 δ_L 最小。同时，缺陷附近原子振动随距离远近而呈指数变化。通过对 δ_L 按指数关系外推至零距离发现晶界的 δ_L 约为 0.18，为块体数值(0.085)的近两倍。

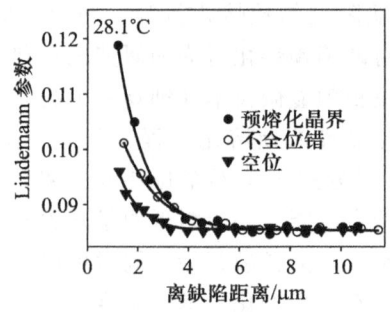

图6.8　空位、不全位错和熔体前沿附近局域 Lindemann 参数随距离的变化关系[16]

计算机模拟研究还发现，理想、无缺陷的晶体可以达到很大的过热度，而含有晶界、自由表面或孔洞的晶体则在 T_0 以下就发生熔化，这进一步证实，晶体缺陷作为液相形核的优先位置对"实际"晶体熔化行为的重要性[5]。

6.4 小粒子的熔化行为

6.4.1 小粒子熔化的实验研究

1. 小粒子熔化研究实验方法

随着固体尺寸的降低，表面对其性能的影响越来越显著，与大块固体相比，小粒子表面所占体积分数很大，对其熔化行为也有很大影响。考虑到固相、液相和气相三相共存条件，Pawlow 早在 1909 年便预测了小粒子熔点的降低行为，并得到了其熔点与表面能和粒子尺寸之间的关系[5]。但从实验上验证小粒子熔点的尺寸效应则在 1954 年，Takagi 通过蒸发法制备了 Pb、Sn 和 Bi 的薄膜（由 Pb、Sn 和 Bi 小粒子组成），通过电子衍射照相探测样品在加热和冷却过程中结构的变化情况，首次证实了 Pb、Sn 和 Bi 小粒子的熔点降低现象[5]。

在早期研究小粒子熔化行为的实验中，需要考虑如下关键因素：
① 制备尺寸在纳米量级的小粒子。
② 探测熔化转变。
③ 确定粒子尺寸及其分布。
④ 精确测量温度。
⑤ 避免粒子的氧化。

通常采用的样品制备方法有蒸发法、化学法、溅射法、多孔玻璃法及机械球磨法等。而常用的熔化实验方法如下所示。

① 根据熔化使晶体特征消失的特性。由于晶体的衍射特征与液体完全不同，可根据电子衍射或 X 射线衍射花样的变化来判断熔化是否发生并确定熔化温度，如透射电镜暗场观察亮点的消失、X 射线衍射衍射峰的消失等。近年来，一些近代实验分析手段被用来研究熔化，其中包括高分辨电镜观察、高分辨低能电子衍射、高能质子背散射、小角 X 射线衍射、扫描隧道显微分析等。

② 根据形态的变化。在透射电镜观察中，镶嵌于基体中的纳米微粒子会形成规则多面体，而当它熔化后会变成球形。

③ 根据晶体熔化时的物理性质变化。研究熔化的潜热采用的通常方法是热分析，如示差热分析（DSC）、交变热分析（MDSC/TDSC）等。针对熔化时光、电、磁等特性的变化，可采用的方法有光学显微镜、Mössbauer 效应、电阻测量等。

常用实验方法各有优缺点。熔化研究中通常采用不同的方法相互补充。

2. 小粒子熔化的基本特征

人们对大量纯金属熔化的尺寸效应进行了实验研究，包括 Sn、In、Pb、Ge、Bi、Al、Ag、Au 和 Cu 等。尽管在测量粒子尺寸和熔化温度方面存在实验误差，但是，通常可以观察到小粒子明显熔点降低的现象，特别是对于半径小于 10 nm 粒子，如图 6.9 所示[17]。大多数情况下，可以得到粒子熔点与其尺寸倒数之间存在近似线性关系，即

$$T_f(r) = T_0(1 - J/r) \tag{6.14}$$

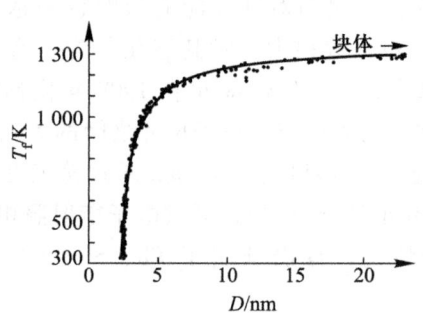

图 6.9 Au 小粒子熔点 T_f 与粒子尺寸 D 的关系[17]

式中，J 为与粒子性质有关的常数，根据不同模型可以得到不同的表达式。如图 6.10 所示，实验数据大都位于熔点与尺寸关系曲线的上限和下限之间。需要指出的是，晶界缺陷，如位错、层错、晶界/孪晶界等可能对小粒子的熔点有影响，这也可能是导致实验数据分散的原因之一。同时，粒子形状以及基底性质还可能影响熔点。

通过对镶嵌于 SiO_x、SiO_2 和 Al_2O_3 基体中的 Sn、Pb 以及 Ga 等纳米粒子的熔化过程的原位观察，发现小粒子熔化有以下主要规律[19]：

① 如图 6.11 所示，可以清晰观察到纳米粒子的表面熔化。表面液层厚度随温度升高而增大，与相应块体表面熔化的表面液层很薄不同，纳米粒子表面液层厚度在接近其熔点以下 10 K 时，可达到其半径的一半。随着温度进一步升高，未熔化的核心发生突然不可逆的熔化，其时间在微秒尺度。

② 除了熔点降低之外，小粒子熔化的另一个显著特征是熔化的温度区间变宽，而且变宽的程度与粒子尺寸有关，即粒子尺寸越小，宽化的程度越大。

③ 对极小的粒子(如半径小于 3 nm 的 Pb 粒子)而言，会观察到结构失稳而观察不到表面熔化。原因是对极小粒子而言，其熔化温度可能低于表面熔化温度，因而，观察不到表面熔化。

6.4 小粒子的熔化行为

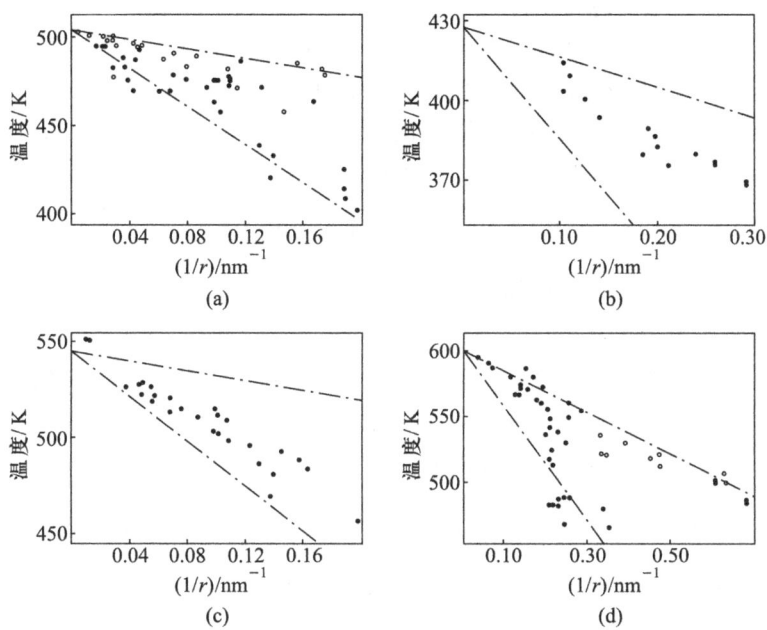

图 6.10 (a)Au、(b)In、(c)Bi 和(d)Pb 粒子熔点与粒子半径倒数的关系。虚线代表理论预测的熔点上、下限[18]

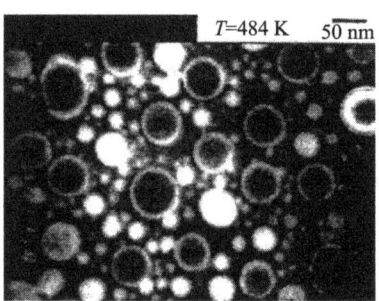

图 6.11 SiO_2 基底上 Sn 粒子熔化的暗场 TEM 照片[19]

6.4.2 小粒子熔化的模型

1. 均匀熔化模型[17]

均匀熔化模型是基于固、液、气三相平衡条件的。由于曲率效应,固体粒子的自由能增加额外项:$2\sigma_{sv}V_s/r_s$,即其总自由能为

$$G_s(r_s) = G_s(\infty) + 2\sigma_{sv}V_s/r_s \tag{6.15}$$

类似的，液体粒子的总自由能为

$$G_L(r_L) = G_L(\infty) + 2\sigma_{LV}V_L/r_L \quad (6.16)$$

式中，V_S 和 V_L 分别为固相和气相粒子的体积；$G_S(\infty)$ 和 $G_L(\infty)$ 分别为相应块体的自由能；r_S 和 r_L 分别为固体和液体粒子的半径。平衡条件为 $G_S(r_S) = G_L(r_L)$。结合以上公式便可得到小粒子熔点的表达式

$$T_f(r_S) = T_0\left\{1 - \frac{2}{\rho_S r_S \Delta H_m}[\sigma_{SV} - \sigma_{LV}(\rho_S/\rho_L)^{2/3}]\right\} \quad (6.17)$$

式中，ρ_S 和 ρ_L 分别为固相和液相的密度。

2. 液层熔化模型[5]

在液层熔化模型中，将小粒子的表面熔化看做是固体粒子表面包覆了一层液相，其熔点为固体粒子与表面液层平衡的温度。采用与上面类似的处理方法，可以得到小粒子熔点与其表面液层厚度 δ 之间的关系：

$$T_f(r_S) = T_0\left\{1 - \frac{2}{\rho_S r_S \Delta H_m}\left[\frac{\sigma_{SL}}{1 - \delta/r_S} + \sigma_{LV}(1 - \rho_S/\rho_L)\right]\right\} \quad (6.18)$$

通过将实验数据与模型拟合可以确定参数 δ 的值。

3. 液相形核与长大模型[20]

该模型将小粒子的熔化看做是液相形核与长大过程。熔化时，在固相表面形成包围的液相核，然后在热激活条件下逐渐长大。

当在粒子表面形成液相层时，系统总的自由能变化为（忽略固、液两相的体积差）：

$$\Delta G = \frac{\Delta H_m(T_0 - T)}{T_0} \times \frac{4\pi}{3}[r^3 - (r-\delta)^3] + \sigma_{SL}4\pi(r-\delta)^2 + (\sigma_{LV} - \sigma_{SV})4\pi r^2 \quad (6.19)$$

易知该函数在以下条件时，具有极值

$$\frac{\Delta H_m(T_0 - T)}{T_0} = \frac{2\sigma_{SL}}{r - \delta} \quad (6.20)$$

式(6.20)即为固相核与外围液相层达到不稳定平衡的条件。δ 数值一般很小，因此，可以得到小粒子熔化温度的上限：

$$T_f(r) = T_0\left(1 - \frac{2\sigma_{SL}}{\rho r \Delta H_m}\right) \quad (6.21)$$

从上述分析可知，在大多数满足润湿的条件下，表面能的贡献会促进固-液转变，而体自由能的增加是在块体熔点以下温度发生熔化的阻力。这与经典的凝固形核问题刚好相反，是表面熔化的特征。需要说明的是，表面液层的形成与固体被其自身液体的润湿情况有关。只有在满足润湿条件时，才会在固体粒子表面形成包围的表面液层，而这是导致小粒子熔点降低的关键因素。同

样,也可预测发生过热的可能条件,即如果满足不润湿条件(此时,表面能作用不利于熔化),则液相形核存在阻力,需要过热来促使熔化发生。

4. 热力学模型[20]

从热力学考虑出发,考虑到初始固体粒子与最终液体粒子的自由能相等的条件,可以得到小粒子熔化温度的下限:

$$T_f(r_S) = T_0 \left\{ 1 - \frac{3}{\rho_S r_S \Delta H_m} [\sigma_{SV} - \sigma_{LV}(\rho_S/\rho_L)^{2/3}] \right\} \quad (6.22)$$

如图 6.10 所示,实验点基本都位于由式(6.21)和式(6.22)确定的上、下限区间内。

5. 表面熔化模型[21]

如前所述,许多实验证实了小粒子的表面熔化特性。通过对小粒子表面熔化的热力学分析,也可以得到小粒子熔点与粒子尺寸的关系。

考虑半径为 r 的球形粒子(包含 N 个原子)系统,如图 6.12 所示,考虑三种粒子形态。在组态 1[图 6.12(a)]中,体系总的自由能为

$$G_1 = N\mu_S + 4\pi r^2 \sigma_{SV} \quad (6.23)$$

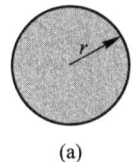
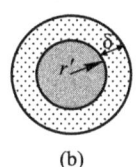
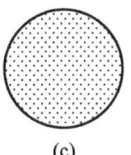

图 6.12 小粒子熔化过程的三种组态:(a)固体粒子、(b)带表面液层的固体粒子以及(c)液体粒子[21]

式中,μ_S 为固相化学势。在组态 2[图 6.12(b)]中,粒子表面存在液相层。假设表面液层厚度很薄,且其界面能与短程作用有关,则体系总的自由能为

$$G_2 = (N - N')\mu_S + N'\mu_L + 4\pi r^2 \left[\sigma_{SL}\left(\frac{r'}{r}\right)^2 + \sigma_{LV} + S'\exp(-\delta/\xi) \right] \quad (6.24)$$

式中,μ_S 为固相化学势,N' 为表面液层所含有的原子数,S' 为

$$S' = \sigma_{SV} - \left[\sigma_{LV} + \sigma_{SL}\left(\frac{r'}{r}\right) \right] \quad (6.25)$$

在组态 3[图 6.12(c)]中,粒子由固相转变为液相。忽略两相体积差,则系统此时的自由能为

$$G_3 = N\mu_L + 4\pi r^2 \sigma_{LV} \quad (6.26)$$

令 ΔG 为组态 1 和组态 2 之间的自由能差,即

$$\Delta G = G_2 - G_1 = N'(\mu_L - \mu_S) + 4\pi r^2 \left[\sigma_{SL}\left(\frac{r'}{r}\right)^2 + \sigma_{LV} - \sigma_{SV} + S'\exp(-\delta/\xi) \right] \tag{6.27}$$

当温度接近平衡熔点时

$$N'(\mu_L - \mu_S) = V\Delta H_m \rho \frac{T - T_0}{T_0} \tag{6.28}$$

可知满足以下条件时，ΔG 存在极小值

$$\frac{T_0 - T}{T_0} = \frac{2\sigma_{SL}}{\rho \Delta H_m r'}[1 - \exp(-\delta/\xi)] + \frac{S'r^2}{\Delta H_m \xi r'^2}\exp(-\delta/\xi) \tag{6.29}$$

式(6.29)表示小粒子表面液层平衡厚度与温度的关系，式(6.27)中 ΔG 还存在极大值，小粒子的熔点即由极小值点和极大值点相等的温度确定。

6. 振动模型[22]

大块晶体熔化遵循 Lindemann 判据。对于小粒子，人们也测量了其 Lindemann 参数，结果显示小粒子熔化与块体熔化一样都遵循 Lindemann 判据。根据 Lindemann 晶格振动失稳模型，通过考虑表面原子的振动情况，也可得到小粒子熔点降低的模型。关于该模型的进一步介绍见6.5节。

6.4.3 粒子形状对熔化的影响[5]

小粒子的熔点还与其形状有关。(i) 尺寸较大的粒子(约 500 nm)，其形状与平衡形状相近，由{111}和{100}刻面组成；(ii) 尺寸较小的粒子(约 200 nm)，具有三角形形状，由{111}和{100}刻面组成；(iii) 仅由{111}刻面组成。针对上面三种不同形状的 Pb 粒子，TEM 原位观察研究发现，(i)和(ii)类粒子在 T_0 以下便发生熔化，而(iii)类粒子可以过热 2~4 K。研究发现片状的具有{111}刻面的 Pb 粒子可以过热 2 K，其原因与液相在(111)面的形核阻力有关。具有(0001)基面的 Bi 粒子，与具有(1120)刻面的近似球形 Bi 粒子相比，熔化时存在很大的时间滞后现象，这意味着在基面上更难形成表面液层。同样，Pb 的{111}表面表现出不熔化行为，而(100)表面表现出预熔化行为。

对于自组装的 In 纳米粒子，定量研究发现，其熔点随粒子尺寸减小而降低。但是，熔点降低的幅度明显小于球形 In 粒子的降低幅度，被认为与自组装 In 粒子的形状有关。

目前，关于粒子形状对熔点的影响还没有定量的模型描述，一般认为表面能在影响粒子的表面熔化及其熔化行为中起重要作用。密排面具有较低的表面能，与非密排面相比，能更有效地抑制液相形核。

6.4.4 表面包覆对小粒子熔化的影响

如前所述，实验中一般为了避免小粒子的表面污染或氧化，会采取适当的表面包覆，或将粒子镶嵌于基体中。表面覆层或基体一般需要满足以下条件：

① 具有比粒子更高的熔点。

② 与粒子之间形成不互溶体系，在粒子熔化时，与粒子之间没有互扩散行为。

基体对粒子熔点的影响主要包括界面能的影响和压力作用。

1. 界面能的影响[23]

研究发现，在大多数情况下，基体对小粒子的熔化行为并无显著影响。考虑到基体对界面能的影响，将自由粒子熔化的热力学模型作相应调整，便可得到镶嵌粒子熔点的表达式：

$$T_f(r_S) = T_0 \left\{ 1 - \frac{3}{\rho_S r \Delta H_m} [\sigma_{Sm} - \sigma_{Lm}(\rho_S/\rho_L)^{2/3}] \right\} \quad (6.30)$$

式中：σ_{Sm} 和 σ_{Lm} 分别为固相和液相粒子与基体的界面能。$\sigma_{Sm} = \sigma_{Lm} + \sigma_{SL}\cos\theta$，其中 θ 为液相与基体的接触角。忽略固、液两相体积差，式(6.30)可写为

$$T_f(r_S) = T_0 \left(1 - \frac{3\sigma_{SL}\cos\theta}{\rho_S r_S \Delta H_m} \right) \quad (6.31)$$

由式(6.31)可知，镶嵌粒子的熔化行为与粒子和基体之间的润湿情况有关。

从上述分析还可知，与自由表面粒子相比，镶嵌粒子熔点与粒子尺寸倒数的关系曲线具有较低的斜率。类似的，镶嵌粒子熔点与粒子尺寸的关系还可由 LSM 模型得出

$$T_f(r_S) = T_0 \left\{ 1 - \frac{2}{\rho_S r_S \Delta H_m} \left[\frac{\sigma_{SL}}{1 - \delta/r_S} + \sigma_{Lm}(1 - \rho_S/\rho_L) \right] \right\} \quad (6.32)$$

2. 压力作用[18]

研究发现镶嵌于非晶碳膜中的 Sn 粒子的熔点随粒子尺寸倒数呈线性下降关系。然而，与相同尺寸的自由表面 Sn 粒子相比，镶嵌 Sn 粒子明显具有更高的熔点。外推熔点与粒子尺寸关系曲线，便可清楚得到基体的压力效应对熔点的影响。压力效应源于基体约束导致的粒子熔化前后的应变能变化，可用下式表达：

$$T_f(r_S) = T_0 \left\{ 1 - \frac{3}{\rho_S r_S \Delta H_m} [\sigma_{Sm} - \sigma_{Lm}(\rho_S/\rho_L)^{2/3}] + \Delta E/\Delta H_m \right\} \quad (6.33)$$

其中应变能变化 ΔE 可由下式确定：

$$\Delta E = \frac{18 B_p \mu_m f \varepsilon^2}{4\mu_m + 3B_p} \quad (6.34)$$

式中，μ_m 为基体剪切模量，B_p 为粒子体模量，ε 为应变，f 可取为 1。

6.4.5 小粒子熔化焓与尺寸的关系

DSC 研究球磨制备得到的有 Ge 粒子分布于其中的 Sn 基体的熔化行为发现，Sn 的熔点有明显的降低，且其熔化焓明显低于块体的，甚至当 Ge 粒子体积分数达到很大值时，熔化焓消失。Turnbull 等[24]提出一个两态模型（two-state model）来定量解释这种现象。

Turnbull 的模型假设 Sn 存在两种形态，即界面态和块体态，总的 Sn 体积分数 $v_{Sn} = 1 - v_{Ge}$。界面 Sn 为无序态，其体积分数为 v_{Sn}^i，包围在 Ge 粒子表面，平均厚度为 t。剩余块体 Sn 的体积分数 $v_{Sn}^b = v_{Sn} - v_{Sn}^i$。假设总的 Ge/Sn 表面积为 A，则

$$v_{Sn}^i = At \tag{6.35}$$

同时还有

$$A \propto nd^2 \quad \text{以及} \quad n \propto v_{Ge}/d^3 \tag{6.36}$$

式中，n 为 Ge 粒子数目，d 为其直径，由式(6.41)和式(6.42)有

$$v_{Sn}^i \propto v_{Ge} t/d \tag{6.37}$$

根据实验结果，当 Ge 粒子体积分数达到 v_{Ge}^o 时，Sn 的熔化焓消失。假设 t/d 为常数，则有

$$v_{Sn}^i = \frac{v_{Ge} v_{Sn}^{io}}{v_{Ge}^o} \tag{6.38}$$

式中，v_{Sn}^{io} 为 Ge 体积分数为 v_{Ge}^o 时，界面态 Sn 的体积分数。假设只有晶态 Sn（体积分数为 v_{Sn}^b）对熔化焓有贡献，则有

$$\Delta H_m = \left(\frac{v_{Sn}^b}{v_{Sn}^b + v_{Sn}^i}\right) \Delta H_m(\infty) \tag{6.39}$$

式中，$\Delta H_m(\infty)$ 为块体熔化焓，式(6.39)也可表示为

$$\Delta H_m = \frac{v_{Ge}^o - v_{Ge}}{v_{Ge}^o(1 - v_{Ge})} \Delta H_m(\infty) \tag{6.40}$$

通过实验数据拟合，可得到平均 Ge 粒子尺寸为 10 nm 时，$t \approx 0.23$ nm。

两态模型得到了一些实验的证实，随后也被用来解释熔化焓降低的现象。Lai 等[25]通过纳米量热方法测量了 Sn 粒子的熔化性能。他们测量了半径为 5～50 nm 的 Sn 粒子的熔化焓，考虑到粒子的熔化过程，应用两态模型来解释实验结果：假设 Sn 粒子的表面熔化在一个较宽的温度范围连续发生，因而其潜热很难测到；而粒子核心的均匀熔化发生在临界温度，相应潜热便为实验测到的值。为了得到定量解释，将液层的多余体积定义为临界液层厚度 δ_0 的函数：

6.4 小粒子的熔化行为

$$\delta V = \frac{4}{3}\pi\left[r^3 - (r-\delta_0)^3\right] \tag{6.41}$$

容易得到归一化熔化焓 $\Delta H_m(r)$ 与粒子半径 r 的关系

$$\Delta H_m(r) = \Delta H_m(\infty)\left[1 - \left(\frac{\delta_0}{r}\right)^3\right] \tag{6.42}$$

通过拟合实验数据，可得对于 Sn，$\delta_0 = 1.6$ nm。因而，可以预测半径为 1.6 nm 的 Sn 粒子熔化会以表面熔化方式进行，相应熔化焓消失。

Lu(卢柯)等[26] 运用 DSC 测定了镶嵌于 Al 基体中的 In、Sn、Bi、Cd 和 Pb 粒子的熔化焓，发现其随球磨时间增加而降低，而随 DSC 循环次数增加而增加，如图 6.13 所示。扣除球磨过程中质量损失的因素，测量到的熔化焓可表示成粒子尺寸(由 XRD 和 TEM 确定)倒数的函数，如图 6.13(b)所示，对不同粒子，都可得到熔化焓与粒子尺寸倒数呈线性关系的结论。

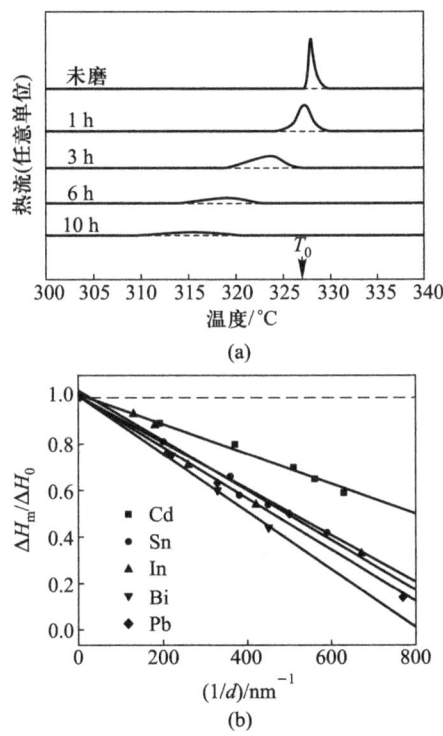

图 6.13　(a) 镶嵌 Pb 粒子熔化的 DSC 曲线，熔化峰面积随球磨时间增加(对应粒子尺寸减小)而减小；(b) 测量得到的熔化焓与粒子直径倒数的关系[26]

他们也提出了一个两态模型来解释该实验结果。假设镶嵌粒子为理想球体，尺寸为 d。每一个单个的粒子可以看做是由界面层（厚度为常数 t_0）和块体核心（直径为 $d-2t_0$）组成。界面层的体积分数 x^{in} 可以表示为

$$x^{in} = 1 - (d-2t_0)^3/d^3 \tag{6.43}$$

对于 $t_0 \ll d$，有

$$x^{in} \approx 6t_0/d \tag{6.44}$$

粒子的熔化是界面层熔化和块体核心熔化的总和，即其总的熔化焓可以表示为

$$\Delta H_m(d) = (1-6\delta/d)\Delta H_m(\infty) + (6\delta/d)\Delta H_m^{in} \tag{6.45}$$

式中，ΔH_m^{in} 为界面层的熔化焓，假设其与尺寸无关。式(6.45)可以写为

$$\Delta H_m(d) = \Delta H_m(\infty) + 6\delta[\Delta H_m^{in} - \Delta H_m(\infty)]/d \tag{6.46}$$

由式(6.45)可知，ΔH_m^{in} 与 $\Delta H_m(\infty)$ 之间的差别导致了 $\Delta H_m(d)$ 的变化。该式与图6.13(b)中的实验结果吻合得很好。在图6.18(b)中，直线的截距与相应块体熔化焓值吻合得很好。由式(6.45)同样可得到熔化焓消失的临界粒子尺寸：

$$d_c = 6\delta[1 - \Delta H_m^{in}/\Delta H_m(\infty)] \tag{6.47}$$

假设 $t_0 \approx 1$ nm，通过实验数据拟合可得到界面的熔化焓。有趣的是，对于不同的元素，拟合得到的界面焓为负值，这意味着界面剩余体积导致的界面剩余自由能的存在。界面的剩余焓与体系的混合热之间存在对应关系，混合热体系通常有更高的界面剩余焓，相应有更低的熔化热，同时还会导致更明显的熔点降低现象。

6.4.6 团簇的熔化

1. 表面熔化的临界尺寸

如上所述，小粒子熔点与尺寸的关系可用经典热力学理论来理解，这也说明经典热力学对于小粒子体系仍然有效。但对于极小的粒子（团簇），经典热力学是否适用还有待进一步研究。实际上，与小粒子相似，团簇也表现出熔点和熔化焓降低的现象。例如，含有139个原子（直径约为2.2 nm）的Na团簇熔点降低104 K，熔化焓降低了46%。

前面还提到根据小粒子的表面熔化模型，存在一个临界粒子尺寸，此时，小粒子的熔化会以表面熔化方式进行，没有熔化潜热产生。两态模型也预测存在熔化焓消失的临界尺寸。而当粒子尺寸小于临界尺寸时，其熔化表现出类似块体的熔化行为，没有表面熔化过程。这意味着对团簇而言，存在熔化模式的转变。Bachels等[27]通过量热方法测量团簇形成能与温度的关系，研究了平均含有500个原子的Sn团簇的熔化行为。与块体Sn相比，Sn团簇的熔点降低了125 K，熔化焓降低了35%。不过，他们测量到的熔化焓明显高于Lai等[25]

测量的结果，如图 6.14 所示。研究认为，当 Sn 团簇尺寸大于临界尺寸 r_c 时，其熔化过程包含了先期表面熔化；而随着团簇尺寸的减小，表面熔化加强，当达到临界尺寸 r_c 时，熔化就完全以表面熔化模式进行，没有熔化热。但是，当粒子尺寸小于 r_c 时，均匀熔化温度会小于表面熔化温度，因此，粒子熔化以突发方式发生，没有表面熔化过程，相应地，熔化焓又会增加。Bachels 等就是依据以上分析来理解他们的实验结果。不过，有研究者指出 Bachels 等将他们孤立 Sn 团簇的实验结果与 Lai 等有基底的 Sn 粒子比较是不妥当的，并且认为两者实验结果的差别主要源于界面能的差异。

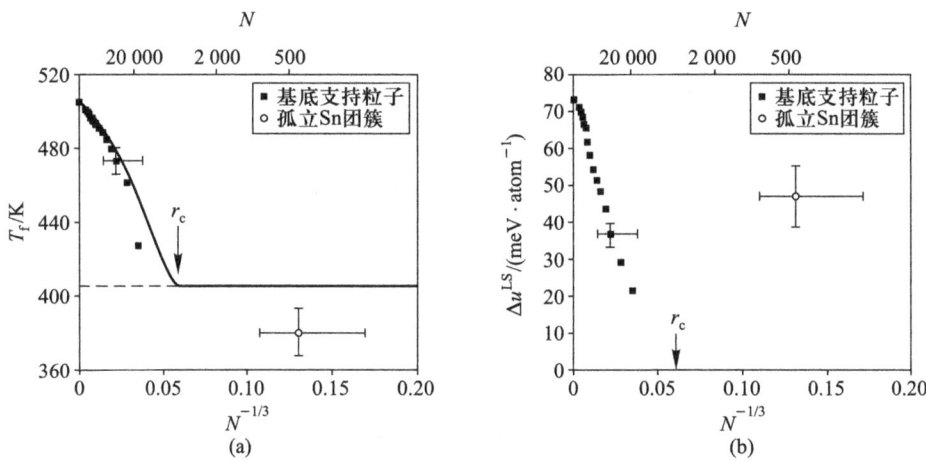

图 6.14　(a) Sn 团簇熔点和(b) 熔化潜热与团簇半径倒数的关系[27]

对 Au 团簇的计算机模拟研究也表明存在表面熔化和熔化焓消失的临界尺寸[28]。对于含有原子数 N 大于 350 的较大团簇，熔化前期形成表面液层。熔点和熔化焓则随着团簇尺寸的减小而降低。当团簇尺寸达到临界值 2.1 nm（300 个原子）时，熔化焓消失。研究还预测当团簇很小时（N 为 300~500 个原子），其表面扩散温度会高于熔点，表面熔化就会消失。模拟结果也确实发现含有 219 个原子的 Au 团簇没有表面熔化过程。

2. 反常尺寸效应

一般情况下，小粒子的熔点与粒子尺寸倒数呈线性关系。但是，有研究发现小团簇的熔化温度表现出反常尺寸效应。研究者利用纳米量热技术测量含有 70~200 个原子的 Na^+ 团簇的熔点和熔化焓[29]。如图 6.15 所示，出人意料的是，Na^+ 团簇的熔点表现出强烈的波动现象：仅改变团簇的一个原子数目就会引起其熔点明显的变化。熔点的极大值出现在原子数目为"魔数"（N = 13, 55, 147, 309）时。与熔点对应，也观察到了熔化焓的强烈变化。这种熔点与尺寸之间的特殊关系被认为与小团簇的几何形状和电子结构有关。有趣的是，在另一研究中[30]，测量含 10～30 个原子的 Sn 团簇的熔点发现，Sn 团簇可以过热至少 50 K。如图 6.16 所示，与 Sn 小粒子熔点随尺寸减小而降低相比，Sn 团簇的过热现象十分突出。

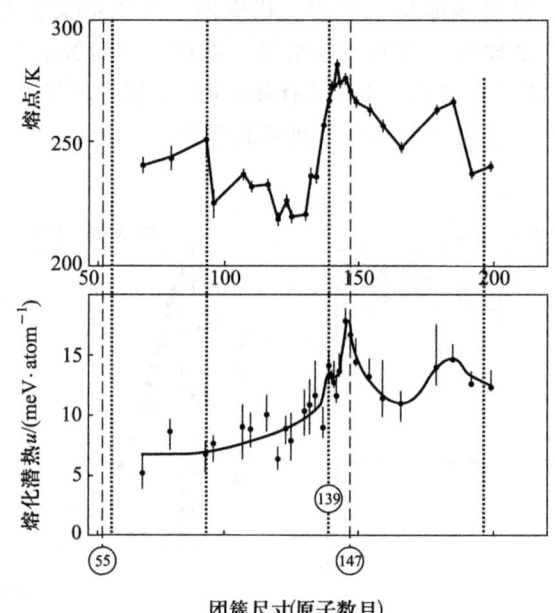

图 6.15　Na 团簇熔点和熔化潜热与团簇尺寸的关系[29]

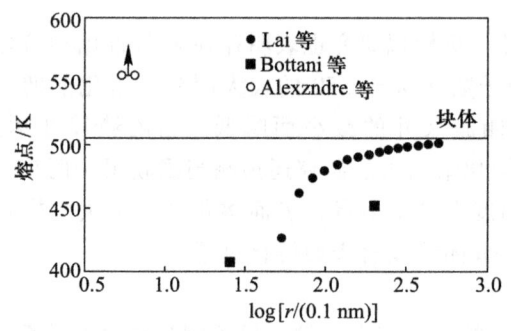

图 6.16　Sn 团簇熔点与平均团簇尺寸对数的关系[30]

计算机模拟测量含有多至 13 个原子的 Si、Ge 和 Sn 团簇的熔点，也发现这些团簇的熔点都高于块体的熔点。

可见对团簇而言，存在熔化模式转变的临界尺寸，同时，团簇的几何重构和电子结构对其熔化行为有重要影响。

6.5 镶嵌粒子的过热

与液体凝固通常需要过冷不同，由于表面预熔化的存在，实验上通常很难获得固体的过热。不过，如能有效地抑制表面熔化过程，则可能实现固体的过热。过去几十年来，人们通过各种手段实现了不同材料的过热。一般获得固体过热有如下基本途径[31]：

① 抑制固-液界面动力学。
② 制备负曲率表面的晶体，并保持边缘稳定。
③ 从内部加热晶体，同时保持其表面低温。
④ 将晶体包覆或镶嵌于高熔点基体中，并保证两者之间形成共格或半共格界面，同时在熔点时没有互扩散。

使用方法①的材料主要是氧化物晶体。而通过方法②实现过热一般比较困难，晶体内部的空洞具有负曲率，不过，空洞的熔化比较难以探测，因为熔化更易从外表面发生而推进到整个晶体。利用方法③，Khaikin 和 Benet[31] 对单晶 Sn 进行电阻加热的同时，用风扇冷却表面，得到了 2 K 的过热。

对大多数材料如金属而言，通过抑制界面动力学来获得过热不太容易实现。但是通过极高的加热速度，抑制熔化动力学过程，可获得高的瞬态过热。最近，Luo 等[32] 运用冲击波和高能激光辐照对一些金属和化合物进行了处理，他们发现在极快的加热速度（约 10^{12} K/s）条件下，最大的过热度可高达 $0.5T_0$。过热度 ϕ 可以表示为加热速度 q 的函数：

$$\beta = A(q)(\phi + 1)\phi^2 \tag{6.48}$$

式中，$\beta = 16\pi\sigma_{SL}^3/(3kT_0\Delta H_m^2)$ 为均匀形核势垒，$A(q)$ 为与 q 有关的参数。

通过研究超短脉冲激光辐射条件下固体发生快速熔化的动力学，发现过热度与熔化时间有关，例如当过热度为 $0.5T_0$ 时，大多数材料在几皮秒时间内发生熔化，该时间尺度介于非均匀形核熔化和非热熔化之间。实验中，极快加热速度、高过热度条件下的熔化机制都被认为是均匀形核方式，这也得到了计算机模拟的支持[5]。

目前，实验上的过热多由方法④获得。Daeges 等[33] 首次用 Au 包覆 Ag 粒子（直径为 120～160 μm），发现 Ag 可以过热 25 K，并可维持 1 min，他们认为过热源于 Au 的表面包覆抑制了 Ag 表面的熔体形核，而 Au 约束引起的压力作用可以排除。此后，人们利用类似方法在许多镶嵌粒子体系中观察到了过热现象[34]。

6.5.1 界面结构对镶嵌粒子过热的影响

要制备过热镶嵌粒子，一般要满足如下条件：

① 二元体系不互熔,或具有很低的互熔度。
② 粒子尺寸足够小,一般在纳米量级。
③ 粒子与基体之间的界面为低能组态,如共格或半共格界面。

制备过热镶嵌粒子的实验手段主要有快速凝固、离子注入及球磨等。表 6.2 列出了一些粒子/基体体系过热实验的主要结果。需要指出的是,实验中均发现镶嵌粒子的过热与粒子/基体的界面结构密切相关。

表 6.2 不同体系金属粒子过热的实验结果
(TEM:电子显微分析;XRD:X 射线衍射;RBS:卢瑟福背散射)

样品	制备方法	取向关系	d/nm	ΔT/K	测试方法

Pb/Al	熔体急冷	$(111)_{Al} // (111)_{Pb}$
		$[1\bar{1}0]_{Al} // [1\bar{1}0]_{Pb}$
		(立方-立方)
			5~150	0~40	原位 TEM、热分析

Pb/Al	熔体急冷	立方-立方	10~70	103	热分析
Pb/Al	熔体急冷	立方-立方	5~30	20~60	热分析、原位 XRD
Pb/Al	离子注入	立方-立方	1~15	约 70	原位 XRD、TEM、RBS
Pb/Cu	熔体急冷	$(111)_{Cu} // (111)_{Pb}$ $[1\bar{1}0]_{Cu} // [1\bar{1}0]_{Pb}$	25~210	125	热分析
Pb/Zn	熔体急冷	$(0001)_{Zn} // (111)_{Pb}$ $<11\bar{2}0>_{Zn} // <1\bar{1}0>_{Pb}$	4~130 (平均 10)	62	热分析
In/Al	熔体急冷	近立方-立方	10~150	0~40	原位 TEM、热分析
In/Al	熔体急冷	近立方-立方	5~80	5~48	原位 TEM、热分析
In/Al	离子注入	近立方-立方	1~15	20	原位 TEM、RBS
Cd/Al	离子注入	$(111)_{Al} // \{0001\}_{Cd}$ $<1\bar{1}0>_{Al} // <11\bar{2}0>_{Cd}$	1~15	19	原位 TEM、RBS
Tl/Al	离子注入	立方-立方	1~15	40	原位 TEM、RBS
Ag/Ni	熔体急冷	立方-立方	10~45 (平均 30)	29~70	原位 XRD、热分析
Pb/Al	球磨及退火	立方-立方	3~15	0~10	热分析

6.5 镶嵌粒子的过热

Lu(卢柯)等[3]通过对比实验揭示了界面结构对镶嵌粒子过热的重要作用。他们分别通过球磨和熔体急冷方法制备了镶嵌于 Al 基体中的 In 和 Pb 粒子。在用球磨法制备的样品中，In 和 Pb 粒子的形状不规则，且粒子与基体之间为非共格随机界面。而通过熔体急冷法制备的样品中，存在两类粒子，一类分布于 Al 晶界处，一类位于 Al 晶粒内部。位于 Al 晶粒内部的粒子具有较小的尺寸，具有由{111}和{100}刻面组成的截角八面体形状，粒子与基体之间存在立方-立方取向关系。如图 6.17(a)所示，对于球磨样品，热分析(DSC)表明，纳米 In 粒子表现出熔点降低行为。而对于熔体急冷样品，在 DSC 曲线上可以看到两个典型的吸热峰，如图 6.17(b)所示。第一个(较低温度)熔化峰对应 Al 晶界处 In 粒子的熔化，而第二个(较高温度)熔化峰对应 Al 晶粒内部过热 In 粒子的熔化。图 6.18 归纳了不同尺寸粒子过热度的测量结果，可以清楚看到，两类方法制备的镶嵌粒子表现出截然不同的熔化行为：对于球磨法制备的样品，

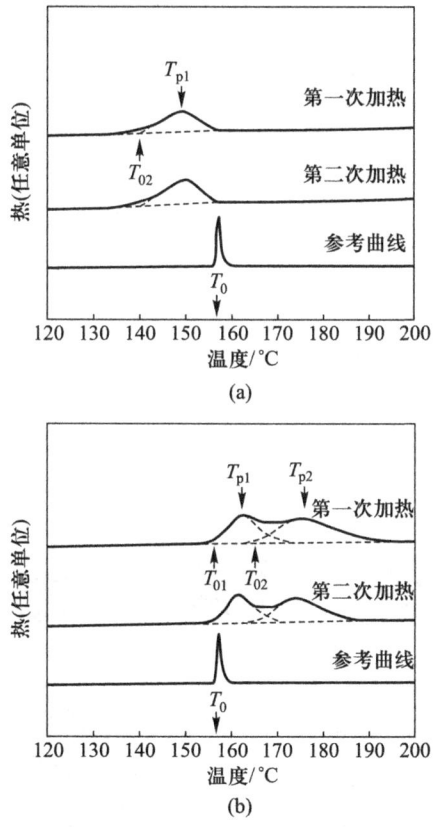

图 6.17 (a)球磨 In/Al 样品和(b)熔体急冷 In/Al 样品中 In 粒子的 DSC 熔化曲线。图中标出了熔化峰的特征温度。参考曲线为普通铸造 In/Al 合金 In 的 DSC 曲线[23]

第六章 熔化与过热

镶嵌粒子表现出熔点降低行为，降低程度随粒子尺寸减小而增大，而对于熔体急冷样品，镶嵌粒子表现出过热行为，且过热度随粒子尺寸减小而增大。

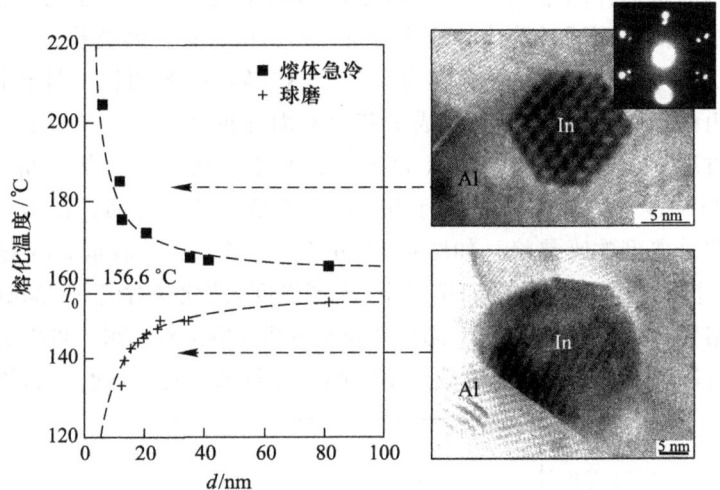

图 6.18　不同方法制备的镶嵌 In 粒子熔化温度与粒子尺寸的关系[3]

Jin（金朝晖）等[35]则利用计算机模拟研究了具有不同 Pb/Al 界面结构的包覆 Pb 粒子的熔化行为。如图 6.19 所示，研究对象为两类团簇，分别为含有 201 个原子和 249 个原子的 Pb 团簇，它们镶嵌于 Al_{4033} 八面体内部，其中团簇 A 中，Pb 与 Al 之间存在立方－立方取向关系，而团簇 B 中，两者之间为随机界面，没有取向关系。两类团簇的熔化曲线（平均潜能与温度关系）显示，团簇 A 在 Pb 的平衡熔点 T_0 以上 140 K 才熔化，而团簇 B 中 Pb 在 T_0 以下 100 K 便发生熔化。此外，两类团簇中整个体系（Pb 和 Al）均在 750 K 左右发生熔化。

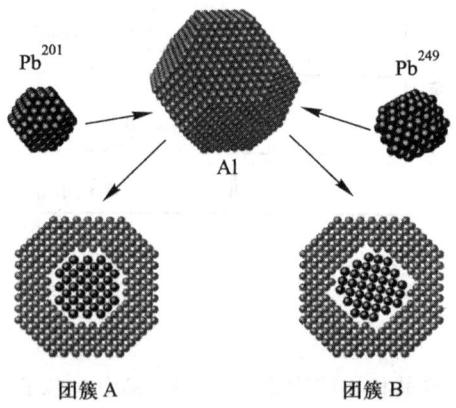

图 6.19　MD 模拟中两种 Al 包覆的 Pb 团簇结构示意图[35]

6.5 镶嵌粒子的过热

计算机模拟还可记录不同温度时体系的组态,以揭示两类不同界面结构团簇的熔化过程。对团簇 A,研究发现升温时首先会在 Al/Pb 界面处发生结构重组,导致界面的弛豫和稳定化,同时还形成共格关系。如图 6.20(a) 所示,与初始组态相比,加热后 Pb/Al 界面更加弛豫,形成了半共格界面,并伴随错配位错的形成。对于团簇 A,整个体系的熔化源于过热 Pb 核的熔化,即从内部导致了 Pb/Al 界面的破坏。

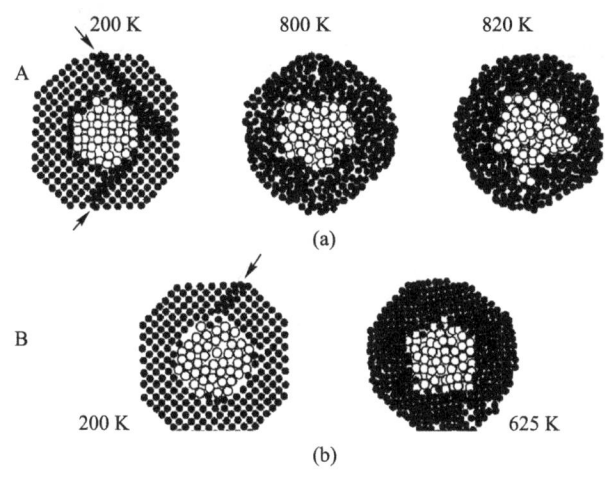

图 6.20 不同温度时两种包覆 Pb 团簇横截面的原子构型,
箭头所指示意弛豫后界面处产生了位错[35]

团簇 B 的熔化行为显著不同。低温时并没有观察到界面结构变化,这是由于 Pb/Al 之间缺乏立方 – 立方取向关系,使得半共格界面难以形成,这可由图 6.20(b) 看出。经过低温结构弛豫后,在 Pb/Al 界面处产生了一些空位,因此,Pb 核与 Al 包覆层之间的结合程度降低,导致两类团簇之间存在较大的能量差异,即团簇 B 不及团簇 A 稳定。在 Pb/Al 界面甚至 Pb 核内部均可形成熔体非均匀形核位置,导致 Pb 核在 500 K(T_0 以下 110 K) 便发生预熔化。

由上分析可见,镶嵌粒子过热取决于粒子与基体之间的共格关系,非共格界面不太可能导致粒子的过热。

6.5.2 过热粒子熔化过程的观察

通常熔化发生时间很短,其具体过程也难以观察。镶嵌粒子的过热行为为人们观察熔化过程提供了机会。Sasaki 和 Saka[36] 利用高分辨电子显微技术(HRTEM)详细观察了镶嵌在 Al 基体中的过热 In 粒子的熔化过程。通过熔体急冷法制备的镶嵌 In 粒子具有截角八面体形状,由 8 个 $\{111\}_{Al/In}$ 和 6 个

{100}$_{Al/In}$刻面组成,如图6.21(a)所示。电子衍射分析显示In粒子与Al基体之间存在立方-立方取向关系。在大多数情况下,In的熔化都起始于{100}刻面。进一步观察发现,In的熔化过程包括6个阶段,每一个阶段对应了一个{100}刻面的熔化。图6.21(b)~(f)为这6个阶段的示意图。

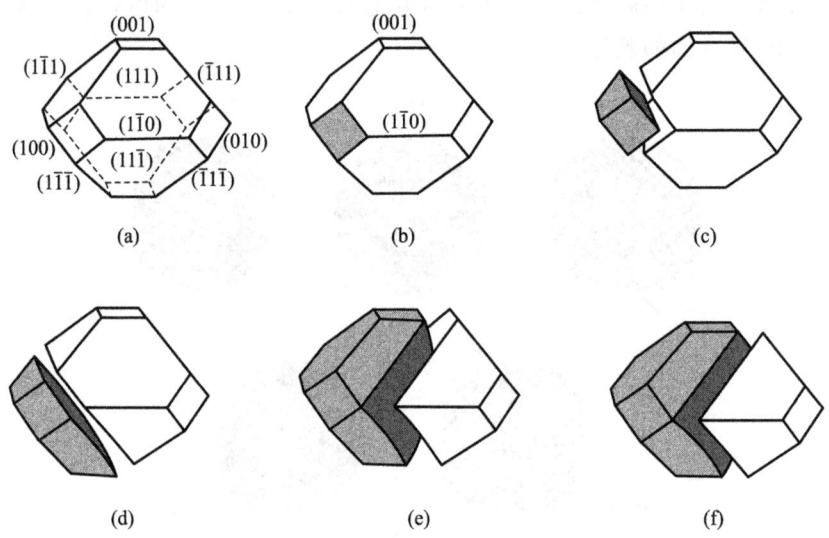

图6.21 镶嵌于Al基体中的In粒子熔化过程示意图[36]

1. 阶段1[图6.21(b)]

在该阶段,液相在其中一个{100}面上形核,如(100)面,在Al和液相In以及液相In和固相In之间形成球冠形界面。Al(S)-In(L)界面被限制于相邻的Al(100)面。有趣的是,In(S)-In(L)界面存在两种亚稳形态,如图6.22(a)和(b)所示,其中图6.22(b)中液相的体积远大于图6.22(a)中的。在到达邻近的{100}刻面之前,液相的形状在这两者之间交替变化。该阶段所需时间在十几秒到几分钟之间,是整个熔化过程中最长的阶段,也决定了熔化的速度。

2. 阶段2[图6.21(c)]

球冠形的In(S)-In(L)界面开始推进到In粒子内部,到达其中最近邻的{100}刻面中的一个,如($00\bar{1}$)、($0\bar{1}0$)、(001)或(010)。

3. 阶段3[图6.21(d)]

在阶段2中,液相仍没有完全覆盖4个{100}面,其中两个完全没有液相,而另两个沿润湿的{111}刻面边界与液相相接。在阶段3中,液相越过这些边界,并覆盖与液相相接的{100}面。

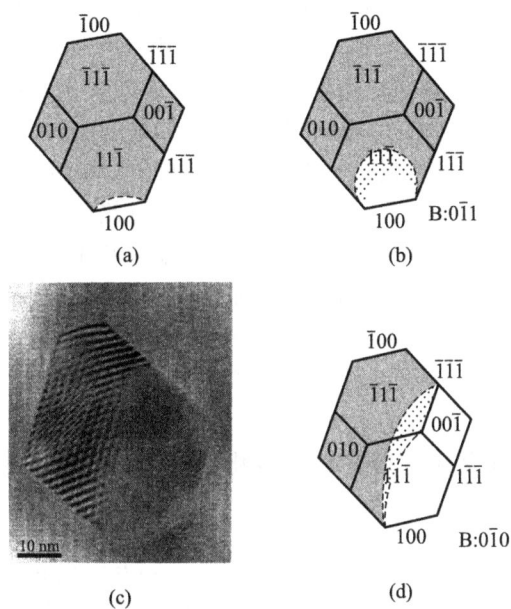

图 6.22 沿[0$\bar{1}$1]方向观察到的 In 粒子熔化过程原位 TEM 照片与示意图。密点区域代表晶体，空白区域代表液体。(a)和(b)为液相形核时固-液界面的两种亚稳形态。(d)为(c)的示意图[36]

4. 阶段 4[图 6.21(e)]

该阶段时，阶段 2 中与液相接触的两个{100}面都已被液相覆盖。In(S)-In(L)界面在{111}面和{100}面相交的两点被钉扎，引起界面发生弓出。

5. 阶段 5[图 6.21(f)]

剩下的两个没有被液相覆盖的{100}面在该阶段时被液相覆盖，In(S)-In(L)界面也变得与{100}面平行。

6. 阶段 6

In(S)-In(L)界面继续推进，并保持与{100}面平行，直至整个粒子熔化。

原位 TEM 观察提供了镶嵌粒子熔化随时间变化的详细过程，从中可知：

① {100}面为液相提供优先形核位置。

② 最重要的是，液相核的生长表现为液相逐步覆盖{100}面的过程，该过程所需时间最长。

③ 分隔{100}面的{111}面对液相生长起阻碍作用。

一般来说，镶嵌粒子的过热可归因于熔体在半共格界面处存在形核阻力，

第六章 熔化与过热

然而，上述高分辨电镜观察却显示熔体长大的抑制作用可能也对镶嵌粒子的过热起重要作用。事实上研究发现约束薄膜的过热便与抑制熔体长大有关（详见6.6节）Sasaki 和 Saka 的观察还清楚表明过热粒子的熔化形核始于粒子/基体界面处。分子动力学模拟研究[37]也证实过热 Ag 粒子熔化时，液相在 Ag/Ni 界面的缺陷位置开始形核，然后向 Ag 内部推进，如图 6.23 所示。这些观察结果表明即使形成了半共格的低能界面，主导镶嵌粒子过热熔化动力学的仍为界面处的非均匀形核过程。分子动力学模拟还表明，如果将 Pb 薄膜理想地镶嵌于 Al 基体中，形成完全共格界面，即两相界面处不存在空位、位错等缺陷，则 Pb 薄膜可过热到很高温度，同时过热 Pb 薄膜熔化时从内部（均匀形核）开始，而非界面处（非均匀形核），这说明如果能将晶体理想地镶嵌于基体中（实验上难以实现），则可以获得很大的过热度，并且能观察到均匀形核过程。由此可见，界面的约束情况是决定镶嵌粒子熔化形核行为，以及过热度大小的关键因素。

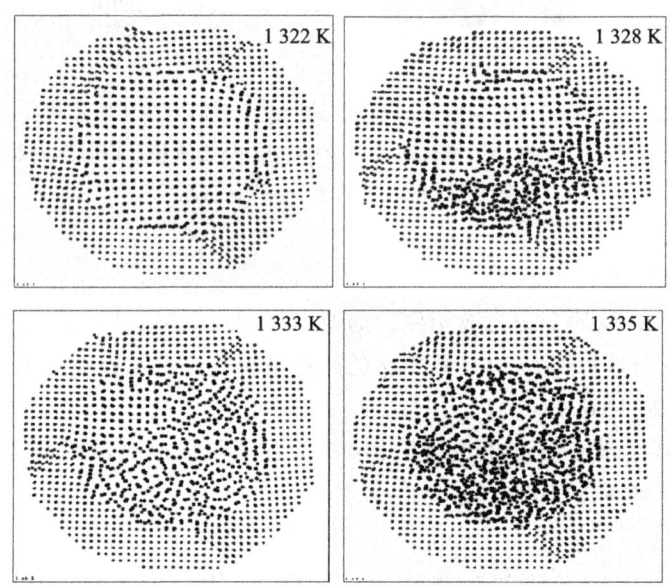

图 6.23　计算机模拟的 Ni 包覆 Ag 团簇过热熔化示意图，
熔化从 Ag/Ni 界面处开始并逐渐推进到整个团簇[37]

6.5.3　镶嵌粒子过热的解释

尽管目前一般认为镶嵌粒子的过热与粒子基体界面性质密切相关，也得到了实验证实，但是，过热机制的解释还缺乏统一模型，目前有不同的模型来解释界面结构对镶嵌粒子过热的影响。

1. 界面能的影响

如在6.4节所述,在小粒子熔化的均匀熔化或热力学模型中,考虑了小粒子熔化的始态和终态。由式(6.30)也可看出,小粒子的熔点升高或降低取决于$(\sigma_{Sm} - \sigma_{Lm})$的值(忽略固、液两相的密度差)。这种唯象解释比较简单,但可预测过热度与粒子尺寸之间的近似线性关系。

另一方面,根据 LSM 和 LNG 模型对熔化过程的考虑,如果满足不润湿条件,即 $\sigma_{Sm} < \sigma_{Lm} + \sigma_{SL}$,则有可能实现过热。这样一来,如在6.4节中提到的,研究满足 $\sigma_{Lm} + \sigma_{SL} > \sigma_{Sm} > \sigma_{Lm}$ 条件的体系很有意义,因为根据 LSM 和 LNG 模型,该体系可以观察到过热,而根据 HM 和热力学模型,该体系不能过热。最近,研究者们[38]就找到了一种 Ge 粒子镶嵌于 SiO_2 基体中的体系,Ge/SiO_2 之间的界面能满足 $\sigma_{Lm} + \sigma_{SL} > \sigma_{Sm} > \sigma_{Lm}$ 的条件。有趣的是,他们观察到 200 K 的高过热度,可见该实验结果支持 LSM 和 LNG 模型。

2. 抑制界面处的熔体形核

过热的另一种解释是考虑到半共格界面对镶嵌粒子熔化动力学的影响。与无序表面或界面相比,半共格的粒子/基体界面缺少熔体优先形核位置,这种对熔化动力学的抑致导致了过热的发生[33]。

3. 抑制界面处的原子振动

由 Lindemann 判据可知,块体熔化与原子热振动相关。这种思想也被用于理解镶嵌粒子的熔化。Shi[39] 考虑表面原子和内部原子的热振动振幅,根据表面或界面处原子热振动的加强或抑制,提出了相应的解释小粒子熔点降低或过热现象的模型。根据 Shi 的模型,小粒子的熔点可以表示为

$$T_f(r)/T_0(p) = \exp[-(\lambda - 1)/(r/3h - 1)] \tag{6.49}$$

式中:$T_0(p)$ 为粒子对应的块体平衡熔点;λ 为表面原子与内部原子 rmsd 的比值;h 近似等于表面上一层原子的高度(原子直径),$3h$ 则为所有原子都位于表面的临界半径。

从上述模型可知,小粒子的熔点取决于 λ 的值。对自由表面粒子而言,$\lambda > 1$,因此,表现出熔点降低行为。然而,如果能通过基体约束有效抑制表面原子的热振动,以至满足 $\lambda < 1$ 的条件,则会观察到过热。

Jiang(蒋青)等[22]发展了该模型,并得到了计算镶嵌粒子 λ 值的简单表达式:

$$\lambda = [(h_m^2/h_p^2)T_0(p)/T_0(m) + 1]/2 \tag{6.50}$$

式中,$T_0(p)$ 为基体对应的块体平衡熔点,h_p 和 h_m 分别为粒子和基体的原子直径。式(6.50)表明镶嵌粒子过热的必要条件($\lambda < 1$)是粒子与高熔点基体之间形成共格或半共格界面。同时,基体有较小的原子尺寸也很重要。

和上述模型一样，一般理论分析都认为 Lindemann 判据对小粒子熔化也适用，实验测量则支持了这一观点。如图 6.24 所示，通过原位 XRD 测量不同小粒子样品的 rmsd 值表明，无论对于熔点降低还是过热样品，熔化时，rmsd 都达到最近邻原子距离的约 10%。由此说明，Lindemann 判据对纳米粒子熔化（无论熔点降低还是过热）也适用。

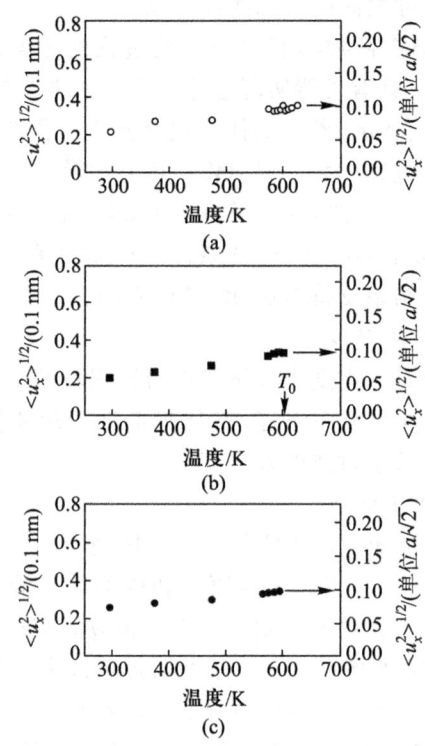

图 6.24　不同样品中 Pb 原子 rmsd 温度的关系：(a) 熔体急冷样品；(b) 球磨样品；(c) 块体样品[23]

此外，还有模型考虑半共格界面中错配位错对熔体形核的影响，得到半共格界面导致过热的极限[40]。

6.5.4　压力导致的过热现象

如前所述，研究者们普遍认为，形成具有外延取向的共格或半共格界面是在粒子/基体体系中获得过热的必要条件。实际上，由于基体与粒子热膨胀系数的不同以及熔化时的体积变化，粒子在熔化过程中会受到由于基体约束而产生的压力作用，可由下式得到[18]：

$$P = \frac{12B_p \mu_m}{3B_p + 4\mu_m}\varphi \tag{6.51}$$

式中，φ 为错配参数。

一般研究者从大块体系的经典热力学角度考虑，认为这种压力作用也可能导致镶嵌粒子熔点的提高，即基于克劳修斯－克拉珀龙（Clausius-Clapeyron）方程：

$$\Delta T = \Delta P T_0 \Delta V / \Delta H_m \tag{6.52}$$

式中，ΔV 为熔化时的体积变化。然而，尽管已有许多实验和理论研究涉及半共格界面对镶嵌粒子过热的影响，可是压力对纳米粒子过热的影响并未得到定量实验结果的证实。大多数前人的研究通常是在镶嵌于金属基体中的金属粒子中观察到过热，并且粒子与基体为半共格界面。在这类体系中，通常认为压力的作用远小于界面结构的影响，因而在这类样品中难以将压力的影响与其他因素的影响区分开来。

在镶嵌于刚性基体中的粒子中，粒子与基体没有形成共格或半共格界面，确实有实验证据表明压力对熔点的影响。例如，Banhart 等[41]在类富勒烯碳膜包覆的 Pb、Sn 金属纳米粒子中观察到最大 270 K 的过热。卢柯等则通过对一种金属/氧化物陶瓷体系，即 Al_2O_3/Al 体系的研究定量澄清了压力对过热的影响[5]，研究发现该体系中因压力作用最高可获得 15 K 的过热。

6.5.5 过热粒子的物理性能

过热粒子也为研究界面结构对纳米材料物理性能的影响提供了研究对象。不过，与熔化行为相比，过热粒子作为物质的一种特殊状态，人们对它们其他的性质还知之甚少。事实上，除了熔点之外，过热粒子还表现出其他不同的物理性能。

1. 德拜温度

对熔点降低的小粒子而言，其德拜温度低于块体值。同样也可通过原位 XRD 测量过热粒子的德拜温度[23]。对于 Pb/Al 熔体急冷样品，实验测量得到 Pb 粒子的德拜温度为 (89 ± 5) K，高于块体值 (84 ± 4) K 以及球磨 Pb 粒子样品值 (69 ± 3) K。

事实上，在熔体急冷样品中，除了部分过热 Pb 粒子外，还有大部分位于 Al 晶界处的 Pb 粒子不能过热。因此，实验测得的德拜温度应该是两类粒子总的贡献，可以表示为

$$\Theta_D^{-2} = g\Theta_{D_1}^{-2} + (1-g)\Theta_{D_2}^{-2} \tag{6.53}$$

式中，Θ_D 为样品的表现德拜温度，g 为晶界 Pb 粒子的体积分数，Θ_{D_1} 和 Θ_{D_2} 分别为晶界 Pb 粒子和过热 Pb 粒子的德拜温度。假设晶界 Pb 粒子与相同尺寸球

磨 Pb 样品的德拜温度相同，则可得到当 $\varTheta_{D_1} = 89$ K、$g = 0.4$ 时，$\varTheta_{D_1} = 79$ K（平均粒子尺寸为 30 nm），$\varTheta_{D_2} = 98$ K。

上述分析清楚表明，纳米粒子的德拜温度与其界面结构密切相关。共格界面会导致德拜温度升高，而非共格界面会导致德拜温度降低。这种界面结构对德拜温度的影响可能也会导致纳米材料其他性能的变化，而熔化仅为其中一例。

2. 热膨胀性能

以 Pb/Al 体系为研究对象（Pb 平均尺寸为 29 nm），通过原位 XRD 对 Pb 粒子的热膨胀行为进行了测量。为了比较，用分子动力学方法计算了理想 Pb 晶体的点阵参数，同时还对普通 Pb 晶体熔点以下膨胀系数的实验值进行了拟合，并外延到熔点以上。表 6.3 列出了不同 Pb 样品的平均膨胀系数。很明显，过热镶嵌 Pb 粒子的平均膨胀系数低于粗晶 Pb 的平均膨胀系数，而高于分子动力学模拟的大块 Pb 晶体的平均膨胀系数。该结果也与德拜温度测量结果一致。

表 6.3　不同 Pb 样品的平均膨胀系数[42]

样品	温度区间/K	平均膨胀系数(10^{-5} K^{-1})
过热 Pb/Al	598~623	3.7±0.9
	598~613	5.2±0.7
粗晶 Pb	598~630	6.06±0.09
理想 Pb 晶体	598~630	2.78±0.04

6.6　薄膜的过热

计算机模拟研究镶嵌在 Al 基体中的 Pb 薄膜的熔化行为表明，由于界面处熔体形核受到抑制，Pb 薄膜表现出很大的过热[43]。同时，基体的取向对 Pb 薄膜的过热有很大的影响。镶嵌在 Al(111) 基体中的 Pb(111) 薄膜就能过热 115 K；而镶嵌在 Al(110) 基体中的 Pb(110) 薄膜则不能过热，而当 Pb(110) 薄膜镶嵌于 Al(111) 基体中时，则能过热 300 K，同时伴随着取向从 (110) 到 (111) 的变化。同小粒子相似，从热力学考虑出发，也可得到镶嵌薄膜的熔点表达式[43]：

$$T_f(D) = T_0 \left(1 + \frac{2(\sigma_{Lm} - \sigma_{Sm})}{D \Delta H_m}\right) \tag{6.54}$$

式中，D 为薄膜厚度。

6.6 薄膜的过热

有一些实验结果表明，通过基体约束可能获得薄膜的过热。例如研究发现，镶嵌在 Al_2O_3 晶界的 Ga 薄膜，由于 Al_2O_3 的作用，有 6 个原子层的 Ga 可以过热 17 K，Cu(111) 上的外延生长 Pb 层可以过热 200 K。不过，二维薄膜过热在实验上还是较难实现的，因为即使能将薄膜包夹于基体之中，并形成共格或半共格界面，但熔体在其他晶体缺陷，如晶界或薄膜两侧自由表面处的形核仍难避免。卢柯等[43,44]的实验结果则证实薄膜的过热可通过抑制熔体长大获得。

研究中，采用夹层轧制(样品 A)和溅射沉积多层膜(样品 B)两种工艺制备了 Pb/Al 多层膜样品。观察发现，部分 Pb 膜片段与 Al 形成 Cubic-Cubic 位向关系，类似于过热 Pb 粒子与 Al 基体。同时，TEM 观察发现这种半共格 Pb/Al 界面比随机 Pb/Al 界面具有更高的稳定性。原位 XRD 实验表明，大部分 Pb 薄膜在块体 Pb 的 T_0 附近熔化，而温度超过 T_0 时，仍有部分 Pb 膜没有熔化。实验还发现膜厚和加热速度对 Pb 膜过热的影响，如图 6.25 所示。

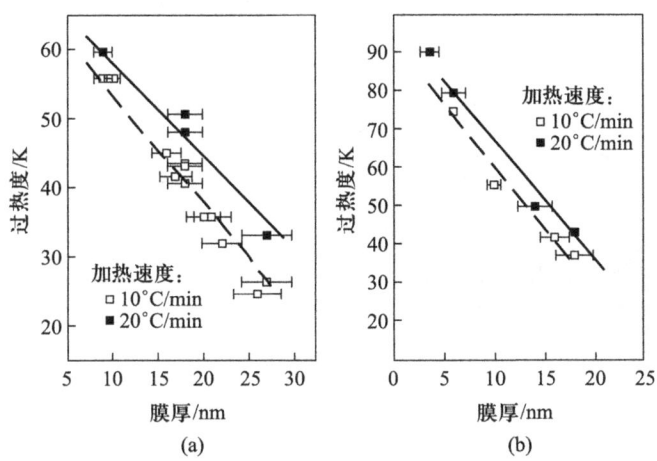

图 6.25 过热的受限 Pb 膜熔化峰峰顶温度随膜层厚度的变化：
(a)冷轧退火态 Pb/Al 样品；(b)溅射沉积态 Pb/Al 样品[44]

过热度随受限 Pb 膜厚度的减小而升高，同时，加热速度对受限 Pb 膜过热度有影响，即较高的加热速度使相同膜厚受限 Pb 膜的过热度更高，这种现象显然与没有过热的块体平衡熔化不同，因为加热速度一般对平衡熔点影响很小。

低能粒子/基体界面处形成熔体会使界面能状态升高，熔体的形核过程遇到阻力，由此被包覆（或镶嵌）粒子可以实现过热。而受限薄膜却无法实现类似镶嵌粒子的完全包覆，即使薄膜/基体之间可以形成低能界面，实现对薄膜上、下两平面熔体形核的抑制，也无法控制薄膜内晶界(grain boundary)、与基体形成的三叉晶界(triple junction)、薄膜边缘(film end)的裸露表面等缺陷位置的熔体形核过程，实现受限薄膜的过热就显得非常困难。显然薄膜的过热应由不同的机制导致，这可以通过对固-液界面形态的热力学分析来理解。如图6.26所示，不同的薄膜/基体界面将形成截然相反的熔体前沿弯曲形态，即不同的接触角 θ，低能薄膜/基体界面的 $\theta < 90°$，高能薄膜/基体界面的 $\theta > 90°$。通过分析可知，若以图6.26(a)所示情形，熔体向固体薄膜推进时，一方面薄膜/基体界面处的界面能状态降低($\sigma_{Lm} - \sigma_{Sm} < 0$)，成为推动熔体前进的驱动力；另一方面，熔体如果仅以固-液界面推进，必然要增大曲率半径，使固-液界面积减小，固-液界面能减小；再加上体积自由能的降低，受限薄膜熔化时不会遇到阻力，因而无须过热度。若以图6.26(b)所示情形，受限薄膜若要熔化，界面能状态变化与图6.26(a)所示情形相反，薄膜/基体界面处的界面能升高($\sigma_{Lm} - \sigma_{Sm} > 0$)，固-液界面能增大，熔体前进受到来自界面能的阻力，要使受限薄膜熔化，只有提供足够的驱动力，这必须通过受限薄膜过热实现。

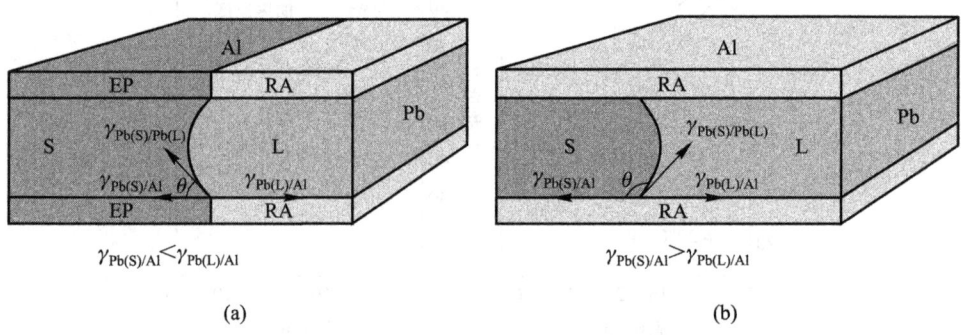

图6.26 不同 Pb/Al 界面结构对应的 Pb 熔体前沿形态[44]：
(a) 半共格界面(EP)；(b) 随机界面(RA)

上述分析表明，薄膜/基体的界面状态是受限薄膜熔化和过热的控制因素，高能界面的受限薄膜熔化无须过热，而低能界面受限薄膜熔化需要过热度。所以，要使受限薄膜过热就必须降低薄膜/基体的界面能，以满足 $\sigma_{Lm} - \sigma_{Sm} > 0$ 的条件。进一步通过热力学分析可以得到薄膜过热度的表达式：

$$\Delta T = \frac{2T_0 \sigma_{SL} \cos^2 \theta}{D \Delta H_m \left(\frac{\pi}{2} - \theta \right)} \quad (6.55)$$

分子动力学模拟可进一步证实以上分析。图6.27(a)为原始构型，Pb、Al

取向关系 Pb(111)∥Al(111)，Pb 薄膜两边为自由边界。图 6.27(b)表明达到平衡熔化温度 600 K 时受限 Pb 薄膜的情形。自由边界处的 1~2 层原子已经变得无序，可以认为发生了预熔化现象。与原始构型相比，自由边界变弯曲，这可以归结为薄膜固-液、薄膜固体-基体、薄膜液体-基体三者界面能之间的平衡关系，前面已有论述。由于固体接触角 $\theta < 90°$，可以判断 $\sigma_{Lm} - \sigma_{Sm} > 0$，满足受限薄膜过热的热力学条件。图 6.27(a)~(f)清晰显示了受限 Pb 薄膜过热熔化的全过程。可以看出，熔化开始于薄膜的自由边界，伴随温度的升高，熔体前沿对称地由两边逐渐向固体部分推进，直到使整个薄膜完全熔化，推进方式为平行推进。此结果验证了热力学对熔体推进方式的判断。受限 Pb 薄膜的熔化过程中未发现薄膜内部晶体原子的无序化发生，即排除了熔化开始于薄膜内部熔体均匀形核或非均匀形核的可能性。

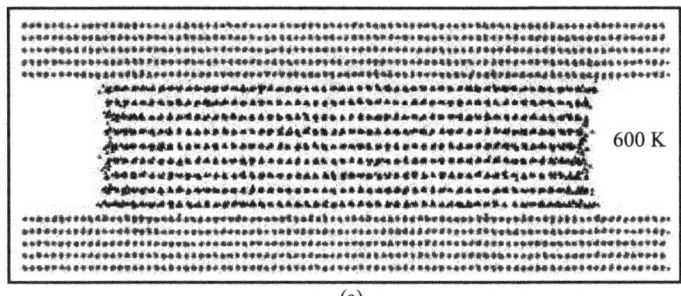

(a)

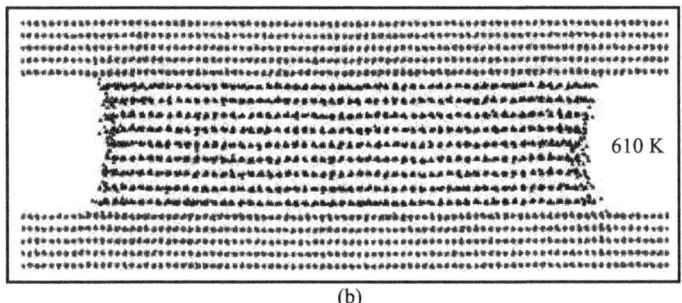

(b)

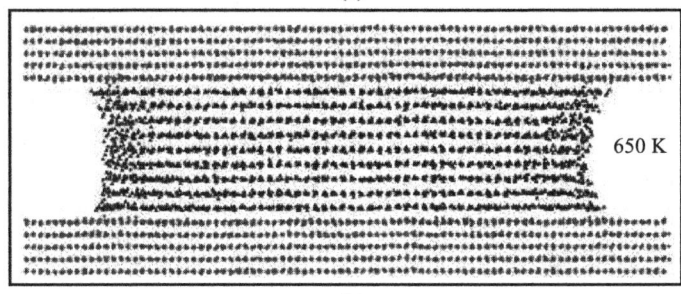

(c)

第六章 熔化与过热

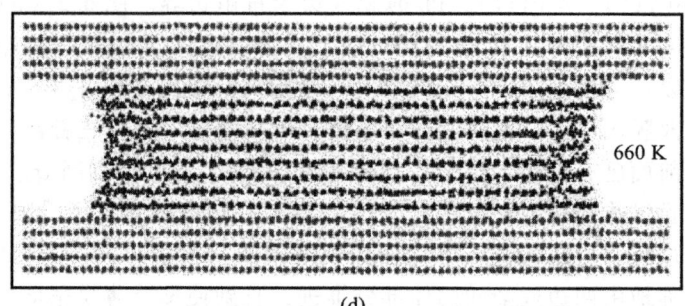

(d)

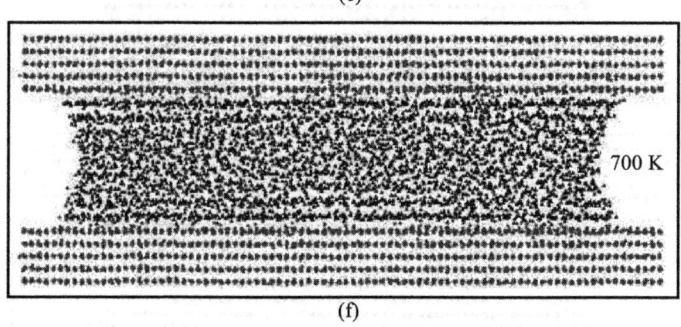

(e)

(f)

图 6.27　MD 模拟得到的过热 Pb 薄膜熔化过程的图像[45]

对受限 Pb 薄膜过热行为的研究深化了人们关于半共格低能界面对过热影响机理的认识，即低能界面可以通过抑止熔体形核导致过热，也可通过抑制熔体的生长导致过热。这也可能会导致人们对镶嵌粒子过热机制的重新考虑，由于熔体容易在孔洞和粒子交角等缺陷处形核，因而其中半共格界面对熔体生长的抑制也可能对过热起重要作用。

6.7　结语与展望

过去几十年来，尽管人们在研究晶体及纳米粒子的熔化行为方面取得了重要进展，但熔化与过热领域仍有大量课题值得研究。关于熔化机制也有很多问题有待澄清，如各种晶体缺陷，包括晶界、三叉晶界、位错、空位以及间隙原子等对熔化动力学的影响还有待实验和理论方面的定量研究。极小厚度的薄膜（几个原子层）极小粒子/团簇的熔化可能与电子结构和量子尺寸效应有关，其规律还不十分清楚。特殊形状晶体与纳米线、纳米带和纳米管等，以及不同键合类型晶体的熔化行为也有待澄清。此外，外加磁场或电场等对熔化动力学的影响也有待研究。

尽管人们提出了晶体过热的不同极限，但还缺乏直接的实验证实。对于镶嵌粒子，共格或半共格界面对熔体形核有抑制作用，但同时也对熔体长大有抑制作用，如薄膜的过热。此外，基体约束引起的压力效应也对镶嵌粒子的过热有贡献，确定这些因素的作用还有待对更多不同体系的研究。通过其他物理、化学或机械方法来抑制熔体形核或长大，特别是在低维材料体系中，还有待深入研究。此外，过热晶体的物理、化学以及机械性能也需系统研究。

实验技术对晶体熔化与过热领域也很重要。精确测量单个粒子熔化时的热力学参数，如比热、焓变还比较困难。固－液界面的结构对理解熔化动力学至关重要，而实验上对它的揭示是一个富有挑战的课题。此外，其他实现晶体过热的方法还有待开发。应用方面，液相中高熔点化合物粒子的熔化行为对控制钢、高温合金等的凝固组织和性能有重要作用。

参考文献

[1] Dash J G. History of the search for continuous melting[J]. Reviews of Modern Physics, 1999, 71(5): 1737-1743.

[2] Ubbelhode A R. The molten state of matter: melting and crystal structure[M]. New York: John Wiley & Sons, 1979.

[3] Lu K, Jin Z H. Melting and superheating of low-dimensional materials[J]. Current Opinion In Solid State & Materials Science, 2001, 5(1): 39-44.

[4] Cotterill R M J. The physics of melting[J]. Journal of Crystal Growth, 1980, 48: 582-588.

[5] Mei Q S, Lu K. Melting and superheating of crystalline solids: from bulk to nanocrystals [J]. Progress In Materials Science, 2007, 52(8): 1175-1262.

[6] Kuhlmann-Wilsdorf D. Theory of melting[J]. Physical Review, 1965, 140(5): A1599-A1610.

[7] Kauzmann W. The nature of the glassy state and the behavior of liquids at low temperatures[J]. Chemical Review, 1948, 43: 219.

[8] Fecht H J, Johnson W L. Entropy and enthalpy catastrophe as a stability limit for

crystalline material[J]. Nature, 1988, 334(7): 50-52.

[9] Tallon J L. A hierarchy of catastrophes as a succession of stability limits for the crystalline state[J]. Nature, 1989, 342(11): 658-660.

[10] Lu K, Li Y. Homogeneous nucleation catastrophe as a kinetic stability limit for superheated crystal[J]. Physical Review Letters, 1998, 80(20): 4474-4477.

[11] Jin Z H, Gumbsch P, Lu K, Ma E. Melting mechanisms at the limit of superheating [J]. Physical Review Letters, 2001, 8705(5): 055703.

[12] Jin Z H, Lu K. Encyclopedia of materials: science and technology [G]. Elsevier, 2002.

[13] Di Tolla F D, Erio T, Ercolessi F. Conference proceedings, Monte Carlo and molecular dynamics of condensed matter systems[G]. Ch 14. Vol 49. Bologna: SIF, 1996.

[14] van der Veen J F, Pluis B, Denier van der Gon A W. Ion scattering studies of surface melting[J]//Kinetics of ordering and growth at on surfaces. NATO ASI Series, 1990, 239: 343.

[15] Pluis B, Frenkel D, van der Veen J F. Surface-induced melting and freezing II. A semi-empirical Landau-type mode[J]. Surface Science, 1990, 239(3): 282-300.

[16] Alsayed A M, Islam M F, Zhang J, Collings P J, Yodh A G. Premelting at defects within bulk colloidal crystals[J]. Science, 2005, 309(5738): 1207-1210.

[17] Buffat P, Borel J P. Size effect on the melting temperature of gold particles[J]. Physical Review A, 1976, 13(6): 2287.

[18] Allen G L, Bayles R A, Gile W W, Jesser W A. Small particle melting of pure metals [J]. Thin Solid Films, 1986, 144(2): 297-308.

[19] Lereah Y, Kofman R, Penisson J M, Deutscher G, Cheyssac P, Ben David T, Bourret A. Time-resolved electron microscopy studies of the structure of nanoparticles and their melting [J]. Philosophical Magazine B-Physics of Condensed Matter Statistical Mechanics Electronic Optical and Magnetic Properties, 2001, 81(11): 1801-1819.

[20] Couchman P R, Jesser W A. Thermodynamic theory of size dependence of melting temperature in metals[J]. Nature, 1977, 269(5628): 481-483.

[21] Kofman R, Cheyssac P, Aouaj A, Lereah Y, Deutscher G, Ben-David T, Penisson J M, Bourret A. Surface melting enhanced by curvature effects[J]. Surface Science, 1994, 303(1-2): 231-246.

[22] Jiang Q, Zhang Z, Li J C. Melting thermodynamics of nanocrystals embedded in a matrix[J]. Acta Mater., 2000, 48(20): 4791-4795.

[23] Sheng H W. PhD dissertation[D]. Institute of Metal Research, Chinese Academy of Sciences, 1997.

[24] Turnbull D, Jang J S C, Koch C C. Model for melting enthalpy of Sn in Ge-Sn composites[J]. J. Mater. Res., 1990, 5(8): 1731-1732.

[25] Lai S L, Guo J Y, Petrova V, Ramanath G, Allen L H. Size-dependent melting properties of small tin particles: nanocalorimetric measurements[J]. Physical Review Letters, 1996, 77(1): 99 – 102.

[26] Sheng H W, Xu J, Yu L G, Sun X K, Hu Z Q, Lu K. Melting process of nanometer-sized in particles embedded in an Al matrix synthesized by ball milling[J]. J. Mater. Res., 1996, 11(11): 2841 – 2851.

[27] Bachels T, Guntherodt H J, Schafer R. Melting of isolated tin nanoparticles[J]. Physical Review Letters, 2000, 85(6): 1250 – 1253.

[28] Ercolessi F, Andreoni W, Tossatti E. Melting of small gold particles: mechanism and size effects[J]. Physical Review Letters, 1991, 66(7): 911 – 914.

[29] Schmidt M, Kusche R, von Issendorff B, Haberland H. Irregular variations in the melting point of size-selected atomic clusters[J]. Nature, 1998, 393 (6682): 238 – 240.

[30] Shvartsburg A A, Jarrold M F. Solid clusters above the bulk melting point[J]. Physical Review Letters, 2000, 85(12): 2530 – 2532.

[31] Uhlmann D R. On the internal nucleation of melting[J]. Journal of Non-Crystalline Solids, 1980, 41(3): 347 – 357.

[32] Luo S N, Ahrens T J, Cagin T, Strachan A, Goddard W A, Swift D C. Maximum superheating and undercooling: systematics, molecular dynamics simulations, and dynamic experiments[J]. Physical Review B, 2003, 68(13).

[33] Daeges J, Gleiter H, Perepezko J H. Superheating of metal crystals[J]. Physics Letter A, 1986, 119: 79 – 82.

[34] Chattopadhyay K, Goswami R. Melting and superheating of metals and alloys[J]. Progress In Materials Science, 1997, 42(1 – 4): 287 – 300.

[35] Jin Z H, Sheng H W, Lu K. Melting of Pb clusters without free surfaces[J]. Physical Review B, 1999, 60(1): 141 – 149.

[36] Sasaki K, Saka H. Insitu high-resolution electron-microscopy observation of the melting process of in particles embedded in an Al matrix[J]. Philosophical Magazine A – Physics Of Condensed Matter Structure Defects And Mechanical Properties, 1991, 63(6): 1207 – 1220.

[37] Xu F T, Zhong J, Jin Z H, Lu K. Superheating and melting behaviors of Ag clusters with Ni coating studied by molecular dynamics and experiments[J]. Science In China Series E-Technological Sciences, 2001, 44(4): 432 – 440.

[38] Xu Q, Sharp I D, Yuan C W, Yi D O, Liao C Y, Glaeser A M, Minor A M, Beeman J W, Ridgway M C, Kluth P, Ager J W, Chrzan D C, Haller E E. Large melting-point hysteresis of Ge nanocrystals embedded in SiO_2[J]. Physical Review Letters, 2006, 97(15).

[39] Shi F G. Size-Dependent Thermal vibrations and melting in nanocrystals[J]. Journal of Materials Research, 1994, 9(5): 1307-1313.

[40] Mei Q S, Jin Z H, Lu K. The kinetic limit of superheating induced by semicoherent interfaces[J]. Philosophical Magazine Letters, 2005, 85(4): 203-211.

[41] Banhart F, Hernandez E, Terrones M. Extreme superheating and supercooling of encapsulated metals in fullerenelike shells[J]. Physical Review Letters, 2003, 90(18).

[42] Zhong J. Master Thesis[D]. Institute of Metal Research, Chinese Academy of Sciences, 2000.

[43] Akhter J I, Jin Z H, Lu K. Superheating in confined Pb(110) films[J]. Journal of Physics-Condensed Matter, 2001, 13(35): 7969-7975.

[44] Zhang L, Zhang L H, Sui M L, Tan J, Lu K. Superheating and melting kinetics of confined thin films[J]. Acta Materialia, 2006, 54(13): 3553-3560.

[45] Zhang L. PhD dissertation[D]. Institute of Metal Research, Chinese Academy of Sciences, 2001.

第七章
扩散型相变

很多相变过程都是借助于原子的热激活扩散产生的，称为扩散型相变。扩散型相变的种类很多，在固态相变中，常见的扩散型相变主要有脱溶沉淀、共析转变、有序转变、块状转变、同素异构转变等，典型的扩散型固态相变的二元相图如图 7.1 所示[1]。

由于固态相变时的母相和新相都为固体，其原子排列有着特定的结构，而且原子的键合也比较牢固，体积小、密度大，同时在母相中还存在着位错、空位、晶界等晶体缺陷，新相与母相间存在明显的界面，因此具有许多独有的特点。例如：固态相变的阻力大，所需要的驱动力大，因此相变发生时需要的过冷度大；析出新相一般有特定的形状，通过新相的形状、析出位置和界面形态的调整来尽量降低相变的阻力；新相与母相之间往往存在特定的位向关系和惯习面，以便降低界面能量；原子迁移率低，大多数固态相变受到扩散过程控制；相变时容易产生亚稳相；普遍存在新相的非均匀形核；等等。本章将对扩散型固态相变的一般特点和相关实例进行讨论。

第七章 扩散型相变

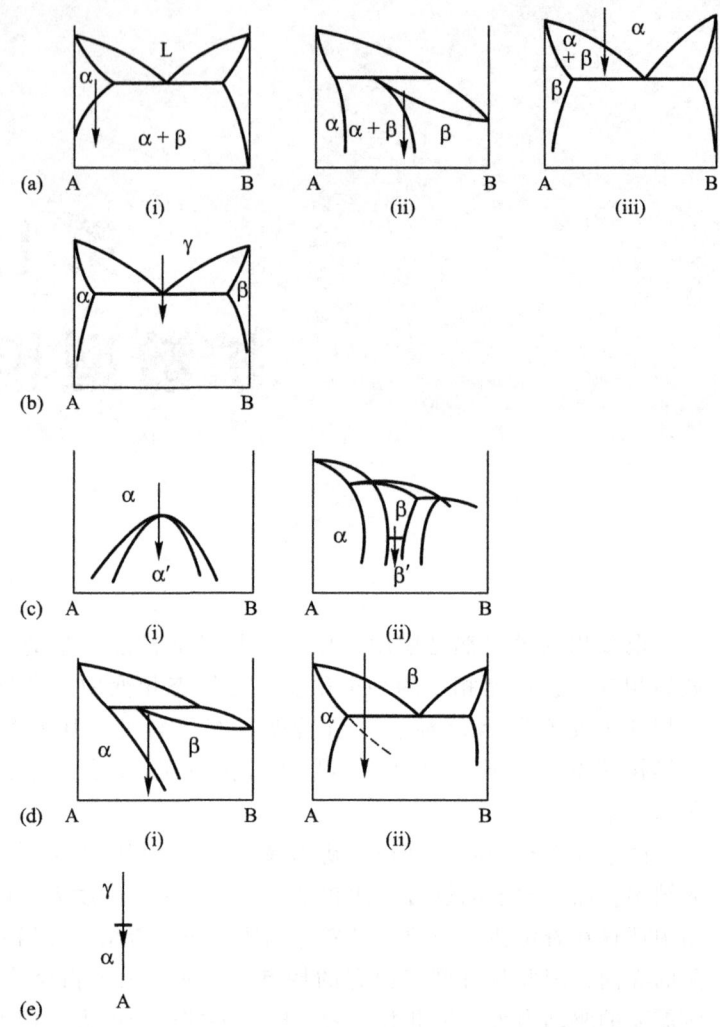

图 7.1 典型扩散型固态相变的相图示意图：(a) 脱溶沉淀；
(b) 共析转变；(c) 有序转变；(d) 块状转变；(e) 同素异构转变

7.1 沉淀相变的基本理论

7.1.1 沉淀过程的相变驱动力

沉淀相变的驱动力来源于新相与母相的体积自由能的差。在某一个临界温

度 T_c,母相与新相之间自由能相等,称为相平衡温度。低于 T_c 温度,母相与新相自由能之间的关系发生了变化,母相能量高,新相能量低,其间的能量差即为相变的驱动力。由于扩散型相变发生的过程中往往有成分的明显变化,所以其驱动力的计算也较为复杂。

1. 沉淀相变的总驱动力和形核驱动力

如果新相与母相成分完全一致,例如同素异构转变、块状转变等,则在低于相变临界点的某一温度,相变驱动力直接可以表示为同成分(x_0)的两相吉布斯(Gibbs)自由能差,如图 7.2(a)所示。

对于图 7.1(a)所示的有成分变化的沉淀型相变($\alpha \rightarrow \alpha' + \beta$),在相变的过程中受到扩散控制,新相和母相的成分都会随着相变的进行不断发生变化,最终才能达到稳定的平衡成分。由于自由能是与成分相关的函数,因此成分变化也导致吉布斯自由能的变化,相应的相变驱动力的计算比较复杂,如图 7.2(b)所示。

考虑脱溶相变完成时,即相变达到平衡状态时,系统中既有新相也有母相存在。新相的成分为 x_β,母相的成分由 x_0 变化为两相平衡成分 x_α。两相的比例根据相图由杠杆定量来确定。系统的总自由能为母相和新相吉布斯自由能曲线的公切线在平均成分(x_0)处的值。相变后两相状态的吉布斯自由能与相变之前的单相状态吉布斯自由能的差(ΔG_T),称为总的相变驱动力。对于二元的理想溶液模型,总的相变驱动力可以写为[2]

$$\Delta G_T = RT\left[(1-x_0)\ln\frac{1-x_\alpha}{1-x_0} + x_0\ln\frac{x_\alpha}{x_0}\right] \quad (7.1)$$

如果母相为规则溶液,总的相变驱动力可以写为

$$\Delta G_T = RT\left[(1-x_0)\ln\frac{1-x_\alpha}{1-x_0} + x_0\ln\frac{x_\alpha}{x_0}\right] + B(x_0-x_\alpha)^2 \quad (7.2)$$

式中,常数 B 与规则溶液常数 L 相关,可以近似为 $-2L$。当 $B=0$,即为理想溶液时,式(7.2)成为式(7.1)。

在一般的情况下,可以以活度形式表示总的相变驱动力

$$\Delta G_T = RT\left[(1-x_0)\ln\frac{a_\alpha^A}{a_0^A} + x_0\ln\frac{a_\alpha^B}{a_0^B}\right] \quad (7.3)$$

式中,a 表示活度,上标 A、B 表示组元的种类,下标 0、α 表示成分为 x_0 和 x_α。

在脱溶相变刚刚开始时,在母相 α 中析出少量新相 β 时,母相成分基本保持原始状态(x_0),而新相达到平衡成分(x_β),如图 7.2(c)所示。此时,相变驱动力为 ΔG_N,称为形核驱动力。由于人们经常关心相变起始阶段的形核过程,所以实际上更经常使用到形核驱动力。界面迁移和扩散的长大驱动力也往

第七章 扩散型相变

往要按形核驱动力进行计算。形核驱动力的计算公式与总的相变驱动力的公式形式上一样,只是其中的浓度项有所不同,以 x_β 代替 x_0,一般公式为

$$\Delta G_N = RT\left[(1-x_\beta)\ln\frac{a_\alpha^A}{a_0^A} + x_\beta\ln\frac{a_\alpha^B}{a_0^B}\right] \tag{7.4}$$

对于规则溶液模型,形核驱动力写为

$$\Delta G_N = RT\left[(1-x_\beta)\ln\frac{1-x_\alpha}{1-x_0} + x_\beta\ln\frac{x_\alpha}{x_0}\right] + B(x_\beta - x_\alpha)^2 \tag{7.5}$$

对于二元的理想溶液模型,则形核驱动力写为

$$\Delta G_N = RT\left[(1-x_\beta)\ln\frac{1-x_\alpha}{1-x_0} + x_\beta\ln\frac{x_\alpha}{x_0}\right] \tag{7.6}$$

从图 7.2 中可以看出,相变的形核驱动力远远大于总的相变驱动力。随着新相的长大和母相的成分变化,相变的驱动力逐渐减小,最后达到平衡态,形核驱动力和总的相变驱动力均为零。

2. 表面作用对驱动力的影响及沉淀相长大驱动力

在相变的开始时期,当沉淀相 β 的尺寸比较小时,需要考虑表面能的影响。此时,部分的吉布斯自由能被留作表面能,因此用于扩散的驱动力就较小,图 7.2 中的吉布斯自由能曲线需要考虑表面作用的情况加以修正。对于尖端曲率半径为 r 的球状沉淀相,其吉布斯自由能曲线由于表面作用而升高 ΔG_r,如图 7.3(a)中的虚线所示。

由于表面作用使一个相的吉布斯自由能升高,相当于压强的增高 ΔP。ΔP 与基体和新相之间的界面能 σ 有关,即

$$\Delta P = P^\alpha - P^\beta = \sigma\left(\frac{1}{r_1} + \frac{1}{r_2}\right) \tag{7.7}$$

式中,P^α 和 P^β 分别为母相 α 和新相 β 的压强,r_1 和 r_2 为主曲率半径。对于薄板的边,$r_2 = \infty$;对于球状新相,$r_1 = r_2 = r$。新相吉布斯自由能将增加 PV^β(V^β 是新相的摩尔体积)。

$$\Delta G_r = \frac{2\sigma V^\beta}{r} \tag{7.8}$$

由于新相吉布斯自由能的升高,使图 7.3(a)中的两相吉布斯自由能曲线的公切线发生变化,相应的总相变驱动力有所变化,由 ΔG_T 降低到 $\Delta G_T'$。总的相变驱动力 ΔG_T 和 $\Delta G_T'$ 之间的差值就是存储在表面上的吉布斯自由能 ΔG_{cap}。$\Delta G_T'$ 是总体相变用于扩散驱动的吉布斯自由能,对于理想溶液,可以写成

$$\Delta G_T' = RT\left[(1-x_0)\ln\frac{1-x_\alpha'}{1-x_0} + x_0\ln\frac{x_\alpha'}{x_0}\right] \tag{7.9}$$

式中,x_α' 是考虑表面作用后两相平衡的母相成分。由式(7.9)和式(7.1)可以

7.1 沉淀相变的基本理论

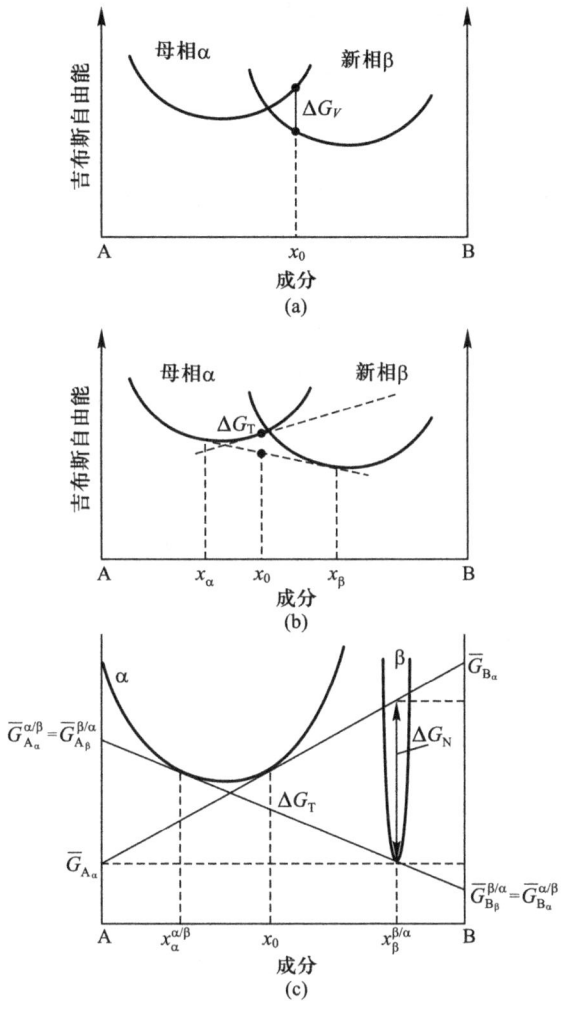

图 7.2 (a)无成分变化相变、(b)有成分变化的沉淀析出相变和
(c)在母相 α 中析出少量新相 β 时的相变驱动力示意图

计算存储在表面上的吉布斯自由能为

$$\Delta G_{\text{cap}} = \Delta G_{\text{T}} - \Delta G_{\text{T}}' = RT\left[(1-x_0)\ln\frac{1-x_\alpha}{1-x_\alpha'} + x_0\ln\frac{x_\alpha}{x_\alpha'}\right] \quad (7.10)$$

由于表面作用使两相的相界线向浓度更高的方向移动，如图 7.3(b)所示，由 x_α 升高到 x_α'。为简化讨论，仅考虑球状新相，并忽略母相压强的增加，x_α' 可以近似计算如下：

$$x'_\alpha = x_\alpha \left(1 + \frac{2\sigma V^\beta}{RTr} \frac{1-x_\alpha}{x_\beta - x_\alpha}\right) \quad (7.11\text{a})$$

在 $x_\alpha \ll 1$ 的情况下，可以进一步简化为

$$x'_\alpha = x_\alpha \left(1 + \frac{2\sigma V^\beta}{RTrx_\beta}\right) \quad (7.11\text{b})$$

在新相长大的过程中，沉淀相的长大速度常常低于体积扩散控制动力学，其中的一个重要原因可能与界面反应所需要消耗部分相变的驱动力有关。考虑到表面作用，新相长大的相变驱动力（即形核驱动力 ΔG_N）将降低到 $\Delta G'_N$，如图 7.3 (a)所示。ΔG_N 与 $\Delta G'_N$ 之间差值即为用于界面反应（界面移动）的驱动力，而 $\Delta G'_N$ 是用于扩散长大的驱动力。可见新相曲率半径越小，则用于扩散长大的驱动力越小，用于界面移动的驱动力越大。对于理想溶液，$\Delta G'_N$ 可以写为

$$\Delta G'_N = RT\left[(1-x_\beta)\ln\frac{1-x'_\alpha}{1-x_0} + x_\beta \ln\frac{x'_\alpha}{x_0}\right] \quad (7.12)$$

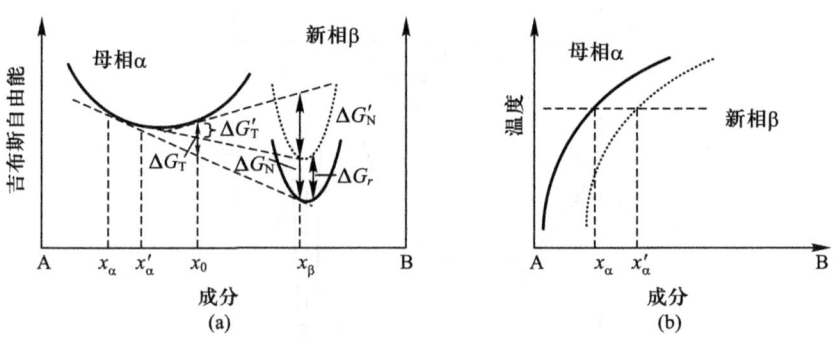

图 7.3 （a）表面作用对吉布斯自由能曲线的影响；（b）表面作用对固溶度（相图）的改变

注意这里仅考虑了表面作用对母相平衡成分的影响，忽略了表面作用对新相平衡成分的影响。

3. $Fe - C - X_i$ 合金中铁素体长大驱动力

由奥氏体中析出铁素体的转变是钢铁材料中最基本的一个相变过程，具有重要的工业应用背景。在研究 $Fe - C - X_i$ 多元合金钢（$i=0$ 代表 Fe，$i=1$ 代表 C，$i=2,3,4,5,6,7$ 分别代表 Mn、Si、Cr、Ni、Mo、Cu 等合金元素）中的奥氏体-先共析铁素体转变时，相变驱动力的大小是相变过程的重要参数。根据各组元的临界核心成分和标准吉布斯自由能，可以直接计算 $Fe - C - X_i$ 系的 $\gamma \rightarrow \alpha$ 相变的长大驱动力。

铁素体形核驱动力 $\Delta G^{\gamma-\alpha}$ 的表达式为[3]

$$\Delta G^{\gamma-\alpha} = \sum_i \Delta G_i^{\alpha,N} x_i^N \quad (7.13)$$

式中

$$\Delta G_i^{\alpha,N} = \overline{G}_i^{\alpha,N} - \overline{G}_i^{\gamma} \quad (7.14)$$

式中，x_i^N所对应的是组元 i 在铁素体核心中的成分，$\overline{G}_i^{\alpha,N}$、$\overline{G}_i^{\gamma}$ 分别代表组元 i 在铁素体核心和奥氏体基体中的偏摩尔吉布斯自由能。

对于给定成分的 Fe-C-X_i 多元系，设对应的两相平衡温度(Ae_3 温度)为 T_0(正平衡或准平衡)，如图 7.4 所示。当 $T_1 < T_0$ 时奥氏体开始分解转变生成先共析铁素体，此时 $\overline{G}_i^{\alpha} \neq \overline{G}_i^{\gamma}$。在已知合金成分和转变温度 T_1 的前提下，可以推导得出 $\Delta G^{\gamma-\alpha}$ 的解析式。Fe-C-X_i 系中，第 i 种组元在铁素体和奥氏体中的偏摩尔吉布斯自由能可以写成下面的形式[4]

$$\overline{G}_i^{\alpha} = G_i^{0\alpha} + RT(\ln X_i^{\alpha} + \ln \gamma_i^{\alpha}) \quad (7.15a)$$

$$\overline{G}_i^{\gamma} = G_i^{0\gamma} + RT(\ln X_i^{\gamma} + \ln \gamma_i^{\gamma}) \quad (7.15b)$$

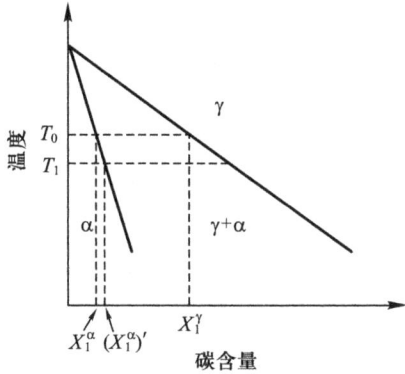

图 7.4　Fe-C-X_i 系合金奥氏体中析出铁素体的相图示意图

式中，$G_i^{0\gamma}$、$G_i^{0\alpha}$、X_i^{γ}、X_i^{α}、γ_i^{γ}、γ_i^{α} 分别是组元 i 在奥氏体和铁素体中的标准吉布斯自由能、摩尔浓度和活度系数。在合金元素浓度较低的情况下，$\ln \gamma$ 可以用泰勒(Taylor)级数展开成瓦格纳(Wagner)系数和摩尔浓度乘积的和。

$$\ln \gamma_0 = -1/2 \sum_{i,k=1} \varepsilon_{ik} X_i X_k \quad (7.16)$$

$$\ln \gamma_i = \sum_{k=1} \varepsilon_{ik} X_k \quad (i \geq 1) \quad (7.17)$$

式中，ε_{ik} 是 Wagner 系数，代表第 i 种组元对第 k 种组元的作用，具有对称的性质，即 $\varepsilon_{ik} = \varepsilon_{ki}$。由于不考虑合金元素之间的相互作用，有 $\varepsilon_{ik} = \varepsilon_{ki} = 0$ ($i \neq k \neq 1$) 成立。

表 7.1 中给出了部分元素的奥氏体-铁素体转变标准吉布斯自由能与温度的关系。表 7.2 是部分合金元素在温度 1 100 K 下的 Wagner 系数。虽然

第七章　扩散型相变

Wagner 系数与温度有关，但在实际计算中在一定的温度区间内，Wagner 系数随温度变化造成的影响可以忽略不计，因此在计算中可以直接采用这些数值。在已知各项参数的基础上，将式(7.15)代入式(7.13)就可以计算出奥氏体向铁素体相变的驱动力。

表 7.1　部分元素奥氏体－铁素体转变的标准吉布斯自由能[5]

元素	$\Delta°G^{\alpha-\gamma}/(\mathrm{J\cdot mol^{-1}})$（温度 T 为绝对温度）
Fe	$338.1 - 3.31(T-1\,000) + 0.009\,83(T-1\,000)^{1.96} - 7.11\sin[0.034(T-1\,000)]$
C	$-64\,111.4 + 32.158T$
Mn	$-162\,318.2 + 25.981T - 0.106\,7T^2$
Si	$-24\,953.4 + 16.235T - 19.766\,9T\ln T$
Ni	$-19\,016.3 + 13.527T$
Cr	$-15\,535.5 - 19.481T + 2.748\,1T\ln T$
Mo	$2\,364.0 + 0.63T$
Cu	$-106\,692.0 + 172.310T - 0.071T^2$

表 7.2　部分元素在 1 100 K 下的 Wagner 系数[5]

元素	$\varepsilon_{ii}^{\alpha}$	$\varepsilon_{ii}^{\gamma}$	$\varepsilon_{1k}^{\alpha}{}^{*}\equiv\varepsilon_{1k}^{\gamma}$
C	0.0	8.1	—
Mg	-0.9	0.2	-4.6
Si	26.1	23.3	11.5
Ni	-1.7	-1.7	4.7
Cr	-2.7	0.3	-12.8
Mo	-3.9	-2.1	-9.7
Cu	-8.1	-6.6	3.8

注：* 表示 $\varepsilon_{1k}^{\alpha}$ 的值近似用 $\varepsilon_{1k}^{\gamma}$ 代替。

Fe-C-X_i 多元系中，由于合金元素和碳元素扩散能力的巨大差异，根据合金元素是否在 γ→α 转变过程中发生分配，奥氏体－铁素体相界上存在两种相平衡模式，即正平衡模式和准平衡模式。正平衡模式下所有组成元素都发生再分配，各组元在两相中的偏摩尔吉布斯自由能（化学位）都相等，相变由合金元素扩散控制。在准平衡模式下，合金元素在转变中不发生分配，整个转变过程由碳的扩散控制，在界面处只有碳达到平衡，而合金元素和 Fe 的浓度比值在奥氏体和铁素体中保持为常数。对这两种不同的平衡模式，其相变的长大驱动力也有所不同。在合金元素和碳含量不高的情况下，应当对铁素体长大驱动力的计算进行适当的近似处理。

根据所选择热力学参数的不同，包括铁和碳的活度系数（涉及原子间的交互作用能）、偏摩尔焓和偏摩尔熵等，对于 Fe - C 合金相变驱动力的计算有多种不同的热力学模型，例如 Kaufman、Radcliffe 和 Cohen[6] 在 1962 年创建的 KRC 模型，Lacher、Fowler 和 Guggenheim 提出的 LFG 模型[7,8] 及 McLellan 和 Dunn 提出的 MD 模型[9]等。参考文献[2]对这些模型给出了详细的介绍，可以直接使用这些模型计算先共析铁素体析出、块状转变、奥氏体分解为铁素体和渗碳体、马氏体相变的驱动力。随着理论的不断发展和深入，进一步考虑了原子间的多体作用势，又出现了中心原子模型[10]和埋入原子模型，或者采用四面体和八面体原子集团作为基本计算单元的集团变分模型等。这些新的模型促进了相变热力学理论的新发展。

7.1.2 沉淀相的应变能和核胚形貌

由于新、旧两相的比容不同，所产生的体积应变能是沉淀相析出的一个重要的阻力项。在一级相变发生时，伴随有体积的不连续变化，同时又受到固态母相的约束，因此新相与母相之间必将产生弹性应变和应力，导致体积应变能的出现。体积应变能 W 以沉淀相的单位体积来计量。当不存在弹性约束时，在沉淀相中和在母相基体中的一个原子的平均体积差，可以被视为体积应变能的根源，就是膨胀应变能。另一个称为剪切应变能，来源于新、旧两相晶体形状之间的差别。应变能的计算比较复杂，这里仅以简单的模型进行近似处理。

假设一个片状析出相完全包裹在母相基体中，新相和母相的弹性模量和泊松比相同。考虑到临界核心尺寸较小，忽略塑性形变（或者认为错配位错只在相界面出现），可以将体积应变能视为纯弹性应变能，表示为

$$W = \frac{1}{2}\sigma\varepsilon \tag{7.18}$$

式中，σ 为应力，ε 为应变。考虑到相互垂直的 x 和 y 两方向同时受力，则

$$W = \frac{1}{2}(\sigma_x\varepsilon_x + \sigma_y\varepsilon_y) \tag{7.19}$$

考虑体积不变原理，x 和 y 方向应变要相互协调，有

$$\varepsilon_x = \frac{1}{E}(\sigma_x - \nu\sigma_y) \tag{7.20a}$$

$$\varepsilon_y = \frac{1}{E}(\sigma_y - \nu\sigma_x) \tag{7.20b}$$

式中，E 是弹性模量，$E = 2\mu(1+\nu)$，μ 为剪切模量，ν 为泊松比。假定 x 和 y 方向的应力和应变完全相同

$$W = \sigma\varepsilon \tag{7.21}$$

式中

$$\varepsilon = \frac{\sigma}{E}(1-\nu) \tag{7.22a}$$

$$\sigma = \frac{E\varepsilon}{(1-\nu)} \tag{7.22b}$$

将式(7.22)代入式(7.21)可以得到

$$W = \frac{E\varepsilon^2}{(1-\nu)} = \frac{2\mu(1+\nu)}{(1-\nu)}\varepsilon^2 \tag{7.23}$$

将 ν 的倒数写为 m，取 ε 为两相之间的线性错配度 δ，则式(7.23)成为

$$W = \frac{mE\delta^2}{(m-1)} \tag{7.24}$$

1. 完全共格沉淀相的应变能

当两相的弹性模量和泊松比相同，式(7.24)可以适用于各种形态的完全共格的沉淀相。但是对于剪切应变能（例如马氏体相变），即使两相的弹性模量和泊松比相同，还是会受到不同形态的影响。以扁椭球状沉淀相为例，其应变能为

$$W = \frac{E}{(1+\nu)}\frac{\pi(2-\nu)c}{4(1-\nu)a}\varepsilon_{13}^2 = \frac{\pi\mu(2-\nu)}{2(1-\nu)}\beta\varepsilon_{13}^2 \tag{7.25}$$

式中：c 和 a 分别是扁椭球体的厚度和直径；$\beta = c/a$，为主轴与次轴的长度比；ε_{13} 为无正应力的张量剪切应变（为工程应变的 1/2）。

如果沉淀相与母相基体的弹性模量和泊松比不同，则式(7.24)不适用。对于完全共格的沉淀相，在极端情况下，当基体不能被压缩时，有

$$W = \frac{3E^*\varepsilon_{11}^2}{2(1-2\nu)} = \frac{3\mu^*(1+\nu^*)\varepsilon_{11}^2}{(1-2\nu)} \tag{7.26}$$

式中，E^*、μ^* 和 ν^* 分别为沉淀相的弹性模量、剪切模量及泊松比。在另一种极端情况下，当沉淀相不能被压缩时，有

$$W = \frac{3E\varepsilon_{11}^2}{(1+\nu)} = 6\mu\varepsilon_{11}^2 \tag{7.27}$$

在更一般的情况下，沉淀相与母相基体的弹性模量和泊松比都不相同，对于完全共格的球状沉淀相，体积应变能为

$$W = \frac{3}{2\left(\frac{1+\nu}{2E} + \frac{1-2\nu^*}{E^*}\right)}\varepsilon_{11}^2 \tag{7.28}$$

7.1 沉淀相变的基本理论

如果沉淀相为椭球状,其体积应变能与长短轴的比值 c/a 的值密切相关,如图 7.5 所示[11]。当沉淀相的剪切模量 μ^* 小于基体时,球状沉淀相的应变能最大,柱状(针状)次之,片状最小;当沉淀相的剪切模量 μ^* 大于基体时,片状沉淀相的应变能最大,柱状次之,球状最小;当两相的剪切模量相等时,体积应变能不受沉淀相的形状影响。

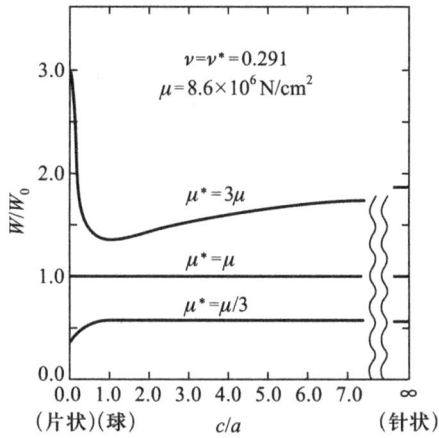

图 7.5 不同形态的沉淀相的所产生的体积应变能

以上讨论的情况都只考虑了各向同性的弹性变形,当存在各向异性时,需要已知基体和沉淀相的不同方向上的弹性常数(stiffness) C_{11}、C_{12}、C_{13}、C_{33}、$C_{44}[\mu=C_{44},\nu=C_{12}/2(C_{12}+C_{44})]$ 和齐纳(Zener)各向异性比率 $A=2C_{44}/(C_{11}-C_{12})$ 等,才能计算体积应变能。表 7.3 列出了一些材料的弹性常数值。

表 7.3 部分(a)立方晶体和(b)非立方晶体的弹性常数值

(a) 立方晶体	C_{11}(10 GPa)	C_{12}(10GPa)	C_{44}(10 GPa)	A	E/GPa	μ/GPa	ν
Al(fcc)	10.82	6.13	2.85	1.22	70.3	26.1	0.345
Cu(fcc)	16.84	12.14	7.54	3.21	129.8	48.3	0.343
Fe(bcc)	23.70	14.10	11.60	2.43	211.4	81.6	0.293
Ni(fcc)	24.65	14.73	12.47	2.51	199.5	76.0	0.312
Mo(bcc)	46.0	17.6	11.0	0.77	312	121	0.305
W(bcc)	50.1	19.8	15.14	1.00	411.0	160.6	0.280

续表

(a) 立方晶体	C_{11}(10 GPa)	C_{12}(10 GPa)	C_{44}(10 GPa)	A	E/GPa	μ/GPa	ν
Au(fcc)	18.60	15.70	4.20	2.90	78.0	27.0	
Nb(fcc)	24.60	13.40	2.87	0.51			
Cr(bcc)	35.00	5.78	10.10	0.69			
Ag(bcc)	12.40	9.34	4.61	3.01	82.7	30.3	

(b) 非立方晶体	C_{11}(10 GPa)	C_{12}(10 GPa)	C_{13}(10 GPa)	C_{33}(10 GPa)	C_{44}(10 GPa)
Co(hcp)	30.7	16.5	10.3	35.81	7.83
Ti(hcp)	16.2	9.2	6.9	18.1	4.67
Zn(hcp)	16.1	3.42	5.01	6.10	3.83
Mg(hcp)	5.65	2.32	1.81	5.87	1.68
Ag$_2$Al(hcp)	14.15	8.47	7.46	16.85	3.41
Sn(tetra)	8.60	3.50	3.00	13.3	4.90
In(tetra)	4.45	3.95	4.05	4.44	0.66

对于立方晶体，以各向异性较大的 Cu 为例（A = 3.209），比较不同情况下，不同 β（$\beta = c/a$）时的应变能，如图 7.6 所示。

① 即使在 $\mu = \mu^*$ 的情况下，由于各向异性，归一化的应变能 W/W_0 也因 β 值而变化。当沉淀相和基体都具有较大的各向异性，或者沉淀相具有较大的各向异性而基体为各向同性时，片状（$\beta \to 0$）的沉淀相具有最低的应变能；当沉淀相具有较大的各向异性，而基体为各向同性时，片状沉淀相的应变能最高。

② 当 $\mu^* = \mu/3$ 时，各种情况下的应变能变化趋势都与图 7.5 中所示的弹性各向同性的情况相似，片状（$\beta \to 0$）的沉淀相应变能最低。

③ 当 $\mu^* = 3\mu$ 时，沉淀相各向异性而基体各向同性时，与图 7.5 中所示的弹性各向同性的情况相反，片状（$\beta \to 0$）的沉淀相应变能最低。当沉淀相各向同性而基体各向异性，或者沉淀相和基体都为各向异性时，片状的沉淀相应变能最高。

沉淀相与基体之间的不同位向关系将影响到应变能的大小及与形状的关系。图 7.7 给出了 Cu 在 Al 基体上共格析出时不同的晶体学取向所对应的体积应变能与形状的关系。图中的数字对应于表 7.4 中的几种晶体学位向关系。对

7.1 沉淀相变的基本理论

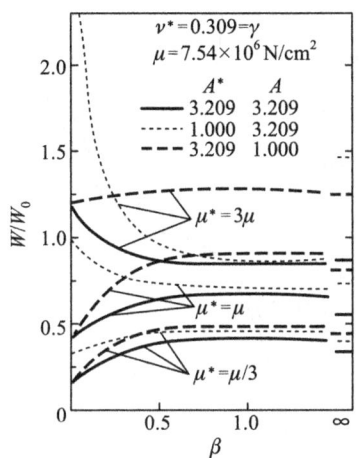

图 7.6 各向异性时的沉淀相形态对体积应变能的影响。实线表示各向异性的沉淀相在各向异性的基体中析出，点线表示各向同性的沉淀相在各向异性的基体中析出，虚线表示各向异性的沉淀相在各向同性的基体中析出。Zener 各向异性参数 $A=3.209$ 表示各向异性（以 Cu 为例），$A=1$ 表示各向同性

于 4~7 号位向关系，球状相的应变能最低；对于 1~3 号位向关系，片状相的应变能最低，其中 1 号位向关系对应的应变能更低一些。1 号位向关系即两相的 Cube-on-Cube 取向，$<100>_m // <100>_i$，$\{100\}_m // \{100\}_i$。在实验中发现，在 Al-Cu 合金基体（含少量 Cu 溶质）中沉淀的纯 Cu 的 G.P. 区常常呈片状，而且与母相保持着 1 号晶体学位向关系，与图 7.7 中的计算结果相吻合。

表 7.4 fcc 基体(m)与椭球状 fcc 沉淀相(i)的晶体学位向关系

序号 （与图 7.7 中的一致）	椭球轴线			位向关系
	a	b	c	
①	$[100]_m[100]_i$	$[010]_m[010]_i$	$[001]_m[001]_i$	
②	$[\bar{1}01]_m[100]_i$	$[1\bar{2}1]_m[010]_i$	$[111]_m[001]_i$	$(111)//(0001)$
③	$[1\bar{2}1]_m[010]_i$	$[111]_m[001]_i$	$[\bar{1}01]_m[100]_i$	
④	$[\bar{1}01]_m[111]_i$	$[1\bar{2}1]_m[\bar{1}01]_i$	$[111]_m[1\bar{2}1]_i$	
⑤	$[1\bar{2}1]_m[\bar{1}01]_i$	$[111]_m[1\bar{2}1]_i$	$[\bar{1}01]_m[111]_i$	
⑥	$[\bar{1}01]_m[\bar{1}01]_i$	$[1\bar{2}1]_m[1\bar{2}1]_i$	$[111]_m[111]_i$	
⑦	$[\bar{1}01]_m[\bar{3}32]_i$	$[1\bar{2}1]_m[11\bar{3}]_i$	$[111]_m[110]_i$	O. R. Nishiyama

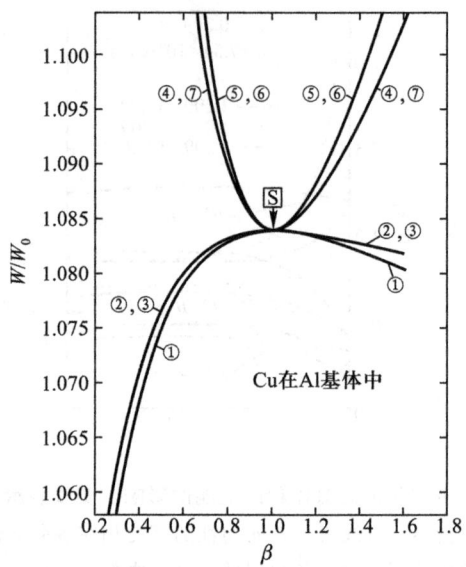

图7.7 不同晶体学位向时，Cu 在 Al 基体中析出的体积应变能
与形状的关系（数字对应于表7.4中的晶体学位向关系）

一般来说，当沉淀相的切变模量较低（软弹性）时，片状相较易形成；当沉淀相的切变模量较高（硬弹性）时，球状相较易形成。当两相弹性切变模量相差较大时，影响应变能的因素主要为切变模量，而晶体学位向关系和弹性的各向异性对应变能的影响很小。只有当两相切变模量相差足够小时，位向关系和各向异性才起到重要作用。

2. 非共格沉淀相的应变能

考虑两相的点阵错配很大，形成的界面是完全无序的非共格界面，界面原子结构没有任何规律（称为"开放式结构"），不存在长程的弹性应变。此时增加单位体积的空洞所需要的应变能取决于空的形状[12]。球状空洞扩大体积所需能量最大，而片状孔受内压力会很快扩展，如图7.8所示。图7.8中宽面上凸出的部分可视为原子沿非共格界面扩散至片状相的边缘，形状更扁，$\beta \to 0$使得应变能也趋于0。

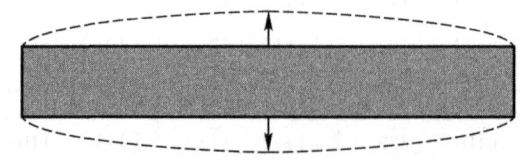

图7.8 片状相在受内压力时可以很容易地变为透镜状

7.1 沉淀相变的基本理论

较硬的沉淀相自较软的基体中析出，两相之间完全不共格，基体承受全部的应变时，体积应变能为

$$W = K(\Delta V)^{2/3} E(c/a) \tag{7.29}$$

式中，K 为基体相的压缩系数，ΔV 为两相间的（摩尔）体积差，$E(c/a)$ 是与形状相关的弹性能，与 $\beta = c/a$ 的关系如图 7.9 所示。$\beta = 1$ 呈球状时，弹性应变能最大，不容易扩大体积以松弛应变；$\beta \to \infty$ 呈针状时，应变能仅为球状时的 3/4，而 $\beta \to 0$ 呈片状时应变能最低，最容易松弛应变。

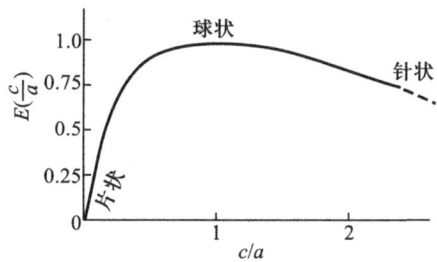

图 7.9　非共格沉淀相的弹性能 $E(c/a)$ 与形状因子 c/a 的关系

对于 Cu、Al 和 KCl 共格沉淀在 Al 基体上的计算结果如图 7.10 所示。可见，与共格界面不同，$\beta \to 0$（薄片状）时应变能都为零，$\beta = 1$（球状）时应变能最大。弹性常数越大（如 Cu），其应变能的峰值也越高；弹性常数越小（如 KCl），其应变能的峰值也越低。

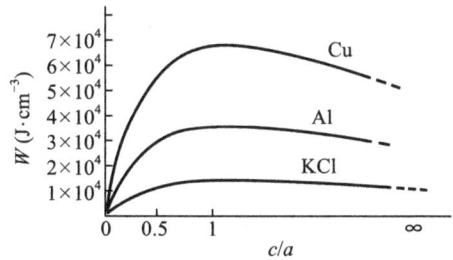

图 7.10　Cu、Al 和 KCl 在 Al 基体上非共格沉淀析出的应变能与形状的关系

对于非共格界面的应变能的分析可能不适用于相变初期形核的情况，因为此时初生的晶核与基体多为共格或者半共格的。能够成功形核的核胚的形核势垒必须足够低（例如 $30kT \sim 40kT$），因此当晶核内原子的平均体积比基体大时，界面的空位可以有足够的数目向晶核移动；当晶核内原子的平均体积比基体小时，界面的原子向晶核移动。这两种情况均可以显著降低应变能。

3. 半共格沉淀相的应变能

对于半共格的沉淀相，考虑在沉淀相周围存在位错，或者在不同面上具有三个位错时，应变能由位错本身引入的应变能 W_s、沉淀相的应力场和位错的交互作用能 W_{in} 两部分所组成。设沉淀相周围为位错圈，其线张力使位错圈收缩，而和应力场交互作用引起的力又使位错圈收缩或者膨胀（取决于位错圈和沉淀相的相对大小）。

位错本身引入的应变能 W_s 可以计算为

$$W_s = \frac{\mu b^2 r_1}{2(1-\nu)} \left[\ln \frac{8r_1}{r_c} - 1 + \frac{3-2\nu}{4(1-\nu)} \right] \quad (7.30)$$

式中，设沉淀相和基体的剪切模量 μ 及泊松比 ν 相同，b 为位错圈的 Burgers 矢量，r_1 为位错圈的半径，r_c 为位错芯的半径。

当 $r_1 \leqslant r_0$（r_0 为沉淀相的半径）时，应力场和位错的交互作用能 W_{in} 可以表示为

$$W_{in} = -4\pi\mu b \varepsilon' r_1^2 \quad (7.31)$$

当 $r_1 \geqslant r_0$ 时，W_{in} 可以表示为

$$W_{in} = -4\pi\mu b \varepsilon' \frac{r_0^3}{r_1} \quad (7.32)$$

式中，ε' 为现场应变量（或受胁错应变量）。由式（7.31）和式（7.32）可知，在 $r_1 = r_0$ 时，W_{in} 最低。此时，令 $r_1 = r_0 = r$，$\nu = 1/3$，$\varepsilon' = 2\varepsilon_{11}/3$，则使沉淀相和基体之间存在稳定位错圈时的总应变能为

$$W = W_s + W_{in} = \frac{3\mu b^2 r}{4}\left[\ln \frac{8r}{b} - \frac{1}{8} \right] - \frac{8\pi\mu b |\varepsilon_{11}| r^2}{3} \quad (7.33)$$

界面位错能量最小的新相半径 r^* 为

$$r^* = \frac{3b}{16\pi |\varepsilon_{11}|(1-\nu)}\left[\ln \frac{8r^*}{b} - \frac{1}{8} \right] \quad (7.34)$$

以 Co 沉淀在 Cu 基体上为例，其 $\varepsilon_{11} \approx 0.02$，则得到 $r^* = 6$ nm（r^* 正比于应变的倒数）。Co 沉淀初期为完全共格，只在长大及粗化过程中半共格界面才会稳定存在，这与实验的结果相一致。

7.1.3 沉淀相粗化

如果相变已经达到平衡状态，球状新相的总体积分数达到了平衡相图中杠杆定律的要求，但继续增加时间，就会发生颗粒的粗化现象（Ostwald ripening），其驱动力来源于系统趋向于减小两相界面的总面积，而使界面能降低。此时，在新相总量不变的情况下，大颗粒不断长大，小颗粒不断缩小以致消失，总颗粒数量减少，平均颗粒的尺寸增加。

7.1 沉淀相变的基本理论

根据毛细管效应，半径为 r 的球状新相周围对应的平衡母相浓度为

$$c = c_0\left(1 + \frac{2\sigma V_m}{RTr}\right) \tag{7.35}$$

新相颗粒尺寸越小，其附近母相成分偏离平衡成分 c_0（无限大新相对应的母相成分）越多，则浓度梯度越大，结果溶质原子不断通过基体向大颗粒扩散，使大颗粒不断长大，小颗粒不断缩小，如图 7.11 所示。

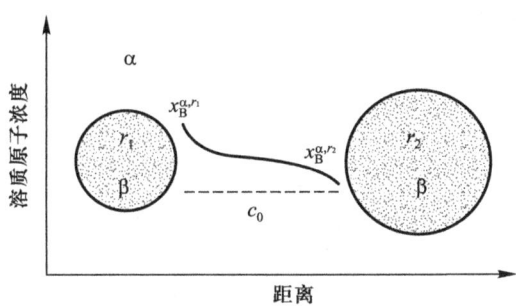

图 7.11　不同尺寸新相颗粒周围浓度示意图

根据溶质原子在母相中的扩散速度，可以求出颗粒的粗化速度为

$$\frac{dr}{dt} = \frac{2D\sigma V_m^2 c_0}{RTr^2}\left(\frac{r}{r_0} - 1\right) \tag{7.36}$$

式中，r_0 表示原始的平均颗粒半径。式（7.36）中可以看出，$r = r_0$ 则颗粒尺寸不变（平均尺寸的颗粒既不长大也不缩小）；$r > r_0$ 则颗粒尺寸增加，大颗粒长大；$r < r_0$ 则颗粒尺寸减小，大颗粒缩小；$r = 2r_0$ 时，长大速度最快，此时，对式（7.36）积分，得到颗粒粗化后的平均半径 r 与原始平均半径 r_0 的关系为

$$r^3 - r_0^3 = \frac{3D\sigma V_m^2 c_0}{2RT}t \tag{7.37}$$

如果进一步考虑到颗粒尺寸分布的严格理论处理，可以得到

$$r^3 - r_0^3 = \frac{9D\sigma V_m^2 c_0}{8RT}t \tag{7.38}$$

即颗粒粗化遵循半径 r^3 与时间 t 的线性关系。

颗粒粗化现象在高温保温时比较明显（与扩散系数及平衡浓度的增加有关）。为了降低颗粒粗化的速度，应该降低扩散系数、两相界面能及沉淀相的平衡浓度。在耐热钢及高温合金中，为了保持组织和相应性能的稳定性，需要尽力降低颗粒粗化的速度。例如在铁素体耐热钢中，常常添加强碳化物形成元素，通过形成稳定的合金碳化物，降低了碳的扩散系数，也就限制了碳化物的粗化速度。在镍基高温合金中，沉淀相 γ′ 与基体之间完全共格，界面能很低

(例如远小于 30 mJ/m²)，可以大大提高其蠕变断裂寿命，这类合金称为超合金(superalloy)。超合金是目前在 1 000 ℃ 以上长期使用的主要工业化金属材料。在钨基及镍基合金基体上加入 ThO₂ 等弥散分布的氧化物，由于其平衡浓度很低(一般氧化物在金属中溶解度很低)，所以可以保持细小组织在高温下的稳定性，也可以有效地提高金属材料的高温强度。

7.2 沉淀相变实例

扩散型相变的一个典型的类型就是沉淀相变(析出相变)。沉淀相变是从过饱和固溶体中析出一个新相的过程，通常这个变化是由于温度变化所引起的，因此在相图上反映出随温度变化溶解度发生的变化(溶解度随温度降低而减少)。图 7.12 中给出了几种能够发生脱溶沉淀的相图，其中 α₀(过饱和固溶体)→ α(饱和 α 相固溶体) + β(析出相)类型的沉淀相变，在合金固态相变过程中最为常见[1]。在大多数情况下，沉淀相变是形核和长大型相变，在某些情况下，也可以是调幅分解型的。

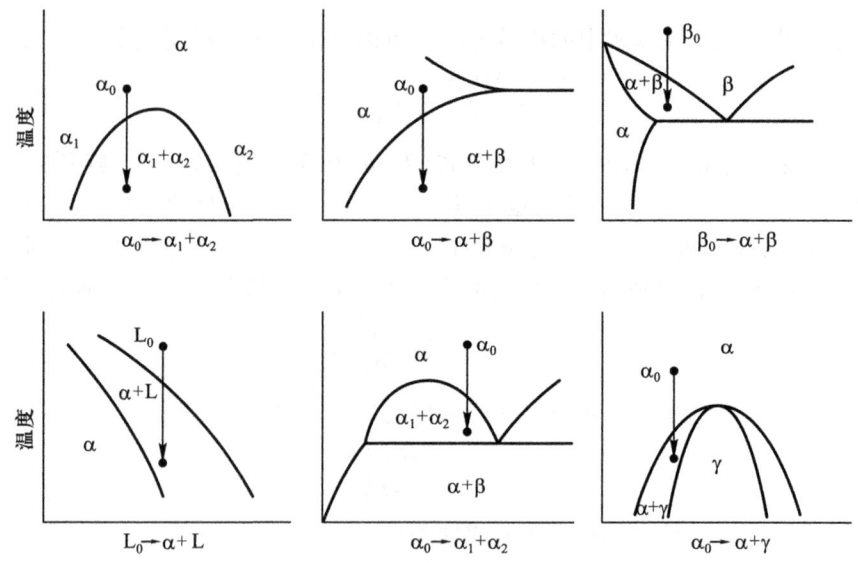

图 7.12　几种沉淀相变的相图示意图

沉淀相变的发生一般包括两个过程：一是固溶处理，即加热到单相区得到均匀的固溶体；二是脱溶过程，在缓慢冷却条件下固溶体可以析出平衡的沉淀相。但如果快速冷却，单相固溶体来不及分解，在室温下可以得到亚稳的过饱和固溶体。亚稳的固溶体在室温或者较高的温度保持一定的时间，就会发生分解反应，析出第二相（沉淀相）或形成溶质原子聚集区以及亚稳的过渡相，这一过饱和固溶体分解的过程，称为时效。在室温放置过程中产生的时效称为自然时效，加热到室温以上某一温度进行的时效称为人工时效。许多有色合金，例如铝合金、镁合金、铜合金、耐热合金，以及部分超高强度钢（沉淀硬化不锈钢和马氏体时效钢）等都主要是通过时效处理来提高强度和硬度。

时效现象是在 Al–Cu–Mn–Mg 合金中最早发现的。1906 年德国人 Alfred Wilm 偶然发现含有 4% Cu 及微量 Mg 和 Mn 的 Al–Cu–Mn–Mg 合金经高温淬火后在室温放置，其硬度随时间推移不断升高，如图 7.13 所示（在此基础上发展了著名的杜拉硬铝，Duralumin）。但当时用光学显微镜并未观察到硬度升高过程中显微组织的任何变化，因此将此现象称为时效（时间的效应）。后来采用 X 射线分析和电子显微镜，才观察到了沉淀析出的微细的第二相是时效硬化的主要原因，由于析出相十分细小弥散，故也称为弥散硬化。现已证实，时效是普遍现象，并具有重要的实际应用意义，尤其是对于有色合金。

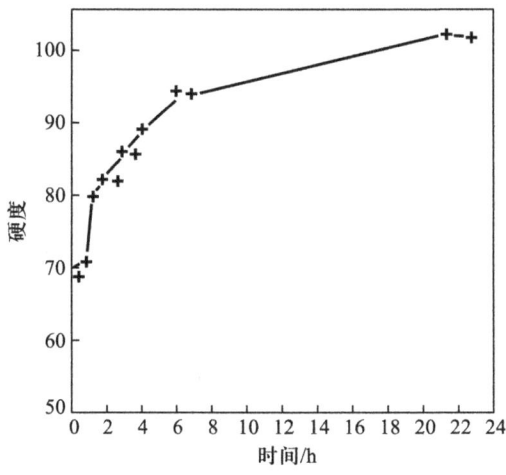

图 7.13　在 Al–Cu–Mn–Mg 合金中发现的第一条时效硬化曲线

Al–Cu 合金中的脱溶是研究得最为广泛的有色合金中的时效硬化的例子之一。图 7.14 为 Al–Cu 二元合金状态图富 Al 端的一角。图中 α 是铜以铝为基的固溶体，θ 是以化合物 $CuAl_2$ 为基的二次固溶体。在室温时铜在铝中的最大溶解度为 0.5%（质量分数），而在共晶温度 548 ℃时，极限溶解度可以高达 5.65%（质量分数）。以 Al–4%Cu（质量分数）合金为例，该合金在室温时的平衡组织为 α 相固溶体和 θ($CuAl_2$)相。若将该合金加热到固溶线以上温度保温足够长的时间，并淬火急冷获得铜在铝中的过饱和 α 相固溶体，然后在室温

或者较高的温度下进行时效,过饱和固溶体将分解脱溶。Al-4%Cu 合金时效过程通常要经过以下的脱溶顺序:

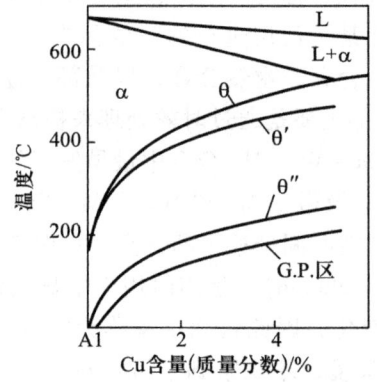

图 7.14　铝-铜二元合金相图

$$\alpha_0 \rightarrow \alpha_1 + \text{G.P.} \, 区(铜原子偏聚区) \rightarrow \alpha_2 + \theta''(铜原子富集区有序化) \rightarrow$$
$$\alpha_3 + \theta'(半共格的过渡相) \rightarrow \alpha_4 + \theta(平衡 \text{CuAl}_2)$$

其中,α_0 是原始的过饱和固溶体,α_1、α_2、α_3 和 α_4 分别是与 G.P. 区、θ''、θ' 和 θ 平衡的基体成分。在平衡相 θ 出现之前,有三个过渡脱溶物相继出现。随着脱溶条件或合金成分的不同,α 相既可直接析出 θ 相,也可经过一个、两个或三个阶段,再转化为 θ 相,而且时效过程也可停留在中间的任何阶段。

图 7.15 示意地给出了 Al-Cu 合金沉淀过程各种析出相的吉布斯自由能曲线[13]。由于 G.P. 区和基体的晶体结构完全相同,所以它们近似位于同一条吉布斯自由能曲线上(忽略应变能)。过渡相 θ'' 和 θ' 不如平衡相 θ 稳定,所以吉布斯自由能较高。各沉淀相析出时系统吉布斯自由能按如下顺序降低:

$$G_0 > G_1 > G_2 > G_3 > G_4$$

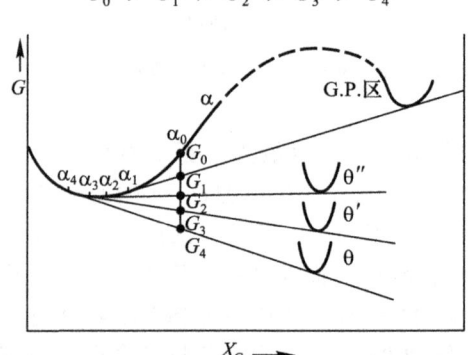

图 7.15　Al-Cu 合金中各种沉淀相的吉布斯自由能-成分关系曲线示意图

可见，若只考虑化学吉布斯自由能的变化，形成 G. P. 区时的相变驱动力最小，而析出平衡相 θ 时的相变驱动力最大，应该首先析出。但由于 θ 相与基体非共格，形核和长大时的界面能较大，析出 θ 相需要克服的能垒较大，所以不易形成（如图 7.16 所示）。而 G. P. 区与基体完全共格，界面能较小，能垒较小，且 G. P. 区与基体间的浓度差较小，易通过扩散形核并长大，因此，与直接形成平衡相相比，通过过渡相合金的吉布斯自由能降低得更快，见图 7.16。一般过饱和固溶体脱溶时首先形成 G. P. 区，之后再向吉布斯自由能更低、更稳定的状态转变。

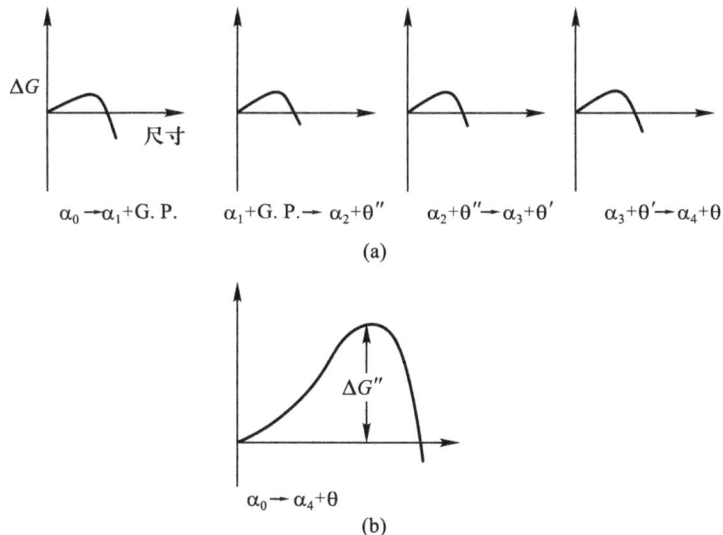

图 7.16　(a) Al－Cu 合金沉淀相变过程中，形成每种过渡相所需要的激活能势垒比直接析出平衡相所需要的激活能势垒要小得多；(b) 合金总的吉布斯自由能随时间变化的示意图

1. G. P. 区的形成

固溶处理的 Al－4% Cu（质量分数）合金如果在低于 180 ℃（或者 190 ℃）的温度下时效，就会发现首先形核的脱溶物不是复杂正方结构的 θ 相，而是共格的富 Cu 的 G. P. 区。G. P. 区是 1938 年 Guinier 和 Preston 借助于 X 射线分析分别独立地检测到的，他们发现在母相 α 固溶体的 {100} 面上出现一个原子层厚度的薄片状 Cu 原子聚集区（含 90% ~ 99% 的 Cu），由于与母相保持共格关系，Cu 原子层边缘的点阵发生畸变，产生应力场，成为时效硬化的主要原因。为纪念 Guinier 和 Preston，人们将固溶体中若干原子层范围内溶质原子的偏聚区称为 G. P. 区。G. P. 区具有如下的特点：

① G.P. 区发生在室温或低温下时效的初期,形成速度很快,通常为均匀分布,与空位的扩散密切相关。这是由于经固溶处理后,由于急冷至室温,保存了高温时的空位平衡浓度,形成过饱和的空位,时效加快了原子的扩散。

② G.P. 区晶体结构类型与基体 α 相过饱和固溶体相同,无明显界面,其原子间距因富集溶质原子有所改变,G.P. 区与母相保持共格关系。

③ G.P. 区在热力学上是亚稳定的。

④ G.P. 区中溶质原子的浓度在晶格内部局部区域较高,引起共格变形,使点阵严重畸变,阻碍位错运动,因而合金的强度、硬度提高。

Al-Cu 合金中 G.P. 区的显微组织及其结构模型如图 7.17 所示。结构模型为 G.P. 区右半部的横截面(左半边与之对称),图面平行于 Al 原子点阵 $(100)_\alpha$ 面,而与 $(001)_\alpha$ 和 $(010)_\alpha$ 面垂直。因为 $<001>_\alpha$ 方向上的弹性模数最小,Cu 原子层在 $(001)_\alpha$ 面上形成。Cu 与 Al 的原子半径差高达 11.5%,所以当一层铜原子(图中黑点)集中在 $(001)_\alpha$ 面上时,附近的晶格必然要发生畸变,两边邻近的 Al 原子层间距将沿 $[001]_\alpha$ 方向以 Cu 原子层为中心向内收缩。原始 Al 原子间距为 d_0。最邻近 Cu 原子层的 Al 原子层收缩量最大,约为 10%,与 Cu 原子层的间距为 d_1,$d_1 < d_0$。次近邻各 Al 原子层亦有不同程度的收缩,距离 Cu 原子层越远,Al 原子层的收缩量就越小,其影响范围约为 16 个 Al 原子层。偏聚区的形状和尺寸取决于合金系统和处理条件。

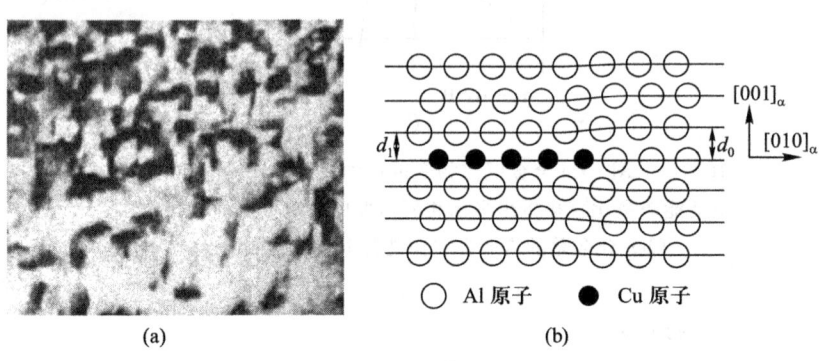

图 7.17 Al-Cu 系合金中的(a)G.P. 区及(b)结构模型

由于 G.P. 区与母相保持共格,故其界面能较小,而弹性应变能较大,因此,G.P. 区的形状与溶质和溶剂的原子半径差有关。原子半径差别大时,G.P. 区与基体的比容差别就大,因而引起的畸变能也大。根据理论计算,当析出物体积一定时,其周围的弹性应变能按球状(等轴状)→针状→圆盘状(薄片状)的顺序依次减小,即球状脱溶相的界面能最小,圆盘状的应变能最小。一般认为,当溶质与溶剂的原子半径差小于 3% 时,共格析出物的形状主要按界面能最小原则趋于呈球状；当溶质与溶剂的原子半径差大于5%时，应变能较高，为降低应变能，共格析出物的形状就呈圆盘状。表7.5是不同合金系中各种形状的G.P.区。形成圆盘状的畸变能最低，因此原子尺寸差别大的合金系统(如Al－Cu)为降低畸变能而形成圆盘状，原子尺寸差别小的合金，畸变能不大，因此为降低界面能而形成球状。偏聚区在基体中是比较均匀分布的，其密度大约为10^{18}个$/cm^2$。

G.P.区的尺寸和密度与合金成分、时效温度和时效时间等因素有关。一般来说，温度低时，G.P.区的尺寸随温度升高而增大，而其密度会减小。这可能是由于温度升高，扩散加快，而过饱和度减小的缘故。实验证明，G.P.区的数目比位错数目要大得多。据此认为，G.P.区的形核主要是依靠浓度起伏的均匀形核，而依靠位错的不均匀形核则不起主要作用。

大多数有色金属合金在时效时都可能形成G.P.区。除Al－Cu合金外，Al－Zn、Al－Ag、Cu－Co、Cu－Be、Al－Mg－Si、Ni－Al、Ni－Ti、Fe－Mo、Fe－Au等合金在脱溶开始阶段也都形成G.P.区。

表7.5 几种合金系中G.P.区的形状

G.P.区形状	合金系	原子直径差 / %
球状	Al－Ag	＋0.7
	Al－Zn	－1.9
	Al－Zn－Mg	＋2.6
	Cu－Co	－2.8
圆盘状	Al－Cu	－11.8
	Cu－Be	－8.8
针状	Al－Mg－Si	＋2.5
	Al－Cu－Mg	－6.5

2. θ″相的形成

G.P.区形成之后，当时效时间延长或时效温度提高时，为进一步降低体系的吉布斯自由能，在G.P.区的基础上铜原子进一步偏聚，G.P.区进一步扩大，Cu原子和Al原子发生有序化转变，形成比G.P.区更稳定的θ″相。θ″是一个过渡相。从G.P.区转变为过渡相的过程可能有两种情况：一是以G.P.区为基础逐渐演变为θ″相，如Al－Cu合金；二是θ″相独立地在基体中形核长大，与G.P.区无关，并借助于G.P.区的溶解而生长，如Al－Ag合金。

在Al－Cu合金中，随着时效的进行，一般是以G.P.区为基础，沿其直径方向和厚度方向(以厚度方向为主)长大形成过渡相θ″。θ″相具有正方晶格类型，如图 7.18 所示。点阵常数 $a=b=0.404$ nm，与母相 α 相同，在另一个方向 $c=0.768$ nm，比 α 相的点阵常数的两倍（0.808 nm）略小一些。θ″相的晶胞有五层(001)原子面，中央一层为 100% Cu 原子层，最上和最下的两层为 100% Al 原子层，而中央一层与最上、最下两层之间的两个夹层则由 Cu 和 Al 原子混合组成（Cu 为 20%～25%），总成分相当于 $CuAl_2$。θ″相仍沿母相的 {100} 面析出，与基体 α 相仍保持完全共格关系。θ″相有一定的取向，形状仍为薄片状，比 G.P. 区尺寸要大，厚度可达 10 nm，直径可达 100 nm，惯习面 $\{100\}_\alpha$ 与基体的位向关系为

$$(100)_{\theta''} /\!/ (100)_\alpha$$
$$[100]_{\theta''} /\!/ [100]_\alpha$$

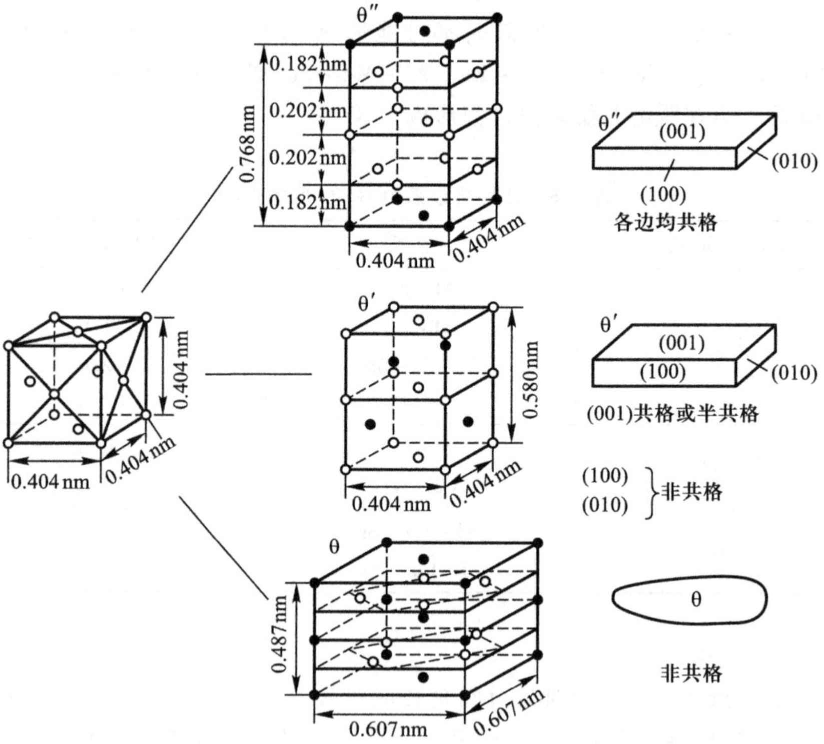

图 7.18　Al－Cu 合金中 θ″、θ′和 θ 相的结构及形态

由于 θ″相的结构与基体已有差别，且与基体保持共格关系，由于在 z 轴上不同，产生约 4% 的错配度，因此 θ″相周围基体产生一个比 G.P. 区周围的畸变更大的弹性共格应变场或晶格畸变区，如图 7.19 所示。随着 θ″相的长大，在其周围基体中产生的应力和应变也不断地增大。θ″相的密度很大，对位错运

动的阻碍进一步增大,因此时效强化作用更大。θ″相析出阶段为合金达到最大强化的阶段。

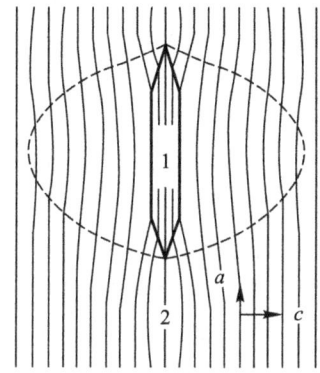

图 7.19　θ″相周围的弹性畸变区(1—θ″相,2—α 相)

3. θ′相的形成

随着时效过程的进一步发展,铜原子在 θ″相区继续偏聚,当铜与铝原子之比为 1:2 时,θ″相转变为 θ′相。与均匀形核的 θ″相不同,θ′相通常是在螺型位错及胞壁处不均匀形核而形成的。位错的应变场可以减小形核的错配度。由于 θ′相的点阵常数发生较大的变化,故当 θ′相形成时与周围基体的共格关系开始遭到破坏。

θ′相也具有正方点阵,点阵常数 $a = b = 0.404$ nm, $c = 0.580$ nm。θ′相的成分与 $CuAl_2$ 相当。θ′相的点阵虽然与基体 α 相不同,但彼此之间仍然保持部分共格关系。两相点阵各以其{001}面联系在一起,界面由被位错分开的半共格界面构成,形状为片状。θ′相是脱溶过程中第一个能够用光学显微镜就可以观察到的脱溶产物,其尺寸达到 200 nm 数量级,厚度为 10~15 nm。θ′相的惯习面也是$\{100\}_\alpha$,θ′相和 α 相之间具有下列位向关系:

$$(100)_{\theta'} // (100)_\alpha$$
$$[001]_{\theta'} // [001]_\alpha$$

θ′相与基体 α 相保持部分共格关系,而 θ″相与 α 相则保持完全共格关系。θ′相与基体之间由完全共格变为局部共格,对位错运动的阻碍作用亦就减小,故合金的硬度开始降低。

4. 平衡相 θ 的形成

随着 θ′相的成长,其周围基体中的应力和应变不断增大,弹性应变能也越来越大,因而 θ′相逐渐变得不稳定。当 θ′相长大到一定尺寸后,共格破坏,θ′相将与 α 相完全脱离,形成与基体有明显相界面的独立的平衡相 $CuAl_2$,称为

θ 相。θ 相也具有正方点阵，点阵常数 $a=b=0.606\ 6$ nm，$c=0.487\ 4$ nm，与 θ′相及 θ″相相差甚大。θ 相呈块状，与基体无共格关系，共格畸变也随之消失，θ 相与基体 α 相界面一般为大角度晶界，但 θ 相与基体 α 相仍可能有一定的晶体学位向关系（或者无确定的位向关系）：

$$(100)_\theta /\!/ (100)_\alpha$$
$$[001]_\theta /\!/ [120]_\alpha$$

图 7.20 给出了 Al-Cu 合金脱溶时效过程的 TTT 示意图。图中最快的转变速度对应于最高的形核率，因此也就获得了最细小的脱溶产物。随时效温度和时间的变化，脱溶产物的组成也有所不同。更稳定的脱溶物以消耗不稳定的脱溶物的方式而长大。例如 Al-4%Cu 合金在 130 ℃ 以下时效，以 G.P. 区为主，但可能出现 θ′相或 θ″相；150~170 ℃ 时效，以 θ″区为主；220~250 ℃ 时效，以 θ′区为主；250 ℃ 以上时效，以 θ′区为主。表 7.6 是不同含 Cu 量的 Al-Cu 合金在不同温度下时效时最先出现的脱溶相与时效温度之间的关系。

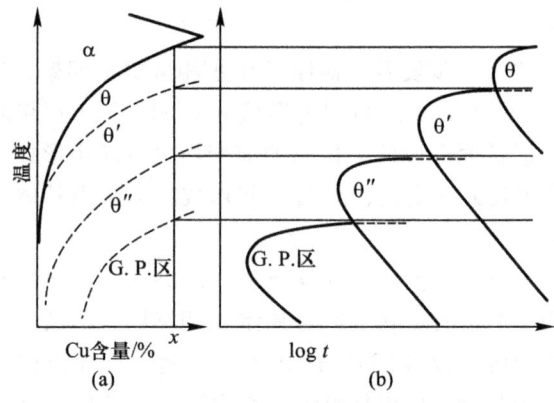

图 7.20　Al-Cu 合金的(a)亚稳固溶度曲线和(b)成分为 x 的合金在不同温度时的脱溶开始时间示意图(TTT 图)

表 7.6　不同成分的 Al-Cu 合金在不同温度时效过程中最先出现的脱溶相与时效温度之间的关系

时效温度/℃	2% Cu	3% Cu	4% Cu	4.5% Cu
110	G.P.	G.P.	G.P.	G.P.
130	θ′或 θ″或 G.P.	G.P.	G.P.	G.P.
165		θ′+少量 θ″	G.P.+θ″	
190	θ′	θ′+少量 θ″	θ″+少量 θ′	G.P.+θ″
220	θ′		θ′	θ′
240			θ′	

Al-Cu 二元合金的时效原理及其一般规律,对于其他合金亦是适用的。经常观察到中间亚稳的过渡相,但次序并非严格不变,合金成分、时效温度和时效时间的变化都会引起时效次序的变化,因此合金的脱溶不一定均按同一顺序进行。表 7.7 列出了几种时效硬化型合金的析出系列及形态。从表 7.7 中可以看出,合金时效时脱溶过程是很复杂的,各个合金系的析出系列不一定相同,有些合金不一定出现 G.P. 区或过渡相。即使同一系列不同成分的合金,在同一温度下时效,也可能有不同的析出系列。过饱和度大的合金更容易出现 G.P. 区或过渡相。相同成分的合金,时效温度不同,合金的析出系列不一定相同。一般情况下,时效温度高,G.P. 区或过渡相可能不出现或出现的过渡结构较少;时效温度低,有可能只停留在 G.P. 区或过渡相阶段。

合金在一定温度下时效时,由于多晶体的各个部位的能量条件不同,在同一时期可能出现不同的脱溶产物。例如在晶内广泛出现 G.P. 区或过渡相,而在晶界上可能出现平衡相,即 G.P. 区、过渡相和平衡相可能在同一时期出现。

表 7.7 几种时效硬化型合金的沉淀相析出顺序

基体金属	合金	析出系列	平衡析出相
Al	Al – Ag	G.P. 区(球状)→γ'(片状)	→$\gamma(Ag_2Al)$
	Al – Cu	G.P. 区(盘状)→θ''(盘状)→θ	→$\theta(CuAl_2)$
	Al – Mg	G.P. 区(杆状)→β'	→$\beta(Al_3Mg_2)$
	Al – Zn – Mg	G.P. 区(球状)→M'(片状)	→$M(MgZn_2)$
		→T'→	→$T(Mg_3Zn_2Al)$
	Al – Mg – Si	G.P. 区(杆状)→β'	→$\beta(Mg_2Si)$
	Al – Mg – Cu	G.P. 区(杆状或球状)→S'	→$S(Al_2CuMg)$
Cu	Cu – Be	G.P. 区(盘状)→γ'	→$\gamma(CuBe)$
	Cu – Co	G.P. 区(球状)	→β
Fe	Fe – C	$\varepsilon(\eta)$ – 碳化物*	→$\theta(Fe_3C)$
	Fe – N	α'(盘状)	→$\gamma'(Fe_4N)$
Ni	Ni – Cr – Ti – Al	γ'(球状或立方体)	→$\gamma(Ni_3TiAl)$

注:*表示在析出 ε - 碳化物之前,也形成 C 的富集区。

第七章　扩散型相变

7.3 共析相变

由一个固体母相 γ 以相互协调的方式形成两个晶体结构都不同于母相的新固体相 α、β 的扩散型相变,称为共析相变。共析相变的生成相 α 和 β 往往呈片状交替分布(特殊情况下其中的一相也可以呈球状、纤维状或者针状),并且在两者之间(以及与母相之间)通常存在着某种择优的晶体学位向关系,例如 Bagaryatskii 关系或者 Pitsch-Petch 关系等。

研究得最为广泛的共析相变是钢中珠光体的形成。当 Fe – 0.77% C(质量分数)合金中的高温奥氏体组织缓慢冷却至 727 ℃以下时,会发生由均匀的固溶体(奥氏体)向碳含量很高的渗碳体(Fe_3C)和碳含量很低的铁素体(α)的共析转变,即

$$\gamma_{(0.77\% C)} \rightarrow \alpha_{(约0.02\% C)} + Fe_3C_{(6.67\% C)}$$
(面心立方)　(体心立方)　(复杂单斜)

由于钢中共析转变的产物的层间距在 1 μm 以下时,与可见光的波长相接近,在显微镜下呈现珍珠样的光彩而被称为珠光体,并且沿用到其他所有共析相变,因此,共析转变有时也称为珠光体转变。

钢中珠光体的形成过程包含着两个同时进行的过程:一个是通过碳的扩散生成高碳的渗碳体和低碳的铁素体;另一个是晶体点阵的重构,由面心立方的奥氏体转变为体心立方点阵的铁素体和复杂单斜点阵的渗碳体。由于相变在较高的温度下发生,铁、碳原子都能进行扩散,所以珠光体转变是典型的扩散型转变。同时,共析转变一般都是在晶界形核,然后向晶内推进,在原始的奥氏体晶粒内部的一个珠光体块常常分成几个片层取向不同的珠光体团。珠光体转变的速度随相变温度的降低而增加,同时获得的组织更加细小。例如:较高温度下形成的珠光体,其片层距在 150~450 nm 之间;较低温度下形成的细片状珠光体,其片层间距在 80~150 nm 之间,被称为索氏体;更低温度下形成的极细片状珠光体,其片层间距在 30~80 nm 之间,被称为屈氏体。屈氏体的组织形态要通过电子显微镜才能显示出来。

钢中的珠光体相变在工业应用中具有重要意义。几乎所有钢(除了超低碳钢之外)在退火和正火时都会涉及珠光体转变,转变产物的形态(如片层间距)对其性能具有重要的影响。此外,以珠光体组织为主的珠光体钢的应用也很广泛,例如重轨钢的索氏体组织及在线强化、微合金化的非调质钢、高强度冷拔钢丝、钢绳、琴钢丝和某些弹簧钢丝等。

有色合金,例如 Cu – Al、Cu – Sn、Cu – Be 系也存在共析转变。在 Cu – Al 合金的富 Cu 端,在 565 ℃存在一个共析转变。合金中的 α 相是以铜为基的

固溶体，β相是以电子化合物Cu_3Al为基的固溶体，具有体心立方结构，γ_2相是面心立方结构。含11.8%Al的铜合金在565 ℃发生一个共析分解反应：

$$\beta_{(11.8\%Al)} \underset{565℃}{\Longleftrightarrow} \alpha_{(9.4\%Al)} + \gamma_{2(15.6\%Al)}$$

其共析的组织形态有片状的，也有粒状的，类似于钢中的珠光体。

7.3.1 珠光体的形核和长大

珠光体的形成包括形核和长大两个基本过程。由于珠光体是由铁素体和渗碳体组成的，那么珠光体的形成也包括这两相的形核和长大过程。具体珠光体中的哪一个相领先形核，可能与母相成分和过冷度有关。一般认为在共析钢中渗碳体和铁素体均可成为相变的领先相。过共析钢中通常以渗碳体为领先相，在亚共析钢中通常以铁素体为领先相；过冷度小时渗碳体是领先相，过冷度大时铁素体是领先相。

共析成分的过冷奥氏体发生珠光体转变时，其晶核大多在奥氏体晶界上或其他晶体缺陷处形成。当奥氏体化温度较低时，过冷奥氏体中通常存在贫碳区和富碳区或者存在较多未溶解的渗碳体，此时珠光体的晶核也可以在奥氏体晶粒内形成。珠光体在晶界形核后，以一定的速度向相邻的一个没有取向关系的奥氏体晶粒内部长大[13]。如图7.21(a)所示，以渗碳体作为领先相为例，最先形核的渗碳体(θ)力图和一个相邻的奥氏体晶粒(γ_1)形成某种取向关系[如常见的Pitsch关系，$(100)_\theta // (1\bar{1}1)_\gamma$，$(010)_\theta // (110)_\gamma$，$(001)_\theta // (\bar{1}12)_\gamma$]，从而降低形核势垒，并且形成一个半共格的、低迁移率的低能相界面。同时，与另一个相邻的奥氏体晶粒(γ_2)之间则无取向关系，形成了非共格的可动相界面，并向其内部长大。同时渗碳体析出后，其周围的奥氏体中碳含量降低，提高了铁素体析出的驱动力，铁素体晶核在渗碳体旁边形成，和γ_1也具有一定的取向关系[如K-S关系，$\{110\}_\alpha // \{111\}_\gamma$，$<111>_\alpha // <110>_\gamma$]。这一形核过程重复进行，使珠光体团得以侧向加厚。形核之后，非共格界面向前移动，碳从铁素体中排出，通过奥氏体扩散到渗碳体，使珠光体团向γ_2中伸长。

对于非共析成分的合金，在珠光体形成之前，晶界可能已经被先共析的渗碳体或者铁素体所覆盖，例如晶界已经存在先共析渗碳体时，如图7.21(b)所示，珠光体的第一片铁素体将在仿晶界渗碳体的非共格一侧(可动的)形成，并与之保持一定的取向关系，然后珠光体向与之无取向关系的奥氏体晶粒内长大。

渗碳体还可以通过分枝的方式形成两个新的渗碳体，如图7.21(a)(Ⅳ)和图7.21(c)所示，此时，所形成的珠光体实际上是两个相互穿插的单晶体。同时，在奥氏体晶界的其他位置上和已经形成的珠光体-奥氏体相界上，又可以产生新的珠光体晶核,并不断长大,直到长大着的各个珠光体团相碰,奥氏体全部转变为珠光体时,珠光体形成即告结束,如图 7.21(d)所示。最后形成的典型片状珠光体组织形态见图 7.22。

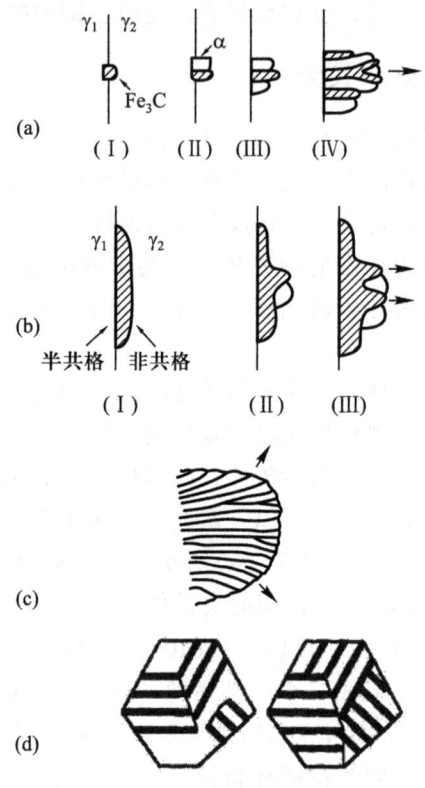

图 7.21 珠光体的形成过程示意图

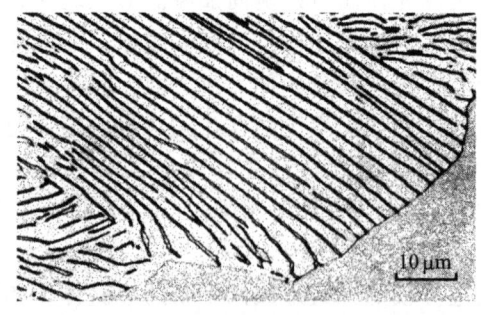

图 7.22 钢中典型的片状珠光体组织

珠光体的长大要求两相协调同步进行，才能得到片层状的结构。如果在某些情况下，不能保持这种协调长大的关系，铁素体和渗碳体以非片层状的形式生长，产生的组织则称为退化珠光体（degenerate pearlite）。

片层状珠光体形核以后基本上以恒定的速度长大。如图 7.23 所示[14]，铁素体片和渗碳体片的厚度分别是 S^{α}、S^{cm}，生长过程中碳由铁素体向渗碳体进行扩散，为了保持质量守恒以及两相的长大速度 v 相同，单位时间、单位宽度（垂直纸面的方向）内碳扩散的量为

$$m = vS^{\alpha}(C_0 - C^{\alpha/\gamma}) = vS^{cm}(C^{cm/\gamma} - C_0) \tag{7.39}$$

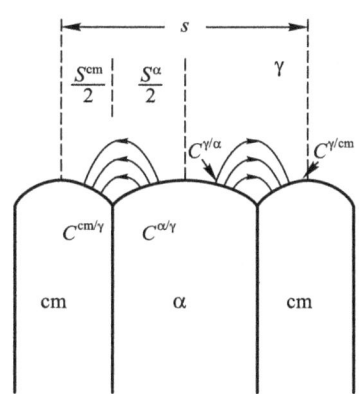

图 7.23　片层状珠光体扩散生长的模型

式中，C_0 为原始奥氏体的成分，$C^{\alpha/\gamma}$ 和 $C^{cm/\gamma}$ 分别是铁素体和渗碳体中的平衡碳浓度。消去 C_0，式(7.39)变为

$$m = v\frac{S^{\alpha}S^{cm}}{S}(C^{cm/\gamma} - C^{\alpha/\gamma}) \tag{7.40}$$

式中，$S = S^{\alpha/\gamma} + S^{cm}$（片层间距）。根据杠杆定律，有

$$S^{\alpha} = S\frac{(C^{cm/\gamma} - C_0)}{(C^{cm/\gamma} - C^{\alpha/\gamma})} \tag{7.41a}$$

$$S^{cm} = S\frac{(C_0 - C^{\alpha/\gamma})}{(C^{cm/\gamma} - C^{\alpha/\gamma})} \tag{7.41b}$$

碳的扩散可以通过奥氏体内进行，也可以通过珠光体与奥氏体的相界面进行。按不同的扩散方式，计算得到的珠光体长大速度有所不同，需要分别予以考虑。

1. 碳通过奥氏体内的扩散

碳由铁素体通过珠光体前沿的奥氏体内向渗碳体扩散。根据 Fick 扩散第一定律，单位时间、单位宽度内所扩散的碳的质量 m 正比于奥氏体中的碳浓

第七章 扩散型相变

度梯度:

$$m = S^\alpha D_v \frac{\partial C}{\partial x} \tag{7.42}$$

式中,D_v 是碳在奥氏体中的体扩散系数。考虑扩散距离为 $S^\alpha/2$,对浓度梯度采用直线近似,有

$$\frac{\partial C}{\partial x} \approx \frac{C^{\gamma/\alpha} - C^{\gamma/cm}}{\frac{S^\alpha}{2}} \tag{7.43}$$

式中,$C^{\gamma/\alpha}$ 和 $C^{\gamma/cm}$ 分别为与铁素体和渗碳体接触的奥氏体中的平衡碳浓度。如图 7.24 所示,$C^{\gamma/\alpha}$ 和 $C^{\gamma/cm}$ 分别对应于图中的 c 点和 b 点,$C^{\gamma/\alpha}$ 要大于 $C^{\gamma/cm}$,所以在奥氏体中碳将由与铁素体相接壤的高碳区向与渗碳体相接壤的低碳区扩散,使珠光体长大得以进行。

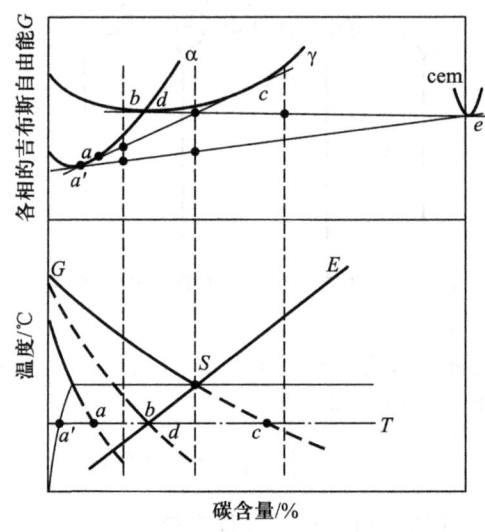

图 7.24 低于共析温度时,珠光体相变的吉布斯自由能曲线和对应的碳平衡浓度

将式(7.42)代入式(7.40),得到珠光体的长大速度为

$$v = 2D_v \frac{C^{\gamma/\alpha} - C^{\gamma/cm}}{C^{cm/\gamma} - C^{\alpha/\gamma}} \frac{S}{S^\alpha S^{cm}} \tag{7.44}$$

在珠光体的片层间距不太大时,需要考虑到毛细管效应对平衡浓度的影响,铁素体和渗碳体片的吉布斯自由能由于曲率半径的影响而提高,如图 7.25 中的细实线所示[15]。相变总驱动力中有一部分(ΔG^S)消耗于 α/θ 相界面的形成,剩余部分才用于扩散(ΔG^D),即 $\Delta G = \Delta G^S + \Delta G^D$。1 mol 原子中,单位体积内的 α/θ 界面的面积为 $2/S$,因此,有

$$\Delta G^S = \frac{2\sigma V_m}{S} \tag{7.45}$$

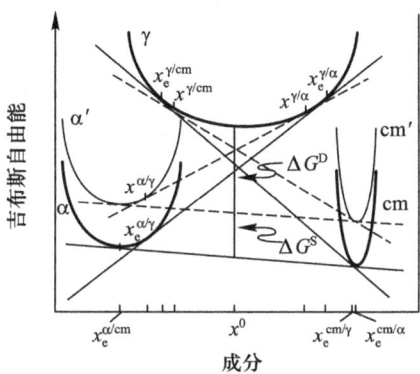

图 7.25 毛细管效应对珠光体相变的吉布斯自由能的影响示意图

式中，σ 为 α/θ 相界面能，V_m 为珠光体的摩尔体积。当片层间距 S 无限大时，$\Delta G^S = 0$，所有的相变吉布斯自由能消耗于扩散过程；反之，当所有的相变吉布斯自由能消耗于 α/θ 界面的形成，长大停止时的片层间距 S_0（临界片间距）应满足

$$\Delta G = \frac{2\sigma V_m}{S_0} \tag{7.46}$$

一般情况下，用于扩散的相变驱动力为

$$\Delta G^D = \Delta G - \Delta G^S = 2\sigma V_m \left(\frac{1}{S_0} - \frac{1}{S} \right) \tag{7.47}$$

ΔG^D 占总相变驱动力的比例为

$$\frac{\Delta G^D}{\Delta G} = 1 - \frac{S_0}{S} \tag{7.48}$$

可以认为，奥氏体与珠光体中的铁素体和渗碳体分别接壤的平衡碳浓度之差，大致等于 ΔG^D 占总相变驱动力的比例，即

$$\frac{C^{\gamma/\alpha} - C^{\gamma/cm}}{C_e^{\gamma/\alpha} - C_e^{\gamma/cm}} \approx \frac{\Delta G^D}{\Delta G} = 1 - \frac{S_0}{S} \tag{7.49}$$

式中，$C_e^{\gamma/\alpha}$ 和 $C_e^{\gamma/cm}$ 为不考虑毛细管效应（S 无限大）时奥氏体中的平衡浓度。将式（7.49）代入式（7.44），得到在考虑毛细管效应时的珠光体长大速度：

$$v = \frac{2D_v}{f^\alpha f^{cm}} \frac{C_e^{\gamma/\alpha} - C_e^{\gamma/cm}}{C^{cm/\gamma} - C^{\alpha/\gamma}} \frac{1}{S} \left(1 - \frac{S_0}{S} \right) \tag{7.50}$$

式中，$f^\alpha (= S^\alpha/S)$ 和 $f^{cm} (= S^{cm}/S)$ 分别为珠光体中铁素体和渗碳体的体积分

数。对式(7.50)求极值，得到 $S = 2S^0$ 时，v 取得最大值：

$$v_{max} = \frac{D_v}{f^\alpha f^{cm} S} \frac{C_e^{\gamma/\alpha} - C_e^{\gamma/cm}}{C^{cm/\gamma} - C^{\alpha/\gamma}} \tag{7.51}$$

2. 碳通过奥氏体与珠光体界面的扩散

铁素体中的碳通过奥氏体与珠光体的界面进行扩散，进入渗碳体中。此时，根据 Fick 第一扩散定律，单位时间、单位宽度（垂直纸面方向）内所扩散的碳的质量为（线性浓度梯度近似）

$$m = \frac{4k\delta D_b}{S}(C^{\gamma/\alpha} - C^{\gamma/cm}) \tag{7.52}$$

式中，δ 为界面的厚度（可取 0.5 nm），D_b 为碳在相界面的扩散系数，k 为界面和奥氏体内碳原子浓度的比值（分配系数）。采用与奥氏体体内扩散相类似的数学处理，可以得到珠光体团的长大速度为

$$v = \frac{8k\delta D_b}{S^\alpha S^{cm}} \frac{C_e^{\gamma/\alpha} - C_e^{\gamma/cm}}{C^{cm/\gamma} - C^{\alpha/\gamma}}\left(1 - \frac{S_0}{S}\right) \tag{7.53}$$

在 $S = 3S_0/2$ 时，得到珠光体最大的长大速度为

$$v_{max} = \frac{8k\delta D_b}{3f^\alpha f^{cm} S^2} \frac{C_e^{\gamma/\alpha} - C_e^{\gamma/cm}}{C^{cm/\gamma} - C^{\alpha/\gamma}} \tag{7.54}$$

图 7.26 是实验及按奥氏体体内扩散计算得到的共析碳钢中珠光体长大速度随温度的变化关系曲线。随温度的降低，珠光体的长大速度增加，由 700 ℃ 的约 5 μm/s 增加到 600 ℃ 的 50 μm/s 左右。实验值大致与奥氏体体内扩散理论的预测结果相符合，但实验值要大一些。这说明，珠光体的长大主要是由碳原子在奥氏体的体扩散控制的，同时有些碳也可能通过界面进行扩散。

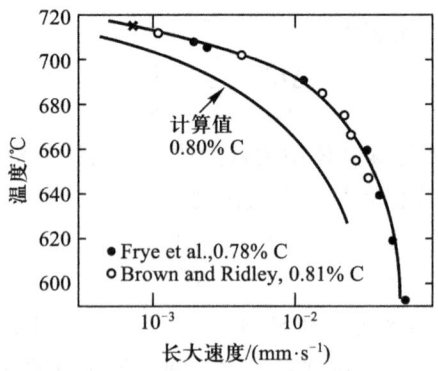

图 7.26　实验及按奥氏体体内扩散计算得到的 Fe-C 合金中珠光体长大速度随温度的变化关系

7.3 共析相变

在一些有色合金的共析相变中，所有原子都处于置换式位置，点阵扩散系数较小，若以体扩散来解释所观察到的珠光体长大速度则明显偏慢了。表 7.8 中列出了几种有色合金中的珠光体长大速度、片层间距、表观扩散系数与母相体扩散系数的数值[16]。其中由珠光体长大速度反推出来的表观扩散系数比母相的体扩散系数大 2~4 个数量级，可见这种情况下，扩散主要是通过珠光体团与基体之间的界面进行。

表 7.8　有色合金中的珠光体长大速度、片层间距、表观扩散系数(D_{app})与母相体扩散系数(D_v)

合金系	温度/℃	长大速度/(cm·s^{-1})	片层间距/μm	D_{app}/(cm^2·s^{-1})	D_v/(cm^2·s^{-1})
Ag–50 Cd	200	2×10^{-6}	0.35	1.1×10^{-11}	1×10^{-13}
Cu–6 Be	592	1.5×10^{-5}	0.2	2.4×10^{-9}	2×10^{-12}
Cu–6 Be	550	1×10^{-4}	0.2	6.4×10^{-9}	1×10^{-12}
Cu–31 In	570	4×10^{-6}	0.55	8.8×10^{-8}	1×10^{-12}
Cu–12 Al	500	1.2×10^{-5}	0.4	5.0×10^{-10}	2×10^{-12}

在过冷度为 $\Delta T(\Delta T = T_E - T)$ 时，珠光体的相变驱动力可以写为

$$\Delta G = \Delta H \frac{\Delta T}{T_E} \tag{7.55}$$

式中，ΔH 为珠光体的相变潜热，T_E 为共析点温度。将式(7.55)代入式(7.44)可以得到最大长大速度时的珠光体层间距为（体扩散模型）

$$S = 2S_0 = \frac{4\sigma T_E V_m}{\Delta H \Delta T} \tag{7.56}$$

式(7.56)表明，珠光体层间距和过冷度的乘积基本为一个定值。图 7.27 给出了一些实验结果，可以看出，$1/S$ 随相变温度 T 降低而大致呈线性下降，面间距由高温时的大约 1 μm 变到低温时的 0.1 μm 左右，基本符合式(7.56)的关系。

将式(7.56)代入式(7.51)和式(7.54)，并考虑到界面浓度与过冷度的关系，同时忽略扩散系数随温度的变化，可以得到，珠光体片在体扩散控制和界面扩散控制下的最大长大速度与过冷度之间的关系分别为

$$v_{max} = k_1 D_v (\Delta T)^2 \tag{7.57}$$

$$v_{max} = k_2 D_b (\Delta T)^3 \tag{7.58}$$

式中，k_1 和 k_2 分别是一个热力学项，在一定温度下，可以近似为一个常数。相应地，体扩散控制和界面扩散控制下的珠光体片长大速度与片间距之间也满

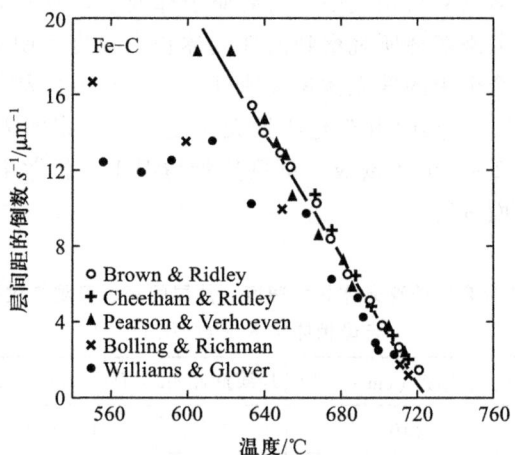

图 7.27　实验测得的 Fe-C 共析合金中珠光体的层间距的倒数与相变温度的关系

足如下关系式：

$$v_{max} \propto \frac{1}{S^2} \tag{7.59}$$

$$v_{max} \propto \frac{1}{S^3} \tag{7.60}$$

总体而言，在一定温度范围内，珠光体的长大速度随着过冷度增大而加快，片间距随过冷度的增加而减少。在小过冷度时，形核的珠光体团数量有限，珠光体团能够互不干扰地长成球状或者块状，随过冷度的提高，形核率和长大速度都增加，出现形核位置的饱和。随着珠光体形成温度的降低，形成的铁素体和渗碳体片逐渐变薄缩短。形成珠光体团的轮廓也由块（球）状逐渐变为扇形，乃至轮廓不光滑的团絮状，即由片状珠光体逐渐变为索氏体以至屈氏体。

在某些情况下，片状珠光体形成时，铁素体与渗碳体不是交替配合协同长大的，出现珠光体的反常长大。例如，在位错区域形核长大的多个渗碳体在成长过程中分枝长大，或者晶界上形成的渗碳体中，长出一个分枝伸向晶粒内部，但无铁素体与之配合，形成一条孤立的渗碳体片，或者晶界上形成的渗碳体一侧仅长出一层铁素体，但此后却不再配合成核长大等情况，所形成的组织有时也称为离异共析组织。

当碳含量偏离共析成分的奥氏体在共析点温度以下等温转变时，先共析铁素体或者先共析渗碳体的析出一般要先于珠光体的形成。然而在大过冷度的条件下，偏离共析成分不太远的非共析成分奥氏体也有可能直接转变为珠光体。

在 Fe-C 平衡相图上，低于 A_1 温度，成分落在 A_3 和 A_{cm} 线向低温的延伸线组成的区域（不能低于贝氏体相变温度），也能全部转变成珠光体，但因为合金成分不是共析成分，故称为伪共析转变。过冷奥氏体转变温度越低，伪共析程度越大。伪共析珠光体中的铁素体和渗碳体的比例与平衡转变产物中两相的比例不同，若是亚共析钢冷却得到伪珠光体，其中的铁素体含量较多；若是过共析钢，则其伪珠光体中的渗碳体量较多。

7.3.2 合金成分对钢中珠光体相变的影响

当合金元素溶入钢中的奥氏体，形成合金奥氏体时，随着元素数量和种类的增加，奥氏体变成一个复杂的多组元系统。合金元素对铁素体和碳化物两相的形成均产生影响，从而对奥氏体共析转变产生复杂的影响。其中，奥氏体稳定化元素使 A_{e3} 线下移，铁素体稳定化元素使 A_{e3} 线上移，碳化物形成元素大量固溶在碳化物中，使 A_{cm} 线上升。合金元素对共析点（A_1）的影响，是由其对 A_{e3} 线和 A_{cm} 线的影响所决定的，Mn 和 Ni 可以降低 A_1 线，Cr、Mo 和 Si 则提高 A_1 线。相变温度一定时，临界点的改变意味着过冷度的改变，同时会影响珠光体相变的速度。

1. 对珠光体长大速度的影响

从元素单独作用看，除 Co 和 Al（$w_{Al} > 2.5\%$）以外的大部分合金元素，当其溶解到奥氏体中后，都增大奥氏体的稳定性，推迟共析转变，尤其是 Ni、Mn、Mo 的作用显著，这些合金元素都减慢了珠光体形成速度。如 Mo 降低珠光体的形核率，Mn 降低珠光体的长大速度，如图 7.28 所示[17]。

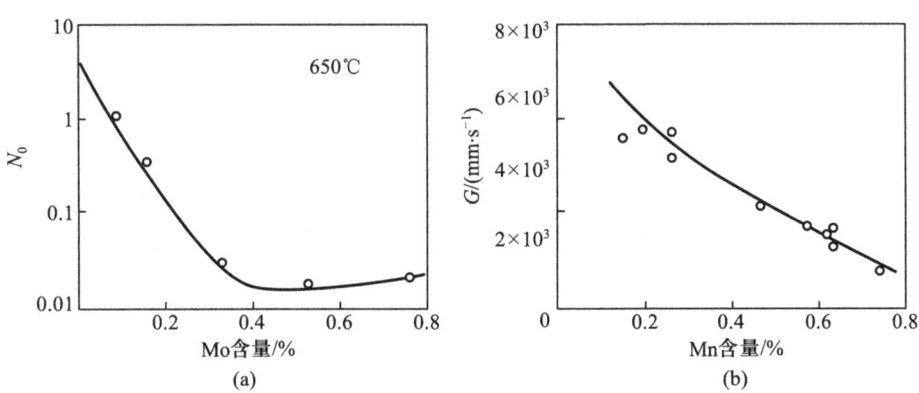

图 7.28　(a) Mo 对 650 ℃珠光体形核率的影响；(b) Mn 对 680 ℃珠光体长大速度的影响

固溶于奥氏体的合金元素可以改变碳在奥氏体中的扩散速度，Mo、W、Cr

等碳化物形成元素降低了碳在奥氏体中的扩散系数，故使转变速度变慢。Co 的作用则相反，增加了碳在奥氏体中的扩散系数，具有增加珠光体形核率和长大速度的作用。Si 和 Al 等对碳在奥氏体中的扩散速度影响不大，故对转变速度无太大的影响（稍增大奥氏体的稳定性）。

当几种合金元素综合加入时，多元复合，作用更大，如图 7.29 所示。Fe + Cr、Fe + Cr + Co、Fe + Cr + Ni 系统中，2.5% Ni 使 8.5% Cr 合金的最短孕育期由 60 s 增加到 20 min。5% Co 使 8.5% Cr 合金的最短孕育期增到 7 min[18]。

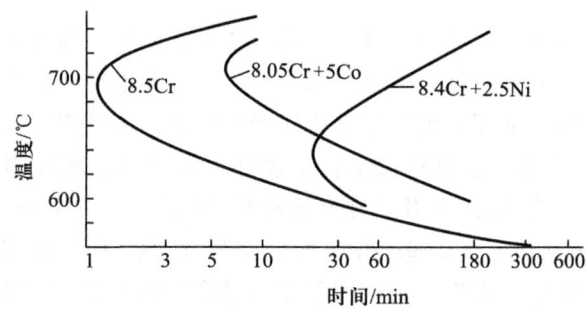

图 7.29　Ni 和 Co 对含 Cr 钢中共析转变 TTT 曲线的影响

2. 对珠光体转变时碳化物长大的影响

强碳化物形成元素 Ti、Nb、V 等，阻碍共析碳化物的形核及长大，因而阻碍珠光体转变。

中强碳化物形成元素 W、Mo、Cr 等，除了阻碍共析碳化物的形核及长大外，还增加奥氏体原子间的结合力，从而降低铁的自扩散系数，阻碍 γ→α 转变，从而推迟珠光体转变。

弱碳化物形成元素 Mn 形成含 Mn 较高的合金渗碳体，阻碍共析渗碳体的形核及长大，从而阻碍珠光体转变。

非碳化物形成元素 Ni、Co，主要影响 γ→α 转变。Ni 增加 α 相的形核功，降低共析转变温度，故 Ni 阻碍共析转变，增加孕育期。而 Co 提高珠光体的形核率和长大速度。

属于非过渡族元素的另一种非碳化物形成元素 Si、Al、B，其中 Si、Al 提高奥氏体稳定性，阻碍共析转变，而 B 是内吸附元素，富集于奥氏体晶界，降低表面能，阻碍 α 相和碳化物在奥氏体晶界形核，因而提高奥氏体稳定性，阻碍共析转变，如图 7.30 所示[19]。

稀土元素原子半径太大，难以固溶于奥氏体中，但它可以微量地溶于奥氏体的晶界等缺陷处，降低晶界能，从而影响奥氏体晶界的形核过程，降低形核

7.3 共析相变

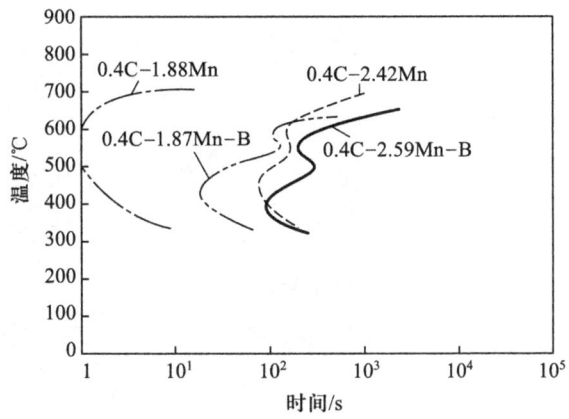

图 7.30 Mn、B 对珠光体转变的影响

率，也能提高奥氏体的稳定性，阻碍共析转变，并使 C 曲线向右移。

合金元素对共析转变的影响因素比较复杂，涉及合金元素自扩散的影响、合金元素对碳扩散的影响、对 $\gamma \rightarrow \alpha$ 转变的影响、对 $\gamma \rightarrow cm$ 转变的影响、对相变临界点的影响、对 γ/α 相界面的溶质拖曳作用等，并且这些因素的共同作用不是简单的叠加。强碳化物形成元素、弱碳化物形成元素、非碳化物形成元素、难以固溶的内吸附元素等在共析转变中各起不同的作用。多种元素综合加入钢中时，则形成一个复合系统，各元素将要发生相互作用及相互影响，对共析转变将产生整体综合的效果。

7.3.3 纤维沉淀和相间沉淀

在含有强碳化物形成元素（如 Mo、W、Cr、Ti、V 等）的低碳钢中，在共析转变时渗碳体就会被更稳定的碳化物取代。在较高的温度（600～750 ℃）下等温相变时，置换型合金元素可以显著扩散，就可以形成两种新形态的合金碳化物。一种是纤维状的碳化物，例如图 7.31 中的 Mo_2C 纤维，直径很小，为 10～15 nm，纤维间距约比常见的珠光体间距小一个数量级。

在另外的条件下，相变过程中析出了细小的特殊碳化物颗粒，直径约为几纳米到几十纳米，呈平行的点列状分布。这些碳（氮）化物颗粒是在奥氏体－铁素体相界面上形成的，称为"相间沉淀"（interphase precipitation），其沉淀温度范围在 800～500 ℃ 之间，如图 7.32 所示。相间沉淀是过冷奥氏体分解的一种特殊形式，是在铁素体基体上分布着的弥散的特殊碳（氮）化物颗粒，是珠光体的一种特殊的组织形态。由于相间沉淀析出的碳化物或氮化物细小弥散，因此可以有效地提高钢的硬度和强度。

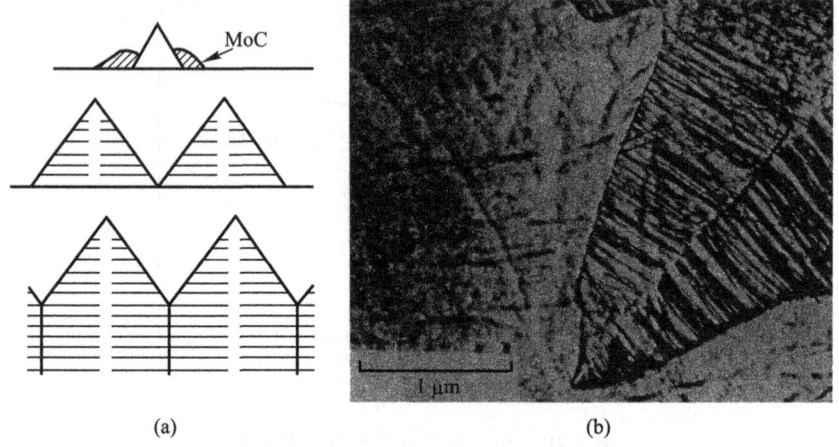

图 7.31 Fe-4%Mo-0.2%C(质量分数)合金在 650 ℃保温 2 h 得到的纤维状 Mo_2C：
(a) 形成机理示意图；(b) 电子显微照片

图 7.32 Fe-0.75%V-0.15%C 合金在 725 ℃保温 5 min 相间沉淀的碳化钒片层

相间析出实质上是珠光体共析分解过程，是铁素体 + 碳化物（VC、NbC）共析共生的过程。在过冷奥氏体的界面上形核，然后长大。由于合金元素 V、Nb 等含量低，其原子扩散速度慢，扩散的距离很小，加之碳含量也低，单位体积中可能供给的碳原子数量少，不能长大成片状，而形成细小颗粒，即刻终止长大，而呈现颗粒状或点列状分布，铁素体相却一直向前生长。因此可见，相间析出实质上属于共析分解。随相变前沿不断向奥氏体推进，V(C,N)质

点平行于 γ/α 界面反复形核，最终形成片层状分布的相间析出特征。当碳含量增加，特殊碳化物元素量增加，冷却速度增大时，碳化物析出颗粒的尺寸与列间距均减小。钢中氮含量对层间间距也有很大影响。750 ℃时，钢中氮含量由 0.005% 提高至 0.026%，析出相的层间间距缩小至原来的 1/3。

在发生相间析出时，溶质原子在新的基体(α 相)中具有比旧基体(γ 相)更大的扩散能力。在相同的温度下，一般的溶质原子在 α 相中的扩散系数比在 γ 相中的扩散系数约大 100 倍。因而，在珠光体相变时，相界面处原基体相一侧的溶质原子浓度将高于 α 相中的溶质浓度，相界面推移到一定程度时，受阻而停止前进，接着发生相间析出。析出后 α 相继续向 γ 相长大。这说明相间析出主要受溶质原子在 α 相中的扩散过程控制。

相间析出质点的尺寸以及析出列间距主要受溶质原子的扩散和珠光体相变驱动力的控制，即主要受相变温度或冷却速度的控制。相变温度越低，相变驱动力越大，新的台阶形核会越快，同时温度低，扩散距离短，因而析出颗粒小，析出列间距小。但当相变温度太低时，相间析出也会被抑制。

相间析出的碳化物颗粒一般与铁素体具有一定的晶体学位向关系。对于钒钢中等温析出的 VC，有如下位向关系：

$\{100\}_{VC} // \{100\}_\alpha$，$<110>_{VC} // <100>_\alpha$

对于连续冷却析出的 V_4C_3，其位向关系为

$(100)_{V_4C_3} // (100)_\alpha$，$[010]_{V_4C_3} // [011]_\alpha$

这说明了相间析出的碳化物，是按共格或半共格关系与铁素体相一起相互配合共析长大的。相间析出的 VC 细小颗粒，既在先共析铁素体中沉淀，又在珠光体的铁素体中析出，惯习面均为 $\{100\}_\alpha$。

7.4 块状相变

块状相变(massive transfomation)可以定义为无成分变化的通过相界扩散的形核 - 长大型相变[20]，多出现在快速冷却的有色合金或者纯铁中，以其转变得到的组织呈块状而得名，区别于无成分变化但切变形成的板条或者片状的马氏体。在块状相变过程中，不发生成分变化，原子不需要进行长程扩散，只在相界面处母相原子发生重组，形成新相的晶格，类似于再结晶过程(但相变驱动力比再结晶的要大几个数量级，因此相变速度很快)。

自从块状相变的产物 1930 年左右在 Cu - Zn 合金中被观察到以来，直到 1958 年 Massalski 才系统地研究了其界面特征、热力学和动力学相关的理论。近些年来，随着 Ti - Al 基高温合金的发展、Mn - Al 基铁磁材料的研究、超低碳钢轧制后快速冷却技术的应用等，块状相变逐渐引起了人们的重视。20 世

第七章 扩散型相变

纪末到 21 世纪初,在美国陆续召开了两次针对块状相变的专题学术研讨会,并报道了一些新的研究成果[21,22]。目前在 Cu–Zn、Cu–Al、Cu–Ga、Fe–C、Fe–Co、Fe–Ni、Ag–Zn、Ag–Cd、Ag–Al、Pu–Ti、Mn–Rh、Au–Zn、Mn–Al、Ti–Al、Ti–Si 以及氧化铋基陶瓷等系统中都发现了块状相变。

7.4.1 块状相变的特征

Ti–Ag 合金中块状相变产物的显微组织如图 7.33 所示。高温 β 相在淬火过程中,转变成块状组织(α_m)和马氏体组织(α')。两种组织虽然成分都与母相相同,但形态上有很大差别。α_m 呈块状,具有不规则的边界形态,内部位错密度较低;而 α' 呈细的板条状,内部含有高密度的位错。一般认为,块状相的界面通常是非共格型的弯曲界面[23],以类似于大角度晶界的方式连续长大,这主要基于如下几点:

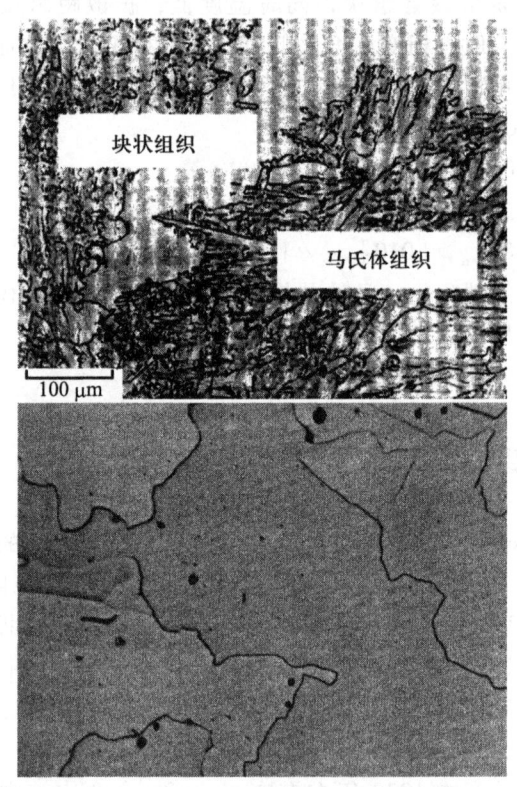

图 7.33 Ti–Ag 合金中的块状转变组织和马氏体组织

① 块状相的界面通常是弯曲的。
② 块状相的界面可以穿越母相晶界。

③ 块状相与母相之间无位向关系或者无理数的位向关系,与母相匹配很差的惯习面。

④ 多晶 Cu-Ga 在一定的温度梯度下,可以通过块状相变成为单晶体(吞并母相晶界)。

在有些情况下,发现块状相的界面上有小的平面,因此有观点认为块状相界面可能为部分共格或者半共格界面,而长大以台阶侧向运动进行,形成平直相界面。通过透射电镜发现在界面上存在线性补偿位错,并且块状相与母相之间有一定的位向关系,例如在 Ag-Al 合金中表现为接近 Burgers 或者 Potter 关系。相变初期,为了降低界面能有可能存在一维的共格相界,随块状相的长大,使共格关系受到破坏。块状相变一般不呈现表面浮凸现象。

块状组织的形成在很大程度上与冷却速度有关,下面以 Cu-38% Zn 合金为例加以说明。此成分合金在大约 800 ℃ 以上时为 β 相,低于大约 500 ℃ 时为 α 相,其相图的一部分见图 7.34。由 β 相到 α 相的转变产物与冷却速度有关。慢速冷却得到等轴 α,其中比母相含有更多的 Cu 和更少的 Zn。如果合金冷却得足够快,例如在盐水中淬火,α 相来不及析出,β 相过冷到 500 ℃ 以下(但在 M_s 温度以上)时,可以转变成同样成分的 α 相,得到块状组织。块状相变的动力学转变 TTT 和 CCT 曲线示意图如图 7.35 所示。发生块状相变的冷却速度在长程扩散型高温相变与马氏体相变之间,其相变速度也远远大于长程扩散型相变。

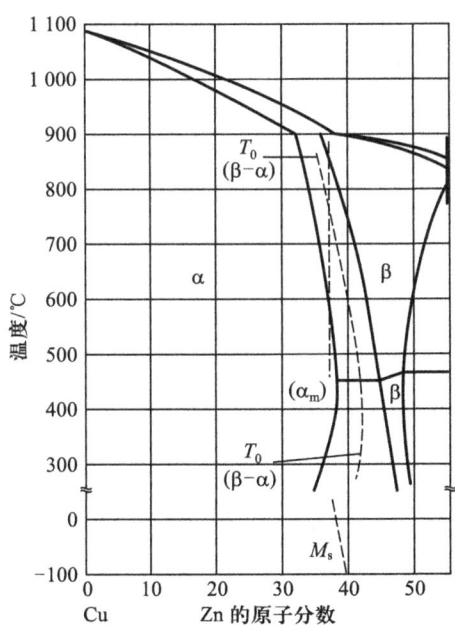

图 7.34 Cu-Zn 的部分相图

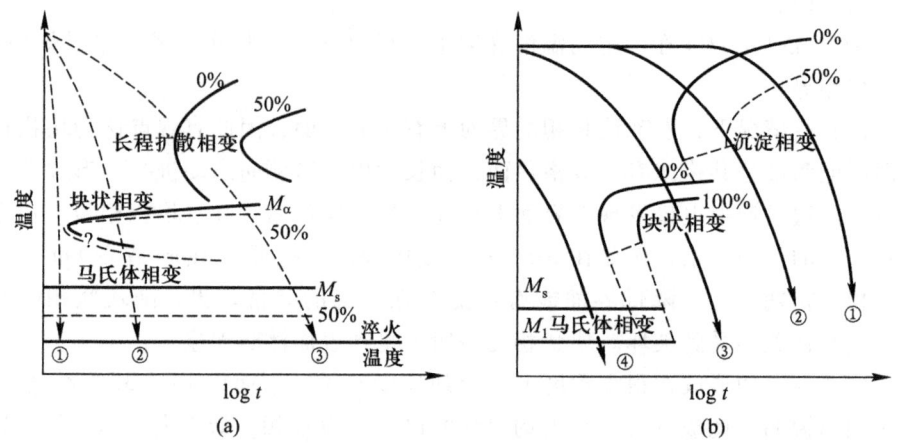

图 7.35 存在块状相变的(a)TTT 图和(b)CCT 图

7.4.2 块状相变的热力学和动力学

从热力学上考虑，当温度降低到同成分两相的吉布斯自由能相等的温度（T_0）以下时，块状相变就有可能发生。其相变的驱动力与成分相关，如图 7.36 所示。相变温度低于 T_0 温度越多，块状相变的驱动力越大。块状相变的驱动力要小于有成分变化的沉淀析出型相变，在图 7.36(c) 中表示为，母相 β 与同成分 α 相之间的自由能之差，要小于 β 相吉布斯自由能与两相吉布斯自由能曲线的公切线之间的距离。

在实际的合金体系，观察到的块状相变开始温度（称为 $M_α$）一般低于 T_0 温度。例如在 Fe-Ni 合金中测得的 γ→α 块状相变 $M_α$ 标注在图 7.37 中[20]，与同成分的 T_0 温度相比，要低几十摄氏度甚至一百多摄氏度，但 $M_α$ 仍然处于两相区中。目前在 Ti-Al、Cu-Zn、Cu-Al、Ag-Zn 和 Ag-Cd 等合金中均在两相区发现了块状相变，但在 Ti-Si、Ti-Au 和 Ti-Ag 等合金中只在更低温度的单相区观察到了块状相变。因此也有观点认为，$M_α$ 温度应该是 α/(α+β) 的平衡相界温度，只是由于局域平衡所导致的相界面浓度尖峰内存在共格应变，应变能对相平衡产生影响，所以才会使块状相变向两相区延伸。块状相变的上限温度究竟是 T_0 温度还是 α/(α+β) 的平衡相界温度，曾在学术上引起了热烈的争论，至今仍未定论。

虽然块状相变的驱动力要小于平衡沉淀相变，但从动力学考虑，块状相变产物与母相之间没有化学界面能，因而总界面能可以降低（如果考虑形核阶段

7.4 块状相变

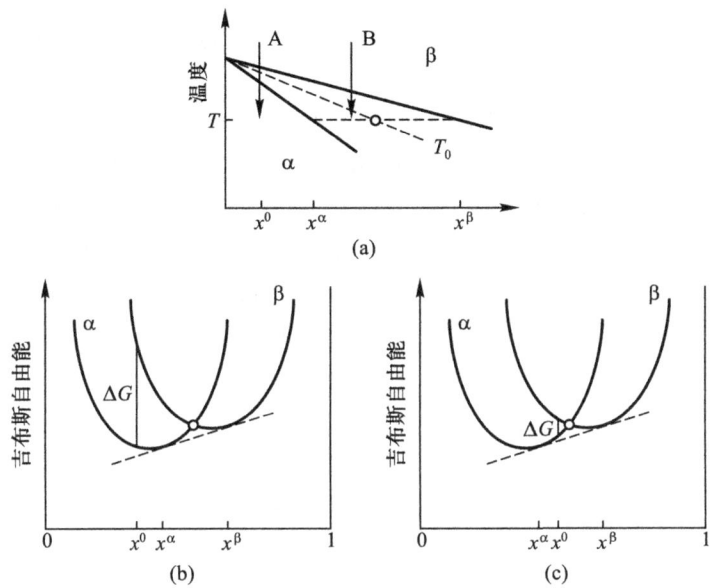

图 7.36 （a）T_0 温度以及（b）成分为 A 的合金、
（c）成分为 B 的合金发生块状相变的驱动力

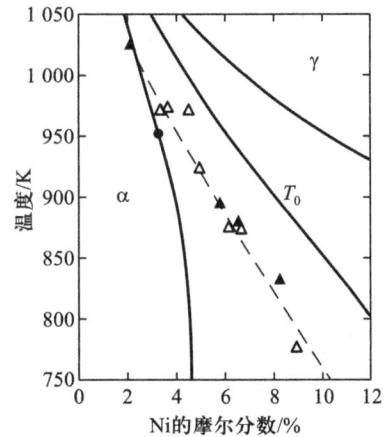

图 7.37 Fe-Ni 合金中测得的 γ→α 块状相变 M_α

有可能保持半共格或者共格的界面，界面能会更低），这样就使块状相变的形核率和长大速度有可能超过平衡沉淀相变，使两相区内发生块状相变而不是平衡沉淀。因此，块状相变的发生有一定的动力学要求，即必须大于同温度下平衡沉淀相的相变速度。反之，如果扩散条件有利于平衡α相的析出，就会形成部分平衡相的沉淀，或者全部转变成平衡相。一般来说，块状相变在扩散缓慢的置换式合金体系中较易发生。

块状相的长大速度比平衡沉淀要快得多（形核率是控制相变动力学的重要因素），但低于马氏体相变。一般 Cu–Zn 和 Fe–X 中的长大速度为 10^{-2} m/s，在 Ti–Al 中的长大速度为 10^{-3} m/s，在 Mn–Al–C 中的长大速度为 10^{-6} m/s，大体符合 Burke-Turnbull 的相界（晶界）面扩散方程。一些体系中的块状相长大速度实验结果见图 7.38，图中给出了拟合的公式，基本上符合指数关系。也有理论认为，长大速度与过冷度之间大致呈 $G=K(\Delta T)^2$ 关系[2]，在 Al–Ag 中，$K\approx 0.4$；在 Cu–Ga 中，$K\approx 0.5$；在纯铁中，$K\approx 0.6$。

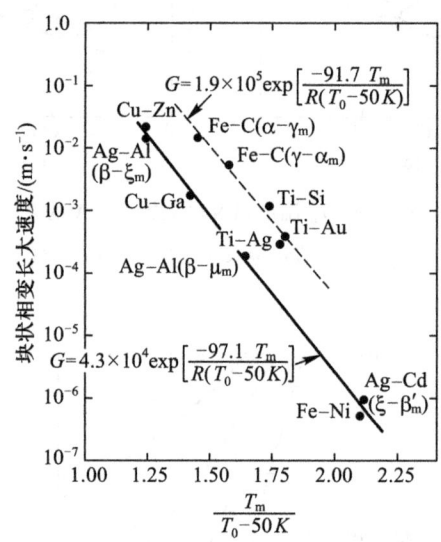

图 7.38　不同合金系统中块状相长大速度与温度的关系（T_m 为熔点）

7.4.3　存在块状相变的相图和合金

可能发生块状相变的相图如图 7.39 和图 7.40 所示。图 7.39(a)中，纯元素可以在 T_e 温度（即 M_α）以下发生 β→α 的块状相变，在 M_s 以下发生马氏体相变。由于马氏体相变的应变较大，所以 $M_s<T_e$；图 7.39(b)中虚线所示的合金在快速冷却发生 β→α 相变时，由于两相区较窄，平衡的 α 相难以沉淀形成，因而发生块状相变；在图 7.40 中的①号合金冷却时因为两相区较窄，在快速冷却到单相区时也会发生块状相变；图 7.39(c)中虚线以及图 7.40 中的⑤号合金，对应的两相区较宽，则冷却到两相区时，在发生块状相变的同时也

会发生平衡沉淀相变,如 Ag-Al 合金中的 β→ξ$_m$ 相变;图 7.39(d)中虚线对应的中间相 β 可以直接发生块状相变生成 α 相;图 7.40 中的②号合金,在冷却时不通过两相区,直接冷却到单相区,容易发生块状相变,称为协调(congruent)相变;接近共析成分的合金(图 7.40 中的③号合金)在快速冷却时,以及在较低温度下原子长程扩散很困难时(图 7.40 中的④号合金),都可以发生成分不改变的块状相变;图 7.39(e)中虚线对应的合金,冷却时发生 β→β′ 二级相变有序化,属于扩散型相变,但成分没有变化,也不属于形核-长大型相变,因而不属于块状相变的范围;图 7.39(f)中虚线对应的 Au-Cu 合金,冷却时发生由面心立方母相向 AuCu Ⅱ 金属间化合物(有序面心斜方结构)的转变,生成孪晶较密的条状相,尽管呈现表面浮凸,并且晶体学特征符合马氏体表象理论,但长大速度比马氏体慢,所以也被认为是块状相变。有一些亚稳相也能发生块状相变,甚至块状相变的产物也不限于是一个单相,和母相成分相同的两相(至少一个是亚稳相)也能够同时形成块状相。

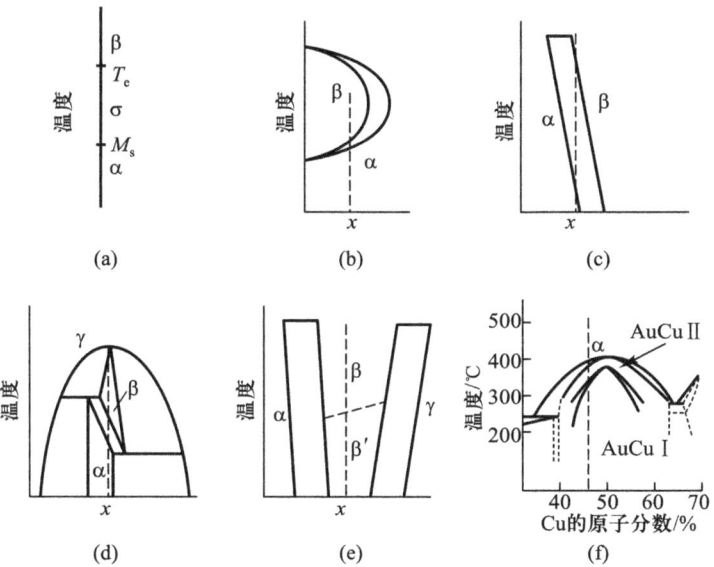

图 7.39 可能发生块状相变的几种相图。除了(e)中 β→β′ 相变是二级相变外,其他情况都可能在适当的条件下发生块状相变

表 7.9 中列出了具有典型块状相变的合金系统以及相应的相变温度和结构变化[2]。

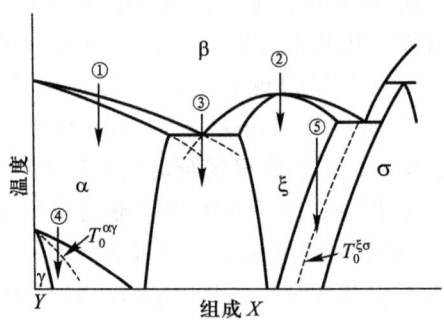

图 7.40 可能发生块状相变的几种相图

表 7.9 具有典型块状相变的合金系统以及相应的相变温度和结构变化

合金	发生相变时的溶质浓度(原子分数)/%	相变温度/℃	结构变化
Ag – Al	23 ~ 28	600	bcc→hcp
Ag – Cd	41 ~ 42	300 ~ 450	bcc→fcc
Ag – Cd	50	300	bcc→hcp
Ag – Zn	37 ~ 40	250 ~ 350	bcc→fcc
Cu – Al	19	550	bcc→fcc
Cu – Zn	37 ~ 38	400 ~ 500	bcc→fcc
Cu – Ga	21 ~ 27	580	bcc→fcc
Cu – Ga	20	600	bcc→fcc
Fe		700	fcc→bcc
Fe – Co	0 ~ 25	650 ~ 800	fcc→bcc
Fe – Cr	0 ~ 10	600 ~ 800	fcc→bcc
Fe – Ni	0 ~ 6	500 ~ 700	fcc→bcc
Fe – Zr	5 ~ 45	450	bcc→fcc

7.5 有序相变

在混合焓为负值的系统中，低温时有出现有序相的倾向。这种由无序母相向有序相的转变过程称为有序相变。有序相变过程往往涉及成分的变化，因此属于长程扩散型相变。

较为常见的几种主要类型的有序固溶体的原子结构如图 7.41 所示，图中还标出了它们的结构标号和出现这些有序点阵的合金实例。Cu-Zn 相图（图 7.34）是一个含有有序相变的例子，在低于大约 460 ℃时，bcc β 母相发生有序相变，生成超点阵 $L2_0$ 或者称为 B2 结构的 CuZn。此时，Cu 和 Zn 原子不再随机排列在 bcc 结构的阵点上，而是一种原子占据 bcc 单胞的角位置，另一种原子占据 bcc 单胞的体心位置，形成两个相互穿插的简单立方亚点阵，因此常常也把有序相的结构称为超点阵。如果 Cu 和 Zn 不能完全达到理想的 1:1 的原子百分比例，在形成的有序相中，也可能在一些原子位置出现空位，或者一些原子占错了位置。

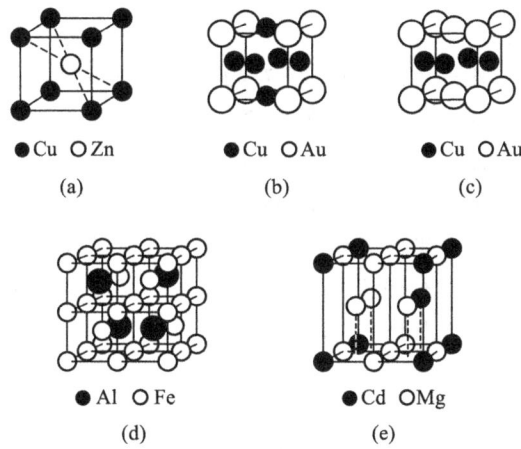

图 7.41 几种常见的有序点阵结构。(a) $L2_0$: CuZn、FeCo、NiAl、FeAl、AgMg；(b) $L1_2$: Cu_3Au、Au_3Cu、Ni_3Mn、Ni_3Fe、Ni_3Al、Pt_3Fe；(c) $L1_0$: CuAu、CoPt、FePt；(d) DO_3: Fe_3Al、Fe_3Si、Fe_3Be、Cu_3Al；(e) DO_{19}: Mg_3Cd、Cd_3Mg、Ti_3Al、Ni_3Sn。

在固相晶体中，对原子排列的有序程度通常可以采用长程序参量 L 和短程序参量 S 来定量描述。长程序参量 L 定义为

$$L = \frac{r_A - X_A}{1 - X_A} \quad (7.61\text{a})$$

或者

$$L = \frac{r_B - X_B}{1 - X_B} \quad (7.61\text{b})$$

式中，r_A 是 A 亚点阵被正确的原子所占据的概率，X_A 是合金中的摩尔分数。在有序合金中，当所有的原子都占据了它们的正确位置时，则 $L = 1$；在无序合金中，原子完全随机排列，$L = 0$。

对于二元系统，短程序参量 S 定义为

$$S = \frac{P_{AB} - P_{AB(无规)}}{P_{AB(最大)} - P_{AB(无规)}} \tag{7.62}$$

式中，P_{AB} 表示所考虑的体系中 A—B 键的实际数量，$P_{AB(最大)}$ 和 $P_{AB(无规)}$ 分别表示系统中 A—B 键的最大可能数量和完全无规时 A—B 键的数量。完全有序时，$S=1$；完全无序时，$S=0$。

对于混合焓为负的系统，从降低能量的角度考虑，在绝对零度时，选择最高的有序排列（例如 $L=1$，$S=1$），吉布斯自由能最小，此时熵的贡献为零。而随温度的提高，熵的影响越来越重要，一些原子将会以扩散的形式交换位置以使熵增加，于是有序度将连续降低，直到某一个临界温度（T_c）时，$L=0$。利用准化学模型可以计算不同的超点阵中 L 随温度的变化，如图 7.42 所示。可以看出，在等原子比的 CuZn 中[图 7.42(a)]，随温度上升，L 连续减小，至 T_c 温度时为 0。而在 Cu_3Au 中[图 7.42(b)]，在 T_c 温度以下，L 基本不变（只是在接近 T_c 温度时才略有减少），达到 T_c 温度，L 突然降低为 0。这种明显的差别与两种超点阵的不同原子排列结构有关。在 CuZn 中的有序相变，有序度是连续变化的，内能和热焓在通过 T_c 温度时也是连续的，因此是典型的二级相变；在 Cu_3Au 中的有序相变，有序度在 T_c 温度发生突变，内能和热焓也要突变，是不连续的，因此是一级相变。

高于 T_c 温度，则不可能在长距离内区分各个亚点阵，不存在长程有序，$L=0$。但是由于混合焓为负值，所以异类原子相吸引作为近邻的倾向始终存在着，也就是说，原子的短程有序度仍然会保持为大于零的值，如图 7.42 中的虚线所示。

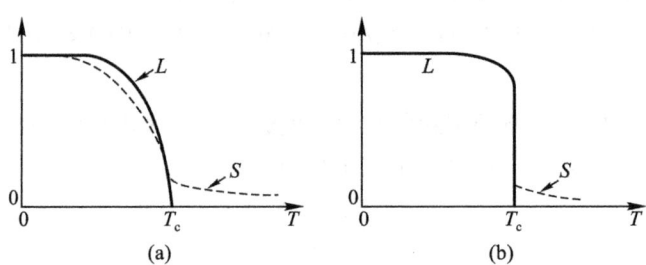

图 7.42 （a）CuZn 类型和（b）Cu_3Au 类型中长程序参量 L 和短程序参量 S 随温度变化的示意图

在无序固溶体中产生有序相可以有两种方式。一种方式是在整个晶体内均出现局域重排，使得短程有序度连续提高，最后导致长程有序。这种机制

7.5 有序相变

等价于调幅分解，只在二级相变过程中或者 T_c 以下很大的过冷时才可能出现。另一种方式等价于脱溶析出，有序相的形成通过形核与长大的过程而进行，需要克服形核的能量势垒。一般认为，这种形核势垒较低，因为有序相晶核与无序基体的点阵结构基本相同，因而界面是共格的，而且如果基体具有有序相化学分子式表示的成分，晶核和基体的成分也是一致的，因此界面能和应变能都较低。这样可以认为有序相的形核是均匀的，和位错、晶界等的点阵缺陷关系不大。过冷度较小时，有序相的形核率低，最后平均得到的畴尺寸较大。相反，过冷度较大时，将提高形核率，并降低所得到畴的尺寸。

图 7.43 以 Cu_3Au 的 $\{100\}$ 面为例，给出了有序相形核和长大过程的示意图。图中只标出了有序相的原子位置，黑的原子代表 Cu，白的原子代表 Au，基体网格为无序点阵。由于这些独立形核的有序相经常会是"不同相位"的，当这些相最后长大到一起时就形成了边界，即反相畴界(APB)，边界两边的原子具有"错误"的近邻，因而畴界处具有较高的能量。

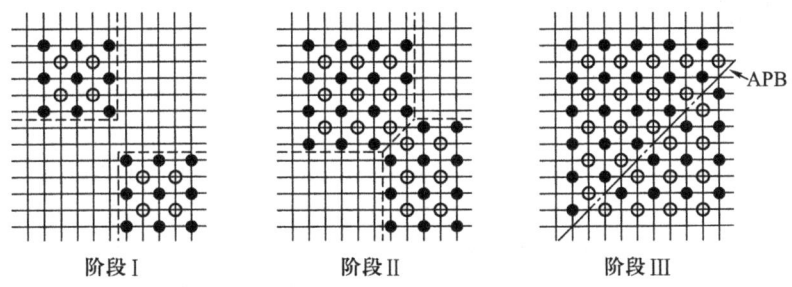

图 7.43　不同相位的有序相长大到一起，形成了反相畴界(APB)

有序相的长大(粗化)是通过反相畴界的移动而进行的，这一过程的速度与有序相超点阵的类型有关。在 CuZn 类型的超点阵($L2_0$)中，铜原子只可能在两种亚点阵里作有序排列，因此只可能有两种不同类型的有序化畴，不存在亚稳定的 APB 结构，所以这类合金中有序相的粗化比较容易。一个典型的例子如图 7.44 所示，图 7.44(a)中的透射电子显微镜照片显示了 AlFe($L2_0$ 结构)有序相的反相畴界，图 7.44(b)是对应的原子分布状态示意图。CuZn 的有序化是二级相变，能够快速连续地完成有序化过程，速度很快，在淬火过程中几乎不可能得到无序的 bcc 结构。

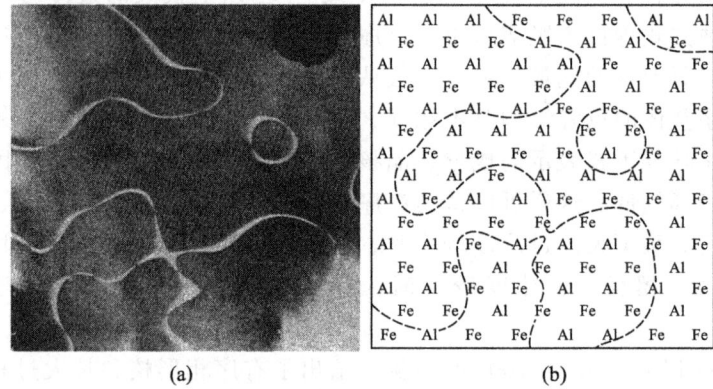

图 7.44 （a）透射电子显微镜下的 AlFe 有序相的反相畴界（×17 000）；
（b）对应的原子分布状态示意图

参 考 文 献

[1] 潘金生，仝健民，田民波. 材料科学基础[M]. 北京：清华大学出版社，1998.

[2] 徐祖耀. 相变原理[M]. 北京：科学出版社，1988.

[3] Enomoto M, Aaronson H I. On the critical nucleus composition of ferrite in an Fe – C – Mn alloy[J]. Metallurgical and Materials Transactions A, 1986, 17(8): 1381 – 1384.

[4] Gilmour J B, Purdy G R, Kirkaldy J S. Thermodynamics controlling the proeutectoid ferrite transformations in Fe – C – Mn alloys[J]. Metallurgical and Materials Transactions B, 1972, 3(6): 1455 – 1464.

[5] Kirkaldy J S, Baganis E A. Thermodynamic prediction of the Ae_3 temperature of steels with additions of Mn, Si, Ni, Cr, Mo and Cu[J]. Metallurgical Transactions A, 1978, 9(4): 495 – 501.

[6] Kaufman L, Radcliffe S V, Cohen M. Decomposition of austenite by diffusion process [M]. New York: Interscience, 1962: 313.

[7] Lacher L R. The statistics of the hydrogen-palladium system [J]. Mathematical Proceedings of the Cambridge Philosophical Society, 1937, 33: 518 – 523.

[8] Fowler R H, Guggenheim E A. Statistical thermodynamics[M]. New York: Cambridge University Press, 1939: 442.

[9] McLellan R B, Dunn W W. A quasi-chemical treatment of interstitial solid solutions: it application to carbon austenite[J]. Journal of Physics and Chemistry of Solids, 1969, 30 (11): 2631 – 2637.

[10] Tanaka T, Aaronson H I, Enomoto M. Calculations of α/γ phase boundaries in

Fe－C－X_1－X_2 systems from the central atoms model[J]. Metallurgical and Materials Transactions A, 1995, 26: 535 - 545.

[11] Barnett D M, Lee J K, Aaronson H I, et al. The strain energy of a coherent ellipsoidal precipitate[J]. Scripta Metallurgica, 1974, 8: 1447 - 1450.

[12] Nabarro F R N. The strains produced by precipitation in alloys[J]. Proceedings of the Royal Society of London. Series A, 1940, 175: 519 - 538.

[13] 波特 D A, 伊斯特林 K E. 金属和合金中的相变[M]. 李长海, 余永宁, 译. 北京: 冶金工业出版社, 1988.

[14] Enomoto M. 金属和合金中的相变[M]. 东京: 内山老鹤圃, 2000.

[15] Hillert M. On theories of growth during discontinuous precipitaion[J]. Metallurgical and Materials Transactions B, 1972, 3(11): 2729 - 2741.

[16] Cahn J W, Hagel W C. Theory of the pearlite reaction[M]//Zackay V F, Aaronson H I. The Decomposition of Austenite by Diffusional Processes. New York: Interscience, 1962: 131.

[17] 章守华. 合金钢[M]. 北京: 冶金工业出版社, 1981: 25 - 50.

[18] Liu Zongchang, Li Chengji. Influence of RE and Nb on the CCT diagram of 10SiMn steels[C]. Proceeding of HSLA Steels' 90 Conference, 1990: 116.

[19] 方鸿生, 王家军, 杨志刚, 等. 贝氏体相变[M]. 北京: 科学出版社, 1998.

[20] 徐祖耀. 块状相变[J]. 热处理, 2003, 18(3): 1 - 9.

[21] Plichta M R, Aaronson H I. Symposium on the massive transformation[J]. Metallurgical and Materials Transactions A, 1984, 15(3): 411 - 429.

[22] Aaronson H I, Vasudevan V K. Symposium on the mechanism of the massive transformation[J]. Metallurgical and Materials Transactions A, 2002, 33(8): 2277 - 2470.

[23] Massalski T B. Massive transformation[M]//Aaronson H I. Phase Transformations. American Society for Metals, 1970: 433 - 486.

第八章
马氏体相变

8.1 马氏体相变的定义和分类

8.1.1 马氏体相变的定义

徐祖耀[1]在归纳综合前人研究结果的基础上,将马氏体相变定义为:"替换原子经无扩散位移(均匀和不均匀形变)、由此产生形状改变和表面浮突、呈不变平面应变特征的一级、形核-长大型相变"。

1. 无扩散

高碳型马氏体 F-30Ni 合金的形成速度为 1 100 m/s(金属内声速的 1/3)。Li-Mg 合金在低于 80 K 时发生马氏体相变,相变时能听到嘶嘶的声音,在此温度下,原子不能作超过一个晶胞的距离移动。高碳钢淬火后,测量马氏体和残余奥氏体有相同的碳含量。实验证明,马氏体相变是一种无扩散型相变。

对 0.28% C 合金钢淬火后的板条马氏体间的残余奥氏体含碳量测量显示,其碳含量为 0.4%~1.04%。表明低碳马氏体相变中可能存在碳间隙原子的扩散,但对替换原子则不呈现扩散。因此马氏体相变的无扩散性是指合金中的替换原子无扩散,而间隙原子可能存在扩散。

2. 表面浮突和形状改变

Bain 在 1924 年就报道，在预先抛光试样的表面上，形成马氏体时出现皱纹。然后，在预先抛光试样的表面上刻以直线的刻痕，经马氏体相变后，显示浮突，同时直线刻痕被折成几段折线，但折线保持连续。浮突表明发生宏观形变，折线保持连续说明马氏体新相和母相的相界面在相变过程中不发生应变和转动。

3. 惯习面与位向关系

马氏体新相在母相的一定晶面上形成，此平面称为惯习面，惯习面也是马氏体和母相的界面。由直接刻痕法显示，惯习面（相界面）在相变过程中，未出现宏观（10^{-2}mm 范围）的可测的应变和转动，亦即惯习面在相变中不应变、不转动，因此马氏体相变具有不变平面应变的特性。惯习面不一定是简单的指数，不同材料有不同的马氏体相变的惯习面。

马氏体与母相晶体方向之间都保持一定的位向关系，在 Fe - C 合金中，测得奥氏体的 $\{111\}_\gamma$ 平面 $/\!/$ 马氏体的 $\{011\}_m$ 平面；奥氏体的 $[01\bar{1}]_\gamma$ 方向 $/\!/$ 马氏体的 $[\bar{1}11]_m$ 方向，是由 Kurdjumov 和 Sachs 测定的，称为 K - S 关系；在 Fe - Ni 合金中由西山测定 $\{111\}_\gamma /\!/ \{110\}_m$ 和 $[211]_\gamma /\!/ [110]_m$，称为西山关系。不同材料有不同的位向关系。

4. 马氏体内存在亚结构

低碳马氏体内呈现密度较高的位错，高碳马氏体内有细的孪晶亚结构，有色金属合金的马氏体内有孪晶或层错。有的区域经过切变，有的区域未经过切变。

5. 相变可逆性

马氏体相变具有可逆性，当从高温冷却到 M_s 马氏体开始转变的温度时，发生从母相转变到马氏体的相变 P→M，正相变；加热时发生马氏体到母相的逆转变 M→P。图 8.1 是钴的正逆马氏体相变的示意图，冷却时，当温度达到 M_s，开始由母相 β 转变为马氏体，继续冷却到 M_f，马氏体相变结束；加热时，到温度达 A_s，开始发生逆转变，一直到温度达 A_f，逆转变结束。

钢在室温时的平衡相为铁素体和渗碳体（碳化物），非平衡相的马氏体在加热时，由于碳的扩散，在马氏体中发生渗碳体（碳化物）的析出。因此钢的马氏体通常不直接发生逆转变，只有在快速加热下，如 0.8C 钢以 5 000 ℃/s 的速度加热下，会在 590 ~ 600 ℃间发生逆转变；含合金元素较高的钢，由于合金元素阻碍碳化物的析出，有时也会出现逆转变。

8.1 马氏体相变的定义和分类

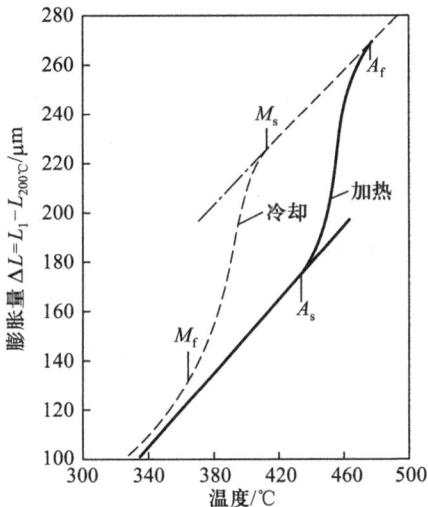

图 8.1 钴的马氏体相变和它的逆转变

6. 相变驱动力与热滞

马氏体相变是一级相变，或多或少需要驱动力，也即相变显示热滞。由图 8.1 可见，钴的马氏体正、逆转变的温度并不一致，出现较大的热滞，多晶的钴冷却到 390 ℃ 开始由 β→α，而重新加热时需加热至 430 ℃，才发生 α→β 的逆转变。图 8.2 是马氏体和母相的吉布斯自由能与温度的关系示意图，图中 T_0 是马氏体和母相两相吉布斯自由能相等的温度，马氏体相变需冷却到 T_0 以下的 M_s 温度时才会发生。

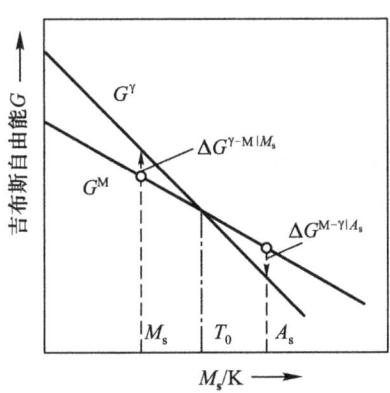

图 8.2 马氏体和母相的吉布斯自由能与温度的关系示意图

此温度下,两相吉布斯自由能的差 $\Delta G^{\gamma \to M}|_{M_s}$(马氏体吉布斯自由能减去母相吉布斯自由能的差) < 0,即马氏体比母相的吉布斯自由能低时,母相才能转变到马氏体,此值即为马氏体相变驱动力,或称为临界驱动力;同样在逆转变过程时,逆转变温度下的母相吉布斯自由能和马氏体吉布斯自由能的差 $\Delta G^{M \to \gamma}|_{A_s}$ 同样为负值时,逆转变发生,它是逆转变的驱动力。

8.1.2 马氏体相变的分类

1. 按相变驱动力分类

以相变驱动力的大小可将马氏体相变分为两类:一类是相变驱动力较大,达几百 cal/mol,如铁基合金中 fcc 母相转变为 bcc(bct) 马氏体的相变,其相变驱动力在 282 cal/mol 以上;另一类是相变驱动力较小,只有几至几十 cal/mol,包括由 fcc 母相转变为 hcp 马氏体(称为 ε 马氏体)的相变和一些热弹性马氏体相变,如钴及钴合金的马氏体相变驱动力仅有几 cal/mol,Fe - Ru 的 ε 马氏体相变的驱动力为 50 cal/mol,大多数热弹性马氏体相变的驱动力为几 cal/mol。

2. 按形成方式分类

按形成方式不同,马氏体相变可分为变温马氏体、等温马氏体、爆发型马氏体、热弹性马氏体、半热弹性马氏体。

(1) 变温马氏体

在 M_s 温度以下随温度下降,马氏体量增加,在某一温度停止下降而保温,马氏体量保持不变,只有温度继续下降,马氏体才可继续产生或长大,马氏体形成量只取决于温度而与时间无关。大多数钢种属于变温马氏体。

(2) 等温马氏体

合金在一定温度下保温,并经过一定的孕育期后形成马氏体,马氏体量随保温时间延长而不断增加。图 8.3 是 Fe - 23.2Ni - 3.62Mn 合金的等温马氏体形成的动力学曲线。目前已发现的等温马氏体其 M_s 温度均在 0 ℃ 下,如 Fe - (22 ~ 26)Ni - (2 ~ 4)Mn、Fe - 25.8Ni - 2.95Cr、Fe - 5.2Mn - 1.1C、U - Cr 合金等。

有些合金钢以变温马氏体为主,但也兼具等温马氏体,如 18W - 4Cr - 1V、GCr15 等,冷却到 M_s 温度下等温,残余奥氏体会发生等温马氏体相变。

(3) 爆发型马氏体

一些 M_s 温度在室温或 0 ℃ 以下的合金,冷却至 $M_b(M_b \leq M_s)$ 时,瞬间(几分之一秒内)剧烈地形成大量马氏体,这种形成形式为爆发型马氏体。爆发型马氏体转变时伴有声音并放出大量相变热,爆发量达 80% 时,试样温度上升

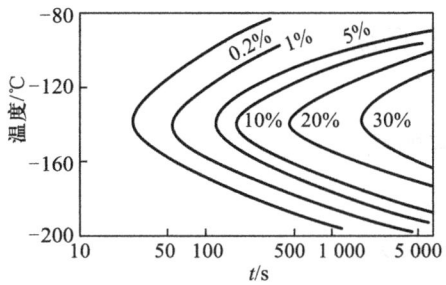

图 8.3 Fe – 23.2Ni – 3.62Mn 合金等温马氏体

30 ℃。这种爆发型马氏体在铬钢、Fe – Ni 合金、镍钢中存在。爆发型相变和等温相变常常交叉或相伴出现，如在 M_b 产生少量等温转变（30 min 内形成 0.5% 等温马氏体）后产生爆发型转变，形成约 34% 的爆发型马氏体；Fe – Ni – Mn 在爆发型转变后，在经等温又可进行等温马氏体转变。M_b 较高的合金爆发型转变后会伴有等温转变（Fe – 19.1Ni – 0.25C）；M_s 低于 – 140 ℃，等温转变将被压制；有的合金在低温呈爆发型，在较高温度形成等温马氏体，如 Fe – 25.8Cr – 2.95Ni 合金在快冷到 – 155 ℃ 呈爆发型，在 – 80 ~ – 140 ℃ 区间发生等温马氏体相变。

(4) 热弹性 - 半热弹性马氏体、非热弹性马氏体

① 临界相变驱动力小，相变热滞小；② 相界面能随温度往复（正、逆）运动；③ 相变形状应变为弹性协作，马氏体内的弹性储存能对逆相变驱动力作贡献，为热弹性马氏体。部分符合上面三个条件的为半热弹性马氏体。非热弹性马氏体的条件是：① 相变热滞大；② 一片马氏体瞬间长大至完整，界面呈不动界面；③ 常由位错协作产生形状应变，其逆相变驱动力完全由化学驱动力提供。

热弹性马氏体有 Au – Cd、Cu – Al – Ni、Cu – Zn – Al 等，如 Cu – 26Zn – 4Al 合金的相变驱动力仅 10.5 J/mol，热滞（$A_f - M_s$）仅为几摄氏度。半热弹性马氏体如 Fe – 30Mn – 6Si 的 fcc→hcp（$\gamma \to \varepsilon$）马氏体相变，驱动力为 120 J/mol，热滞较大，为 100 K，其 γ/ε 的界面能可逆运动。类似的半热弹性马氏体有 Fe – 25Pt、Fe – 33Ni – 10Co – 4Ti – (Al)、Fe – Ni – C 中的 $\gamma \to \alpha'$ 和 Fe – Pd 中的 fcc→fct 等。Fe – 30Ni 合金及多数碳钢的 $\gamma \to \alpha'$ 马氏体相变的驱动力为 1 000 J/mol 以上，热滞高达几百摄氏度，界面不随温度可逆运动，都属于非热弹性马氏体。

8.2 马氏体相变驱动力

8.2.1 马氏体相变的热力学条件

1. 经典热力学理论

马氏体相变属于一级无扩散型相变,由图 8.2 可见,M_s 温度在 T_0(母相 γ 和新相马氏体 M 的两相吉布斯自由能相等的温度)以下,此温度下的两相吉布斯自由能差 $\Delta G^{\gamma \to M}|_{M_s}$ 为马氏体相变的驱动力。相变的热力学条件为

$$\Delta G^{\gamma \to M} + \Delta G(\text{非化学}) \leqslant 0 \tag{8.1}$$

ΔG(非化学)包括马氏体相变的体积膨胀能和马氏体相的表面能、共格能、弹性能等,$\Delta G^{\gamma \to M}$ 表示 1 mol 奥氏体转变为马氏体时吉布斯自由能的变化:

$$\Delta G^{\gamma \to M} = \Delta G^{\gamma \to \alpha} + \Delta G^{\alpha \to M}(\text{非化学}) \tag{8.2}$$

$\Delta G^{\gamma \to M}$ 等于零时,定义为马氏体转变温度 M_s;$\Delta G^{\gamma \to \alpha}$ 等于零时,定义为 T_0 温度。

$$-\Delta G^{\gamma \to \alpha} = \Delta G^{\alpha \to M}(\text{非化学}) \tag{8.3}$$

由式(8.3)可求得马氏体相变的驱动力,进而得到马氏体相变的开始温度 M_s。利用热力学计算,从不同相变途径获得的驱动力大小,以能量最小原理出发,求出 $\Delta G^{\gamma \to \alpha}$ 为马氏体相变的临界驱动力,进而可以分析相变的机制。

2. 朗道(Landau)的平均场理论

Landau[2]在 1938 年建立了他的二级相变理论,将自由能表达为序参量和温度的函数

$$\phi_H(\xi, T) = \phi_0 + a\xi + b\xi^2 + c\xi^3 + d\xi^4 + \cdots \tag{8.4}$$

Devonshire[3,4]将其扩展到一级相变,以后 Ginzburg-Landau[5]将畴壁加上序参量梯度能量,将自由能表达式表示为

$$\phi(\xi, \nabla \xi, T) = \phi_H + \alpha(\nabla \xi)^2 \tag{8.5}$$

式中,α 为正值。Ginzburg-Landau 建立了系统能量

$$F = \int \phi[\xi(x), \nabla \xi(x), T] dV \tag{8.6}$$

以位置 x 为函数的序参量以及畴壁厚度均可由式(8.6)中 F 的最小值求得,将平衡结构的 $\xi(x)$ 代入式(8.6)可得畴壁的能量,由系统的总能量哈密顿量 $H = T$(动能)$+ F$ 和拉格朗日量 $L = T$(动能)$- F$ 可以建立运动方程,从而为近代相变理论奠定基础。将相变热力学和相变动力学有机结合,将近代的孤立子理论和相场理论应用于马氏体相变,这部分将在第十一章中讨论。

8.2.2 铁碳合金

相变驱动力 $\Delta G^{\gamma \to \alpha}$ 的计算由 Fisher 最初提出模型，后经修正的 KRC 模型、LFG 模型、Fisher-Bhadeshia 模型、Fisher–徐模型。

1. Fisher 模型[6]

按热力学原理，在 M_s 温度的马氏体和奥氏体的吉布斯自由能分别为

$$G^{\alpha} = (1 - x_C^{\alpha})\bar{G}_{Fe}^{\alpha} + x_C^{\alpha}\bar{G}_C^{\alpha} \tag{8.7}$$

$$G^{\gamma} = (1 - x_C^{\gamma})\bar{G}_{Fe}^{\gamma} + x_C^{\gamma}\bar{G}_C^{\gamma} \tag{8.8}$$

在马氏体相变时，$x_C^{\alpha} = x_C^{\gamma} = x_C$，$x_{Fe}^{\alpha} = x_{Fe}^{\gamma} = x_{Fe} = 1 - x_C$，因此以式(8.7)减式(8.8)可得

$$\Delta G^{\gamma \to \alpha} = G^{\alpha} - G^{\gamma} = (1 - x_C)[\bar{G}_{Fe}^{\alpha} - \bar{G}_{Fe}^{\gamma}] + x_C[\bar{G}_C^{\alpha} - \bar{G}_C^{\gamma}] \tag{8.9}$$

而

$$\bar{G}_{Fe}^{\alpha} = {}^0G_{Fe}^{\alpha} + RT\ln a_{Fe}^{\alpha} = {}^0G_{Fe}^{\alpha} + RT\ln \gamma_{Fe}^{\alpha} + RT\ln x_{Fe}^{\alpha} \tag{8.10}$$

$$\bar{G}_{Fe}^{\gamma} = {}^0G_{Fe}^{\gamma} + RT\ln a_{Fe}^{\gamma} = {}^0G_{Fe}^{\gamma} + RT\ln \gamma_{Fe}^{\gamma} + RT\ln x_{Fe}^{\gamma} \tag{8.11}$$

式中，${}^0G_{Fe}^i$ 表示纯 Fe 在 i ($i = \alpha$, γ) 相吉布斯自由能，γ 为活度系数。同样

$$\bar{G}_C^{\alpha} = G_C^0 + RT\ln a_C^{\alpha} = G_C^0 + RT\ln \gamma_C^{\alpha} + RT\ln x_C^{\alpha} \tag{8.12}$$

$$\bar{G}_C^{\gamma} = G_C^0 + RT\ln a_C^{\gamma} = G_C^0 + RT\ln \gamma_C^{\gamma} + RT\ln x_C^{\gamma} \tag{8.13}$$

式中，G_C^0 表示纯石墨的吉布斯自由能，将式(8.10)~式(8.13)代入式(8.9)得

$$\Delta G^{\gamma \to \alpha} = (1 - x_C)\Delta G_{Fe}^{\gamma \to \alpha} + (1 - x_C)RT\ln \frac{\gamma_{Fe}^{\alpha}}{\gamma_{Fe}^{\gamma}} + x_C RT\ln \frac{\gamma_C^{\alpha}}{\gamma_C^{\gamma}} \tag{8.14}$$

以 $\gamma_{Fe}^{\alpha}/\gamma_{Fe}^{\gamma} \approx 1$，$x_{Fe} \approx 1$，$x_C^{\alpha} = x_C^{\gamma} = x_C$，由式(8.14)可得

$$\Delta G^{\gamma \to \alpha} = \Delta G_{Fe}^{\gamma \to \alpha} + x_C RT\ln \frac{\gamma_C^{\alpha}}{\gamma_C^{\gamma}} \tag{8.15}$$

假定石墨在固溶体中的溶解热与碳浓度及温度无关，按吉布斯–亥姆霍兹(Gibbs-Helmholtz)方程

$$\frac{\mathrm{d}\ln \gamma_C}{\mathrm{d}\left(\frac{1}{T}\right)} = \frac{\Delta H_C}{R} \tag{8.16}$$

积分式(8.16)，得

$$\ln \gamma_C^{\alpha} = \Delta H_C^{\alpha}/(RT) + \mathrm{const.}\,1 \tag{8.17}$$

$$\ln \gamma_C^{\gamma} = \Delta H_C^{\gamma}/(RT) + \mathrm{const.}\,2 \tag{8.18}$$

$$RT\ln \frac{\gamma_C^{\alpha}}{\gamma_C^{\gamma}} = \Delta H_C^{\alpha} - \Delta H_C^{\gamma} + RT(\mathrm{const.}\,1 - \mathrm{const.}\,2) \tag{8.19}$$

式中，const. 1 和 const. 2 为积分常数。在 Fe - C 平衡相图中，铁素体和奥氏体平衡时由式(8.12)和式(8.13)可得

$$\mu_C^\alpha = \mu_C^\gamma \quad \text{或} \quad \bar{G}_C^\alpha = \bar{G}_C^\gamma$$

$$RT\ln \gamma_C^\gamma x_C^\gamma = RT\ln \gamma_C^\alpha x_C^\alpha$$

$$\frac{\gamma_C^\alpha}{\gamma_C^\gamma} = \frac{x_C^\gamma}{x_C^\alpha} = \frac{x_C^{\gamma/(\gamma+\alpha)}}{x_C^{\alpha/(\alpha+\gamma)}}$$

式中，$x_C^{\alpha/(\alpha+\gamma)}$ 及 $x_C^{\gamma/(\gamma+\alpha)}$ 分别是铁素体和奥氏体平衡时相图上的平衡浓度，在 1 083 K 时

$$x_C^{\gamma/(\gamma+\alpha)}/x_C^{\alpha/(\alpha+\gamma)} = 0.315/0.012\ 8 = 24.6$$

$$RT\ln \frac{\gamma_C^\alpha}{\gamma_C^\gamma} = 6\ 825$$

取实验测定的 $\Delta H_C^\gamma = 10\ 000$ cal/mol(41 840 J/mol)，$\Delta H_C^\alpha = 20\ 500$ cal/mol(85 800 J/mol)代入式(8.19)

$$RT(\text{const. 1} - \text{const. 2}) = 6\ 825 - 10\ 500 \text{ 因 } T = 1\ 073\text{，故}$$

$$R(\text{const. 1} - \text{const. 2}) = -3.425$$

$$RT\ln \frac{\gamma_C^\alpha}{\gamma_C^\gamma} = (10\ 500 - 3.425T) \text{ cal/mol}$$

$$= 4.184 \times (10\ 500 - 3.425T) \text{ J/mol} \quad (8.20)$$

将式(8.20)代入式(8.15)就可求得不同 x_C 的 $\Delta G^{\gamma \to \alpha}$ 值，即相变临界驱动力。

2. KRC 模型[7]

假定具有 α 晶体结构的化合物 ACn，其分子式约为 Fe_4C，间隙位置都被碳原子填充，即其浓度为 $x = n/(n+1)$，则 Fe - ACn 系在温度 T 时有

$$G^\alpha = \left[1 - \left(\frac{n+1}{n}\right)x\right]G_{Fe}^\alpha + \left(\frac{n+1}{n}\right)xG_{ACn}^\alpha + G_E^\alpha - TS_P^\alpha \quad (8.21)$$

$$G^\gamma = \left[1 - \left(\frac{n+1}{n}\right)x\right]G_{Fe}^\gamma + \left(\frac{n+1}{n}\right)xG_{ACn}^\gamma + G_E^\gamma - TS_P^\gamma \quad (8.22)$$

式中，G_E^α、G_E^γ 分别为铁素体和奥氏体中的混合多余吉布斯自由能。

为不使吉布斯自由能提高过大，考虑一个碳原子周围有 $1 + S_e = z$ 位置不能再充填，即 $x = n/(n+z)$ 时有效间隙位置全部被充填，则每摩尔固溶体中所有的间隙位置为 $n(1-x)N_0/z$，每摩尔固溶体中已占有的间隙原子为 xN_0，每摩尔固溶体中有效的间隙位置为 $n(1-x)N_0/z - xN_0$，配置概率和配置熵为

$$W = z^{xN_0} \frac{[n(1-x)N_0/z]!}{[xN_0]![n(1-x)N_0/z - xN_0]!} \quad (8.23)$$

$$S_P = -\frac{R}{z}\left[xz\ln\left(\frac{x}{n}\right) - n(1-x)\ln(1-x) + \left(1 - \frac{x(n+z)}{n}\right)\ln\left(1 - \frac{x(n+z)}{n}\right)\right] \quad (8.24)$$

则式(8.21)和式(8.22)应改写为

$$G^\alpha = \left[1 - \left(\frac{n+z}{n}\right)x\right]G^\alpha_{Fe} + \left(\frac{n+z}{n}\right)xG^\alpha_{ACn/z} + G^\alpha_E - TS^\alpha_P \quad (8.25)$$

$$G^\gamma = \left[1 - \left(\frac{n+z}{n}\right)x\right]G^\gamma_{Fe} + \left(\frac{n+z}{n}\right)xG^\gamma_{ACn/z} + G^\gamma_E - TS^\gamma_P \quad (8.26)$$

$$\bar{G}^\alpha_{Fe} = G^\alpha - x(\partial G^\alpha/\partial x)$$

$$\bar{G}^\alpha_C = G^\alpha + (1-x)(\partial G^\alpha/\partial x)$$

$$\bar{G}^\alpha_{Fe} = G^\alpha_{Fe} + \frac{RTn}{z}\ln\left[\frac{n - x(n+z)}{n(1-x)}\right] + G^\alpha_E - x\frac{\partial G^\alpha_E}{\partial x} \quad (8.27)$$

$$\bar{G}^\alpha_C = \left(\frac{n+z}{n}\right)G^\alpha_{ACn/z} - \frac{z}{n}G^\alpha_{Fe} + RT\ln\left[\frac{x}{n-(n+z)x}\right] + G^\alpha_E + (1-x)\frac{\partial G^\alpha_E}{\partial x} \quad (8.28)$$

以 $G^\alpha_E = H^\alpha_E - TS^\alpha_E$,$H^\alpha_E \approx x[n/(n+z)]$,$H_0 \sim xH^\alpha$,$S^\alpha_E \sim xS^\alpha$,$H^\alpha$ 及 S^α 均为常数,则式(8.27)和式(8.28)可简化为

$$RT\ln a_{Fe} = \frac{RTn}{z}\ln\left[\frac{n-x(n+z)}{n(1-x)}\right] \quad (8.29)$$

$$RT\ln a_C = RT\ln\left[\frac{x}{n-(n+z)x}\right] + [\phi(T) + H - TS] \quad (8.30)$$

对 a^α_{Fe} 及 a^α_C,$n=3$,对 a^γ_{Fe} 及 a^γ_C,$n=1$,认为 $z=5$。由式(8.30)应用 $CO-CO_2$ 所测定的 a^γ_C 值得到

$$RT\ln a^\gamma_C\big|_{石墨} RT\ln\left[\frac{x}{1-6x}\right] + 10\,580 - 4.01T \;(\text{cal/mol}) \quad (8.31)$$

$$RT\ln a^\alpha_C\big|_{石墨} RT\ln\left[\frac{x}{3(3+z)x}\right] + 26\,160 - 9.75T \;(\text{cal/mol}) \quad (8.32)$$

由 $G = (1-x_C)\bar{G}_{Fe} + x_C\bar{G}_C$ 可得

$$\Delta G^{\gamma\to\alpha} = (1-x)\Delta G^{\gamma\to\alpha}_{Fe} + x(15\,580 - 5.76T) -$$

$$RT\left[x\ln\left(\frac{3-x(3+z)}{1-6x}\right) + \frac{(1-x)}{5}\times\right.$$

$$\left.\ln\left(\frac{1-6x}{1-x}\right) - \frac{3(1-x)}{z}\ln\left(\frac{3-x(3+z)}{3(1-x)}\right)\right] \quad (8.33)$$

式(8.33)为 KRC 模型的临界相变驱动力。

3. LFG 模型[8]

将统计物理模型用于 Fe-C 系合金的热力学,碳在奥氏体和铁素体中的活度分别表示为

$$\ln a_C^\gamma = 5\ln\frac{1-2x_\gamma}{x_\gamma} + \frac{6w_\gamma}{RT} + 6\ln\frac{\delta_\gamma - 1 + 3x_\gamma}{\delta_\gamma + 1 - 3x} + \frac{\Delta\bar{H}_\gamma - \Delta\bar{S}_\gamma^{xs}T}{RT} \quad (8.34)$$

式中

$$\delta_\gamma = [1 - 2(1+2J_\gamma)x_\gamma + (1+8J_\gamma)x_\gamma^2]^{1/2}, \quad J_\gamma = 1 - e^{-w_\gamma/(RT)}$$

$$\ln a_C^\alpha = 3\ln\frac{3-4x_\alpha}{x_\alpha} + \frac{4w_\alpha}{RT} + 4\ln\frac{\delta_\alpha - 3 + 5x_\alpha}{\delta_\alpha + 3 - 5x_\alpha} + \frac{\Delta\bar{H}_\alpha - \Delta\bar{S}_\alpha^{xs}T}{RT} \quad (8.35)$$

式中

$$\delta_\alpha = [9 - 6(3+2J_\alpha)x_\alpha + (9+16J_\alpha)x_\alpha^2]^{1/2}, \quad J_\alpha = 1 - e^{-w_\alpha/(RT)}$$

应用吉布斯－亥姆霍兹方程，导得

$$\ln a_{Fe}^\gamma = s\ln\frac{1-x_\gamma}{1-2x_\gamma} + 6\ln\frac{1 - 2J_\gamma + (4J_\gamma - 1)x_\gamma - \delta_\gamma}{2J_\gamma(2x_\gamma - 1)} \quad (8.36)$$

为绕过铁素体中 C－C 交互作用的负值问题，以实验的 a_C^α 代替式(8.35)计算，获得

$$\Delta G^{\gamma\to\alpha} = RT\left\{6x\ln\frac{x(\delta_\gamma + 1 - 3x)}{(\delta_\gamma - 1 + 3x)} - 6(1-x) \times \right.$$

$$\ln\left[\frac{1 - 2J_\gamma + (4J_\gamma - 1)x - \delta_\gamma}{2J_\gamma(2x-1)}\right] - 4(1-x)\ln(1-x) +$$

$$\left. 5(1-2x)\ln(1-2x)\right\} + (1-x)\Delta G_{Fe}^{\gamma\to\alpha} +$$

$$x[(20\,060 - \Delta\bar{H}_\gamma) - (4.12 - \Delta\bar{S}^{xs,\gamma})T - w_\gamma - RT\ln 3] \quad (8.37)$$

同样通过活度，求得临界相变驱动力。

徐祖耀等[9]使 a_C^α 和 a_{Fe}^α 满足吉布斯－亥姆霍兹关系，得出完整的 $\Delta G^{\gamma\to\alpha}$，修正后的 LFG 所得的 $\Delta G^{\gamma\to\alpha}$ 比原始的 KRC 模型的负值更大。

4. Fisher-Bhadeshia 模型[10]

Bhadeshia 认为 $\gamma_C^\alpha/\gamma_C^\gamma$ 不仅与温度有关，也是浓度的函数

$$RT\ln(\gamma_C^\alpha/\gamma_C^\gamma) = 18\,404 - 10.46T - (40\,418 - 28.77T)x_C \quad (8.38)$$

以 KRC 模型，取 $z=5$，铁素体 $n=3$，奥氏体 $n=1$，得

$$RT\ln(\gamma_{Fe}^\alpha/\gamma_{Fe}^\gamma) = \frac{RT}{5}\left[3\ln\frac{3-8x_C}{3(1-x_C)} - \ln\frac{1-6x_C}{1-x_C}\right]$$

$$\Delta\bar{G}_C^{\gamma\to\alpha} = RT\ln(\gamma_C^\alpha/\gamma_C^\gamma)$$

$$\Delta G^{\gamma\to\alpha} = x_C RT\ln(\gamma_C^\alpha/\gamma_C^\gamma) + (1-x_C)RT\ln(\gamma_{Fe}^\alpha/\gamma_{Fe}^\gamma) + (1-x_C)\Delta G_{Fe}^{\gamma\to\alpha}$$

$$(8.39)$$

5. Fisher－徐模型[11]

考虑 KRC 模型，修改 Fisher 模型，提出

$$RT\ln(\gamma_C^\alpha/\gamma_C^\gamma) = 67\,446 - 36.74T \tag{8.40}$$

$$\begin{aligned}\Delta G^{\gamma\to\alpha} &= x_C RT\ln(\gamma_C^\alpha/\gamma_C^\gamma) + (1-x_C)RT\ln(\gamma_C^\alpha/\gamma_C^\gamma) + (1-x_C)\Delta G_{Fe}^{\gamma\to\alpha}\\ &= (1-x_C)\Delta G_{Fe}^{\gamma\to\alpha} + 67\,446 - 36.74T +\\ &\quad (1-x_C)\frac{RT}{5}\left[3\ln\frac{3-8x_C}{3(1-x_C)} - \ln\frac{1-6x_C}{1-x_C}\right]\end{aligned} \tag{8.41}$$

6. 临界相变驱动力、T_0 和 M_s 温度

上述的模型提供了 $\Delta G^{\gamma\to\alpha}$ 的各种计算方法，$\Delta G^{\gamma\to\alpha}=0$ 时的温度定义了 T_0。当温度在 M_s 时，式(8.3) $-\Delta G^{\gamma\to\alpha}=\Delta G^{\alpha\to M}$（非化学）中的 $\Delta G^{\gamma\to\alpha}$ 为马氏体相变的临界驱动力，至此，问题的关键是如何确定 $\Delta G^{\alpha\to M}$（非化学）此项。

$\Delta G^{\alpha\to M}$（非化学）项包括：母相基体在 M_s 时的与屈服强度相关的切变能量，临近马氏体相的母相协作应变能、马氏体体积膨胀所引起的应变能、马氏体内的储存能（位错应变能、孪晶界面能）、奥氏体和马氏体之间与马氏体片之间的界面能，以及外应力场或磁场提供的能量等。当不存在外场时，可表示为[12]

$$\Delta G^{\alpha\to M} = 2.1\sigma + 900\ \text{J/mol} \tag{8.42}$$

式中：系数 2.1 与马氏体和奥氏体的形变量和切变角有关；σ 代表母相在 M_s 时的屈服强度，量纲为 MN/m^2；900 J/mol 主要是马氏体内的储存能。对纯 γ-Fe，在 800 K 时的屈服强度为 130 MN/m^2，σ 可写成[13]

$$\sigma = 130 + 2\,800\%C + 0.2(800-T) \tag{8.43}$$

式(8.43)中的 $T=M_s$，将 σ 代入式(8.42)可获得临界相变驱动力，将式(8.3)、式(8.42)和式(8.43)联立，求 T 而获得 M_s 温度。

8.2.3　Fe-X-(C)系

1. Fe-X 系

铁合金的基本热力学同样遵循式(8.2)，$\Delta G^{\alpha\to M}$（非化学）按式(8.42)计算，但 $\Delta G^{\gamma\to\alpha}$ 项需另行考虑。通常有三种方法。

（1）规则溶液法

以近似稀溶液条件，按规则溶液方法，固溶体的混合吉布斯自由能可表示为

$$G_{Fe-X}^M = x_i(1-x_i)G(x_i,T) + RT[x_i\ln x_i + (1-x_i)\times\ln(1-x_i)] \tag{8.44}$$

式(8.44)中第一项是由混合热效应引起的额外（多余）吉布斯自由能，第二项为配制熵。

设奥氏体的额外自由能为 E^γ，它与奥氏体相同成分的铁素体的额外自由

能 E^α 分别为

$$E^\gamma = x_i(1-x_i)B, \quad E^\alpha = x_i(1-x_i)A$$

式中，A 和 B 是热力学常数。合金由 $\gamma \to \alpha$ 时，吉布斯自由能差为

$$\Delta G^{\gamma \to \alpha} = (1-x_i)\Delta G_{Fe}^{\gamma \to \alpha} + x_i \Delta G_i^{\gamma \to \alpha} + x_i(1-x_i)(B-A) \quad (8.45)$$

式中，$\Delta G_{Fe}^{\gamma \to \alpha}$ 为已知，在 T_0 温度 $\Delta G^{\gamma \to \alpha} = 0$，因此只要知道 B、A，则 $\Delta G_i^{\gamma \to \alpha}$ 即可求得。$(B-A)$ 可以通过固溶体的混合比热（包括电子、磁和德拜等）求得，或通过吉布斯自由能成分曲线的公切线原则获得合金元素 i 在 γ 中的浓度 x_i^γ 和在 α 中的浓度 x_i^α，在两相平衡时

$$\bar{G}_i = G + (1-x_i)\frac{\partial G}{\partial x}, \quad \bar{G}_{Fe} = G - x\frac{\partial G}{\partial x}$$

$$\Delta G_{Fe}^{\gamma \to \alpha} + RT\ln\frac{1-x_i^\gamma}{1-x_i^\alpha} = (x_i^\alpha)^2 A - (x_i^\gamma)^2 B \quad (8.46)$$

$$\Delta G_{Fe}^{\gamma \to \alpha} + RT\ln\frac{x_i^\gamma}{x_i^\alpha} = (1-x_i^\alpha)^2 A - (1-x_i^\gamma)^2 B \quad (8.47)$$

由式(8.46)和式(8.48)可解得 A 和 B，令式(8.45)等于零，可解得 $\Delta G_i^{\gamma \to \alpha}$，进而得到 $\Delta G^{\gamma \to \alpha}$。

(2) 由比热和热焓法

已知合金的 T_0，并测定 $(H_T^\alpha - H_{298}^\alpha)$、$(H_{T_0}^\gamma - H_{298}^\alpha)$、$(S_T^\gamma - S_{298}^\alpha)$、$(S_{T_0}^\gamma - S_{298}^\alpha)$ 在稳定 γ 相区内的 C_{pT}^γ 以及 T_0 时的 $C_{pT_0}^\gamma$，由 $C_p = C + dT$ 经 $T_0 \to T$ 积分，即可得 $\alpha - \gamma$ 平衡时的 $C_{pT_0}^\gamma$：

$$\Delta G_T^{\gamma \to \alpha} = (H_T^\alpha - H_{298}^\alpha) - (H_{T_0}^\gamma - H_{298}^\alpha) - T(S_T^\gamma - S_{298}^\alpha) + T(S_{T_0}^\gamma - S_{298}^\alpha) +$$

$$T\int_{T_0}^{T}\frac{C_{pT}^\gamma}{T}dT - \int_{T_0}^{T}C_{pT}^\gamma dT \quad (8.48)$$

(3) 由活度系数求

$$\Delta G^{\gamma \to \alpha} = (1-x_i)\Delta G_{Fe}^{\gamma \to \alpha} + x_i RT\ln\frac{\gamma_i^\alpha}{\gamma_i^\gamma} \quad (8.49)$$

式(8.49)形式简单，但目前只有铬在体心立方的铁及面心立方的铁中的活度系数，以及锰在 γFe 和 Ti、V、Co、Ni、Cu 在 1 200~1 650 K 的 γFe 中的活度系数数据，因此数据有限，应用受限。

2. Fe - X - C 合金

三元系模型是建立在二元基础上，并需采用有关文献的热力学数据，不作详细分析，仅提供有关模型以供参考。

徐祖耀[14]考虑 Fisher 模型及二元系规则溶液模型提出：

$$\Delta G_{\text{Fe-X-C}}^{\gamma\to\alpha} = (1-x_C-x_i)\Delta G_{\text{Fe}}^{\gamma\to\alpha} + x_C RT\ln\frac{\gamma_C^\alpha}{\gamma_C^\gamma} + x_i\Delta G_i^{\gamma\to\alpha} + \Delta E^{\gamma\to\alpha} \quad (8.50)$$

式中，γ_C^α、γ_C^γ 是三元系中 C 的活度系数。

8.2.4 铜基合金

1. 相变驱动力的热力学公式

对二元系 A、B 系统，相变驱动力为

$$\Delta G^{\beta\to\alpha} = x_A\Delta G_A^{\beta\to\alpha} + (1-x_A)\Delta G_B^{\beta\to\alpha} + x_A(1-x_A)(E^\alpha - E^\beta) \quad (8.51)$$

对三元系 A、B、C 系统，相变驱动力为

$$\Delta G^{\beta\to\alpha} = x_A\Delta G_A^{\beta\to\alpha} + x_B\Delta G_B^{\beta\to\alpha} + x_C\Delta G_C^{\beta\to\alpha} + (E_{AB}^\alpha - E_{AB}^\beta)x_A x_B +$$
$$(E_{AC}^\alpha - E_{AC}^\beta)x_A x_C + (E_{BC}^\alpha - E_{BC}^\beta)x_B x_C \quad (8.52)$$

问题归结为合金元素的交互作用系数 E_{ij} 的确定。

Cu 基 β 合金，包括 Cu-Zn、Cu-Al 和 Cu-Zn-Al 的马氏体相变为热弹性的，相变吉布斯自由能的变化值在合金存在有序转变时应表示为

$$\Delta G^{\beta'\to M} = \Delta G^{\beta'\to\beta} + \Delta G^{\beta\to\alpha} + \Delta G^{\alpha\to\alpha'} + \Delta G^{\alpha'\to M} \quad (8.53)$$

式中，β′和 α′分别表示有序态 β 和有序态 α，定义 $\Delta G^{\beta'\to M}=0$ 时的温度为 M_s 温度。

2. Cu-Zn 合金

周晓望和徐祖耀[15,16]根据规则溶液方法的基本公式 $RT\ln\gamma_{\text{Cu}}^\alpha = E^\alpha(1-x_{\text{Cu}}^\alpha)^2$ 及活度数据，求得组元在 α 相的活度系数 $E^\alpha = -29.048$ kJ/mol。由于 β-Cu 的实验活度数据的标准态是纯 α-Cu，将其转化为 β-Cu，与 $\Delta G_{\text{Cu}}^{\beta\to\alpha} + RT\ln a_{\text{Cu}}^\beta = RT\ln x_{\text{Cu}}^\beta + E^\beta(1-x_{\text{Cu}}^\beta)^2$ 联立，求得组元在 β 相的交互作用系数 $E^\beta = -43.014$ kJ/mol，通过式(8.51)导得临界相变驱动力，T_0 及 M_s 当 α 相和 β 相平衡时，组元在各相的偏克分子吉布斯自由能(化学位)相等，则

$$\Delta G_{\text{Cu}}^{\beta\to\alpha} = -RT\ln\left(\frac{x_{\text{Cu}}^{\alpha/(\alpha+\beta)}}{x_{\text{Cu}}^{\beta/(\alpha+\beta)}}\right) - E^\alpha(x_{\text{Zn}}^{\alpha/(\alpha+\beta)})^2 + E^\beta(x_{\text{Zn}}^{\beta/(\alpha+\beta)})^2 \quad (8.54)$$

$$\Delta G_{\text{Zn}}^{\beta\to\alpha} = -RT\ln\left(\frac{x_{\text{Zn}}^{\alpha/(\alpha+\beta)}}{x_{\text{Zn}}^{\beta/(\alpha+\beta)}}\right) - E^\alpha(x_{\text{Cu}}^{\alpha/(\alpha+\beta)})^2 + E^\beta(x_{\text{Cu}}^{\beta/(\alpha+\beta)})^2 \quad (8.55)$$

$$\Delta G_{\text{Cu}}^{\beta\to\alpha} = -7\,232.40 \text{ J/mol} + 3.143\,48T \quad (8.56)$$

$$\Delta G_{\text{Zn}}^{\beta\to\alpha} = -352.08 \text{ J/mol} - 0.797\,13T - 8.170\,4\times10^{-4}T^2 \quad (8.57)$$

将式(8.56)和式(8.58)及交互作用系数代入式(8.51)，可得临界驱动力为

$$\Delta G^{\beta\to\alpha} = -7\,232.40 \text{ J/mol} + 20\,874.32x_{\text{Zn}} - 13\,967x_{\text{Zn}}^2 +$$
$$(3.143\,48 - 3.940\,61x_{\text{Zn}})T - 8.170\times10^{-4}x_{\text{Zn}}T^2 \quad (8.58)$$

$$T_0 = 26\ 191\ \text{K} - 6\ 180.8x_{\text{Zn}} \tag{8.59}$$

$$M_s = 2\ 608.3\ \text{K} - 6\ 184.9x_{\text{Zn}} \tag{8.60}$$

3. Cu - Al 合金[17]

该系统的现有活度数据不足以确定交互作用系数，化学交换能与交互作用系数为

$$E_{\text{AB}} = \Delta U^{\text{E}}/x_{\text{A}}x_{\text{B}} = \frac{1}{2}N_0 Z_1 W_{\text{AB}}^{(1)} \tag{8.61}$$

式中，N_0 为阿伏加德罗常数，Z_1 为临近原子数，$W_{\text{AB}}^{(1)}$ 为化学交换能，上标（1）表示最临近。根据 $W_{\text{CuAl}}^{(1)} = 1\ 345k$，$W_{\text{CuAl}}^{(2)} = 825k$，$W_{\text{CuAl}}^{\text{M}} = 1\ 459k$（$k = 13.8 \times 10^{-24}\ \text{J}$），获得交互作用系数

$$E_{\text{CuAl}}^{\alpha} = -6N_0 W_{\text{CuAl}}^{\alpha} \approx -6N_0 W_{\text{CuAl}}^{\text{M}} = -72.781\ \text{kJ/mol}$$

$$E_{\text{CuAl}}^{\beta} = -N_0(4W_{\text{CuAl}}^{(1)} + 3W_{\text{CuAl}}^{(2)}) = -65.306\ \text{kJ/mol}$$

式中，W 的上标（2）表示次近邻，上标 M 代表马氏体。

按相图拟和方法得

$$\Delta G_{\text{Cu}}^{\beta \rightarrow \alpha} = -1\ 221.81\ \text{J/mol} - 0.114\ 18T + 8.837 \times 10^{-5}T^2 \tag{8.62}$$

$$\Delta G_{\text{Al}}^{\beta \rightarrow \alpha} = 8\ 212.38\ \text{J/mol} + 2.751\ 13T \tag{8.63}$$

将式（8.62）和式（8.63）及求得的交互作用系数代入式（8.51），即可得到临界相驱动力。

4. Cu - Zn - Al 合金

由 Cu - Zn 二元系的活度计算得到 $E_{\text{CuZn}}^{\alpha} = -29.048\ \text{kJ/mol}$，$E_{\text{CuAZn}}^{\beta} = -43.014\ \text{kJ/mol}$，由 Cu - Al 二元系按化学交换能得到 $E_{\text{CuAl}}^{\alpha} = -72.781\ \text{kJ/mol}$，$E_{\text{CuAl}}^{\beta} = -65.306\ \text{kJ/mol}$，由 Zn - Al 二元系的化学交换能得到 $E_{\text{ZnAl}}^{\alpha} = 0\ \text{kJ/mol}$，$E_{\text{ZnAl}}^{\beta} = -3.326\ \text{kJ/mol}$。由式（8.56）、式（8.58）、式（8.62）、式（8.63）获得的数据中 $\Delta G_{\text{Cu/Zn}}^{\beta \rightarrow \alpha}$[式（8.56）]$\Delta G_{\text{Cu/Al}}^{\beta \rightarrow \alpha}$[式（8.62）]应取加权平衡作为 $\Delta G_{\text{Cu}}^{\beta \rightarrow \alpha}$

$$\Delta G_{\text{Cu}}^{\beta \rightarrow \alpha} = \frac{x_{\text{Zn}}\Delta G_{\text{Cu/Zn}}^{\beta \rightarrow \alpha} + x_{\text{Al}}\Delta G_{\text{Cu/Al}}^{\beta \rightarrow \alpha}}{x_{\text{Zn}} + x_{\text{Al}}} \tag{8.64}$$

将上述数据代入式（8.52）就可得 $\Delta G_{\text{Cu-Zn-Al}}^{\beta \rightarrow \alpha}$。

5. $\Delta G^{\gamma \rightarrow \text{M}}$（非化学）确定

① 以量热法实验得 ΔH、M_s 和 A_f，$T_0 = (M_s + A_f)/2$，以下式计算 $\Delta G^{\gamma \rightarrow \text{M}}$：

$$\Delta G^{\gamma \rightarrow \text{M}} = \frac{\Delta H}{T_0}(T_0 - M_s) \tag{8.65}$$

② 由切变能和马氏体内的储存能计算[18]

$$\Delta G^{\gamma \rightarrow \text{M}} = S + \Gamma,\quad S = C'\varepsilon^2 V/2 = \alpha E\varepsilon^2 V/(2A)$$

式中：$C' = E\alpha/A$ 是材料沿 $(110)[1\bar{1}0]$ 的剪切模量；E 为弹性模量；ε 为正交

的 α′ 相变为单斜马氏体的切应变；V 为材料的摩尔体积；$\alpha = C_{44}/E$；$A = C_{44}/C'$。马氏体的储存能 $\Gamma = \gamma_s V/d$，γ_s 为马氏体单位面积的层错能，d 是层错间距。因此，有

$$\Delta G^{\gamma \to M} = S + \Gamma = \frac{\alpha E \varepsilon^2 V}{2A} + \frac{\gamma_s V}{d} \tag{8.66}$$

8.3 马氏体相变动力学

8.3.1 马氏体相变动力学特征

马氏体具有多种类型，不同类型马氏体相变动力学的特征亦不同。(1) 变温马氏体相变量与时间无关，但由于奥氏体的热稳定化，相变量随温度降低趋于缓慢直至停止，一般碳钢和合金钢属于此类。(2) 等温马氏体的相变量取决于时间，并显示孕育期，在一些 Fe–Ni–Mn 等合金中显示。(3) 主要为变温，但又有等温的马氏体类型在等温阶段呈现时间依赖，奥氏体亦具热稳定化现象，如滚珠轴承钢、高速钢等高碳合金钢。(4) 爆发型时间短，具有自促发特征。

马氏体相变动力学是形核和长大的综合过程，受相变激活能控制，不论变温和等温，相变速度都与 $d\Delta G/dT$ 成比例（ΔG 为相变驱动力）。马氏体长大速度在 10^5 cm/s 数量级，一片马氏体在 10^{-8}s 内生成的为快速长大型；长大速度在 100 mm/s 数量级的为低速长大型；长大速度仅为 0.5 mm/s 的是极慢型，如 U–Cr 合金、Fe–28.8Ni 合金在 M_s 温度以上等温形成的表面马氏体，其长大速度仅为 10^{-2} cm/s；热弹性马氏体的界面移动能在光镜下观测，非热弹性马氏体的长大速度一般较大，一旦形核就很快长大。

8.3.2 变温马氏体相变动力学方程

Magee[19] 假定马氏体片的平均体积 $\bar{V}(t)$ 在相变时为常数，单位体积奥氏体形成的新相数目 dN 与相变驱动力的关系为

$$dN = -\phi d(\Delta G_V^{\gamma \to \alpha'}) \tag{8.67}$$

式中，ϕ 为比例常数。

设 $\bar{V}$ 为新形成的马氏体片相的平均体积，单位体积中新马氏体片数变化 dN_V，则马氏体体积分数变化

$$df = \bar{V} dN_V \tag{8.68}$$

$dN_V = (1-f)dN$，并将式 (8.67) 代入式 (8.68)，得

$$df = \bar{V}(1-f)dN = -\bar{V}(1-f)\phi d(\Delta G_V^{\gamma \to \alpha'}) = -\bar{V}(1-f)\phi \frac{d(\Delta G_V^{\gamma \to \alpha'})}{dT}dT \tag{8.69}$$

对式(8.68)积分，$M_s(f=0) \to T_q$，T_q 是冷却(淬火)温度，假定 $\dfrac{d(\Delta G_V^{\gamma \to \alpha'})}{dT}$ 也为常数，得

$$\ln(1-f) = -\bar{V}(1-f)\phi \frac{d(\Delta G_V^{\gamma \to \alpha'})}{dT}(M_s - T_q)$$

$$1-f = \exp\left[-\bar{V}\phi \frac{d(\Delta G_V^{\gamma \to \alpha'})}{dT}(M_s - T_q)\right] = \exp[\alpha(M_s - T_q)] \tag{8.70}$$

式中，α 是与材料有关的常数。

对各类碳钢和马氏体形成的动力学曲线，以半对数坐标作图，如图 8.4 所示，符合式(8.70)的规律。但 $\bar{V}$ 作为常数的假定，并不符合实际情况。

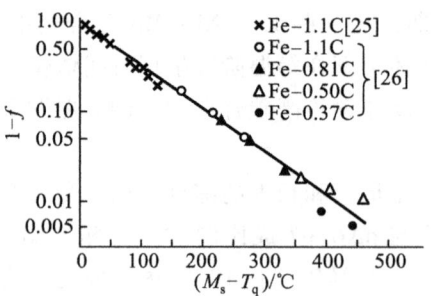

图 8.4　高、中碳钢马氏体相变动力学

由于低碳钢马氏体形成过程中存在 C 的扩散问题，$\Delta G_V^{\gamma \to \alpha'}$ 不但是温度的函数，也是碳浓度的函数，因此

$$d\Delta G_V^{\gamma \to \alpha'} = \frac{\partial \Delta G_V^{\gamma \to \alpha'}}{\partial T}dT + \frac{\partial \Delta G_V^{\gamma \to \alpha'}}{\partial C}dC$$

$$df = -\bar{V}(1-f)\phi\left[\frac{\partial \Delta G_V^{\gamma \to \alpha'}}{\partial T}dT + \frac{\partial \Delta G_V^{\gamma \to \alpha'}}{\partial C}dC\right] \tag{8.71}$$

对式(8.70)积分，温度由 $M_s(f=0) \to T_q$，碳浓度由 $C_0(f=0) \to C_1$，可得

$$1-f = \exp\bar{V}\phi\left[\frac{\partial \Delta G_V^{\gamma \to \alpha'}}{\partial C}(C_1 - C_0) - \frac{\partial \Delta G_V^{\gamma \to \alpha'}}{\partial T}(M_s - T_q)\right]$$

$$= \exp[\beta(C_1 - C_0) - \alpha(M_s - T_q)] \tag{8.72}$$

8.3.3　等温相变动力学

等温转变具有孕育期和 C 曲线特征，考虑马氏体相变过程中的自触发情

况,在母相中已存在 N_i/cm^3 个核胚,并设 p 为自触发因子,f 为马氏体分数,应有 pf 个核心由自触发形成,马氏体体积中有 N_v/cm^3 个核心被热激活形成的马氏体所消耗,则在 t 时间内每 cm^3 内核胚数应为 $N_t = (N_i + pf - N_v)(1 - f)$。Pati 和 Cohen[20,21] 推导得到的等温动力学公式为

$$df/dt = [N_i + f(p - 1/\bar{V})](1 - f)\nu\exp[1 - \Delta W/RT](\bar{V} + d\bar{V}/d\ln N_v)$$

式中,ΔW 为形核功(形核能垒),对 Fe-24Ni-3Mn 合金等温马氏体按式(8.82)计算和实验测量符合得很好(见图 8.5),表明等温马氏体的自触发假定是合理的。

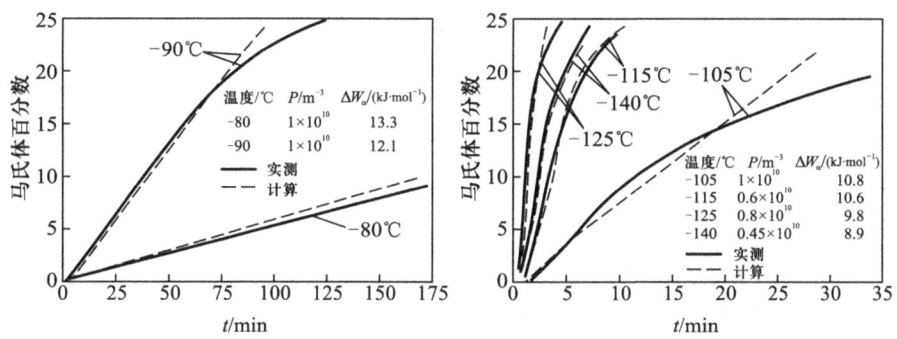

图 8.5 Fe-24Ni-3Mn 合金等温马氏体相变动力学曲线(-80 ~ -90 ℃)和(-105 ~ -140 ℃)

8.4 马氏体相变晶体学

8.4.1 马氏体相变晶体学经典模型

马氏体相变晶体学是马氏体相变的一个重要部分,以 Bain 模型为基础的原始表象理论 WLR 理论和 B-M 理论于 1953 年和 1954 年提出,奠定了马氏体晶体学的基础,但表象理论并不能描述马氏体相变过程中原子的真实迁动的途径。为了解释(225)马氏体内的复杂的亚结构,在原始的表象理论的基础上,又发展了复切变理论、协作形变理论、范性协作模型及多次切变理论等。鉴于马氏体相变过程新、旧相之间的对称关系,近代将群论方法应用于 Cu-Zn-Al 合金马氏体变体的研究,为马氏体相变晶体学研究提供了新的途径。

1. Bain[22] 应变

1924 年 Bain 提出,认为高碳钢中面心立方的奥氏体转变为体心正方的马氏体时只需沿一个立方体轴进行均匀压缩,如 1% C 钢的马氏体轴比为 1.05,

则沿体心立方的 c 轴方向压缩 20%，沿 a 轴方向伸长 12%，使轴比由 1.414 变为 1.05 就成为马氏体晶胞，如图 8.6 所示，称为 Bain 机制。此机制只显示原子在马氏体相变过程中移动的距离最小，在晶体学上指明新、旧相相对应的原子面和方向，但不能说明相变时的表面浮突、两相间的惯习面和位向关系，不具有相界面保持不应变的马氏体相变的基本特征。

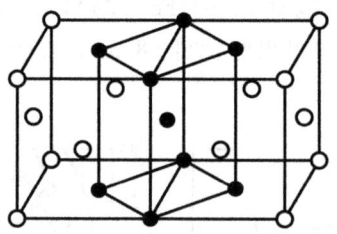

图 8.6　Bain 应变示意图

2. K-S 关系[23]

20 世纪 30 年代，Kurdjumov 和 Sachs 所确定的在 1.4%C 钢中马氏体(M)和奥氏体(γ)间的位向关系，$\{111\}_\gamma /\!/ \{100\}_M$，$[0\bar{1}1]_\gamma /\!/ [\bar{1}11]_M$，称为 K-S 关系，原子迁动如图 8.7 和图 8.8 所示。

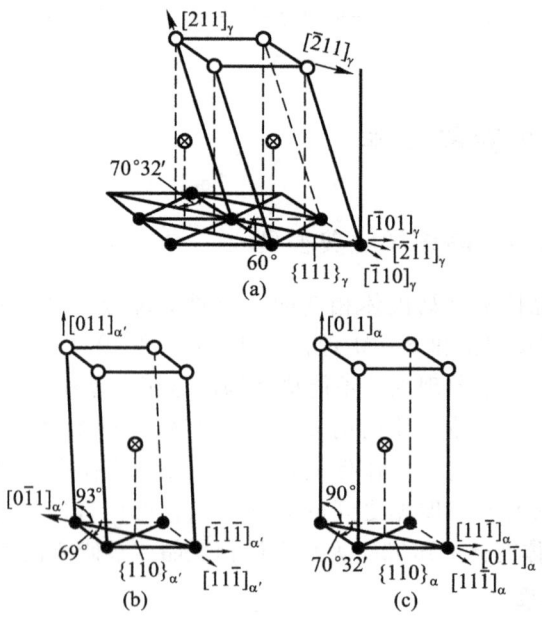

图 8.7　K-S 模型

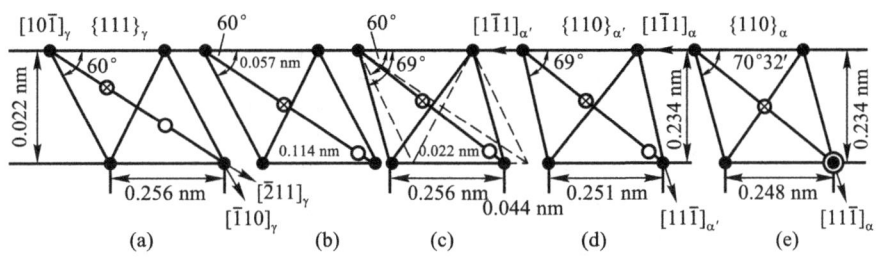

图 8.8　K-S 模型的平面投影

在图 8.8 中底面为 $\{111\}_\gamma$，● 表示底层原子，⊗ 为中层（第二层）原子，○ 为顶层（第三层）原子，图 8.8(b) 表示体心立方 $c/a=1.06$ 的体心正方马氏体结构，是 $\gamma\text{-Fe} \to \alpha\text{-Fe}$ 的中间态，其底面为 $\{110\}_{\alpha'}$（$\{110\}_{\alpha'} /\!/ \{111\}_\gamma$），图 8.8(c) 表示体心立方结构的 $\alpha\text{-Fe}$，其底面也是 $\{110\}_\alpha$。相变分三步进行。第一步在 $\{111\}_\gamma$ 面上沿 $[\bar{2}11]_\gamma$ 方向发生切变，使 ⊗ 层原子移动 0.085 nm，○ 层原子移动 0.114 nm，相当于 15°15′，不含 C 时，切变角为 19°28′。第二步在 $\{22\bar{1}\}_{\alpha'}$ 面上，$[1\bar{1}1]_{\alpha'}$ 方向有一个小的二次切变，使 60°夹角变到 69°，不含 C 时变到 80°32′。第三步作些必要的调整，达到符合实际的面间距。

图 8.8(a) 表示 $\{111\}_\gamma$ 面上原子的排列情况，图 8.8(b) 为第一次切变后的情况，图 8.8(c) 为第二次切变后的情况，图 8.8(d) 为调整成 $c/a=1.06$ 的情况，图 8.8(e) 为调整后 $\alpha\text{-Fe}$ 的 $\{110\}_\alpha$ 面上的原子排列情况。

在 $\{111\}_\gamma$ 上形成 $\alpha\text{-Fe}$ 时，有 6 种可能的 <111> 取向，而立方点阵有 4 个 {111} 平面，因此有 24 种可能的 $\alpha\text{-Fe}$ 取向。模型说明了新、旧相间的位向关系，但按此模型，惯习面是 $\{111\}_\gamma$，不符合高碳钢的 $\{225\}_\gamma$ 惯习面，同时也不能解释表面浮突问题。

3. 西山关系[24]

在 Fe-(34%~38%)Ni 合金中，马氏体相变位向关系为 $\{111\}_\gamma /\!/ \{011\}_M$、$[\bar{1}\bar{1}2]_\gamma /\!/ [0\bar{1}1]_M$，称为西山关系，见图 8.9。第一次切变和 K-S 关系相同在 $\{111\}_\gamma$ 面 <211>$_\gamma$ 方向上切变 19°28′，第二步仅将 60°夹角变成 80°32′并调整到实际的面间距，成为体心立方点阵。由图 8.9(c) 可见，西山关系和 K-S 关系相差 5°16′，按此关系，结构有 12 种可能的取向。但惯习面仍为 $\{111\}_\gamma$，但实际是 (259)，同时也不能解释表面浮突问题。

4. Burgers 关系[25]

在 1932 年对面心立方到密排六方的马氏体转变提出，所确定的位向关系为 $(10\bar{1})_\gamma /\!/ (0001)_M$、$[111]_\gamma /\!/ [11\bar{2}0]_M$，称为 Burgers 关系。

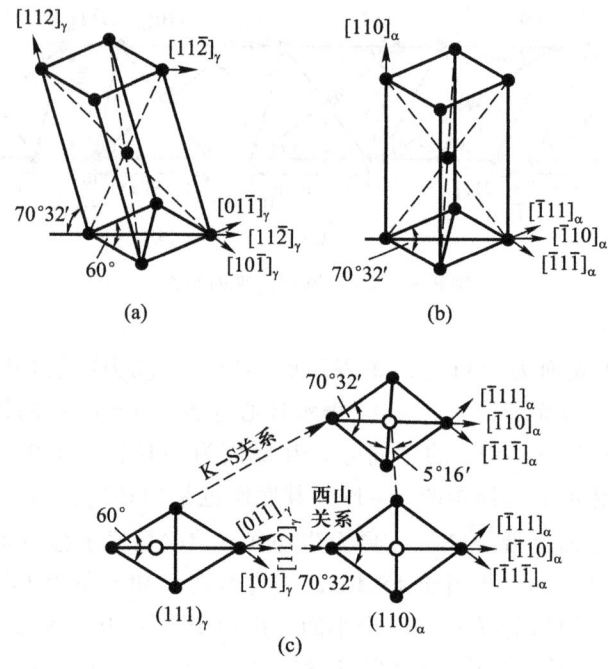

图 8.9 西山模型

5. G-T 模型[26,27]

1949 年提出,试图解决马氏体的位向关系和表面浮突问题,加入一个二次切变,在 $(112)_M$ 上 $12°\sim 13°$ 孪生,此双切变模型成功地解释了 Fe-Ni-C 合金的 $(3,10,15)_\gamma$ 惯习面,但仍然没有解决惯习面的不应变和不转动问题。

马氏体的经典的晶体学模型至今不能表征实际事实,不能定量处理,有待进一步探讨。

8.4.2 马氏体相变晶体学基础

1. 坐标转换矩阵

二直角坐标 P、Q,在 P 坐标一点的坐标为 (x_p, y_p, z_p),在 Q 坐标一点的坐标为 (x_q, y_q, z_q),在 P 坐标中的三个基矢为 P_x、P_y、P_z,在 Q 坐标中的三个基矢为 Q_x、Q_y、Q_z,$P \to Q$ 坐标基矢间的转换矩阵为

$$S = \begin{pmatrix} l_1 & m_1 & n_1 \\ l_2 & m_2 & n_2 \\ l_3 & m_3 & n_3 \end{pmatrix} \tag{8.73}$$

8.4 马氏体相变晶体学

$$\begin{pmatrix} Q_x \\ Q_y \\ Q_z \end{pmatrix} = \begin{pmatrix} l_1 & m_1 & n_1 \\ l_2 & m_2 & n_2 \\ l_3 & m_3 & n_3 \end{pmatrix} \begin{pmatrix} P_x \\ P_y \\ P_z \end{pmatrix} \tag{8.74}$$

$$Q_x = l_1 P_x + m_1 P_y + n_1 P_z \tag{8.75a}$$
$$Q_y = l_2 P_x + m_2 P_y + n_2 P_z \tag{8.75b}$$
$$Q_z = l_3 P_x + m_3 P_y + n_3 P_z \tag{8.75c}$$

在直角坐标中有 $P_i \cdot P_j = \delta_{ij}$，以 P_x 点乘以式(8.75a)、式(8.75b)、式(8.75c)两边可得

$$l_1 = Q_x \cdot P_x = \cos(\widehat{Q_x P_x})$$
$$m_1 = Q_x \cdot P_y = \cos(\widehat{Q_x P_y})$$
$$n_1 = Q_x \cdot P_z = \cos(\widehat{Q_x P_z})$$

同样以 P_y 点乘以式(8.75a)、式(8.75b)、式(8.75c)两边以及 P_z 点乘以式(8.75a)、式(8.75b)、式(8.75c)两边，可得 l_2、m_2、n_2、l_3、m_3、n_3，可见 l_i、m_i、n_i $(i=1, 2, 3)$ 是二基矢坐标间夹角的方向余弦。

设有一矢量 $\boldsymbol{r}$，在 P 和 Q 坐标中的分量分别为 x_p、y_p、z_p、x_q、y_q、z_q，则

$$\boldsymbol{r} = x_p P_x + y_p P_y + z_p P_z = x_q Q_x + y_q Q_y + z_q Q_z \tag{8.76}$$

令 P_x^*、P_y^*、P_z^* 为 P 坐标的倒易矢量，则有 $P_i^* \cdot P_j = \delta_{ij}$，以 P_x^* 乘以式(8.76)两边，并将式(8.75)代入，可得

$$P_x^* \cdot (x_p P_x + y_p P_y + z_p P_z) = x_q(l_1 P_x + m_1 P_y + n_1 P) \cdot P_x^* +$$
$$y_q(l_2 P_x + m_2 P_y + n_2 P) \cdot P_x^* +$$
$$z_q(l_1 P_x + m_1 P_y + n_1 P) \cdot P_x^*$$
$$x_p = l_1 x_q + l_2 y_q + l_3 z_q$$

同理，以 P_y^* 和 P_z^* 乘以式(8.76)两边可得

$$y_p = m_1 x_q + m_2 y_q + m_3 z_q, \quad z_p = n_1 x_q + n_2 y_q + n_3 z_q$$

$$\begin{pmatrix} x_p \\ y_p \\ z_p \end{pmatrix} = \begin{pmatrix} l_1 & m_1 & n_1 \\ l_2 & m_2 & n_2 \\ l_3 & m_3 & n_3 \end{pmatrix}^T \begin{pmatrix} x_q \\ y_q \\ z_q \end{pmatrix}$$

在正交(保长)变换条件下，$(S)^T = (S)^{-1}$，$[(S)^T]^{-1} = (S)$，即转置矩阵等于它的逆阵，故坐标变换为

$$\begin{pmatrix} x \\ y \\ z \end{pmatrix}_q = \begin{pmatrix} l_1 & m_1 & n_1 \\ l_2 & m_2 & n_2 \\ l_3 & m_3 & n_3 \end{pmatrix} \begin{pmatrix} x \\ y \\ z \end{pmatrix}_p \tag{8.77}$$

即坐标转换矩阵和基矢转换矩阵(S)相同，以 Dirac 符号(Q/P)表示坐标 $P \to Q$ 的转换，以(R/Q)表示 $Q \to R$ 的转换，则(R/P) = (R/Q)(Q/P) 表示 $P \to R$ 的转换。利用 Dirac 符号可较方便地求得相变过程的坐标转换矩阵。为说明此问题，举例如下：fcc $\to$ bcc 相变，符合 K-S 关系，则有 $[111]_f \parallel [101]_b$、$[1\bar{1}0]_f \parallel [11\bar{1}]_b$、$[\bar{1}\bar{1}2]_f \parallel [1\bar{2}\bar{1}]_b$，以 f 系中取具有单位基矢的中间坐标 I，则其三个基矢需作规一化处理。$I_z = \frac{1}{\sqrt{3}}[111]_f$，$I_y = \frac{1}{\sqrt{2}}[1\bar{1}0]$，$I_x = \frac{1}{\sqrt{6}}[\bar{1}\bar{1}2]$，建立 $r_f = (F/I)r_I$ 转换关系

$$\frac{1}{\sqrt{6}}\begin{pmatrix} -1 \\ -1 \\ 2 \end{pmatrix}_f = (F/I)\begin{pmatrix} 1 \\ 0 \\ 0 \end{pmatrix}_I = \begin{pmatrix} a_1 & b_1 & c_1 \\ a_2 & b_2 & c_2 \\ a_3 & b_3 & c_3 \end{pmatrix}\begin{pmatrix} 1 \\ 0 \\ 0 \end{pmatrix}_I \quad (8.78)$$

可建立 $I_x \sim f_x$ 间的三个方程。再由 $I_y \sim f_y$ 和 $I_z \sim f_z$ 建立类似的方程，共有 9 个方程，联立解(F/I)转换矩阵中的 9 个元素，得

$$(F/I) = \frac{1}{\sqrt{6}}\begin{pmatrix} -1 & \sqrt{3} & \sqrt{2} \\ -1 & -\sqrt{3} & \sqrt{2} \\ 2 & 0 & \sqrt{2} \end{pmatrix} \quad (8.79)$$

类似地在 b 中，同样可建立 9 个联立方程，解得

$$(B/I) = \frac{1}{\sqrt{6}}\begin{pmatrix} 1 & \sqrt{2} & \sqrt{3} \\ -2 & \sqrt{2} & 0 \\ -1 & -\sqrt{2} & \sqrt{3} \end{pmatrix} \quad (8.80)$$

由 $(B/F) = (B/I)(I/F) = (B/I)(F/I)^{-1} = (B/I)(F/I)^T$，可得

$$(B/F) = \frac{1}{6}\begin{pmatrix} -1+2\sqrt{6} & -1 & 2+\sqrt{6} \\ 2+\sqrt{6} & 2+\sqrt{6} & -4 \\ 1 & 1+2\sqrt{6} & -2+\sqrt{6} \end{pmatrix} \quad (8.81)$$

相变前 fcc 的点阵常数为 $a = 3.564$ nm，相变后 bcc 的点阵常数为 $b = 0.286$ nm，考虑此问题，坐标变换应为

$$\begin{pmatrix} xb \\ yb \\ zb \end{pmatrix}_b = (B/F)\begin{pmatrix} xa \\ ya \\ za \end{pmatrix}_f \quad (8.82)$$

$$\begin{pmatrix} x \\ y \\ z \end{pmatrix}_b = \frac{a}{b}(B/F)\begin{pmatrix} x \\ y \\ z \end{pmatrix}_f \quad (8.83)$$

则最后考虑点阵变化的点阵转换矩阵为

8.4 马氏体相变晶体学

$$\frac{a}{b}(B/F) = \frac{3.564}{2.860} \cdot \frac{1}{6} \begin{pmatrix} -1+2\sqrt{6} & -1 & 2+\sqrt{6} \\ 2+\sqrt{6} & 2+\sqrt{6} & -4 \\ 1 & 1+2\sqrt{6} & -2+\sqrt{6} \end{pmatrix}$$

$$= \begin{pmatrix} 0.810 & -0.208 & 0.924 \\ 0.924 & -0.093 & 0.831 \\ 0.208 & 1.225 & 0.093 \end{pmatrix} \tag{8.84}$$

对于 fcc→bct 的马氏体相变,设马氏体的点阵常数为 b、b、c,则式(8.82)应改为

$$\begin{pmatrix} xb \\ yb \\ zc \end{pmatrix}_{\text{bct}} = (B/F) \begin{pmatrix} xa \\ ya \\ za \end{pmatrix}_{\text{fcc}} \tag{8.85}$$

此时,从式(8.85)可得包含点阵常数的坐标转换矩阵:

$$(B/F)^{-1}_{c/a} = \frac{1}{6a} \begin{pmatrix} (-1+2\sqrt{6})b & (2+\sqrt{6})b & c \\ -b & (2-\sqrt{6})b & (1+2\sqrt{6})c \\ (2+\sqrt{6})b & -4b & (-2+\sqrt{6})c \end{pmatrix} \tag{8.86}$$

2. Bain 应变矩阵

由图 8.10 可得 fcc→bct 的晶胞矢量关系

$$\left. \begin{array}{l} ox' = \frac{1}{2}ox - \frac{1}{2}oy + 0oz \\ oy' = \frac{1}{2}ox + \frac{1}{2}oy + 0oz \\ oz' = 0ox + 0oy + 1oz \end{array} \right\} \tag{8.87}$$

从式(8.88)可得基矢转换矩阵

$$(S) = \frac{1}{2} \begin{pmatrix} 1 & \bar{1} & 0 \\ 1 & 1 & 0 \\ 0 & 0 & 2 \end{pmatrix} \tag{8.88}$$

由式(8.88)可得坐标转换矩阵

$$(B/F) = [(S)^{\text{T}}]^{-1} = \begin{pmatrix} 1 & \bar{1} & 0 \\ 1 & 1 & 0 \\ 0 & 0 & 1 \end{pmatrix} \tag{8.89}$$

这里 $(B/F) \neq (S)$,因为 Bain 应变不是正交变换,其 $(S)^{\text{T}} \neq (S)^{-1}$。

令 h、k、l 为 fcc 的晶面指数,H、K、L 为 bcc 晶面指数,u、v、w 为 fcc 的晶向指数,U、V、W 为 bcc 的晶向指数,由晶体学关系

$$\boldsymbol{r} = u\boldsymbol{a} + v\boldsymbol{b} + w\boldsymbol{c} = U\boldsymbol{A} + V\boldsymbol{B} + W\boldsymbol{C} \tag{8.90}$$

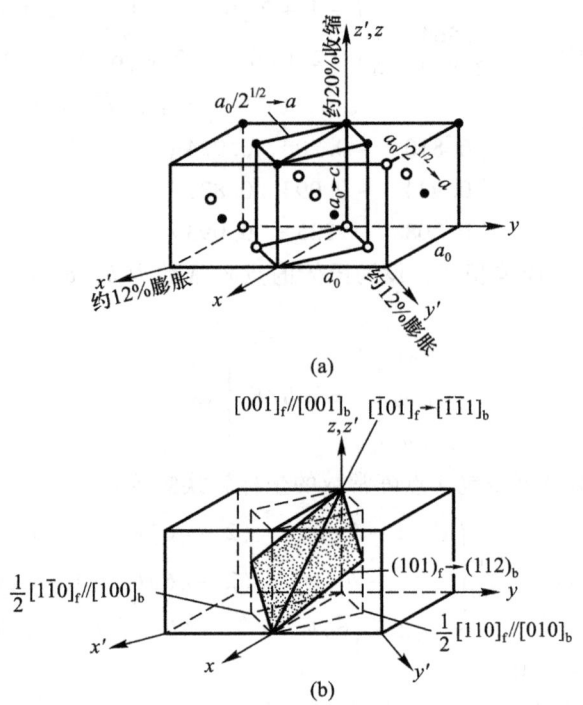

图 8.10　fcc→bct 的 Bain 机制：(a) Bain 应变；(b) 晶面和晶向的对应关系

以 a 乘倒易矢量式(8.90)两边，将 A、B、C 以基矢转换矩阵[式(8.88)]代入，类似于式(8.86)，可以得到 $(U) = [(S)^T]^{-1}(u)$，在 fcc 和 bcc 各自的倒易空间中，同样有关系

$$g = ha^* + kb^* + lc^* = HA^* + KB^* + LC^* \tag{8.91}$$

以 A 乘式(8.91)两边，将 A、B、C 以基矢转换式(8.88)代入，可得

$$(H) = (S)(h) \tag{8.92}$$

由于在 fcc→bct 的马氏体相变中，fcc 的点阵常数为 a_0，bct 的点阵常数变为 a 和 c，主轴发生应变分别为

$$\eta_1 = \frac{a}{a_0/\sqrt{2}} = \frac{\sqrt{2}a}{a_0}$$

$$\eta_2 = \frac{c}{a_0}$$

则 Bain 应变(fcc→bct)矩阵为

$$B = \begin{pmatrix} \eta_1 & 0 & 0 \\ 0 & \eta_1 & 0 \\ 0 & 0 & \eta_2 \end{pmatrix} = \begin{pmatrix} \sqrt{2}a/a_0 & 0 & 0 \\ 0 & \sqrt{2}a/a_0 & 0 \\ 0 & 0 & c/a_0 \end{pmatrix} \quad (8.93)$$

Bain 机制是原子迁动距离最小的应变，从 fcc 晶胞中取 4 个原子 $(0,0,0)_f$、$(1/2,1/2,0)_f$、$(1/2,0,1/2)_f$、$(0,1/2,1/2)_f$，应用式(8.84)坐标转换矩阵求它们在马氏体对应坐标中的位置：

$$\begin{pmatrix} 0.810 & -0.208 & 0.924 \\ 0.924 & -0.093 & 0.831 \\ 0.208 & 1.225 & 0.093 \end{pmatrix} \begin{pmatrix} 0 \\ 0 \\ 0 \end{pmatrix}_f = \begin{pmatrix} 0 \\ 0 \\ 0 \end{pmatrix}_b$$

$$\begin{pmatrix} 0.810 & -0.208 & 0.924 \\ 0.924 & -0.093 & 0.831 \\ 0.208 & 1.225 & 0.093 \end{pmatrix} \begin{pmatrix} 1/2 \\ 1/2 \\ 0 \end{pmatrix}_f = \begin{pmatrix} 0.301 \\ 0.416 \\ 0.717 \end{pmatrix}_b$$

$$\begin{pmatrix} 0.810 & -0.208 & 0.924 \\ 0.924 & -0.093 & 0.831 \\ 0.208 & 1.225 & 0.093 \end{pmatrix} \begin{pmatrix} 1/2 \\ 0 \\ 1/2 \end{pmatrix}_f = \begin{pmatrix} 0.867 \\ 0.047 \\ 0.151 \end{pmatrix}_b$$

$$\begin{pmatrix} 0.810 & -0.208 & 0.924 \\ 0.924 & -0.093 & 0.831 \\ 0.208 & 1.225 & 0.093 \end{pmatrix} \begin{pmatrix} 0 \\ 1/2 \\ 1/2 \end{pmatrix}_f = \begin{pmatrix} 0.358 \\ -0.462 \\ 0.659 \end{pmatrix}_b$$

即最小的原子迁动对应关系为

$$(0,0,0)_f \equiv (0,0,0)_b \to (0,0,0)_b \quad (8.94a)$$

$$(1/2,1/2,0)_f \equiv (0.301, 0.416, 0.818)_b \to (1/2, 1/2, 1/2)_b \quad (8.94b)$$

$$(1/2,0,1/2)_f \equiv (0.868, 0.048, 0.151)_b \to (1,0,0)_b \quad (8.94c)$$

$$(0,1/2,1/2)_f \equiv (0.358, -0.462, 0.659)_b \to (1/2, -1/2, 1/2)_b \quad (8.94d)$$

将式(8.94b)~式(8.94d)的 fcc-bct 的原子对应关系代入式(8.82)，求坐标转换矩阵，得到的结果与式(8.89)一致，证明 Bain 机制是原子迁动距离最小的一种相变机制。

8.4.3 马氏体相变晶体学的表象理论

1. W-L-R 和 B-M 理论

Bain 机制是原子迁动最小的机制，可显示相变的位向关系，但不能描述马氏体相变的不变平面应变，不反映马氏体相变的切变特征。为此，在 1953 年和 1954 年从描述马氏体相变特征角度出发，在 Bain 机制的基础上提出了 W-

L-R[28]和B-M[29]理论,虽然此理论从晶体学角度反映了马氏体相变的特征,但其并不代表马氏体相变过程中的原子真正的迁动路径,因此仅是一表象(不反映实际途径,仅表示系统过程的始、终状态)理论。W-L-R理论的矩阵表示式为

$$P_1 = R\bar{P}B \tag{8.95}$$

式中:B为Bain应变矩阵;$\bar{P}$为一简单切变矩阵,是不变点阵切变;R是点阵刚性转动。此三矩阵均为(3×3)阶,最后在三个矩阵的作用下,获得的P_1为具有马氏体相变特征的不变平面应变的总的晶体学转换矩阵。此矩阵理论反映了马氏体相变的基本特征,因为Bain应变是原子迁动距离最小,也反映了所需能量最低;简单切变具有不变平面的切变,是马氏体相变的基本特征;刚性转动使不变平面保持并转到最终符合实际的惯习面。

不变平面应变P_1的矩阵形式为(如图8.11所示)

$$P_1 = I + m_1 d_1 P_1' \tag{8.96}$$

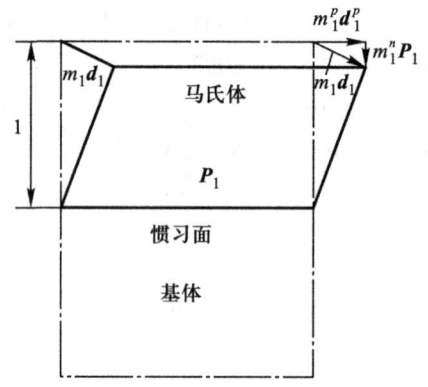

图8.11 不变平面应变示意图

式中:I为(3×3)单位矩阵;m_1为形状应变的大小;d_1为在形状应变方向上的单位矢量,为(3×1)直列矩阵表示的点阵矢量;P_1'为(1×3)行矩阵(撇号表示转置)。图8.11中 $m_1 d_1 = m_1^p d_1^p + m_1^n P_1$,$m_1^p d_1^p$为切变分量,$m_1^n P_1$为膨胀分量。式(8.96)可展开为

$$P_1 = I + m_1 d_1 P_1' = \begin{pmatrix} 1 & 0 & 0 \\ 0 & 1 & 0 \\ 0 & 0 & 1 \end{pmatrix} + m_1 [d_1 d_2 d_3](P_1 P_2 P_3)$$

$$= \begin{pmatrix} 1 + m_1 d_1 P_1 & m_1 d_1 P_2 & m_1 d_1 P_3 \\ m_1 d_2 P_1 & 1 + m_1 d_2 P_2 & m_1 d_2 P_3 \\ m_1 d_3 P_1 & m_1 d_3 P_2 & 1 + m_1 d_3 P_3 \end{pmatrix} \tag{8.97}$$

式中，P_1 可由实验（双面金相及表面刻痕分析）获得，从而可得 m_1、d_1、P_1'。

将式（8.93）和式（8.97）比较，显然 Bain 应变与不变平面应变是不一致的（Bain 应变是一个对角阵），不满足不变平面应变的条件，需在 Bain 后配合 $\bar{P}$（简单切变）及 R（刚性转动）。如先经简单切变 P，再 Bain 应变，再加一刚性转动，结果是一致的。因此，W-L-R 理论也可写成

$$P_1 = RBP \tag{8.98}$$

P 应具有不变平面应变形式（$I + mdP'$）。以 P^{-1} 表示 P 的逆阵，为同一平面上和 P 大小相同、方向相反的简单切变，以 $P_2 = P^{-1}$，则式（8.98）可写为

$$P_1 P_2 = RB \tag{8.99}$$

则就变为 B-M 理论，实际上从数学上来看，两个理论是等价的。

2. 表象理论的机理分析

（1）Bain 应变的应变要求

Bain 应变不是一个不变平面应变，以一个单位球体为例，r 为终端在球面上的矢量，则

$$x^2 + y^2 + z^2 = 1 = |r|^2 \tag{8.100}$$

此球体经 Bain 应变后 r 应转变为 r'

$$r' = \begin{pmatrix} x' \\ y' \\ z' \end{pmatrix} = \begin{pmatrix} \eta_1 & 0 & 0 \\ 0 & \eta_2 & 0 \\ 0 & 0 & \eta_3 \end{pmatrix} \begin{pmatrix} x \\ y \\ z \end{pmatrix} = \begin{pmatrix} \eta_1 x \\ \eta_2 y \\ \eta_3 z \end{pmatrix} \tag{8.101}$$

以式（8.101）代入式（8.100），在原坐标中此单位球体经 Bain 应变后，由原来的球体变为一椭球体，椭球方程为

$$\left(\frac{x'}{\eta_1}\right)^2 + \left(\frac{y'}{\eta_2}\right)^2 + \left(\frac{z'}{\eta_3}\right)^2 = 1 \tag{8.102}$$

当所有的 η_i 均大于 1 或均小于 1 时，应变后的椭球和原来的球体不相交，在这类 Bain 应变时，各方向的矢量均发生伸长或者收缩，不存在"不应变"的矢量，更不存在"不应变"的平面。当三个 η_i 中不同时大于 1 或同时小于 1 时，椭球和原来的球体相交形成两个圆，所有终端在这两个圆上的矢量构成一对对顶原锥，如图 8.12 所示。处于圆锥上的矢量，保持转变前、后长度不变，仍为原单位长度，这两个圆锥方程可表示为

$$\left(\frac{1}{\eta_1^2} - 1\right)x^2 + \left(\frac{1}{\eta_2^2} - 1\right)y^2 + \left(\frac{1}{\eta_3^2} - 1\right)z^2 = 0 \tag{8.103}$$

图 8.10 所示 Bain 应变以式（8.93）表示，η_i 中一个小于 1，两个大于 1，存在不应变矢量所构成的圆锥，这正是图 8.12 所描述的情况，不具有不变平面应

变。将圆锥退化为一对平面时才能实现不应变的平面。

在式(8.103)中，当有一个 η_1 为 1 时，才形成平面方程，如取 $\eta_1 = 1$，方程变为

$$\left(\frac{1}{\eta_2^2} - 1\right)y^2 + \left(\frac{1}{\eta_3^2} - 1\right)z^2 = 0 \qquad (8.104)$$

式(8.104)表示一个具有不应变的平面的方程，或表示为

$$(y^2/z^2) = -\frac{\left(\frac{1}{\eta_3^2} - 1\right)}{\left(\frac{1}{\eta_2^2} - 1\right)} \qquad (8.105)$$

(y^2/z^2) 需大于 0，则需 η_2 及 η_3 中一个大于 1，另一个小于 1，当取 $\eta_2 > 1$，$\eta_3 < 1$，得到两个不应变的平面 A 和 B，它们交于 x 轴，如图 8.13 所示。在 $\eta_1 = 1$ 时，x 轴为这类 Bain 应变的不应变线。

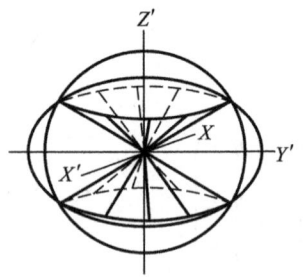

图 8.12 Bain 应变下形成两个圆锥

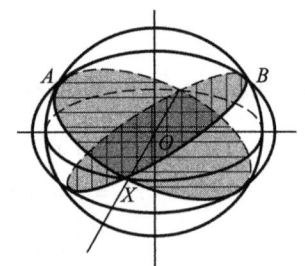

图 8.13 $\eta_1 = 1$、$\eta_2 > 1$、$\eta_3 < 1$ 时的 Bain 应变

(2) 简单切变的作用

为了满足式(8.98)中的形状改变 $\boldsymbol{P}_1$，又需满足不变平面应变的条件，需在上面的 Bain 应变的基础上引入一个不均匀切变，即点阵不变的简单切变 $\boldsymbol{P}$，经此简单切变后，将 Bain 应变的椭球形成一个通过 AOC 线的不应变平面，如图 8.14 所示。这些不均匀简单切变可以是滑移、孪生。

(3) 刚性转动

经 $\boldsymbol{BP}$ 应变后，惯习面(原始球与简单切变形成的交面)由原子位置 DB 转至 $D'B'$(AC 也作相应的转动)，如图 8.15 所示。为满足不应变平面的不转动，必须将相界面由 $D'B'$(及未画出的 $A'C'$)作一刚性转动 R，转回到原来的位置，这就是表象理论的物理机制。

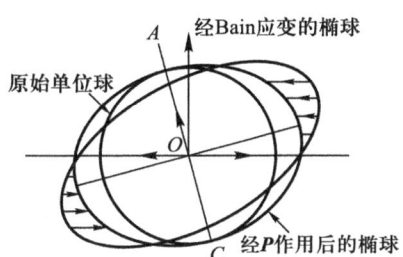 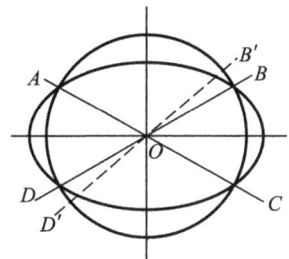

图 8.14 由简单切变形成一个不应变平面

图 8.15 不应变平面经转动到实际的惯习面

3. B、P、R 矩阵的基本形式

(1) Bain 矩阵 B

可由相变前、后的点阵常数通过式(8.93)求得。

(2) 简单切变矩阵 P

由单位切变量决定,如在 P_2 面沿 d_2 方向滑移,单位切变量为 g,如图 8.16 所示,则切变矩阵为

$$y'(g) = \begin{pmatrix} 1 & 0 & 0 \\ g & 1 & 1 \\ 0 & 0 & 1 \end{pmatrix} y(g) \tag{8.106}$$

(3) 刚性转动矩阵 R

可由假定的转动角决定。图 8.17 是假定绕 Z 轴转动 θ 角度后,新的坐标轴为 $X'Y'Z'$,则有

$$X' = X\cos\theta + Y\sin\theta$$
$$Y' = -X\sin\theta + Y\cos\theta$$
$$Z' = Z \tag{8.107}$$

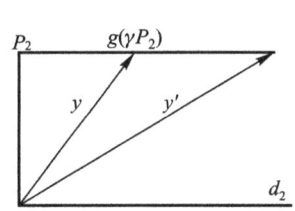 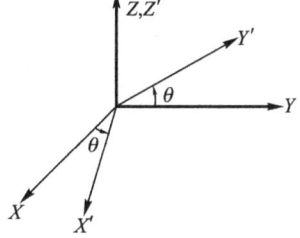

图 8.16 滑移切变的二维示意图

图 8.17 绕 Z 轴的刚性转动

第八章 马氏体相变

写成矩阵形式为

$$\begin{pmatrix} X' \\ Y' \\ Z' \end{pmatrix} = \begin{pmatrix} \cos\theta & \sin\theta & 0 \\ -\sin\theta & \cos\theta & 0 \\ 0 & 0 & 0 \end{pmatrix} \begin{pmatrix} X \\ Y \\ Z \end{pmatrix} \quad (8.108)$$

4. 总应变矩阵的确定

设相变前母相的原子坐标为$[\eta_1, \eta_2, \eta_3]_f$，相变后马氏体在母相中的原子坐标为$[r_1, r_2, r_3]$，对 fcc→bct 的总应变矩阵$[E]$，有

$$\begin{pmatrix} r_1 \\ r_2 \\ r_3 \end{pmatrix}_I = (I/B) \begin{pmatrix} r_1 \\ r_2 \\ r_3 \end{pmatrix}_b = (I/B)(B/F) \begin{pmatrix} \eta_1 \\ \eta_2 \\ \eta_3 \end{pmatrix}_f$$

$$= (I/B)(B/F)(F/I) \begin{pmatrix} \eta_1 \\ \eta_2 \\ \eta_3 \end{pmatrix}_I = (E) \begin{pmatrix} \eta_1 \\ \eta_2 \\ \eta_3 \end{pmatrix}_I$$

上式中(I/B)可由式(8.80)的(B/I)求得，(B/F)可由式(8.89)得到，(F/I)可由式(8.79)得到，则对纯铁的(E)为

$$(E) = \begin{pmatrix} 1.070 & 0 & 0.189 \\ -0.189 & 0.983 & 0.268 \\ 0 & 0 & 0.903 \end{pmatrix} \quad (8.109)$$

5. 表象理论的应用举例

由立方(CsCl 结构)转变为正交点阵的马氏体，如 Au-Cd 合金，其晶体学可由体心立方点阵中取一个面心正方(四角)晶胞，如图 8.18(a)所示，再由面心正方晶胞转变为正交晶胞，如图 8.18(b)所示。原晶胞主轴为 i、j、k，绕 k 轴转 45°后为正方晶胞轴 i'、j'、k'。

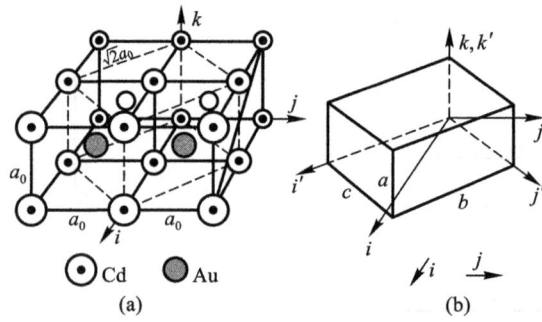

图 8.18 由立方(CsCl)转变为正交晶胞：(a) 立方点阵中取一面心正方(四角)晶胞；(b) 由面心正方晶胞转变为正交晶胞

Au-Cd 合金由立方向正交转变时，Bain 应变的各主轴分别为

$$\eta_1 = b/\sqrt{2}a_0 = 1.013\,8$$

$$\eta_2 = c/\sqrt{2}a_0 = 1.035\,0$$

$$\eta_3 = a/a_0 = 0.949\,1$$

式中，a_0 是母相立方点阵常数，a、b、c 是正交晶胞点阵常数。

取两个正交区域，经转动一定角度后分别成孪晶关系，它们的晶胞轴分别为 (i', j', k') 和 (i'', j'', k'')，如图 8.19(a) 和 (b) 所示。其各自的应变矩阵为

$$T' = \begin{pmatrix} \eta_1 & 0 & 0 \\ 0 & \eta_2 & 0 \\ 0 & 0 & \eta_3 \end{pmatrix}, \quad T'' = \begin{pmatrix} \eta_1 & 0 & 0 \\ 0 & \eta_3 & 0 \\ 0 & 0 & \eta_2 \end{pmatrix}$$

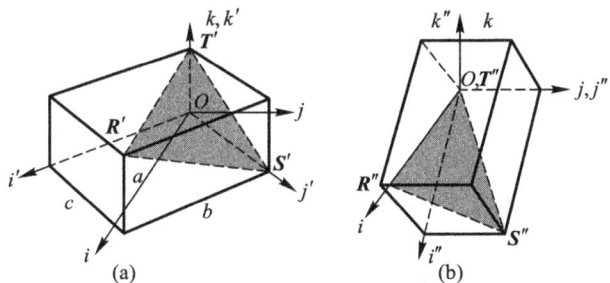

图 8.19　正交晶胞的两个孪晶区域

将上式转换到母相 (i, j, k) 坐标轴，图 8.19(a) 需绕 k 轴转 $45°$，图 8.19(b) 需绕 j 轴转 $-45°$，即将 T' 和 T'' 分别乘以一转动矩阵 R' 和 R''，得到在 (i, j, k) 坐标中的应变矩阵：

$$T_1 = \begin{pmatrix} \dfrac{\eta_1 + \eta_2}{2} & \dfrac{\eta_2 - \eta_1}{2} & 0 \\ \dfrac{\eta_2 - \eta_1}{2} & \dfrac{\eta_1 + \eta_2}{2} & 0 \\ 0 & 0 & \eta_3 \end{pmatrix} = \begin{pmatrix} 1.024 & 0.010\,63 & 0 \\ 0.010\,63 & 1.024 & 0 \\ 0 & 0 & 0.949\,1 \end{pmatrix}$$

(8.110a)

$$T_2 = \begin{pmatrix} \dfrac{\eta_1 + \eta_2}{2} & 0 & \dfrac{\eta_2 - \eta_1}{2} \\ 0 & \eta_3 & 0 \\ \dfrac{\eta_2 - \eta_1}{2} & 0 & \dfrac{\eta_1 + \eta_2}{2} \end{pmatrix} = \begin{pmatrix} 1.024 & 0 & 0.010\,63 \\ 0 & 0.949\,1 & 0 \\ 0.010\,63 & 0 & 1.024 \end{pmatrix}$$

(8.110b)

两个区域中的位向对母相的立方轴并不简单平行,应变包含转动,两个区域中的矢量变化矩阵 M_1 及 M_2 为

$$M_1 = \phi_1 T_1$$
$$M_2 = \phi_2 T_2$$

式中,ϕ_1 和 ϕ_2 表示两个区域内主轴相对母相固定轴的转动,如图 8.20 所示,在两个区域内总矢量 r' 应看做各段矢量之和,以 r 为转变位置的矢量,则

$$r' = (1-x)M_1 r + xM_2 r = [(1-x)M_1 + xM_2]r = Er \quad (8.111)$$

E 为总应变矩阵,有

$$E = [(1-x)M_1 + xM_2]$$

在不变平面上的矢量保持不变

$$Er = r$$

至此 ϕ_1 和 ϕ_2 尚未确定,但可得到相对转动 ϕ。为获得孪晶,在图 8.19 中,$T'R'$ 及 $T'S'$ 分别与 $T''R''$ 及 $T''S''$ 重合,相变需使图 8.21 中的阴影面重合,这两个面在相变前都为 $(011)_{\beta_1}$,如图 8.21 所示。

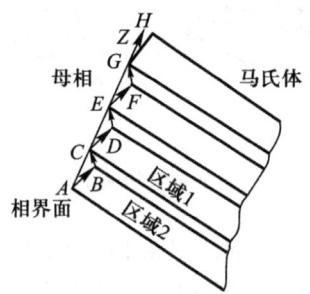

图 8.20　两个区域孪晶矢量的关系

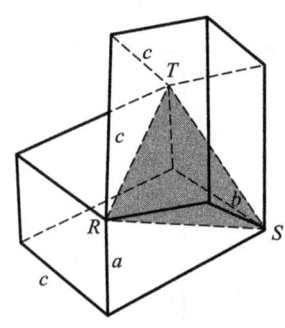

图 8.21　$(110)_\beta$ 呈镜面的两个正交晶胞分别转动 4.5° 后与 $(111)_{\beta'}$ 面重合

这两个面的法向矢量可由两个面上的矢量(如 $T'R'$ 及 $T'S'$)的矢量积求得,转轴由两个面的法向矢量的矢量积确定,转动量由其纯量积求得,应用欧拉(Euler)理论计算得

$$\phi = \begin{pmatrix} 0.999\,9 & -0.010\,34 & 0.009\,598 \\ 0.009\,598 & 0.997\,0 & 0.076\,18 \\ -0.010\,34 & -0.076\,08 & 0.997\,0 \end{pmatrix} \tag{8.112}$$

由于 ϕ 为 ϕ_1 和 ϕ_2 之间的相对转动,E 亦可写为

$$E = \phi_1[(1-x)T_1 + x\phi T_2] = \phi_1 F(x)$$
$$F(x) = [(1-x)T_1 + x\phi T_2] \tag{8.113}$$

将式(8.110)和式(8.112)代入式(8.113)可得

$$F(x) = \begin{pmatrix} 1.024 & 0.010\,63 - 0.020\,45x & 0.020\,45x \\ 0.010\,63 & 1.024 - 0.078\,14x & 0.078\,17x \\ 0 & -0.072\,21x & 0.949\,1 + 0.072\,21x \end{pmatrix}$$

总应变矩阵 E 为相对孪晶分数 x 的函数或切变量的函数,由 x 求得 $F(x)$,由 $E = \phi_1 F(x)$ 求 ϕ_1,对 Au - 48.5% Cd 合金马氏体的晶体学参数计算与实验符合。

6. 其他晶体学理论

(1) 复切变理论

Fe - 1.8C 合金马氏体内存在穿插的 $\{112\}_M$ 及 $\{101\}_M$ 相变孪晶,显示有二切变,从而提出不均匀形变中可能有两个相互不受限制的切变的复切变理论

$$P_1 = RBS_2S_1 \tag{8.114}$$

式中,S_2、S_1 都是简单切变,企图解释 Fe - 1.8C、Fe - 8.9Cr - 1.11C 及 Fe - 6.14Mn - 0.95C 等合金中的 $\{225\}$ 马氏体的晶体学,但并不满意。

(2) 协作形变模型

透射电镜发现,马氏体内有孪晶、堆垛层错和位错等缺陷,这些缺陷除马氏体本身切变形成外,还可能是由于长大过程中马氏体受周围奥氏体刚性限制而发生协作变形造成的,从而引入范性协作变形矩阵 P

$$P_1 = RBC^{-1}P \tag{8.115}$$

式中,C^{-1} 为辅助切变,P 为范性协作变形矩阵。这类理论仅能对一些特殊的 (hkl) 惯习面作解释。

(3) 多切变理论

Cu - 15Sn 合金的体心立方到正交的马氏体相变,不论单切变或复切变都不能解释,因而提出多切变

$$P_1 = RBS_n\cdots S_2S_1 \tag{8.116}$$

所有这些晶体学理论都是在 W - L - R 和 B - M 理论的基础上的延伸,包

括 W-L-R 和 B-M 理论都不能解决所有马氏体相变的晶体学,可见马氏体相变的普适晶体学理论还有待进一步研究和发展。

8.5 马氏体形核和马氏预相变

8.5.1 马氏体形核理论

1. 经典形核理论

(1) 均匀形核理论

设马氏体核心为一扁圆状的薄片,如图 8.22 所示,其长轴为 r,半厚为 c,按经典形核热力学,吉布斯自由能的变化为

$$\Delta G = \frac{4}{3}\pi r^2 c \Delta g + \frac{4}{3}\pi r^2 c \left(\frac{Ac}{r}\right) + 2\pi r^2 \sigma \quad (8.117)$$

$$A \approx \mu(\gamma^2 + \varepsilon_n^2)$$

式中,γ 为切应变量,μ 为剪切模量,ε_n 为转变的体积应变[29]。按 $\frac{\partial \Delta G}{\partial c} = 0$、$\frac{\partial \Delta G}{\partial r} = 0$,可得临界核心和形核功:

$$c^* = -\frac{2\sigma}{\Delta g}, \quad r^* = \frac{4A\sigma}{\Delta g^2} = \frac{c^{*2}A}{\sigma}, \quad \Delta G^* = \frac{32}{3}\pi\left(\frac{A^2\sigma^3}{\Delta g^4}\right) \quad (8.118)$$

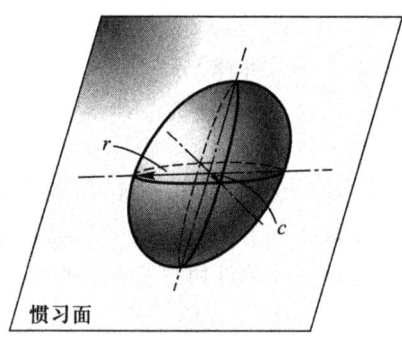

图 8.22 扁平状的马氏体核心

按 Cohen[30,31] 对 Fe-30%Ni 计算,$\Delta g = 1\ 318.8$ J/mol,$\sigma = 0.15 \sim 0.33$ J/m²,$A \approx 2 \times 10^9$ J/m³[32,33],得 $c^* = 2.2$ nm,$r^* = 49$ nm,$\Delta G^* = 9 \times 10^{-16}$ J/核 $= 5.4 \times 10^8$ J/mol。相应温度的热能($RT \approx 2\ 000$ J/mol)显示,按经典理论计算的形核功比热能大 5 个数量级,这是因为在固态相变中,弹性能很大,在此情况下,由于所需的能垒太高,形核成为不可能。

8.5 马氏体形核和马氏预相变

(2) 缺陷形核

Knapp 和 Dehlinger[34]设想马氏体核胚预先已存在于母相中,主要由螺旋位错包围一扁平状核胚,如图 8.23 所示。长大过程中产生新的位错在冷却过程中,当化学自由能足以克服表面能和应变能时,相界面位错移动,核胚长大,既无须克服 ΔG^* 能垒;而在低于 ΔG^* 时自发相变,随新相长大,界面能及应变能随之减小,长大加速进行,称为 K-D 模型。

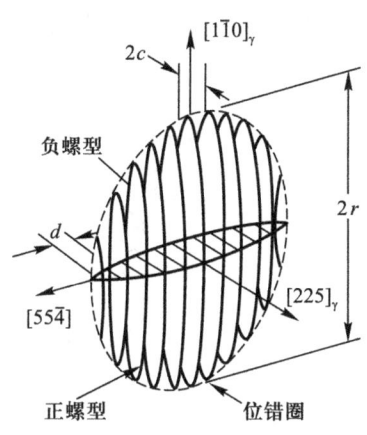

图 8.23 位错圈包围的核胚

Kaufman 和 Cohen[35]认为当 $r > r^*$ 时,位错圈就会长大,当 $r \leq r^*$ 时,如热激活能使新的位错圈形成到 $r > r^*$,也能形成等温马氏体。计算的相变激活能仅为 10^4 J/mol,与 Fe-Ni-Mn 等温转变的实验结果符合,但仅对等温相变进行了计算,未阐明变温相变,称为 K-C 模型。

在 K-C 模型的基础上,考虑形成新的位错圈时吉布斯自由能的变化。以相变和位错吉布斯自由能变化之和求得的激活能与实际测量符合得很好,其激活能随马氏体的径向长大而很快下降。

核胚的预先存在至今未有直接的实验证明,但是在加压的情况下,Fe-34.2Ni 合金的相变驱动力增加,可预示在压力下核胚收缩。但在 fcc 基体上加磁场,对 bcc 磁性马氏体应该是有利的,应使预先存在的 bcc 核胚长大,使 M_s 温度升高,然而此点未被证实。因此,预先存在核胚的缺陷形核理论尚需进一步研究。

2. 层错形核

(1) fcc→hcp

Christian[36]在 20 世纪 50 年代首先预测,面心立方相中的某些全位错可以分解为滑移型的不全位错,其间所形成的堆垛层错区域可作为六方相的平面核胚，并假设位错在晶界表面等处的反射可促使六方相长大。以后电镜观测证实钴、镍铬不锈钢、高锰钢中的 ε 马氏体以层错形核。

目前对层错形核有极轴机制和层错自发形核两种机制。

1) 极轴机制

Seeger[37-39]以 α 铁中孪晶生长机制提出极轴机制。图 8.24 表示在面心立方(111)面上的 Burgers 矢量 b 为 $a[110]/2$ 一个全位错，发生分解

$$\frac{a}{2}[\bar{1}10] \rightarrow \frac{a}{6}[\bar{1}2\bar{1}] + \frac{a}{6}[\bar{2}11]$$

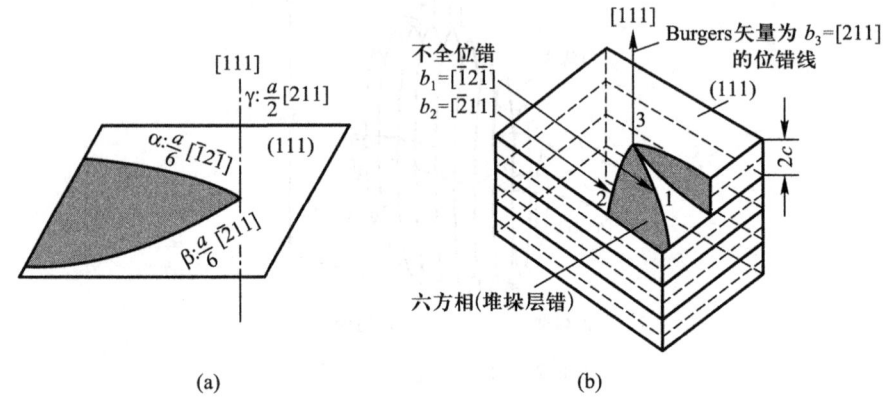

图 8.24 （a）六方极轴形核示意图；（b）极轴的三维长大机制

又从节点引出具有[111]方向的位错线 $\gamma(b = a[211]/2)$ 和 $\delta(b = a[121]/2)$，又进一步分解

$$\frac{a}{2}[211] \rightarrow \frac{2a}{3}[111] + \frac{a}{6}[2\bar{1}\bar{1}]$$

$$\frac{a}{2}[121] \rightarrow \frac{2a}{3}[111] + \frac{a}{6}[\bar{1}2\bar{1}]$$

其中[$2\bar{1}\bar{1}$]和[$\bar{1}2\bar{1}$]均在(111)面上，它们的 Burgers 矢量在垂直于(111)面上的分量(螺型分量)恰为 $\frac{2a}{3}[111]$，其模 $\frac{2a}{\sqrt{3}}$ 即为面心立方相(111)面的 2 倍(2c)，这样被这两个位错所穿过的(111)面形成螺旋面，其间距等于 2c。当温度接近相变点时，层错能下降到接近零，在相变温度下，由相变自由能差作为驱动力，作用于(111)面上，使这两个不全位错绕极轴位错作反方向的扫动，其扫过的区域把面心立方相不断地变为六方相，完成六方相的三维长大，如图 8.25 所示。

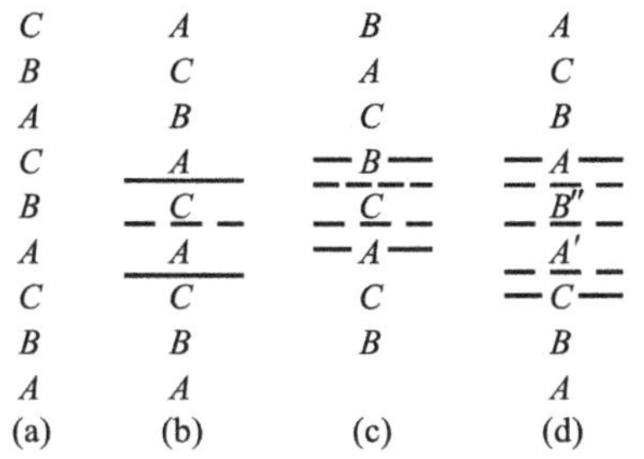

8.5 马氏体形核和马氏预相变

```
C        A        B        A
B        C        A        C
A        B        C        B
C       ―A―     ―B―     ―A―
B       ―C―     ―C―     ―B'―
A       ―A―     ―A―     ―A'―
C        C        C       ―C―
B        B        B        B
A        A        A        A
(a)      (b)      (c)      (d)
```

图 8.25 面心立方密排面上的堆垛情况

2) 层错自发形核机制

徐祖耀[40]计算表明，对层错能小的 Co-14Ni 和 Co-3.5Cu 合金，相变驱动力在 $10 \sim 10^{-1}$ 数量级，即使驱动力全部用于移动位错的切应力，还是非常不够。因此，极轴机制不能适用，提出由层错自发形核，将 fcc→hcp 临界相变驱动力表示为

$$\Delta G_c = A\gamma + B \tag{8.119}$$

式中：γ 为层错能；A 为材料常数；B 相当于应变能，且 $\gamma A > B$，表明 ε 马氏体相变主要受控于层错能。图 10.25 表示面心立方密排面上的堆垛结构，图 10.25(a) 为正常堆垛，图 10.25(b) 为具有层错的结构，图 10.25(c)、(d) 是位错移动造成的堆垛层错。以堆垛层错作为核心，则堆垛层错能应包括体积能和表面能。缺陷的应变能供给形核能量，当应变能和化学吉布斯自由能之和（负值）足以抵偿表面能时，层错核心就自发扩张。设 $\sigma(n)$ 为表面能，层厚为 n（层数，两个密排面则 $n=2$），n 越大，表面能越低，ΔG 为化学吉布斯自由能差，E 为应变能，一个原子密排面的密度为 ρA，则

$$\gamma = n\rho A(\Delta G + E) + 2\sigma(n) \tag{8.120}$$

层错的重叠使 n 增加，表面能下降，由式(8.120)可以得到临界 n 值，相当于均匀形核时的临界核心。只要层错能降低到一定值，在 E 很小，使化学力（ΔG）足以抵偿 $\sigma(n)$ 时，即可形核。

(2) fcc→bcc

Jawson[41]建议在面心立方的奥氏体内的 $\frac{2}{3}a[112]$ 不全位错经分解为两个 $\frac{a}{3}[112]$ 不全位错后，就形成近乎于体心立方的堆垛层错，作为马氏体的核胚，当含碳量高时，层错的宽度将减小，则不利于马氏体的形核。

Bogers 和 Burgers[42]的 B-B 模型是，在面心立方的(111)面上位移

$\frac{a}{18}[112]$（$\frac{1}{3}[112]$和$\frac{1}{6}[112]$孪生切变），切变面及其共轭面大小不变，而其他两个密排面受应变使面间角由60°变成80°32′，成为体心立方的$\{110\}$，这样使面心立方→体心立方的中间过渡结构，如图8.26(a)所示。当体心立方再切变$\frac{a}{18}[110]$（或面心立方的$\frac{a}{16}[112]$切变），就到真正的体心立方结构，如图8.26(b)所示。

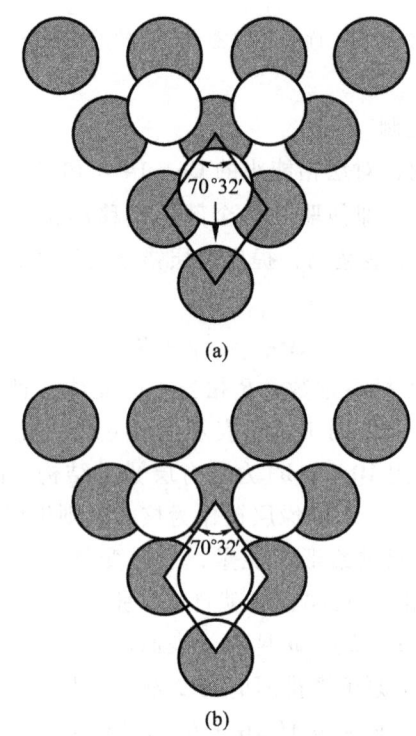

图8.26 体心立方面上的B-B切变：(a) 中间结构；(b) 体心结构

B-B模型中每个面心立方$\{111\}$面位移$\frac{a}{18}[112]$，即为Shockley不全位错的1/3 Burgers矢量，因此建议Shockley不全位错在9个相继$\{111\}_{fcc}$面的扩展来进行。Olson和Cohen[43]认为，原子不一定经过整个面心的$\frac{a}{6}[112]$孪生位移，而应在能量上有利的位置上停留下来，如在滑移面之上的一个面上原子由B至C位置时，中间经过B''位置就停留下来，下面的A被拉至A'，而Burgers矢量保持守恒，如图8.25(d)所示，成为中间结构。这样，单个Shockley不全位错经过第一次 B-B 切变就能形成三个面厚度的层错,可把面心立方→体心立方视为三个面一群 Shockley 不全位错的位移(和面心立方→六方每隔两个面位移相似)。图 8.27 中,二次切变每位移 a 时,图中 $X-Y$ 虚线表示两个切变面的交线,当位移 a 时,垂直于 $X-Y$ 的分力将使原始切变绕 $X-Y$ 转动,为使原始层错位移时不转动,在 7 个面位移 a 后,每第 8 个面位移 $(b+c)$,为 a 的 7 倍,并且和 a 的方向相反,就可以消除转动。每第 8 个面又位移 d,即体心 $\frac{a}{2}[\bar{1}\,\bar{1}1]$ 或相当于面心 $\frac{a}{2}[\bar{1}10]$,可以抵消 $X-Y$ 上的净位移,使应变大大减小,并保持 K-S 关系。

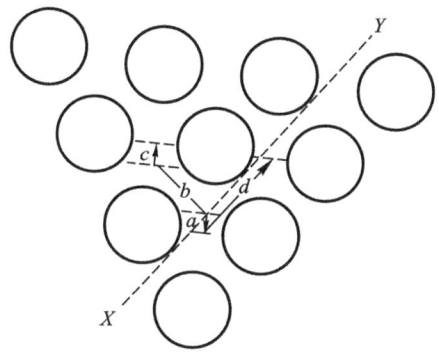

图 8.27　B-B 模型的体心立方{111}面

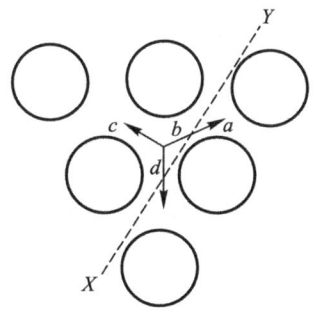

图 8.28　体心立方→面心立方的 $\{111\}_{fcc}$ 二次位移

(3) bcc→fcc

把 B-B 模型进行逆相变,体心立方的{011}面经均匀切变 $\frac{a}{8}[0\bar{1}1]$,就成为面心立方的{111},每个面经 $\frac{a}{18}[\bar{1}2\bar{1}]$ 切变,就得到面心立方结构,以

$\frac{a}{2}[1\bar{1}0]$ 位错在每隔两层 (011) 面上进行分解

$$\frac{a}{2}[1\bar{1}0] \to \frac{a}{8}[0\bar{1}1] + \frac{a}{4}[2\bar{1}\bar{1}] + \frac{a}{8}[0\bar{1}1]$$

即可形成面心立方结构。

Cohen[43]建议，由 $(101)_{bcc} \to (111)_{fcc}$ 时，每个面上的 $\frac{a}{18}[\bar{1}2\bar{1}]$（面心）的位移，即图8.28中位移 aa，图中 $X-Y$ 为两个切变面的交线，如每个面位移了 a 后，每第9个面经 $(b+c)$ 位移（c 相当于一个Shockley不全位错，b 相当于一个3/2不全位错）来代替位移 a，就可以使层错面 $(011)_{bcc}$ 不转动，如第9个面中位移 a 由 $b+d$（d 仍为Shockley不全位错）来代替，则可消除长程应变场，形成一个半共格的、由两个 $(011)_{bcc}$ 层错所形成的面心立方核胚。

3. 软模形核

(1) 软模的基本概念

软模是晶体点阵的一种晶格振动模式，这种振动模式的振动频率的平方 $\omega^2 \to 0$。它的含义是在相变过程中，当临近相变点时，由于某一种晶格振动模式的软化而导致点阵结构不稳定而发生结构相变。

1941年Lyddane等[44]对简单立方碱卤化物晶体给出

$$\frac{\varepsilon(0)}{\varepsilon(\infty)} = \frac{\omega_{LO}^2}{\omega_{TO}^2} \tag{8.121}$$

式中，$\varepsilon(0)$ 和 $\varepsilon(\infty)$ 分别是静电和高频介电常数，ω_{LO} 和 ω_{TO} 分别是晶格的某个纵向和横向光学振动的频率，$\omega_{LO} > \omega_{TO}$，称为LST关系。

Raman和Nedungadi[45]在1940年首先用Raman散射观察到，当温度临近转变温度时，石英晶体在 $\alpha \to \beta$ 相变中，存在软化现象。

1949年Frohlich[46]在LST关系的基础上，推测到钙钛矿结构的 $BaTiO_3$ 铁电体，当最低的横光学模频率趋向零时，其静电常数 $\varepsilon(0) \to \infty$，这里

$$\varepsilon(0) = \frac{4\pi C}{T - T_c} \tag{8.122}$$

将式(8.121)代入式(8.122)，可得

$$\varepsilon(0) = \frac{4\pi C}{T - T_c} = \frac{\varepsilon(\infty)\omega_{LO}^2}{\omega_{TO}^2}$$

$$\omega_{TO}^2 = \frac{\varepsilon(\infty)\omega_{LO}^2}{4\pi C}(T - T_c) = \gamma(T - T_c) \tag{8.123}$$

当 $T \to T_c$ 时，$\varepsilon(0) \to \infty$。由LST关系式(8.121)，当 $\omega_{TO} \to 0$，$\varepsilon(0) \to \infty$，意味着晶体内部出现自发极化，将趋于零的 ω_{TO} 称为光学软模，这种由LST关

系发展出来的自发极化理论,现在称为"铁电软模理论"。此理论当时仅是一种预测,直到 1960 年,Anderson[47]和 Cochran[48]同时并分别提出铁电软模理论以后,才获得进一步发展。这一理论被 Cowley[49]应用中子的非弹性衍射方法,测定钛酸锶晶体的 ω_{T0} 在很宽的温度范围随温度变化的实验所证实。这种现象还在超导转变、金属-绝缘体间的转变中显示,意味当 $T \to T_c$ 时,原子偏离原先的平衡位置,不再受恢复力的制约,于是整个晶体从原来的组态过渡到另一个新的组态。

上述发展限于光学频率范围,称为光学软模或光模。晶格振动的另一支频率-声模的研究,使软模理论进入到马氏体相变的形核领域。

Zener[50]首先注意到金属结构相变中的软化问题,在 1948 年讨论体心立方结构向面心立方结构转变中指出,体心立方(110)[$\bar{1}$10]方向的切变抗力 $C' = (C_{11} - C_{12})/2$ 在 $T \to T_c$ 时变小,而弹性各向异性因子 $A = 2C_{44}/(C_{11} - C_{12})$ 变大,引起母相失稳的推断,是在金属材料结构相变中的软模概念的最初涉及。

20 世纪 80 年代,Perkins[51]对 NiTi 合金的马氏体相变引入了"声子形核"概念,认为 C' 的软化是共价键成分的减弱,电子、X 射线衍射在马氏体相变点范围观测到漫散射现象,并在 M_s 点达到极大,说明亚稳声子的振幅在接近 M_s 温度时明显增大,达到临界值时,与此点阵波相联系的应变将引起马氏体相变。这种"声子形核"不需要核胚,是一种均匀形核,但按此假设计算,所需激活能太大。

(2) 稳定性理论和软模[52]

一系统在一定条件下处于稳定,则其吉布斯自由能 G 应为最小,即

$$G_{\min} = \min[\phi(\xi_1, \xi_2, \xi_3, \cdots)] \tag{8.124}$$

这里 ξ 是决定 $G_{\min}$ 的独立变量,将 $G_{\min}$ 在平衡位置附近作泰勒(Taylor)级数展开

$$G = G_0 + G_1 + G_2 + G_3 + \cdots$$

$$\delta G = G - G_0 = G_1 + G_2 + G_3 + \cdots$$

这里因在平衡位置 $G_{\min}$ 附近,有

$$G_1 = \partial G/\partial \xi_i = 0$$

$$G_2 = \frac{1}{2} \sum_{ii'} f_{ii'}(pp') \delta \xi_i(p) \delta \xi_{ii'}(p') \tag{8.125}$$

式中,p、p' 是点阵位置,对于在平衡位置附近的微小偏离,可近似取为 $\delta G = G - G_0 \approx G_2$。利用傅里叶(Fourier)变换,可将式(8.125)对角化[53]

$$\delta G = \frac{1}{2} \sum_{ii'} \sum_k G_{ii'}(k) \delta X_i^*(k) \delta X_{i'}(k) \tag{8.126a}$$

式中,$\delta X_i(k)$ 是相应的有关偏离的傅里叶变换(*号表示共轭),$G_{ii'}(k)$ 是相应的吉布斯自由能二阶偏导的傅里叶变换。再进行第二次对角化,得

第八章 马氏体相变

$$\delta G = \frac{1}{2} \sum_l \sum_k \Lambda_l(k) |\delta Z_l(k)|^2 \qquad (8.126b)$$

式中，Λ_l 为矩阵 G_{ij} 的真正本征矢量，Z_l 为间正模。上面的过程实际在数学上是一次二次型的标准化过程。对一个稳定系统而言，要求 $\delta(G) > 0$，即所有本征值 Λ_l 都为正，此时，系统处于稳定态，而在临界点（临界温度 T_c），$\delta(G) = 0$，则发生失稳。

如考虑一个二元系，克分子体积为 V，克分子熵为 S，少数组元成分为 C，克分子自由能是 S、V、C 的函数，即 $U(S, V, C)$，按式(8.126a)可以写出

$$\delta U = \frac{1}{2}[U_{SS}\delta S^2 + U_{SV}\delta S\delta V + U_{SC}\delta S\delta C + U_{VS}\delta V\delta S + U_{VV}\delta V^2 + U_{VC}\delta V\delta C +$$
$$U_{CS}\delta C\delta S + U_{CV}\delta C\delta V + U_{CC}\delta C^2] \qquad (8.127)$$

由热力学关系 $T = \frac{\partial U}{\partial S}$，$p = -\frac{\partial U}{\partial V}$，$\mu = \frac{\partial U}{\partial C} = \mu_B - \mu_A$，将式(8.127)写成矩阵形式：

$$\{U_{ij}\} = \begin{bmatrix} \frac{\partial T}{\partial S} & \frac{\partial T}{\partial V} & \frac{\partial T}{\partial C} \\ -\frac{\partial p}{\partial S} & -\frac{\partial p}{\partial V} & -\frac{\partial p}{\partial C} \\ \frac{\partial \mu}{\partial S} & \frac{\partial \mu}{\partial V} & \frac{\partial \mu}{\partial C} \end{bmatrix} \qquad (8.128)$$

按稳定性理论，必须 $\delta(G) > 0$，由热力学关系知

$$C_V = \left(\frac{\partial \mu}{\partial T}\right)_V, \quad C_p = T\left(\frac{\partial S}{\partial T}\right)_p, \quad \alpha = \frac{1}{V}\left(\frac{\partial V}{\partial T}\right)_p, \quad K_T = -\frac{1}{V}\left(\frac{\partial V}{\partial p}\right)_T$$

则从式(8.128)得：

① $\left(\frac{\partial T}{\partial S}\right)_{V,C} = \left(\frac{1/\partial S}{1/\partial T}\right) = \left(\frac{\partial \mu/\partial S}{\partial \mu/\partial T}\right) = \frac{T}{C_V} > 0$

因此，在常体积下，对 C_V 很大的体系，$T/C_V \to 0$，使系统不稳定。

② $\frac{\partial(T, -p)}{\partial(S, V)} = \begin{vmatrix} \frac{\partial T}{\partial S} & \frac{\partial T}{\partial V} \\ -\frac{\partial p}{\partial S} & -\frac{\partial p}{\partial V} \end{vmatrix} > 0$

$$\frac{\partial(T, -p)}{\partial(S, V)} = \frac{\partial(T, -p)}{\partial(T, V)} \frac{\partial(T, V)}{\partial(S, V)} = -\left(\frac{\partial p}{\partial V}\right)_{T,C}\left(\frac{\partial T}{\partial S}\right)_{V,C} = \frac{T}{VC_V K_T} > 0$$

从力学稳定性要求来看，等温压缩系数 K_T 很大的体系，使 $T/VC_V K_T \to 0$，而不稳定，即在显出软化的情况下，原系统则显示不稳定。

③ $\frac{\partial(T, -p, \mu)}{\partial(S, V, C)} > 0$

可得

$$\frac{\partial \mu}{\partial C} = \left(\frac{\partial^2 G}{\partial C^2}\right)_{T,p} > 0$$

故从化学稳定性角度，克分子吉布斯自由能 G 的二阶偏导应取正值，而当 $\left(\frac{\partial^2 G}{\partial C^2}\right)_{T,p} = 0$ 时，达稳定性极限，这就是 Spinodol 分解的临界条件。

（3）软模与振动

按 Anderson–Cochran[47,48]理论，单个离子在晶格中的振动沿 x 方向的位移运动方程可写为

$$m\ddot{x} + r\dot{x} + (K_S - K_L + BT)x = eE_0\exp(i\omega t) \tag{8.129}$$

式中：K_S 是短程力，包括离子间的引力和斥力，起到使位移的离子回到原来位置的作用；K_L 是长程库仑力，如电矩间的相互作用，趋于增大离子的位移。在一定的条件下，这两种趋势相互抵消，恢复力为零，从而使 $\omega_{T0} \to 0$，导致软模。BT 为有效非简谐回复力常数，取自于非简谐项所包括的最低次项。ω 为外场频率，其幅度为 E_0，e 为离子有效电荷。利用关系式

$$\rho = Nex = \chi E_0 \exp(i\omega t) \tag{8.130}$$

这里 N 为单位体积中的离子数，χ 为系统的极化率。将此关系式(8.130)代入式(8.129)，可得

$$\chi = \frac{Ne^2/m}{\varpi^2 - \omega^2 + ir\omega/m} \tag{8.131}$$

其中 ϖ^2 为软模频率

$$\varpi^2 = (BT - K_L + K_S)/m = \frac{B}{m}\left(T - \frac{K_L - K_S}{B}\right) \tag{8.132}$$

① 当 $K_L > K_S$ 时，则有 $T_0 = (K_L - K_S)/B$，此时式(8.132)与 $\varpi^2 = a_0(T - T_0)$ 等效，由式(8.131)可得静态介电常数

$$\chi(0) = \frac{Ne^2/m}{\varpi^2} = \frac{C}{T - T_0}$$

式中，$C = Ne^2/B$，则由软模与温度的异常关系可以得到在相变点以上，静态介电常数服从居里–外斯(Curie Weiss)定律。当 $T \to T_0$ 时，$\varpi^2 \to 0$。

② 当 $K_L = K_S$ 时，ϖ^2 就不会趋于零，则无论相变温度是多少，都不会出现软化，但通常 $K_L \neq K_S$。

③ B 代表非谐振项，可取正、负，B 很大时，T_0 变得很低，如材料的相变温度 $T_c \gg T_0$，ϖ^2 将不会变小，软模就不会出现，可以将 B 视为热声子干扰。

而 $K_L - K_S$ 体现了材料的性质，热弹性马氏体显示软化现象，可能是

$(K_L - K_S)/B$ 值较大，T_0 较高，$T_c > T_0$，但相变时 ϖ^2 变小，但并不趋于零。

(4) 软模理论与中子衍射的中心峰

当相变出现软模时，系统会产生阻尼，由软模显示的阻尼是一种非谐振的交互作用，这种阻尼振子的运动方程为[54]

$$m\ddot{x} = -\varpi^2 x + F\exp(i\omega t) - \int_0^t M(t-t')\dot{x}(t')\mathrm{d}t' \tag{8.133}$$

式中，$\varpi = \omega_0(T-T_0)^{1/2}$ 为软模频率，ω 为外界振动频率。式(8.133)中第一项表示有产生的回复力，当 $\varpi^2 \to 0$ 时，表示回复力 $\to 0$，此时原子偏离平衡位置后就不能回到原处，发生从一个稳定态到另一个稳定态的转变，亦即发生了相变。第二项描述在外界 ω 振动频率下所产生的强迫振动。第三项是声子与声子相互作用所产生的阻尼。M 代表与系统先前历史有关的记忆函数。对式(8.133)，Blinc 和 Zeks[55] 使用 Laplace 变换得到的解，其重整化频率为

$$\omega_\infty^2 = \varpi^2 + \frac{\omega^2 \Gamma \tau}{1+\omega^2 \tau^2} \tag{8.134}$$

式中，Γ 为阻尼系数。当 $\omega\tau \gg 1$ 时，$\omega_\infty^2 = \varpi^2 + \Gamma\tau^{-1}$，可见 ω_∞^2 正比于 ϖ^2，$\varpi^2 = \omega_0^2(T-T_0)$。当 $T \to T_0$ 时，ω_∞^2 不趋于零，而趋于一个极小值 $\Gamma\tau^{-1}$。

外界频率与强度的关系为

$$I(\omega) = \mathrm{const} \cdot \left(\frac{\Gamma_\mathrm{eff}}{(\omega_\infty^2 - \omega^2)^2 + (\Gamma_\mathrm{eff}\omega)^2}\right)$$

式中，$\Gamma_\mathrm{eff} = \Gamma/(1+\omega^2\tau^2)$，称为与频率有关的有效阻尼系数，$\tau$ 是软模与其他模"碰撞"的持续时间。

在 $\omega\tau \ll 1$ 时，反映一种无特别意义的阻尼振子情况；$\omega\tau \gg 1$ 时，软模快速地使它的能量与其他声子归一化，进而导致有效阻尼常数提高。在 $\omega \to 0$ (中心峰)时，$I(0)$ 大大加强，致使 ω_∞ 和 ω_0 的谱分离，其强度比

$$I_C = I(0) = C\left(\frac{\Gamma/(1+0^2\tau^2)}{(\omega_\infty^2 - 0)^2 + (\Gamma_\mathrm{eff}\cdot 0)^2}\right) = C\frac{\Gamma}{\omega_\infty^4}$$

$$I_S = I(\infty) = C\left(\frac{\Gamma/(1+\omega_\infty^2\tau^2)}{0+\Gamma_\mathrm{eff}^2\omega_\infty^2}\right) = C\frac{1+\omega_\infty^2\tau^2}{\Gamma\omega_\infty^2}$$

取 $\Gamma \approx \omega_\infty$ 有

$$\frac{I_C}{I_S} = \frac{1}{1+\omega_\infty^2\tau^2} \approx \frac{1}{\omega_\infty^2\tau^2} \tag{8.135}$$

由式(8.135)可见，中心峰除 $T \to T_0$ 外，都较弱，$I_S > I_C$。当 $T \to T_0$ 时，$\varpi \to 0$，ω_∞^2 减少或 $\omega_\infty^2 \to 0$，此时 $I_C \to \infty$。此时中子衍射观测到 $T \to T_0$ 时出现峰值，显示点阵软化。图 8.29 为 $SrTiO_3$ 的中子衍射实验[56]结果，图 8.29(b) 为钙铁矿结构向四方对称结构转变的情况，其 Bragg 峰在倒易点阵 (1/2, 1/2, 1/2) 处。

图 8.29(c)表示了中子衍射能量与相对强度的关系,符合关系式

$$\frac{1}{(\hbar\omega_0)^2} = a + \frac{C}{T - T_0}$$

其中 $T_0 = 108$ K, $a = 0.008$ meV^{-2}, $C = 4.22$ K/meV^2, $\omega_0 = a_0(T - T_0)^{1/2}$ 一致。

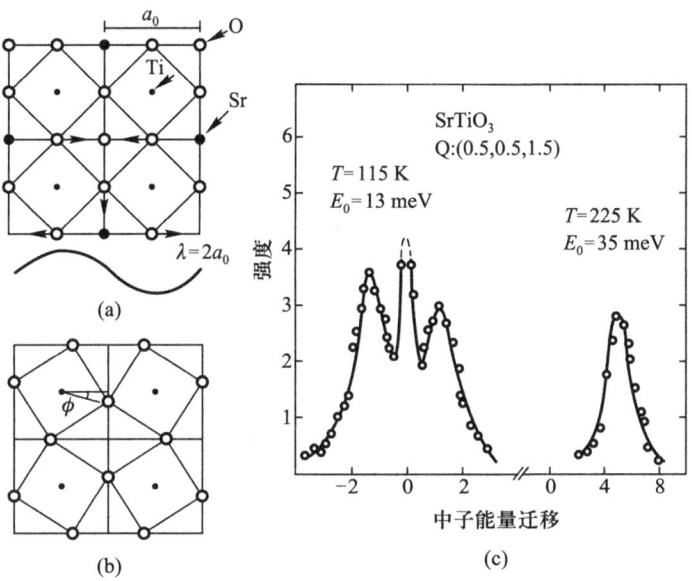

图 8.29 SrTiO$_3$ 的相变软模的中子衍射实验:(a)钙铁矿母相;
(b)转变到四方相;(c)中子衍射谱

(5)马氏体相变的软模形核

马氏体相变以切变实现,设马氏体点阵矢量为 b_1、b_2、b_3,母相的点阵矢量为 a_1、a_2、a_3,则有关系 $b_i = Ta_i (i = 1, 2, 3)$,T 为线性变换矩阵,由相变所达到的最小畸变而唯一决定。Wayman[57] 和 Christian[58] 进一步定义为

$$b_i = a_i + \varepsilon[T(\varepsilon)a_i - a_i] \tag{8.136}$$

当 $\varepsilon = 1$ 时,$b_i = Ta_i$ 为马氏体相;当 $\varepsilon = 0$ 时,$b_i = a_i$ 为母相。将单位体积的吉布斯自由能以 ε 的多项式展开为

$$g(\varepsilon) = g_0 + \frac{1}{2}C_2\varepsilon^2 + \frac{1}{3}C_3\varepsilon^3 + \frac{1}{4}C_4\varepsilon^4 + \cdots \tag{8.137}$$

当 $\varepsilon = 0$ 时,$g(\varepsilon) = g(0) = g_0$,为稳定母相的最小自由能;当 $\varepsilon = 1$ 时,$g(\varepsilon) = g(\varepsilon)$,取另一个最小值,相应于马氏体点阵。$C_1$、$C_2$、$C_3$ 为膨胀系数,分别由二次、三次、四次弹性常数组合而成。

Tetsuro[59] 由式(8.137)出发,将马氏体相变时单位吉布斯自由能差写为

$$\Delta G_1 = G - G_0 = \sum_n \left\{ \frac{P_2}{2}(u_{n+1} - u_n)^2 + \frac{P_3}{2}(u_{n+1} - u_n)^3 + \frac{P_4}{4}(u_{n+1} - u_n)^4 + \frac{P_6}{6}(u_{n+1} - u_n)^6 \right\} \quad (8.138)$$

式中，$(u_{n+1} - u_n) = \varepsilon d$，$d$ 为相邻原子间的距离，$\varepsilon = (u_{n+1} - u_n)/d$。$\varepsilon$ 的差分分别为

$$\nabla \varepsilon = (u_{n+1} - 2u_n + u_{n-1})/d$$
$$\nabla^2 \varepsilon = (u_{n+1} - 3u_n + 3u_{n-1} - u_{n-2})/d$$
$$\nabla^3 \varepsilon = (u_{n+2} - 4u_{n+1} - 6u_n - 4u_{n-1} + u_{n-2})/d$$

由相变引起的吉布斯自由能增加，还应加上由于应变不均匀造成的附加项，即切应变参量的梯度，类似在 Spinodol 分解[60]中采用的 $\Delta G(c) = \int [\Delta f(c) + K(\nabla c)^2] dV$，最简单的表示可写为

$$\gamma(\nabla \varepsilon)^2 = \sum_n \left\{ \frac{g_1}{2}(u_{n+1} - 2u_n + u_{n-1})^2 + \frac{g_2}{2}(u_{n+2} - 2u_n + u_{n-2})^2 + \frac{g_3}{2}(u_{n+3} - 2u_n + u_{n-3})^2 \right\} \quad (8.139)$$

因此相变时单位吉布斯自由能的增加为

$$\Delta G = \Delta G_1 + \gamma(\nabla \varepsilon)^2$$

在原子迁移幅度很小时，ΔG_1 中高于二次的项可以忽略不计。

设软声子的横点阵波为

$$u_n = A\sin(\omega t - knd) \quad (8.140)$$

点阵的运动方程为

$$m \frac{\partial^2 u_n}{\partial t^2} = -\frac{\partial(\Delta G)}{\partial u_n} = -\frac{\partial}{\partial u_n}[\Delta G_1 + \gamma(\nabla \varepsilon)^2] \quad (8.141)$$

将式(8.138)、式(8.139)、式(8.140)代入式(8.141)，经化简后得

$$\omega = \left\{ \frac{P_2}{m}\left[4\sin^2\left(\frac{Kd}{2}\right) + 16\frac{g_1}{P_2}\sin^4\left(\frac{Kd}{2}\right) + 16\frac{g_2}{P_2}\sin^4(Kd) + 16\frac{g_3}{P_2}\sin^4\left(\frac{3Kd}{2}\right) \right] \right\}^{1/2} \quad (8.142)$$

当 $K \approx 0$ 时，$\sin Kx = x$，可得软模频率 $\omega = \sqrt{\frac{P_2}{m}} Kd$，通过不同的系数设定，Ttsuro 模拟计算了 fcc→hcp 及 bcc→hcp、fcc、3R 等马氏体相变中的切变位移。

(6) β 相合金的高各相异性和相变软模

1) 体心立方金属的各向异性

Zener 首先提出在 bcc 晶体中，(110)[1$\bar{1}$0]方向的切变抗力 $C' = (C_{11} -$

$C_{12})/2$ 是比较小的。在讨论 fcc→bcc 转变时，指出面心立方的(111)面沿 $[\bar{2}11]$ 方向产生孪晶切变中，切变进行到中途时，其组态正好与体心立方的 $(110)[1\bar{1}0]$ 切变组态相当。在低温时(约 0 K)，在孪晶组态的几个低势能谷中间，存在一个势能较高于孪晶组态的体心立方亚稳极小，当温度升高时，由于 $(110)[1\bar{1}0]$ 切变坐标的振动幅度很大，因而产生一个很大的熵，使势能极小下降得比面心孪晶的谷还低，从而使面心立方转变为体心立方。

Fe 在高温 1 400 ℃ 时从面心 γ→体心 δ 转变可由上述理论加以解释。而在 910 ℃，随温度升高，从体心 α→面心 γ 这点就不符合此理论，对此 Zener 解释为体心 α 有自发磁化，这种磁化在低温时伴随吉布斯自由能的降低，可使面心 γ→体心 α。当时 Zener 并未真正涉及马氏体相变的软模形核问题，而只是讨论了由面心→体心转变的机理。然而他提出的各向异性因子随温度变化的概念和弹性抗力降低问题，为马氏体相变的点阵软化奠定了基础。

2) β 的高各向异性

β 相合金高温母相常具有 CsCl 类型的体心立方结构，这类合金的马氏体相变为热弹性的，相变过程显示明显的点阵软化。

Webb[61] 指出，β 黄铜的 E_{111}/E_{100} 达到 8.9，比其他立方金属要高。Good[62] 发现，β 黄铜在有序化临界温度以上的室温时 $A = 2C_{44}/(C_{11} - C_{12}) = 18 - 19$，如 fcc 结构的 α 黄铜为，$C_{44} = 0.82$，$C' = 0.18$，$A = 4$；而 bcc 结构的 β 黄铜为，$C_{44} = 1.83$，$C' = 0.093$，$A = 18.6$。

Zener[63] 认为 β 黄铜沿 [111] 方向为密排结构，沿此方向的切变抗力来自两种因素：① 离子间的相互排斥作用，使 $(C_{11} - C_{12})/2$ 减小，为负作用；② 介电子与离子间的相互作用，对 $(C_{11} - C_{12})/2$ 为正作用。当加热膨胀使点阵常数变大时，负作用随离子距离变化而很快下降，而正作用与离子间距离关系不大，因而在通常情况下，$(C_{11} - C_{12})/2$ 有正的温度系数，随温度的下降而减小。而压力将起相反的作用，使点阵间的距离减小，因而使 $(C_{11} - C_{12})/2$ 下降。

由式(8.132)可知，$T_0 = (K_L - K_S)/B$，K_L 为长程力，相当于这里的离子间作用力。K_S 为短程力，即这里的介电子与离子的作用力。当 K_L 增大、K_S 不变时，则 T_0 上升，更易软化。

对 AuCuZn[64] 合金不同成分的各向异性因子和马氏体逆相变开始转变点 A_s 的测量显示，A_s 点的最大值与各向异性因子 A 的最大值相对应，见图 8.30。说明弹性各向异性越大，M_s 温度也就提高，相的不稳定程度也就越大，弹性模量达到最小[65]。

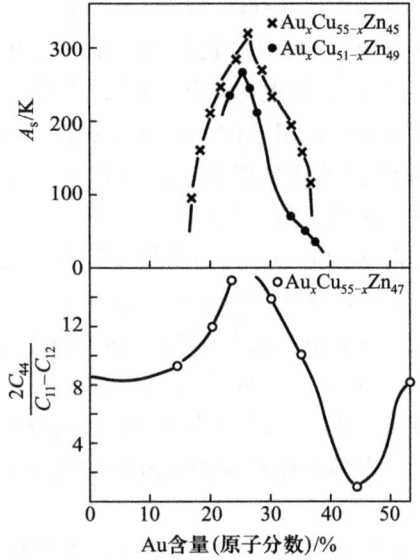

图 8.30 AuCuZn 的成分与 A_s 和 A 关系

对不同 Au 含量与各向异性因子 A 测量发现[66],C_{44} 的温度系数是负的,C' 的温度系数是正的,在 M_s 点附近,各向异性因子达到最大,见图 8.31。

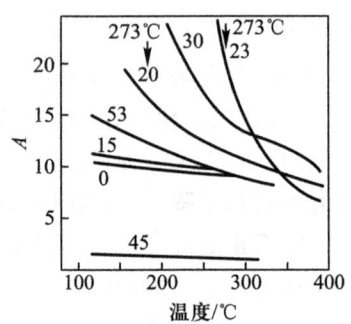

图 8.31 不同成分 Au 各向异性因子 A 与温度的关系

对 $Au_{26}Cu_{28}Zn_{46}$ 合金的杨氏模量随温度变化的测量结果显示,在 M_s 附近,模量下降,见图 8.32。

对体心立方的 Au-48.5% Cd 和 Au-50% Cd 合金的各向异性因子 A 及 E_{111}/E_{100} 和 C' 随温度变化的情况显示,各向异性因子 A 及 E_{111}/E_{100} 随温度的下降而增加,C' 随温度的下降而减小,显示软化,如图 8.33 所示[67]。

8.5 马氏体形核和马氏预相变

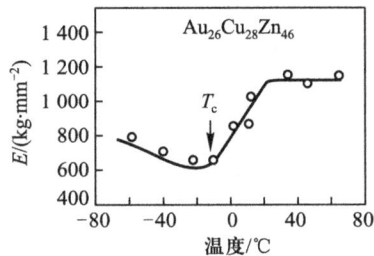

图 8.32 $Au_{26}Cu_{28}Zn_{46}$ 合金的杨氏模量随温度的变化

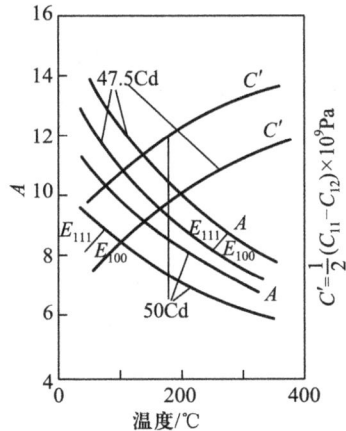

图 8.33 Au-Cd 合金的 A、E_{111}/E_{100} 及 C' 随温度的变化

（7）软模与内耗

内耗是由于对外界振动时应力和应变的非弹性行为，应力和应变图上出现滞后的迴线。相变软模形核时，晶格振动的某一频率模式趋向于零，$\varpi^2 \to 0$ 或 $C' \to 0$，引起中子吸收峰的强度增加。相变过程中，因软化作用，原子某一模式的振动频率降低、位移增加导致对外界能量的吸收增加，产生非弹性损耗，使系统的内耗增加和振动频率降低。

现有关内耗与马氏体形核的模型如下。

1） Belko 模型[68]

模型设弹性力与相变时点阵原子位移方向一致，在外应力下使激活能降低，激活能公式应为

$$U = U(T) - \beta a \sigma(t) \tag{8.143}$$

式中，$U(T)$ 为无外应力时核心的激活能，β 为当核心界面从某一个开始的临

界核心形状移动时经过相变的产物体积，a 为相变应变，σ 为外应力。t 时刻，单位体积母相中存在具有激活能为 $U(T)$ 的核心数目 $N(U)$，核心数目减少率为

$$\dot{N}(U) = -N(U)/\tau \tag{8.144}$$

式中，τ 为核心寿命平均时间，$\tau = A\exp[U/(KT)]$，A 为频率因子。单位时间内转变部分的体积为

$$\overline{\dot{N}(U)} = V\int \dot{N}(U)\mathrm{d}U$$

式中，V 为马氏体片的平均体积。假定在相变中 V 相同，应力 σ 很小，有

$$\tau = A\exp[U/(KT)] = A\exp\left[\frac{U(t) - \beta a\sigma(t)}{KT}\right] = \tau_0 \exp\left[1 - \frac{\beta a\sigma(t)}{KT}\right],$$

$$\tau_0 = A\exp[U(T)/(KT)],$$

$$N(U) = N_0(U) + \delta N(U),$$

$$\dot{N}_0(U) = -\frac{1}{\tau_0}N_0(U) \tag{8.145}$$

$$\delta\dot{N}(U) = -\frac{1}{\tau_0}\delta N_0(U) - \frac{\beta a}{\tau_0 KT}N_0(U)\delta\sigma \tag{8.146}$$

式(8.145)为无外应力时的新相长大，式(8.146)为存在外应力时新相长大速度的偏离。当外应力 $\sigma = \sigma_0\exp(i\omega t)$ 时，在平均寿命 $\tau_0 \gg 1/\omega_0$ 时，对式(8.146)积分得

$$\delta N(U) = \frac{\mathrm{i}\beta a\sigma}{\omega\tau_0 KT}N_0(U) \tag{8.147}$$

与形核有关的非弹性应变 $e(U) = \delta N(U)aV$，考虑式(8.145)，由式(8.147)可得

$$\bar{e} = \frac{\mathrm{i}}{\omega}\frac{\beta a^2 \dot{m}\sigma}{KT} \tag{8.148}$$

式中，$\dot{m} = V\int \dot{N}(U)\mathrm{d}U$，而内耗 $Q^{-1} = \bar{e}/\varepsilon$。Delorme[69]对内耗与马氏体相变的研究得到塑性应变 ε_p 与外应力 σ 和剪切模量 G 间存在 $\varepsilon_p = \phi(V_m)\sigma G^{-1}$，$a = \varepsilon_p$，代入式(8.148)可得

$$Q^{-1} = \frac{G\beta a^2 \dot{m}}{\omega KT} = \frac{\beta\phi^2(V_m)\sigma^2 \dot{m}}{G\omega KT} \tag{8.149}$$

式中，V_m 为新相的体积，可以认为 $\beta = V_m$，$\phi(V_m)$ 是 V_m 的单调函数，由式(8.149)可见，由于软化引起 G 的下降，将导致内耗的增加。

2) Mercier-Melton 模型[70]

通常在计算位错弹性能时，以各向同性作近似，单位长度的弹性能仅依赖

于平均弹性常数 μ。但在各向异性的材料中,要用 9×9 阶矩阵 C_{ijkl},$\sigma_{ij} = C_{ijkl}\varepsilon_{kl}$。

对于在特定方向上的应力、应变的弹性常数需进行坐标变换。

Foreman[71]将位错单位长度上各向异性弹性常数设为 μ^A 时,其介质中弹性能为

$$W^A = \frac{\mu^A b^2}{4\pi} \ln \frac{R}{r_0}$$

Hirth 和 Lothe[72]计算的在 fcc 中[110]方向(111)平面上滑移螺旋位错的 μ_s^A 为

$$\mu_s^A = \left[\left(\frac{C_{11}-C_{12}}{2}\right)C_{44}\right]^{1/2}$$

对在[110](110)平面上滑移的刃型位错的 μ_e^A 为

$$\mu_e^A = \frac{(C_{11}-C_{12})[C_{44}(C_{11}-C_{12})]^{1/2}}{[(C_{11}+C_{12}+2C_{44})C_{11}]^{1/2}}$$

可见 μ^A 正比于 $(C_{11}-C_{12})^{1/2}$,当 $(C_{11}-C_{12})^{1/2} \to 0$,$\mu^A \to 0$。

应用 Granato-Lücke[73]方程,在 $\sigma = \sigma_0 \exp(i\omega t)$ 交变应力下可得

$$Q^{-1} = g^2 \frac{\lambda b^2}{J_0 K} \frac{\omega\tau}{1+\omega^2\tau^2}$$

式中,g^2 为几何因子,λ 为位错密度,J_0 为柔度,K 为弹性常数,$\tau = B/K$ 为弛豫时间,$K = \mu b^2/l^2$。以 μ^A 取代 μ,在 $\tau\omega \ll 1$ 情况下,可得

$$Q^{-1} = \frac{g^2 \lambda l^4 B \omega}{144 b^2 J_0 (\mu^A)^2} \tag{8.150}$$

软模相变时当 $(C_{11}-C_{12})^{1/2} \to 0$,$\mu^A \to 0$,则 Q^{-1} 将出现峰值,C'、μ^A 及 Q^{-1} 的关系如图 8.34 所示。

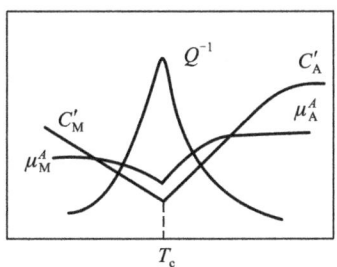

图 8.34 相变时的 C'、μ^A 及 Q^{-1}

3) Batist 模型[74]

也应用 Granato-Lücke 方程,以位错从杂质原子钉扎释放出发得

$$Q^{-1} = \frac{C_1}{\varepsilon}\exp\left(-\frac{C_2}{\varepsilon}\right) \tag{8.151}$$

式中，$C_1 = \Omega\lambda\Delta_0 L^3/(\pi^2 lG)$，$\Delta_0 = 4(1-\nu)/\pi^2$，$\nu$ 为泊松比，L 为位错长度，G 为剪切模量，λ 为位错密度，l 为杂质间的平均距离，Ω 为取向因子。$C_2 = \Gamma/G$，$\Gamma = \pi F_M/(4al)$ 为从钉扎点释放所需的应力，$F_M = 4G\varepsilon_0 a^4/d^2$ 为束缚力，ε_0 为溶剂和溶质原子半径差比溶质原子半径，称为 Cottrell 混乱参数，d 为杂质原子和位错间的距离。

同样以 μ^A 取代 μ，以 G^A 取代 G，将上述关系全部代入式(8.151)，$C_1 \propto 1/G^A \propto 1/(C_{11}-C_{12}) \propto A$。当 C' 减小时，各向异性因子 A 增大，C_1 上升，Q^{-1} 增大。

4) 王业宁模型[75]

王业宁认为式(8.150)中的 Q^{-1} 与 ω 的正比关系与实验不符，由界面位错的静滞后型损耗机制及位错与杂质应力场的相互作用得到

$$Q^{-1} = 2\pi^{-3/2}\lambda b\mu_t S_i n_i/(\lambda\beta C') \tag{8.152}$$

式中，μ_t 为扭转模量，S_i 为界面总面积，n_i 是单位界面上孪晶位错的总长度。单晶试样时，$\mu_t = C_{44}$，在相变点变化不大，而 C' 变小，S_i 有一最大值，因此出现内耗。

多晶时，假定晶粒内应变是均匀的，可用 Voigt 平均得

$$\mu_t = \frac{3}{5}C_{44} + \frac{2}{5}C',$$

$$Q^{-1} = \frac{2\pi^{-3/2}\lambda b S_{imax} n_i}{\beta r}\left(\frac{3}{5}\frac{C_{44}}{C'_{min}} + \frac{2}{5}\right) \tag{8.153a}$$

假定晶粒内应力是均匀的，采用 Reuss 平均得

$$\mu_t = \frac{5C_{44}C'}{3C' + 2C_{44}},$$

$$Q^{-1} = \frac{2\pi^{-3/2}\lambda b S_{imax} n_i}{\beta r}\left(\frac{5C_{44}}{3C'_{min} + 2C_{44}}\right) \tag{8.153b}$$

对应 C' 达最小，剪切模量 μ_t 在内耗峰位置有一极小值，从而解释了点阵软化和相变内耗峰的关系。

5) Delorme-Dejonghe 模型[76]

按内耗定义

$$\delta = \frac{1}{2\pi}\frac{\Delta W}{W} = \frac{1}{2\pi}\frac{1}{W}\int\sigma d\varepsilon_p \tag{8.154}$$

按 Delorme 等[69]对微塑性关系 $d\varepsilon_p = A\sigma G^{-1}dm$，$A$ 为材料常数，$\sigma = $

$\sigma_0 \sin \omega t$，G 为剪切模量，转变量是温度和应力的函数

$$\dot{m} = \frac{\mathrm{d}m}{\mathrm{d}t} = \frac{\partial m}{\partial T}\frac{\partial T}{\partial t} + \frac{\partial m}{\partial \sigma}\frac{\partial \sigma}{\partial t} \tag{8.155}$$

假定应力产生相变和再取向仅在正半周的 σ 时发生，σ_c 为应力感生的临界应力。将式(8.155)代入式(8.154)可得

$$\delta = \delta_1 + \delta_2 = \frac{1}{2\pi W}\int A\sigma^2 G^{-1}\frac{\mathrm{d}m}{\mathrm{d}t}\mathrm{d}t + \frac{1}{2\pi W}\int A\sigma^2 G^{-1}\frac{\mathrm{d}m}{\mathrm{d}\sigma}\mathrm{d}\sigma$$

$$= \frac{A}{2\pi \cdot \frac{1}{2}\sigma_0\varepsilon_0}\left(\int_0^{\frac{2\pi}{\omega}}\frac{\mathrm{d}m}{\mathrm{d}t}\frac{\sigma_0^2}{G}\sin^2\omega t \mathrm{d}t + \int_{\sigma_c}^{\sigma_0}\frac{\sigma^2}{G}\frac{\mathrm{d}m}{\mathrm{d}\sigma}\mathrm{d}\sigma\right) \tag{8.156}$$

$$= \frac{A}{2\pi}\left(\frac{\partial m}{\partial T}\frac{\partial T}{\partial t}\frac{1}{f} + \frac{\partial m}{\partial \sigma}\frac{4}{3}\sigma_0\left[1 - \left(\frac{\sigma_c}{\sigma_0}\right)^3\right]\right)$$

Delorme-Dejonghe 模型表明内耗与温度和应力两部分有关，并与转变量随温度和应力变化成正比，和每周的振动频率 f 成反比，在 $\sigma_0 < \sigma_c$ 时，将回到 Belko 模型，此点为软模相变的内耗实验所证实。

6）马氏体相变内耗与软模的实际例子[77]

图 8.35 是 Fe – 18.5% Mn(质量分数)合金的升、降温过程的内耗，90 ℃ 附近的峰是马氏体相变峰，180 ℃ 附近的峰是马氏体逆相变峰。以 180 ℃ 峰峰高随 $\dot{T}/f$ 成线性的关系，为瞬态内耗，由相变软化所引起。在纵坐标部分的截距反映了它的稳态内耗，见图 8.36。

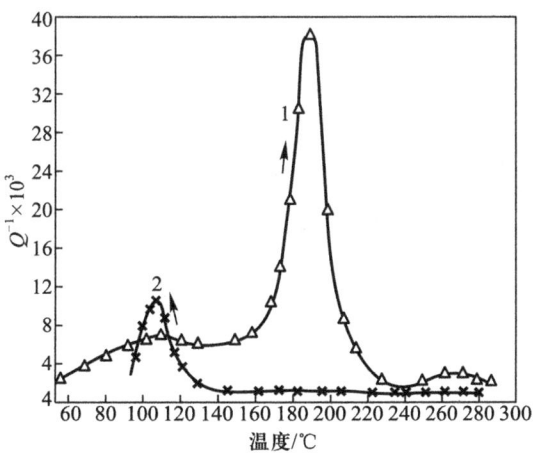

图 8.35　Fe – 18.5% Mn(质量分数)合金的升、降温过程的内耗

第八章 马氏体相变

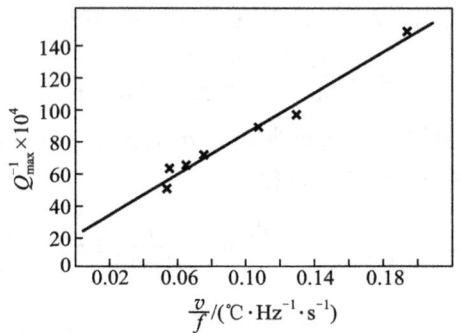

图 8.36　Fe-18.5% Mn(质量分数)合金 180 ℃峰峰高与 $\dot{T}/f$ 的关系

这种内耗现象在许多纯金属和合金(如 Co、Zr、In-Tl、Mn-Cu、NiTi)以及多种贵金属的 β 合金中都存在。

Mn-Cu 合金在马氏体相变时会在相变点出现相变内耗,并伴随杨氏模量的软化,图 8.37(a)是 88.26% Mn-Cu(质量分数)合金的内耗和模量随温度变化的情况,120 ℃附近的内耗与马氏体相变有关,0 ℃附近的 10^{-2} 数量级的内耗是马氏体相变后产生的孪晶界阻尼内耗。马氏体相变内耗温度由 M_s 温度决定,与合金成分有关。图 8.37(b)是 90% Mn-Cu(质量分数)的内耗和模量在不同频率下随温度的变化。孪晶峰温随测量频率的增加而向高温移动,显示界面弛豫特性;而马氏体相变峰在频率变化时,保持峰温不变,但峰高随频率的增加而降低,符合式(8.149)的关系。

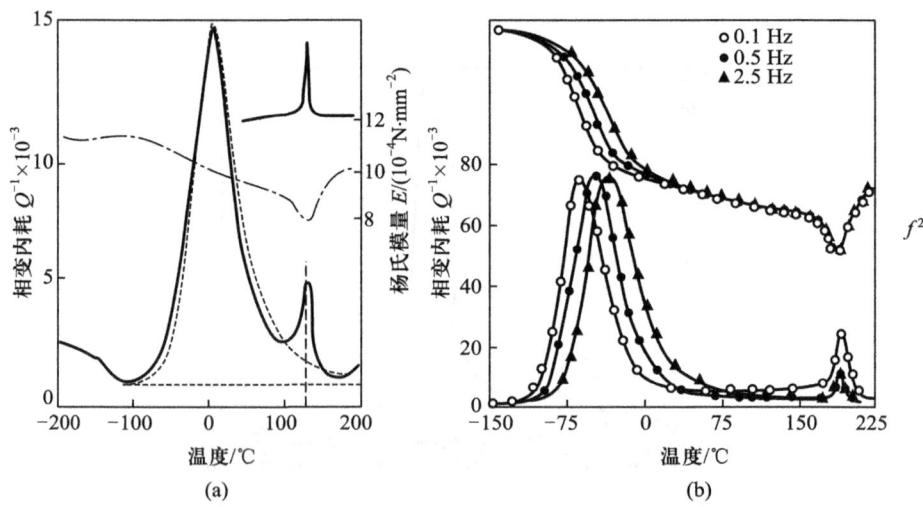

图 8.37　(a) 88.26% Mn-Cu(质量分数)和(b) 90% Mn-Cu(质量分数)的相变内耗和弹性模量随温度的变化

4. 局域软模形核

(1) 马氏体相变的点阵软化类型

研究表明，马氏体相变的点阵软化情况可以分成三类。A 类合金的 C' 随温度下降不是下降而是增加，也即不符合软模形核。B 类合金包括 β 相热弹性马氏体相变、铁磁性的 Fe-Ni(Ni>30%) 和 Fe_3Pt 合金等。β 相合金具有 CsCl、Fe_3Al 或 Heusler 结构，C' 随温度增加而下降，接近 M_s 温度时，C' 和 E 变得最小，但不等于零，各向异性因子达到最大。除 C' 软化外，还有其他类型的弹性模量软化。在逆马氏体转变时，也出现点阵软化，如 Cu-Zn-Al 合金。铁磁性的 Fe-Ni 和 Fe-Pt 出现软化发生在居里点 $T_c(T_c>M_s)$，可能与磁性转变引起的异常膨胀有关。C 类合金发生的软化有些像二级相变的情形，$C' \to 0$。马氏体相变的点阵软化类型如表 8.1 所示。可以明显地看出，对 A 类合金不能用软模形核来解释和处理。

表 8.1　马氏体相变的点阵软化类型

A　无点阵软化	B　中等程度的点阵软化	C　急剧的点阵软化
Fe-C	Cu-, Ag-, Au-, Ni-	Tn-X(X=Tl, Cd, Hg 等)
Fe-Cr-Ni	β Hume-Rothery 相	A15 化合物(V_3Si、Nb_3Sn)
Fe-Mn-C	U	反铁磁合金(Mn-Cu、Mn-Ni)
Co	Fe-Ni(Ni>30%)	
Co-Ni	Fe-Pt(接近 Fe_3Pt)	
Fe-Ni(Ni<30%)		

(2) 缺陷与软模

Genzel 等[78]对一维情况的计算得到，在原子弱联结时（即缺陷处），共振频率 ω_0 和缺陷处的力学常数 f' 之间的关系为

$$\frac{\omega_0}{\omega_L} = \left(\frac{1-r}{2r}\right)^{1/2} \quad (8.157)$$

式中，$\omega_L = 2\sqrt{\dfrac{f}{m}}$ 为声频支的最高频率，m 为原子质量，f 为无缺陷处的力学常数，$r = \dfrac{f-f'}{f}$，$f = (C_{11}-C_{12})/2$。在缺陷处，由于原子间的弱作用力，使 $f' \ll f$，导致 $r \to 1$，使式(8.157)中 $\omega_0 \to 0$，产生局部软化作用。原子的最大振幅 μ^* 与非缺陷区振幅 A_0 的关系为

$$\frac{\mu^*}{A_0} = \left(\frac{2r}{1-r}\right)^{1/2} \quad (8.158)$$

在接近 M_s 时,由于 $\omega_0 \to 0$,$f' \ll f$,导致 $r \to 1$,使 $\mu^* \to \infty$。虽然 C' 不软化,由于缺陷处特殊的原子组态,可引起局部软化而形核。

Tetsuro[79] 从软声子平均动能出发,将软声子横点阵波的振动写成

$$u_m = A\sin(\omega t - knd)$$

软声子的平均动能为

$$\sum_{n=1}^{N} \frac{1}{2} m\dot{u}_m^2 = \frac{1}{4} mA^2\omega^2 N \qquad (8.159)$$

设软声子适合玻色统计分布,当 $\hbar\omega \ll KT$ 时,有

$$e^{\frac{\hbar\omega}{KT}} = 1 + \frac{\hbar\omega}{KT} + \cdots$$

则其动能为

$$\frac{1}{4} mA^2\omega^2 N = \frac{\hbar\omega}{2} \frac{1}{e^{\frac{\hbar\omega}{KT}}-1} = \frac{\hbar\omega}{2} \frac{KT}{\hbar\omega} = \frac{1}{2} KT$$

$$A = \left(\frac{2KT}{m\omega^2 N}\right)^{1/2} \qquad (8.160)$$

由式(8.160)可见,$A \propto 1/\sqrt{N}$,如一个晶体 $N = 10^{22}$,$\omega = 2\pi \times 10^6 \text{ s}^{-1}$,$A_{20℃} \approx 10^{-14}$ cm,而在缺陷处,$N \approx 10^{10}$,$A_{20℃} \approx 10^{-8}$,显示缺陷处的点阵极不稳定,为形核提供了有利条件。

(3) Clapp[80] 应变 Spinodol 局部软模

将马氏体相变吉布斯自由能以应变(或位移)作参量展开

$$G(\varepsilon) = G_0 + \frac{1}{2}C_2\varepsilon^2 + \frac{1}{6}C_3\varepsilon^3 + \frac{1}{12}C_4\varepsilon^4 + \cdots \qquad (8.161)$$

其中 G、G_0 为单位体积的吉布斯自由能,C_2 为二级弹性常数 C_{ij} 的组合,C_3 为 C_{ij}、C_{ijk} 的组合。反抗应变的回复力为

$$\frac{\partial^2 G}{\partial \varepsilon^2} = C_2 + C_3\varepsilon$$

回复力将随 C_3 的符号而增减,Clapp 将式(8.161)写成

$$G(\varepsilon) = G_0 + \frac{1}{2!}\sum_{ij} C_{ij}\varepsilon_i\varepsilon_j + \frac{1}{3!}C_{ijk}\varepsilon_i\varepsilon_j\varepsilon_k \qquad (8.162)$$

对立方点阵,C_{ij} 为

$$C_{ij} = \begin{pmatrix} C_{11} & C_{12} & C_{12} & 0 & 0 & 0 \\ C_{12} & C_{11} & C_{12} & 0 & 0 & 0 \\ C_{12} & C_{12} & C_{11} & 0 & 0 & 0 \\ 0 & 0 & 0 & C_{44} & 0 & 0 \\ 0 & 0 & 0 & 0 & C_{44} & 0 \\ 0 & 0 & 0 & 0 & 0 & C_{44} \end{pmatrix}$$

8.5 马氏体形核和马氏预相变

式(8.162)可写为

$$G(\varepsilon) = G_0 + \frac{1}{2}C_{11}(\varepsilon_1^2 + \varepsilon_2^2 + \varepsilon_3^2) + C_{12}(\varepsilon_1\varepsilon_2 + \varepsilon_2\varepsilon_3 + \varepsilon_3\varepsilon_1) +$$
$$\frac{1}{2}C_{44}(\varepsilon_4^2 + \varepsilon_5^2 + \varepsilon_6^2) + \frac{1}{6}C_{111}(\varepsilon_1^3 + \varepsilon_2^3 + \varepsilon_3^3) +$$
$$\frac{1}{2}C_{112}(\varepsilon_1^2\varepsilon_2 + \varepsilon_2^2\varepsilon_1 + \varepsilon_1^2\varepsilon_3 + \varepsilon_3^2\varepsilon_1 + \varepsilon_2^2\varepsilon_3 + \varepsilon_3^2\varepsilon_2) + \quad (8.163)$$
$$C_{123}\varepsilon_1\varepsilon_2\varepsilon_3 + \frac{1}{2}C_{144}(\varepsilon_1\varepsilon_4^2 + \varepsilon_2\varepsilon_5^2 + \varepsilon_3\varepsilon_6^2) +$$
$$\frac{1}{2}C_{166}(\varepsilon_1\varepsilon_5^2 + \varepsilon_1\varepsilon_6^2 + \varepsilon_2\varepsilon_4^2 + \varepsilon_2\varepsilon_6^2 + \varepsilon_3\varepsilon_4^2 + \varepsilon_3\varepsilon_5^2) +$$
$$C_{456}\varepsilon_4\varepsilon_5\varepsilon_6$$

式(8.163)仅列出三次项,不计高次项,因为当应变很小时就引起点阵失稳,高次项可忽略。按稳定性理论可知,系统稳定的条件是

$$\frac{\partial^2 G(\varepsilon)}{\partial \varepsilon_i \partial \varepsilon_j} = G_{ij}(\varepsilon) = C_{ij} \geq 0 \quad (i,j = 1,\cdots,6)$$

由 $|\lambda I - G_{ij}(\varepsilon)| = 0$,按 Laplace 展开,可得

$$(\lambda - C_{44})^3 \begin{vmatrix} \lambda - C_{11} & -C_{12} & -C_{12} \\ -C_{12} & \lambda - C_{11} & -C_{12} \\ -C_{12} & -C_{12} & \lambda - C_{11} \end{vmatrix} = 0 \quad (8.164)$$

由式(8.164)可知,其中一个本征值为三重根 $\lambda_4 = \lambda_5 = \lambda_6 = C_{44}$,另一个解由式(8.163)的行列式得

$$(\lambda - C_{11})^3 - 2C_{12}^3 - 3C_{12}^2(\lambda - C_{11}) = 0$$
$$\lambda^3 - 3\lambda^2 C_{11} + 3\lambda C_{11}^2 - C_{11}^3 - 3C_{12}^2\lambda + 3C_{11}C_{12}^2 - 2C_{12}^3 = 0$$
$$[\lambda - (C_{11} - C_{12})]^2[\lambda - (C_{11} + 2C_{12})] = 0$$

可得本征值 $\lambda_1 = \lambda_2 = C_{11} - C_{12}$,$\lambda_3 = C_{11} + 2C_{12}$。本征矩阵为

$$\begin{pmatrix} C_{11} - C_{12} & 0 & 0 & 0 & 0 \\ 0 & C_{11} - C_{12} & 0 & 0 & 0 \\ 0 & 0 & C_{11} + 2C_{12} & 0 & 0 \\ 0 & 0 & 0 & C_{44} & 0 \\ 0 & 0 & 0 & 0 & C_{44} \end{pmatrix} \quad (8.165)$$

稳定性条件为

$$\left. \begin{array}{l} C_{11} - C_{12} \geq 0 \\ C_{11} + 2C_{12} \geq 0 \\ C_{44} \geq 0 \end{array} \right\} \quad (8.166)$$

这类似于成分 Spinodol 分解中处于二阶导数拐点的情况。同时沿此方向的弹性抗力为 0，表示点阵在该方向软化，此时恢复力为 0，晶体不稳定，任何小的应变起伏都使局域区自由能自发下降，可以自动分解为高、低两个应变区，低应变区为 fcc 母相组态，高应变区变成 bcc 结构的马氏体胚芽核心。这里 $C_{11} - C_{12} = 0$ 的软化正好与马氏体相变中的 $(110)[\bar{1}10]$ 方向的切变一致。

8.5.2 马氏体预相变现象的实验研究

马氏体预相变有两个方面，一是基体母相点阵在相变前发生奇异的演变，二是在基体母相点阵中产生结构和性质不同于母相点阵的情况。这些演变有的与其后的马氏体相变直接有关，另一些可能起因于竞争结果，其他也有一些是母相到马氏体相的中间相。

预相变中出现的奇异现象称为预马氏体相变，例如相变预兆、先兆、中间相、软模、点阵软化、声子软化、点阵不稳定性、触发效应、奇异散射。

对有关点阵软化的现象，已在软模形核理论中作过讨论，下面提供一些马氏体相变前的奇异现象的研究和实验结果。

1. β 相合金的点阵软化

Nagasawa 等[81]对 Ni - 36.8Al 合金的 C' 和 C_S 随温度变化的测量，见图 8.38。

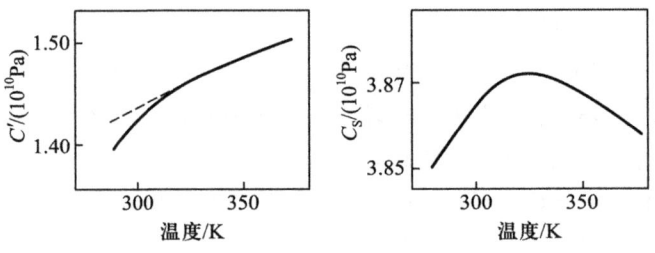

图 8.38　Ni - 36Al 的 C' 和 C_S 随温度的异常

图 8.39 是 Au - Ag - 48.5Cd 合金不同 Ag 含量的 C'、C_S 和 C_{44} 随温度的变化，显示在马氏体相变点附近弹性模量的异常软化。

2. 电阻在预相变阶段的奇异

Sandrock 等[82]对 NiTi 合金在 0 ~ 40 ℃ 之间 (M_s ~ M_f) 进行不完全循环 10 次后，发现电阻在 M_s 点附近，在降温时出现负温度系数和峰值，如图 8.40 所示。显示与点阵不稳定性有关，由于点阵振动的振幅加大，造成对电子散射的加大，引起电阻上升。电镜观测显示，经多次循环后，位错密度增加，不稳定

8.5 马氏体形核和马氏预相变

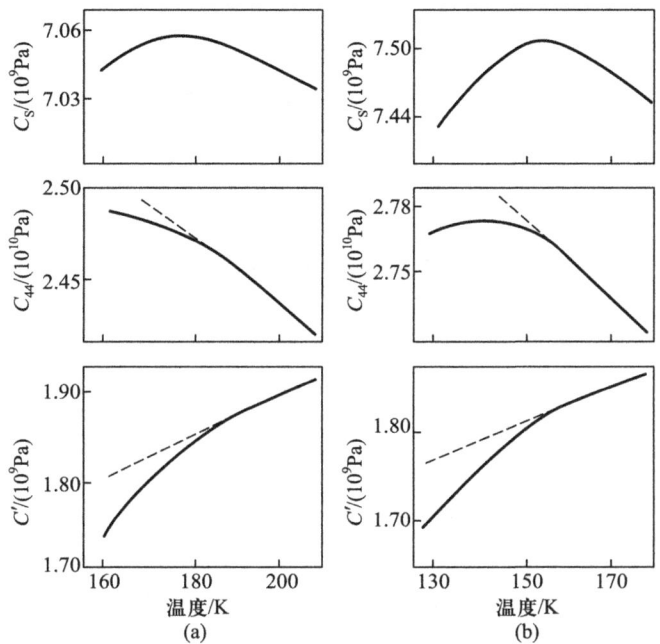

图 8.39 Au-Ag-48.5Cd 合金的 C'、C_S 和 C_{44} 随温度的变化：
(a) 28%Ag，慢冷；(b) 35%Ag，快冷

区增多。由于位错密度增加，造成对马氏体核心的界面钉扎作用，阻碍核心长大。Wayman 等[83]对 NiTi 合金在 $M_f \sim A_f$ 间进行完全循环，得到电阻峰值随循环次数的增加而升高。M_s 温度从循环 2 次的 31 ℃，下降到循环 20 次的 20 ℃，见图 8.41。

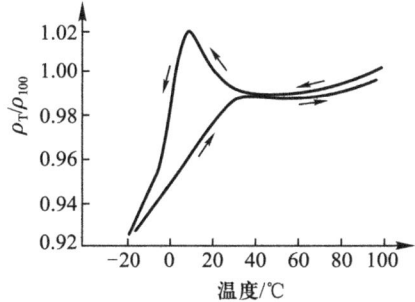

图 8.40 0~40 ℃间循环 10 次后降温电阻出现峰值

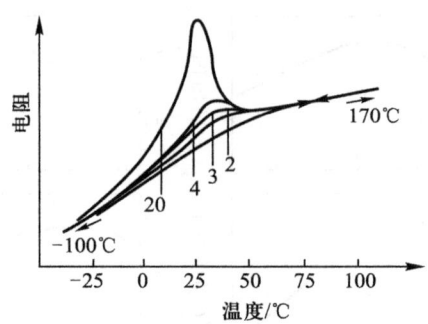

图 8.41 电阻随循环次数的变化

3. 硬度在预相变阶段的奇异

Mukherjee 等[84]测量了 NiTi 合金正、逆马氏体相变的硬度变化。他发现在冷却时,硬度在 $T < T_s$ 时开始下降,到 $T_c = 305$ K(32 ℃)达到最低,到 T_f 温度硬度趋于稳定。在加热过程中,发生逆马氏体相变,其硬度在 T_s 温度前基本保持不变,见图 8.42。多次循环中硬度与温度的关系如图 8.43 所示。随循环次数的增加,T_c 温度向低温方向移动,T_{s_2} 也向低温移动,与电阻峰的移动方向一致,但与电阻峰的升高相反,硬度谷值减小,这显示母相基体的硬度随之升高,表示随循环次数的增加,位错密度升高,基体的加工硬化增加。

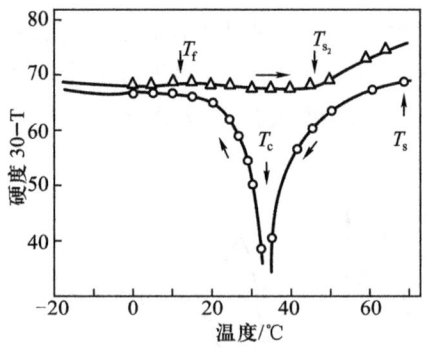

图 8.42 NiTi 合金硬度与温度的关系

4. Mössbauer 共振法[85]

测定在 M_s 温度的 Mössbauer 共振吸收分数 f,可以提供马氏体预相变的信息。Mössbauer 共振吸收峰的面积为

$$S = \frac{\pi}{2} \frac{fD}{2} \Gamma_{\exp} \tag{8.167}$$

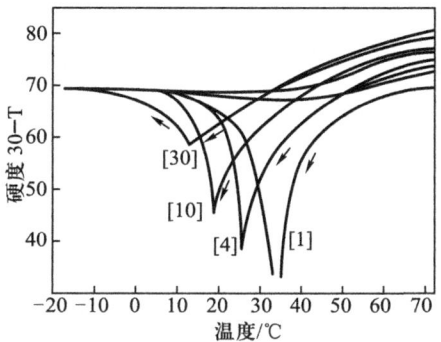

图 8.43 NiTi 合金的硬度随循环次数的变化

式中，D 是试样的有效厚度，$\Gamma_{\exp}$ 是观测峰的半宽度，f 是共振吸收分数。对于一个均匀固体

$$f = \exp(-2W) = \exp\left[-\frac{4\pi^2}{\lambda_r^2} <u>^2\right] \tag{8.168}$$

式中，$2W$ 称为 Lamb-Mössbauer 系数，与吸收核心的均方振幅有关。如果发生点阵软化，则在某些特定方向，原子的均方偏离 $<u>^2$ 将增加，从而使共振吸收分数 f 减少。因此测定 f 就能探测点阵软化，λ_r 是 γ 射线的吸收波长。

$$2W = C\int_0^\infty K(x) \frac{\coth(x\rho)}{x} dx \tag{8.169}$$

式中：$x = \omega/\omega_H$，ω 为点阵振动频率；$\rho = \hbar\omega_H/(2KT)$；$C = E_R/\hbar\omega_H$，$E_R$ 为 Mössbauer 核的反跳能量，对于 Fe^{58} 来说，$E_R = 0.0018$ eV；$K(x)$ 是共振系数。Lehman 和 Wames[86]证明，对任何一个局域力学常数的软化，$K(x)$ 通常有一个高或较高的 Breit-Wigner 共振振幅叠加于低背景上，随着力学常数的减小，有

$$K(x) = \frac{1}{\pi} \frac{\Gamma}{(x - x_0)^2 + \Gamma^2} \tag{8.170}$$

式中，Γ 为共振宽度，x_0 为最大共振频率。$K(x)$ 必须满足振动状态的叠加法则，即 $\int_0^\infty K(x) dx = 1$，则对于局部软化区的 Lamb-Mössbauer 系数 $2W$ 为

$$2W_S = \frac{C}{\pi}\int_{0+\varepsilon}^1 \frac{\Gamma}{(x - x_0)^2 + \Gamma^2} \frac{\coth(x\rho)}{x} dx \approx \frac{C}{\rho} \frac{(x_0^2 - \Gamma^2)}{(x_0^2 + \Gamma^2)^2} \tag{8.171}$$

这里因 $x\rho \ll 0.5$，$\coth(x\rho) \sim (x\rho)^{-1}$，$x = 0$ 为奇点，故积分从 $0+\varepsilon$ 开始。假定优先局部软模频率 $x_0 = \omega/\omega_H \sim a(T - T_0)^{1/2}$，当 Γ 很小时可得

$$2W_S = \frac{C}{\rho} \frac{1}{a^2(T - T_0)} \tag{8.172}$$

则局部软化区的共振吸收分数

$$f_S = \exp(-2W_S) = \exp\left(-\frac{C}{\rho}\frac{1}{a^2(T-T_0)}\right) \qquad (8.173)$$

取 δ 为局部软化区占完整固体的点阵分数,则 $f_{sun}=f_N(1-\delta)+f_S\delta$,这里 f_N 为正常点阵位置的 Mössbauer 分数

$$f_N = \exp(-2W_N) = \exp\left(-\frac{4\pi^2}{\lambda_r}<u>^2\right) \qquad (8.174)$$

当温度从上面取近于 M_s 时,f_N 中由于 $<u>^2$ 的增加而下降,但 f_S 由于局部软化区的 $<u>^2$ 增加更大,因此下降更为剧烈,结合 f_N 和 f_S 有

$$f = f_N(1-\delta) + \delta f_S = f_N(1-\delta) + \delta\exp\left(-\frac{C}{\rho}\frac{1}{a^2(T-T_0)}\right) \qquad (8.175)$$

当 $T \gg T_0$ 时,$f_S \sim f_N$,则 $f=f_N$;当 $T \to T_0$ 时,$f_S \to 0$,$f=f_N(1-\delta)$。可见如果 δ 越大,局部软化区越多,f 越小,由实验得到 δ,获得 f,探测局部软化有关的预相变。

Everson 等[86] 提出,关于 Fe - 27.8Ni 合金表面和体积的 f/f_0(背反射和透射),在 $M_s = 15$ ℃附近,表面 f 减小,表面基本上开始软化,而体积 f 尚未下降。Fe - 28.2Ni 合金的 M_s 为 11 ℃,表面 f 在 12 ℃开始下降到 3 ℃,而体积 f 的变化仍很轻微。这表明表面存在较多的缺陷,而内部的缺陷较少,证明缺陷处局部软化。如图 8.44 所示,图中 f_0 是最高温度时的共振吸收分数,在 23.5 ℃,以 $f_0 = 0.38$, $K = 830$ nm^{-2} 代入 $f = \exp(-K<u>^2)$,计算得到 $<u>^2 = 1.8 \times 10^{-4}$ nm^2。对一系列的 $<u>^2$ 计算结果如图 8.45 所示。对体积 $<u>^2$,温度到 4 ℃时增加 20% 或均方振幅增加 10%,而表面 $<u>^2$ 增加 80% 或均方振幅增

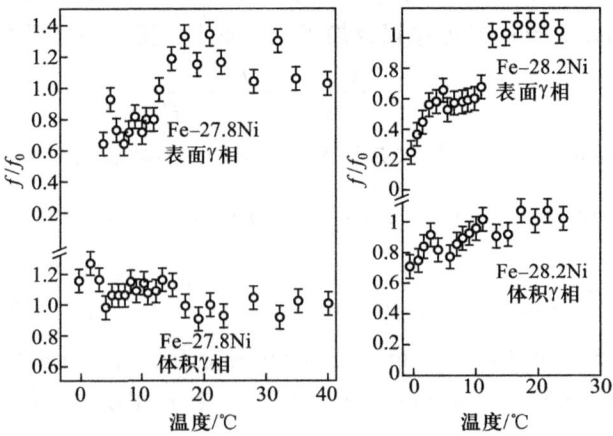

图 8.44　Fe - Ni 合金的 Mössbauer 分数 f 与温度

加30%，可见温度下降，原子振幅加大，点阵不稳定性增加，且表面比内部更为剧烈。

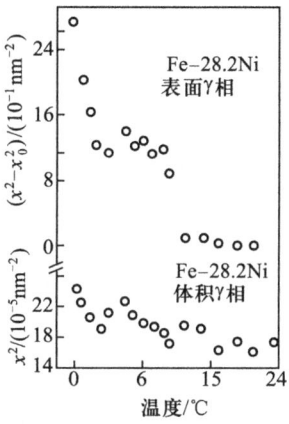

图 8.45 $<u>^2$ 与温度

M_s 为以电阻法确定的温度，对 Fe - 28.8Ni 是 9.4 ℃，对 Fe - 28.2Ni 是 0.9 ℃，以 Mössbauer 谱出现 α 相的六线的首次温度作标定比用电阻法确定的温度要高出许多，显示 Mössbauer 法比电阻法更为灵敏。

5. 超声衰减和速度效应[87]

按 Truell[88] 将超声衰减 α 和相对速度变化 $\Delta V/V$ 分别表达为

$$\alpha = \frac{\delta \gamma}{V} \frac{\omega_0^2 \omega^2 d}{(\omega_0^2 - \omega^2)^2 + (\omega d)^2} \tag{8.176}$$

$$\frac{\Delta V}{V} = \delta \gamma \frac{\omega_0^2 (\omega_0^2 - \omega^2)}{(\omega_0^2 - \omega^2)^2 + (\omega d)^2} \tag{8.177}$$

式中，δ 是散射区的体积分数，与 Mössbauer 共振法中所定义的局部软化区占完整晶体的点阵位置分数相当，γ 是散射区与超声场之间的耦合参数，ω 是超声波频率，ω_0 为共振频率，d 是与散射区有关的阻尼常数。

当温度达 T_R 相变温度时，$\omega_0 \to \omega$，发生共振吸收，将 ω_0 在 ω 附近作泰勒展开

$$\omega_0(T_R) = \omega + A(T - T_R) + B(T - T_R)^2 + \cdots \tag{8.178}$$

因 $(T - T_R)$ 很小，可将三次项以上忽略，则超声衰减 α 和相对速度变化 $\Delta V/V$ 可改写为

$$\alpha = \frac{\delta \gamma d}{V} \frac{\omega^2}{A^2(T - T_R)^2 + d^2} \tag{8.179}$$

$$\frac{\Delta V}{V} = \delta\gamma \frac{4A(T-T_R)}{4A^2(T-T_R)^2 + d^2} \tag{8.180}$$

当 $T \to T_R(M_s)$ 时,超声频率 ω 与软化区的 $\varpi_0 = \omega + A(T-T_R)$ 相匹配,此时产生最大的共振吸收或超声散射及最大的速度变化,则一个很强的衰减峰将在 $T_R = M_s$ 处发生。

图 8.46 和图 8.47 是 NiTi 合金的超声衰减和速度效应的实验结果[89],在接近 60 ℃ 时出现衰减峰,同时速度下降为最大,体现了温度接近 $T_R = M_s$ 时局部软化的现象。

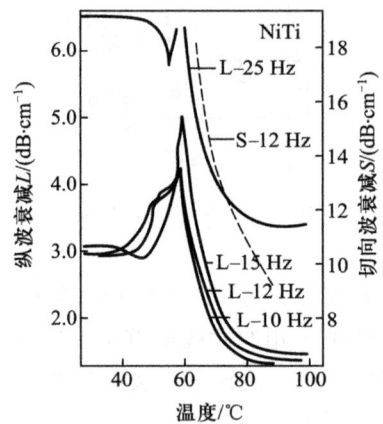

图 8.46 超声衰减与温度的变化

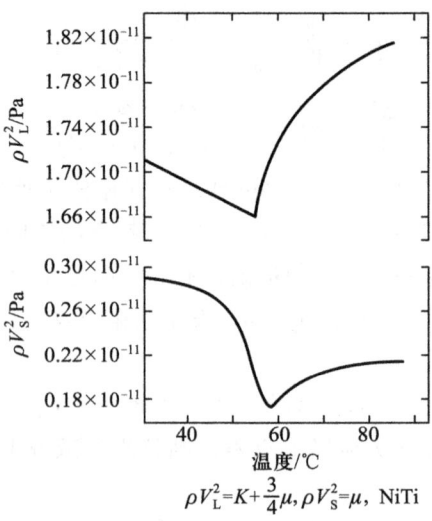

$\rho V_L^2 = K + \frac{3}{4}\mu, \rho V_S^2 = \mu$, NiTi

图 8.47 速度效应对温度的变化

8.5 马氏体形核和马氏预相变

6. 中子散射与局部软模

按 Maradudin[90] 的单个声子在点阵中的热中子非弹性散射公式，在谐振近似下，共格和非共格的散射函数为

$$S_{coh}^{(l)}(\boldsymbol{K},\omega) = \frac{<a>^2}{N}\exp(-2M_0)G_{coh}^{(l)}(\boldsymbol{K},\omega)$$

$$G_{coh}^{(l)}(\boldsymbol{K},\omega) = \sum_{ll'}\exp\{-\boldsymbol{K}[x(L)-X(l')]\}\int_{-\infty}^{\infty}$$
$$<\boldsymbol{K}\cdot\boldsymbol{u}(l,t)\boldsymbol{K}\cdot\boldsymbol{u}(l',t)\exp(i\omega t)\mathrm{d}t$$

$$S_{inc}^{(l)}(\boldsymbol{K},\omega) = \frac{[<a^2>-<a>^2]}{N}\exp(-2M_0)G_{inc}^{(l)}(\boldsymbol{K},\omega)$$

$$G_{coh}^{(l)}(\boldsymbol{K},\omega) = \sum_{l}\int_{-\infty}^{\infty}<\boldsymbol{K}\cdot\boldsymbol{u}(l,t)\boldsymbol{K}\cdot\boldsymbol{u}(l',t)>\exp(i\omega t)\mathrm{d}t \quad (8.181)$$

式中，$\boldsymbol{K}$、ω 分别与中子散射矢量和中子能量变化有关，也和散射中所包含的振动激发的波矢和频率有关。$u(l,t)$ 表示第 l 个原子在 t 时刻，从平衡位置 $u(l)$ 形成的位移。

类似于 Lamb-Mössbauer 系数 $2W$ 关系，$<u>^2 = <u(l,0)u(l,0)>$，因此在局软化区的 $u(l,t)$ 将比正常位置要大。类似 Mössbauer 所定义的方法，对于非共格散射，写成

$$G_{inc}^{(l)}(K,\omega) = (1-\delta)G_{inc}^{N}(K,\omega) + \delta G_{inc}^{S}(K,\omega)$$
$$G_{inc}^{(l)}(K,\omega) \propto 2W_sg(\omega-\omega_0) \quad (8.182)$$

式中，上标 N、S 分别表示正常区域和软模区域，$g(\omega-\omega_0)$ 代表 ω_0 附近的概率分布，则叠加在正常非共格散射上，由于局部软模造成的额外散射，将由于 $\omega\to\omega_0$ 而变得明显，且 $2W_s$ 也同样有 $(T-T_0)^{-1}$ 关系。

对于共格散射，不仅存在由位移相关造成的频率依赖，而且还存在由位置偏离的空间相关引起的相关性下降。设空间相关随 l、l' 距离以指数规律下降，并令 r_0 为衰减长度，则

$$<\boldsymbol{K}\cdot\boldsymbol{u}(l,t)\boldsymbol{K}\cdot\boldsymbol{u}(l',t)> \propto \exp\left(\frac{-|x(l)-x(l')|}{r_0}\right) \quad (8.183)$$

在空间对称条件下，以积分代替求和，则

$$G_{coh}^{S}(K,\omega) \propto N_S\int_0^{\infty}\exp(-i\boldsymbol{K}\cdot\boldsymbol{r})\exp\left(-\frac{|r|}{r_0}\right)\mathrm{d}^3r$$

$$= N_S\int_0^{\infty}4\pi r^2\exp\left(-\frac{r}{r_0}\right)\frac{\sin Kr}{Kr}\mathrm{d}r = N_S\frac{8\pi r_0^3}{[1+(r_0K)^2]^2} \quad (8.184)$$

$$G_{coh}^{S}(K,\omega) \propto 2W_sg(\omega-\omega_0) = N_S\frac{8\pi r_0^3}{[1+(r_0K)^2]^2}$$

因此，有关系
$$G_{icoh}^{(l)}(K,\omega) = (1-\delta)G_{icoh}^{N}(K,\omega) + \delta G_{coh}^{S}(K,\omega)$$
当 $T\to T_0$，$\omega\to\omega_0$，发生额外散射加强。

Mφller 等[91]对 Cr-3.0%W(原子分数)进行的中子散射结果，如图 8.48 所示。由于比较重的 W 原子置换了基体比较轻的 Cr 原子，在 W 的周围就相当于一个缺陷，利用常波矢 q 发现，频率向负方向偏移，在 21 meV 发生共振模，在其附近 q = 0.649 时发现这组声子中子组明显展宽 3 meV，同时得到，共振频率 ω_0 与质量有关，额外散射一峰值正比于缺陷的浓度。

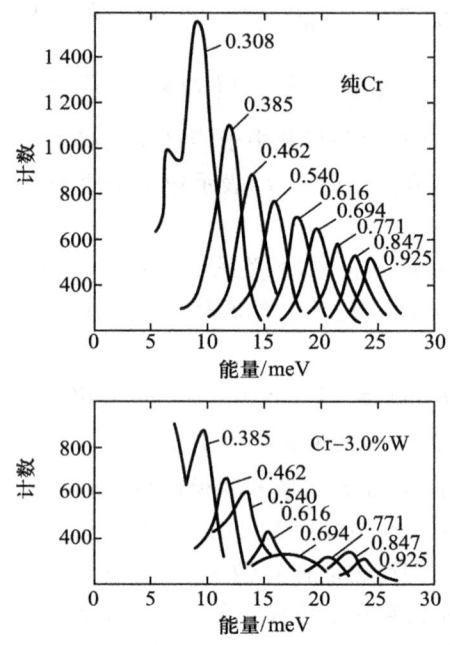

图 8.48　Cr-3.0%W(原子分数)中子散射

7. 电子衍射在预相变阶段的奇异现象

当温度接近 M_s 点时，会在电子衍射花样上出现马氏体预相变的先兆，如漫散条纹、超点阵反射花样、衍射斑点的漫散、束流效应及闪耀。

（1）漫散条纹

Otsuka 等[92]在 Cu-14.2%Al-4.3%Ni(质量分数)及 Cu-39.6%Zn(质量分数)合金的电子衍射图像观测中，发现在倒易点阵沿 <110>* 方向上存在漫散条纹，这些漫散条纹呈非径向方向，并随晶带轴的转动而变化。图 8.49 是 Cu-14.2%Al-4.3%Ni(质量分数)合金在室温的电子衍射，绕 $[110]_\beta^*$ 转动的衍射花样,合金的 M_s 温度约为 280 K,从各小图都能看到一些漫散条纹。这些条纹是由 $<110>^*<\bar{1}10>$ 的低频模声子不稳定性所引起的,可由 C' 软化解释[93,94]。

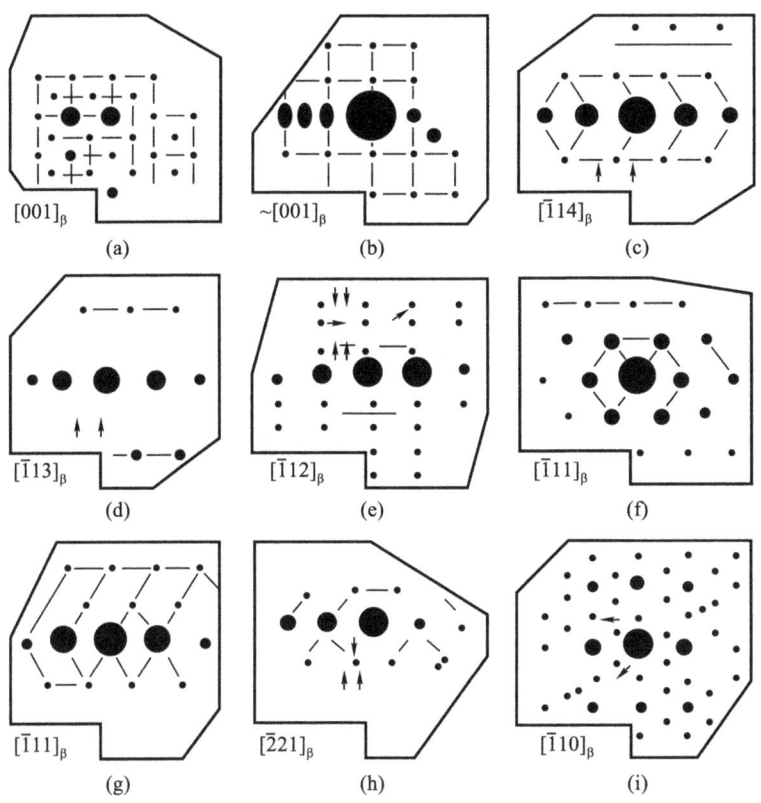

图 8.49 Cu - 14.2Al - 4.3Ni(质量分数,%)合金在室温绕 $[110]_\beta^*$ 转动的电子衍样

(2) 超点阵反射

Nagasawa[93-96] 在 AgCd 合金马氏体相变 M_s 温度高 100 ℃ 的 -10 ℃ 的电子衍射花样中发现 $\left(\frac{1}{2},\frac{1}{2},0\right)$ 反射,将此反射定义为 β_2 相[96,98],这种电子衍射花样仅在 β_1 基体的一些个别狭小区域中可以获得,称为相畴。在随后的继续冷却时,这些相畴并不长大,而且个个相畴并不在同一温度形成。第一个相畴在 -10 ℃ 出现,认为是通过 $(110)_{\beta_2}\frac{1}{2}[1\bar{1}1]$ 切变形成。而其后的马氏体又正好从 β_2 的相畴中产生,这似乎是一种局部软模。以后将此模型推广到其他未发现 β_2 相的合金,认为

$$O^5_{h(\beta_1)} \Rightarrow \begin{cases} \text{CsCl} \\ \text{Heusler 或 Fe}_3\text{Al} \end{cases} \Rightarrow \text{畸变点阵}$$

$$\Rightarrow \begin{cases} 9R \text{ 或明 } 2H \text{ 马氏体} \\ 18R \text{ 或 } 2H \text{ 马氏体} \end{cases}$$

$$O^5_{h(\beta_1)} \Rightarrow \begin{cases} D^{13}_{2h}(DL) \rightarrow C^{13}_{2h}(M,2H) \\ D^1_{2h}(DL) \rightarrow C^1_{2h}(M,18R) \end{cases}$$

在第一步 $O^5_h \rightarrow DL$ 的变化中,完成马氏体对称性的变化,在随后的畸变点阵的变化过程中,只有一个均匀切变和膨胀。图 8.50 分别示意了 AgCd 合金的 $[001]\left(\frac{1}{2}, \frac{1}{2}, 0\right)$ 和 CuZnAl 合金的 $[001]\left(\frac{1}{3}, \frac{1}{3}, 0\right)$ 超点阵的衍射花样。

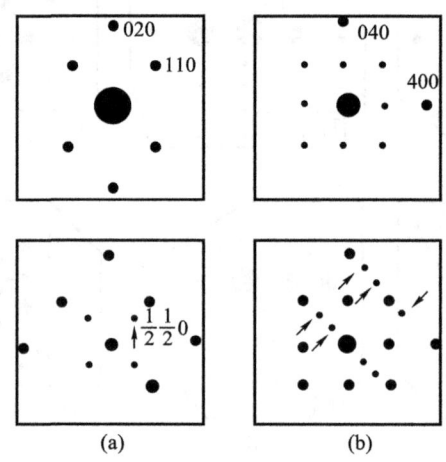

图 8.50 (a) AgCd$[001]\left(\frac{1}{2}, \frac{1}{2}, 0\right)$超点阵的衍射花样和

(b) CuZnAl$[001]\left(\frac{1}{3}, \frac{1}{3}, 0\right)$超点阵的衍射花样

(3) 衍射斑点的漫散

Tong 等[97]在温台电镜上观测 fcc→CuAu$_\text{II}$ 有序转变时发现,在临界温度的 385 ℃上下出现衍射斑点漫散。图 8.51 是(a)600 ℃、(b)385 ℃以上、(c)385 ℃以下的电子衍射图像。在高温 fcc 相的斑点聚焦清晰,当温度接近 385 ℃,斑点开始模糊、散焦、变大,如图 8.51(b)所示,显示点阵不稳定性加剧。当温度低于 385 ℃后,有序化完成,斑点重新变得清晰。这种衍射斑点的漫散现象,在马氏体相变中还未见报道。

8.5 马氏体形核和马氏预相变

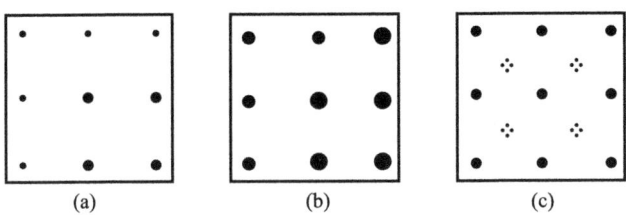

图8.51 CuAu_{II}有序转变衍射斑点的漫散：
(a) 600 ℃；(b) 385 ℃以上；(c) 385 ℃以下

（4）束流效应

Hunt 和 Pashley[98]在研究 CuAu 合金的 fcc→CuAu_{II}有序转变中首次发现，以后 Wayman 等[99]在 Cu–Zn、Cu–Zn–Al、Fe–Ni 和 Ag–Cd 合金中也有类似的发现。这是一种动力学效应，一种在荧光屏上忽隐忽闪的闪光在暗场下比在明场下更为明显，但不能被照相底片所记录。

这种现象在马氏体预相变中出现，但它也在一些不发生马氏体相变的材料，如纯 Cu、云母、石墨、钼酸盐等中发现，也在比马氏体相变高 100 K 的情况中发现。发生这种现象需具备强束、薄试样，振动频率在 1～100 Hz 的范围，有良好的聚焦。对此与马氏体预相变的关系还需进一步研究。

（5）其他

还有额外斑点反射、斑纹、花呢结构等，一些动力学现象可建立在预相变的研究上，有许多问题有待探究。

8. X 射线衍射

（1）X 射线反射强度变化

Hehemann 等[100]在 NiTi 合金的 X 射线衍射中得到 1/3 反射和($11\bar{1}$)面的积分强度随温度的变化如图 8.52 所示。随温度的升高，冷却 1/3 反射在($11\bar{1}$)散射减弱的同时呈现增加，到 M_s 温度达到最大，随后在马氏体相变后又逐渐减弱。散射面($11\bar{1}$)由于[111]方向的点阵振动增强造成软化，这与 Ti、Zr 中 β(bcc)→ω(hcp)转变的早期情况类似。

（2）2θ 衍射峰的劈裂

Mukherjee 等[101,102]提出 NiTi 合金的 X 射线的 2θ 衍射峰在接近 M_s 温度时发生劈裂，如图 8.53 所示。试样进行 33 次完全循环后，在冷阱中以 0.5 ℃间隙加热和冷却，在每间隔温度可保持稳定在 ±0.01 ℃精度的情况下测定 $(110)_\beta$ 衍射峰。当温度接近 M_s 时，2θ 峰首先加宽，然后发生劈裂。开始劈裂的温度为 16.5 ℃，与电阻测得的峰位相当。温度达到 13 ℃时，劈裂峰的对称性发生变化，并明显分离。$(110)_\beta$ 的半宽度在 45 ℃ 就开始加宽，预示马氏

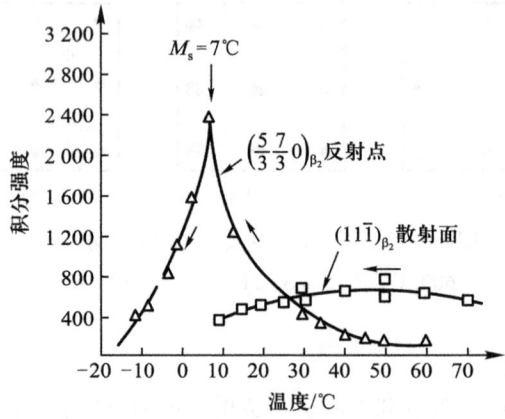

图 8.52　NiTi 合金的 1/3 和 $(11\bar{1})$ 面的反射

体预相变的先兆已经出现,如图 8.54 所示。

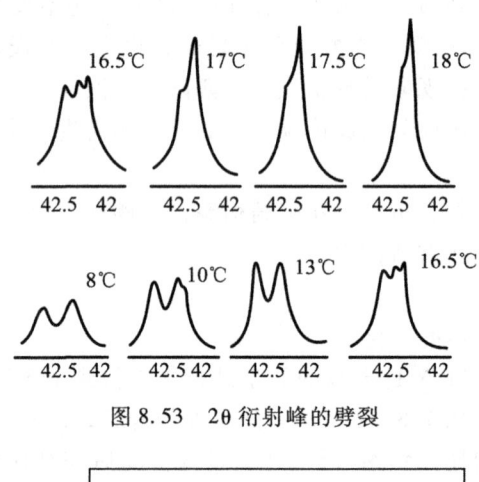

图 8.53　2θ 衍射峰的劈裂

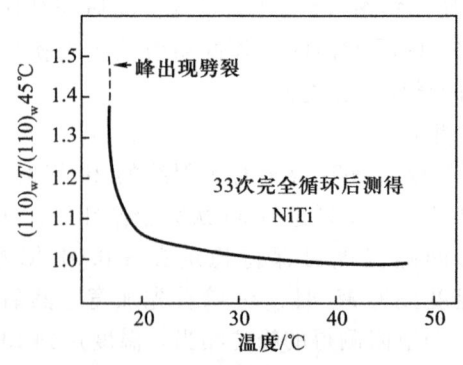

图 8.54　$(110)_\beta$ 的半宽度随温度变化

参 考 文 献

[1] 徐祖耀. 马氏体相变与马氏体[M]. 2版. 北京：科学出版社，1999.

[2] Landau L D. Theory of phase transformations I [J]. Zh. Eksp. Teor. Fiz. , 1937, 7: 19; Phys. Z. Sowjernion, 1937, 11: 26.

[3] Devonshire A F. XCVI. Theory of barium titanate—Part I[J]. Phil. Mag. , 1949, 40: 1040; CIX. Theory of barium titanate—Part II[J]. Phil. Mag. , 1951, 42: 1065.

[4] Devonshire A F. Theory of ferroelectrics[J]. Adv. Phys. , 1954, 3: 85.

[5] Landau L D, Lifshitz E M. Statistical physics[M]. Pergmon Press, 1958, 430 - 456.

[6] Fisher J C. Technical notes-measurement of interfacial tensions[J]. (Metals Tech. , June 1948, TN I), Trans. AIME, 1949, 185: 688.

[7] Kaufman L, Redeliffe S V, Cohen M. In decomposition of austenite by diffusional processes[G]. Interescience, New York, 1962, 313.

[8] Aaronson H I, Domain H A, Pound G M. Thermodynamics of metal-interstitial solutions [J]. Trans. Metall. Soc. AIME, 1966, 236: 753.

[9] Hsu T Y, Mou, Yiwen. Thormodynamics of the bainitic transformation in Fe - C alloys [J]. Acta Metall. , 1984, 32: 1469.

[10] Bhadeshia H K D H. Thermodynamic extrapolation and martensite-start temperature of substitutionally alloyed steels[J]. Met. Sci. , 1981, 15: 178.

[11] Hsu T Y(Xu Zuyao), Chang Hongbing. On calculations and M_s and driving force for martensitic transformation in Fe - C[J]. Acta Metall. , 1984, 32: 343.

[12] Hsu T Y (Xu Zuyao). An approximate approach for the calculation of M_s in iron-base alloys [J]. J. Mater. Sci. , 1985, 20: 23.

[13] Davies R G, Magee C L. Influence of austenite and martensite strength of martensite morphology[J]. Metall. Trans. , 1971, 2: 1939.

[14] 徐祖耀. Fe - X - C 系马氏体相变热力学[J]. 金属学报, 1980, 16: 426.

[15] Zhou Xiaowang, Hsu T Y (Xu Zuyao). Thermodynamics of α - and β - phase quilibria and odering in Cu - Zn system[J]. Acta Metall. , 1989, 37: 3085.

[16] Hsu T Y (Xu Zuyao), Zhou Xiaowang. Thermodynamics of the matensitic transformation in Cu - Zn alloys[J]. Acta Metall. , 1989, 37: 3091.

[17] Zhou X W, Hsu T Y (Xu Zuyao). Thermodynamics of matensitic transformation in Cu - Al alloys[J]. Acta Metall. Mater. , 1991, 39: 1041.

[18] Hsu T Y (Xu Zuyao), Zhou X W, Hambeeck J V, Delaey L. Estimation of the critical driving force for thermolastic martensitic transformation in Cu - Zn - Al alloys[J]. Scripta Metall. Mater. , 1991, 25: 165.

[19] Magee C L. Phase transformation[G]. ASM, 1980, 115.

[20] Pati S R, Cohen M. Measurement of nucleation rate of an isothermal martensitic transformation[J]. Acta Metall. , 1966, 14: 1001.

[21] Pati S R, Cohen M. Kinetics of isothermal martensitic transformations in an iron-nickel-manganese alloy[J]. Acta Metall. , 1971, 19: 1327.

[22] Bain E C. The nature of martensite[J]. Trans. AIME, 1924, 70: 25.

[23] Kurdjumov G, Sachs G. Über den Mechanismus der Stahlhärtung[J]. Z. Physik, 1930, 64: 325.

[24] Nishiyama Z. X–ray investigation of the mechanism of transformation from face-centred cubic lattice to body-centred cubic[R]. Sci. Rep. Tokoku Uni. , First Ser. , 1934 – 1935, 23: 638.

[25] Burgers W G. On the process of transition of the cubic-body-centered modification into the hexagonal-close-packed modification of zirconium[J]. Physica, 1934, 1: 561.

[26] Greninger A B, Troiano A R. Crystallography of austenite decomposition [J]. Trans. AIME, 1940, 140: 307.

[27] Greninger A B, Troiano A R. Institute of metals division-the mechanism of martensite formation[J]. Trans. AIME, 1950, 185: 590.

[28] Wechsler M S, Lieberman D S, Read T A. On the theory of the formation of martensite [J]. Trans. AIME, 1953, 197: 1503.

[29] Bowles J S, Mackenzie J K. The crystallography of martensite transformations I, II. Acta Metall. , 1954, 2: 129, 138.

[30] Olson G B, Cohen M. Theory of martensite nucleation[G]: A Current Assessment, Proc. Int. Cong, Solid-Solid Phase Transformations Am. Inst. Min. Engrs. , New York, 1982, 1145 – 1164.

[31] Cohen M. Nucleation of solid-state transformations[J]. Trans. Metall. Soc. AIME, 1958, 4: 181 – 183.

[32] Knapp H, Dehlinger U. Mechanik and kinetik der diffusionslosen martensitdildung[J]. Acta Metal. , 1956, 4: 289 – 298.

[33] Fisher J C, Hollomon J H, Turbull D. Kinetics of the austenite-martensite transformation[J]. Trans. , AIME, 1949, 185: 691 – 800.

[34] Knapp H, Dehlinger U. Mechanics and kinetics of martensite formation without diffusion [J]. Acta Metall. , 1956, 4: 289.

[35] Kaufman L, Cohen M. Thermodynamics and kinetics of martensitic transformations[J]. Progress in Metals Phys. , 1958, 7: 165.

[36] Christian J W. A theory of the transformation in pure cobalt[J]. Proc. Roy. Soc. , 1951, A206: 51.

[37] Seeger A. Versetzungen und allotrope Umwandlungen[J]. Z. Metallk, 1953, 44: 248.

[38] Seeger A. Elektronentheoretische Untersuchungen über Fehlstellen in Metallen [J].

European Physical Journal A – Eur. Phys. J A. , 1956, 144: 637.

[39] Seeger A. The mechanism of phase transformation in metals[C]. 1956, 330.

[40] 徐祖耀. β(γ)→ε 马氏体相变热力学[J]. 金属学报, 1980, 16: 430.

[41] Jawson J A. The mechanism of phase transformations in metals[C]. 1956, 183.

[42] Bogers A J, Burgers W G. Partial dislocations on the {110} planes in the B. C. C. lattice and the transition of the F. C. C. into the B. C. C. lattice[J]. Acta Metall. , 1964, 12: 255.

[43] Olson G B, Cohen M. A general mechanism of martensitic nucleation: Part II. FCC → BCC and other martensitic transformations[J]. Metall. Trans. , 1976, 7A: 1905.

[44] Lyddane R H, Sachs R G, Teller E. On the polar vibrations of alkali halides[J]. Phys. Rev. , 1941, 59: 673.

[45] Raman C V, Nedungadi T M K. The α – β transformation of quartz[J]. Nature, 1940, 145: 147.

[46] Frohlich H. Theory of dislocation [M]. Oxford: Clarenden Press, 1949. See also Rohlich H. Ferroelectricity Amsferdam: Eleseevier, 1968.

[47] Anderson P W. A report collected in physics of dielectrics[R]. Moscow: Institute of Physics Lebedev, 1960.

[48] Cochran W. Crystal stability and the theory of ferroelectricity[J]. Advan. Phys. , 1960, 9: 387.

[49] Cowley R A. Temperature dependence of a transverse optic mode in strontium titanate [J]. Phys. Rev. Lett. , 1962, 9: 159.

[50] Zener C. Elasticity and anelasticity of metals [M]. The University of Chicago Press, 1948.

[51] Perkins J. Phonon nucleation of lattice transformations in solids[J]. Scr. Met. , 1974, 8: 31.

[52] Fontaine D. Ordering instabilities and pretransitional effects[J]. Met. Trans. , 1981, 12A: 559.

[53] Fontaine D D, Cook H E. In critical phenomena in alloys [G]. Magnets and Superconductors 258. McGraw-Hill, New York: 1981.

[54] Cowley R A. Temperature dependence of a transverse optic mode in strontium titanate [J]. Phys. Rev. Lett. , 1962, 9: 159.

[55] Blinc R, Zeks B. Soft modes in ferroelectrics and antiferroelectrice[M]. North-Holland Amsterdam, 1984.

[56] Shirame G, Yamada Y. Lattice-dynamical study of the 110 K phase transition in $SrTiO_3$ [J]. Phys. Rev. , 1969, 177: 858.

[57] Wayman C M. Instruction to the crystallogrophy of the martensitic transformation[M]. Macmilla New York, 1964.

[58] Christian J W. The theory of transformation in metals and alloys[M]. Oxford: Pergaman Press, 1965.

[59] Tetsuro Suzuki. Numerical study of transverse lattice waves connected with martensitic transformation[J]. Met. Trans., 1981, 12A: 709.

[60] Cahn J W. Dendritic and spheroidal growth[J]. Acta Met., 1961, 9: 695.

[61] Webb W. A study of beta-brass in single crystal form[J]. Phys. Rev., 1939, 55: 297.

[62] Good W A. Rigidity modulus of beta-brass single crystals[J]. Phys. Rev., 1941, 60: 605.

[63] Zener C. Contributions to the theory of beta-phase alloys[J]. Phys. Rev., 1947, 71: 846.

[64] Nakamishi N, Murakami Y, Kachi S. Pseudoelasticity and elastic anisotropy in the β phase thermoelastic alloys[J]. Scr. Met., 1971, 5: 433.

[65] Nakanishi N, Murakami Y, Kachi S. Mori T, Miura S. Ferroelasticity and memory effect in the β – phase alloys[J]. Phys. Lett., 1971, 37A: 61.

[66] Murakami Y. Lattice softening, phase stability and elastic anomaly of the β – Au – Cu – Zn alloy[J]. J. Phys. Soc. Jpn., 1972, 33: 1350.

[67] Zizinsky S. The temperature dependence of the elastic constants of gold-cadmium alloys [J]. Acta Met., 1956, 4: 164.

[68] Belko В Н, Даринсний ЪМ, Посмникав В С, М. Шаршакев И. Внутренне Трение При Бездиффузионных Фазовых Превращениях В Сплавах CoNi[J]. ФММ. 1969, 27: 141.

[69] Delorme J F, Schmid R, Robin M, Gobin P. Frottement Intérieur Et Microdéformation Dans Les Transformations Martensitiques[J]. Frottement Interieur Et Microdeformation Dans Les Transformations Martnsitiques[J]. J. Phys., 1971, 32: C2 – 101.

[70] Mercier O, Melton K N. The influence of an anisotrophic elastic medium on the motion of dislocations: application to the martensitic transformation[J]. Scr. Met., 1976, 10: 1075.

[71] Foreman A J E. Dislocation energies in anisotropic crystals[J]. Acta Met., 1955, 3: 322.

[72] Hirth J P, Lothe J. Theory of dislocation[M]. McGraw-Hill, 1968, 389.

[73] Granato A V, Lücke K. Theory of mechanical damping due to dislocations[J]. J. Appl. Phys., 1956, 27: 583.

[74] De Batist R. Internal friction of structural defects in crystalline siolid[M]. Amsterdem North-Holland Pub. Com., 1982, 348 – 352.

[75] 杨照金,邹一峰,张志方,王业宁. AuCd 合金马氏体相变有关的内耗[J]. 金属学报, 1982, 18: 21.

[76] Dejonghe W, De Batist R, Delaey L. Factors affecting the internal friction peak due to

thermoelastic martensitic transformation[J]. Scr. Met. , 1976, 10: 1125.

[77] 王业宁, 杨正举, 祝和, 马进超. 金镉与铁锰合金马氏体相变过程中引起内耗的机制[J]. 南京大学学报(自然科学版), 1963, 6: 1; 高等学校自然科学学报(物理学版)试刊, 1965, 5: 352.

[78] Genzel L, Renk K F, Weber R. Calculation of the impurity-induced lattice mode absorption[J]. Phys. Stat. Sol(b), 1965, 12: 639.

[79] Tetsuro Suzuki, Wuttig M. Analogy between spinodal decomposition and martensitic transformation[J]. Acta Met. , 1975, 23: 1069.

[80] Clapp P C. A localized soft mode theory for martensitic transformations[J]. Phys. Stat. Sol. (b), 1973, 57: 561.

[81] Nagasawa A, Nakanishi N, Matsuo Y, Enami K, Nenno S. Proceedings of The Int. Conf. on Martensitic Transformation ICOMAT 1989 [C]. Cambridge, Massachusetts U. S. A, 429.

[82] Sandrock G D, Perkins A J, Heheman R F. The premartensitic instability in near-equiatomic TiNi[J]. Met. Trans. , 1971, 2: 2769.

[83] Wayman C M, Cornelis I, Shimizu K. Transformation behavior and the shape memory in thermally cycled TiNi[J]. Scr. Met. , 1972, 6: 115.

[84] Mukherjee K, Milillo F, Chandrasekaran M. Effects of stress and transformation cycling on the transition behavior of a nearly stoichiometric TiNi alloy[J]. Met. Sci. Eng. , 1974, 14: 143.

[85] Clapp P C. Pretransformation effects of localized soft modes on neutron scattering, acoustic attenuation, and Mössbauer resonance measurements[J]. Met. Trans. , 1981, 12A: 589.

[86] Everson J H, Chen J H, Clapp P C. Phys. Mössbauer scattering evidence of soft modes near the martensitic transformation in Fe – 28Ni [J]. Phys. Stat. Sol. (a), 1980, 59: 795.

[87] Clapp P C. Mater. Localized soft modes and ultrasonic effects in first order displacive transformations[J]. Sci. Eng. , 1979, 38: 193.

[88] Truell R, Elbaum C, Chick B B. Ultrasonic Methids in Solid State Ohysics[M]. New York: Academic Press, 1969: 159 – 186, 190 – 203.

[89] Pace N G, Saunder G A. Ultrasonic study of the martensitic phase change in TiNi[J]. Philos. Mag. , 1970, 22: 73.

[90] Maradudin A A. Theoretical and experimental aspects of the effects of point defects and disorder on the vibrations of crystals* —1[J]. Solid State Phys. , 1966, 18: 273.

[91] Mφller H B, Machintosh A R. Observation of resonant lattice modes by inelastic neutron scattering[J]. Phys. Rev. Lett. , 1965, 15: 623.

[92] Otsuka K, Kubo H, Wayman C M. Diffuse electron scattering and "streaming" effects

[J]. Met. Trans. , 1981, 12A: 595.

[93] Nagasawa A. Preceding phenomena of martensitic phase transition in AgCa[J]. J. Phys. Soc. Jpn. , 1976, 40: 93.

[94] Nagasawa A. Martensitic transition and related properties in AgCd alloy [J]. J. Phys. Soc. Jpn, 1973, 35: 489.

[95] Nagasawa A. Formation process of martensite in AgCd[J]. J. Phys. Soc. Jpn. , 1973, 35: 1654.

[96] Nagasawa A, Gyobu A, Enami K, Nemo S, Nakanishi N. Structural phenomena preceding martensitic phase transformation in CuAlZn alloy[J]. Scr. Met. , 1986, 10: 895.

[97] Tong H C, Wayman C M. Direct evidence of pretransformation lattice insta-bilities[J]. Phys. Rev. Lett. , 1974, 32: 1185.

[98] Hunt A M, Pashley D W. J. Electron microscope studies of the mechanism of nucleation and growth of Cu Au ii from the disordered state[J]. Phys. Rad. , 1962, 23: 846.

[99] Cornelis I, Oshima R, Tong H C, Wayman C M. Direct observations of pretransformation lattice instabilities[J]. Scr. Met. , 1974, 8: 133.

[100] Sandrock G D, Perkins A J, Hehemann R F. The premartensitic instability in near-equiatomic TiNi[J]. Met. Trans. , 1971, 2A: 2796.

[101] Chandrasekaran K M, Milillo F. Shape memory effects in alloys[M]. Perkins Plenum Press, 1985, 188.

[102] Mukherjee K. Proceeding of The Int. Conf. on Martensitic Transformation ICOMAT 1989[C]. Cambridge Massachusetts U. S. A, 24 – 29, June 1989, 415.

第九章 二级相变

9.1 二级相变的特征

9.1.1 二级相变的特性

实验研究发现在一些物质的可逆相变过程中,既没有相变潜热,体积也不改变,但物质的膨胀系数 α、压缩系数 β 和等压热容 C_p 发生突变。

根据热力学关系式

$$\alpha = \frac{1}{V}\left(\frac{\partial V}{\partial T}\right)_p = \frac{1}{V}\left[\frac{\partial}{\partial T}\left(\frac{\partial \mu}{\partial p}\right)_T\right]_p \tag{9.1}$$

$$\beta = -\frac{1}{V}\left(\frac{\partial V}{\partial p}\right)_T = -\frac{1}{V}\left(\frac{\partial^2 \mu}{\partial p^2}\right)_T \tag{9.2}$$

$$C_p = T\left(\frac{\partial S}{\partial T}\right)_p = -T\left(\frac{\partial^2 \mu}{\partial T^2}\right)_p \tag{9.3}$$

这类相变的热力学特征为

$$\mu_1 = \mu_2$$

$$\frac{\partial \mu_1}{\partial p}\bigg|_T = V_1 \neq \frac{\partial \mu_2}{\partial p}\bigg|_T = V_2 \tag{9.4}$$

$$\left.\frac{\partial \mu_1}{\partial T}\right|_p = -S_1 \neq \left.\frac{\partial \mu_2}{\partial T}\right|_p = -S_2 \tag{9.5}$$

$$\beta_1 \neq \beta_2$$

$$-\frac{1}{V_1}\left(\frac{\partial^2 \mu_1}{\partial p^2}\right)_T \neq -\frac{1}{V_2}\left(\frac{\partial^2 \mu_2}{\partial p^2}\right)_T \tag{9.6}$$

$$C_{p1} \neq C_{p2}$$

$$-T\left(\frac{\partial^2 \mu_1}{\partial T^2}\right)_p \neq -T\left(\frac{\partial^2 \mu_2}{\partial T^2}\right)_p \tag{9.7}$$

也就是说，化学势的一级微商是连续的，而二级微商是不连续的。因此，将这类相变称为二级相变。在二级相变过程中由于 $\Delta H = 0$ 及 $\Delta V = 0$，所以克拉珀龙(Clapeyron)方程失去意义。

9.1.2 二级相变中的 Ehrenfest 方程[1]

由于在二级相变中

$$d\mu_1 = d\mu_2, \quad dS_1 = dS_2, \quad dV_1 = dV_2,$$

$$dS = \frac{dS}{dT}dT + \frac{dS}{dp}dp = dS_T + dS_p$$

由

$$dS_1 = dS_2, \quad \alpha = \frac{1}{V}\left(\frac{\partial V}{\partial T}\right)_p,$$

$$\left(\frac{\partial S_1}{\partial T}\right)_p dT + \left(\frac{\partial S_1}{\partial p}\right)_T dp = \left(\frac{\partial S_2}{\partial T}\right)_p dT + \left(\frac{\partial S_2}{\partial p}\right)_T dp \rightarrow$$

$$\frac{C_{p1}}{T}dT - \left(\frac{\partial V_1}{\partial T}\right)_p dp = \frac{C_{p2}}{T}dT - \left(\frac{\partial V_2}{\partial T}\right)_p dp \rightarrow$$

$$\frac{dp}{dT} = \frac{C_{p2} - C_{p1}}{TV(\alpha_2 - \alpha_1)} \tag{9.8}$$

$$dV = \frac{dV}{dT}dT + \frac{dV}{dp}dp$$

由

$$dV_1 = dV_2, \quad \beta = -\frac{1}{V}\left(\frac{dV}{dp}\right)_T,$$

$$\left(\frac{\partial V_1}{\partial T}\right)_p dT + \left(\frac{\partial V_1}{\partial p}\right)_T dp = \left(\frac{\partial V_2}{\partial T}\right)_p dT + \left(\frac{\partial V_2}{\partial p}\right)_T dp \rightarrow$$

$$\alpha_1 V_1 dT - \beta_1 V_1 dp = \alpha_2 V_2 dT - \beta_2 V_2 dp \rightarrow$$

$$\frac{dp}{dT} = \frac{\alpha_2 - \alpha_1}{\beta_2 - \beta_1} \tag{9.9}$$

$$\frac{dp}{dT} = \frac{C_{p2} - C_{p1}}{TV(\alpha_2 - \alpha_1)} = \frac{\alpha_2 - \alpha_1}{\beta_2 - \beta_1} \tag{9.10}$$

称为 Ehrenfest 方程。

二级相变的实例有：合金的二级有序相变；超导金属与普通金属之间的转变，如 Hg、Sn、Pb、Al 等在被冷却至超导特性温度时，会变成超导体（电阻为零）；铁磁性与顺磁性的转变，如 Fe 或 Ni 在 T_c 居里温度时，发生铁磁体⇔顺磁体的转变；反铁磁材料在 T_N 温度发生顺磁体⇔反铁磁体的转变；某些合金的有序和无序之间的转变，如青铜的 β 相转变为 α 相；某些高聚物（包括生物高聚物）的相变；液氦 I 和液氦 II 之间的转变；等等。

9.1.3 液氦的 λ 相变

图 9.1 是氦 ^{4}He 的相图，温度较高的液氦 I 是正常态（有黏度），温度较低的液氦 II 是超流态（黏度为 0）。C 点是三相点，从 C 点并沿 λ 线从液氦 I 到液氦 II 的转变是一级相变，而在 λ 点上两个液相间的转变是二级相变，在 λ 点上两个液相和气相共存，这时热容 C_p 十分反常，C_p 对 T 作图所得曲线的形状与希腊字母 λ 相似，见图 9.2，因此在 λ 点的相变又称为 λ 相变。在图 9.1 中，几个特殊点的温度和压力为：λ 点为 2.17 K、5 036 Pa，A 点（正常沸点）为 4.22 K、101.325 kPa，B 点（临界点）为 520 K、228 kPa，C 点（三相点）为 1.76 K、3.0×10^3 kPa。

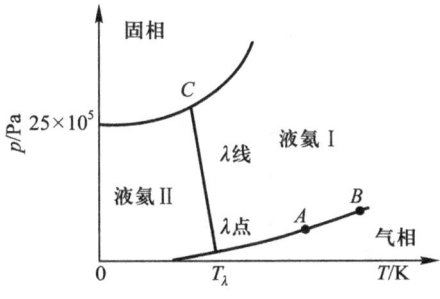

图 9.1 氦 ^{4}He 的相图

在 $T = 21.9$ K，$V = 6.84$ cm^3/g，$C_{p1} = 5.02$ J/(g·c)，$C_{p2} = 12.03$ J/(g·c)，$\alpha_1 = 0.02$ c^{-1}，$\alpha_2 = -0.04$ c^{-1}，按式（9.8）计算得 $\frac{dp}{dT} = -764.4 \times 10^4$ Pa/c，实验结果为 -793.8×10^4 Pa/c，理论和实验结果符合得很好。

三级相变的实例是量子统计中爱因斯坦的玻色凝结。

第九章 二级相变

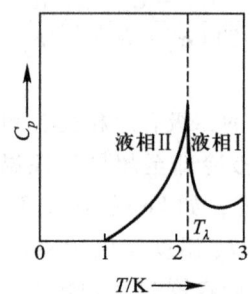

图 9.2 液体氦的热容随温度的变化

9.2 铜基合金中的二级有序相变

9.2.1 铜基合金中的晶体结构

铜基形状记忆合金存在热弹性马氏体相变,具有形状记忆效应的 β 型铜基合金母相均为 β 相,晶体结构为体心立方,如图 9.3 所示。它是由体心立方单胞周期排列构成的点阵,可以看成是由 4 个亚点阵(a、b、c、d)组合而成[2]。当置换型溶质原子呈无序分布时,即 Cu 和溶质原子随机分布于 4 个亚点阵,记为 $β_0$ 相(A_2 结构);当溶质原子有序排列时,按 Al、Ni 或 Zn 原子在亚点阵中所占的位置不同,可分为 3 种有序结构。

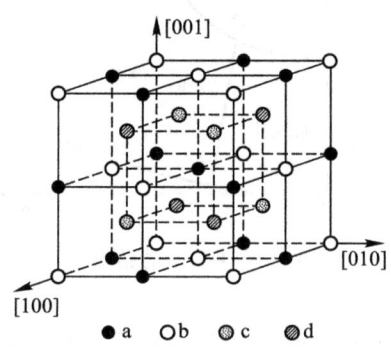

图 9.3 β 相晶体结构中的 4 个亚点阵

(1) B_2 有序结构:为 FeAl 型结构,Cu 原子占据 a、b 亚点阵,而溶质原子等概率地占据 c、d 两个亚点阵,其单胞如图 9.4(a)所示,称为 $β_2$ 相。这类结构也可看成是由(110)面作为基面密集堆砌而成。(110)面的原子排列如

图 9.4(b)和(c)所示[3]。

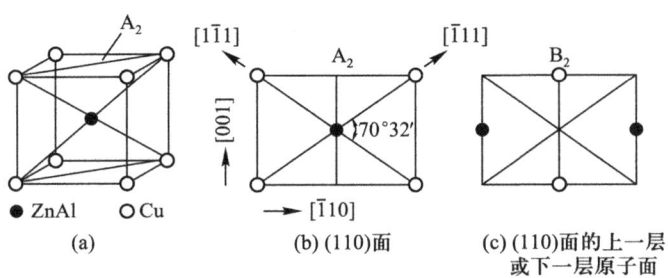

图 9.4 B_2 型晶体结构

(2) DO_3 有序结构：为 Fe_3Al 型结构，Cu 原子占据 a、b、c 亚点阵，而 Zn、Al 原子等概率地占据 d 亚点阵，记为 $β_1$ 相，如图 9.5(a)所示，其(110)面的原子排列如图 9.5(b)和(c)所示。

(3) $L2_1$ 有序结构：与 DO_3 相似，Cu 原子也占据 a、b、c 亚点阵，不过溶质原子占据 c、d 亚点阵。

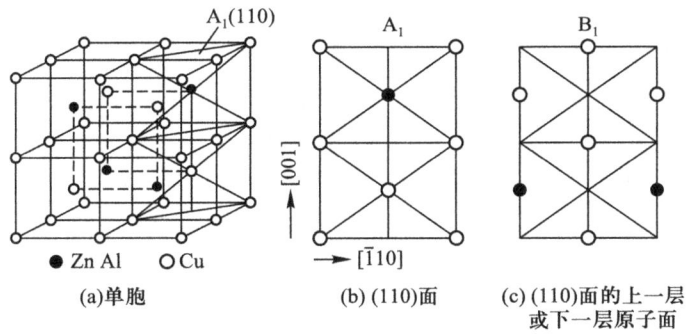

图 9.5 DO_3 型晶体结构

9.2.2 铜基合金的有序转变

Cu-Zn-Al 三元合金的高温 β 相为无序 bcc 结构，在淬火至室温过程中发生到 B_2 和 DO_3 (或 $L2_1$) 的有序转变，然后转变为 9R 或 18R 马氏体，取决于冷却方式和化学成分。图 9.6 为这两种有序化温度 T_{B_2} 和 T_{DO_3} 随 Zn 含量变化的关系[4]。不同有序区淬火对铜基合金的形状记忆性能至关重要[5]。

其中 $A_2 \to B_2$ 为二级相变，冷速不能抑制这类有序相变，但 $B_2 \to DO_3$ 为一级相变，快速冷却可以抑制。分级淬火到 DO_3 区和直接从 B_2 区淬火将获得不

第九章 二级相变

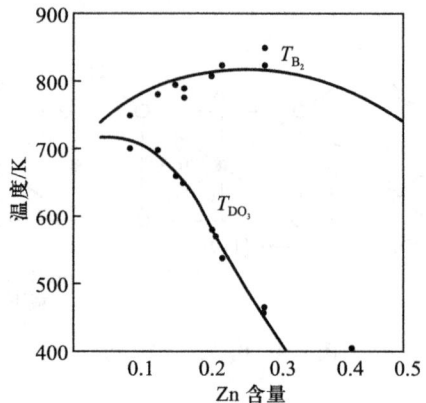

图 9.6 Cu–Zn–Al 合金（电子浓度为 1.48）有序转变温度与 Zn 含量关系

同次序堆垛的马氏体结构，前者得到 18R 马氏体，后者得到 9R 马氏体。因此 Cn–Zn–Al 合金从高温冷却时发生的相变过程为：

- A_2（无序 β）→ B_2（有序 $β_1$）分级淬火 → DO_3（有序）→ 18R 马氏体
- A_2（无序 β）→ B_2（有序 $β_1$）直接淬火 → 9R 马氏体

两种不同马氏体对记忆效应有重大影响[5]。内耗测量表明，T_M = 345.65 K (72.5 ℃)，其逆相变峰温在 85.5 ℃，采用分级淬火，当等温时间短时，在等温温度形成部分 18R 马氏体后，在其后的冷却过程中，未转变完的 B_2 则转变成 9R 马氏体，因此图 9.7(a) 内耗峰很宽，包含两种马氏体正、逆相变峰的复合峰。等温时间短，马氏体相变内耗峰宽，等温时间长，当等温时间延长到 120 min 时，峰变窄，峰温的位置不变。B_2 全部转变为 DO_3，进而全部转变为

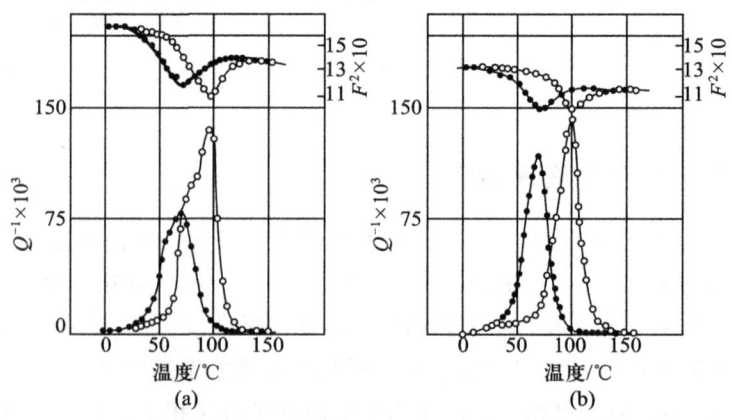

图 9.7 800 ℃ 油淬火到 150 ℃ 等温 (a) 2 min 和 (b) 120 min

18R马氏体，显然图9.7(b)所示的内耗峰是表征18R马氏体结构的内耗。当淬火后立即上淬到100 ℃等温30 min，测量内耗的结果如图9.8所示，直接淬火形成的9R马氏体的正、逆转变的温度区间比18R的更小，因此它有更佳的温度形状记忆效应。

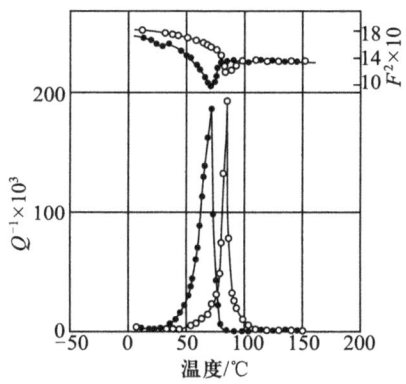

图9.8 淬火后上淬到100 ℃等温30 min

原来认为9R马氏体形状记忆性能不佳，因淬火后保持了大量的空位，使9R马氏体形成稳定化，现采用了淬火后上淬方法，使淬火空位消失，马氏体的正、逆相变顺利进行。内耗测量表明，9R马氏体的正、逆转变的温度区间比18R的更小，因此它有更佳的温度形状记忆效应。

9.3 铁电相变

9.3.1 铁电相变中的一级和二级相变

1. 铁电体和铁电相变

具有电滞迴线的晶体称为铁电体，具有自发极化强度P_s，而且在一定温度范围的铁电态下，其电场和极化显示电滞迴线，如图9.9所示。当铁电晶体两端加电场强度为E的电场时，极化强度P随电场强度的增加而上升。当电场强度随后降为零时，铁电体保持一定的剩余极化，当电场强度反向达到E_c(矫顽力强度)时，极化强度为零，继续增加反向电场强度，极化强度反向增加。当反向电场强度减弱时，反向极化强度上升，在电场强度为零时，警惕仍保持负的剩余极化强度，在电场强度继续向正方向增加时，极化强度从零向正增加，构成与铁磁体的磁滞迴线类似的$E-P$电滞迴线。正常的解质态的铁电体，当电场强度缓慢增加和逆转时，一般电滞不明显呈现。

第九章 二级相变

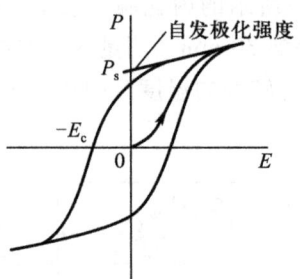

图 9.9 铁电体电滞迴线（E_c 为矫顽力强度）

铁电⇔顺电相变的临界温度也称为居里温度（T_c），在低温时，电偶极矩呈有序排列，晶体显示铁电性，在 T_c 温度以上，有序排列被破坏，自发极化强度随温度升高而消失，晶体变为顺电相，介电常数随温度升高而减小。

铁电⇔顺电相变有位移型和有序-无序型两类。铁电⇔顺电相变可以由二级相变或一级相变产生。

2. 位移型二级电相变

同一类离子的亚点阵相对于另一亚点阵作整体位移，如 $BaTiO_3$ 晶体（BT）中，在居里点 130 ℃ 的立方⇔四角（正方）的相变见图 9.10。但是 BT 在 0 ℃，由四方点阵→正交点阵，P_s 取向由 [100]→[110]；在 -80 ℃，由正交点阵→菱方点阵，P_s 取向由 [110]→[111]。它们都属于一级相变。

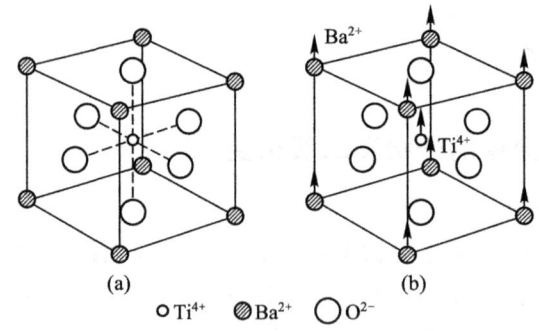

图 9.10 $BaTiO_3$ 在（a）居里点 T_c 以上和（b）以下的晶体结构

3. 有序-无序型二级电相变

KH_2PO_4 晶体（KDP）在室温时 $(PO_4)^{3-}$ 形成四面体结构，4 个氧位于顶上，P^{5+} 处于四面体的中心，各个 $(PO_4)^{3-}$ 由氢键相连，并由这些四面体排成层状的正方形，每个四面体处于其他 4 个四面体的中心。在 O_1—H—O_2 连接中分别有 H 靠近 O_1 和 O_2 两个稳定位置，每个$(PO_4)^{3-}$中有两个 O 靠近 H，两个 O 远离 H，如图 9.11 所示。其中图 9.11(a)表示由于下面两个 H^+ 的靠近，使位于$(PO_4)^{3-}$中心的 P^{5+} 向上迁移，因此整个正电荷中心上移，形成自发极化，P_s 向上；图 9.11(b)表示由于 H^+ 的不同配置使 P_s 指向另外的方向。在 T_c 以下，P_s 有序排列为稳定态，当温度升高后，沿氢键的质子分布被对称地拉长，P_s 有序被破坏，发生铁电→顺电的二级铁电相变。

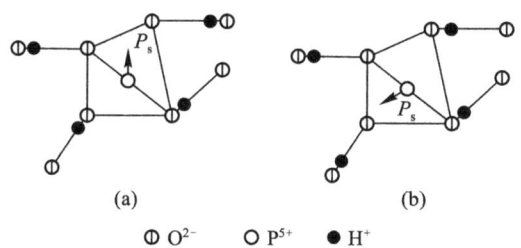

图 9.11　KDP 中$(PO_4)^{3-}$内两个 H^+ 的不同配置：(a) 表示 P_s 向上；(b) 表示由于 H^+ 的不同配置使 P_s 指向另外的方向

9.3.2　铁电相变的 Laudau 理论

1. 二级铁电相变 Laudau 理论

KDP 的铁电二级相变 P_s 在相变点连续变化，介电常数 ε 发生突变，如图 9.12 所示，其变化符合二级相变的特征。

以极化强度 P 作为序参量，在相应的电场强度为 E 的外场下，铁电相变一维 Laudau 理论的自由能密度展开式可表达为

$$\phi(P,T,E) = -EP + g_0 + \frac{1}{2}g_2P^2 + \frac{1}{4}g_4P^4 + \frac{1}{6}g_6P^6 + \cdots \quad (9.11)$$

式中，g_n 为温度函数的系数，P 为极化强度，E 为电场强度。在 ϕ 取极小值时的极化强度 P_s 为热平衡下的极化强度，即

$$\frac{\partial \phi}{\partial P} = 0 = -E + g_2P + g_4P^3 + g_6P^5 + \cdots \quad (9.12)$$

其中 $g_2 = \gamma(T-T_0)$，γ 为正常数，当 $T=T_0$ 时，$g_2=0$。当 $T \to T_c$ 时，极化点阵失稳、软化，有改变顺电性的倾向，发生顺电→铁电相变。当 $T<T_c$ 时，由未极化点阵转变为极化点阵。

2. 一级铁电相变 Laudau 理论

在一级相变时，Laudau 自由能密度式[式(9.11)]中的 $g_4<0$，为使 ϕ 不致为负无限大，需保持 g_6 项，并取其为正值，这时自由能密度和 P^2 的关系如

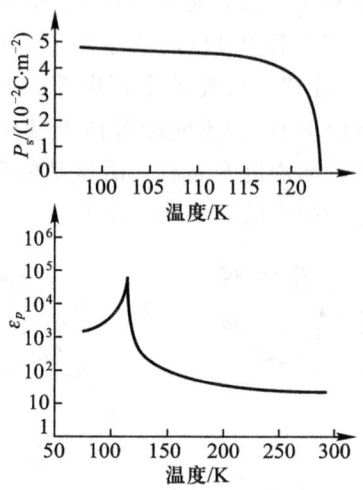

图 9.12 KDP 中自发极化强度 P_s 和介电常数 ε 随温度的变化

图 9.13 所示。同样以自由能密度 ϕ 对极化强度 P 的一阶偏导等于 0 的极小条件，得到在外场的电场强度 $E=0$ 时的平衡条件

$$\gamma(T-T_0)P_s - |g_4|P_s^3 + g_6 P_s^5 = 0$$

可获得两个 P_s 解，其一为 $P_s = 0$ 或

$$\gamma(T-T_0) - |g_4|P_s^2 + g_6 P_s^4 = 0$$

当 $T=T_c(>T_0)$ 时，在 $P=0$ 及一定值的 P 处出现自由能极小值，显示一级相变的相共存；当 $T<T_c(>T_0)$ 时，在更大的 P 处出现自由能的极小，如图 9.13 中的箭头所示。

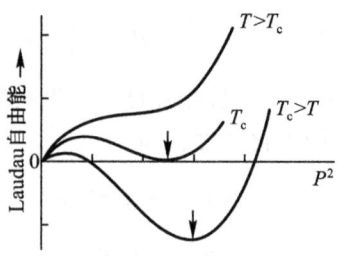

图 9.13 一级铁电相变自由能与 P^2 的关系曲线

3. 介电常数 ε 和自发极化强度 P_s

在二级相变，由式(9.4)中，略去 P^4 及 P^6 项，可得 $E=\gamma(T-T_0)P$，则

$$\varepsilon(T > T_c) = 1 + \frac{4\pi P}{E} = 1 + \frac{4\pi}{\gamma(T - T_0)} \tag{9.13}$$

在一级相变时，$T_0 < T_c$，有

$$\varepsilon = \frac{\xi}{T - T_c} \tag{9.14}$$

二级相变时，式(9.11)中 g_4 为正值，g_6 六次项可以忽略，由式(9.11)可求得电场强度为 0 时的自发极化强度 P_s。

$\gamma(T - T_0)P_s + g_4 P_s^3 = 0$，则可得 $P_s = 0$，或 $P_s^2 = (\gamma/g_4)(T_0 - T)$。

当 $T \geqslant T_0$ 时，由于 γ 和 g_4 都为正，只有 $P_s = 0$ 为实根，因此 T_0 温度即为居里温度 T_c，$T_0 = T_c$。

当 $T < T_0$ 时，在外加电场强度 $E = 0$ 时，Laudau 自由能处的 P_s 为

$$|P_s| = (\gamma/g_4)^{1/2}(T_0 - T)^{1/2} \tag{9.15}$$

可见二级相变的极化强度在相变过程中连续地过渡。

BT 为应用 Devonshire[6] 理论的典型例子，考虑铁电相变中存在磁致伸缩的问题，尚需包含点阵形变的交互作用。在具有畴壁时，Laudau 理论还要加入界面梯度项，则应使用 Ginzburg-Laudau 理论[7]（参见 11.1.4 节）。

9.4 超导相变

9.4.1 超导相变与 Ginzburg-Laudau 理论

1. 超导相变的特征

在超导临界温度 T_c 以下，发生超导相变，此时熵值显著降低。如铝在正常态(N)和超导态(S)下，其熵随温度的变化如图 9.14(a)所示。发生超导相变后，在正常态下处于热激发的电子部分或全部转为有序，但在低于超导临界温度 T_c 以下，可通过施加一高于临界场的外磁场使其变为正常态。超导相变无潜热，但有比容突变，是二级相变。

图 9.14(b)是铝的自由能 F 随温度变化的实验曲线，由此实验结果可见，在 T_c(1.18 K)以下超导态的自由能低于正常态，超导态是稳定相。在 T_c 温度，F_S 和 F_N 合并，显示两态的一阶数 df/dT 相等，符合二级相变的特征。

在外磁场下非磁金属的自由能随外磁场变化见图 9.15，B_{ac} 对应了外界的临界磁场。在 B_{ac} 以上，正常态是稳定态，在 B_{ac} 以下超导态是稳定态。F_S 和 F_N 自由能曲线在相交点的两态的一阶导数 dF/dB 并不相等，这反映在外磁场下，超导相变属于一级相变。

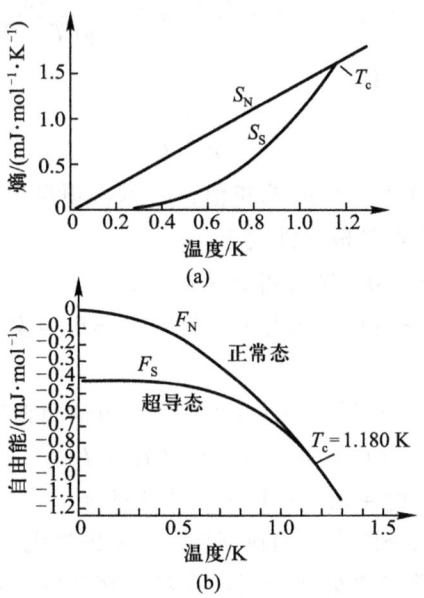

图 9.14 铝的正常态和超导态的熵和自由能随温度的变化

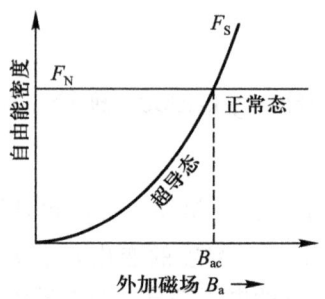

图 9.15 非磁金属自由能随磁场变化

2. 超导相变的 Ginzburg-Laudau 理论[7,8]

为简单处理,设金属晶体具有立方对称性,这样一来,超导态的特征可以一个纯数量即超导电子密度来表示。设 n_s 为超导电子密度,以 ψ 作为序参量,算子 ψ 正比于波函数,但以下列条件正规化:

$$|\psi|^2 = \frac{1}{2}n_s$$

ψ 的相和波函数的相相同

9.4 超导相变

$$\psi = \sqrt{\left(\frac{1}{2}n_s\right)}\exp(i\Phi)$$

式中，Φ 为热力势，对应于速度势 $\phi = (\hbar/m)\Phi$，超导电流密度可由序参量 ψ 表示：

$$j_s = \frac{e\hbar}{m}|\psi|^2 \nabla \Phi = -\frac{ie\hbar}{m}(\psi^* \nabla \psi - \psi \nabla \psi^*) \qquad (9.16)$$

式中，e 为电子电荷，m 为电子真实质量。

为使自由能函数 F 的相不受复杂序参量 $\psi \to \psi^{i\alpha}$ 的变化，在自由能展开式中不含 ψ 的奇次项。当不存在外场时晶体具有立方对称性，将超导体的总自由能在临界点附近（ψ 很小）展开

$$F = F_N + \int \left\{\frac{\hbar^2}{4m}|\nabla\psi|^2 + a|\psi|^2 + \frac{1}{2}b|\psi|^4\right\}dV \qquad (9.17)$$

式中：F_N 为正常态的自由能（$\psi = 0$）；b 是只决定于物体密度（不是温度）的正系数；$a = \alpha(T - T_c)$，当 $T = T_c$ 时，$a = 0$、$\alpha > 0$、$T < T_c$ 对应超导相；V 为超导体的体积。假定 ψ 的变化足够慢，则式（9.17）仅含有 ψ 的一次导数。

均匀超导体在无外磁场时，ψ 与坐标无关，式（9.17）可简化为

$$F = F_N + aV|\psi|^2 + \frac{1}{2}bV|\psi|^4 \qquad (9.18)$$

当 $T < T_c$ 时，$|\psi|^2$ 的平衡值由 F 的最小值决定

$$|\psi|^2 = -a/b = \alpha(T_c - T)/b \qquad (9.19)$$

式（9.19）表示超导电子密度为温度的函数，在临界点时降为零。

将式（9.19）代入式（9.18），可得超导态自由能与正常态自由能的差为

$$F_S - F_N = -V(\alpha^2/2b)(T_c - T) \qquad (9.20)$$

将式（9.20）对温度求二阶偏导，可得比热在相变临界温度呈不连续状态：

$$C_S - C_N = V\alpha^2 T_c/b \qquad (9.21)$$

在临界温度附近，F_S 与 F_N 之差很小，表示超导态对自由能的增量很小，根据小增量原理，由以温度和压强为函数改为以温度和体积为函数，给出热力势之差 $\Phi_S - \Phi_N$。另一方面，按超导体的热力学可得 $\Phi_S - \Phi_N = -VH_c^2/(8\pi)$，其中 H_c 为使超导性破坏的临界磁场，由此可得在临界温度附近 H_c 和温度的关系为

$$H_c = (4\pi a^2/b)^{1/2} = (4\pi\alpha^2/b)^{1/2}(T_c - T) \qquad (9.22)$$

当存在磁场时，式（9.9）应需加修正，加入磁场能密度 $B^2/(8\pi)$（B 是超导体的磁感应强度），$B = \text{curl } A$（A 为磁场矢量势，curl 指旋度），改变的梯度项为

$$\nabla \psi = \exp(i\Phi)\nabla|\psi| + i\psi \nabla \Phi \to \nabla \psi - [2ie/(\hbar c)]A\psi \qquad (9.23)$$

$$F = F_{no} + \int \left\{ \left(\frac{\boldsymbol{B}^2}{8\pi} + \frac{\hbar^2}{4m} \left| \left(\nabla - \frac{2ie}{\hbar c}\boldsymbol{A} \right) \psi \right|^2 \right) + a|\psi|^2 + \frac{1}{2}b|\psi|^4 \right\} dV$$
(9.24)

式中,F_{no} 为不存在外场时及正常态下的超导体自由能。系数 $2ie/(\hbar c)$ 并不按惯例 $\hbar^2/(4m)$,它不是任意的。由于 Cooper 效应,e 需加倍,且它不能获得其纯表象含义。式(9.24)把决定超导体内波函数分布及磁场的微分方程,变为三个独立函数 ψ、ψ^* 及 $\boldsymbol{A}$,作为自由能取极小值的函数。

在变分中,ψ、ψ^* 需作为独立函数,对 ψ^* 的积分变量变分,并将 $(\nabla\psi - 2ie\boldsymbol{A}/\hbar c)\nabla\delta\psi^*$ 项作部分积分,得

$$\delta F = \int \left\{ -\frac{\hbar^2}{4m}\left(\nabla - \frac{2ie}{\hbar c}\boldsymbol{A}\right)^2 \psi + a\psi + b|\psi|^2\psi \right\}\delta\psi^* dV +$$
$$\frac{\hbar^2}{4m}\oint\left(\nabla\psi - \frac{2ie}{\hbar c}\boldsymbol{A}\psi\right)\delta\psi^* d\boldsymbol{f}$$
(9.25)

其中第二部分积分取超导体的全部表面。令 $\delta F = 0$,得到任意 $\delta\psi^*$ 使体积积分为零的条件

$$\frac{1}{4m}\left(-i\hbar\nabla - \frac{2e}{c}\boldsymbol{A}\right)^2\psi + a\psi + b|\psi|\psi = 0 \quad (9.26)$$

对 $\boldsymbol{A}$ 作积分改变,得到 Maxwell 方程

$$\text{curl } \boldsymbol{B} = (4\pi/c)\boldsymbol{j} \quad (9.27)$$

及电子密度为

$$\boldsymbol{j} = -\frac{ie\hbar}{2m}(\psi^*\nabla\psi - \psi\nabla\psi^*) - \frac{2e^2}{mc}|\psi|^2\boldsymbol{A} \quad (9.28)$$

由于热力学平衡时并无正常电流,故式(9.28)中的 $\boldsymbol{j}$ 即为 $\boldsymbol{j}_s$,由式(9.27)可得 $\text{div } \boldsymbol{j} = 0$。由式(9.28)直接微分和应用式(9.26)也可得到同样的结果。

式(9.26)、式(9.27)、式(9.28)形成 Ginzburg-Laudau 方程组,由表面积分在 δF 变分中的条件为零,可得方程组的边界条件,式(9.17)的边界条件为

$$\boldsymbol{n} \cdot \left(-i\hbar\nabla\psi - \frac{2e}{c}\boldsymbol{A}\psi\right) = 0 \quad (9.29)$$

式中,$\boldsymbol{n}$ 为超导体表面上的法向矢量,由此得式(9.29)电流的法向分量为零,即 $\boldsymbol{n} \cdot \boldsymbol{j} = 0$。

由式(9.27)得出在超导体所有空间 $\boldsymbol{j}$ 为有限量,磁感应强度的切分量 $\boldsymbol{B}_t$ 连续,$\text{div } \boldsymbol{B} = 0$ 表示磁感应强度的法向分量是连续的。

在弱磁场下,可忽略磁场对 $|\psi|^2$ 的影响,整个超导体各点的 $|\psi|^2$ 都如式(9.22)所示,将式(9.28)代入式(9.27),并两边取旋度,得到穿透深度为 δ

$$j_s = \frac{e\hbar}{2m} n_s \left(\Delta \Phi - \frac{2e}{\hbar c} A \right) \tag{9.30}$$

$$\delta = \left[\frac{mc^2 b}{8\pi e^2 |a|} \right]^{1/2} = \left[\frac{mc^2 b}{8\pi e^2 \alpha (T_c - T)} \right]^{1/2} \tag{9.31}$$

另外，还有一个 Ginzburg-Laudau 方程的特征长度，这就是序参量起伏的相关半径 $\zeta(T)$。由起伏理论，$\zeta(T)$ 以自由能系数表示为

$$\zeta(T) = \hbar/2(m|a|)^{1/2} = \hbar/2(m\alpha)^{1/2}(T_c - T)^{1/2} \tag{9.32}$$

δ 和 $\zeta(T)$ 决定距离的数量级，超过这个距离，序参量和磁场将有显著改变。δ 为磁场的特征长度，$\zeta(T)$ 为 ψ 分布的特征长度。对照"Cooper 对尺寸"ζ_0，这两个长度需较大，以满足"所有量在空间变化足够慢"这一假定。由于这两个长度都正比于 $(T_c - T)^{-1/2}$，因此在接近 T_c 时增加，在接近 T_c 时都能满足上述条件。

把 Ginzburg-Laudau 参量定义为上述不受温度影响的两个长度的比率常数

$$X = \delta(T)/\zeta(T) = mcb^{1/2}/(2m)^{1/2}|e|\hbar \tag{9.33}$$

X 的另一表达式为

$$X = 2\sqrt{2}(|e|/\hbar c) H_c(T) \delta^2(T) \tag{9.34}$$

由式(9.33)及式(9.34)可直接用观察到的一些量来表示 X，实际上在超导相和正常相之间的二级相变中，起伏区并不出现。

9.4.2 高温超导的晶体结构特征[9]

1. 高温氧化物超导体的晶体结构

高温氧化物超导体是由钙钛矿型结构(perovskite structure)派生出来的，称为有缺陷的钙钛矿型化合物(defect-perovskite structure)。氧化物超导体的晶体结构都或多或少地体现或继承了 ABO_3 型钙钛矿结构的基本特点。钙钛矿型结构(见图9.16)的化合物一般都具有理想配比的化学式 ABO_3，其中 A 代表具有较大离子半径的阳离子，B 代表半径较小的过渡金属阳离子。A 离子和 B 离子的价态之和为 +6，以保持电中性条件的成立。如 $A^{+1}B^{+5}O_3$ 型代表化合物为 $KbiO_3$，$A^{+2}B^{+4}O_3$ 型代表化合物为 $CaMnO_3$，$A^{+3}B^{+3}O_3$ 型代表化合物为 $LaCoO_3$。

ABO_3 型钙钛矿结构的化合物的特点是，它们的组分可通过部分替代而在很宽的范围内发生变化。也就是说，它们在一定的组分范围内存在，以生成很多保持钙钛矿型基本结构的新化合物，如 $A_{1-x}A_xBO_3$ 型和 $AB_{1-x}B_xO_3$ 型化合物。由元素部分替代产生的新化合物虽然其结构没有发生变化，但是，它们的物理特性往往会发生很大的改变，化合物的电导特性、磁性和超导电性往往发生很大的变化。例如：$LaCoO^3$ 是很好的绝缘体，在 Sr 部分地替代 La 之后，

第九章 二级相变

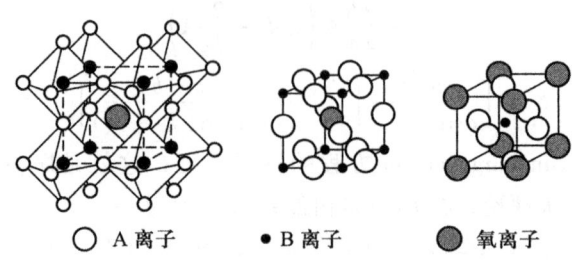

○ A 离子　● B 离子　● 氧离子

图 9.16　ABO_3 结构

$La_{1-x}Sr_xCoO^3$ 成为导电率很高的金属性氧化物；$KBiO_3$ 经部分替代后变成为氧化物超导体 $K_{1-x}Ba_xBiO_3$，超导体的转变温度 T_c 为 20~30 K。

2. 氧在超导体中的作用

钙钛矿型氧化物结构中都或多或少地存在着氧缺位和 A 晶位阳离子的缺位。氧缺位的发生是普遍存在的，氧缺位的数量也可以在很大的范围内变化。当在真空条件下，$SrTiO_{3-x}$ 中的 x 数值即氧缺位的最大值可达 0.5。在氧缺位如此之高的化合物中，必然发生晶体结构的畸变。氧缺位往往又优先占据某些晶位，如 $Y_1Ba_2Cu_3O_{9-x}$ ($x=2$) 氧化物超导体中，氧缺位的有序分布导致在该化合物中存在一维 CuO_2 链和二维 CuO_4 平面，而不存在三维的 Cu—O 多面体网络。相反的情况也时有发生，在某些 ABO_3 型钛铁矿型化合物中也可能会发生氧的过剩，多余的氧离子以间隙离子存在。如在纯氧气氛中合成 $LaMnO_{3+\delta}$，就发生氧的过剩。在高压氧的条件下合成 La_2CuO_{4+x}，x 可达 0.05，此时它变为超导体。对 $Y_1Ba_2Cu_3O_x$ 而言，在纯氧气氛（常压）中，无论如何 x 也不会超过 7。

由 CuO_6 八面体、CuO_5 正四方锥、CuO_4 平面四边形组成的铜氧平面是氧化物超导体中所共有的，也是对超导电性至关重要的结构特征。它决定了氧化物超导体在结构上和物理特性上的二维特点。氧的含量和分布对氧化物超导体的结构和超导电性都具有重要的影响，并引起晶体点阵的结构变化，发生一级结构相变，这类一级将对二级的超导体相变具有决定性的影响。

9.4.3　$Y_1Ba_2Cu_3O_{7-x}$ 超导性和一级相变

1. $Y_1Ba_2Cu_3O_{7-x}$ 高温超导体的超导性

YBaCuO 晶体结构具有正交对称性，空间群为 *pmmm*。在这一结构中 c 方向的点阵常数约为理想值的 3 倍，b 方向的点阵常数略大于 a 方向的点阵常数。正交晶胞可认为是由四方晶胞畸变而来的，正交畸变量 $e=2(b-a)/(b+a)$ 随氧含量的变化而改变。当氧含量增加时，e 也随之增加。与此同时，T_c 也随之上升。图9.17显示电阻随温度的变化，在T_c约为90 K时发生二级的超导相变，电阻趋于零。氧含量可在6.0~7.0之间连续变化。当氧含量在6.5~7.0之间时，为正交超导相；当氧含量处于6.5~6.0之间时，YBaCuO变成不超导的四方相。当氧含量逐步下降时，超导温度T_c也连续地下降。对$Y_1Ba_2Cu_3O_y$而言，在纯氧气氛（常压）中，无论如何y也不会超过7。

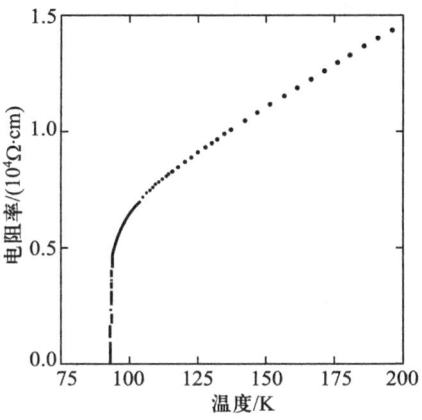

图9.17　$Y_1Ba_2Cu_3O_{7-\delta}(\delta=0~0.5)$

2. $Y_1Ba_2Cu_3O_{7-x}$的一级相变

$Y_1Ba_2Cu_3O_{7-x}$是高温超导体中较为著名的高温超导体，它的相图见图9.18。123相在1 200 ℃~950 ℃发生L+211⇔123相变，950 ℃以下为123相。123相在约600 ℃发生正交（有序）⇔四方（无序）相变，低温的正交相T_c约为90 K；高温的无序相，T_c约为40 K，这里的有序⇔无序是指氧，此过程

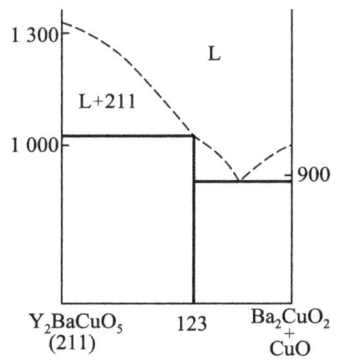

图9.18　YBaCuO-123相的高温相图

与氧含量(浓度)有关。由于高温的氧含量少,通常必须通过在 650 ℃ 以下,随炉慢冷使氧浓度增加,才能获得 6.5 的氧含量,以获得 T_c 约为 90 K 的高温超导体。

3. 正交 123 相的晶体结构

正交 123 相的晶体结构特点示于图 9.19。这一结构中 Y^{3+} 离子与近邻的 8 个氧离子形成配位六面体,其排列方式接近密堆积。两个 B^{2+} 离子处于同一晶位,每一个 B^{2+} 离子与近邻的 10 个氧离子形成截角、立方八面体。3 个 Cu^{2+} 离子分别占据 1a 和 2g 位,一个 Cu^{2+} 离子与 4 个近邻氧离子形成平面四边形;而 2g 位上的每一个 Cu^{2+} 离子与近邻的 5 个氧离子形成一个四方锥形的配位多面体(金字塔形)。氧离子分别占据 4 种晶位,其中 3 种晶位上 O(2)、O(3)、O(4) 的占有率为 1.0,而 O(1) 的占有率小于 1。这一晶位上的氧离子 O(1) 不但容易脱离该晶位,而且容易从晶体中逸出。

CuO_5 正四方锥的底面彼此以共顶点的形式联结成平行于 xy 面的 CuO_4 层。由图 9.19 和图 9.20 可知,这个 CuO_4 层不是一个严格的平面。Cu(2) 离子偏离假想的平面,向 O(1) 方向的偏移约为 0.025 nm,从而使这一层内 O(3)—Cu(2)—O(3) 的键角变成为 163°。同时沿 c 方向的 Cu(2)—O(2) 间距大于理想值 0.19 nm,变成 0.23 nm。这一结构与超导电性密切相关。

平面四配位 CuO_4 的结构被称为一维链。这个一维链沿 b 方向排列,其 Cu—O 键长在 b 方向为 0.194 nm。b 方向的 Cu—O 键也不是严格的直线而呈锯状。在实际晶体中,由于 O(1) 的部分缺位、这一 Cu—O 链也不是在 b 方向上无限延长,而常常发生中断。这就可能造成 b 方向的不同的氧空位有序结构。这种有序结构很难发展成长程的有序态,这是由于在 YBaCuO 中,存在大量的各种缺陷限制了这种有序态的发展。足够的氧浓度(>6.5),才能保证该一维链的连通,此连通的一维链是获得超导的关键。

4. 四方的 123 相的晶体结构

$Y_1Ba_2Cu_3O_{7-x}$ 为四方相的范围为 $1.0 \geqslant x > 0.5$,即氧含量为 6.5~6.0 之间,其晶体结构见图 9.20。与图 9.19 比较可知,两者的阳离子分布基本相同,但一维 CuO_2 链上的 Cu 的配位氧的数目由 4 变为 2,即由平面四配位变成沿 c 方向的两配位,其 Cu—O 间距为 0.18 nm。显然,Cu(1) 所在的 xy 平面已不再有氧离子。Cu(2) 离子仍然具有五配位的氧离子,在 Cu(2) 与氧的配位多面体(金字塔)中,Cu(2)—O 在 a、b 方向仍为 0.194 nm,而 Cu(2) 与 c 方向的氧离子间距为 0.245 mm。在 $Y_1Ba_2Cu_3O_6$ 中 (010) 平面也不是一个严格的平面,Cu(2)—O(3)—Cu(2) 的夹角为 167°。在四方 YBaCuO 中,Y^{3+} 离子具有八配位的氧离子,组成一个立方六面体。8 个 Y^{3+}—O 的间距都为 0.24 nm,Ba^{2+}

9.4 超导相变

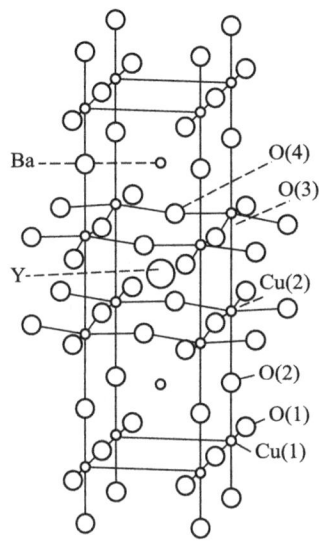

图 9.19 正交 123 相的晶体结构

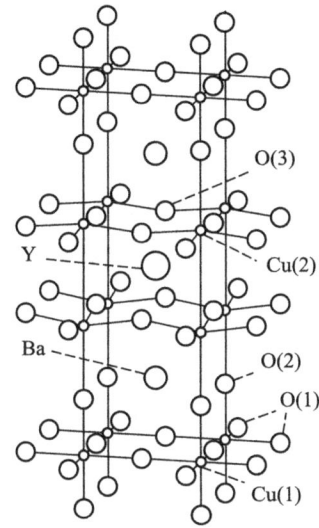

图 9.20 四方的 123 相的晶体结构

离子也具有八配位的氧离子，Ba^{2+} 离子处在 Ba—O 多面体的底心位置，所以它与同一平面上的 4 个氧离子距离较近(0.27 nm)，而与其他 4 个氧离子的间距为 0.28 nm。实际上，当氧含量处于 6.0～6.5 之间时，它的晶体结构与 $YBa_2Cu_3O_6$ 相近。唯一的差别是 Cu(1) 平面上的氧离子数目不再为零。

9.4.4 元素替换对 $Y_1Ba_2Cu_3O_{7-x}$ 超导性的影响

替代元素进入 YBaCuO 的晶胞，替代某一晶位上的离子往往导致键长、键角的变化，这些变化可能影响到超导电性。对于层状钙钛矿型结构的 $Y_1Ba_2Cu_3O_{7-x}$ 的替代元素可区分为 A 晶位(Y 和 Ba 的替代)和 B 晶位(Cu(1) 和 Cu(2) 的替代)。

1. A 晶位 Y 和 Ba 的替代

(1) Y 的替代

在 La 系元素中，除了 Ce、Pr、Tb 外，都可以完全替代 YBaCuO 中的 Y 离子而形成 $R_1Ba_2Cu_3O_{7-x}$ 型化合物。这些化合物具有相近的超导转变温度。稀土离子替代 Y^{3+} 离子对 123 相的结构影响是和稀土离子的半径密切相关的。当替代的稀土离子的半径增加时，替代的结果使点阵常数 c 增加，正交畸变量 $[e=(b-a)/2(b+a)]$ 减少。同时，也使氧含量提高。替代稀土离子还会使稀土离子与氧离子的间距发生变化，其变化符合稀土元素结晶化学的规律。这种替代不影响 Ba—O、Cu—O 的间距。$Pr_1Ba_2Cu_3O_{7-x}$ 化合物与

$Y_1Ba_2Cu_3O_{7-x}$ 同构，但不是超导的氧化物。两价碱土金属离子如 Ba^{2+}、Sr^{2+}、Ca_2^+ 可以部分地替代 R^{3+} 离子而对晶体结构和 T_c 影响不大。

（2）Ba 的替代

R^{3+} 离子可部分替代 Ba^{2+} 离子形成固溶化合物，如 $R_{1+x}Ba_{2-x}Cu_3O_{7-x}$，结果表明替代作用主要影响 CuO_5 正四边形多面体中沿 c 方向的 Cu—O 间距，如在 $R^{3+} = Pr^{3+}$ 的时候，Cu—O 间距缩短为 0.226 nm。

R^{3+} 离子可部分替代 Ba^{2+} 离子形成固溶体的范围随稀土离子半径的不同而变化。La^{3+} 和 Nd^{3+} 离子分别替代 Ba^{2+} 离子可形成 $La_3Ba_3Cu_6O_{14}$ 和 $Nd_3Ba_3Cu_6O_{14}$ 型化合物，它们都具有四方对称性，而与 $Y_1Ba_2CuO_6$ 同构。一般而言，这种替代会导致 T_c 下降。当替代离子的半径较大时，固溶化合物的对称性更易由正交变为四方。

Ba^{2+} 离子可被其他两价离子如 Ca^{2+} 离子所替代，如 $LaCaBaCu_3O_{6.85}$（T_c = 78 K）。这种替代不影响其晶体结构。

2. B 晶位 Cu(1) 和 Cu(2) 的替代

YBaCuO 中的 Cu 可被大多数过渡族元素（Fe、Co、Ni）和 B 族元素（Zn、Al、Ga）以及其他元素所部分地取代。在所有的替代情况下 T_c 都下降。Cu^{2+} 离子的部分替代对 YBaCuO 晶体结构的影响表现在两个方面：

① 降低 YBaCuO 的正交畸变度，使四方相更加稳定。正交超导相转变为四方超导相的替代元素成分范围一般为 2%～5%，尽管这时对称性发生突变，但 T_c 却连续地下降，没有突变。

② 替代元素择优占据 Cu(1) 或 Cu(2) 晶位，导致晶体结构和 T_c 的不同变化。晶体结构的变化表现为氧含量的变化。

9.4.5 其他晶体结构的 YBaCuO 超导相

1. $Y_1Ba_2Cu_4O_8$（124 相）超导相

$Y_1Ba_2Cu_4O_8$（124 相）超导相最早是在 YBaCuO 块材和薄膜中由电子显微镜发现的具有 80 K 的超导新相。它的结构被确定为具有正交对称，而且与 123 相的结构有密切的关系。这一工作很快为 X 射线单晶衍射工作所证实。Morris 等在高压氧下合成了大块的 124 相，继而又合成了 8 个同类的化合物 RBa_2CuO_8（R = Nd、Sm、Eu、Gd、Dk、Ho、Er 和 Tm）。

124 相与 123 相在结构上的主要差别是存在"双链结构"，即平行于 123 相的一维 CuO_2 的链插入了第二个 CuO_2 链。124 相中沿 c 方向原子层的排列顺序为…—Y—CuO_4—BaO—CuO_2—CuO_2—BaO—CuO_4—Y—…，这就导致 c 点阵常数比 123 相的值大两倍还多，a、b 点阵常数与 123 相的相应值接近，但正交畸变度略小一些。

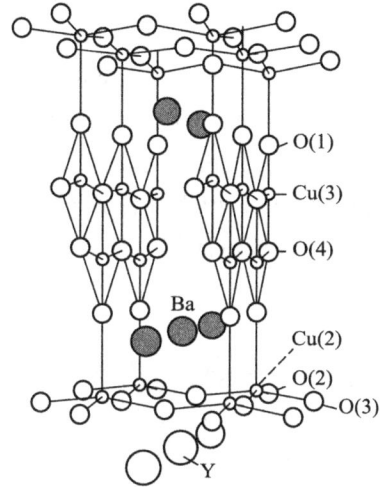

图 9.21　$Y_1Ba_2Cu_4O_8$(124 相)晶体结构

124 相的晶体结构示于图 9.21 中。由图中可知，在 124 相中 Y^{3+} 离子具有近似立方体配位的氧多面体，Ba^{2+} 离子具有十配位的氧多面体。两种 Cu^{2+} 离子的晶位分别为 $Cu(1)(4i)$ 和 $Cu(2)(4i)$ 位，$Cu(1)$ 为具有四配位的正四边形多面体。124 相的阳离子与氧配位的情况与 123 相类同。但是，两者 O^{2+} 离子四周的阳离子的分布却有较大的差异。在 124 相的双链结构中每一个 O^{2+} 离子与四周的 3 个 Cu^{2+} 离子成键，而 123 相中一维 CuO_2 链上的 O^{2+} 离子只与四周的 2 个 Cu^{2+} 离子成键。在 123 相中只有共顶点连接的氧四边形，而在 124 相的双链结构中却有共边连接的氧四边形，在 124 相中 Y—O、Ba—O、Cu—O 的键长、键角与 123 相中的相应值差别不大。在 CuO_4 平面内，Cu—O 键长为 0.194～0.196 nm，在垂直于 CuO_4 平面的方向，$Cu(2)$ 与正四方锥顶点处的氧的键长为 0.23 nm。在双链结构中，Cu—O 键长与一维 CuO_2 链的值相近，仍为 0.182～0.194 nm。应该指出，由于氧与 3 个 Cu^{2+} 离子成键，所以其热振动的幅度显然大大地低于 123 相中的相应值，这使得 124 相中的氧不易从这一晶位脱出，而且也使 124 相中氧含量更加接近理想配比的值 8。

2. $Y_2Ba_4Cu_7O_{15}$(247 相)超导相

$Y_2Ba_4Cu_7O_{15}$(247 相)超导相是在高氧压下的相结构研究中发现的。Bordet 指出这一化合物在 YBaCuO 系中与 $Y_1Ba_2Cu_3O_7$ 和 Y_2BaCuO_5(211)相平衡，它具有新的层状钙钛矿型结构。一般认为它是由 $Y_1Ba_2Cu_3O_6$ 相和 $Y_1Ba_2Cu_4O_8$ 相共同混生而成的。在图 9.22 中可清楚地看到它的结构是由 $Y_1Ba_2Cu_3O_6$ 型层块和 $Y_1Ba_2Cu_4O_8$ 型层块构成的。在 $Y_1Ba_2Cu_3O_6$ 层块中沿 c 方向的层序为…—Y—CuO_4—BaO—CuO_2—BaO—CuO_4—Y—…,而 $Y_1Ba_2Cu_4O_8$ 层块中沿 c 方向的层序为…—Y—CuO_4—BaO—CuO_2—CuO_2—BaO—CuO_4—Y—…。两个层块彼此之间在(110)方向上偏离了 $(a+b)/2$。在 $Y_2Ba_4Cu_7O_{15}$(247 相)的每一个晶胞内含有 8 个 Ba^{2+} 离子,它们分别占据两个晶位,即 Ba(1) 和 Ba(2)。实际上,Ba(1) 和 Ba(2) 都占据如 4j 位,但坐标位置不同。Ba(1) 具有八配位的氧多面体,而 Ba(2) 却具十配位的氧多面体,这说明它们处在不同的结构层块之中。

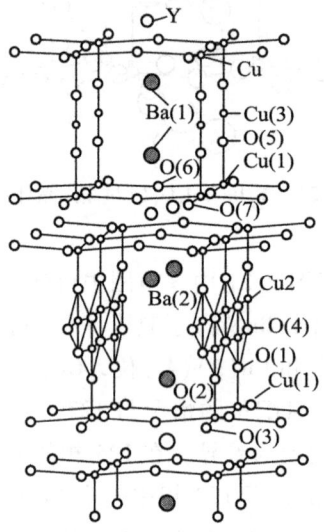

图 9.22　$Y_2Ba_4Cu_7O_{15}$(247 相)超导晶体结构

Cu^{2+} 离子的情况最为复杂,它们分别占据 Cu(1)、Cu(2)(在 $Y_1Ba_2Cu_4O_8$ 层块内)和 Cu(3)、Cu(4)(在 $YBa_2Cu_3O_6$ 层块内)4 个晶位,它们的氧配位数分别为 5、4、2、5。

至于 Cu—O 间距的情况也可根据不同的层块来讨论。Cu(1)—O 和 Cu(2)—O 的间距分别与 124 相的相应值接近;Cu(3)—O 和 Cu(4)—O 间距分别与四方的 123 相中的相应值接近,如 Cu(3) 具有线性的氧配位,Cu(3)—O(5) 间距仅为 0.178 nm。具有五配位的 Cu(4),Cu(4)—O(7) 间距为 0.194 nm,Cu(4)—O(5) 为 0.239 nm。

还在高压氧下合成了其他 5 种 247 型超导化合物 $R_2Ba_4Cu_7O_{15}$(R = Eu、Gd、Dy、Ho 和 Er),它们具有和 $Y_2Ba_4Cu_7O_{15}$ 相同的结构和超导转变温度

（40 K 左右）。

综观 123 相、124 相和 247 相的晶体结构，结合它们的超导转变温度可见，晶体结构与 T_c 密切相关。尽管在 CuO_4 导电平面内，它们近乎相同，但是 c 方向层序的差别显示层间的相互作用对超导电性有影响。

9.5 一级马氏体相变与二级反铁磁相变的耦合

9.5.1 反铁磁性金属和合金的分类[10]

材料的反铁磁性是磁性转变的一种，在反铁磁转变点即尼尔点（Néel；T_N）材料发生顺磁性⇔反铁磁性的转变，出现磁化率的反常，热膨胀系数和比热发生突变，无体积效应和熵变，是二级类型的相变。按金属 d 电子的状态、磁矩间的相互作用，反铁磁金属和合金可分为 4 类，见表 9.1。

表 9.1 反铁磁金属和合金的分类

类型	d 电子状态	反铁磁性相互作用	例子
Ⅰ	被束缚与原子（局域状态）	d - d 相互作用	PdMn
Ⅱ		s - d 相互作用	AuMn
Ⅲ	在晶体中游动（巡回状态）	间隙型	Cr
Ⅳ		非间隙型	γ - Mn

1. 反铁磁性金属

包括：金属 Cr 和 Cr + Me（稀释合金）、α - Mn 和 γ - Mn（α - Mn 是在一个单胞内有 29 个原子的复杂晶体结构，γ - Mn 和它的合金在高温的顺磁态具有面心立方结构，到 T_N 发生反铁磁转变后，转变为正方结构）、γ - Fe 和它的合金、ε - Fe 和它的合金。

2. 反铁磁性无序合金

① Mn - Ni、Mn - Pd、Mn - Pt、Mn - Pd，属于表 9.1 中的第Ⅰ类反铁磁合金。

② Cu - Mn、Au - Mn、Au - Cr，属于表 9.1 中的第Ⅱ类反铁磁合金。

③ Cr - Mn、Cr - Re、Cr - Ru，属于表 9.1 中的第Ⅲ类反铁磁合金。

④ γ - FeMn，属于表 9.1 中的第Ⅲ、Ⅳ类反铁磁合金。此系列按成分可以分为三组：① γ - Mn 型，Mn > 70%；② γ - Fe - Mn 型，Mn 为 60% ~ 20%；③ γ - Fe 型，Mn < 20%。

Mn 属于过渡族金属元素,相对原子质量为 54.93,最外层电子为 $3d^5 3s^2$,金属锰有 4 种同素异形体,分别为 α、β、γ、δ。γMn 具有反铁磁性,每个原子的磁矩为 2.4 μ_B。早在 1957 年 Meneghetti 等[11]就提出过 γMn 的反铁磁结构,如图 9.23 所示。图中虚线所示为磁结构的超点阵,具有四方对称性。锰原子的磁矩沿 c 轴([001]方向)线形排列,这种四方有序的反铁磁通常被称为第 I 类反铁磁。1966 年 Umebayashi 等[12]提出过三种反铁磁结构,即自旋方向分别沿[001]、[110]和[111]方向以降低各向异性能达到能量最有利的状态。沿[001]和[110]排列的反铁磁结构具有四方对称性,而沿[111]方向排列的具有立方对称性。一般很难对反铁磁超点阵进行精确测定。通常将磁矩沿[001]方向排列的称为线形自旋结构(collinear spin structure),又称为 single – Q 态;而沿[111]方向排列的称为非线形自旋结构(non collinear spin structure),又称为 triple – Q。这两种排列方式分别如图 9.24(a)、(b)所示。

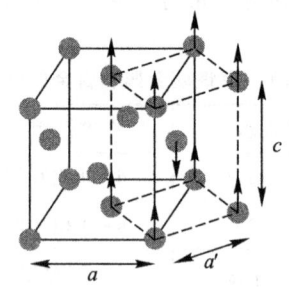

图 9.23 γMn 的反铁磁结构

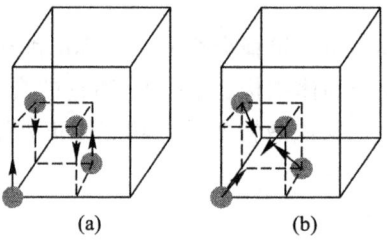

图 9.24 (a)线形自旋结构和(b)非线形自旋结构

3. 反铁磁性有序合金

① CuAu I 型:MnNi、MnPt、MnPd。
② CuAu II 型:Mn_3Pt、Mn_3Rh。

9.5.2 γMn 基合金的反铁磁转变与 fcc→fct 马氏体相变

1. γMn 基合金反铁磁转变中的点阵畸变

γMn 基合金反铁磁转变引起 fcc 由立方到四方的点阵畸变，畸变度在 10^{-6} 数量级。如 Mn-Cu 合金从高温到低温的冷却过程中，首先发生顺磁→反铁磁转变，然后才发生 fcc→fct 马氏体相变，由于这两个相变的点阵畸变相一致，Shimizu 等[13]提出，反铁磁转变引起的四方畸变触发了其后的马氏体相变。

按 γMn 基反铁磁转变点 T_N 和马氏体相变点 M_s 的相对位置可分成三类。第一类合金的 M_s 和 T_N 非常接近（$M_s \approx T_N$），形成的四方结构轴比 $c/a < 1$，以 Mn-Cu 合金最为典型，其他还包括 Mn-Ga、Mn-Ge 等；第二类合金的 M_s 点低于 T_N（$M_s < T_N$），且形成的四方结构轴比 $c/a > 1$，当温度 T 在 $M_s < T < T_N$ 时，合金为反铁磁，其结构保持母相的立方点阵，晶胞有一定的四方畸变，畸变度随过冷度的增加而逐渐增大；第三类合金其成分范围较窄，在降温过程中发生 fcc→fct→fco 转变，室温为菱形结构。

对 Mn-Fe 合金而言[14]，当 Fe 含量 <25% 时属于第Ⅰ类合金，当 Fe 含量在 27%～30% 时属于第Ⅱ类合金[图 9.25(a)]。对于 Mn-Ni 合金[15]，当 Ni 含量 <15% 时 $M_s \approx T_N$，$c/a < 1$，属于第Ⅰ类；而当 Ni 含量在 15%～22% 时 $M_s < T_N$，$c/a > 1$，属于第Ⅱ类；成分在 13%～17% Ni 的合金，在冷至室温过程中，其 fct 结构也有可能转变为 fco 结构（第Ⅲ类合金），如图 9.25(b) 所示。

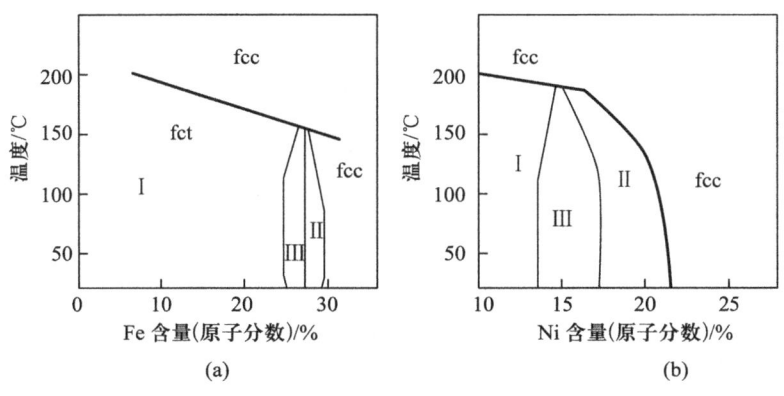

图 9.25 （a）Mn-Fe 和（b）Mn-Ni 合金相图

根据以上分析可以知道，对于第Ⅰ类 γMn 基合金，顺磁→反铁磁转变后发生的点阵畸变，一方面触发了微孪晶的形成，另一方面，这种畸变能的释放诱发了 fcc→fct 马氏体相变。在通常情况下总是看到，反铁磁有序诱发了马氏体相变，从而形成了马氏体孪晶；对于第Ⅱ类 γMn 基合金，在从高温冷却

的过程中,一旦温度达到 T_N 时将首先形成一些亚微观四方畸变区。如果点阵的畸变度 $|c/a-1|$ 较大,且达到某一个临界值时,合金内部的弹性应变能将通过那些小畸变区合并成大的带状孪晶区而被释放。在孪晶形成温度可以不存在相变,而由于形成了孪晶化的显微结构,实现应力或应变的弛豫。假如马氏体相变的 M_s 点与 T_N 点接近(第 I 类),马氏体相变有可能因反铁磁序的耦合而形成马氏体孪晶;若 M_s 点较低(第 II 类),则也可以在母相条件下形成孪晶。所以,反铁磁有序引起的点阵畸变是使 γMn 基合金形成微孪晶、与合金发生 fcc → fct 马氏体相变应无必然的联系。

2. γMn 基合金的 M_s 和 T_N 点与合金成分的关系

(1) Mn-Cu 合金

Mn-Cu 合金是孪晶型高阻尼合金,其 T_N 和 M_s 温度随成分的变化如图 9.26。对于 Mn<70% 的合金,由于 T_N 和 M_s 温度远低与室稳,通常该合金通过在 400~600 ℃ 的 Spinodal 分解的方式来获得高 Mn 相的 fct 马氏体(110)孪晶而产生高阻尼。与高 Mn 相的 Mn 含量相适应的 T_N 和 M_s 正好一致(约 85% Mn),因此认为其马氏体相变的 10^{-2} 数量级的点阵畸变完全与反铁磁转变有关,通过反铁磁的转变的点阵畸变而诱发了其后的马氏体相变。二级的反铁磁转变和一级的马氏体相变之间存在相变耦合。

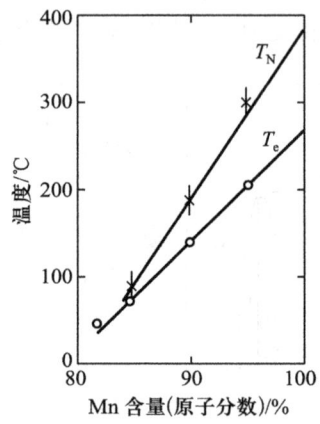

图 9.26 Mn-Cu 合金的 T_N 和 M_s 随成分的变化[16]

(2) Mn-Ni、Mn-Pd 和 Mn-Co-Cu、Mn-Fe(Cu) 合金

Mn-Ni 和 Mn-Fe 合金在 γ 相区冷却时同样有顺磁→反铁磁的转变和其后的 fcc→fct 的马氏体相变,图 9.27 和图 9.28 分别显示了 Mn-Ni、Mn-Pd 和 Mn-Fe(Cu) 合金的 T_N 和 M_s 温度与合金成分之间的关系。

9.5 一级马氏体相变与二级反铁磁相变的耦合

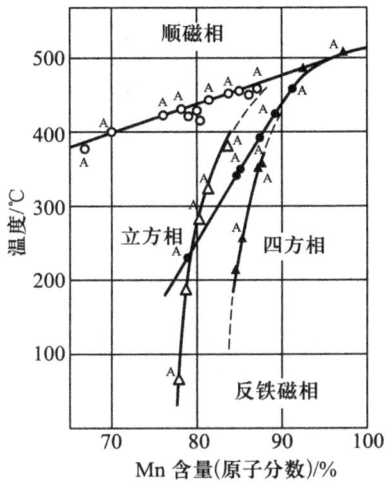

图 9.27　Mn-Ni(空心)和 Mn-Pd(实心)的 T_N 和 M_s[17]

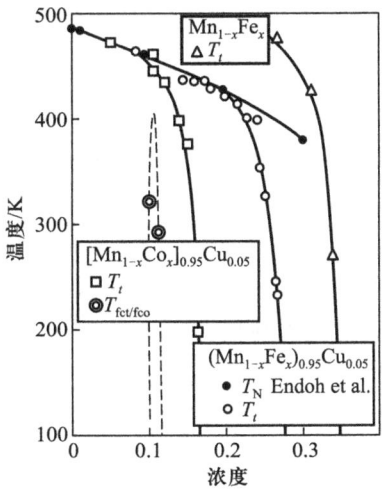

图 9.28　Mn-Fe(Cu)合金的 T_N 和 M_s[18]

由图 9.29 可以看出，Ni 含量大于 16% 的 γMn-Ni 合金发生 fcc→fct 相变的温度 M_s 明显低于反铁磁转变温度 T_N。如锰含量为 80% 的 Mn-Ni 合金，$T_N=430$ K，$M_s=300$ K。γMn-Ni 合金反铁磁转变以后所发生的晶体结构转变比较复杂，随合金中镍含量的不同而有较大差异。如当 Ni 含量在 15% 以下时，发生 fcc→fct（$c/a<1$）转变，T_N 和 M_s 很接近，相变与 γMn-Cu 类似；当 Ni

含量大于16%，发生 fcc→fct（$c/a>1$）转变，$T_N \ll M_s$；当 Ni 含量为 13% ~ 17% 的合金，在冷却至室温过程中，其 fct 结构还可能转变为 fco 结构。

在 Mn – Co – Cu 和 Mn – Fe(Cu)合金中也有类似的反铁磁转变和马氏体相变，Mn – Co – Cu 合金经受 fcc→fct（$c/a<1$）（$X<0.104$），fcc→fct（$c/a<1$）→fco（$X=0.104$），fcc→fct（$c/a>1$）→fco（$X=0.111$），fcc→fct（$c/a>1$）（$0.111<X<0.192$）。

对 Mn – Fe(Cu)的 fcc→fct 相变，当 X 大于 0.22 时，M_s 开始与 T_N 偏离，并随 Fe 含量的增加而迅速下降，见图 9.28。

以上这些合金在 Mn 含量较高的情况下，M_s 和 T_N 基本一致，发生一级马氏体相变和二级反铁磁转变的相变耦合。

9.5.3 γMn 基合金的反铁磁转变软模

不同材料的不同相变有不同的软模微观机制，若相变时一个振动频率的平方（ω^2）在接近相变温度时趋近于零，则把这个振动模称为软模。粒子（原子、电子）位移、晶体畸变型相变及有序-无序型相变均会伴随软模。

1. Mn – Cu 合金的反铁磁耦合的声学软模

Mn – Cu 合金的 M_s 和 T_N 一致，其 fcc→fct 马氏体相变形成(110)孪晶，被认为由反铁磁有序所诱发。中子非弹性散射结果显示[19]，γMn – Cu 合金 M_s 点的声子软化并非[110]T 的切变横模，而是[100]L 的纵模分支，而立方结构的失稳并非（$C_{11}-C_{12}$）的软化，而是（$C_{11}+2C_{12}$）的软化。由于（$C_{11}+2C_{12}$）具有完整的立方对称，其值趋于零时，不一定导致在 M_s 形成四方结构。由于四方轴与反铁磁轴一致，四方度（$1-c/a$）正比于长程反铁磁序参量的平方，假定当（$C_{11}+2C_{12}$）为零时，通过磁性耦合力稳定四方结构，可解释 γMn – Cu 合金的软模。

2. Mn – Fe 和 Mn – Ni 合金的反铁磁转变软化

图 9.29 是 Mn – 61.5% Fe（原子分数）合金的 C_L、C 和 C' 随温度的变化[20]，C' 在反铁磁转变温度 469 K 显示明显的软化，反铁磁转变本身也导致 C' 的声子软模。这与 γMn – Cu 合金不同，显示其软模和其后的 fct 马氏体相变的软化方向是一致的。

图 9.30 是不同成分 γMn – Ni 合金杨氏模量随温度变化的情况[21]，杨氏模量急剧变化的程度随合金中锰含量的降低而减小。γMn – Fe 合金也有类似的实验结果，当合金中的铁含量提高至 38.6%（原子分数）时，模量在尼尔点处只出现一个小台阶变化，模量软化程度实际上反映了母相 fcc 点阵原子间结合力减弱的程度，这与反铁磁转变引起点阵畸变的结果是一致的。Mn – 20.4% Ni

9.5 一级马氏体相变与二级反铁磁相变的耦合

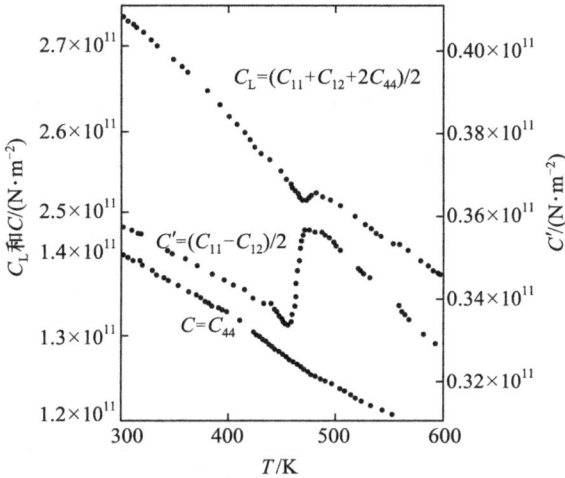

图 9.29　Mn – 61.5% Fe(原子分数)合金的 C_L、C 和 C' 随温度变化的情况

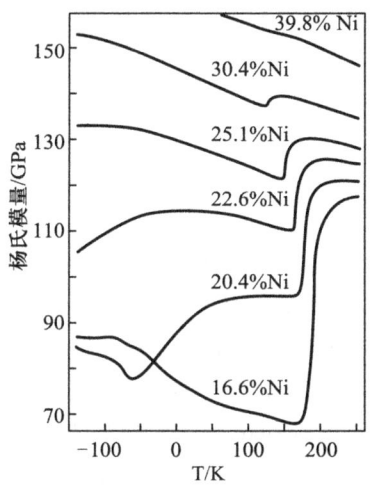

图 9.30　γMn – Ni 合金杨氏模量随温度变化的情况
（图中为原子分数）

(原子分数)合金分别在约 170 ℃ 和约 140 ℃ 出现两个模量软化,前一个是反铁磁转变的软化,后一个是 γMn – Ni 合金的 fct 马氏体相变的软化。随着 Ni 含量的增加,在 Ni≥22.6% 后,由于相变温度急剧下降,因此在实验温度范围不产生马氏体相变,则与马氏体相变有关的软化不再显示;而在 Ni 含量(原子分数)大于 20.4% 的 γMn – 16.6% Ni(原子分数)合金,由于马氏体相变与反铁磁

转变温度趋于一致,发生相变耦合,两个相变的软化叠加,杨氏模量急剧下降。

9.5.4 γMn基合金的相变耦合对合金材料性能的影响

1. 无滞后的双程温度形状记忆效应

由于一级马氏体相变和二级的反铁磁转变间的相变耦合、马氏体相变温度 M_s 和反铁磁转变温度 T_N 的一致,其点阵随温度的变化具有连续特征,图 9.31(a) 是 Mn-19%Cu-1%Ni 合金的点阵参数随温度的变化[22]。Mn-Fe-Cu 合金也有类似的情况[23],见图 9.31(b)。

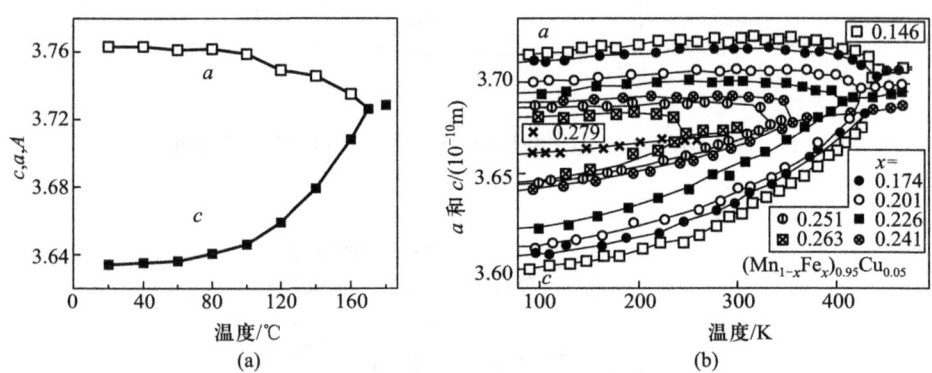

图 9.31 (a) Mn-19%Cu-1%Ni 合金和(b) Mn-Fe-Cu 合金的点阵参数随温度的变化

由于在马氏体逆相变过程中,因为反铁磁转变的迁动,相变滞后几乎不存在,因此导致 M_s、A_f 和 T_N 温度一致。图 9.32 是 Mn-19%Cu-1%Ni 合金[22] 和 Mn-Fe-Cu 合金[24] 在马氏体状态形变后,热膨胀测量的结果。曲线 1 是第一次加热的膨胀变化,曲线 2 是第一次热膨胀后的变化,由于在马氏体态形变中发生 fct 马氏体孪晶的重排和位错的塑性变形,在以后的加热过程中,塑性变形不能恢复,而孪晶的重排产生的形状记忆效应是重复可逆的。因此在曲线 2 以后的反复升降温过程中,形变保持曲线 2 的途径反复重复,显示相变耦合作用产生的双程无滞后的形状记忆效应。

2. 磁驱动的形状记忆效应

磁场驱动的磁形状记忆效应自 1966 年在单晶 N_2MnGa 中,在 1 T 外磁场下获得 0.2% 的应变以来,在许多铁磁转变的合金中,如 FePd、FiNiCoTi、FePt、NiCo 等合金中获得广泛的研究。这也是一类磁转变与马氏体相变的耦合类型。磁场驱动马氏体孪晶界的移动,使磁驱动的应变量大大超过由磁致伸缩引起的应变量。

9.5 一级马氏体相变与二级反铁磁相变的耦合

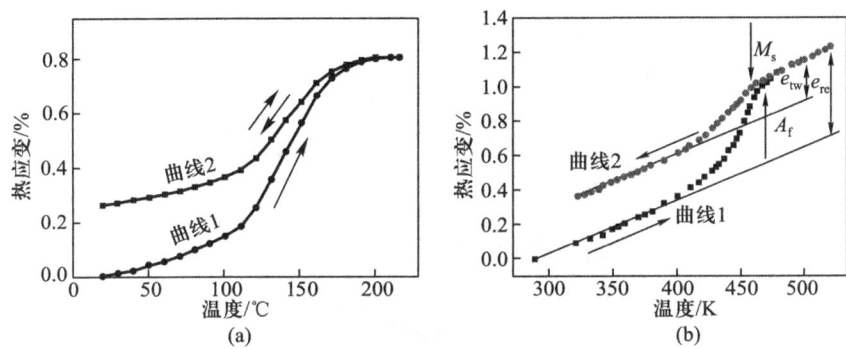

图 9.32 （a）Mn - 19% Cu - 1% Ni 合金和（b）Mn - Fe - Cu 合金的双程形状记忆效应

反铁磁合金在外磁场下同样有磁致伸缩的情况，但其应变量很小，一般在 10^{-6} 数量级。

Lavrov[25] 在反铁磁 La_2SrCuO_4 高温氧化物超导体中，在 14 T 高外磁场下，用光学偏振金相方法，观测到孪晶界的移动，见图 9.33。显示反铁磁中的孪晶界与铁磁材料一样存在由孪晶界产生的磁形状记忆效应。

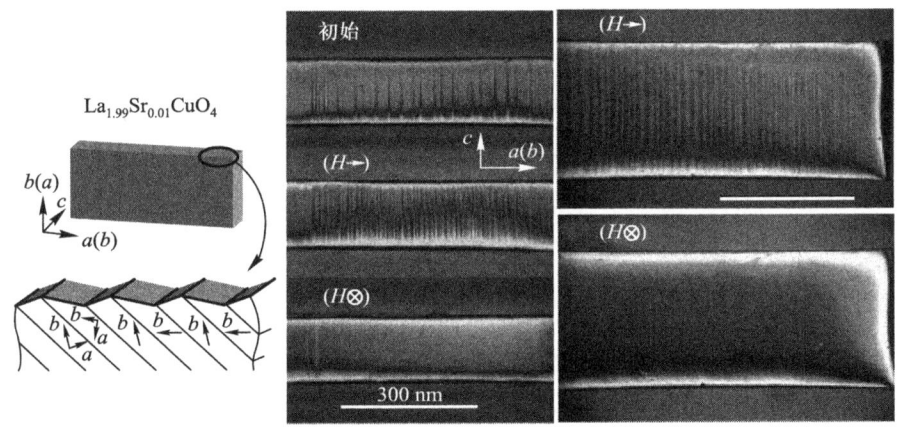

图 9.33 La_2SrCuO_4 孪晶界在外磁场下的移动

γMn - 基合金存在马氏体相变和反铁磁转变的相变耦合，fct 马氏体具有 (110) 孪晶，见图 9.34。在外磁场下，同样可以驱动 fct 马氏体具有 (110) 孪晶的再取向，在较低的外磁场下引起比磁致伸缩大得多的磁驱动应变。γMn - Fe(Cu) 合金的反铁磁合金在无外加应力时，在 3.8 T 外场下可获得与外磁场同方向的 +1.6% 的正可逆应变，见图 9.35(a)；当加一 2×10^{-4} 预压缩应变后，

第九章 二级相变

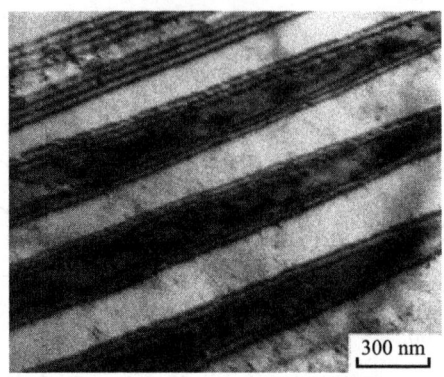

图 9.34 γMn-Fe(Cu)合金的马氏体孪晶[26]

再施加与压缩应变同方向的外磁场时，在 1 T 外磁场下，可获得 -0.15% 的与外磁场同向的负可逆应变，见图 9.35(b)[27]。

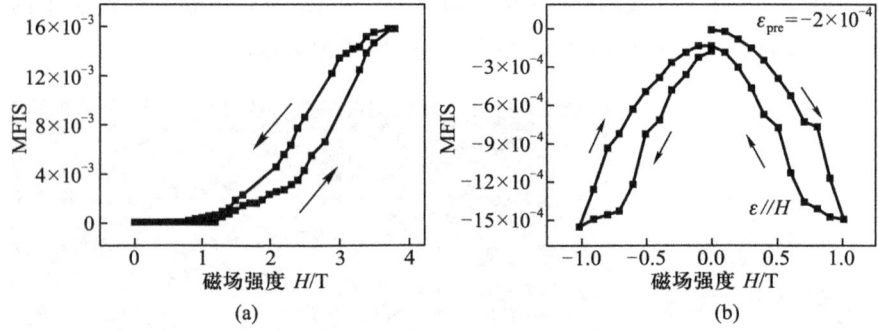

图 9.35 γMn-Fe(Cu)合金的在 1 T 外磁场下的磁驱动应变：(a)无外应；(b)加预应力

参 考 文 献

[1] Ehrenfest P. PhasenumwandlLlngen im Lleblichen Llnd erweiterten Sinn. Classifiziert nach den entsprechenden SingLllaritaeten desdynamischen Potentiales [J]. Proc. Amsterdam Acad., 1933, 36: 153.

[2] 徐祖耀. 马氏体相变与马氏体[M]. 2 版. 北京科学出版社，1999: 280.

[3] 舟久保熙康. 形状记忆合金[M]. 产业图书，1984.

[4] Rapacioli R, Ahlers M. Ordering in ternary β phase Cu-Zn-Al alloys[J]. Scr. Metall., 1977, 11: 1147.

[5] 陈树川, 徐祖耀, 杨凡, 张骥华. Cu – Zn – Al 合金马氏体稳定化与母相有序态 [J]. 金属学报, 1991, 27: A249.

[6] Devonshire A F. XCVI. Theory of barium titanate—Part I[J]. Phil. Mag., 1949, 40: 1040; CIX. Theory of barium titanate—Part II[J]. Phil. Mag., 1951, 42: 1065.

[7] De Gennes P G. Superconductivity of metals and alloys[G]. Berjamin W A. New York 1966, Chap. 6. Pergamon Press, Oxford, 1980: 178 – 183.

[8] Laudau L D, Lifshitz E M. Statistical physics[M]. Oxford: Pergamon Press, 1980: 178 – 183.

[9] 张其瑞. 高温超导性[M]. 杭州: 浙江大学出版社, 1992.

[10] 近角聪信. 磁性体手册[M]. 黄锡成, 金龙焕, 译. 北京: 冶金工业出版社, 1984.

[11] Meneghetti D, Sidhu S S. Magnetic structure in Cu – Mn alloy[J]. Phys. Rev., 1957, 105: 103 – 138.

[12] Umebayashi H, Ishikawa Y. Antiferromagnetism of γ Fe – Mn alloys[J]. J. Phys. Soc. Japan, 1966, 21: 1281 – 1294.

[13] Shimizu K, Okumura Y, Kubo H. Crystallographic and morphologyical studies on the fcc to fct transformation in Mn – Cu alloy[J]. Transactions of the Japan Institute of Metals, 1982, 23(2): 53 – 59.

[14] Z. Vintaikin E, Litvin D F, Udovenko V A, Shcherbedinskij G V. Martensitic transformation in γ – Mn alloy and shape memory effect [C]. Proceeding of ICOMAT'79. Cambrige: MIT – Press, 673.

[15] Honda N, Tanji Y, Nakagawa Y. The Orthorhombic distortion in γ manganese alloys containing nickel[J]. J. Phys. Soc. Japan, 1975, 38: 589.

[16] Bacon G E, Dunmur I W, Smith J H, Street R. The antiferromagnetism of manganese copper alloys[J]. Proc. Roy. Soc., 1957, 241A: 223 – 238.

[17] Hicks T J, Pepper A R, Smith J H. Antiferromagnetism in γ phase manganese – palladium and manganese – nickel alloys[J]. J. Phys. C.: Solid State Phys., 1968, 1: 1683 – 1689.

[18] Endoh Y, Ishikawa Y. Antiferromagnetism of γ iron manganes alloys[J]. J. Phys. Soc. Japan, 1971, 30: 1614.

[19] Tsunoda Y, Wakabayashi N. Phonons and martensitic transformation in Mn – rich γ – MnCu alloys[J]. J. Phys. Soc. Japan, 1981, 50: 3341.

[20] Lenkkeri J T. Measurement of elastic moduli of face-centred cubic alloys of transition metals[J]. J. Phys. F: Metal Phys., 1981, 11: 1991 – 1996.

[21] Honda N, Tanji Y, Nakagawa Y. Lattice distortion and elastic properties of antiferromagnetic γ Mn-Ni alloys[J]. J. Phys. Soc. Japan, 1976, 41: 1931 – 1937.

[22] Nosova G, Vintaikin E. Investigation of nature of two-way shape memory effect in γ-Mn

based alloys[J]. Scripta Materialia, 1999, 40: 347 - 351.

[23] Ito K, Tsukishima M, Kobayashi M. Temperature dependence of lattic paramater and fcc/fct/fco trabsformation in some Mn-Base metastable γ-phase alloys[J]. Transactions of the Japan Institute of Metals, 1983, 24(7): 487 - 490.

[24] Zhang J H, Peng W Y, Zhang J J, Xu Zuyao (Hsu T Y). Shape memory effect of an antiferromagnetic Mn-9.5% Fe-5.0% Cu alloy[J]. Mat. Sci. Eng. A, 2006, 481 - 482: 326 - 329.

[25] Lavrov A N, Komiya S, Ando Y. Magnetic shape-memory effects in a crystal[J]. Nature (London), 2002, 418: 385.

[26] Zhang J H, Peng W Y, Chen Shipu, Hsu T Y (Xu Zuyao). Magnetic shape memory effect in an antiferromagnetic γ-Mn-Fe (Cu) alloy [J]. Appl. Phys. Lett., 2005, 86, 022506.

[27] Zhang J H, Peng W Y, Hsu T Y(Xu Zuyao). The magnetic field induced strain without prestress and with stress in a polycrystalline Mn-Fe-Cu antiferromagnetic alloy [J]. Appl. Phys. Lett., 2008, 93: 1.

第十章
非晶晶化转变和纳米材料相变

非晶和纳米材料是当前材料科学领域内的研究热点之一。它们有不同于常规晶体材料的物理和化学性能。非晶态固体是重要的一类无序固体,其结构特点可以从与晶态材料的对比看出。图 10.1 所示为化学成分是 A_2B_3 的二维原子排布图[1],图 10.1(a)是晶态,图 10.1(b)是非晶态。由图 10.1 可见,非晶态原子的排列不具有周期性,因而不再具有长程有序。但每一个 A 原子周围仍保持有 3 个 B 原子,而且 A、B 原子之间的键长和键角也基本保持不变。原子排列的短程有序基本保留。

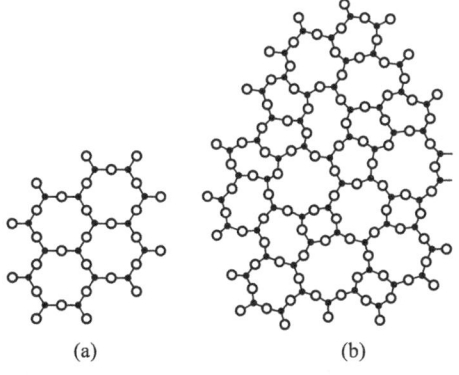

图 10.1 化学成分为 A_2B_3 的原子排布示意图:(a)晶态;(b)非晶态

第十章 非晶晶化转变和纳米材料相变

晶体和固态非晶体都是由液态向固态转变的产物。它们分别通过两种不同的途径获得，如图 10.2 所示。

① 将液体缓慢冷却，通过熔点 T_f 时有足够的时间，使得晶体在液体中形核、长大，从而得到晶体。

② 在足够高的冷却速度下，使得液体迅速通过 T_f 而不发生相变，当过冷液体冷至非晶化转变温度 T_g 以下时，液体将直接转变成非晶态固体(玻璃)。

晶体和非晶态固体都具有固态的基本特性：原子在其平衡位置附近作振动，组成稳固的结构；具有确定的形状和弹性，以抵抗外来切应力[2]。

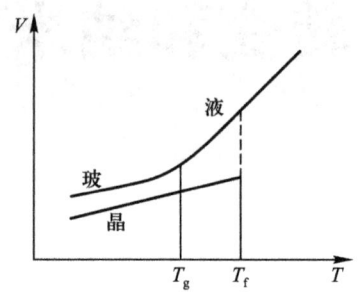

图 10.2 原子凝结成固态的两种途径：一个是在 T_f 温度发生液体向晶态的转变；另一个是迅速冷却至 T_g 温度以下发生液态向非晶态的转变

通常认为，非晶态固体是一个亚稳态。但由这种亚稳态向稳定态转变所需的结构弛豫时间 $\tau(T)$，在 T_g 温度以下是非常缓慢的。$\tau(T)$ 强烈地依赖于温度。例如它可以从在 T_f 的 10^{-12} s 的数量级增加到在 T_g 的 50×10^{10} 年（这是宇宙的年龄）[2]。在 T_g 附近时，$\tau(T)$ 可以与测量时间尺度比拟（典型值为 10^3 s）。实验测得 $\tau(T)$ 的值大约和液体的黏滞系数成反比[2]。有关液态向非晶态的转变机制，已有一些模型提出。如聚合物的位形模型(the polymer configuration model)[3,4]、自由体积模型(the free-volume model)[5-8] 等。但到目前为止，还没有一个令人十分满意的理论解释液态向非晶态固体的转变。本章节将不述及此问题，有兴趣的读者可参阅相关的综述[2,9-12]。

纳米晶体由于晶粒超细（通常小于 100 nm），大量原子处于晶粒之间的界面上（如图 10.3 所示[13]），从而表现出与普通多晶材料不同的性能，如高强度、超塑性[14]、高比热、高热膨胀率、反常的 Hall-Petch 关系等。特别是纳米多晶体表现出的超塑性行为为陶瓷材料增韧和改善金属材料的强韧综合性能提供了新的可能[15]。同时，纳米晶体中含有大量的内界面（包括晶界、相界和畴界），而内界面对材料性能的影响十分显著，因此，纳米晶体也为研究固体的内界面结构、性能以及它们对材料性能的影响提供了得天独厚的条件。所以，纳米晶体材料已经成为近年来材料科学和凝聚态物理领域的一个研究热点[15]。

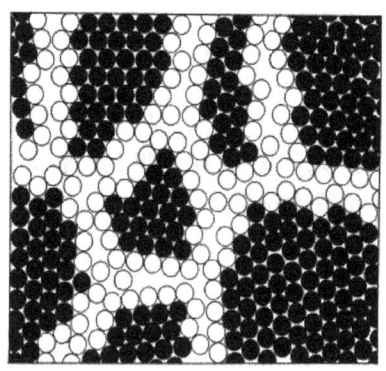

图 10.3　纳米晶体示意图(黑圆点代表晶内原子，白圆圈代表晶界原子)[13]

一级相变过程中，新相的形核是相变理论中一个重要的研究课题。因为非晶晶化过程比液体直接晶化的过程缓慢，容易测量，所以用非晶来研究晶化的形核过程将更加有利。同时，非晶晶化法也是制备纳米晶体的一个重要方法。纳米晶体的相变行为与大块晶体完全不同。这主要表现在纳米晶体的高温相可在低温下稳定存在，如在一定的尺寸下，低于熔点数百摄氏度，有些金属仍能保持液态[16]。具有固态同素异构转变的金属和合金也发生了类似于液-固转变的情况，即在相变点以下几百摄氏度，仍不发生传统晶粒尺寸下应该发生的相变[17-22]。本章将对非晶晶化和纳米晶体相变的一些研究给予简要的介绍。

10.1　非晶晶化的热力学

由热力学的基本公式，得到非晶转变晶体的吉布斯自由能差是

$$\Delta G = \Delta H - T\Delta S \tag{10.1}$$

式中，ΔH 和 ΔS 分别是非晶转变为晶体时焓和熵的变化，T 为温度。如果将非晶看成是过冷液体，有

$$\Delta H = \Delta H_m - \int_T^{T_m} \Delta C_p dT' \tag{10.2}$$

和

$$\Delta S = \Delta S_m - \int_T^{T_m} \frac{\Delta C_p}{T'} dT' \tag{10.3}$$

式中，T_m 是熔化温度，ΔH_m 和 ΔS_m 是在熔化温度下的熔化焓和熔化熵，ΔC_p

是过冷液体和晶体的比热差。ΔS_m 可以写为 $\dfrac{\Delta H_\mathrm{m}}{T_\mathrm{m}}$。非晶向晶体转变的吉布斯自由能差改写为

$$\Delta G = \frac{\Delta H_\mathrm{m} \Delta T}{T_\mathrm{m}} - \int_T^{T_\mathrm{m}} \Delta C_p \mathrm{d}T' + T\int_T^{T_\mathrm{m}} \frac{\Delta C_p}{T'} \mathrm{d}T' \tag{10.4}$$

式中，ΔT 是过冷度，$\Delta T = T_\mathrm{m} - T$。由式(10.4)可见，如果已知 ΔC_p，则非晶晶化的吉布斯自由能可以由式(10.4)计算得到。但是，从实验上精确地获得非晶相或过冷液体的比热是很困难的[23]。因此一些近似的方法被采用。

Turnbull[24]采用了最简单的近似，认为非晶相和晶体的比热差为零，则吉布斯自由能就是

$$\Delta G = \frac{\Delta H_\mathrm{m} \Delta T}{T_\mathrm{m}} \tag{10.5}$$

通常，这一近似对于金属系统较为符合，而对聚合物则较差。Jones 和 Chadwick[25]作进一步改进，认为 ΔC_p 是一个常数，式(10.4)变为

$$\Delta G = \frac{\Delta H_\mathrm{m} \Delta T}{T_\mathrm{m}} - \Delta C_p \left[\Delta T - T\ln\left(\frac{T_\mathrm{m}}{T}\right) \right] \tag{10.6}$$

然后进一步作近似

$$\ln\left(\frac{T_\mathrm{m}}{T}\right) \approx \frac{2\Delta T}{T_\mathrm{m} + T} \tag{10.7}$$

式(10.6)写为

$$\Delta G = \frac{\Delta H_\mathrm{m} \Delta T}{T_\mathrm{m}} - \frac{\Delta C_p \Delta T^2}{T_\mathrm{m} + T} \tag{10.8}$$

在 Jones 和 Chadwick 改进后的式(10.8)中，包含有 ΔC_p，但他们并没有给出 ΔC_p 的计算方法。一般的近似是采用熔点附近的 ΔC_p^m 值来替代 ΔC_p。Hoffman[26]提出了一个计算 ΔC_p 的近似方法。仍然假设 ΔC_p 是一个常数，相变时焓的变化可以写为

$$\Delta H = \Delta H_\mathrm{m} - \Delta C_p(T_\mathrm{m} - T) \tag{10.9}$$

存在一个使 $\Delta H = 0$ 的温度 $T = T_\infty$，这样可以估算出比热差为

$$\Delta C_p = \frac{\Delta H_\mathrm{m}}{T_\mathrm{m} - T_\infty} \tag{10.10}$$

将式(10.10)代入式(10.6)中，并用式(10.7)，可得

$$\Delta G = \frac{\Delta H_\mathrm{m} \Delta T}{T_\mathrm{m}}\left[\frac{T}{T_\mathrm{m}} + \frac{\Delta T}{T_\mathrm{m} + T}\left(\frac{T}{T_\mathrm{m} - T_\infty} - \frac{T_\infty}{T_\mathrm{m} - T_\infty}\right)\right] \tag{10.11}$$

Hoffman 进一步认为，如果 $\dfrac{\Delta T}{T_\mathrm{m} + T}$ 是一个小量，并且当 $T \approx \dfrac{T_\mathrm{m} T_\infty}{(T_\mathrm{m} - T_\infty)}$ 时，式

(10.11)中方括号内的第二项可以忽略,则吉布斯自由能为

$$\Delta G = \frac{\Delta H_m \Delta T}{T_m}\left(\frac{T}{T_m}\right) \quad (10.12)$$

Thompson 和 Spaepen[27]、Battezzati 和 Garrone[28] 指出 Hoffman 公式(10.11)和式(10.12)仅在 T_∞ 接近于 T_g 时有效。而对于很多金属材料,当采用熔点处的比热差 ΔC_p^m、由式(10.10)估计 T_∞ 值时,有

$$T_\infty = T_m - \frac{\Delta H_m}{\Delta C_p^m} \quad (10.13)$$

将会发现,它们的 T_∞ 值和 T_g 相差甚远,并且可能是负的。因此,Hoffman 的公式对于金属材料将可能不再适用。对此,Thompson 和 Spaepen 提出他们的修正,认为固、液两相焓随温度的降低变化缓慢。而熵的变化则较快。根据 Kauzmann 的定义[29],在 T_g 附近,存在一个温度 T_0,在该温度下,两相的熵相等。由式(10.3),如果 ΔC_p 为常数,可得

$$\Delta C_p = \alpha \frac{\Delta H_m}{T_m} \quad (10.14)$$

式(10.14)中的

$$\alpha = \frac{1}{\ln\left(\frac{T_m}{T_0}\right)} \quad (10.15)$$

将式(10.14)代入式(10.8)中可得

$$\Delta G = \frac{\Delta H_f \Delta T}{T_m}\left(\frac{(1-\alpha)T_m + (1+\alpha)T}{T_m + T}\right) \quad (10.16)$$

对于金属体系的非晶转变,$T_g \approx T_m/2$,T_0 最可能的范围是 $T_m/2 \sim T_m/3$。因此,对于金属体系,$\alpha = 1$ 是一个较好的近似。由式(10.16)变为

$$\Delta G = \frac{\Delta H_m \Delta T}{T_m}\frac{2T}{T_m + T} \quad (10.17)$$

Battezzati 和 Garrone[28] 认为当过冷度超过 $T_m - T_g$ 时,既不能将 ΔC_p 忽略,也不能将它完全看做一个常数。而是要根据晶化温度选择一个有效值。这个有效值的公式为

$$\Delta H_x = \Delta H_f - \Delta C_p (T_m - T_x) \quad (10.18)$$

计算得到

$$\Delta C_p = \gamma \frac{\Delta H_f}{T_m} \quad (10.19)$$

其中

$$\gamma = \frac{1 - \frac{\Delta H_x}{\Delta H_f}}{1 - \frac{T_x}{T_m}} \quad (10.20)$$

式中，T_x 是晶化温度，ΔH_x 是晶化焓。Battezzati 和 Garrone 给出非晶晶化的吉布斯自由能变化为

$$\Delta G = \frac{\Delta H_m \Delta T}{T_m} - \gamma \frac{\Delta H_m}{T_m}\left[\Delta T - T\ln\left(\frac{T_m}{T}\right)\right] \quad (10.21)$$

对于金属体系，γ 可近似地取为 0.8。

根据液体的空穴理论(The hole theory)[30, 31]，Ramachandrarao 等[32] 和 Dubey 和 Ramachandrarao[33] 推导了过冷液体相对于晶体的比热和吉布斯自由能。他们的推导方法如下。

Hirai 和 Eyring[30] 给出由于空穴的引进而造成的吉布斯自由能变化为

$$\Delta G = N_h(\varepsilon_h + Pv_h - T\Delta S_h) + k_B T\left(N_h \ln \frac{N_h}{N_h + N_a n} + N_a \ln \frac{N_a n}{N_h + N_a n}\right) \quad (10.22)$$

式中：ε_h 是产生一个体积为 v_h 空穴所需的能量；N_h 和 N_a 分别是空穴数和分子点阵数；$n = \frac{v_a}{v_h}$，v_a 是每一个原子所占体积；P 是压力；ΔS_h 是形成空穴的熵，因为这一项很小，将被忽略。由式(10.22)和 $nN_a \gg N_h$，可以得到平衡时空穴数为

$$N_h = \frac{nN_a}{\sigma}\exp\left(-\frac{\varepsilon_h + Pv_h}{k_B T}\right) \quad (10.23)$$

则 ΔC_p 可计算得到

$$\Delta C_p = \frac{d\Delta H}{dT} = \frac{nR}{\sigma}\left(\frac{E_h}{RT}\right)^2 \exp\left(-\frac{E_h}{RT}\right) \quad (10.24)$$

式中，$E_h = \varepsilon_h + Pv_h$ 是每摩尔空穴的形成能，$\sigma = \exp\left(1 - \frac{1}{n}\right)$。由式(10.24)，并利用式(10.1)~式(10.3)，可得吉布斯自由能为

$$\Delta G = \frac{\Delta H_m \Delta T}{T_m} - \frac{nR}{\sigma}\exp(-\chi\delta)\left[\chi\delta\Delta T - T\left(1 - \exp\left(-\frac{\chi\delta\Delta T}{T}\right)\right)\right] \quad (10.25)$$

式中，χ 和 δ 是 Dubey 和 Ramachandrarao 引进的两个常数[33]。它们分别为

$$\chi = \frac{E_h}{RT_0} \quad (10.26)$$

$$\delta = \frac{T_0}{T_m} \quad (10.27)$$

T_0 为 Kauzmann 所说的固、液两相熵相等的温度[29]。由式(10.25)可知，需确

定常数 n、χ 和 δ，才可得到吉布斯自由能。它们可用下述方法获得。首先，由熵的计算公式

$$\Delta S = \Delta S_m - \frac{nR}{\sigma}\Big[(1+\chi\delta)\exp(-\chi\delta) - \Big(1+\frac{\chi T_0}{T}\Big)\exp\Big(-\frac{\chi T_0}{T}\Big)\Big] \quad (10.28)$$

取 $T = T_0$ 时，$\Delta S = 0$，获得一个方程。再用式（10.24），取 $T = T_m$，$\Delta C_p = \Delta C_p^m$，可获得第二个方程

$$\Delta C_p^m = \frac{nR}{\sigma}\Big(\frac{E_h}{RT_m}\Big)^2 \exp\Big(-\frac{E_h}{RT_m}\Big) \quad (10.29)$$

最后再由 $T = T_g$，$\Delta C_p = \Delta C_p^g$，可以得到第三个方程

$$\exp\Big[-\chi\delta\Big(\frac{T_m}{T_g} - 1\Big)\Big] = \frac{\Delta C_p^g}{\Delta C_p^f}\Big(\frac{T_g}{T_f}\Big)^2 \quad (10.30)$$

解上述三个方程的联立方程组可得 n、χ 和 δ。

利用式（10.25）可作一些近似计算，如将右边方括号内的指数展开，可以得到吉布斯自由能的另一个表达式

$$\Delta G = \frac{\Delta H_m \Delta T}{T_m} - \frac{\Delta C_p^m \Delta T^2}{2T}\Big[1 - \frac{1}{3}\chi\delta\frac{\Delta T}{T} + \sum_{n=4}^{\infty}(-1)^n\Big(\frac{\chi\delta\Delta T}{T}\Big)^{n-2}\frac{2}{n!}\Big] \quad (10.31)$$

如果忽略式（10.31）右边括号中的 $\frac{\Delta T}{T}$ 和其高阶项，会发现 Dubey 和 Ramachandrarao 的结果与 Jones 和 Chadwick 的结果[见式（10.8）]类似。Dubey 和 Ramachandrarao 认为 $\chi\delta$ 的变化很小，且是一个小于 1 的数，他们将它近似地取为 0.5，并忽略高阶项，式（10.31）可以有近似式

$$\Delta G = \frac{\Delta H_m \Delta T}{T_m} - \frac{\Delta C_p^m \Delta T^2}{2T}\Big(1 - \frac{\Delta T}{6T}\Big) \quad (10.32)$$

Lele 等[34]对 ΔG 在 T_m 附近作 Taylor 展开

$$\Delta G = \Delta G^m - \Big(\frac{\partial \Delta G}{\partial T}\Big)_{T_m}\Delta T + \frac{1}{2!}\Big(\frac{\partial^2 \Delta G}{\partial T^2}\Big)_{T_m}\Delta T^2 - \frac{1}{3!}\Big(\frac{\partial^3 \Delta G}{\partial T^3}\Big)_{T_m}\Delta T^3 + \cdots \quad (10.33)$$

忽略高阶项，利用热力学关系和近似关系[式（10.7）]，可得

$$\Delta G = \frac{\Delta H_m \Delta T}{T_m} - \frac{\Delta C_p^m \Delta T^2}{T_m + T} + \Big(\frac{\partial \Delta C_p}{\partial T}\Big)_{T_m}\frac{\Delta T^3}{3(T_m + T)} \quad (10.34)$$

如果假定比热随温度有线性关系，即 $\Delta C_p = A + BT$，则吉布斯自由能为

$$\Delta G = \frac{\Delta H_m \Delta T}{T_m} - \frac{\Delta C_p^m \Delta T^2}{T_m + T} + \frac{B\Delta T^3}{3(T_m + T)} \quad (10.35)$$

Singh 和 Holz[35]同样利用 $\Delta C_p = A + BT$，给出吉布斯自由能为

$$\Delta G = \frac{\Delta H_m \Delta T}{T_m} \frac{7T}{T_m + 6T} \quad (10.36)$$

利用上面所获得的吉布斯自由能公式,对实际材料进行计算,其中

$$\Delta C_p = a + bT + bT^2$$

具体所用参数由表 10.1 给出。图 10.4 ~ 图 10.6 是用上述各种近似方法计算的 $Au_{0.814}Si_{0.186}$、Pb 和 O-terphenyl 材料的吉布斯自由能曲线。

表 10.1 计算比热 ΔC_p 和吉布斯自由能 ΔG 的参数

参数	材料		
	$Au_{0.814}Si_{0.186}$ [27,36]	Pb [27]	O-terphenyl [27,37]
$a/(J \cdot mol^{-1} \cdot K^{-1})$	30.85	8.61	240
$b/(J \cdot mol^{-1} \cdot K^{-2})$	-73.15×10^3	-12.15×10^3	-514×10^3
$c/(J \cdot mol^{-1} \cdot K^{-2})$	6.17×10^5	—	—
T_m/K	631	601	328
$\Delta H_m/(J \cdot mol^{-1})$	6 650	4 790	18 400
$\Delta C_p^m/(J \cdot mol^{-1} \cdot K^{-1})$	9.24	1.21	78.38

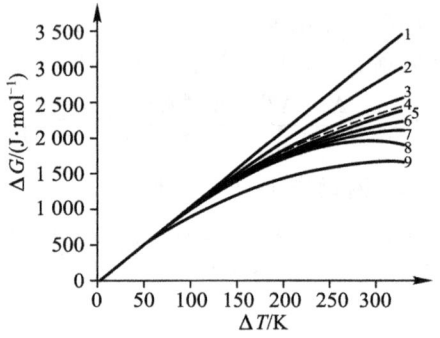

图 10.4 $Au_{0.814}Si_{0.186}$ 合金吉布斯自由能随过冷度的变化。其中曲线 4(虚线)是实验测量值。其他曲线则分别由近似公式计算得到。
1—式(10.5);2—式(10.36);3—式(10.21);5—式(10.8);
6—式(10.17);7—式(10.32);8—式(10.34);9—式(10.12)

从图 10.4 和图 10.5 中可见,不同的近似方法适用于不同的材料。当过冷度较小时,上述各种方法均可给出较好的近似。由于金属材料需要较大的过冷

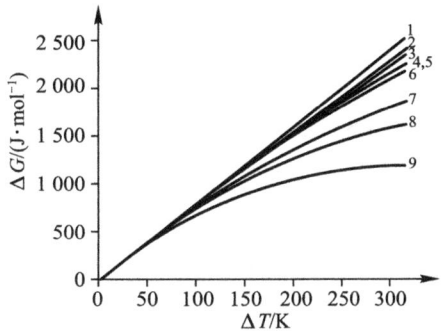

图 10.5 Pb 吉布斯自由能随过冷度的变化。其中曲线 4(它和曲线 5 基本重合)是实验测量值。其他曲线则分别由近似公式计算得到。1—式(10.5);2—式(10.8);3—式(10.32);5—式(10.34);6—式(10.36);7—式(10.21);8—式(10.17);9—式(10.12)

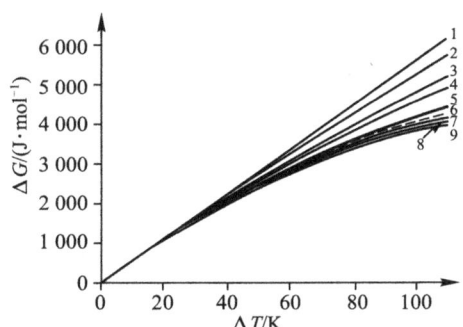

图 10.6 O-terphenyl 吉布斯自由能随过冷度的变化。其中曲线 6(虚线)是实验测量值。其他曲线则分别由近似公式计算得到。1—式(10.5);2—式(10.36);3—式(10.21);4—式(10.12);5—式(10.8);7—式(10.32);8—式(10.17);9—式(10.34)

度才能形成非晶,因此,要得到准确的吉布斯自由能,需要选择合适的近似计算方法。从图 10.4 可见,对于 $Au_{0.814}Si_{0.186}$ 合金,Jones 和 Chadwick[25] [式(10.8)]、Thompson 和 Spaepen[27] [式(10.17)] 以及 Battezzati 和 Garrone[28] [式(10.21)] 的方法可以给出较好的结果。对于 Pb,从图 10.5 可见,Turnbull[24] [式(10.5)]、Jones 和 Chadwick[25] [式(10.8)]、Dubey 和 Ramachandrarao[33] [式(10.32)]、Lele 等[34] [式(10.34)] 以及 Singh 和 Holz[35] [式(10.36)] 的方法能给出较为满意的结果。而 Hoffman[26] 的结果 [式(10.12)],则在计算

第十章 非晶晶化转变和纳米材料相变

$Au_{0.814}Si_{0.186}$ 合金和 Pb 元素时会产生较大的误差。其原因 Thompson 和 Spaepen[27]、Battezzati 和 Garrone[28] 已给出了解释。

对于 O-terphenyl，Hoffman[26][式(10.12)]、Dubey 和 Ramachandrarao[33][式(10.32)]、Thompson 和 Spaepen[27][式(10.17)]及 Lele 等[34][式(10.34)]的公式计算较为准确。

另外，Kelton[23] 还报告了 Turnbull[24]、Singh 和 Holz[35] 的公式对于 In 元素有较好的近似。而对于 $Li_2O - 2SiO_2$，Turnbull 的公式则给出较差的结果，Singh 和 Holz 的公式仍然能给出好的结果。Kui 和 Turnbull[38] 报告了 $Ni_{40}Pd_{40}P_{20}$ 合金过冷液体、非晶和晶体的比热。他们用 Thompson 和 Spaepen[27] 的模型和他们的数据进行了比较，符合得较好。Kelton[23] 报道 Dubey 和 Ramachandrarao[33] 的模型与 Kui 和 Turnbull[38] 的实验结果符合得较差。可能的原因是：Dubey 和 Ramachandrarao 的公式是基于空穴模型而提出的，而 Kui 和 Turnbull[38] 的实验表明，$Ni_{40}Pd_{40}P_{20}$ 非晶态的密度和晶态非常接近，空穴模型未必适用于这种材料。

应当指出，上述所有计算方法仅适用于产生相(晶体相)和母相(非晶相或液相)的成分相同的情况。当产生相和母相的成分不同时，吉布斯自由能差为

$$\Delta G[c_i^c(T), c_i(T), T] = V_m \sum_i^n c_i^c \{\Delta \mu_i[c_i(T), T] - \Delta \mu_i^c[c_i^c(T), T]\}$$

(10.37)

式中，V_m 为摩尔体积，$c_i^c(T)$ 和 $c_i(T)$ 分别是产生相和母相中 i 组元的成分，$\Delta \mu_i^c[c_i^c(T), T]$ 和 $\Delta \mu_i[c_i(T), T]$ 则为相应的化学势差。Thompson 和 Spaepen[39]、Zhang[40] 分别采用规则溶液模型和一般的溶液模型，给出了二元合金晶化过程中，新相形核时的吉布斯自由能变化。限于篇幅这里不再详述，详细计算可见相应参考文献[39, 40]。

非晶晶化是制备纳米晶体的一个重要而有效的方法。对一些非晶材料，如 Al、Fe、Mg、Zr 基金属非晶，当它们析出部分纳米晶体时，其性能将变得更加优异[41,42]。由于纳米晶体界面所占的比例较大，因此，界面的作用不能忽略。Lu(卢柯)[43] 给出了非晶到纳米晶体转变的吉布斯自由能变化为

$$\Delta G(T) = \Delta G_f^a - (1 - x_i)\Delta G_f^c(T) - x_i \Delta G_f^i(T) \quad (10.38)$$

式中，x_i 是纳米晶体中界面所占的原子分数，ΔG_f 是各相的形成能，上标 a、c 和 i 分别代表非晶、纳米晶体和界面。因为晶界的能量高于非晶，所以，在一定尺寸下，非晶要比纳米晶体更稳定。由界面的原子分数反比于晶粒尺寸 d：$x_i \approx \dfrac{\alpha}{d}$($\alpha$ 是一个与晶粒形状和界面厚度相关的常数)。根据式(10.38)可得纳

米晶体从非晶中析出时，形成的最小晶粒尺寸为

$$d^*(T) = \frac{\alpha[\Delta G_f^i(T) - \Delta G_f^c(T)]}{\Delta G_f^a(T) - \Delta G_f^c(T)} \tag{10.39}$$

10.2 非晶晶化的形核理论

10.2.1 形核吉布斯自由能

通常非晶可以看做是过冷的液体，因此液体向晶体的转变的动力学理论可用于非晶晶化过程的研究。由于非晶的黏滞性远大于液体，使得非晶晶化过程比较缓慢，便于一些物理量的实验测量。这为研究晶化动力学提供了便利。

根据统计力学的理论[44]，平衡时由于热波动，新相核胚在每摩尔分子的母相中可以达到的数目是

$$N_n^e = N_A \exp\left(-\frac{\Delta G_n}{k_B T}\right) \tag{10.40}$$

式中，N_A 是阿伏加德罗(Avogadro)常数。如果忽略应力影响，并认为新相核胚的形状是球形，ΔG_n 可以写为[23,45]

$$\Delta G_n = n\Delta G + (36\pi)^{1/3} v^{2/3} n^{2/3} \sigma \tag{10.41}$$

式中，n 是核胚包含的原子数，ΔG 为两相的吉布斯自由能差，v 为分子的体积，σ 为界面能。由式(10.41)可以获得 ΔG_n 的最大值：

$$\Delta G_{n^*} = \frac{16\pi}{3} \frac{\sigma^3}{\Delta G_V^2} \tag{10.42}$$

和相应的临界核胚分子数

$$n^* = \frac{32\pi}{3v} \frac{\sigma}{|\Delta G_V^3|} \tag{10.43}$$

$\Delta G_V = \frac{\Delta G}{v}$ 是单位体积的吉布斯自由能。当核胚尺寸小于 n^* 时，这个核胚将倾向于收缩；而当核胚尺寸大于 n^* 时，则核胚倾向于长大，形成新相。

10.2.2 稳态的形核率

Volmer 和 Weber[46]最早研究了核胚长大的过程。随后他们的思想被其他研究者发展[47-51]。他们将核胚的长大和收缩看成是两个分子之间的反应。如下方程：

$$E_{n-1} + E_1 \underset{k_n^-}{\overset{k_{n-1}^+}{\rightleftharpoons}} E_n \tag{10.44a}$$

第十章 非晶晶化转变和纳米材料相变

$$E_n + E_1 \underset{k_{n+1}^-}{\overset{k_n^+}{\rightleftharpoons}} E_{n+1} \tag{10.44b}$$

式中，E_n 表示包含 n 个分子组成的具有新相结构的团簇，E_1 就是一个单分子。k_n^+ 则表示一个单分子加入到 n 个分子的团簇的概率，k_n^- 是一个分子脱离 n 个分子的团簇的概率。式(10.44b)过程的形核率为

$$I_{n,t} = N_{n,t} k_n^+ - N_{n+1,t} k_{n+1}^- \tag{10.45}$$

通常，$I_{n,t}$ 是时间 t 和分子数 n 的函数。平衡时，$N_{n,t} = N_n^e$，并且 $I_{n,t} = 0$。Volmer 和 Weber[46] 作了简单的近似，认为当团簇的尺寸超过临界尺寸时，它们将自发地长大，不再收缩。对于 $n \leqslant n^*$，$N_{n,t}$ 为平衡值 N_n^e。这样形核率为

$$I = N_{n^*}^e k_{n^*}^+ = k_{n^*}^+ N_A \exp\left(-\frac{\Delta G_{n^*}}{k_B T}\right) \tag{10.46}$$

Kelton 等[45] 在研究非晶晶化时，认为 Volmer 和 Weber 的近似过于简单。两个因素必须强调：首先，k_{n+1}^- 和 k_n^+ 比，通常不是很小；另外，在稳态形核率条件下，N_n^e 需要加以修正。理想的稳态形核率是指不依赖于时间和团簇尺寸的形核率。Becker 和 Döring 处理了这种情况。将式(10.45)写为

$$I^s = N_n^s k_n^+ - N_{n+1}^s k_{n+1}^- \tag{10.47}$$

由平衡时，$I_{n,t} = 0$，解出

$$k_{n+1}^- = \frac{N_n^e k_n^+}{N_{n+1}^e} \tag{10.48}$$

并将其代入式(10.47)，可得稳定的形核率为

$$I^s = N_n^e k_n^+ \left(\frac{N_n^s}{N_n^e} - \frac{N_{n+1}^s}{N_{n+1}^e}\right) \tag{10.49}$$

该式当 $v \to \infty$ 时才能成立。所幸的是，当 u 和 v 在临界核胚附近，I^s 对 u 和 v 的取值并不敏感[23,45]。假定当团簇尺寸 $n \leqslant u$ 时，$N_n^s = N_n^e$，当 $n \geqslant v$ 时，$N_n^s = 0$。显然，这个假定只有当 $u \to 0$ 对 n 从 u 到 v 的式(10.49)求和，得

$$I^s \sum_u^v \frac{1}{N_n^e k_n^+} = \left(\frac{N_u^s}{N_u^e} - \frac{N_{v+1}^s}{N_{v+1}^e}\right) = 1 \tag{10.50}$$

为获得 I^s，需求得式(10.50)中的 $\sum_u^v \frac{1}{N_n^e k_n^+}$。为此作如下近似[23]：① 仅考虑 n 在 n^* 附近的情况；② 将 k_n^+ 用一个常数值 $k_{n^*}^+$ 代替；③ 母相中分子的总数不变；④ 对 ΔG_n 在 n^* 附近展开，并只保留前两个非零项；⑤ 将求和换成积分，积分上下限取为 $-\infty$ 和 ∞。如此可得

$$I^s = N_{n^*}^e k_{n^*}^+ \left(\frac{|\Delta G|}{6\pi k_B T n^*}\right)^{\frac{1}{2}} = N_{n^*}^e k_{n^*}^+ Z \tag{10.51}$$

其中

$$Z = \left(\frac{|\Delta G|}{6\pi k_B T n^*}\right)^{\frac{1}{2}} \tag{10.52}$$

式中，Z 是 Zeldovich 因子。

Feder 等[52]也用上述方法处理了液体从气体中凝结时的形核过程。他们还证明用上述近似方法所获得的 Zeldovich 因子，仅比直接用式(10.50)求和所得结果大6%。说明上述方法是很好的近似。

10.2.3 与时间相关的形核率

根据式(10.44)和式(10.45)，n 个分子团簇数随时间的变化率为

$$\frac{dN_{n,t}}{dt} = N_{n-1,t}k_{n-1}^+ - (N_{n,t}k_n^- + N_{n,t}k_n^+) + N_{n+1,t}k_{n+1}^- \tag{10.53}$$

式中，$N_{n,t}$ 是 t 时刻体系中包含 n 个分子的团簇数。式(10.53)已被大量地研究[45,49,52-71]。类似于式(10.49)的处理方法，有

$$I_{n,t} = N_n^e k_n^+ \left(\frac{N_{n,t}}{N_n^e} - \frac{N_{n+1,t}}{N_{n+1}^e}\right) \tag{10.54}$$

结合式(10.54)和式(10.53)，可以获得 Zeldovich-Frenkel 方程[49,50]

$$\frac{\partial N_{n,t}}{\partial t} = \frac{\partial}{\partial n}\left[k_n^+ N_n^e \frac{\partial}{\partial n}\left(\frac{N_{n,t}}{N_n^e}\right)\right] \tag{10.55}$$

如果将离散变量 n 看做连续变量，并将式(10.53)中的 $N_{n+1,t}$、$N_{n-1,t}$、k_{n+1}^- 和 k_{n-1}^+ 在 n 附近作 Taylor 展开，可得

$$\frac{\partial N_{n,t}}{\partial t} = \sum_{m=1} \frac{1}{m!}\frac{\partial^m}{\partial n^m}\{[k_n^- + (-1)^m k_n^+]N_{n,t}\} \tag{10.56}$$

对式(10.56)的右边仅取前两项，即得 Fokker-Planck 方程：

$$\frac{\partial N_{n,t}}{\partial t} = \frac{\partial}{\partial n}[A(n)N_{n,t}] + \frac{\partial^2}{\partial n^2}[B(n)N_{n,t}] \tag{10.57}$$

式中

$$A(n) = k_n^- - k_n^+ \tag{10.58a}$$

$$B(n) = \frac{1}{2}(k_n^- + k_n^+) \tag{10.58b}$$

通过适当的近似，一些解析的[53,54,57,59-62,66-71]和数值的[45,56,58,63-65,72-75]方法被用于式(10.55)和式(10.57)的研究。限于篇幅，在这里仅介绍 Kelton 等[23,45,72-75]求解式(10.53)的数值方法。他们的方法被用于非晶晶化过程的研究。

首先，Kelton 等[23,45,72-75]用 Turnbull 和 Fisher[51]方法确定系数 k_n^+、k_n^-。

他们认为当发生 $E_n + E_1 \xrightarrow{k_n^+} E_{n+1}$ 反应时，k_n^+ 为

$$k_n^+ = O_n \gamma \exp\left(-\frac{\Delta g_n}{2k_B T}\right) \qquad (10.59a)$$

当发生 $E_{n+1} \xrightarrow{k_{n+1}^-} E_n + E_1$ 反应时，k_{n+1}^- 为

$$k_{n+1}^- = O_n \gamma \exp\left(\frac{\Delta g_n}{2k_B T}\right) \qquad (10.59b)$$

式中，Δg_n 为 $(\Delta G_{n+1} - \Delta G_n)$，可由式(10.41)计算得到。$\gamma$ 与扩散系数和原子的跳动距离有关，为[45,72,73]

$$\gamma = \frac{6D}{\lambda^2} \qquad (10.60)$$

式中：λ 是原子的平均跳动距离，它近似地等于分子体积的立方根；D 是扩散系数。由 Arrhenius 温度关系确定[45,72]：

$$D = D_0 \exp\left(-\frac{Q}{RT}\right) \qquad (10.61)$$

也可由黏滞系数确定[73,75]

$$D = \frac{k_B T}{3\pi a \eta} \qquad (10.62)$$

式中，a 是分子的直径，η 是黏滞系数。由 Fulcher-Vogel 公式确定

$$\eta = \eta_0 \exp\left(\frac{\xi}{T - T_0}\right) \qquad (10.63)$$

η_0、ξ 和 T_0 是三个用实验确定的常数。O_n 可近似地写为[23,45,72-75]

$$O_n = 4n^{2/3} \qquad (10.64)$$

知道 k_n^+、k_n^- 后，可以将式(10.53)写成矩阵形式[45]

$$\dot{N} = KN \qquad (10.65)$$

其中

$$N = \begin{bmatrix} N_{u,t} \\ N_{u+1,t} \\ \vdots \\ N_{v,t} \end{bmatrix} \qquad (10.66)$$

$$K = \begin{bmatrix} -k_u^+ & k_{u+1}^- & 0 & 0 & \cdots & 0 \\ k_u^+ & -(k_{u+1}^- + k_{u+1}^+) & k_{u+2}^- & 0 & \cdots & 0 \\ 0 & k_{u+1}^+ & -(k_{u+2}^- + k_{u+2}^+) & k_{u+3}^- & \cdots & 0 \\ \vdots & \vdots & \vdots & \vdots & \vdots & \vdots \\ 0 & 0 & 0 & \cdots & k_{v-1}^+ & -(k_v^- + k_v^+) \end{bmatrix}$$

$$(10.67)$$

10.2 非晶晶化的形核理论

将矩阵 K 对角化,可得对角化矩阵

$$A = B^{-1}KB \tag{10.68}$$

式中,B 是变换矩阵。用此变换,式(10.65)变为

$$\dot{Y} = AY \tag{10.69}$$

式中

$$Y = B^{-1}N \tag{10.70}$$

式(10.69)的解是

$$y_{n,t} = y_{n,0}\exp(\lambda_n t) \tag{10.71}$$

λ_n 是矩阵 A 的对角元素。由初始条件

$$N = \begin{bmatrix} N_{u,0} \\ 0 \\ \vdots \\ 0 \end{bmatrix}$$

得

$$y_{n,0} = \sum_{j=u}^{v} b_{nj}^{-1} N_{j,0} = b_{n1}^{-1} N_{1,0} \tag{10.72}$$

然后,得

$$N_{n,t} = N_{1,0} \sum_{m=u}^{v} b_{nm} b_{m1}^{-1} \exp(\lambda_m t) \tag{10.73}$$

其中,b_{nm} 是矩阵 B 的矩阵元。

另外,式(10.53)也可用差分方法直接计算求解,方程式如下:

$$N_{n,t+\delta t} = N_{n,t} + \delta t [N_{n-1,t}k_{n-1}^+ - (N_{n,t}k_n^- + N_{n,t}k_n^+) + N_{n+1,t}k_{n+1}^-] \tag{10.74}$$

其核胚数理论计算结果和实验结果符合得相当好,而经 713 K 预退火处理的样品,理论计算结果和实验结果符合得不是很好。

Kelton 和 Greer[73] 分析了造成理论和实验结果存在偏差的原因。他们认为界面能 σ 和与原子扩散相关的系数 γ [见式(10.60)]这两个参数的取值不够精确,造成了理论计算结果偏离实验结果,见图 10.7。

到目前为止,这两个参数还很难由理论或实验获得精确的值。但是下列因素肯定影响这两个参数值。

① 根据 Tolman[76]、Buff 和 Kirkwood[77-79] 的理论,界面能依赖于新相核胚的尺寸,有近似公式

$$\sigma = \sigma_\infty \left(1 - \frac{2\delta_\infty}{R}\right) \tag{10.75}$$

式中,R 为新相核胚的曲率半径;σ_∞ 是平直界面的界面能;δ_∞ 可近似地认为是与界面密度有关的常数。由式(10.75)可见,新相在形核初始阶段,界面能

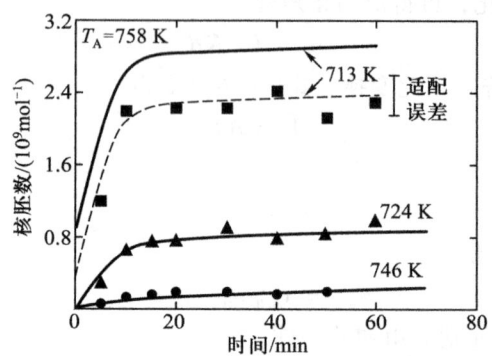

图 10.7　在 758 K 下，$Li_2O \cdot 2SiO_2$ 非晶中晶体核胚随时间的变化。实验样品分别在 746 K 45 min、724 K 4.5 h 和 713 K 18 h 进行了预退火处理。图中实线为计算结果；●、▲、■点为实验值。而虚线是修正了初始核胚数后的计算结果

很低；随着新相的长大，界面能逐渐趋近于 σ_∞。

② 界面能还应当是温度的函数。在临界点，两相共存不可区分，此时，界面能应为零。根据现代相变理论，临界点附近界面能和过冷度有如下关系[80-82]

$$\sigma \propto (T_c - T)^\mu \tag{10.76}$$

式中：T_c 是临界温度；μ 是临界指数，其值为 1.22~1.33[81]，平均场理论给出它为 1.5[83]。通常情况下，对界面能和温度的热力学关系，Spaepen 给予了详细讨论[84]。

③ 和原子的扩散系数相关的参数 γ 通常只是和单个原子的跳跃频率、跳跃距离等因素有关。Lu(卢柯)等[85-88]通过电镜原位加热观察发现非晶态合金晶化过程中既存在单个原子在晶体前沿的扩散过程，也存在有序原子集团的切变沉积过程(如图10.8 所示[88])。显然式(10.60)不能用来描述微观有序原子集团的整体切变沉积过程。

近年来，一些表象理论被用于固-液相变的研究。其中，Gránásy[89-91]提出的扩散界面模型(diffuse interface model)，可对经典的形核模型进行修正。由该模型给出形核的临界吉布斯自由能为

$$\Delta G_{n^*} = \frac{4\pi}{3}\delta^3 \Delta g_0 \Psi(\eta) \tag{10.77}$$

式中：$\delta = R_S - R_H$，R_S 和 R_H 是新相核胚的熵界面半径和焓界面半径；$\Delta g_0 = \Delta h_0 - T\Delta s_0$，$\Delta h_0$ 和 Δs_0 是局域的焓和熵。$\Psi(\eta) = 2(1+q)\eta^{-3} - (3+2q)\eta^{-2} +$

η^{-1},$q=(1-\eta)^{\frac{1}{2}}$,$\eta=\dfrac{\Delta g_0}{\Delta h_0}$。该模型已成功地应用于一些体系中液相或非晶中的晶态形核[90,92-94]。

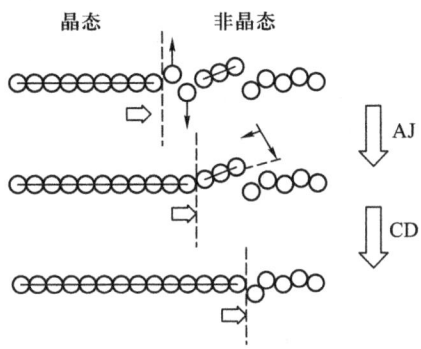

图 10.8 非晶态合金晶化微观示意图

基于密度泛函技术发展起来的凝固过程的分子理论认为，晶体是空间密度 $\rho_s(r)$ 变化的非均匀液体，该密度显示了晶体的对称性。由于液体向晶体转变时对称性发生了变化，晶体和液体之间界面的描述将用一组序产量来描述。Oxtoby 及其合作者[95-97]发展了 Ramakrishnan 和 Yussouff[98,99] 固-液的界面理论，他们将固体的密度展开为

$$\rho(r) = \rho_L \left\{ [1 + \eta(r)] + \sum_q \mu_q(r) \exp(iq \cdot r) \right\} \quad (10.78)$$

式中，ρ_L 是液体的密度，q 是晶体倒易点阵矢量，$\eta(r)$ 是熔化时液体密度分数的变化，$\mu_q(r)$ 是晶体点阵的傅里叶变换系数。当系统在液体时，$\eta(r)$ 和 $\mu_q(r)$ 为零，晶态时为非零。因此，$\eta(r)$ 和 $\mu_q(r)$ 可作为序产量来描述固-液相变。鉴于篇幅所限，此处不再讲述，有兴趣的读者可见参考文献[23,100]以及它们所引述的参考文献。

10.3 非晶晶化动力学的热分析理论

10.3.1 基本理论

非晶晶化的动力学理论仍然来自于 JMAK（Johnsom-Mehl-Avrami-Kolmogorov）相变动力学方程[101-105]。根据 JMAK 方程，晶化过程中晶体的体积分数可以写为

$$x = 1 - \exp\left[-g\int_0^t I_V\left(\int_{t'}^t u\,d\tau\right)^m dt'\right] \tag{10.79}$$

式中，g 为形状因子，I_V 为单位体积中的形核率，u 为晶体的增长速度，上标 m 为与增长方式和晶体增长的空间维数有关的常数。当增长速度 u 不依赖于时间时，对应于一、二、三维增长的 m 值分别为 1、2 和 3。对于扩散控制的增长，增长速度 $u \propto t^{-\frac{1}{2}}$ 时，一、二、三维增长，m 值分别为 1/2、1 和 3/2[106]。等温情况下，当形核率和增长速度不依赖于时间时，式(10.79)可写为

$$x = 1 - \exp(-g'I_V u^m t^n) \tag{10.80}$$

式中，g' 是新的形状因子；当 $I_V \neq 0$ 时，$n = m + 1$，它是 Avrami 指数。对于等温转变，式(10.80)为

$$x = 1 - \exp[-(Kt)^n] \tag{10.81}$$

K 是动力学因子。通常它满足 Arrhenius 温度关系：

$$K = K_0 \exp\left(-\frac{E}{k_B T}\right) \tag{10.82}$$

式(10.82)中的 E 是晶化过程中的活动能。式(10.81)和式(10.82)是非晶晶化的热分析基础。可用差热分析(differential thermal analysis, DTA)或差示扫描量热(differential scanning calorimetry, DSC)技术确定晶化过程中的活动能 E 和 Avrami 指数 n。

10.3.2 等温过程分析

如前所述，Avrami 指数 n 与增长空间的维数、晶体增长的机制和晶化过程的形核率[107,108]有关。活动能 E 则联系着晶体形核的活动能 E_n 和增长活动能 E_g。形核率 I_V 和增长速度 u 可以分别近似地写为

$$I_V = I_{V0} \exp\left(-\frac{E_n}{k_B T}\right) \tag{10.83}$$

$$u = u_0 \exp\left(-\frac{E_g}{k_B T}\right) \tag{10.84}$$

为确定 E 和 n 以及 E 与 E_n、E_g 的关系，一些理论被提出来[107-109]，简要地叙述如下：

① 线性增长，形核率为零。

这种情况下，母相中只有已经存在的核胚数 N，如果认为核胚的增长是各向同性的，则它们的半径为 $r = ut$。新相的总体积为

$$V = \frac{4\pi}{3} N r^3 \tag{10.85}$$

式(10.80)可直接写为

$$x = 1 - \exp\left(-\frac{4\pi}{3}Nu^3t^3\right) \qquad (10.86)$$

将式(10.84)、式(10.86)和式(10.81)、式(10.82)进行比较，得 $n=3$，$E=E_g$。

② 线性增长，形核率保持一个常数。

假定新相是球形时，其体积为

$$V = \int_0^t \frac{4}{3}\pi u^3 t'^3 I_v dt' = \frac{\pi}{3}u^3 I_v t^4 \qquad (10.87)$$

体积分数是

$$x = 1 - \exp\left(-\frac{\pi}{3}u^3 I_v t^4\right) \qquad (10.88)$$

类似于上面的方法，得到三维时，$E=\dfrac{E_n+3E_g}{4}$ 和 $n=4$；二维时，$E=\dfrac{E_n+2E_g}{3}$，$n=3$；更加一般的情况是 $E=\dfrac{E_n+mE_g}{n}$。

③ 增长为抛物线形，形核率为零。

对于扩散控制的增长，增长速度 $u \propto t^{-\frac{1}{2}}$，则新相为球形时，其半径为

$$r = A(Dt)^{\frac{1}{2}}$$

式中，A 为常数，D 是扩散系数。此时，新相的体积为

$$V = \frac{4\pi}{3}A^3 D^{\frac{3}{2}} t^{\frac{3}{2}} N \qquad (10.89)$$

可得 $E=E_d$，$n=\dfrac{3}{2}$。其中 E_d 是扩散激活能。

④ 增长为抛物线形，形核率保持一个常数。

对于三维增长的新相，其体积为

$$V = \int_0^t \frac{4}{3}\pi A^3 D^{\frac{3}{2}} t'^{\frac{3}{2}} I_v dt' = \frac{8\pi}{15} A^3 D^{\frac{3}{2}} I_v t^{\frac{5}{2}} \qquad (10.90)$$

晶化的活动能为 $E=\dfrac{2E_n+3E_d}{5}$，$n=\dfrac{5}{2}$。

实际的晶化过程，上述几种情况通常是交叠在一起的。因此，随着晶化的发生，晶化活动能 E 和 Avrami 指数 n 是随晶化的进程而发生变化的。卢柯和王景唐对 Ni-P 合金中非晶晶化的实验研究表明（图10.9）[107]：晶化活动能 E 随着晶化过程的发展不断地降低，而 Avrami 指数 n 则由开始近似的 2，逐渐增加甚至超过 4，达到最大值后迅速降低，当晶化结束时，n 为 3。上述现象可解释如下：在晶化开始阶段，$n \approx 2$ 是因为在该阶段主要是界面控制的一维界面形核。当晶体的体积分数超过 10% 后，n 将超过 3，这表明三维形核和增长

已占主要地位。当 n 超过 4 时，表明形核率随着时间在增加。在最后阶段，n 迅速趋近 3 说明此时形核位置已经耗尽，不再发生形核，仅发生晶体的增长。整个过程增长速度应当为一个常数。

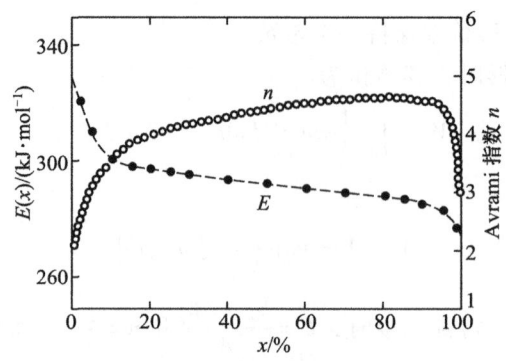

图 10.9　Ni－P 合金非晶晶化过程中，晶化活动能 E 和 Avrami 指数 n 随晶体的体积分数的变化

10.3.3　匀速加热过程分析

用热分析研究非晶晶化的动力学通常采用均匀加热的方法。变温情况下的动力学过程仍然采用 JMAK 方程。尽管 Henderson[110]认为 JMAK 方程仅适用于确定的增长条件和形核模型。而对于多种形核和增长机制混合在一起的情况，JMAK 不完全适用。但许多研究者仍认为，JMAK 仍然能够给出一个平均的结果[106,111-118]。另外，Kempen 等[119]提出了一个模型，可以确定几种形核和增长机制共存时，它们各自的形成能以及非晶晶化动力学中的 Avrami 指数。这里将介绍几种均匀加热确定非晶晶化活动能和 Avrami 指数的方法。

1. Avrami 指数的确定

根据 Ozawa 提出的方法[120]，均匀加热时

$$T = T_0 + \alpha t \tag{10.91}$$

由式(10.81)可以得到

$$x = 1 - \exp\left[-\left(K\frac{T-T_0}{\alpha}\right)^n\right] \tag{10.92}$$

式中，α 是加热速度，T_0 是开始加热的温度。对式(10.92)取两次对数，有

$$\ln[\ln(1-x)] = n\ln[K(T-T_0)] - n\ln\alpha \tag{10.93}$$

画出 $\ln[\ln(1-x)]$ 对 $\ln\alpha$ 的变化图，其斜率就是要求的 Avrami 指数。

2. 晶化活动能 E 的确定

首先，由式(10.81)可以得到

10.3 非晶晶化动力学的热分析理论

$$\dot{x} = (1-x)nK^n t^{n-1}\left(1 + \frac{t}{K}\dot{K}\right) \tag{10.94}$$

式中，$\dot{x} = \dfrac{dx}{dt}$，$\dot{K} = \dfrac{dK}{dt}$。从式(10.91)和式(10.82)可得

$$\frac{dK}{dt} = \frac{dK}{dT}\frac{dT}{dt} = \frac{\alpha E}{k_B T^2}K = mK \tag{10.95}$$

这里 $m = \dfrac{\alpha E}{k_B T^2}$，这样式(10.94)可以写为

$$\dot{x} = (1-x)nK^n t^{n-1}(1+mt) \tag{10.96}$$

如果 T_0 很低，$mt \approx \dfrac{E}{k_B T}$。当 $\dfrac{E}{k_B T} \ll 1$ 时，式(10.96)近似地写为

$$\dot{x} = (1-x)nK^n t^{n-1} \tag{10.97}$$

式(10.81)可以改写成

$$t = \frac{[-\ln(1-x)]^{\frac{1}{n}}}{K} \tag{10.98}$$

式(10.97)变为

$$\dot{x} = nK(1-x)[-\ln(1-x)]^{\frac{n-1}{n}} \tag{10.99}$$

如果近似认为 $[-\ln(1-x)]^{\frac{n-1}{n}}$ 为常数，将得到 Kissinger 结果[121]，即

$$\dot{x} = A(1-x)K \tag{10.100}$$

认为转变速度最大的点对应于热分析曲线的峰值，结合式(10.82)和式(10.100)可得

$$\ddot{x} = AK_0\left[\frac{E}{k_B T_p^2} - \frac{AK_0}{\alpha}\exp\left(-\frac{E}{k_B T_p}\right)\right]\alpha(1-x_p)\exp\left(-\frac{E}{k_B T_p}\right) = 0 \tag{10.101}$$

进一步得

$$\frac{d\ln\left(\dfrac{\alpha}{T_p^2}\right)}{d\left(\dfrac{1}{T_p}\right)} = -\frac{E}{k_B} \tag{10.102}$$

式中，T_p 表示热分析曲线峰值处的温度。式(10.102)也就是说，当画出 $\ln\left(\dfrac{\alpha}{T_p^2}\right) \sim \dfrac{1}{T_p}$ 的直线时，其斜率就是要求的非晶晶化活动能。

用 Kissinger 方法获得晶化活动能依赖于 $\dfrac{E}{k_B T} \ll 1$ 和 $[-\ln(1-x)]^{\frac{n-1}{n}}$ 是常数的假定。对于晶化过程，有时上述条件并不满足，因此式(10.97)将不适用。Augis 和 Bennett 提出了他们的方法[122]。令 $u = Kt$，式(10.96)被写为

第十章 非晶晶化转变和纳米材料相变

$$\dot{x} = \dot{u}nu^{n-1}(1-x) \tag{10.103}$$

其中 $\dot{u} = \dfrac{du}{dt}$，进一步对时间微分，得

$$\ddot{x} = [\ddot{u}u - \dot{u}^2(nu^n - n + 1)]nu^{n-2}(1-x) = 0 \tag{10.104}$$

因此

$$\ddot{u}u - \dot{u}^2(nu^n - n + 1) = 0 \tag{10.105}$$

$\ddot{u} = \dfrac{d^2 u}{dt^2}$，由式(10.82)和式(10.91)可以得到

$$\dot{u} = u\left(\dfrac{1}{t} + m\right) \tag{10.106}$$

和

$$\ddot{u} = u\left[\left(\dfrac{1}{t} + m\right)^2 - \dfrac{1}{t^2}\right] - 2\dfrac{m\alpha}{T}u \tag{10.107}$$

如果 $T_0 \ll T$，式(10.107)可简化为

$$\ddot{u} \approx m^2 u \tag{10.108}$$

将式(10.106)和式(10.108)代入式(10.105)，得到

$$nu^n - n + 1 = \left(\dfrac{mt}{1 + mt}\right)^2 \tag{10.109}$$

将 u 和 K 的原始表达式代入式(10.109)，就得到了一个关于活动能的方程。当已知 Avrami 指数和 K_0 时，晶化活动能就可解出。

当 $mt \ll 1$ 时，式(10.109)转变为

$$(Kt)^n = \dfrac{n-1}{n} \tag{10.110}$$

将此结果代入式(10.81)，可得

$$x_p = 1 - \exp\left(\dfrac{1-n}{n}\right) \tag{10.111}$$

x_p 是 T_p 处的转变量。当 $n = 4$ 时，$x_p = 0.53$ 是一个与加热速度无关的量。

当 $mt \gg 1$ 时，式(10.109)为

$$u = Kt = K_0 \exp\left(-\dfrac{E}{k_B T_p}\right)\dfrac{T_p - T_0}{\alpha} \approx 1 \tag{10.112}$$

对式(10.112)取对数，得

$$\ln K_0 - \dfrac{E}{k_B T_p} + \ln\left(\dfrac{T_p - T_0}{\alpha}\right) = 0 \tag{10.113}$$

这意味着 $\ln\left(\dfrac{T_p - T_0}{\alpha}\right)$ 和 $\dfrac{1}{T_p}$ 是直线关系，其斜率是 $\dfrac{E}{k_B}$。

Doyle[123,124]、Ozawa[125] 还提出了另外一种确定活动能的方法。他们的基

10.3 非晶晶化动力学的热分析理论

本想法是将 $\dot{x}$ 写为

$$\dot{x} = f(x)g(T) \tag{10.114}$$

然后，式(10.114)可写为下列积分

$$\int_0^x \frac{\mathrm{d}x'}{f(x')} = \int_0^t g(T)\mathrm{d}t' \tag{10.115}$$

根据式(10.115)，式(10.99)变为

$$\int_0^x \frac{\mathrm{d}x'}{(1-x')[-\ln(1-x')]^{\frac{n-1}{n}}} = \int_0^t nK_0\exp\left(-\frac{E}{k_BT}\right)\mathrm{d}t' = G(x) \tag{10.116}$$

式(10.116)右边

$$G(x) = n[-\ln(1-x)]^{\frac{1}{n}} \tag{10.117}$$

左边为

$$G(x) = n\frac{K_0}{\alpha}\int_{T_0}^T \exp\left(-\frac{E}{k_BT'}\right)\mathrm{d}T' \tag{10.118}$$

作积分变换 $y = \frac{E}{k_BT}$，式(10.118)为

$$G(x) = -n\frac{K_0E}{k_B\alpha}\int_{y_0}^y \frac{\exp(-y')}{y'^2}\mathrm{d}y' \tag{10.119}$$

其中，式(10.119)中的积分不能直接用解析函数写出。有关积分手册可以查到它的级数形式[126]。在这里，作近似计算。如果 $T_0 \ll T$，且 $y = \frac{E}{k_BT} \gg 1$，则式(10.119)可近似写为

$$G(x) = n\frac{K_0k_BT^2}{\alpha E}\exp\left(-\frac{E}{k_BT}\right) \tag{10.120}$$

式(10.117)和式(10.120)结合，并取对数，可以得到

$$\frac{1}{n}\ln[-\ln(1-x)] - 2\ln T = \ln\left(\frac{K_0k_B}{\alpha E}\right) - \frac{E}{k_BT} \tag{10.121}$$

由此作出 $\frac{1}{n}\ln[-\ln(1-x)] - 2\ln T \sim \frac{1}{T}$ 的直线，其斜率为 $-\frac{E}{k_B}$。

另外，对于式(10.96)，如果 $\frac{E}{k_BT} \gg 1$，有

$$\dot{x} = n(1-x)[-\ln(1-x)]\frac{\alpha E}{k_BT^2} \tag{10.122}$$

再次利用式(10.115)，可得

$$\ln[-\ln(1-x)] = -\frac{E}{k_BT} \tag{10.123}$$

481

在这种情况下，作出 $\ln[-\ln(1-x)] \sim \dfrac{1}{T}$ 的直线，确定斜率，也可得到非晶晶化的活化能 E。

10.4 纳米材料的结构特征

纳米材料的相变特征明显地与传统材料不同。如图 10.10 所示，金的熔点随着颗粒尺寸的减小而降低[16]。类似的现象也存在于其他金属，如 Pb、Sn、Bi[126]、In[127] 等。除了熔化现象外，一些元素在纳米尺寸下也表现出了与大尺寸晶粒不同的相变行为。例如：Cr 纳米颗粒在室温下显示了大颗粒 Cr 在高温时的相结构[128]；Co 通常在 420 ℃ 发生 fcc(β)↔hcp(α) 的转变，而 Co 纳米颗粒在一定尺寸下，室温却仍呈现稳定的高温 β 相[18,19]。图 10.11 是 Kitakami 等的实验结果[19]。从图中可见，Co 的 α 相(hcp 结构)随着晶粒尺寸的减小而变得越来越少，当尺寸小于 20 nm 时，Co 颗粒几乎全部是 β 相(fcc 结构)。

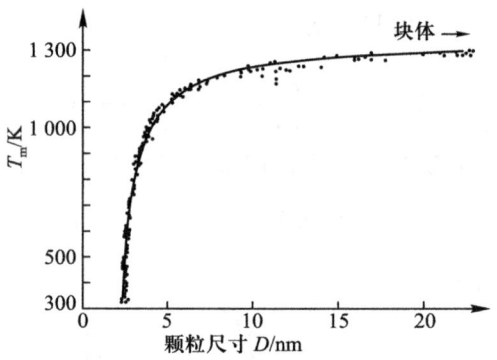

图 10.10　金的熔点随颗粒尺寸的变化

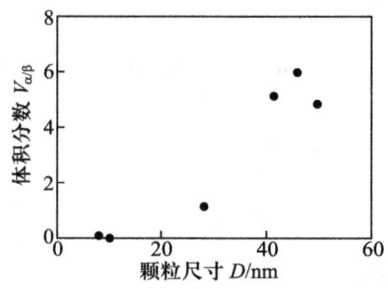

图 10.11　纳米 Co 颗粒两相的体积分数随颗粒尺寸的变化[19]。
其中 α 相为 hcp 结构，β 相为 fcc 结构

10.4 纳米材料的结构特征

铁通常情况下在室温为 bcc 结构，但是一些方法制备的纳米铁在室温下呈现出稳定的 fcc 结构。例如，在 fcc 衬底上生长的 Fe 薄膜，当厚度小于一定尺寸时，Fe 呈现 fcc 结构，且具有磁性[129]；当尺寸超过一定厚度时，Fe 转变为 bcc 结构[130]。在 Cu-Fe 合金中析出的纳米 Fe 颗粒是 fcc 结构，其原因是沉淀相和基体能够形成很好的共格结构[131]。通过气相沉积法制备的纳米铁颗粒，发现有 fcc 结构的铁存在，且该纳米颗粒在室温下存放多年仍然不转变为 bcc 结构，说明它们相当的稳定[20]。经机械合金化球磨得到的 10 nm 的 α-Fe 颗粒，经 570~670 K 退火 1 h 处理，在 bcc 晶界处发生原子重排，呈现具有磁性的 γ-Fe 相，但经 920 K 退火 1 h 处理，晶粒长大至几十纳米，γ-Fe 不复存在，说明 γ-Fe 的存在与尺寸有关[132]。

在 ZrO_2 陶瓷中，四方相向单斜相的马氏体相变通常发生在 1 170 ℃。而在纳米晶体中，这一转变也受晶粒尺寸的影响[133]。图 10.12 所示为 ZrO_2 在 1 300 ℃保持不同时间而获得的平均晶粒尺寸，图中还指出在不同的晶粒尺寸下，单斜相和四方相所占的比例。从该图可以看到，随着晶粒尺寸的减小，四方相不断地增加。在 14 nm 以下，全部为四方相；而在 14~30 nm 之间为四方相和单斜相共存区域；在 30 nm 以上则全部为单斜相。

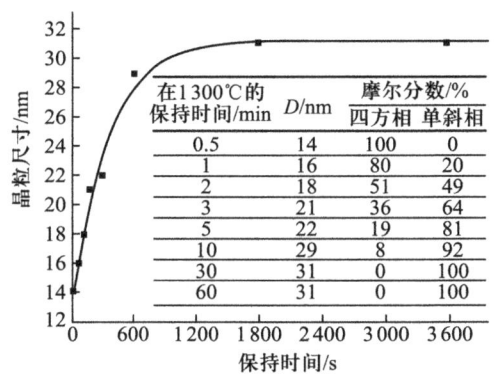

图 10.12　ZrO_2 在 1 300 ℃保持不同时间的晶粒尺寸，以及在这些晶粒尺寸下单斜相和四方相所占的比例[133]

对于合金，如 Fe-Ni 的纳米颗粒也表现出了与大块晶体完全不同的相变行为。Kajiwara 等[17]用氢等离子与金属反应方法制备直径在 20~200 nm 之间的 Fe-Ni 合金。他们发现在 Ni 含量（原子分数）高达 35% 时，仍然有 bcc 相存在。Zhou 等也在他们的实验中发现类似的结果[134]。但 Kajiwara 等由此来否定 Cech 和 Turnbull 于 1956 年提出马氏体相变非均匀形核的论点[135]是错误的。Lin 等[136]在研究马氏体相变形核时，指出了 Kajiwara 等的错误。因为根据

Kelly 等[137]的理论，bcc 相比 fcc 相更容易从无序的液相中形核。Rong（戎咏华）等[137]用磁控溅射法制备了尺寸约为 10 nm 的 Fe-Ni 薄膜，发现 Ni 含量小于 36% 时为 bcc 结构，Ni 含量为 36%~60% 时为 bcc 和 fcc 共存区。而将基底加热到 500 ℃ 进行溅射，然后冷却到室温，则发现 Ni 含量为 22.24% 时，就有 bcc 相产生。由此可以说明，Kajiwara 等观察到的 bcc 相应是制备过程产生的。

应用机械合金化制备的 Fe-Ni 纳米晶体其结构和成分所对应的范围与传统材料不同。图 10.13 表示机械合金化法制备的 Fe-Ni 合金相图[138]。图中的实线是平衡相图。右边标注平衡相图所对应的温度，左边标注机械合金化所对应的研磨强度。由该图可见，机械合金化使得两相区大大地缩小。尤其是当研磨强度较小时，两相区更小。机械合金化也可使单质元素发生同素异构转变。图 10.14 是 Nb 的晶粒尺寸随机械合金化时间的变化[139]，以及发生同素异构转变的晶粒尺寸。

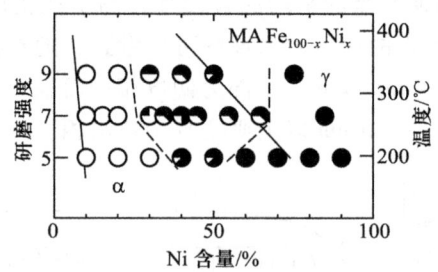

图 10.13　机械合金化制备的 Fe-Ni 合金非平衡相图[138]

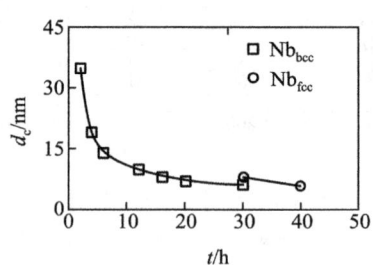

图 10.14　Nb 的晶粒尺寸随球磨时间的变化，以及发生 bcc 向 fcc 转变时的晶粒尺寸和球磨时间[139]

对于存在沉淀析出的合金，实验发现，纳米合金的沉淀析出温度也比传统合金低。Lokker 等[140]用磁控溅射制备 Al-Cu 薄膜，其晶粒尺寸为 60~250 nm。他们发现 Al-Cu 纳米薄膜中第二相 Al_2Cu 的析出温度低于传统晶粒的析出温度 65 K*。

10.5 纳米晶体的熔化

如图 10.10[16] 所示,通常情况下,纳米晶体的熔化温度随晶粒尺寸的减小而降低。Buffat 和 Borel 给出了一个热力学解释[16],现总结如下。

他们将化学势作 Taylor 展开:

$$\mu(T,p) = \mu(T_0,p_0) + \frac{\partial \mu}{\partial T}(T-T_0) + \frac{\partial \mu}{\partial p}(p-p_0) + \frac{\partial^2 \mu}{\partial T^2}\frac{(T-T_0)^2}{2} +$$

$$\frac{\partial^2 \mu}{\partial p^2}\frac{(p-p_0)^2}{2} + \frac{\partial^2 \mu}{\partial T \partial p}(T-T_0)(p-p_0) + \cdots \quad (10.124)$$

式(10.124)中忽略了二次以上的高阶项。由 Gibbs-Duhem 关系

$$-Vdp + SdT + md\mu = 0 \quad (10.125)$$

可以得到

$$\frac{\partial \mu}{\partial T} = -\frac{S}{m} = -s \quad (10.126)$$

和

$$\frac{\partial \mu}{\partial p} = \frac{V}{m} = \frac{1}{\rho} \quad (10.127)$$

式(10.126)和式(10.127)中,s 和 ρ 是单位质量的熵和密度。进一步有

$$\frac{\partial^2 \mu}{\partial T^2} = -\frac{\partial s}{\partial T} = -\frac{C_p}{T} \quad (10.128)$$

$$\frac{\partial^2 \mu}{\partial p^2} = -\frac{1}{\rho^2}\frac{\partial \rho}{\partial p} = -\frac{\chi}{\rho} \quad (10.129)$$

和

$$\frac{\partial^2 \mu}{\partial T \partial p} = -\frac{1}{\rho^2}\frac{\partial \rho}{\partial T} = \frac{3\alpha}{\rho} \quad (10.130)$$

式(10.128)、式(10.129)和式(10.130)中,C_p 是等压比热,χ 是等温压缩系数,α 是线膨胀系数。用下标 L 和 S 分别代表液相和固相,由平衡条件 $\mu_L = \mu_S$,可得

$$0 = \mu_L(T_0,p_0) - \mu_S(T_0,p_0) + (s_L - s_S)(T-T_0) + \frac{(p_L - p_0)}{\rho_L} + \frac{(p_S - p_0)}{\rho_S} -$$

---

* 原文中是 85 K,但经本书作者仔细核对 Al-Cu 合金相图发现应为 65 K。详细分析可见参考文献[141]。

$$\frac{C_{p_L} - C_{p_S}}{2T_0}(T - T_0)^2 - \frac{\chi_L}{2\rho_L}(p_L - p_0)^2 - \frac{\chi_S}{2\rho_S}(p_S - p_0)^2 +$$

$$3\left[\frac{\alpha_L}{\rho_L}(p_L - p_0) - \frac{\alpha_S}{\rho_S}(p_S - p_0)\right](T - T_0) \tag{10.131}$$

式中，T_0 和 p_0 是大晶粒时的相变温度和压力，因此 $\mu_L(T_0, p_0) = \mu_S(T_0, p_0)$。压力可由 Laplace 方程获得

$$p = p_{\text{ext}} + 2\frac{\sigma}{r} \tag{10.132}$$

式中，p_{ext} 是外部压力。对于纳米材料，$p \gg p_{\text{ext}}$，因此，p_{ext} 可以忽略，并且

$$\frac{\sigma}{r}\bigg|_T = \frac{\sigma}{r}\bigg|_{T_0}[1 - (\eta + \alpha)(T - T_0)]$$

式中，$\eta = -\frac{1}{\sigma}\frac{\partial \sigma}{\partial T}$。另外，应用熔化潜热 $L = (s_L - s_S)T_0$ 和几何关系 $\frac{r_S}{r_L} = \left(\frac{\rho_S}{\rho_L}\right)^{\frac{1}{3}}$ 可以得到

$$0 = L\left(1 - \frac{T}{T_0}\right) - \frac{2}{\rho_S r_S}\left[\sigma_S - \sigma_L\left(\frac{\rho_S}{\rho_L}\right)^{\frac{2}{3}}\right] + \frac{C_{p_S} - C_{p_L}}{2}T_0\left(1 - \frac{T}{T_0}\right)^2 -$$

$$\frac{2}{\rho_S r_S}\left[\sigma_S(\eta_S - 2\alpha_S) - \sigma_L(\eta_L - 2\alpha_L)\left(\frac{\rho_S}{\rho_L}\right)^{\frac{2}{3}}\right]T_0\left(1 - \frac{T}{T_0}\right) +$$

$$\frac{2}{\rho_S r_S^2}\left[\chi_S \sigma_S^2 - \chi_L \sigma_L^2\left(\frac{\rho_S}{\rho_L}\right)^{\frac{1}{3}}\right] \tag{10.133}$$

如果忽略二阶项，式(10.133)变为

$$\frac{T}{T_0} = 1 - \frac{2}{\rho_S r_S L}\left[\sigma_S - \sigma_L\left(\frac{\rho_S}{\rho_L}\right)^{\frac{2}{3}}\right] \tag{10.134}$$

应用式(10.133)，Buffat 和 Borel 研究了纳米金颗粒的熔化温度随晶粒尺寸的变化规律。图 10.10 中的实线就是由式(10.133)应用最小二乘法拟和得到的曲线。可见理论和实验结果符合得很好。

Shi[142] 和 Jiang(蒋青)等[143,144] 还提出了他们关于纳米颗粒、薄膜以及纳米碳管的熔化理论。他们得到的纳米材料与传统材料熔化温度的比值为

$$\frac{T}{T_0} = \frac{\delta^2(\infty)}{\delta^2(r)} = \frac{\Theta_D^2(r)}{\Theta_D^2(\infty)} = \exp\left[\frac{-(\alpha - 1)}{\frac{r}{r_0} - 1}\right] \tag{10.135}$$

式中，$\delta^2(r)$ 是在尺寸为 r 的纳米颗粒中，原子的均方位移(averaged mean-square displacement of atoms)。$\Theta_D(r)$ 是相应的德拜(Debye)温度。α 是表面与

内部的均方位移的比值。而

$$r_0 = \frac{3-d}{h} \tag{10.136}$$

其中对于纳米颗粒，$d=0$；对于纳米管，$d=1$；对于纳米薄膜，$d=2$。h 是原子的直径。

如果将纳米颗粒嵌入在高熔点的基体中，实验发现，其熔点将高于传统晶粒的熔点，而且随纳米颗粒尺寸的减小而提高[145-147]。卢柯及其合作者[148,149]提出了纳米晶体过热需具备以下条件：（1）纳米颗粒与基体之间无互扩散；（2）基体熔点应高于纳米颗粒材料的平衡熔点；（3）纳米颗粒与基体之间的界面应是共格或半共格界面。其中，稳定的共格或半共格界面的存在是导致过热的关键因素。

Zhang 等[147]分析了 Pb/Al 薄膜中 Pb 的过热，认为薄膜中 Pb 的熔化还必须克服液体 Pb 与 Al 和固态 Pb 与 Al 之间界面能的差。于是他们得到的过热温度由下式计算：

$$\Delta T = \frac{2\gamma_{SL} T_m \cos^2\theta}{DL_V \left(\frac{\pi}{2} - \theta\right)} \tag{10.137}$$

式中，γ_{SL} 为 Pb 的固-液界面能，D 为薄膜厚度，L_V 是单位体积中的熔化潜热，θ 是润湿角。

Jiang(蒋青)等[150]认为：由于纳米晶和基体共格，因此，基体将抑制纳米晶界面处原子的热振动，从而使热振动熵降低，最终使熔化温度升高。

10.6　纳米晶体中同素异构转变理论

实验证明，通常情况下，一些亚稳定的晶体结构在纳米晶体中会稳定存在[17-22,128,139,151-155]。Kitakami 等[19]认为由于不同结构的 Co 纳米颗粒其表面能不同，造成了高温稳定存在的 β 相（fcc 结构）在一定尺寸下可在低温稳定存在。图 10.15 表示不同形状的 Co 纳米颗粒，其能量随颗粒尺寸的变化。U_x 表示 β-MT 二十面体、β-Wulff 多面体以及 α-Wulff 多面体的能量，$U_{c-\alpha}$ 是 α-Co 的能量，D 为颗粒的尺寸。由该图可定性地解释图 10.11 的结果。

Suzuki 等[156]采用嵌入原子势模拟了小晶粒 Fe 中的 fcc→bcc 转变。他们发现随着晶粒的减小，相变温度逐渐降低。图 10.16 就是 Suzuki 等的模拟结果。他们的模拟结果还显示，在发生 fcc→bcc 时表面原子的运动呈现涡旋状。

Meng(孟庆平)等[157,158]利用 Fecht[159,160]和 Wagner[161]的纳米晶界面膨胀模型，提出了纳米晶体相变的热力学模型。设纳米晶体的吉布斯自由能为晶内完

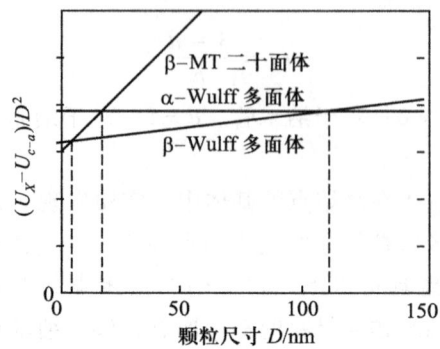

图 10.15 不同形状的 Co 纳米颗粒，其能量随颗粒尺寸的变化[19]

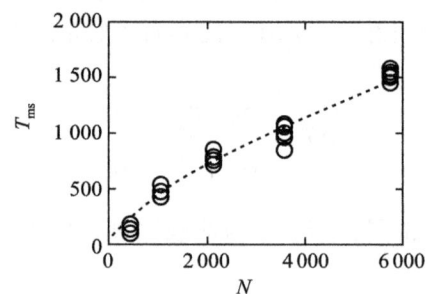

图 10.16 纳米 Fe 颗粒中，fcc→bcc 转变温度随晶粒中原子数的变化[156]

整晶体的吉布斯自由能和界面能之和。当纳米晶体发生 β→α 的相变时，吉布斯自由能的变化为

$$\Delta G_{\beta\to\alpha} = (1 - x_\alpha^i)\Delta G_\alpha + x_\alpha^i \Delta G_\alpha^i - [(1 - x_\beta^i)\Delta G_\beta + x_\beta^i \Delta G_\beta^i] \quad (10.138)$$

式中，x_α^i 和 x_β^i 分别为纳米晶体 α 相和 β 相界面的原子分数，ΔG_α 和 ΔG_β、ΔG_α^i 和 ΔG_β^i 分别代表 α 相和 β 相晶内和晶界（用上标 i 标记）的吉布斯自由能。

假设纳米晶粒是球形，忽略相变引起的体积变化，对于如图 10.17 所示的直径为 d 的纳米颗粒，当界面厚度为 δ 时，界面处的原子分数为

$$x_\alpha^i = \frac{1 - \left(1 - \dfrac{2\delta}{d}\right)^3}{1 + \left(\dfrac{\rho_\alpha}{\rho_\alpha^i} - 1\right)\left(1 - \dfrac{2\delta}{d}\right)^3} \quad (10.139)$$

式中，ρ_α 和 ρ_α^i 分别是 α 相晶内和晶界处原子的密度。β 相有类似的表达式。如果忽略 $\dfrac{2\delta}{d}$ 和 $\dfrac{2\delta}{d}\left(\dfrac{\rho_\alpha}{\rho_\alpha^i} - 1\right)$ 的二次项和三次项，式（10.139）可以简化为

10.6 纳米晶体中同素异构转变理论

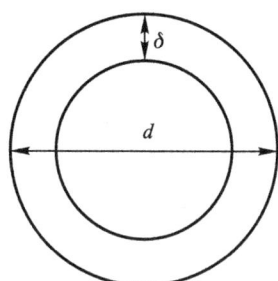

图 10.17 直径为 d、界面厚度为 δ 的纳米球形颗粒

$$x_\alpha^i = \frac{6\delta_\alpha}{d}\frac{\rho_\alpha^i}{\rho_\alpha} \tag{10.140}$$

理论计算表明[159-163]，晶界的过剩体积是描述界面状态的一个重要参量。界面的过剩体积被定义为[159-163]

$$\Delta V = \frac{V(r)}{V_0(r_0)} - 1 \tag{10.141}$$

式中：$V(r) = \frac{4\pi r^3}{3}$，为原子处在平衡状态（$P=0$）时的体积，是界面上一个原子所占的体积，$r$ 是原子的半径；$V_0(r_0)$ 是原子在半径为 r_0 时的体积，r_0 是温度的函数。从 $V(r)$ 和 $V_0(r_0)$ 的定义，可得

$$\rho^i = \frac{1}{V(r)}, \quad \rho = \frac{1}{V_0(r_0)} \tag{10.142}$$

从式（10.140）～式（10.142）可得界面处原子的分数为

$$x^i = \frac{6\delta}{(1+\Delta V)d} \tag{10.143}$$

根据热力学平衡条件 $\Delta G_{\beta \to \alpha} = 0$，$\beta \to \alpha$ 转变时，β 相稳定的临界尺寸 d^* 为

$$d^* = \frac{\dfrac{6\delta_\beta}{1+\Delta V_\beta}(\Delta G_\beta^i - \Delta G_\beta) - \dfrac{6\delta_\alpha}{1+\Delta V_\alpha}(\Delta G_\alpha^i - \Delta G_\alpha)}{\Delta G_\alpha - \Delta G_\beta} \tag{10.144}$$

通常纳米晶体内部的吉布斯自由能可采用传统晶体的吉布斯自由能，而界面处的吉布斯自由能采用准谐德拜近似[164]或普适状态方程[165-168]来计算。

准谐德拜近似（quasiharminic Debye approximation，QDA）下，亥姆霍兹（Helmholtz）自由能是[169]

$$F(T,V) = E + 3Nk_B T\ln\left[1 - \exp\left(-\frac{\Theta}{T}\right)\right] - Nk_B T D\left(\frac{\Theta}{T}\right) \tag{10.145}$$

式中，E 是总势能，N 是原子数，k_B 是玻耳兹曼（Boltzmann）常数，T 是温度，

Θ 是德拜(Debye)温度。

$$D\left(\frac{\Theta}{T}\right) = 3\left(\frac{T}{\Theta}\right)^3 \int_0^{\frac{\Theta}{T}} \frac{x^3}{\exp(x)-1} dx \qquad (10.146)$$

式(10.146)是 Debye 函数。势能 E 可用对势近似,写为

$$E = \frac{N}{2} \sum_{i \neq j}^{N} \varphi(|r_i - r_j|) \qquad (10.147)$$

式中,$|r_i - r_j|$ 是原子 i 和 j 之间的距离,$\varphi(|r_i - r_j|)$ 是势函数。对于金属,可采用 Morse 势函数[164]。

$$\varphi(r) = D\{\exp[-2b(r-r')] - 2\exp[-b(r-r')]\} \qquad (10.148)$$

为简化计算,仅考虑最近邻原子之间的相互作用时,$r' = r_0$,且势能可以写为

$$E = \frac{ZN}{2} D\{\exp[-2b(r-r_0)] - 2\exp[-b(r-r_0)]\} \qquad (10.149)$$

式中,Z 是最近邻原子的配位数,常数 D、b 和 r_0 由结合能、体弹性模量和点阵常数决定。由热力学公式可知,压力 $p = -(\partial F/\partial V)_T$,根据式(10.145)有

$$p = -\frac{1}{3cr^2} \frac{\partial E}{\partial r} + \frac{3\gamma N k_B T}{V} D\left(\frac{\Theta}{T}\right) \qquad (10.150)$$

式中,$V = cr^3$,对于面心立方,$c = \frac{1}{\sqrt{2}}$,对于体心立方,$c = \frac{4}{3\sqrt{3}}$。γ 是 Grüneisen 参数。如果仅考虑最近邻原子之间的相互作用,Θ 和 γ 可以写为[170]

$$\Theta = \left[\frac{\varphi''(r)}{\varphi''(r_0)}\right]^{1/2} \Theta_0 \qquad (10.151)$$

$$\gamma = -\frac{r}{6} \frac{\varphi'''(r)}{\varphi''(r)} \qquad (10.152)$$

式中,Θ_0 是平衡状态下的德拜温度,$\varphi''(r) = \frac{\partial^2 \varphi}{\partial r^2}$,$\varphi'''(r) = \frac{\partial^3 \varphi}{\partial r^3}$。

吉布斯自由能和亥姆霍兹自由能的关系是:$G = F + pV$。由于界面处原子偏离平衡位置,过剩体积是一个描述界面原子能量的重要参量,因此,可以用上述准谐德拜近似的方法计算纳米界面的吉布斯自由能、焓和熵等。图 10.18 所示是 $\gamma - Fe$(fcc 结构)和 $\alpha - Fe$(bcc 结构)界面压力随过剩体积的变化。从图 10.18 中可以发现,压力随过剩体积的增加而减小,当达到一个临界过剩体积 ΔV_c 时,压力为极小值,此时体弹性模量 $B(V) = -V\left(\frac{\partial p}{\partial V}\right) = 0$。继续增加过剩体积,体弹性模量将变为负值,这意味着晶体将不稳定而发生断裂。图 10.18 中的垂线所对应的横坐标为临界过剩体积 ΔV_c。图 10.19 是相应的吉布斯自由

能随过剩体积的变化。将 300 K 下 γ-Fe 和 α-Fe 的吉布斯自由能曲线放在一起，如图 10.20 所示，就会发现，随着过剩体积 ΔV 的增加，α-Fe 的吉布斯自由能变化率大于 γ-Fe 的。当 ΔV 超过 0.012 时，α-Fe 的吉布斯自由能将超过 γ-Fe 的，这意味着在这种情况下，α-Fe 的界面能将高于 γ-Fe 的界面能。因此，在纳米晶体中，如果界面处原子所占比例 x_α^i 和 x_β^i 足够大，α-Fe 纳米晶体总的吉布斯自由能将高于 γ-Fe 的。这样 $\gamma \rightarrow \alpha$ 的转变将被抑制，γ 相将在 300 K 稳定。图 10.21 所示为计算出的 γ-Fe 可在 300 K 稳定存在的临界尺寸随过剩体积的变化 ΔV。

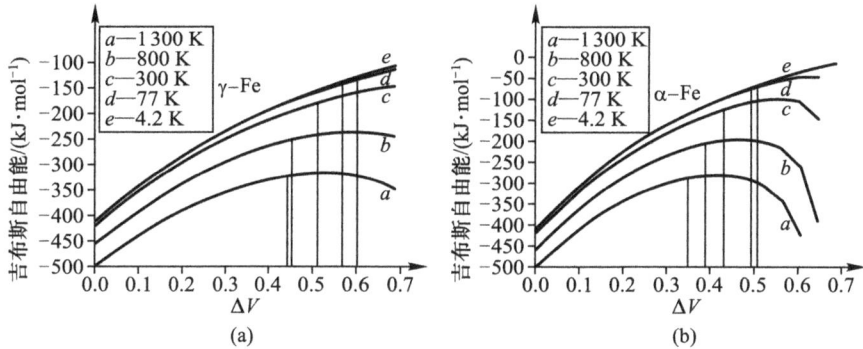

图 10.18 不同温度下，吉布斯自由能随过剩体积的变化：(a) γ-Fe；(b) α-Fe

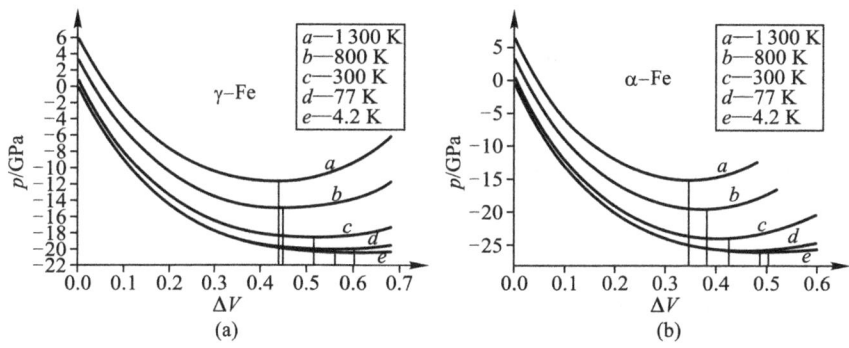

图 10.19 在不同温度下，界面压力随过剩体积的变化：(a) γ-Fe 的计算结果；(b) α-Fe 的计算结果

遵循 Fetch[159,160] 的思路，也可用普适状态方程研究纳米晶体的稳定性。孟庆平等[158]对 Co、Zhang(张玉龙)等[133]对 ZrO_2 的纳米相变进行了研究。

另外，Jiang(蒋青)等[171,172]根据表面应力对纳米晶体内部压力的影响，也

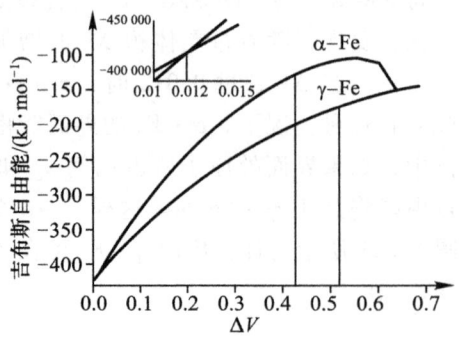

图 10.20 在 300 K 下，γ-Fe 和 α-Fe 界面吉布斯自由能随过剩体积 ΔV 的变化

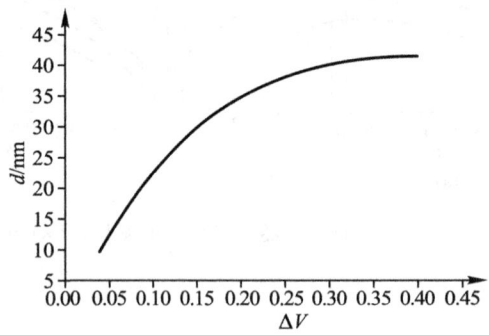

图 10.21 γ-Fe 在室温（T = 300 K）稳定存在的临界尺寸随过剩体积 ΔV 的变化曲线

提出了他们的纳米晶体同素异构转变的理论模型。Ti 和 TiO_2 纳米晶体的相变行为被解释。

10.7 纳米晶体中的扩散型相变理论

通常，纳米晶体中的沉淀析出温度低于传统材料。Meng（孟庆平）等[141]根据溶质原子在晶界的偏聚，对纳米晶体中沉淀析出温度低于传统材料的现象给予了解释。

对于纳米多晶，如果平均的晶粒尺寸为 d，则一个晶粒的平均体积为

$$V_{grain} = \alpha d^3 \tag{10.153}$$

每个晶粒所拥有的晶界面积为

10.7 纳米晶体中的扩散型相变理论

$$A_{\text{grain}} = \beta d^2 \tag{10.154}$$

式(10.153)和式(10.154)中的 α 和 β 是两个和晶粒形状有关的因子。由此可以得到单位体积中的晶粒数和晶界面积分别为

$$n_{\text{grain}} = \frac{1}{\alpha d^3} \tag{10.155}$$

$$A = \frac{\beta}{\alpha d} \tag{10.156}$$

令 $\xi = \frac{\beta}{\alpha}$,界面的平均厚度为 λ,则晶界和晶内所占的体积分数为

$$f_{\text{GB}} = \frac{\xi \lambda}{d} \tag{10.157}$$

$$f_{\text{G}} = 1 - \frac{\xi \lambda}{d} \tag{10.158}$$

考虑双元合金,溶质原子在晶界和晶内的浓度分布为 c_{G} 和 c_{GB};此时合金的平均浓度为 c。单位体积中,晶界和晶内的原子数为

$$n_{\text{GB}} = c_{\text{GB}} \rho_{\text{GB}} \frac{\xi \lambda}{d} \tag{10.159}$$

$$n_{\text{G}} = c_{\text{G}} \rho_{\text{G}} \left(1 - \frac{\xi \lambda}{d}\right) \tag{10.160}$$

式中,ρ_{GB} 和 ρ_{G} 分别是晶界和晶内的密度。合金的平均浓度是

$$c = \frac{c_{\text{G}} \rho_{\text{G}} + \Gamma \dfrac{\xi}{d}}{\rho_{\text{G}} + (\rho_{\text{GB}} - \rho_{\text{G}}) \dfrac{\xi \lambda}{d}} \tag{10.161}$$

式中,Γ 是晶界的过剩原子数,可以表示为[173,174]

$$\Gamma = \lambda (c_{\text{GB}} \rho_{\text{GB}} - c_{\text{G}} \rho_{\text{G}}) \tag{10.162}$$

在式(10.161)和式(10.162)中,ρ_{G}、ρ_{GB}、ξ 和 λ 是和材料的成分、加工过程相关的常数。而通常材料的标识浓度,即材料的平均浓度,可由实验测得,因此从式(10.161)和式(10.162)可得 c_{G}、c_{GB} 和 d 的关系。而一些理论[173,175,176]描述了溶质浓度在晶界和晶粒内部的关系。它们应与溶质原子在晶界的偏聚能 $\Delta \varepsilon$ 有关,其函数关系如下[175]

$$c_{\text{GB}} = \frac{c_{\text{G}} \exp\left(\dfrac{\Delta \varepsilon}{k_{\text{B}} T}\right)}{1 - c_{\text{G}} + c_{\text{G}} \exp\left(\dfrac{\Delta \varepsilon}{k_{\text{B}} T}\right)} \tag{10.163}$$

联合式(10.161)、式(10.162)和式(10.163),可以得到晶粒内部和晶界处溶质原子的浓度随晶粒尺寸的变化情况。

第十章 非晶晶化转变和纳米材料相变

应用上述理论，计算 Fe – 0.05% P 合金纳米多晶体晶内和晶界溶质浓度随晶粒尺寸的变化。图 10.22 是计算的结果[141]。从图 10.22 可以看到，随着晶粒尺寸的减小，晶粒内部和晶界处原子的浓度都降低。

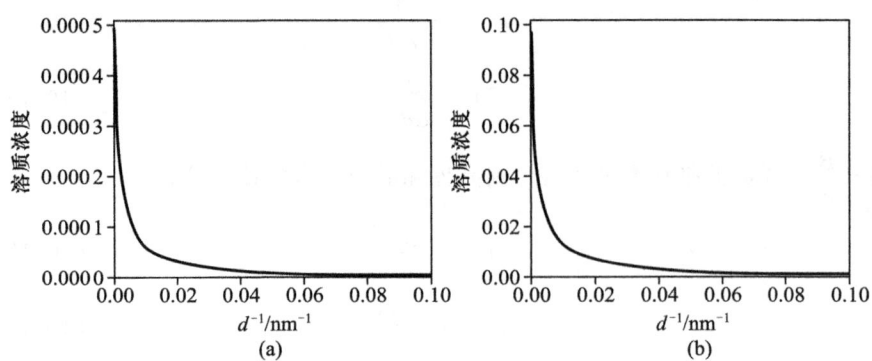

图 10.22　Fe – 0.05% P 合金溶质原子的浓度随晶粒尺寸的变化：(a) 晶粒内部；(b) 晶界

对于存在扩散型相变的体系，由于浓度的降低，将使系统中各相的化学势发生变化，从而改变相变温度。将这一思想应用于 Fe – C 和 Al – Cu 合金[141]，得到渗碳体从 α – Fe、Al$_2$Cu 从 Al 中析出的温度均低于传统晶粒。图 10.23 和图 10.24 分别表示不同晶粒尺寸下，Fe – C 和 Al – Cu 合金的固溶线。从两幅图中可见，随着晶粒尺寸的减小，渗碳体和 Al$_2$Cu 的析出温度降低，且整个系统的溶解度随晶粒尺寸的减小而大幅增加。

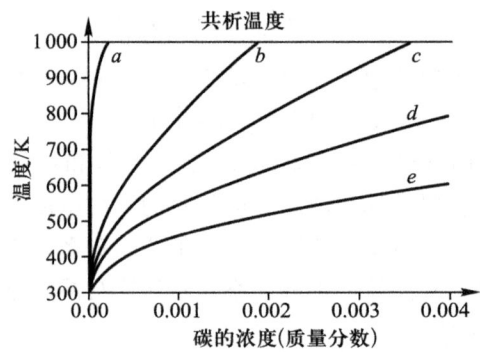

图 10.23　不同晶粒尺寸下，Fe – C 合金中渗碳体的固溶线：曲线 a，晶粒尺寸 d = ∞；曲线 b，d = 100 nm；曲线 c，d = 50 nm；曲线 d，d = 25 nm；曲线 e，d = 10 nm

当考虑到表面的影响时，上述结果还可应用到薄膜系统。将这一结果应用到 Al – Cu 薄膜中，所得结果和实验符合得较好。

10.8 纳米晶体中的均匀形核能垒

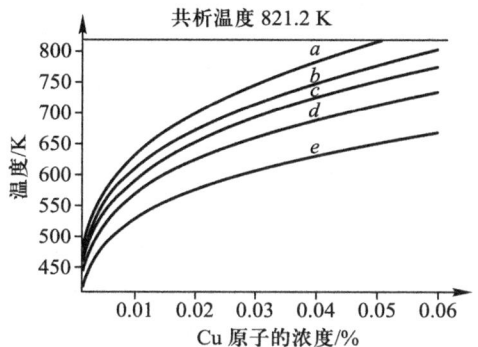

图 10.24 不同晶粒尺寸下，Al-Cu 合金中 Al_2Cu 的固溶曲线：曲线 a，晶粒尺寸 $d = \infty$；曲线 b，$d = 100$ nm；曲线 c，$d = 50$ nm；曲线 d，$d = 25$ nm；曲线 e，$d = 10$ nm

另外，Weissmüller 及其合作者[177-179]提出了纳米合金的热力学理论，并且得出由于溶质原子的偏聚使得纳米晶晶界的能量降低，由此可抑制纳米晶粒的长大。限于篇幅，此处不再叙述。

10.8 纳米晶体中的均匀形核能垒

新相的形核能垒决定着新相产生的难易。在纳米晶体中，除了相界面外，晶界也将影响新相的形核能垒。Meng（孟庆平）等[180]提出了纳米晶体中的均匀形核理论。考虑图 10.25 所示的一个球形晶粒中出现了一个体积膨胀的新相核胚。该相变引起的能量变化为

$$\Delta G = V\Delta G_{\gamma \text{-} \alpha} + E \tag{10.164}$$

式中：$\Delta G_{\gamma \text{-} \alpha}$ 为 γ 相向 α 相转变时单位体积的相变驱动力；V 为形成 α 相的体积；E 为相变时所要克服的能量，通常它包含应变能和界面能。在纳米晶体中

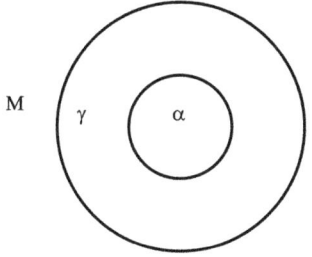

图 10.25 多晶基体(M)中一个小晶粒(γ)内形成一个新相(α)核胚

第十章　非晶晶化转变和纳米材料相变

它们的计算将不同于传统晶体材料。

仅考虑有均匀体积膨胀的情形，并假定母相和新相都是各向同性的，如果新相核胚在没有发生相变前的半径为 R_0，发生相变后，如果它不受基体对应变的约束，即在自由状态下，该新相核胚的半径变为

$$R_\alpha = (1 + \varepsilon) R_0 \tag{10.165}$$

式中，ε 为应变。按照 Mott 和 Nabarro[181] 和 Eshelby[182,183] 的方法，将相变后的核胚压缩为相变前的尺寸后，放入晶体中，此时它将产生一个应力场，该应力场应仅是径向 r 的函数。由应力场所产生的位移应满足方程

$$\frac{\partial^2 \omega}{\partial r^2} + \frac{2}{r} \frac{\partial \omega}{\partial r} - \frac{2\omega}{r^2} = 0 \tag{10.166}$$

上述方程的非平凡解为

$$\omega = Ar + \frac{B}{r^2} \tag{10.167}$$

式中，A、B 由边界条件来确定。当该解用于新相 α 中时，$B = 0$。因为当半径趋于零时，位移应有限。同理，对于外部无限大基体 M，$A = 0$。这样在 α、γ 和 M 中的位移分别写为

$$\omega^{\alpha'} = C_1 \varepsilon r \quad (r < R_0) \tag{10.168}$$

$$\omega^\gamma = C_2 r + \frac{C_3}{r^2} \quad (R_0 < r < R_1) \tag{10.169}$$

$$\omega^M = \frac{C_4}{r^2} \quad (r > R_1) \tag{10.170}$$

上面三式中，上标 α、γ 和 M 分别代表新相核胚、小晶粒和基体，R_1 是小晶粒的半径。相对于无应力状态，新相核胚中的位移是 $\omega^\alpha = \varepsilon(C_1 - 1)r$[184]。新相核胚中的应力为

$$P = 3K^\alpha (C_1 - 1) \varepsilon \tag{10.171}$$

小晶粒中的应力为

$$\sigma_{rr}^\gamma = \frac{3\lambda^\gamma C_2 r^3 + 2\mu^\gamma C_2 r^3 - 4\mu^\gamma C_3}{r^3} \tag{10.172}$$

$$\sigma_{\theta\theta}^\gamma = \sigma_{\varphi\varphi}^\gamma = \frac{3\lambda C_2 r^3 + 2\mu^\alpha C_2 r^3 + 2\mu^\alpha C_3}{r^3} \tag{10.173}$$

基体 M 中的应力为

$$\sigma_{rr}^M = -\frac{4\mu^\gamma C_3}{r^3} \tag{10.174}$$

$$\sigma_{\theta\theta}^M = \sigma_{\varphi\varphi}^M = \frac{2\mu^\gamma C_3}{r^3} \tag{10.175}$$

10.8 纳米晶体中的均匀形核能垒

上面五式中，K^α、λ^γ 和 μ^γ 分别为新相中的体弹性模量和基体中的两个 Lamé 常数。四个常数 C_1、C_2、C_3 和 C_4 由下面的边界条件来确定。

根据 Gurtin 和 Murdoch[185]的界面力学平衡条件为

$$\boldsymbol{s}^\alpha \cdot \boldsymbol{n}^\alpha + \boldsymbol{s}^\gamma \cdot \boldsymbol{n}^\gamma - \mathrm{div}\,\boldsymbol{f} = 0 \tag{10.176}$$

式中，$\boldsymbol{s}^\alpha$ 和 $\boldsymbol{s}^\gamma$ 分别为新相和基体中的应力张量，$\boldsymbol{n}^\alpha$ 和 $\boldsymbol{n}^\gamma$ 为新相和母相中的外法线方向。对于图 10.25，$\boldsymbol{n}^\alpha = -\boldsymbol{n}^\gamma$。$\boldsymbol{f}$ 是表面张力，div 是散度算符。对于各向同性的问题，$\boldsymbol{f}$ 的各个分量有 $f_{\theta\theta} = f_{rr} = f$，并且

$$\mathrm{div}\,\boldsymbol{f} = -\frac{2f\boldsymbol{n}^i}{R} \tag{10.177}$$

式中，R 是界面处的半径。根据上面两式，可得 α 和 γ 相之间的界面和晶界处满足的应力平衡方程为

$$\frac{3\lambda^\gamma C_2 R_0^3 + 2\mu^\gamma C_2 R_0^3 - 4\mu^\gamma C_3}{R_0^3} = 3K^\alpha \varepsilon(C_1 - 1) + \frac{2f_1}{R_0} \tag{10.178}$$

$$-4\frac{\mu^\gamma C_4}{R_1^3} = \frac{3\lambda^\gamma C_2 R_1^3 + 2\mu^\gamma C_2 R_1^3 - 4\mu^\gamma C_3}{R_1^3} + \frac{2f_2}{R_1} \tag{10.179}$$

再由 α-γ 和 γ-M 界面上法向位移的连续条件，有

$$C_2 R_0 + \frac{C_3}{R_0^2} = C_1 \varepsilon R_0 \tag{10.180}$$

$$C_2 R_1 + \frac{C_3}{R_1^2} = \frac{C_4}{R_1^2} \tag{10.181}$$

上面四式中，R_0 和 R_1 分别为新相和小晶粒的半径，f_1 和 f_2 为 α-γ 和 γ-M 界面上的界面应力。解式(10.178)~式(10.181)，可得 4 个待定常数

$$C_1 = -\frac{2f_1 R_1 - 3R_0 R_1 \varepsilon K^\alpha + 2R_0 f_2}{R_0 R_1 \varepsilon(4\mu^\gamma + 3K^\alpha)} \tag{10.182}$$

$$C_2 = -\frac{2f_2}{3R_1(\lambda^\gamma + 2\mu^\gamma)} \tag{10.183}$$

$$C_3 = -\frac{3R_0^2 R_1(\lambda^\gamma + 2\mu^\gamma)(2f_1 - 3R_0 \varepsilon K^\alpha) + 2R_0^3 f_2(3\lambda^\gamma + 2\mu^\gamma - 3K^\alpha)}{R_1(\lambda^\gamma + 2\mu^\gamma)(4\mu^\gamma + 3K^\alpha)} \tag{10.184}$$

$$C_4 = -\frac{2f_2[R_1^3(4\mu^\gamma + 3K^\alpha) + R_0^3(2\mu^\gamma + 3\lambda^\gamma - 3K^\alpha)]}{R_1(\lambda^\gamma + 2\mu^\gamma)(4\mu^\gamma + 3K^\alpha)} - \frac{3R_0^2 R_1(2f_1 - 3R_0 \varepsilon K^\alpha)}{R_1(4\mu^\gamma + 3K^\alpha)} \tag{10.185}$$

由弹性力学基本公式，并对所考虑的区间进行积分，可得出新相、小晶粒和基体中的应变能为

$$E^\alpha = 2\pi K^\alpha (C_1 - 1)^2 \varepsilon^2 R_0^3 \tag{10.186}$$

$$E^\gamma = -\frac{2\pi[R_0^3 R_1^3 C_2^2(3\lambda^\gamma + 2\mu^\gamma) + 4\mu^\gamma C_3^2](R_0^3 - R_1^3)}{R_0^3 R_1^3} \quad (10.187)$$

$$E^M = \frac{8\pi\mu^\gamma C_4^2}{R_1^3} \quad (10.188)$$

总的应变能 E_s 为上面三项 E^α、E^γ、E^M 之和。

应用 Cahn 和 Larché 给出的共格界面能的计算公式，可以分别得到 α-γ 和 γ-M 之间界面能的变化

$$E_i^{\alpha-\gamma} = 4\pi R_0^2(\gamma_0^{\alpha\gamma} + 2f_1 C_1 \varepsilon) \quad (10.189)$$

$$E_i^{\gamma-M} = 4\pi R_1^2 \left(2C_2 f_2 + \frac{2C_3 f_2}{R_1^3}\right) \quad (10.190)$$

上两式之和，即可得总的界面能的变化 E_i。

如果以无限大的基体作为参考态，则还应当考虑相变前，界面应力所引起的小晶粒 γ、基体 M 的应变能和界面能的变化，它们分别为 $E_{pri.}^\gamma$、$E_{pri.}^M$ 和 $E_{pri.}^{\gamma-M}$。其计算方法同上，结果为

$$E_{pri.}^\gamma = \frac{8\pi}{9} \frac{R_1 f_2^2 (3\lambda^\gamma + 2\mu^\gamma)}{(\lambda^\gamma + 2\mu^\gamma)^2} \quad (10.191)$$

$$E_{pri.}^M = \frac{32\pi}{9} \frac{R_1 f_2^2}{(\lambda^\gamma + 2\mu^\gamma)^2} \quad (10.192)$$

$$E_{pri.}^{\gamma-M} = -\frac{16\pi}{3} \frac{R_1 f_2^2}{\lambda^\gamma + 2\mu^\gamma} \quad (10.193)$$

上述三项之和

$$E_{pri.} = -\frac{8\pi}{3} \frac{R_1 f_2^2}{\lambda^\gamma + 2\mu^\gamma} \quad (10.194)$$

将已得到的结果代入式(10.164)中得到总的吉布斯自由能的变化。用上述结果计算了 Fe 纳米晶体中 fcc→bcc 的转变。图 10.26 是计算结果[180]。

从图 10.26 可见，当晶粒半径超过 50 nm 时，吉布斯自由能的变化和无限大晶体非常接近，而当晶粒半径由 50 nm 减小到 10 nm 时，吉布斯自由能显著地提高。从曲线 a~c 和 d~f 的比较可以看到，相界面能对形核能垒的影响巨大，这一点类似于传统晶粒。

将上述结果应用到纳米材料中的马氏体相变，一些实验现象将容易理解。对于 Fe-Ni 合金，由于 fcc 和 bcc 之间的界面不能保持很好的共格，因此，它们之间的相界面能较高，而 NiTi 形状记忆合金中的奥氏体和马氏体之间的相界面可以很好地共格，因此相界面能较低。另外，NiTi 合金的马氏体相变的体积膨胀远小于 Fe-Ni 合金[186]，因此，因体积变化而产生的应变能很小，而切应变又可通过自协调使总的切应变接近于零，所以可以想象，在 NiTi 合金的

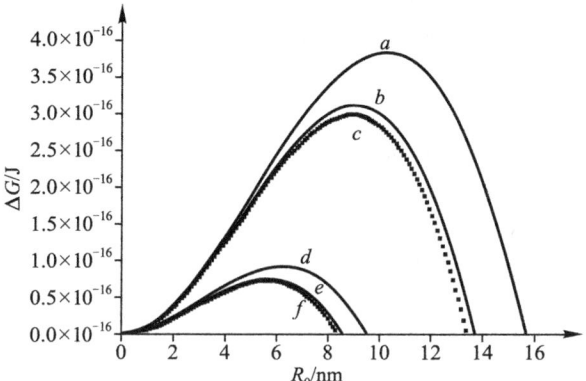

图 10.26 Fe 纳米晶体中 fcc→bcc 转变的吉布斯自由能随 bcc 核胚尺寸的变化曲线：曲线 a，$f_1 = \gamma_0^{\alpha-\gamma} = 0.8$ J/m²，$R_1 = 10$ nm；曲线 b，$f_1 = \gamma_0^{\alpha-\gamma} = 0.8$ J/m²，$R_1 = 50$ nm；曲线 c，$f_1 = \gamma_0^{\alpha-\gamma} = 0.8$ J/m²，$R_1 = \infty$；曲线 d，$f_1 = \gamma_0^{\alpha-\gamma} = 0.5$ J/m²，$R_1 = 10$ nm；曲线 e，$f_1 = \gamma_0^{\alpha-\gamma} = 0.5$ J/m²，$R_1 = 50$ nm；曲线 f，$f_1 = \gamma_0^{\alpha-\gamma} = 0.5$ J/m²，$R_1 = \infty$

纳米晶体中，马氏体相变应比 Fe-Ni 合金容易。

参 考 文 献

[1] Zachariasen W H. The atomic arrangement in glass[J]. J. Am. Chem. Soc., 1932, 54: 3841.

[2] Zallen R. The physics of amorphous solids[M]. New York: Wiley, 1983.

[3] Gibbs J H. Nature of the glass transition in polymers[J]. J. Chem. Phys., 1956, 25: 185.

[4] Gibbs J H, DiMarzio E A. Nature of the glass transition and the glassy state[J]. J. Chem. Phys., 1958, 28: 373.

[5] Cohen M H, Turnbull D. Molecular transport in liquids and glasses[J]. J. Chem. Phys., 1959, 31: 1164.

[6] Turnbull D, Cohen M H. Free-volume model of the amorphous phase: glass transition [J]. J. Chem. Phys., 1961, 34: 120.

[7] Turnbull D, Cohen M H. On the free-volume model of the liquid-glass transition[J]. J. Chem. Phys., 1970, 52: 3038.

[8] Cohen M H, Grest G S. Liquid-glass transition, a free-volume approach[J]; Erratum: liquid-glass transition, a free-volume approach[J]. Phys. Rev. B, 1979, 20: 1077; 1982, 26: 6313.

[9] Angell C A, Ngai K L, McKenna G B, McMillan P F, Martin S W. Relaxation in glassforming liquids and amorphous solids[J]. J. Appl. Phys., 2000, 88: 3113.

[10] Debendetti P G, Stillinger F. Supercooled liquids and the glass transition [J]. Nature, 2001, 410: 259.

[11] Dwebenedetti P G. Metastable liquids, concepts and principles [M]. Princeton: Princeton Univ. Press, 1996.

[12] Binder K, Kob W. Glassy materials and disordered solids: an introduction to their statistical mechanics[M]. World Scientific Publishing Co. Pte. Ltd., 2005.

[13] Gleiter H. Nanostructured materials: basic concepts and microstructure [J]. Acta Mater., 2000, 48: 1.

[14] Lu L, Sui M L, Lu K. Superplastic extensibility of nanocrystalline copper at room temperature[J]. Science, 2000, 287: 1463.

[15] 卢柯. 非晶态合金向纳米晶体的相转变[J]. 金属学报, 1994, 30: B1.

[16] Buffat Ph, Borel J P. Size effect on the melting temperature of gold particles [J]. Phys. Rev. A, 1976, 13: 2287.

[17] Kajiwara S, Ohno S, Honma K. Martensitic transformations in ultra-fine particles of metals and alloys[J]. Phil. Mag. A, 1991, 63: 625.

[18] Sato H, Kitakami O, Sakurai T, Shimada Y, Otani Y, Fukamichi K. Structure and magnetism of hcp-Co fine particles[J]. J. Appl. Phys., 1997, 81: 1858.

[19] Kitakami O, Sato H, Shimada Y. Size effect on the crystal phase of cobalt fine particles [J]. Phys. Rev. B, 1997, 56: 13849.

[20] Haneda K, Zhou Z X, Morrish A H, Majima T, Miyahara T. Low-temperature stable nanometer-size fcc-Fe particles with no magnetic ordering [J]. Phys. Rev. B, 1992, 46: 13832.

[21] Tománek D, Mukherjee S, Bennemann K H. Simple theory for the electronic and atomic structure of small clusters[J]. Phys. Rev. B, 1983, 28: 665.

[22] Chatterjee P P, Pabi S K, Manna I. An allotropic transformation induced by mechanical alloying[J]. J. Appl. Phys., 1999, 86: 5912.

[23] Kelton K F. Solid state physics[G]. Vol. 45. 1991: 75.

[24] Turnbull D. Kinetics of solidification of supercooled liquid mercury droplets[J]. J. Chem. Phys., 1952, 20: 411.

[25] Jones D R H, Chadwick G A. An expression for the free energy of fusion in the homogeneous nucleation of solid from pure melts[J]. Phil. Mag., 1971, 24: 995.

[26] Hoffman J D. Thermodynamic driving force in nucleation and growth processes[J]. J. Chem. Phys., 1958, 29: 1192.

[27] Thompson C V, Spaepen F. On the approximation of the free energy change on crystallization[J]. Acta Metall., 1979, 27: 1855.

[28] Battezzati L, Garrone E. On the approximation of the free energy of undercooled glass-forming metallic melts[J]. Z. Metallk., 1984, 75: 305.

[29] Kauzmann W. The nature of the glassy state and the behavior of liquids at low temperatures[J]. Chem. Rev., 1948, 43: 219.

[30] Hirai N, Eyring H. Bulk viscosity of liquids[J]. J. Appl. Phys., 1958, 29: 810.

[31] Hirai N, Eyring H. Bulk viscosity of polymeric systems[J]. J. Polymer Sci., 1959, 37: 51.

[32] Ramachandrarao P, Cantor B, Cahn R W. Free volume theories of the glass transition and the special case of metallic glasses[J]. J. Mater. Sci., 1977, 12: 2488.

[33] Dubey K S, Ramachandrarao P. On the free energy change accompanying crystallisation of undercooled melts[J]. Acta Metall., 1984, 32: 91.

[34] Lele S, Dubey K S, Ramachandrarao P. On the temperature dependence of free energy of crystallisation[J]. Curr. Sci., 1985, 54: 994.

[35] Singh H B, Holz A. Stability limit of supercooled liquids[J]. Solid State Commun., 1983, 45: 985.

[36] Chen H S, Turnbull D. Thermal properties of gold-silicon binary alloy near the eutectic composition[J]. J. Appl. Phys., 1967, 38: 3646.

[37] Greet R J, Turnbull D. Test of Adam-Gibbs liquid viscosity model with terphenyl specific-heat data[J]. J. Chem. Phys., 1967, 47: 2185.

[38] Kui H W, Turnbull D. The heat capacity of $Ni_{40}Pd_{40}P_{20}$ in the liquid, glass and crystallized states[J]. J. Non-Cryst. Solids, 1987, 94: 62.

[39] Thompson C V, Spaepen F. Homogeneous crystal nucleation in binary metallic melts[J]. Acta Metall., 1983, 31: 2021.

[40] Zhang X. A general model for the calculation of crystal nucleation kinetics in binary melts[J]. Acta Mater., 1998, 46: 1135.

[41] Greer A L. Partially or fully devitrified alloys for mechanical properties[J]. Mater. Sci. Eng. A, 2001, 304-306: 68.

[42] Inoue A. Amorphous, nanoquasicrystalline and nanocrystalline alloys in Al-based systems[J]. Prog. Mater. Sci., 1998, 43: 365.

[43] Lu K. Interfacial structural characteristics and grain-size limits in nanocrystalline materials crystallized from amorphous solids[J]. Phys. Rev. B, 1995, 51: 18.

[44] Landau L D, Lifshitz E. Statistical physics[M]. Oxford: Rergamin Press, 1958.

[45] Kelton K F, Greer A L, Thompson C V. Transient nucleation in condensed systems[J]. J. Chem. Phys., 1983, 79: 6261.

[46] Volmer M, Weber A. Keimbildung in Übersättingten gebilden (Nucleus formation in supersaturated systems)[J]. Z. Phys. Chem., 1926, 119: 227.

[47] Becker von R, Döring W. Kinetische behandlung der keimbildung in Übersättingten

dämpfen[J]. Annalen der Physik. , 1935, 416: 719.

[48] Frenkel J. Statistical theory of condensation phenomena[J]. J. Chem. Phys. , 1939, 7: 200.

[49] Frenkel J. Kinetic theory of liquids[M]. Oxford: Clarendon, 1946.

[50] Zeldovich J B. On the combustion theory of powder and of the explosives[J]. Zh. Eksp. Teor. Fiz, 1942, 12: 525; Acta Physicochim, URSS, 1943, 18: 1.

[51] Turnbull D, Fisher J C. Rate of nucleation in condensed systems[J]. J. Chem. Phys. , 1949, 17: 71.

[52] Feder J, Russell K C, Lothe J, Pound G M. Homogeneous nucleation and growth of droplets in vapours[J]. Adv. Phys. , 1966, 15: 111.

[53] Probstein R F. Time lag in the self-nucleation of a supersaturated vapor [J]. J. Chem. Phys. , 1951, 19: 619.

[54] Kantrowitz A. Nucleation in very rapid vapor expansions[J]. J. Chem. Phys. , 1951, 19: 1097.

[55] Wakeshima H. Time lag in the self-nucleation[J]. J. Chem. Phys. , 1954, 22: 1614.

[56] Courtney W G. Non-steady-state nucleation[J]. J. Chem. Phys. , 1962, 36: 2009.

[57] Goodrich F C. Nucleation rates and the kinetics of particle growth. II. The birth and death process[J]. Proc. R. Soc. Lond. A, 1964, 277: 167.

[58] Andres R P, Boudart M. Time lag in multistate kinetics: nucleation[J]. J. Chem. Phys. , 1965, 42: 2057.

[59] Chakraverty B K. Kinetics of clustering processes[J]. Surf. Sci. , 1966, 4: 205.

[60] Kashchiev D. Solution of the non-steady state problem in nucleation kinetics[J]. Surf. Sci. , 1969, 14: 209.

[61] Frisch H L, Carlier C C. Time lag in nucleation [J]. J. Chem. Phys. , 1971, 54: 4326.

[62] Clement C F, Wood M H. Moment and Fokker-Planck equations for the growth and decay of small objects[J]. Proc. R. Soc. Lond. A, 1980, 371: 553.

[63] Wehner M F, Wolfer W G. Phys. Numerical evaluation of path-integral solutions to fokker-planck equations[J]. Rev. A, 1983, 27: 2663; Numerical evaluation of path-integral solutions to Fokker-Planck equations. II. Restricted stochastic processes[J]. Ibid, 1983, 28: 3003; Numerical evaluation of path-integral solutions to Fokker-Planck equations. III. Time and functionally dependent coefficients [J]. Ibid, 1987, 35: 1795.

[64] Wehner M F, Wolfer W G. Vacancy cluster evolution in metals under irradiation[J]. Phil. Mag. A, 1985, 52: 189.

[65] Volterra V, Cooper A R. Numerical calculation of induction times for crystallization of glasses[J]. J. Non-Cryst. Solids, 1985, 74: 85.

[66] Trinkaus H, Yoo M. Nucleation under time-dependent supersaturation[J]. Phil. Mag. A, 1987, 55: 269.

[67] Shizgal B, Barrett J C. Time dependent nucleation[J]. J. Chem. Phys., 1989, 91: 6505.

[68] Shi G, Seinfeld J H, Okuyama K. Transient kinetics of nucleation[J]. Phys. Rev. A, 1990, 41: 2101.

[69] Wu D T. The time lag in nucleation theory[J]. J. Phys. Chem., 1992, 97: 2644.

[70] Shneidman V A, Weinberg M C. Transient nucleation induction time from the birth-death equations[J]. J. Chem. Phys., 1992, 97: 3629.

[71] Demo P, Kožíšek Z. Homogeneous nucleation process: analytical approach[J]. Phys. Rev. B, 1993, 48: 3620.

[72] Kelton K F, Greer A L. Transient nucleation effects in glass formation[J]. J. Non-Cryst. Solids, 1986, 79: 295.

[73] Kelton K F, Greer A L. Test of classical nucleation theory in a condensed system[J]. Phys. Rev. B, 1988, 38: 10089.

[74] Kelton K F, Narayan K L, Levine L E, Cull T C, Ray C S. Computer modeling of nonisothermal crystallization[J]. J. Non-Cryst. Solids, 1996, 204: 13.

[75] Greer A L, Kelton K F. Nucleation in lithium disilicate glass: a test of classical theory by quantitative modeling[J]. J. Am. Ceram. Soc., 1991, 74: 1015.

[76] Tolman R C. The effect of droplet size on surface tension[J]. J. Chem. Phys., 1949, 17: 333.

[77] Buff F P, Kirkwood J G. Remarks on the surface tension of small droplets[J]. J. Chem. Phys., 1950, 18: 991.

[78] Buff F P. The spherical interface. I. Thermodynamics[J]. J. Chem. Phys., 1951, 19: 1591.

[79] Buff F P. Spherical interface. II. Molecular theory[J]. J. Chem. Phys., 1955, 23: 419.

[80] Widom B. Surface tension and molecular correlations near the critical point[J]. J. Chem. Phys., 1965, 43: 3892.

[81] Fisk S, Widom B. Structure and free energy of the interface between fluid phases in equilibrium near the critical point[J]. J. Chem. Phys., 1969, 50: 3219.

[82] Warren C. Bebb W W. Interfacial tension of near-critical cyclohexane-methanol mixtures[J]. J. Chem. Phys., 1969, 50: 3694.

[83] Cahn J W, Hilliard J E. Free energy of a nonuniform system. I. Interfacial free energy[J]. J. Chem. Phys., 1958, 28: 258.

[84] Spaepen F. Solid state physics[G]. Vol. 47. 1994: 1.

[85] Lu K, Wang J T. A micromechanism for crystallization of amorphous alloys I. An in situ

TEM observation[J]. J. Cryst. Growth, 1991, 112: 525.

[86] Lu K, Wang J T. A micromechanism for crystallization of amorphous alloys II. Bulk crystallization process[J]. J. Cryst. Growth, 1991, 113: 242.

[87] 卢柯, 王景唐. 非晶态合金晶化过程中晶体长大速率的数学表达式[J]. 金属学报, 1991, 27: 105; 非晶态合金晶化过程的一个新微观机制[J]. 金属学报, 1991, 27: 115.

[88] Lu K, Wang J T, Wei W D. A new method for synthesizing nanocrystalline alloys[J]. J. Appl. Phys., 1991, 69: 522.

[89] Gránásy L. Diffuse interface theory of nucleation[J]. J. Non-Cryst. Solids, 1993, 162: 301.

[90] Gránásy L. Diffuse interface model of nucleation[J]. J. Crystal. Growth, 1996, 167: 756.

[91] Gránásy L. Fundamentals of the diffuse interface theory of nucleation[J]. J. Phys. Chem., 1996, 100: 10768.

[92] Gránásy L. Diffuse interface analysis of ice nucleation in undercooled water[J]. J. Phys. Chem., 1995, 99: 14182.

[93] Moir S A, Herlach D M. Observation of phase selection from dendrite growth in undercooled Fe-Ni-Cr melts[J]. Acta Mater., 1997, 45: 2827.

[94] Volkmann T, Löser W, Herlach D M. Nucleation and phase selection in undercooled Fe-Cr-Ni melts: Part I. Theoretical analysis of nucleation behavior[J]. Metal. Mater. Trans. A, 1997, 28A: 453.

[95] Haymet A D J, Oxtoby D W. A molecular theory for the solid-liquid interface[J]. J. Chem. Phys., 1981, 74: 2559.

[96] Oxtoby D. W. Haymet A D J. A molecular theory of the solid-liquid interface. II. Study of bcc crystal-melt interfaces[J]. J. Chem. Phys., 1982, 76: 6262.

[97] Harrowell P. Oxtoby D W. A molecular theory of crystal nucleation from the melt[J]. J. Chem. Phys., 1984, 80: 1639.

[98] Ramakrishnan T V, Yussouff M. Theory of the liquid-solid transition[J]. Solid State Commun., 1977, 21: 389.

[99] Ramakrishnan T V, Yussouff M. First-principles order-parameter theory of freezing[J]. Phys. Rev. B, 1979, 19: 2775.

[100] Gránásy L, James P F. Non-classical theory of crystal nucleation: application to oxide glasses: review[J]. J. Non-Cryst. Solids, 1999, 253: 210.

[101] Johnson W A, Mehl R. Reaction kinetics in processes of nucleation and growth[J]. Trans. AIME, 1939, 135: 416.

[102] Avrami M. Kinetics of phase change. I. General theory[J]. J. Chem. Phys., 1939, 7: 1103.

[103] Avrami M. Kinetics of phase change. II. Transformation-time relations for random distribution of nuclei[J]. J. Chem. Phys., 1940, 8: 212.

[104] Avrami M. Granulation, phase change, and microstructure kinetics of phase change. III. [J]. J. Chem. Phys., 1941, 9: 177.

[105] Kolmogorov A N. Statistical theory of nucleation processes [J]. Isz. Akad. Nauk SSSR, Ser. Fiz., 1937, 3: 355.

[106] Yinnon H, Uhlmann D R. Applications of thermoanalytical techniques to the study of crystallization kinetics in glass-forming liquids, part I: Theory[J]. J. Non-Cryst. Solids, 1983, 54: 253.

[107] Lu K, Wang J T. Nucleation and growth activation-energies during crystallization of amorphous-alloys. I. Calculation method[J]. Science in China (Series A), 1992, 35: 1266.

[108] Wu Q C, Harmelin M, Bigot J, Martin G. Determination of the activation energies for nucleation and growth of crystal nuclei in metallic glasses[J]. J. Mater. Sci., 1986, 21: 3581.

[109] Ranganathan S, Von Heimendahl M. The three activation energies with isothermal transformations: applications to metallic glasses[J]. J. Mater. Sci., 1981, 16: 2401.

[110] Henderson D W. Thermal analysis of non-isothermal crystallization kinetics in glass forming liquids[J]. J. Non-Cryst. Solids, 1979, 30: 301.

[111] Kempen A T W, Sommer F, Mittemeijer E J. The isothermal and isochronal kinetics of the crystallization of bulk amorphous $Pd_{40}Cu_{30}P_{20}Ni_{10}$ [J]. Acta Mater., 2002, 50: 1319.

[112] Greer A L. Crystallization kinetics of $Fe_{80}B_{20}$ glass[J]. Acta Metall., 1982, 30: 171.

[113] Kemény T, Gránásy L. The evaluation of kinetic parameters from non-isothermal experiments: application to crystallization kinetics[J]. J. Non-Cryst. Solids, 1984, 68: 193.

[114] Marseglia E A. Kinetic theory of crystallization of amorphous materials[J]. J. Non-Cryst. Solids, 1980, 41: 31.

[115] Onorato P I K, Uhlmann D R, Hopper R. W. A kinetic treatment of glass formation: IV. Crystallization on reheating a glass[J]. J. Non-Cryst. Solids, 1980, 41: 189.

[116] Matusita K, Komatsu T, Yokota R. Kinetics of non-isothermal crystallization process and activation energy for crystal growth in amorphous materials[J]. J. Mater. Sci., 1984, 19: 291.

[117] Ray C S, Day D E. An analysis of nucleation-rate type of curves in glass as determined by differential thermal analysis[J]. J. Am. Ceram. Soc., 1997, 80: 3100.

[118] Koga N, Sestak J. Crystal nucleation and growth in lithium diborate glass by thermal analysis[J]. J. Am. Ceram. Soc., 2000, 83: 1753.

[119] Kempen A T W, Sommer F, Mittemeijer E J. Determination and interpretation of isothermal and non-isothermal transformation kinetics, the effective activation energies in terms of nucleation and growth[J]. J. Mater. Sci., 2002, 37: 1321.

[120] Ozawa T. Kinetics of non-isothermal crystallization[J]. Polymer, 1971, 12: 150.

[121] Kissinger H E. Reaction kinetics in differential thermal analysis[J]. Anal. Chem., 1957, 29: 1702.

[122] Augis J A, Bennett J E. Calculation of the avrami parameters for heterogeneous solid state reactions using a modification of the kissinger method[J]. J. Thermal Analysis, 1978, 13: 283.

[123] Doyle C D. Kinetic analysis of thermogravimetric data[J]. J. Appl. Polym. Sci., 1961, 5: 285.

[124] Doyle C D. Series approximations to the equation of thermogravimetric data[J]. Nature, 1965, 290: 207.

[125] Ozawa T. A new method of analyzing thermogravimetric data[J]. Bull. Chem. Soc. Jpn., 1965, 38: 1881.

[126] Takagi M. Electron-diffraction study of liquid-solid transition of thin metal films[J]. J. Phys. Soc. Jpn., 1954[J]. 9: 359.

[127] Unruh K M, Huber T E, Huber C A. Melting and freezing behavior of indium metal in porous glasses[J]. Phys. Rev. B, 1993, 48: 9021.

[128] Buhrman R A, Granqvist C G. Log-normal size distributions from magnetization measurements on small superconducting Al particles[J]. J. Appl. Phys., 1976, 47: 2200.

[129] Adada T, Blügel S. Total energy spectra of complete sets of magnetic states for fcc-Fe films on Cu(100)[J]. Phys. Rev. Lett., 1997, 79: 507.

[130] Memmel N, Detzel Th. Growth, structure and stability of ultrathin iron films on Cu(001)[J]. Surf. Sci., 1994, 307-309: 490.

[131] Easterling K E, Swann P R. Nucleation of martensite in small particles germination de la martensite dans les fines particules martensitkeimbildung in kleinen teilchen[J]. Acta Metall., 1971, 19: 117.

[132] Bianco L Del, Ballesteros C, Rojo J M, Hernando A. Magnetically ordered fcc structure at the relaxed grain boundaries of pure nanocrystalline Fe[J]. Phys. Rev. Lett., 1998, 81: 4500.

[133] Zhang Y L, Jin X J, Rong Y H, Hsu T Y(Xu Zuyao), Jiang D Y, Shi J L. The size dependence of structural stability in nano-sized ZrO_2 particles[J]. Mater. Sci. Eng. A, 2006, 438-440: 399.

[134] Zhou Y H, Harmelin M. Bigot martensitic transformation in ultrafine FeNi powders [J]. J. Mater. Sci. Eng. A, 1990, 124: 241.

[135] Cech R W, Turnbull D. Heterogeneous nucleation of the martensite transformation [J]. Trans. AIME, 1956, 206: 124.

[136] Lin M, Olson G B, Cohen M. Distributed-activation kinetics of heterogeneous martensitic nucleation[J]. Metall. Trans., 1992, 23A: 2987.

[137] Rong Y H, Meng Q P, Hsu T Y. Proc. 4th Pacific Rim Conf. on Advanced Mater. Processing, held in December, 2001, Hawaii.

[138] Kuhrt C, Schultz L. Phase formation and martensitic transformation in mechanically alloyed nanocrystalline Fe-Ni[J]. J. Appl. Phys., 1993, 73: 1975.

[139] Chatterjee P P, Pabi S K, Manna I. An allotropic transformation induced by mechanical alloying[J]. J. Appl. Phys., 1999, 86: 5912.

[140] Lokker J P, Böttger A J, Sloof W G, Tichelaar F D, Janssen G C A M, Radelaar S. Acta phase transformations in Al-Cu thin films: precipitation and copper redistribution [J]. Mater., 2001, 49: 1339.

[141] Meng Q P, Rong Y H, Hsu T Y (Xu Zuyao). Distribution of solute atoms in nanocrystalline materials[J]. Mater. Sci. Eng. A, 2007, 471: 22.

[142] Shi F G. Size dependent thermal vibrations and melting in nanocrystals[J]. J. Mater. Res., 1994, 9: 1307~1313.

[143] Jiang Q, Aya N, Shi E G. Nanotube size-dependent melting of single crystals in carbon nanotubes[J]. Appl. Phys., 1997, A64: 627.

[144] Jiang Q, Tong H Y, Hsu D Y, Okuyama K, Shi F G. Thermal stability of crystalline thin films[J]. Thin Solid Films, 1998, 312: 357.

[145] Daeges J, Gleiter H. Perepezko J H. Superheating of metal crystals[J]. Phys. Lett. A, 1986, 119: 79.

[146] Gråbæk L, Bohr J, Andersen H H, Johansen A, Johnson E, Sarholt-Kristensen L, Robinson I K. Melting, growth, and faceting of lead precipitates in aluminum[J]. Phys. Rev. B, 1992, 45: 2628.

[147] Zhang L, Jin Z H, Zhang L H, Sui M L, Lu K. Superheating of confined Pb thin films [J]. Phys. Rev. Lett., 2000, 85: 1484.

[148] 徐枫亭, 钟健, 金朝晖, 卢柯. 包覆镍膜的银粒子过热与熔化的分子动力学模拟及实验研究[J]. 中国科学(E辑), 2002, 32: 1.

[149] Lu K, Jin Z H. Melting and superheating of low-dimensional materials[J]. Current Opinion in Solid State and Materials Science, 2001, 5: 39.

[150] Jiang Q, Zhang Z, Li J C. Melting thermodynamics of nanocrystals embedded in a matrix[J]. Acta Mater., 2000, 48: 4791.

[151] Huang J Y, Wu Y K, Ye H Q. Allotropic transformation of cobalt induced by ball milling[J]. Acta Mater., 1996, 44: 1201.

[152] Banerjee R, Dregia S A, Fraser H L. Stability of f.c.c. titanium in titanium/

aluminum multilayers[J]. Acta Mater., 1999, 47: 4225.

[153] Kado T. Structure of Ti films deposited on MgO (001) substrates[J]. Surf. Sci., 2000, 454 - 456: 783.

[154] Manna I, Chattopadhyay P P, Banhart F, Fecht H J, Formation of face-centered-cubic zirconium by mechanical attrition[J]. Appl. Phys. Lett., 2002, 81: 4136.

[155] Manna I, Chattopadhyay P P, Nandi P, Banhart F, Fecht H J. Formation of face-centered-cubic titanium by mechanical attrition[J]. J. Appl. Phys., 2003, 93: 1520.

[156] Suzuki T, Shimono M, Takeno S. Vortex on the surface of a very small crystal during martensitic transformation[J]. Phys. Rev. Lett., 1999, 82: 1474.

[157] Meng Q, Zhou N, Rong Y H, Chen S P, Hsu T Y (Xu Zuyao). Size effect on the Fe nanocrystalline phase transformation[J]. Acta Mater., 2002, 50: 4563

[158] 孟庆平, 戎咏华, 徐祖耀. 金属纳米晶的相稳定性[J]. 中国科学(E辑), 2002, 32: 457.

[159] Fecht J H. Intrinsic instability and entropy stabilization of grain boundaries[J]. Phys. Rev. Lett., 1990. 65: 610.

[160] Fecht J H. Thermodynamic properties and stability of grain boundaries in metals based on the universal equation of state at negative pressure[J]. Acta Metall. Mater., 1990, 38: 1927.

[161] Wagner M. Structure and thermodynamic properties of nanocrystalline metals[J]. Phys. Rev. B, 1992, 45: 635.

[162] Wolf D. Correlation between the energy and structure of grain boundaries in b.c.c. metals I. Symmetrical boundaries on the (110) and (100) planes[J]. Phil. Mag. B, 1989, 59: 667.

[163] Lu K Interfacial structural characteristics and grain-size limits in nanocry-stalline materials crystallized from amorphous solids[J]. Phys. Rev. B, 1995, 51: 18.

[164] Gerifalco L A, Weizer V G. Application of the morse potential function to cubic metals [J]. Phys. Rev., 1959, 114: 687.

[165] Rose J H, Smith J R, Ferrante J. Universal features of bonding in metals[J]. Phys. Rev. B, 1983, 28: 1835.

[166] Rose J H, Smith J R, Guinea F, Ferrante J. Universal features of the equation of state of metals[J]. Phys. Rev., B, 1984, 29: 2963.

[167] Vinet P, Ferrante J, Smith J R, Rose J H. A universal equation of state for solids[J]. J. Phys. C: Solid State Phys., 1986, 19: L467.

[168] Vinet P, Smith J R, Ferrante J, Rose J H. Temperature effects on the universal equation of state of solids[J]. Phys. Rev. B, 1987, 35: 1945.

[169] Landau L D, Lifshitz E M. Statistical physics[M]. Oxford: Rergamin Press, 1958.

[170] Brüesch P. Phonons: Theory and experiments I[G]. Solid-State Sciences, Vol. 34. Berlin: Springer-Verlag, 1982.

[171] Chen Z P, Wen Z, Jiang Q. Phase stabilities of fcc Ti nanocrystals[J]. Solid State Commun. , 2004, 132: 747.

[172] Lu H M, Zhang W X, Jiang Q. Phase stability of nanoanatase[J]. Adv. Eng. Mater. , 2003, 5: 787.

[173] Winning M, Gottstein G, Shvindlerman L S. On the mechanisms of grain boundary migration [J]. Acta Mater. , 2002, 50: 353.

[174] Gottsein G, Shvindlerman L S. Grain boundary migration in metals, thermodynamics, kinetics, applications[M]. CRC Press, 1999.

[175] McLean D. Grain boundaries in metals[M]. Oxford: Clarendon Press, 1957: 116.

[176] Guttmann M, Mclean D. Interfacial segregation[G]. ASM, Metals Park, OH, 1979: 261.

[177] Weissmüller J. Alloy effect in nanostructures [J]. Nano Struct. J. Mater. , 1993, 3: 361.

[178] Weissmüller J. Thermodynamics of nanocrystalline solids [J]. Elec. Mater: Sci. Tech. , 2002, 7: 1 − 39.

[179] Weissmüller J, Bunzel P, Wilde G. Two-phase equilibrium in small alloy particles [J]. Scripta Mater. , 2004, 51: 813.

[180] Meng Q P, Rong Y H, Hsu T Y. Nucleation barrier for phase transformations in nanosized crystals[J]. Phys. Rev. B, 2002, 65: 174118.

[181] Mott N, Nabarro F R N. An attempt to estimate the degree of precipitation hardening, with a simple model[J]. Proc. Phys. Soc. , 1940, 52: 86.

[182] Eshelby J D. The determination of the elastic field of an ellipsoidal inclusion, and related problems[J]. Proc. Roy. Soc. A, 1957, 241: 376.

[183] Eshelby J D. The elastic field outside an ellipsoidal inclusion[J]. Proc. Roy. Soc. A, 1959, 252: 561.

[184] Cahn J W, Larché F. Surface stress and the chemical equilibrium of small crystals. II. Solid particles embedded in a solid matrix[J]. Acta Metall. , 1982, 30: 51.

[185] Gurtin M E, Murdoch A I. A continuum theory of elastic material surfaces [J]. Arch. Ration. Mech. Analysis, 1975, 57: 291.

[186] Falk F. Ginzburg-Landau theory of static domain walls in shape-memory alloys[J]. Z. Physik, 1983, B51: 177.

第十一章
近代相变理论

  凝聚态物理以固体物质微观(microscopic)结构(原子尺度)及宏观(macroscopic)想象的关系研究相变。20世纪80年代开始对既有原子尺度，又具细观(mesoscopic)组织变化的相变关系进行了系统的研究，将相变研究通过数理方法求解，从理论上揭示相变过程的物理本质和相变的热力学和动力学过程，从而将相变理论的发展推向一个更高的层次。

  Laudau 理论是近代相变理论的基础，它基于热力学原理，通过简单的多项式表达，将相变热力学和动力学进行有机的结合，用于研究各类相变过程、相界面的移动、马氏体相变的应力场形成和自触发形核。

  孤立子和群论等数理方法在相变中的应用，使数学和物理的处理手段与相变密切结合，从而进一步丰富了相变理论。

  另一方面，计算机技术的发展变化，为计算材料学发展开辟了广阔的途径，数理方法和数值计算的结合更大大促进了近代相变理论研究的发展，相场的计算机模拟在相变中的应用形象地展示了相的形成和演化过程。

  因此可以认为，近代相变理论就是基于数理和计算机两方面的结合，是正在发展的领域。这里仅能对 Laudau 理论、孤立子、相场和群论在相变研究上作一初步的大概的介绍，作为对近代相变理论进一步了解和研究的基础。

11.1 Landau 理论与结构相变

11.1.1 Laudau 二级相变理论

Laudau 提出的二级相变理论(1937)[1]，因为其形式简单和应用广泛而备受注意。Laudau 的理论可以用于阐释铁电相变、结构相变、磁相变甚至超流和超导相变。Landau 理论是一个基于热力学原理的唯象理论，是对多种平均场理论的统一描述。

1. 序参量

对一个系统的相变可给出定量的描述，相变的特征是当系统的宏观变量发生变化时，将丧失或获得某些对称因素。一个系统从高对称相转变到低对称性相时，系统的某一个物理量 η（称为序参量），将从高对称相中的零值转变为低对称相中的非零值。例如：在晶体相变中，原子从高对称相的平衡位置发生位移，η 应该取为对平衡位置的偏离量；对于磁相变，η 应该取为铁磁体中单位体积的宏观磁矩或反铁磁体中的子格磁矩。

使用序参量表示系统的对称性，可以把高对称相称为无序相，低对称相称为有序相。按照 Laudau 的相变理论，应该存在一个序参量 η 来标记转变温度 T_c 以下的有序相。作为宏观的热力学量，η 应该是一些微观变量 σ_i 的系综平均值。每一个变量 σ_i 则是 i 格点附近的时空坐标的函数，因此时间变化和空间分布同样对这些变量的平均有意义。在高于 T_c 的无序相，η 通常处在快速的随机运动中，所以在每个格点对时间的平均值 $<\sigma_i>_t$ 为零，即和位置 i 无关。相反，当温度低于 T_c 时，这些变量彼此关联，有序相将由空间分布决定。

必须强调的是，系统的对称性仅当 η 变为非零值时才会发生变化；反过来，任何序参量的非零值无论多小，都将引起对称性的降低。但序参量可以有两种变化的方式：一类是一级相变，在这类相变中，当温度在 T_c 处降温或升温，序参量出现不连续的跃变，高对称相的对称群与低对称相的对称群可能毫无联系，也可以有母群与子群的关系。另一类是二级相变，也称为连续相变，这种相变中序参量在相变点是逐渐变化的，相变前后的两相具有的对称群是相关的，低对称相对称群一定是高对称相对称群的子群。

例如，对铁电体，序参量是电极化强度矢量，当温度降低到 T_c 以下，电极化强度将连续或不连续地从零变为一个有限的值。图 11.1 显示了 $BaTiO_3$ 的一级（或不连续）相变。当温度较高时，$BaTiO_3$ 的立方晶格原胞中，Ba 原子处在顶角上，Ti 原子处在体心上，O 原子处在面心上。当温度降到 T_c 以下的时候，Ti 原子和 O 原子将沿着立方体的边相对 Ba 原子移动，使得 BaTiO$_3$ 的对称性发生变化，从立方相转变为四方相。在这个过程中，电极化强度作为序参量在 $T_c = 120\ ℃$ 时从零跳变至一个有限值。相反地，图 11.2 显示了 SrTiO$_3$ 在 $T_c = 110\ ℃$ 时的二级（或连续）相变，晶体的结构也是从立方相转变为四方相，但是相邻氧八面体扭转了一个角度，可以把这个扭转角度当做序参量，这时的序参量是从零逐渐变大的。

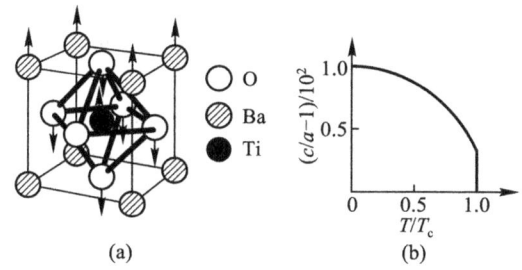

图 11.1　BaTiO$_3$ 中的一级相变，c/a 是两个方向的晶格常数比

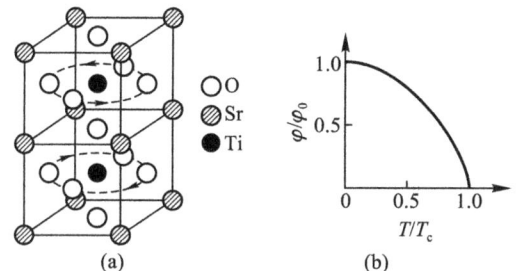

图 11.2　SrTiO$_3$ 中的二级相变 φ 是氧八面体的扭转角，$\varphi_0 = 1.3°$ 是最大扭转角

在某些情况下可以用变化的外力把相变的级数从一级变至二级，如果能够任意小地改变这个外力，使得从一级相变到达二级相变，所通过的两类相变之间的一个阈值点称为三临界点。

任意的序参量作为一个物理量，可能是标量、矢量或张量。普遍地说，序参量可能是多分量的，最简单的情况是标量序参量。在这种情况下、序参量是一维的，分量数 $n = 1$。例如分别选择的 $(c/a - 1)$ 和 φ/φ_0 作为 BaTiO$_3$ 和 SrTiO$_3$ 对应的序参量都是标量序参量。序参量也可以是矢量，分量数 $n = 3$。最著名的例子是在大块的铁磁体中，当温度低于居里温度时，材料出现宏观的磁化强度 M，对于二维各向同性铁磁体，磁化强度局限在一个平面上，分量数 $n = 2$。相似地,在超导体和超流体中,选择它们的宏观波函数作为序参量。对于宏观波函数,$\psi = \psi_0 \exp(i\theta)$ 是模为 ψ_0、相位为 θ 的复数,所以也有 $n = 2$。对于气-液相变,无法区分气体和液体的对称性,所以对称性在相变前后是没有变化的,但是在转变温度处,气相和液相发生分离,故可以把密度差 $\rho_L - \rho_q$ 作为序参量,用 Laudau 理论来处理。

2. Laudau 的二级相变理论

Laudau 的二级相变理论将系统的自由能作为温度 T、压力 P 和相变的序参量 η 的函数来展开。在函数 $\phi(T, P, \eta)$ 中,变量 η 的地位和变量 T、P 的地位是不一样的。当温度和压力取为任意值时,参数 η 只能由热力学的平衡条件,即要求由为极小值的条件来决定。

二级相变中状态变化的连续性意味着 η 的值在相变点可以取任意小,在相变点附近自由能可以展开为 η 的幂级数。对于标量情形的序参量 η,自由能可写为

$$\phi(T, P, \eta) = \phi_0 + \alpha\eta + A\eta^2 + C\eta^3 + B\eta^4 + \cdots \quad (11.1)$$

式中:ϕ_0 是高对称相的自由能,其值和相变发生与否无关;α、A、C、B 是系统的参数,依赖于 P 和 T 而变化。以温度作为宏观变量导出相变(也可以用别的变量代替温度。例如:铁电情形,当保持温度不变时,足够的压力就可以引发相变;向列相液晶也可以由施加外磁场引发相变)。由于自由能在 $\eta = 0$ 时,由于一阶偏导等于 0,则 $\alpha = 0$。同时 $\pm\eta$ 对应一定的有序度,应有相同的 ϕ,则式(11.1)的奇次项不存在,自由能展开为

$$\phi(T, P, \eta) = \phi_0 + A\eta^2 + B\eta^4 + \cdots$$

或写成

$$\phi(T, P, \eta) = \phi_0 + \frac{1}{2}A\eta^2 + \frac{1}{4}B\eta^4 + \cdots \quad (11.2)$$

稳定性条件要求,ϕ 作为 η 的函数应取极小值,并满足

$$\left(\frac{\partial \phi}{\partial \eta}\right) = 0, \quad \left(\frac{\partial^2 \phi}{\partial \eta^2}\right) > 0$$

不计高次项

$$\left(\frac{\partial \phi}{\partial \eta}\right) = A\eta + B\eta^3 = 0$$

$$\left(\frac{\partial^2 \phi}{\partial \eta^2}\right) = A + 3B\eta^2 > 0 \quad (11.3)$$

由式(11.3)可以证明,对于高对称相,$T > T_c$,$\eta = 0$,自由能对二阶偏导大于 0,则 $A > 0$;对于低对称相,$T < T_c$,η 取非零值,ϕ 的最小值将连续迁动,则要求 $A < 0$。在相变点 T_c 附近可以认为二次项系数 A 是温度的线性函数,并在

T_c 上下变号，即
$$A = a(P)(T - T_c)$$
其中 $a(P) > 0$，由一阶导数等于 0 可以得到两个解
$$\eta_1 = 0, \quad \eta_2 = \pm\left(-\frac{A}{2B}\right)^{1/2} = \pm\left(\frac{\alpha(T_c - T)}{2B}\right)^{1/2} \tag{11.4}$$

对于 $T > T_c$，$\eta = 0$ 的相是稳定的，但是当 $T < T_c$ 时，$\eta = 0$ 对应于自由能取最大值。只有非零解才是稳定的，相应于有序相的出现，式(11.4)中的序参量对温度的依赖关系表明，在相变点转变是连续的，这些性质显示在图 11.3 中。为简化，取高温相的自由能 ϕ_0 为能量零点。

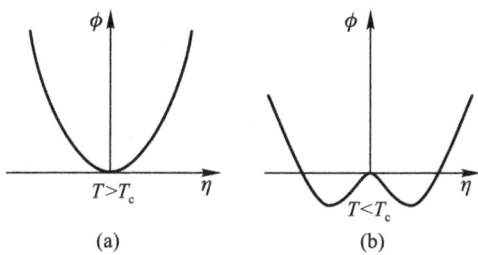

图 11.3 作为标量序参量函数的二级相变点附近的自由能：(a) $T > T_c$；(b) $T < T_c$

3. 外场的影响

在大量系统中，相变涉及成对的共轭变量，这些共轭变量的乘积通常是能量，例如在气-液相变中的压力 P 和体积 V、在顺磁-铁磁相变中的磁场 H 和磁化强度 M、在顺电-铁电相变中的电场强度 E 和电极化强度 P、顺弹-铁弹相变中的应力 σ 和应变 ε。

当存在外场时，图 11.3 将有变化，考虑标量序参量 η 和共轭的场 h，导致自由能添加了一个 ηh 的项，即自由能具有以下形式
$$\phi_h(P, T, \eta) = \phi(P, T, \eta) - \eta h = \phi_0 + \alpha(T - T_c)\eta^2 + B\eta^4 - \eta h$$
表示自由能与序参量 η 是不对称的，在临界温度 T_c 以上，自由能的最小值不在 $\eta = 0$ 处，在 T_c 以下，自由能的两个极小值也不再相同，利用平衡条件 $\partial \phi_h / \partial \eta = 0$ 可以得到
$$h = 2\alpha(T - T_c)\eta + 4B\eta^3$$
在固定外场下，温度变化时，情况如图 11.4 所示。其中图 11.4(a) 是 ϕ_h 有外场时随序参量在 $T > T_c$ 和 $T < T_c$ 的变化，自由能与序参量 η 是不对称的；图 11.4(b) 为平衡态的 $\eta - T$ 曲线，在外场的影响下，在高温时也有一定的有序度，$\eta \neq 0$，随冷却逐渐增加，接近无外场(虚线)的情况。

当温度固定而外场变化时，平衡序参量在不同温度下与外场 h 的关系如图

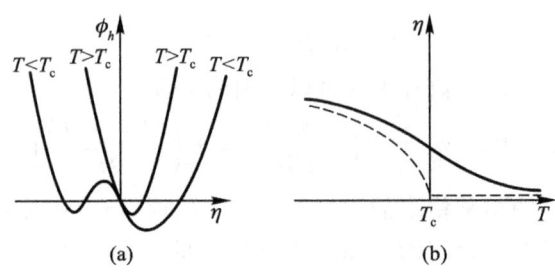

图 11.4　(a) 在外场 $h>0$ 下，Laudau 自由能与序参量的关系；(b) η 与温度的关系（虚线是外场的情况）

11.5 所示。在 $T>T_c$ 时（高温时），序参量随 h 连续变化，而当 $T<T_c$ 时，外场减小，序参量也减小，但当 h 降至零，仍有"残余"有序度，需在相反方向施加外场才会消失。曲线表明，当 h 变化时，序参量 η 和系统能量将在 BD' 和 DB' 处代表的状态上表现出不连续性，磁滞回线 D—A—B—D'—A'—B' 可以在实验中被观测到。矫顽场等于 $(\eta'_B - \eta_B)/2$。当 $T<T_c$ 时，系统将发生一级相变。

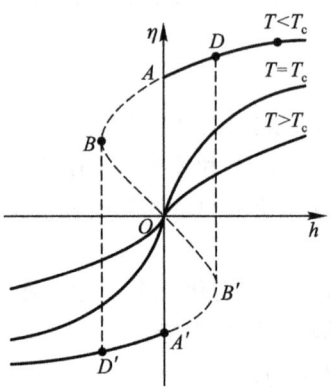

图 11.5　固定温度下，η 作为 h 函数的相图

11.1.2　Laudau 理论与一级相变

1. Devonshire 理论[2,3]

Laudau 理论中自由能对序参量无奇次项的展开近似到 4 次项，适用于二级相变，在 T_c 温度发生连续的过渡，无二相共存，仅在附加外场的情况下，可显示弱一级相变的特征。为使 Laudau 理论能应用于一级相变，Devonshire 将

Laudau 理论加以扩充，其一是在 4 次近似上加上 6 次高次项，其二是在 4 次近似上加上 3 次奇次项，使自由能的序参量表达式在一级相变点 T_0（$T_0 > T_c$）可以出现两个稳定的自由能最低点，显示两相平衡和共存的一级相变特征。

（1）具有 6 次项的自由能展开

$$\phi(P, T, \eta) = \phi_0 + \frac{1}{2}\alpha(T - T_c)\eta^2 + \frac{1}{4}B\eta^4 + \frac{1}{6}D\eta^6 \quad (11.5)$$

在 Laudau 理论取 4 次项的条件下，对式(11.5)求一阶偏导，按稳定性条件

$$\frac{\partial \phi}{\partial \eta} = \alpha(T - T_c)\eta + B\eta^3 = 0$$

有两个解：$\eta_1 = 0$，$\eta_2 = \pm\sqrt{-\frac{\alpha(T - T_c)}{B}}$。由于 $T_0 > T_c$，在 $T_c < T < T_0$ 时，$\alpha(T - T_c)$ 保持正值，因此在 Laudau 二级理论中，B 的系数必须取正值。

$$\frac{\partial^2 \phi}{\partial \eta^2} = \alpha(T - T_c) + 3B\eta^2 > 0$$

$\eta_1 = 0$ 能满足此条件，但 η_2 代入得 $-2(T - T_c)$，在 $T > T_c$ 的情况下是不满足的，因此只取到 4 次项，不能在 T_0 温度得到另一个序参量是处于热力学稳定的条件，也即不存在一个两相共存的状态，故需加一个 6 次项。对式(11.5)求二阶偏导，需满足

$$\frac{\partial^2 \phi}{\partial \eta^2} = \alpha(T - T_c) + 3B\eta^2 + 5D\eta^4 \bigg|_{\eta_2^2 = -\frac{\alpha(T - T_0)}{B}} > 0$$

$$\alpha(T - T_0)\left(5D\frac{\alpha(T - T_c)}{B^2} - 2\right) > 0$$

因 $(T_0 - T_c) > 0$，$B < 0$，则 D 必须取适当大的正值，才可符合两相共存的稳定性条件。因此在加了 6 次项后，其 6 次项的系数必须取正值。这样，按式(11.5)在不同温度下展开的自由能对序参量的曲线如图 11.6 所示，在高温 T_1 下，符合抛物线规律，与 Laudau 二级相变描述的一致，当温度下降到 T_2 时曲线出现拐点，并随温度下降，第二相的稳定性增加，一直到 $T = T_0$ 温度，出现两相共存。温度继续下降到 T_c，系统过渡到发生二级相变。

（2）具有 3 次奇次项的展开

$$\phi(P, T, \eta) = \phi_0 + \frac{1}{2}\alpha(T - T_c)\eta^2 + \frac{1}{3}C\eta^3 + \frac{1}{4}B\eta^4 \quad (11.6)$$

同样考虑稳定性条件，在 $T_0 > T_c$ 下

$$\frac{\partial \phi}{\partial \eta} = \eta[\alpha(T - T_c) + C\eta] = 0$$

在 $T = T_0$ 时，有两个稳定解：$\eta_1 = 0$，$\eta_2 = -\frac{\alpha(T - T_c)}{C}$，有

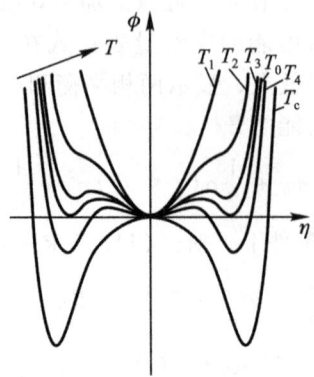

图 11.6　Devonshire 理论的自由能

$$\frac{\partial^2 \phi}{\partial \eta^2} = \alpha(T - T_c) + 2C\eta + 3B\eta^2 > 0$$

由于 $\alpha(T-T_c)$ 保持正值，$\eta_1 = 0$ 自动满足，因存在奇次项，取 $\eta > 0$，则 η_2 中的 $C < 0$，将 η_2 代入上式得

$$\alpha(T - T_c)\left(\frac{3B\alpha(T - T_c)}{C^2} - 1\right) > 0, \quad B > \frac{C^2}{3\alpha(T - T_c)}$$

可见 B 的符号必定是正值，以具奇次项的序参量展开的自由能与 $\eta > 0$ 在不同温度下的曲线如图 11.7 所示。

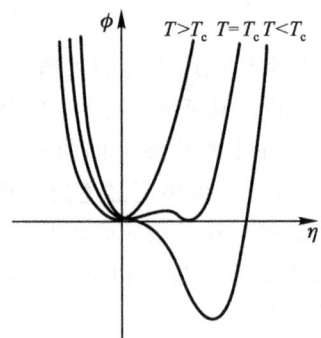

图 11.7　具有 3 次项的自由能曲线

以 $A = \alpha(T - T_c)$，二级相变和一级相变自由能对序参量展开的系数符号约定关系列于表 11.1 中。

11.1 Landau 理论与结构相变

表 11.1　二级相变和一级相变自由能对序参量展开的系数符号

	A	C	B	D
Laudau	>0；<0 变号	×	>0	×
具有 6 次项	>0	×	<0	>0
具有 3 次项	>0	<0	>0	×

2. 序参量和应变的耦合

在结构相变中，也许会发生序参量 η 和应变 ε 的耦合。在一些简单的情形中可以用做包含 $\eta^2\varepsilon$ 项的互作用模型，还可以在自由能中加入一项弹性势能项，将系统自由能表达为

$$\phi = \phi_0 + \alpha(T - T_0)\eta^2 + B\eta^4 + J\eta^2\varepsilon + \frac{1}{2}K\varepsilon^2 \tag{11.7}$$

式中：J 为耦合常数，它非常小；K 为弹性常数。假设在 T_c 附近 J、K 均与温度无关，由自由能极小条件给出

$$\frac{\partial \phi}{\partial \eta} = 2\alpha(T - T_c)\eta + 4B\eta^3 + 2J\eta\varepsilon = 0 \tag{11.8}$$

可得 $\eta_1 = 0$ 和 $\alpha(T - T_c) + 2B\eta^2 + J\varepsilon = 0$，另外

$$\sigma = \left(\frac{\partial \phi}{\partial \varepsilon}\right)_{\eta,T} = J\eta^2 + K\varepsilon$$

无外应力时 $\sigma = 0$，在相变温度 T_c 以下可得参量的自发值为

$$\varepsilon = -\frac{J\eta^2}{K} \tag{11.9}$$

将式(11.9)代入式(11.8)可得

$$\eta^2 = -\frac{\alpha(T - T_c)}{2B^*}, \quad B^* = B - \frac{J^2}{2K}$$

可见平衡值 ε 与温度呈线性关系。

将式(11.9)代入式(11.7)，则自由能为

$$\phi = \phi_0 + \alpha(T - T_c)\eta^2 + B^*\eta^4 \tag{11.10}$$

在弱耦合情况下，式(11.7)描述了一个二级相变。若 $B > B^* > 0$，相变仍为二级的。然而若耦合强到使得 $B^* < 0$，那么高对称相不再稳定，自由能中应包含更高阶项，如 $D\eta^6$，从而 $\eta - \varepsilon$ 的耦合使得相变级次从二级变为一级。

11.1.3 Laudau 理论与热力学

1. 一级相变与二级相变

一级相变与二级相变在相变温度的热力学表征的对照见表 11.2。

表 11.2　一级相变与二级相变的热力学表征

热力学量	一级相变	二级相变
化学位 μ	$\mu_1 = \mu_2$	$\mu_1 = \mu_2$
化学位 μ 的一阶偏导	$-S = \left.\dfrac{\partial \mu_1}{\partial T}\right\|_p \neq \left.\dfrac{\partial \mu_2}{\partial T}\right\|_p$ $V = \left.\dfrac{\partial \mu_1}{\partial p}\right\|_T \neq \left.\dfrac{\partial \mu_2}{\partial p}\right\|_T$	$-S = \left.\dfrac{\partial \mu_1}{\partial T}\right\|_p = \left.\dfrac{\partial \mu_2}{\partial T}\right\|_p$ $V = \left.\dfrac{\partial \mu_1}{\partial p}\right\|_T = \left.\dfrac{\partial \mu_2}{\partial p}\right\|_T$
化学位 μ 的二阶偏导		$-\dfrac{C_p}{T} = \left.\dfrac{\partial^2 \mu_1}{\partial T^2}\right\|_p \neq \left.\dfrac{\partial^2 \mu_2}{\partial T^2}\right\|_p$ $-V\beta = \left.\dfrac{\partial^2 \mu_1}{\partial p^2}\right\|_T = \left.\dfrac{\partial^2 \mu_2}{\partial p^2}\right\|_T$ $V\alpha = \dfrac{\partial^2 \mu_1}{\partial T \partial p} = \dfrac{\partial^2 \mu_2}{\partial T \partial p}$

注：C_p 为等压比热，α 为等压膨胀系数，β 为等稳压缩系数。

2. 无奇次项的 Devonshire 理论

$$\phi(p,T,\eta) = \phi_0 + \frac{1}{2}\alpha(T - T_c)\eta^2 + \frac{1}{4}B\eta^4 + \frac{1}{6}D\eta^6$$

$$S = -\left.\frac{\partial \phi}{\partial T}\right|_{p,\eta} = -\frac{\partial \phi_0}{\partial T} - \frac{1}{2}\alpha \eta^2 = S_0 - \frac{1}{2}\alpha \eta^2$$

$$S_{T \leq T_0} = S\Big|_{\eta^2 = -\frac{\alpha(T-T_0)}{B}} = S_0 + \frac{1}{2}\alpha^2 \frac{(T - T_c)}{B}$$

$$S_{T > T_0} = S\Big|_{\eta = 0} = S_0$$

在相变点 T_0 有突变量

$$\Delta S = \frac{1}{2}\alpha^2 \frac{(T_0 - T_c)}{B}$$

3. 有奇次项的 Devonshire 理论

$$\phi(p,T,\eta) = \phi_0 + \frac{1}{2}\alpha(T - T_c)\eta^2 + \frac{1}{3}C\eta^3 + \frac{1}{4}B\eta^4$$

$$S = -\left.\frac{\partial \phi}{\partial T}\right|_{p,\eta} = -\frac{\partial \phi_0}{\partial T} - \frac{1}{2}\alpha \eta^2 = S_0 - \frac{1}{2}\alpha \eta^2$$

$$S_{T \leq T_0} = S\Big|_{\eta = -\frac{\alpha(T-T_0)}{C}} = S_0 - \frac{1}{2}\alpha^3 \frac{(T - T_c)^2}{C^2}$$

$$S_{T > T_0} = S\Big|_{\eta = 0} = S_0$$

在相变点 T_0 有突变量

$$\Delta S = -\frac{1}{2}\alpha^3 \frac{(T_0 - T_c)^2}{C^2}$$

4. 二级相变

$$\phi(p, T, \eta) = \phi_0 + \frac{1}{2}\alpha(T - T_c)\eta^2 + \frac{1}{4}B\eta^4$$

$$S = -\frac{\partial \phi}{\partial T}\bigg|_{p,\eta} = -\frac{\partial \phi_0}{\partial T} - \frac{1}{2}\alpha\eta^2 = S_0 - \frac{1}{2}\alpha\eta^2$$

$$S_{T \leqslant T_0} = S\bigg|_{\eta^2 = -\frac{\alpha(T-T_0)}{B}} = S_0 + \frac{1}{2}\alpha^2 \frac{(T-T_c)}{B}\bigg|_{T=T_c} = S_0$$

$$S_{T > T_0} = S\bigg|_{\eta=0} = S_0$$

$S_{T \leqslant T_0} = S_{T > T_0}$,$\Delta S = 0$,无突变,在 $T = T_c$ 点连续。

$$\frac{C_p}{T}\bigg|_{T \leqslant T_c} = \frac{\partial S_0}{\partial T}\bigg|_{T_c,\eta} + \frac{\alpha^2}{2B} = \frac{C_{p_0}}{T}\bigg|_{T_c} + \frac{\alpha^2}{2B} = \frac{C_{p_0}}{T_c} + \frac{\alpha^2}{2B}$$

$$\frac{C_p}{T}\bigg|_{T > T_c} = \frac{\partial S_0}{\partial T}\bigg|_{T_c,\eta} = \frac{C_{p_0}}{T}\bigg|_{T_c} = \frac{C_{p_0}}{T_c}$$

在 T_c 处存在突变,突变量为

$$\frac{\Delta C_p}{T_c} = \frac{\alpha^2}{2B}$$

11.1.4 Ginzburg-Laudau 理论

1. Cahn 和 Hilliard 非经典形核理论[4,5]

在形核连续理论中,将相界面上的浓度变化看做是连续的,将形核自由能分成两部分,一部分为局部浓度(成分)的函数,另一部分为局部浓度导数的函数,自由能 g

$$g(y, z, \cdots) = y\left(\frac{\partial g}{\partial y}\right) + z\left(\frac{\partial g}{\partial z}\right) + \cdots + \frac{1}{2}\left[y^2\left(\frac{\partial^2 g}{\partial y^2}\right) + z^2\left(\frac{\partial^2 g}{\partial z^2}\right) + 2yz\left(\frac{\partial^2 g}{\partial y \partial z}\right) + \cdots\right]$$

在一维情况下,上式写为

$$g = g_0(C) + \left(\frac{dC}{dx}\right)\left[\partial g / \partial\left(\frac{dC}{dx}\right)\right] + \left(\frac{d^2 C}{dx^2}\right)\left[\partial g / \partial\left(\frac{d^2 C}{dx^2}\right)\right] +$$

$$\frac{1}{2}\left\{\left(\frac{dg}{dx}\right)^2\left[\partial^2 g / \partial\left(\frac{dC}{dx}\right)^2\right]\right\}$$

式中,x 表示沿扩散方向的距离,C 为浓度。$y = dC/dx$,$\sigma = d^2C/dx^2$,不计高次项,所以

$$E = \partial g / \partial\left(\frac{dC}{dx}\right), \quad K_1 = \partial g / \partial\left(\frac{d^2 C}{dx^2}\right), \quad K_2 = \partial^2 g / \partial\left(\frac{dC}{dx}\right)^2$$

则可将一维自由能表示为

$$g = g_0(C) + E\left(\frac{dC}{dx}\right) + K_1\left(\frac{d^2C}{dx^2}\right) + K_2\left(\frac{dC}{dx}\right)^2$$

对中心对称核心，其自由能不受正、负轴的方向改变而改变，则上式中的 E 需为零，系统自由能为

$$\begin{aligned}G &= An_v\int g\,dn = An_v\int\left[g_0(C) + E\left(\frac{dC}{dx}\right) + K_1\left(\frac{d^2C}{dx^2}\right) + K_2\left(\frac{dC}{dx}\right)^2\right]dx \\ &= An_v\int\left[g_0 + K_2\left(\frac{dC}{dx}\right)^2 - \frac{dK_1}{dC}\left(\frac{dC}{dx}\right)^2\right]dx \\ &= An_v\int_{-\infty}^{+\infty}\left[g_0 + K\left(\frac{dC}{dx}\right)^2\right]dx\end{aligned} \qquad (11.11)$$

2. Ginzburg-Laudau 理论[6]

鉴于一级相变时两相共存，对共存间的畴壁界面，Laudau 和 Devonshire 未考虑畴壁上序参量的激烈变化，并将畴壁的宽度视为零，畴壁的能量也为零。这是不正确的，因此需在自由能密度上加入畴壁上序参量的梯度项，并认为序参量的梯度不是简单的线性，至少要考虑其 2 次项，此想法与 Cahn 和 Hilliard 的非经典形核理论的想法实质是一致的。因此，Ginzburg-Laudau 理论将自由能表达为

$$\phi(p, T, \eta, \nabla\eta) = \phi_0(p, T, \eta) + K(\nabla\eta)^2 \qquad (11.12a)$$

$$\phi = \int\phi(p, T, \eta, \nabla\eta)\,dr \qquad (11.12b)$$

式(11.12a)、式(11.12b)和式(11.11)本质是一致的。

11.1.5　Laudau 理论的应用实例

1. Falk[7,8]**将一维的 Ginzburg-Laudau 模型应用于马氏体相变**

Falk 曾于 20 世纪 80 年代初针对形状记忆合金中的马氏体相变提出一维的 Ginzburg-Laudau 模型。许多形状记忆合金，如 CuAl、CuZn 与 NiTi，其马氏体为堆垛结构(如 2H、3R、9R 与 18R)，马氏体可视为母相沿 (110)[$\bar{1}$10] 切变而得到，如图 11.8 所示，因此 Falk 以该方向上的切变量 E 作为序参量，提出均匀形变晶体的自由能是 E 和温度 T 的函数：

$$F(E, T) = \alpha E^6 - \beta E^4 + \gamma(T - T_1)E^2 + F_0(T) \qquad (11.13)$$

式中，α、β、γ 是材料参数。作变量代换后可将式(11.13)简化为无量纲形式：

$$f(e, t) = e^6 - e^4 + \left(t + \frac{1}{4}\right)e^2 + f_0(t) \qquad (11.14)$$

式中，f、t、e 分别是约化能量、温度和切应变。应变 – 自由能曲线如图 11.9

所示。从图中可见,温度 t 在 1/2 以上时,曲线只在 $e=0$ 处有一极小值,即奥氏体是唯一稳定相。

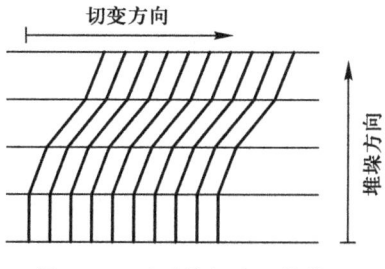

图 11.8 马氏体相变一维模型

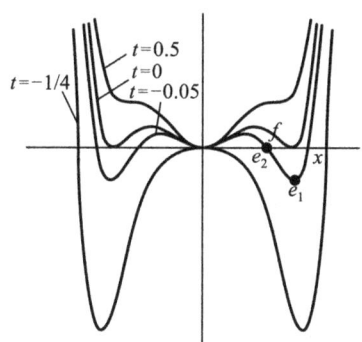

图 11.9 不同温度下 Laudau 自由能作为切应变的函数

在 $0<t<1/2$ 温度范围内,除奥氏体极小值外又出现两个极小值,代表马氏体的两个变体。$t=0$ 时,马氏体与奥氏体的能量相等,相当于 T_0 点。当 $t<-1/2$ 时,在 $e=0$ 处的极小值消失,即奥氏体失稳。Falk 利用这种应变-自由能曲线解释了形状记忆合金的弹性、伪弹性与铁弹性。

如果考虑到应变在空间的不均匀分布引起的能量增加,还需在体系自由能中加入与应变梯度有关的能量项,这一项代替了传统模型中的界面能,体系的自由能变为

$$f(e(x),e'(x),t) = \int \left(e^6 - e^4 + \left(t+\frac{1}{4}\right)e^2 + e'^2 \right) dx \qquad (11.15)$$

体系的稳定状态应使自由能达到极小,运用变分原理可得到:

$$\frac{d^2 e}{dx^2} - \left(t+\frac{1}{4}\right)e + 2e^3 - 3e^5 = 0 \qquad (11.16)$$

用解析法求解该方程,得到了两类解:一类是两种切变方向马氏体交替出现的

孪晶结构，称为 Martensite-Martensite Walls，如图 11.10(a)所示；另一类是奥氏体与马氏体交替出现的结构，称为 Austenite-Martensite Walls，如图 11.10(b)所示。但应该指出，在 $t<0$ 时，这类解中的最大应变值并未达到马氏体的应变值（见图 11.9，最大应变值在 e_2 点附近，而马氏体的应变值在 e_1 点），且随着温度下降最大应变值趋于 0，因此这类解称为 Austenite-Martensite Walls 似较为不妥。Barsch 与 Krumhansl 曾以该解来解释马氏体预相变中的花呢组织[9]。

从图 11.8 可见，在 Falk 模型中进行切变的晶体两侧为自由表面，晶体可以不受约束地切变。但实际上当马氏体相变在晶粒内发生时，马氏体处于基体的包围之中，马氏体切变时必然受到基体的限制，不能自由地改变形状，如图 11.11 所示。图中虚线表示自由进行形状改变的马氏体形状，即 Falk 模型中的情形；实线表示受基体约束的马氏体的形状改变。这是由于形成马氏体时基体要产生协作应变，相应产生的基体应变能会阻碍相变的进行并限制马氏体的形状。

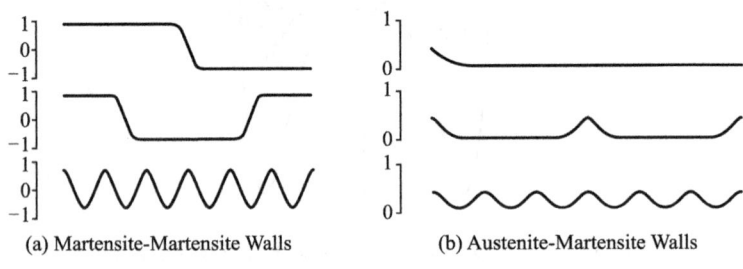

图 11.10　Falk 得到的两类解

从相变热力学的角度来看[10,11]，马氏体相变时涉及的能量有以下几种：马氏体的化学自由能、马氏体的应变能、邻近马氏体的母相协作应变能、马氏体中的储存能（位错应变能或孪晶界面能）以及马氏体与奥氏体之间的界面能。Falk 模型中的体系自由能已包括马氏体的化学自由能、马氏体的应变能、马氏体中的储存能（孪晶界面能）以及马氏体与奥氏体之间的界面能，但母相协作应变能并未计及，由于这一项对马氏体的形成有重要影响，因此也应于考虑。

2. Tang 等[12]的一维马氏体相变理论

首先假设，在晶体中发生马氏体相变的区域为一等厚区域，为图 11.12 中的阴影部分。y 轴为切变方向，x 轴为马氏体长大方向，而 y 方向的厚度保持不变。其次，假设母相发生应变的区域限制在马氏体相变区域两侧的两条母相应变带中，带外区域无应变。由于相邻晶粒的取向不同而限制了晶粒的变形，因此，母相应变带应限制在一颗晶粒内，其宽度与晶粒尺寸在同一数量级。

11.1 Landau 理论与结构相变

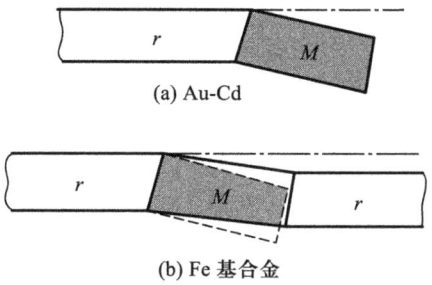

(a) Au-Cd

(b) Fe 基合金

图 11.11 （a）马氏体形成不受周围基体限制（如在 Au – Cd 中）和(b)受基体限制（如在钢中）的示意图[12]

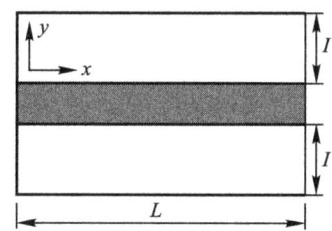

图 11.12 马氏体相变模型示意图
（阴影区域为马氏体相变区域，两侧为母相应变区）

将马氏体相变区域分成许多细条带，设每一细条带内的晶体在相变中产生相同的位移。若一细条带的位移为 Y，则将使母相应变带内对应的两条细条带分别产生位移为 Y 的压缩与伸长，从而产生母相协作应变能，如图 11.13 所示。假定这种压缩或伸长产生的正应变均匀分布在母相的细条带内，则应变量为 Y/l。

设母相的杨氏模量为 E，则沿 x 轴的母相正应变能的密度为 $\dfrac{E}{l}Y^2$。

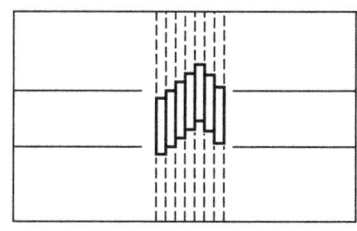

图 11.13 马氏体相变区域的形变示意图

另外，母相应变带中相邻细条带的不同程度的形变会在它们之间产生切应变，因此母相中也存在切应变能。该切应变能的形式与 Falk 模型中的体系自由能相同，加上这一项不会改变体系自由能的形式。考虑母相正应变能给模型带来的变化，加入母相正应变能后，体系自由能为

$$F(Y(X), Y'(X), Y''(X), T)$$
$$= \int \left(\alpha Y'^6 - \beta Y'^4 + \gamma(T - T_1)Y'^2 + \delta Y''^2 + \frac{E}{I}Y^2 \right) dX \quad (11.17)$$

式中，Y 为位移，dY/dX 为切应变。作变量代换

$$f = \frac{25\alpha^2}{24\beta^3}, \quad y = \left(\frac{6\beta}{\delta}\right)^{\frac{1}{2}} Y, \quad x = \left(\frac{12\beta^2}{5\alpha\delta}\right)^{\frac{1}{2}} X$$

并令 $t = \frac{5\alpha\gamma}{12\beta^2}(T - T_1)$，$p = \frac{5\alpha^2\delta}{12\beta^4} \cdot \frac{E}{I}$ 后，自由能简化为无量纲形式：

$$f(y(x), y'(x), y''(x), t) = \int \left(\frac{1}{15} y'^6 - \frac{1}{6} y'^4 + t y'^2 + y''^2 + p y^2 \right) dx$$
$$(11.18)$$

式中：t 为约化温度；p 是约化的母相应变带的劲度系数，它表征了母相作用的强弱。由体系自由能得到 Ginzburg-Laudau 方程

$$y^4 - (t - y'^2 + y'^4) y'' + p y = 0 \quad (11.19)$$

在 Falk 模型中方程以切应变 $e(=y')$ 为变量，这里以位移 y 为变量，方程的阶数增加了 2。

设晶体的长度为 L，晶体两侧为自由表面。边界条件为

$$y''' - \left(t y' - \frac{1}{3} y'^3 + \frac{1}{5} y'^5 \right) = 0, \quad y'' = 0, \quad x = 0, L \quad (11.20)$$

这是一个 4 阶非线性常微分方程的边值问题，采用了适用于常微分方程边值问题的松弛法[13]对方程进行数值求解，得到计算结果。

① 取 $L = 50$，$p = 0.005$，逐渐降低温度 t，观察解的变化，发现随温度下降，解呈阶段性变化。

当 $t > 0.044$ 时，无表征马氏体的解出现，只有奥氏体的解($y = 0$)，0.044 已低于马氏体与奥氏体自由能相等的 T_0 温度($t = 5/48$)，而在 Falk 模型中，$t = 5/48$ 时已能出现马氏体，这反映了母相应变能对相变的抑制。

在 $t = 0.044$ 时，得到大小两种应变值的解，如图 11.14 所示，它们都在边界处形成了应变平台。大应变值的解在边界处的应变接近马氏体的应变，代表表面马氏体，而在内部应变接近于 0，仍为奥氏体，反映了马氏体率先在表面形成；而小应变值的解在边界处的应变随温度下降而趋于 0，无实际意义。从图 11.14 中还可以看到，在表面马氏体与内部奥氏体之间存在一个与马

氏体切变方向相反的反向应变区。

从 $t=0.044$ 继续降温,发现表面马氏体的应变值有所增加,同时宽度也逐渐增大,呈现"长大"的过程。同时反向应变区中的应变也在增加,如图 11.15 所示。

在 $t=-0.021$ 时,除表面马氏体外,又出现了孪晶解,共有五片孪晶。

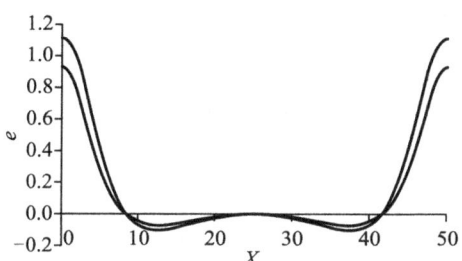

图 11.14　$t=0.04$、$p=0.005$ 时的两种解,大应变值的解代表表面马氏体解

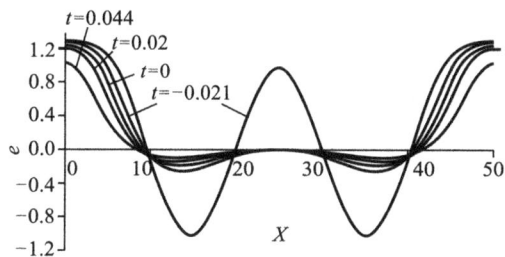

图 11.15　p 值恒定($p=0.005$),在不同温度得到的解

在 $-0.05<t<-0.021$ 温度范围内,表面马氏体解与孪晶解同时存在。

在 $t=-0.05$ 以下,表面马氏体解消失,只有孪晶解,表明在此温度以下母相已完全失稳。

② 固定 $t=0.01$,增加 p 值,观察解的变化。

在 $p<0.00189$ 时,得到孪晶解。当 p 值很小时(如 $p=0.0001$ 时),得到的解接近于 Falk 的解,图 11.16 中 $p=0.0001$ 的孪晶解有三片孪晶。

当 $0.00189<p<0.0035$ 时,除孪晶解外,还出现了表面马氏体解,它可以视为孪晶解在晶体内部的一片孪晶消失而转化成的。

在 $p>0.0035$ 时,孪晶解消失,同时表面马氏体解在晶体内的应变更接近于 0。这种变化显示了母相应变能的增加使得在晶体内部形成马氏体变得困难,从而降低了形成孪晶的起始温度。

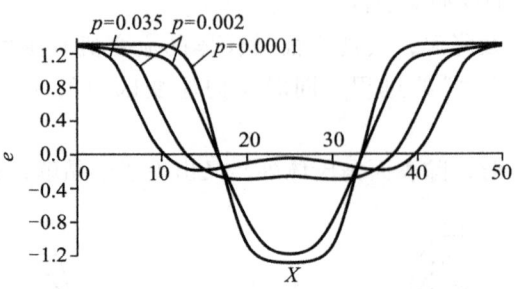

图 11.16　解随 p 值增加发生的变化，$t=0.01$

在 Tang 模型中，马氏体最初只在表面形成，实际中马氏体一般都需依靠缺陷形核，在完整晶体中形核是困难的。表面也是一种缺陷，同样有利于形核，实际中也观察到表面马氏体先于晶内马氏体形成，在这一点上，模型与实际符合得较好。

p 的引入使马氏体相变过程的自由能表达更切实际，p 的物理意义明显地与母相的强度、剪切模量和点阵软化有关。

11.2　马氏体相变的孤立子理论

11.2.1　孤立子的基本理论和性质

1. 孤立波与孤立子

早在 1834 年，英国著名科学家 Scott Russel 首先发现孤立波现象。这是一种受激的水波，此波向前传播时，波形和速度保持不变。1844 年[14]，Russel 在"英国科学促进协会第 14 届会议报告"上发表《论波动》，对此现象作了生动的描述："我正在观察一条船的运动，这条船被两匹马拉着，沿着狭窄的河道迅速前进着。突然，船停了下来，河道内被船体带动的水团并不停止，它们积聚在船头周围激烈地扰动着，然后水浪呈现出一个滚圆而平滑、轮廓分明的巨大孤立波峰，它以巨大的速度向前滚动着，急速地离开了船头，在行进中它的形状和速度并没有明显的改变。我骑在马上紧跟着观察它以约八九英里每小时的速度滚滚向前，并保持长约三十英尺、高约一至一英尺半的原始形状。渐渐地，它的高度下降了，当我跟踪一至二英里之后，它终于消失在适应的河道之中。"这就是 Russel 观察到的奇特现象。进而他认为，这种孤立波是流体运动的一个稳定解，并称它为"孤立波"。Russel 当时未能成功地证明并使物理学家信服他的论断。此后，有关孤立波的问题在当时许多物理学家中引起了广泛的争论，直到 60 多年后的 1895 年，荷兰著名数学家 Kortewey 和 de Vries[15] 通过研究水波的运动，在长波近似和小振幅的假定下，建立了单向运动的淡水波运动，导得 KDV 方程：

$$\frac{\partial \eta}{\partial t} = \frac{3}{2}\sqrt{\frac{g}{l}}\frac{\partial}{\partial t}\left(\frac{1}{2}\eta^2 + \frac{2}{3}\alpha\eta + \frac{\sigma}{3}\frac{\partial^2 \eta}{\partial x^2}\right) \quad (11.21)$$

他们对孤立波现象作了较为完整的分析，并从方程求出了其中一个特解，与 Russel 所发现的孤立波描述一致，即具有形状不变的脉冲状的孤立波，从而在理论上证实了孤立波的存在。

然而，这种波是否稳定？两个孤立波碰撞后能否变形？这些问题长期没能得到解答，以致有些人怀疑，既然式(11.21)是非线性偏微分方程，解的叠加原理不满足，碰撞后两个孤立波的形状很可能会破坏殆尽。持这种观点的人认为这种波"不稳定"，因而研究它没有什么物理意义，于是，孤立波的研究乃告搁浅。

另外一个问题是，像 Russel 描述的这种孤立波是否在流体力学以外的其他物理领域中出现呢？一直到 20 世纪 50 年代，著名物理学家 Fermi、Pasta 和 Ulam 的工作[16]才出现了新的局面，他们将 64 个质点用非线性弹簧连接成一条非线性振动弦。初始时，这些谐振子的所有能量都集中在一个质点上，即其他 63 个质点的初始能量为零。按照经典的理论，只要非线性效应存在，就会有能量均分、各态历经等现象出现，即任何微弱的非线性相互作用可导致系统的非平衡状态向平衡状态过渡。但实际计算的结果却使他们大吃一惊：原来，能量达到平衡的概念是错误的。实际上，经过相当长时间以后，几乎全部能量又回到了原来的初始分布，这就是著名的 FPU 问题。当时，由于只在频率空间来考虑，未能发现孤立波解，所以该问题未能得到正确的解释。该文章在 Fermi 生前没有发表，后来人们发现可以把晶体看成具有质量的弹簧拉成的链条，这恰好是 Fermi 所研究的情况。Toda[17] 研究了这种模式的非线性振动，果然得到了孤立波解，使 FPU 问题得到了正确的解答，从而进一步激起了人们对孤立波研究的兴趣。

随后，1962 年 Perring 和 Skyrme 研究基本粒子模型时，对 Sine-Gordon 方程作了数值解，他们的结果表明：这个方程产生的孤立波也不散开，即使碰撞后两个孤立波也仍保持原有的形状和速度。

1965 年美国著名物理学家、美国科学院院士 Kruskal 和物理学家 Zabusky 用数值模拟方法详细地考察和分析了等离子体中孤立波碰撞的非线性相互作用过程，得到了比较完整和丰富的结果，并进一步证实了这类孤立波相互作用后不改变波形的论断。由于这种孤立波具有类似于粒子碰撞后不变的性质，他们命名这种孤立波为孤立子。

Zabusky 和 Kruskal[18]的研究工作是孤立子理论发展史中的一个重要里程碑,他们引入了"孤立子"的概念,确切地揭示了这种孤立波的本质,这已被普遍接受。这以后,孤立子理论的研究工作更加蓬勃发展,在世界范围内掀起了研究的热潮。除了上述流体物理、固体物理、基本粒子物理、等离子体物理等领域中对孤立子的研究不断深入外,在凝聚态物理、超导物理、激光物理、生物物理等领域中,也相继发现了孤立子的存在。目前,较为完整的数学和物理的孤立子理论已逐步形成。数值计算和理论分析均已证明,一大批非线性发展方程具有孤立子解。孤立波不但在自然界中被观察到,现在,一些孤立波已能在实验室中产生。

在材料研究中,如晶体中的位错[19]、铁磁[20]、铁电的畴界[21-23]、非线性自旋波[24,25]、无公度系统[26,27]、聚醛树脂中周期性边界的畴界[28]等都能以孤立子的方法来研究。对于马氏体相变的界面,Falk[7]在1982年曾由 Laudau 理论出发,用孤立子理论分析了热弹性马氏体相变中的各界面的运动。

2. 孤立子的基本性质和理论

孤立子为非线性方程,此方程的特解具有行波解;能量集中于一个狭小的区域,传播与时间有关,运动中波形和波速保持不变;两个孤立子相互作用时显示"弹性散射",相互作用后,除位向外,保持各自的能量,波形和波速不变。

(1) KDV 方程

1985 年,荷兰数学家 Korteweg 和他的学生 de Vries 在长波近似和小振幅假定下建立了单向运动的浅水波运动 KDV 方程:

$$\frac{\partial \eta}{\partial t} = \frac{3}{2}\sqrt{\frac{g}{l}}\frac{\partial}{\partial x}\left(\frac{1}{2}\eta^2 + \frac{2}{3}\alpha\eta + \frac{\sigma}{3}\frac{\partial^2 \eta}{\partial x^2}\right) \qquad (11.22)$$

式中:$\eta = \eta(x, t)$是高于平衡水面的高度;l是水深;α、σ均为物理常数,是与液体运动有关的常数;$\sigma = \frac{1}{3}l^3 - \frac{Tl}{\rho g}$,$T$是液体的表面张力,$\rho$是密度。由方程解出 Scott 所描述的孤立波。通过变量代换 $u = -\frac{1}{2}\eta - \frac{1}{3}\alpha$,标准的 KDV 方程为

$$u_t - 6uu_x + u_{xxx} = 0 \qquad (11.23)$$

式(11.23)的一个行波,$u(x, t) = u(x - Vt) = u(\xi)$,$V$ 为速度,孤立波解(它的图形见图 11.17)为

$$u(x,t) = -\frac{1}{2}V\text{Sech}^2\left[\frac{\sqrt{V}}{2}(x - Vt + x_0)\right] \qquad (11.24)$$

此孤立波的振幅为 $V/2$,波的宽度为$(\sqrt{V}/2)^{-1}$,波速越大,振幅越高,宽度

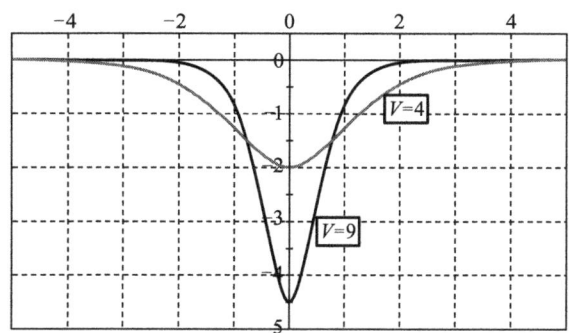

图 11.17　波速增加，孤立波的振幅增加而宽度变窄

越窄。

1962 年 Perring 和 Skyrme 等[29]对 Sine-Gordon 方程的数值解表明，两孤立波碰撞后保持原速度和形状不变。Zabusky 和 Kruskal 用计算机通过数值分析得到 $V_1 > V_2$ 的两个孤立波碰撞后的不变性质，将这种孤立波称为孤立子，如图 11.18 所示。

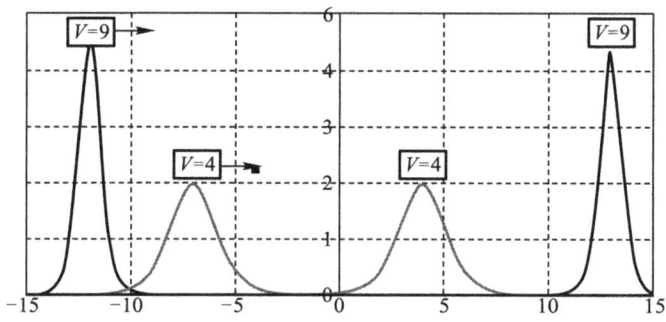

图 11.18　两个孤立波的弹性散射行为

（2）其他的孤立子方程与方程解[30]

① 非线性 Schrödinger(NLS)方程，有类似的钟形解（图 11.17）

$$i\varphi_t + \varphi_{xx} + 2|\varphi|^2\varphi = 0$$

$$\varphi(x,t) = 2a^2 \text{Sech}^2[a(x - 4a^2t - x_0)]$$

② Sine-Gordon(SG)和 Klein-Gordon(SKD)方程，有两类解，如图 11.19 所示。一类为扭结解（包括扭结解和反扭结解）

$$\varphi_{xx} - \varphi_{tt} = \sin\varphi$$

$$\varphi_1(x,t) = 4\arctan\left[\exp\pm\frac{(x-Vt-x_0)}{\sqrt{1-V^2}}\right]$$

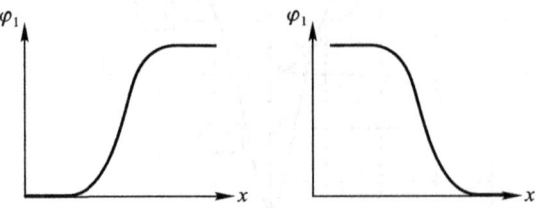

图 11.19　SG 和 SKD 方程的扭结解和反扭结解

另一类为呼吸解(见图 11.20)

$$\varphi_2(x,t) = 4\arctan\left[\frac{q\sin wt}{wq(x-x_0)\cos a}\right]$$

式中 q、a、x_0 为常数，$q^2+w^2=1$。

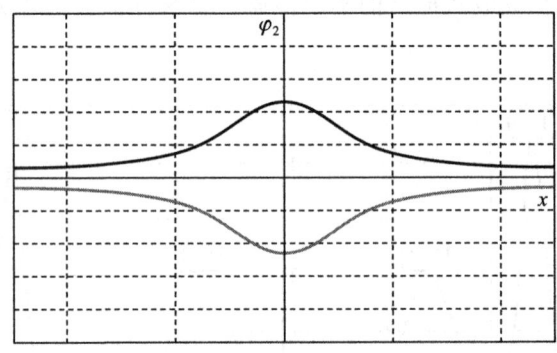

图 11.20　SG 方程和 SKD 方程的呼吸解

③ φ^4 场方程，其势场 $V=\varphi^4/4-\varphi^2/2$，具有扭结解和反扭结解，如图 11.19 所示。

$$\varphi_{xx}-\varphi_{tt}=-\varphi+\varphi^3$$
$$\varphi(x,t)=\pm\tanh[r(x-Vt)+\delta]$$

(3) 孤立子的分类

按非线性偏微分方程解的类型可分成三类：钟形解、扭结解和呼吸解。按孤立子扰动前后区域的性质情况，可分为非拓扑型孤立子和拓扑型孤立子。

1) 按非线性偏微分方程解的类型分类

① 钟形解。图 11.17 为反钟形(φ 为负)的，也有钟形(φ 为正)的，显示波动定域于较小范围内，一旦波动传动，即孤立子移动后，原波动的区域介质

状态恢复原始状态。

② 扭结解。如图 11.19 所示，分为正扭结 $[(\partial\varphi^2/\partial x^2)>0]$ 和反扭结 $[(\partial\varphi^2/\partial x^2)<0]$，表示两种具有相同能量和不同构形之间的孤立波转变过程。当扭结移动时，在被扭结移过的区域，该处介质的构形将发生改变。

③ 呼吸解。如图 11.20 所示，表示在该定域处，某种强度做周期性的变化。

2) 按孤立子扰动前后区域的性质分类[31]

① 非拓扑型。孤立子扰动后系统的各项参数保持不变，Scott 的水波具有钟形解形式。

② 拓扑型。经孤立子扰动后系统的各项参数发生变化，具有扭结解形式。

11.2.2 相变中的孤立波和孤立子

非线性问题是自然界中存在的普遍现象，许多科学领域都和孤立波和孤立子现象密切相关，其理论已在流体物理、固体物理、基本粒子物理、等离子物理、气象学、海洋学、非线性光学、经典场论、量子力学、材料科学中广泛应用。

在材料科学领域，覆盖了超导 Josephson 效应、类酯薄膜的波传播、光纤传输、聚醛树脂中的畴界、铁磁和反铁磁畴界、孪晶界面、晶体中的位错运动、ω-相变、无公度相变、马氏体相变等。

1. 相变中的孤立子

(1) 相变过程中的"细观"尺度与孤立子

相变过程普遍的现象是存在一个原子和宏观之间的"细观"的中间尺度——相界，如切变型相变相界间的应变场、应变波。

马氏体相变存在一个与母相间不形变、不转动的相界——惯习面，其相界有 10~100 个单胞，此相界是确保连接两相(母相和新相马氏体)的应变场(见图 11.21)。

马氏体和马氏体之间彼此可成为孪晶关系形成变体，孪晶界同样存在过渡的应变场(见图 11.22)。

扩散型—浓度波，母相和新相之间存在浓度梯度，在新相长大过程中，界面的浓度梯度保持不变(见图 11.23)。

(2) 相变过程中的相界面性质

相变过程中，母相和新相界面保持界面能量不变，并以一定的长大速度向母相一边推移。切变型的马氏体相变是应变波的推移，扩散型相变是浓度波的推移。可见，相界面的性质完全与孤立子的性质一致。界面的推移过程造成其后面拓扑地使母相转变为新相，或发生结构变化，或发生成分变化。因此，相

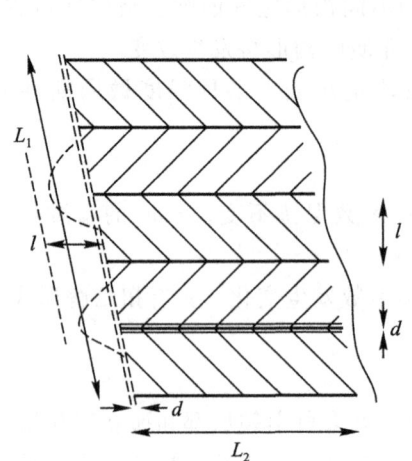

图 11.21 沿 L_1 方向的惯习面

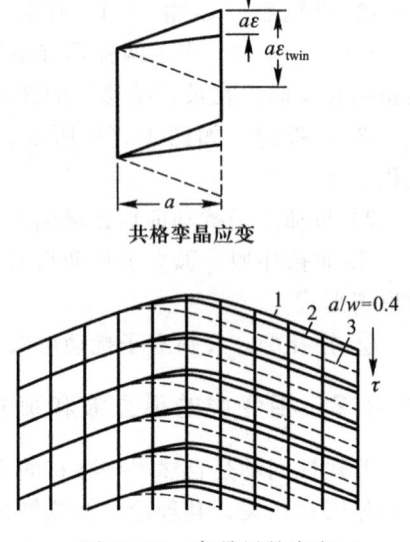

图 11.22 孪晶界的应变

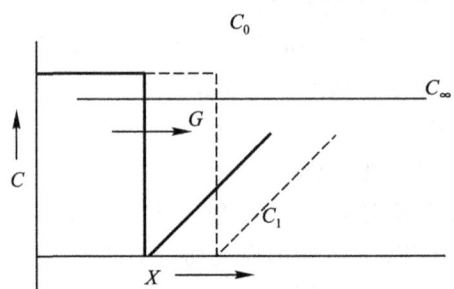

图 11.23 扩散长大过程的界面推移

界面的(切变型相变中的)应变波、(扩散型相变中的)浓度波,可以认为是拓扑型的孤立子。

(3)相变过程的一维近似

固态相变的形核和长大通常具有三维的尺度,但在马氏体相变中由于整个平面的原子集体的行动,则该平面的全部原子可以一个原子为代表,因此可近似以一维的模型来处理三维的行为。图 11.24 是 fcc⇔bcc、fcc⇔hcp 和 bcc⇔hcp 的切变示意图。图 11.25 是一维模型中堆垛原子平面平行于惯习面的示意图。

在扩散型相变中,尺寸长大 $X = \alpha_\lambda (Dt)^{1/2}$,$\alpha_\lambda$ 为无量纲的长大系数,在

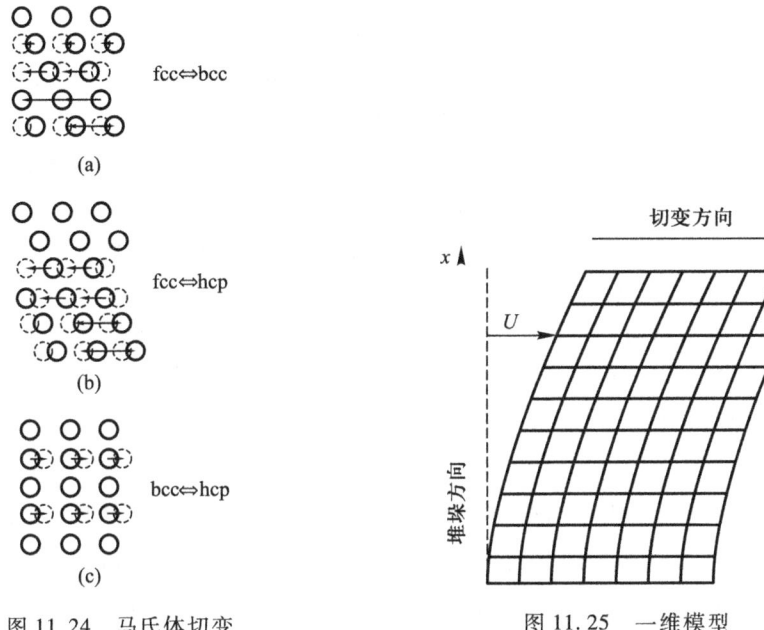

图 11.24 马氏体切变　　　　图 11.25 一维模型

一维情况下，X 表示新相的半宽度，在二维时，X 表示柱状粒子的径向半径，在三维时，X 表示球状粒子的半径。同样可以一维方式来处理长大的动力学过程。

2. 孤立子与 Laudau 理论

（1）Landau-Devonshire 自由能

Landau 的二级相变理论将自由能密度作为序参量和温度的函数

$$\varphi_H(\xi, T) = \varphi_0 + \frac{1}{2}b\xi^2 + \frac{1}{4}d\xi^4 + \frac{1}{6}e\xi^6 + \cdots$$

Devonshire 将 Landau 理论推广到一级相变，将序参量以应变量代替

$$\varphi_H(\xi, T) = \varphi_0 + \frac{1}{2}b\varepsilon^2 + \frac{1}{4}d\varepsilon^4 + \frac{1}{6}e\varepsilon^6 + \cdots$$

由于将畴壁的宽度视为零，畴壁的能量也等于零，这在可两相共存的一级相变上是不正确的。

（2）Ginzburg-Landau 理论和 Cahn-Hilliard 理论

Ginzburg-Landau 理论在 Landau 自由能上加上畴壁的梯度能量，考虑其二次项

$$\varphi(\xi, \nabla \xi, T) = \varphi_H + \alpha(\nabla \xi)^2$$

浓度展开。Cahn-Hilliard 理论在扩散型相变的连续模型中，认为浓度是非均匀

的，将自由能密度以

$$G = G_o(C) + K(\nabla C)^2$$

这里$(\nabla \xi)^2$和$(\nabla C)^2$反映了切变型马氏体相变中应变波孤立子和扩散型相变中浓度波孤立子的能量，亦即相界面的能量。

相变过程通过界面推移使新相长大，在相变的过程中，界面能保持能量不变，因此相变过程的相界面的运动类似于孤立波和孤立子的运动。由此可见，一个相变过程界面推移动力学可以孤立波和孤立子的理论来研究。

3. 相变驱动力和相变孤立子的运动方程解

（1）相变驱动力与孤立子系统的 Hamilton 量和 Lagrange 量

Hamilton 量：$H = T + V$，T 是动能，V 是势能，体现系统的能量。

Lagrange 量：$L = T - V$，反映孤立子的运动，描写代表孤立子参量的时间和空间的函数关系。

而 $L = \int (T - V) \mathrm{d}v$ 泛函确定系统的极值，反映相变过程的最小途径。

而 $F = T - V$ 的 Euler-Lagrange 方程则是描写孤立子的运动方程。相变过程的相变驱动力 ΔG 应与孤立子的 Hamilton 量相当，即 $\Delta G = H$。

因此，相变的孤立子研究方法和过程可简单归结为如下的过程：① 由相变驱动力 ΔG 确定一个反映该相变过程的势场 V。② 由动能 + 势能获得孤立子系统的 Hamilton 量，$H = T + V$。③ 用 Euler-Lagrange 方程解出代表孤立子参量的时间和空间的函数。④ 获得相界面的运动规律和相界面的能量。

系统的动能，即孤立子的移动动能，其形式是固定的，为 $\frac{1}{2}mV^2$，其中的关键是如何确定一个能反映该相变过程的势场函数，势场的形式和大小与系统的状态有关。

（2）φ^4 势模型对铁电 - 反铁电二级相变的应用 $V = \frac{A}{2}\varphi^2 + \frac{B}{4}\varphi^4$（如图 11.26 所示）

Kerr 和 Bishop[32] 按照二级相变的 Landau 理论，引入 P_1 和 P_2 作为两种子晶格的极化强度，系统的自由能表示为

$$F = \frac{c}{2}[(\nabla P_1)^2 + (\nabla P_2)^2] + \frac{a}{2}(P_1^2 + P_2^2) +$$

$$bP_1P_2 + \frac{d}{4}(P_1^2 + P_2^2)^2 \quad (d > 0)$$

以 $A = \frac{1}{\sqrt{2}}(P_1 - P_2)$，$B = \frac{1}{\sqrt{2}}(P_1 + P_2)$ 代入，其中 B 表示铁电相，A 表示反铁电相，得

$$F = \frac{c}{2}[(\nabla A)^2 + (\nabla B)^2] + \frac{a+b}{2}B^2 + \frac{a-b}{2}A^2 + \frac{d}{4}(B^2 + A^2)$$

可得两组孤立子解，分别代表铁电相中存在反铁电特征时形成的畴壁和反铁电相中存在铁电特征时形成的畴壁。

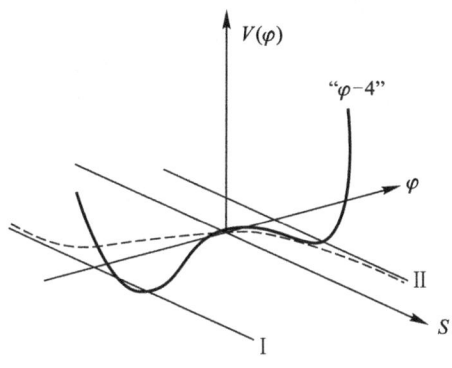

图 11.26　φ^4 势模型

由 Euler-Lagrange 方程得到：

$$c\nabla^2 B - (a+b)B - d(B^2 + A^2)B = 0$$
$$c\nabla^2 A + (b-a)A - d(B^2 + A^2)A = 0$$

当 $3b - a < 0$ 时，$B = \sqrt{-\frac{a+b}{d}}\tanh\left(x\sqrt{-\frac{a+b}{2c}}\right)$，$A = 0$。当 $3b - a > 0$ 时，$B = \sqrt{-\frac{a+b}{d}}\tanh\left(x\sqrt{-\frac{2b}{c}}\right)$，$A = \sqrt{\frac{3b-a}{d}}\text{sech}\left(x\sqrt{-\frac{2b}{c}}\right)$。获得 $\rho\omega_0^2 = \frac{a-3b}{2}$，显示在 $a = 3b$ 附近，ω_0 出现二级相变的软模。

（3）φ^6 势在形状记忆合金一级相变中的应用

自由能 $f_L(e, T) = e^6 - e^4 + (t + 1/4)e^2$，$t$ 为温度，见图 11.27。Falk[33-35] 以 φ^6 势加上应变梯度项的 Ginzburg-Landau 自由能作为系统能量，获得 Hamilton 量

$$f(e, e_x, T) = f_L(e, T) + e_x^2 = e^6 - e^4 + \left(t + \frac{1}{4}\right)e^2 + e_x^2$$

由上式获得的切应力 σ 和应力偶 μ 分别为

$$\sigma(e, T) = \frac{\partial f}{\partial e} = 6e^5 - 4e^3 + 2\left(t + \frac{1}{4}\right)e$$

$$\mu(e_x) = \frac{\partial f}{\partial e_x} = 2e_x$$

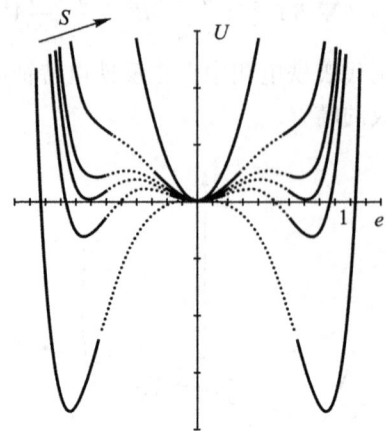

图 11.27　不同温度 f_L 与 e 的函数关系

由 Euler-Lagrange 方程可得 $\sigma - \mu_x = 0$，并具有边界条件为 $\mu(x_1) = \mu(x_2) = 0$。按不同的 $T = t + 1/4$ 温度，Falk 获得四种静态相界面的孤立子解。

① $T < 1/4$ 时 $M^+ - M^-$ 马氏体变体之间的应变扭结解（图 11.28）。

$$e^2(x) = \frac{e_0^2(2e_0^2 - 1)\sinh^2\delta x}{e_0^2 + (2e_0^2 - 1)\cosh^2\delta x}, \quad \delta = e_0\sqrt{3e_0^2 - 1}, \quad e_0^2 = \frac{1}{3} + \frac{\sqrt{1 - 12T}}{6}$$

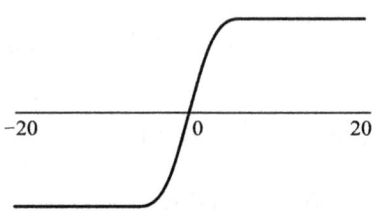

图 11.28　$T < 1/4$ 时 $M^+ - M^-$ 马氏体变体之间的应变扭结解

② $T = 1/4$ 时 M - A 马氏体与奥氏体之间的应变扭结解（图 11.29）。

$$e^2(x) = 1/2(1 + e^{-x})$$

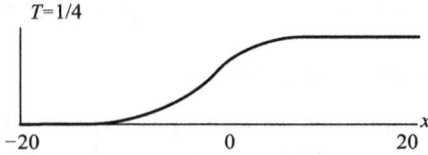

图 11.29　$T = 1/4$ 时 M - A 马氏体与奥氏体之间的应变扭结解

③ $0 < T < 1/4$ 时，奥氏体中存在应变孤立子（图 11.30）。

$$e_x^2(x) = \frac{e_2^2 e_3^2}{e_3^2 - (e_3^2 - e_2^2)\sinh^2 \alpha x}, \quad \alpha = \sqrt{T + 1/4}, \quad e_{2,3}^2 = \frac{1}{2} \pm \sqrt{-T}$$

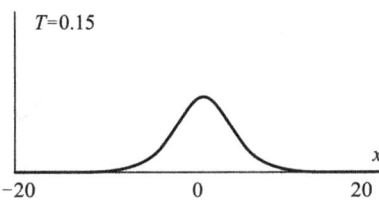

图 11.30　$0 < T < 1/4$ 时奥氏体中存在应变孤立子

④ $1/4 < T < 1/3$ 时，获得马氏体中的奥氏体孤立子（图 11.31）。

$$e^2(x) = \frac{e_0^2(1 - 2e_0^2)}{e_0^2 - \tanh^2 \delta x}$$

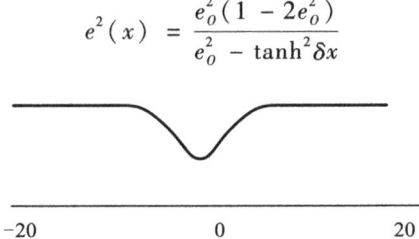

图 11.31　$1/4 < T < 1/3$ 时获得马氏体中的奥氏体孤立子

（4）马氏体相变一维孤立子的 Peyrard-Remoissenet 非线性可变基体势解

1）Peyrard-Remoissenet 一维周期性势场

$$P(\varphi, r) = \omega^2 V(\varphi, r) = \omega^2 (1 - r^2) \frac{1 - \cos\varphi}{1 + r^2 + 2r\cos\varphi}, \quad |r| < 1 \tag{11.25}$$

此周期势反映了固体点阵的周期性，r 的不同代表了材料结构的差异。

然而要建立定量关系，目前尚缺乏实验数据。图 11.32 是不同 r 参数的周期势场形状。

2）一维马氏体相变孤立子的 Hamilton 量

将马氏体相变驱动力等于孤立子的 Hamilton 量，$H = \Delta G = T + U$，将惯习面看做相变过程中保持能量不变的孤立子在 Peyrard-Remoissenet 势上运动，建立一维的孤立子模型[36]。

一维原子链振动时的总能量 $E = T + U$。

n 个原子的总动能 $T = \dfrac{1}{2}\sum_n m\dot{u}_n^2$，$u$ 为位移。

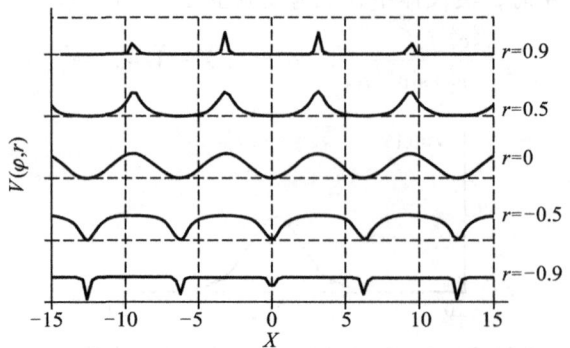

图 11.32　不同 r 参数下周期势场的形状

n 个原子的总势能，在仅考虑最近两原子间的相互作用近似下，$U_1 = \dfrac{\beta}{2}\sum_n (u_{n+1} - u_n)^2$，引入位移无量纲参量 $\varphi_n = \pi\dfrac{u_n}{a}$，$T = \dfrac{1}{2}\sum_n m\dfrac{a^2}{\pi^2}\dot{\varphi}_n^2$，则晶格振动的总能量为

$$E = T + U_1 = \sum_n \frac{1}{2}m\frac{a^2}{\pi^2}\dot{\varphi}_n^2 + \frac{\beta a^2}{2\pi^2}(\varphi_{n+1} - \varphi_n)^2$$

令 $C^2 = \dfrac{\beta a^2}{m}$ 代入上式，C^2 的 $(\text{J/kg})^2$ 等同于 $(\text{m/s})^2$ 量纲，故 C 具有速度量纲，为声子传播特征速度，在固体中声子传播速度约为 10^3 m/s 数量级，则

$$E = \frac{ma^2}{\pi^2}\sum_n \frac{1}{2}\dot{\varphi}_n^2 + \frac{1}{2}\frac{C^2}{a^2}(\varphi_{n+1} - \varphi_n)^2$$

这里 φ 相当于应变，以 $\varphi_n(t) = \varphi(x, t)$，$\varphi_x = \partial\varphi/\partial x$ 代替 $(\varphi_{n+1} - \varphi_n)/a$，使求和变为积分，则总能可写为

$$E = \frac{ma}{\pi^2}\int \mathrm{d}x\left(\frac{1}{2}\varphi_t^2 + \frac{1}{2}C^2\varphi_x^2\right)$$

3）一维马氏体相变 Hamilton 量

将此一维原子链处于 Peyard-Remoissenet 势场下，它的 Hamilton 量应加上式(11.25)，为

$$H = \Delta G = \frac{ma}{\pi^2}\int \mathrm{d}x\left[\frac{1}{2}\varphi_t^2 + \frac{1}{2}C^2\varphi_x^2 + \omega^2 V(\varphi, r)\right] \tag{11.26}$$

式(11.26)积分中的第一项为动能，第二项为振动势，第三项为位势。当 Peyard-Remoissenet 势中的 $r = 0$ 时，式(11.25)变为 Sine-Gordon 势

$$P(\varphi, 0) = \omega^2 V(\varphi, 0) = \omega^2(1 - \cos\varphi)$$

将上式的 $\cos\varphi$ 作级数展开，取到 6 次项，得

11.2 马氏体相变的孤立子理论

$$P(\varphi,0) = \frac{1}{2}\omega^2\varphi^2 - \frac{1}{4!}\omega^2\varphi^4 + \frac{1}{6!}\omega^2\varphi^6 + \cdots$$

这与 Laudau 偶次项的一级相变理论相似，式(11.26)中的第二项与 Ginzburg-Laudau 理论的界面梯度相当，也即与孤立子中应用的 φ^6 势一致。

将马氏体相变的界面作为孤立子，马氏体相变的驱动力应为运动孤立子的能量加上与孤立子相应的两相界面能。运动孤立子的能量包括孤立子的动能和运动时需克服的势能，即式(11.26)积分号中的第一和第三项之和 $\int dx \left[\frac{1}{2}\varphi_t^2 + \omega^2 V(\varphi,r)\right]$。第二项是 $\int \frac{1}{2}\varphi_x^2 dx$，$\varphi_x^2$ 实际就是 $(\nabla\varphi)^2$，反映了界面梯度，是两相界面能。

4）马氏体相变相界面运动方程解

为导出相界面运动方程，即孤立子运动方程，需引入 Lagrange 量

$$L = T - V = \frac{ma}{\pi^2}\int\left[\frac{1}{2}\varphi_t^2 - \frac{1}{2}C^2\varphi_x^2 - \omega^2 V(\varphi,r)\right]dx \qquad (11.27)$$

将式(11.27)积分号中的表达式作为 F，代入 Euler-Lagrange 变分方程

$$\frac{d}{dt}\left(\frac{\partial F}{\partial \varphi_t}\right) - \frac{\partial F}{\partial \varphi} = 0 \rightarrow \varphi_{tt} - \frac{\partial F(\varphi_x,\varphi)}{\partial \varphi} = 0 \rightarrow \varphi_{tt} - \left[\frac{d}{dx}\left(\frac{\partial F}{\partial \varphi_x}\right) - \frac{\partial F}{\partial \varphi}\right] = 0$$

获得相界面孤立子的运动方程

$$\varphi_{tt} - C^2\varphi_{xx} + \omega^2(1-r^2)^2 \frac{\sin\varphi}{(1+r^2+2r\cos\varphi)^2} = 0$$

当 r 等于零时上式为 Sine-Gorden 方程，解为

$$\varphi = 4\arctan\left[\exp\left(\frac{\gamma\xi}{D}\right)\right] = 4\arctan\left\{\exp\left[\frac{\gamma}{D}(x-vt)\right]\right\} \qquad (11.28)$$

式中，$\gamma^2 = \frac{1}{1-v^2/C^2}$，$D = C/\omega$，具有拓扑型扭结解形式。

对不同势场参数 r 下的 φ 与 $\frac{\gamma\xi}{D}$ 作图，见图 11.33，随 r 的增加，扭结在空间的扩展加大。

5）界面能

界面能与 φ_x^2 有关，由式(11.28)对 ξ 求导，得

$$\varphi_\xi = \frac{2\gamma}{D}\text{sech}\left(\frac{\gamma\xi}{D}\right) = \frac{2\gamma}{\xi}\text{sech}\left[\frac{\gamma}{D}(x-vt)\right] \qquad (11.29)$$

由拓扑孤立子所代表的相界面宽度的定义见图 11.34，由图 11.34 可得 $\frac{2\pi}{W} = \varphi_\xi(0)$，由式(11.29)得 $\frac{2\pi}{W} = \varphi_\xi(0) = \frac{2\gamma}{D}\text{sech}(0) = \frac{2\gamma}{D}$，则可得相界面宽度与界面推移速度的关系

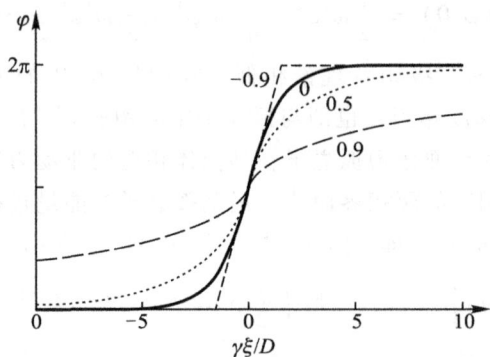

图 11.33　不同势场参数 r 下的 φ 扭结解

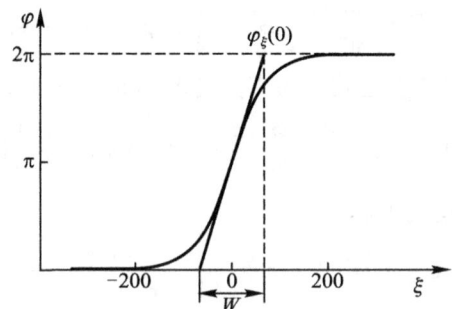

图 11.34　拓扑孤立子所定义的相界面宽度

$$W = \frac{\pi D}{\gamma} = \frac{\pi C}{\omega}\sqrt{1 - v^2/C^2}$$

相界面宽度 W 与界面(孤立子)运动速度 v 的关系如图 11.35 所示。纵坐标为相界面宽度 W，以 $\pi C/\omega$ 为单位，而横坐标为界面运动速度 v，以 C 为单位。从图中可以明显地看出相界面宽度随着界面运动速度的增加而迅速减小，对于界面运动速度快的相变，其相界面宽度相应地比较窄，而对于界面运动速度比较慢的相变，两相之间的过渡区就比较宽。

由 φ_ξ 可得到在 $r = 0$ 时界面能为

$$E_\varepsilon = \frac{ma}{\pi^2}\int \frac{C^2}{2}\varphi_x^2 \mathrm{d}x$$

$$E_\varepsilon = U = \frac{ma}{\pi^2}\int \frac{C^2}{2}\varphi_x^2 \mathrm{d}x = \frac{ma}{\pi^2}\int \frac{C^2}{2}\left(\frac{2\lambda}{D}\right)^2 \mathrm{sech}^2\left(\frac{\gamma\xi}{D}\right)\mathrm{d}\xi = \frac{3.68ma}{\pi^2}\omega\frac{C}{\sqrt{1 - v^2/C^2}}$$

通过式(11.25)、式(11.26)、式(11.27)，可以获得在不同的 r 的

11.2 马氏体相变的孤立子理论

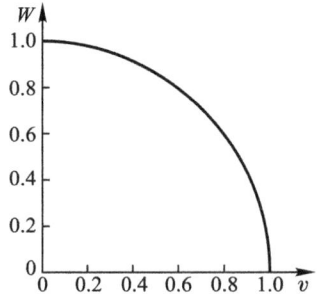

图 11.35 相界面宽度 W 与界面运动速度 v

Peyrard-Remoissenet 势下,界面能与速度的关系为

$$E_\varepsilon = \frac{2ma}{\pi^2}\omega \frac{C}{\sqrt{1-v^2/C^2}}(1.48378 - 1.51616r) \tag{11.30}$$

变化规律与 $r=0$ 的情况基本一致,速度接近 C(声速)时,E_ε 变得很大,这导致驱动力的增加。当速度等于 0 时,此时的 E_ε 为静态界面能,见图 11.36。

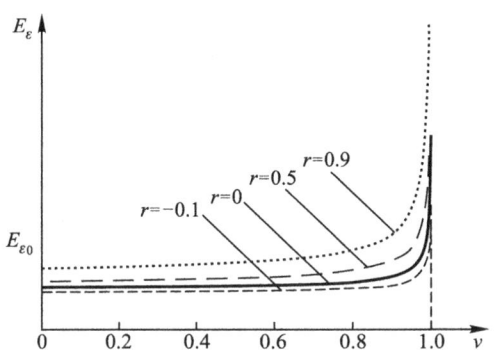

图 11.36 不同 r 时界面运动速度与界面能的关系

6) 相变驱动力与速度的关系

由 $\Delta G = H$,以孤立子解 φ 和 φ_ξ 代入能量公式可得能量与速度的关系

$$\Delta G = \frac{2ma}{\pi^2}\omega \frac{C}{\sqrt{1-v^2/C^2}}(4.02692 - 2.93192 - 0.76224r^2) \tag{11.31}$$

和界面能有类似的变化规律,见图 11.37。可见马氏体相变孤立子,即相界面,其运动速度越快,相变所需的驱动力也越大。因此对爆发型的马氏体相变,相变速度近似于声速,其相变驱动力也大。而热弹性马氏体相变,相界面

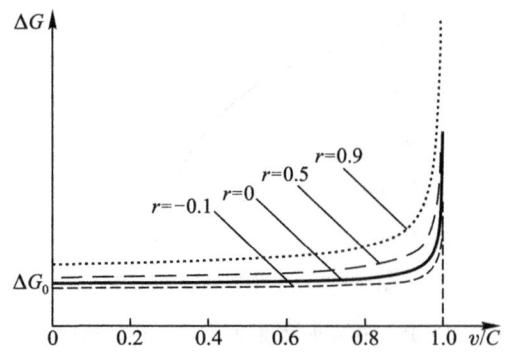

图 11.37　不同 r 的相变驱动力和速度的关系

运动速度与实际情况相符。

Suezawa 和 Sumino[37] 提出，$\omega^2 = \dfrac{GS^2}{4ma^2}$，其中 G 为一维晶体的剪切模量，S 为切应变。马氏体相变中切变波的波速 $C = \sqrt{G/\rho}$[38]，G 为剪切模量，ρ 是材料的密度。

对高碳钢，$m = 56 \times 10^{-3}$ kg/mol，$a = 3 \times 10^{-10}$ m，$G = 5 \times 10^{10}$ N/m^2，$C = 3.1 \times 10^3$ m/s，切应变 S 取 0.1，计算得 $\omega = 2.79 \times 10^9$ s^{-1}，相变驱动力以 2 000 J/mol 代入式(11.31)，对不同 r 值的计算结果 v/C 都为 0.99，与实际马氏体相变速度接近于声速的情况相符。

对低碳钢，C 含量约为 0.005%，在 $M_s = 777$ K，其相变驱动力为 1 191 J/mol，计算得 $\omega = 2.79 \times 10^{13}$ s^{-1}，取 $r = 1$，或得 $v \approx 0.1$ m/s，与实验的结果近似。

对 $Au_{23}Cu_{30}Zn_{47}$ 合金，取 $m = 95 \times 10^{-3}$ kg/mol，$a = 6.1 \times 10^{-10}$ m，$G = 3.6 \times 10^{10}$ N/m^2，$\rho = 11.1 \times 10^3$ kg/m^3，取 $S = 0.1$，得 $\omega = 1.24 \times 10^9$ s^{-1}，$C = 1.8 \times 10^3$ m/s，取 $r \approx 1$，以式(11.31)计算得到相变驱动力约为 20 J/mol，与实验的 12 J/mol 相当。

11.3　相场理论

11.3.1　描述相场的动力学方程

相场理论是以热力学和动力学基本原理为基础而建立起来的一个用于预测固态相变过程中微结构演化的有力工具。

在相场模型中，系统的本质由一组连续的序参量构成的参量场所描述。相变中微结构演化则通过求解在一定的外界条件下，系统各空间上不均匀的序参量场的时间关联的相场动力学方程而获得。相场模型已经被广泛应用于各种扩散和无扩散型相变的微结构演化研究，如析出反应、铁电相变、马氏体相变、应力相变、结构缺陷相变等。

1. 连续相场动力学方程

通常系统中，微观结构的演化包括成分和结构的变化，因此需定义两类场变量，即守恒变量和非守恒变量来完全定义一个微观结构。浓度场是一个守恒场，对它的体积积分是常数，总的溶质原子数保持不变。而描述结构变化的长程序参量反映不同相间的对称性区别，一些相中不同结构畴间的晶相取向差别是非守恒变量。

守恒浓度场的瞬间演化由 Fick 第一、第二定律和扩散方程、Cahn-Hilliard 方程获得

$$\frac{\partial C(\boldsymbol{r},t)}{\partial t} = -\boldsymbol{\nabla} J = M_{pq} \nabla^2 \mu = M_{pq} \nabla^2 \frac{\delta F_{\text{tot}}}{\delta C(\boldsymbol{r},t)} \quad (11.32\text{a})$$

$$\frac{\partial \phi_p(\boldsymbol{r},t)}{\partial t} = \sum_q M_{pq} \nabla^2 \frac{\delta F_{\text{tot}}}{\delta \phi_q(\boldsymbol{r},t)} \quad (11.32\text{b})$$

式中，J 是通量，化学位 $\mu = \frac{\delta F_{\text{tot}}}{\delta C(\boldsymbol{r},\ t)}$，$F_{\text{tot}}$ 为系统总自由能，M_{pq} 为扩散迁移率。

类似于式(11.32b)，对于系统为非守恒的长程序参量的演变通常以松弛方程描述，为时间依赖的 Ginzburg-Laudau (TDGL) 方程：

$$\frac{\partial \eta_1(\boldsymbol{r},t)}{\partial t} = -\hat{L}_{1j} \frac{\delta F_{\text{tot}}}{\delta \eta_j(\boldsymbol{r},t)}$$

$$\vdots$$

$$\frac{\partial \eta_\theta(\boldsymbol{r},t)}{\partial t} = -\hat{L}_{\theta j} \frac{\delta F_{\text{tot}}}{\delta \eta_\theta(\boldsymbol{r},t)} \quad (11.33)$$

$\hat{L}_{ij}$ 为动力学结构算符的对称矩阵，是与序参量相关的弛豫常数。为了描述系统因热涨落而产生的变化，如成核问题，必须在 C-H 和 -L(TDGL) 方程中增加一项随机力：$\xi(\boldsymbol{r},t)$。

相变的形核过程由能量涨落引起，加入噪声项 Langevin 随机项 $\xi(\boldsymbol{r},\ t)$，具有高斯分布，且满足涨落 - 耗散关系

$$<\xi_p(\boldsymbol{r},t)\xi_q(\boldsymbol{r}',t')> = 2K_B T \hat{L}_{pq} \delta_{pq} \delta(\boldsymbol{r}-\boldsymbol{r}') \delta(t-t')$$

形核阶段后，此项可以忽略。

$$\frac{\partial C(\boldsymbol{r},t)}{\partial t} = M \nabla^2 \frac{\delta F_{\text{tot}}}{\delta C(\boldsymbol{r},t)} + \xi(\boldsymbol{r},t),$$

第十一章 近代相变理论

$$\frac{\partial \eta_1(\boldsymbol{r},t)}{\partial t} = -\hat{L}_{1j}\frac{\delta F_{tot}}{\delta \eta_j(\boldsymbol{r},t)} + \xi_1(\boldsymbol{r},t),$$
$$\vdots$$
$$\frac{\partial \eta_\theta(\boldsymbol{r},t)}{\partial t} = -\hat{L}_{\theta j}\frac{\delta F_{tot}}{\delta \eta_\theta(\boldsymbol{r},t)} + \xi_\theta(\boldsymbol{r},t) \qquad (11.34)$$

式(11.34)就是连续相场理论的基本动力学方程,在系统未达平衡时,方程右侧的驱动力不等于零,从而驱动系统的长程序参量随时间变化。对应微结构的演化,从求解给出的一个初始状态积分得到长程序参量随时间的变化。式(11.32)在迭代过程中就可以观测到系统的变化,无须求此偏微分方程的解。

2. 系统总能量 F_{tot}

系统总能量由三部分组成,包括 Laudau 化学自由能、界面梯度能和弹性应变能,表示为

$$F_{tot} = F_{ch} + F_{gr} + F_{el} \qquad (11.35)$$

式中:F_{ch}是以一序参量 η(可以是浓度 C、有序度 ξ 等)多项式表示的系统化学自由能(见本章 11.1.1 节和 11.1.2 节);F_{gr}为界面梯度能项,以序参量的梯度表示,$F_{ch}+F_{gr}$称为 Ginzburg-Laudau 理论(见本章 11.1.4 节);F_{el}由 Khachaturyan[39,40]微弹性理论决定。

3. 弹性应变能 F_{el}

在 Khachaturyan 微弹性理论中,弹性应变能表示为与任意形状因子 $\vartheta_p(r)$(相当于 Laudau 展开多项式中的序参量)相关的无应力应变 $\varepsilon_{ij}^0(r)$ 的函数,这里

$$\varepsilon_{ij}^0(r) = \sum_{p=1}^{n}\vartheta_p(r)\varepsilon_{ij}^0(p) \qquad (11.36)$$

弹性应变能可以通过无应力应变计算,被写成三项之和

$$F_{el} = F_{squeeze} + F_{relax}^{hom} + F_{relax}^{heter} \qquad (11.37)$$

$$F_{squeeze} = \frac{1}{2}\sum_{p=1}^{n}C_{ijkl}\varepsilon_{ij}^0\varepsilon_{kl}^0\int\vartheta_p(r)dV \qquad (11.38)$$

$$F_{relax}^{hom} = -\frac{1}{2V}\sum_{p=1}^{n}\sum_{q=1}^{n}C_{ijkl}\varepsilon_{ij}^0(p)\varepsilon_{kl}^0(q)\int\vartheta_p(r)dV\int\vartheta_q(r)dV \qquad (11.39)$$

$$F_{relax}^{heter} = -\frac{1}{2}\sum_{p=1}^{n}\sum_{q=1}^{n}\int\frac{d^3k}{(2\pi)^3}B_{pq}(e)\{\vartheta_p(r)\}_k\{\vartheta_p(r)\}_k^* \qquad (11.40)$$

$$B_{pq}(e) = e_i\sigma_{ij}^0(p)\Omega_{jk}(e)\sigma_{kl}^0(q)e_j \qquad (11.41)$$

这里 $e = K/k$ 是倒易空间的单位矢量,e_i是 i 方向的分量,$\sigma_{ij}^0(p) = C_{ijkl}\varepsilon_{ij}^0(p)$ 和 $\Omega_{ij}(e)$是格林(Green)函数张量,它的逆张量 $\Omega_{ij}^{-1}(e) = C_{ijkl}e_k e_l$。

$$\{\vartheta_p(r)\}_k = \int \frac{d^3k}{(2\pi)^3} \vartheta_p(r) \exp(-ikr) \qquad (11.42)$$

$\{\vartheta_p(r)\}_k$ 是 $\{\vartheta_p(r)\}$ 的傅里叶(Fourier)变换，$\{\vartheta_p(r)\}_k^*$ 是 $\{\vartheta_p(r)\}_k$ 共轭变换。

式(11.40)积分定义在倒易空间中，在 $k=0$ 处的 $(2\pi)^3/V$ 值被去除，不被包括。

11.3.2 相场理论的应用

相场理论可在不同材料研究领域应用，通过选择不同的场变量，可演示单相和两相材料的凝固、晶粒长大、固态和液态的烧结、金属和陶瓷中的固态相变(包括超合金、马氏体、铁电、超导等)。

1. 共格有序沉淀的微结构演化[41]

有序的中间金属化合物 γ' - $Ni_3X\ L1_2$ 相从无序的 γ - fcc 母相沉淀出来，如 Ni-9.5Al-5.4Mo 的 TEM 实验照片，γ' 相沿母相软化方向[100]排列，如图 11.38 所示。

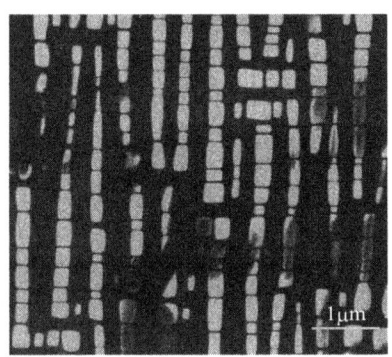

图 11.38　Ni-9.5Al-5.4Mo 合金中的 γ' 沉淀

该沉淀关系到成分与结构的变化，需由浓度场 $C(r,t)$ 和长程序参量 $\eta(r,t)$ 共同描述，长程序参量反映浓度波的振幅，$L1_2$ 的三个长程序参量的组合自动表征四类反相畴和三类反相畴界。

以浓度和序参量表示的自由能为

$$f(C,\eta_1,\eta_2,\eta_3) = f_0(C,T) + \sum_{p=1}^{3} A_p(C,T)\eta_p + \frac{1}{2}\sum_{pq=1}^{3} A_{pq}(C,T)\eta_p\eta_q +$$
$$\frac{1}{3}\sum_{pqj}^{3} A_{pqj}(C,T)\eta_p\eta_q\eta_j + \frac{1}{4}\sum_{pqjs=1} A_{pqjs}(C,T)\eta_p\eta_q\eta_j\eta_s \qquad (11.43)$$

第十一章 近代相变理论

自由能与 fcc 点阵的对称操作无关，因此可将自由能简化为

$$f(C,\eta_1,\eta_2,\eta_3) = f_0(C,T) + \frac{1}{2}A_2(C,T)(\eta_1^2 + \eta_2^2 + \eta_3^2) +$$

$$\frac{1}{3}A_3(C,T)\eta_1\eta_2\eta_3 + \frac{1}{4}A_4(C,T)(\eta_1^4 + \eta_2^4 + \eta_3^4) +$$

$$\frac{1}{4}A_4'(C,T)(\eta_1^2 + \eta_2^2 + \eta_3^2)^2 + \cdots \qquad (11.44)$$

按自由能公式，最小自由能始终关系到长程序参量的四重简并，例如，有 4 个长程序参量相应于自由能的极值

$$(\eta_1,\eta_2,\eta_3) = (\eta_0,\eta_0,\eta_0),(\eta_0,-\eta_0,-\eta_0),(-\eta_0,\eta_0,-\eta_0),$$
$$(-\eta_0,-\eta_0,\eta_0)$$

η_0 是长程序参量平衡值，则这些参量必须满足以下条件：

$$\frac{\partial f(C,\eta_1,\eta_2,\eta_3)}{\partial \eta_p} = 0, \quad (p=1,2,3)$$

和浓度及长程序参量相关的总自由能还需加上梯度项，写为

$$F = \int_V \left\{ \frac{1}{2}k_C[\nabla_C(\boldsymbol{r},t)]^2 + \frac{1}{2}\sum_{p=1}^{3}k_{ij}(p)\nabla_i\eta_p(\boldsymbol{r},t)\nabla_j\eta_p(\boldsymbol{r},t) + \right.$$

$$\left. f(C,\eta_1,\eta_2,\eta_3) \right\} dV \qquad (11.45)$$

式中，k_C 和 k_{ij} 为梯度系数，可通过对给定系统实验值计算决定。

作为简化，取自由能为 4 次多项式，对一个具有 $\eta_1 = \eta_2 = \eta_3 = \eta$ 的简单有序畴，式(11.43)的自由能为

$$f(C,\eta) = \frac{1}{2}B_1(C-C_1)^2 + \frac{1}{2}B_2(C_2-C)\eta^2 - \frac{1}{3}B_3\eta^3 + \frac{1}{4}B_4\eta^4$$

$$(11.46)$$

这里

$$\frac{1}{2}B_1(C-C_1)^2 = f_0(C,T_0), \quad \frac{1}{2}B_2(C_2-C) = \frac{3}{2}A_2(C,T_0),$$

$$B_3 = -A_3(C,T_0), \quad \frac{1}{4}B_4 = \frac{3}{4}A_4(C,T_0) + \frac{9}{4}A_4'(C,T_0)$$

T_0 是等温温度，B_1、B_2、B_3、B_4、C_1、C_2 是正常数。

将 $f(C,\eta)$ 最小的序参量 $\eta = \eta_0(C)$ ($\partial f/\partial \eta = 0$) 代入式(11.43)，得到 $f[C,\eta_0(C)]$，使该式仅为浓度 C 的函数。按 Ni-Al 在 $T_0 = 1270$ K 时，fcc 和 L1$_2$ 平衡的浓度分别为 $C_r = 0.125$ 和 $C_{r'} = 0.24$，$\eta = 0.99$，由热力学自由能 f-C 上相变驱动力 $|\Delta f| = f(C^*)$ 值，实验和计算数据拟合获得 $B_1 = 905.387$，

$B_2 = 211.611$，$B_3 = 165.031$，$B_4 = 135.637$，$C_1 = 0.125$，$C_2 = 0.383$。此步的实验数据越多，精度也越高。

弹性能与浓度和长程序参量在傅里叶空间中的形式为

$$E_{el} = \frac{1}{2} \int \frac{d^3k}{(2\pi)^3} B(e) |\tilde{C}(k)|^2$$

$$E_{el} = \frac{1}{2} \sum_{pq} \int \frac{d^3k}{(2\pi)^3} B_{pq}(e) \{\eta_p^2(r,t)\}_k \{\eta_q^2(r,t)\}_k^*$$

这里 $e = K/k$，是倒易空间的单位矢量，$\tilde{C}(k)$ 和 $\{\eta_p^2(r, t)\}_k$ 分别是 $C(r, t)$ 和 $\eta_p^2(r, t)$ 的傅里叶变换，$\{\eta_q^2(r, t)\}_k^*$ 是 $\{\eta_p^2(r, t)\}_k$ 的复共轭，积分中不包括 $K = 0$ 的 $(2\pi)^3/V$ 的体积。

$$B(e) = C_{ijkl}\varepsilon_{ij}^0\varepsilon_{kl}^0 - e_i\sigma_{ij}^{\Omega}\Omega_{jk}(e)\sigma_{kl}^{\Omega}e_l$$

$$B_{pq}(e) = C_{ijkl}\varepsilon_{ij}^0(p)\varepsilon_{kl}^0(q) - e_i\sigma_{ij}^{\Omega}(p)\Omega_{jk}(e)\sigma_{kl}^{\Omega}(q)e_l$$

这里 e_i 是矢量 e 的第 i 组分，C_{ijkl} 是弹性模量张量，ε_{ij}^0、$\varepsilon_{ij}^0(p)$ 是第 p 个取向的边体从母相无应力的转变到产物的相应变，$\sigma_{ij}^0(p) = C_{ijkl}\varepsilon_{ij}^0(p)$，$\Omega_{ij}(e)$ 是格林(Green)函数张量。

在 Ni-Al 合金中，点阵参数仅与成分有关，以 γ'/γ 的 $\varepsilon_0 = (a_{\gamma'} - a_{\gamma})/a_{\gamma} \approx 0.0056$，$C_{11} = 2.31$，$C_{12} = 1.94$，$C_{44} = 1.17 \times 10^{12}$ erg/cm^3，在模拟中取 $\mu = (C_{11} + C_{12})^2 \varepsilon_0^2 / |\Delta f| C_{11} = 1600$，产生 $|\Delta f| = 1.85 \times 10^7$ erg/cm^3。模拟中通常取无量纲量，在式(11.32)、式(11.33)两边除以 $L|\Delta f|$ 和引入一个长度单位于模拟格子的增量作为微观结构的尺度，所有无量纲形式为

$$\tau = L|\Delta f|t, \quad \rho = x/l, \quad \varphi_1 = \frac{k_C}{|\Delta f||l^2}, \quad \varphi_2 = \frac{k}{|\Delta f||l^2}, \quad M^* = \frac{M}{Ll^2}$$

为简化，假定式(11.45)中 $k_{ij}(p) = k\delta_{ij}$ [δ_{ij} 是克罗内克(Kronecker) δ 符号]，取 $\varphi_1 = -50.0$（可正可负，取决于原子的相互作用），$\varphi_2 = 5.0$，$M^* = 0.4$，模拟表面能 $\sigma_{siml} = 14.2\sigma_{siml}^*|\Delta f|l$（无量纲 $\sigma_{siml}^* = 4.608$，实验值 $\sigma_{exp} = 14.2$ erg/cm^3）。模拟单位格子 $l = 1.67$ nm，具有 512×512 个格子的 2D 系统的尺度是 $512l = 855$ nm，一个 2D 的模拟图如图 11.39 所示。

2. 马氏体相变的结构演化[42]

基于 Ginzburg-Laudau 理论，以一个长程序参量定义马氏体相变场，该序参量在某个相内部有一个均匀值，在相界有一变化值，即相界序参量的梯度。在每个空间点的序参量，在动力学上呈现为驱动力的函数，在小相变驱动力的情况下，每个点的长程序参量的变化率和与驱动力有关的泰勒(Taylor)级数的第一项成正比，如式(11.33)，称为时间依赖的 Ginzburg-Laudau 动力学方程。

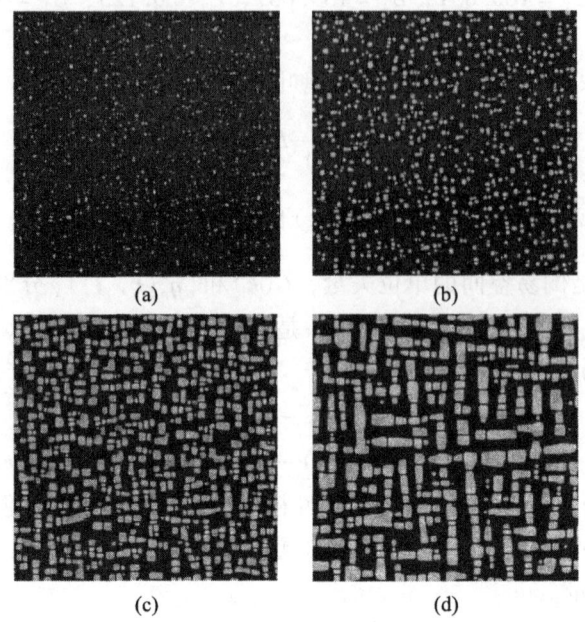

图 11.39 Ni – Al 的 γ' 相沉淀：(a) $\tau = 0.5$；
(b) $\tau = 2$；(c) $\tau = 10$；(d) $\tau = 100$

（1）均匀晶体的非平衡自由能

对一无畸变点阵母相 ($\varepsilon_{ij} = 0$)，均匀不平衡自由能可表示为

$$F = V \cdot f(\varepsilon_{ij} = 0; \eta_1, \cdots, \eta_\nu) = V \cdot f_0(\{\eta_p\}) \tag{11.47}$$

式中：V 为总体积；f 为比自由能；ε_{ij} 为以无畸变母相作参考的应变；$\{\eta_p\} = \eta_1, \cdots, \eta_\nu$，是一组描述马氏体有序态的长程序参量。一般情况下 $\varepsilon_{ij} \neq 0$。以 ε_{ij} 对式 (11.47) 作泰勒级数展开，取到 2 次项

$$f(\varepsilon_{ij}; \{\eta_p\}) = f_0(\{\eta_p\}) - \left[\sum_{p=1}^{\nu} \sigma_{ij}^0(p, \{\eta_p\})\right] \cdot \varepsilon_{ij} + \frac{1}{2} c(\{\eta_p\})_{ijkl} \varepsilon_{ij} \varepsilon_{kl}$$

$$\tag{11.48}$$

对 $\sum_{p=1}^{\nu} \sigma_{ij}^0(p, \{\eta_p\})$ 作长程序参量 η_p 的泰勒级数展开后，由于对称性关系，取长程序参数 2 次项近似，式 (11.48) 可改写为

$$f(\varepsilon_{ij}; \{\eta_p\}) = f_0(\{\eta_p\}) - \sum_{p=1}^{\nu} \sigma_{ij}^{00}(p) \eta_p \varepsilon_{ij} + \frac{1}{2} c(\{\eta_p\})_{ijkl} \varepsilon_{ij} \varepsilon_{kl}$$

$$\tag{11.49}$$

则应力张量为

11.3 相场理论

$$\sigma_{ij} = \frac{\partial f(\varepsilon_{ij};\{\eta_p\})}{\partial \varepsilon_{ij}} = -\sum_{p=1}^{\nu}\sigma_{ij}^{00}(p)\eta_p + c(\{\eta_p\})_{ijkl}\varepsilon_{kl} \qquad (11.50)$$

有序态的无应力应变 ε_{ij}^0 由式(11.50)的 $\sigma_{ij}=0$ 决定

$$\varepsilon_{ij}^0 = \sum_{p=1}^{\nu}\varepsilon_{ij}^{00}(p)\eta_p \qquad (11.51)$$

$\varepsilon_{ij}^{00}(p) = s_{ijkl}(\{\eta_p\})\sigma_{kl}^{00}(p)$ 和 $\sigma_{ij}^{00}(p) = c_{ijkl}(\{\eta_p\})\varepsilon_{kl}^{00}(p)$，代入式(11.50)，得

$$\sigma_{ij} = c(\{\eta_p\})_{ijkl}\left(\varepsilon_{kl} - \sum_{p=1}^{\nu}\varepsilon_{ij}^{00}(p)\eta_p\right) = c(\{\eta_p\})_{ijkl}(\varepsilon_{kl} - \varepsilon_{kl}^0) \qquad (11.52)$$

则弹性应变为 $\varepsilon_{kl}^{el} = \varepsilon_{kl} - \varepsilon_{kl}^0$，式(11.51)的线性关系表示 σ_{ij} 和 ε_{kl}^{el} 服从胡克(Hooke)定律，$c(\{\eta_p\})_{ijkl}$ 是弹性模量张量，依赖于长程序参量。

(2) 自由能的相界面梯度项[42]

在存在相界面时，自由能需考虑 Ginzburg-Laudau 自由能的梯度项，应表示为

$$F = \int_V\left[\frac{1}{2}\sum_{p=1}^{\nu}\beta_{ij}(p)\frac{\partial \eta_p}{\partial x_i}\frac{\partial \eta_p}{\partial x_j} + f(\varepsilon_{ij};\{\eta_p\})\right]\mathrm{d}V \qquad (11.53)$$

将式(11.49)代入式(11.53)，得

$$F = \int_V\left[\frac{1}{2}\sum_{p=1}^{\nu}\beta_{ij}(p)\frac{\partial \eta_p}{\partial x_i}\frac{\partial \eta_p}{\partial x_j} + f_0\{\eta_p\} - \sum_{p=1}^{\nu}\sigma_{ij}^{00}(p)\eta_p\varepsilon_{ij} + \frac{1}{2}c_{ijkl}\varepsilon_{ij}\varepsilon_{kl}\right]\mathrm{d}V \qquad (11.54)$$

式(11.54)表示自由能是化学自由能和应变自由能之和，$F = F_{ch} + F_{el}$，式中前两项是化学自由能 F_{ch}，后两项是应变自由能 F_{el}。

(3) 相场微弹性

在点阵 r 处的应变与位移关系为

$$\varepsilon_{ij} = \frac{1}{2}\left(\frac{\partial u_i}{\partial x_j} + \frac{\partial u_j}{\partial x_i}\right)$$

宏观上体积的变化决定于微观应变的平均值

$$\bar{\varepsilon}_{ij} = <\varepsilon_{ij}> = \frac{1}{V}\int_V \varepsilon_{ij}\mathrm{d}V$$

则在沿坐标方向的某点的位移可表示为

$$u(\boldsymbol{r})_i = \bar{\varepsilon}_{ij}x_j + v(\boldsymbol{r})_i$$

式中，x_j 是 $\boldsymbol{r}$ 的笛卡儿(Cartesian)坐标，$v(\boldsymbol{r})$ 为 $\boldsymbol{r}$ 处的不均匀位移部分，在外界面($\boldsymbol{r}=\boldsymbol{r}_s$)，$v(\boldsymbol{r})=0$。

总弹性应变能可分为均匀应变 $\bar{\varepsilon}_{ij}$ 和非均匀应变 $v(\boldsymbol{r})$ 两部分

$$E_{el} = E_{relax}^{hom} + E_{relax}^{heter}$$

$$E_{relax}^{hom} = -\frac{V}{2}\sum_{p=1}^{\nu}\sum_{q=1}^{\nu}c_{ijkl}\varepsilon_{ij}^{00}(p)\varepsilon_{kl}^{00}(q)\frac{1}{V}\int_V\eta_p(\boldsymbol{r})\mathrm{d}V\frac{1}{V}\int_V\eta_q(\boldsymbol{r})\mathrm{d}V$$

(11.55)

$$E_{\text{relax}}^{\text{heter}} = -\frac{1}{2V}\sum_{p=1}^{\nu}\sum_{q=1}^{\nu}\int B_{pq}\left(\frac{K}{k}\right)\tilde{\eta}_p(K)\tilde{\eta}_q(K)\,\frac{\mathrm{d}^3 K}{(2\pi)^3} \quad (11.56)$$

$$B_{pq}(e) = e_i\varepsilon_{ij}^{00}(p)\Omega_{ij}(e)\varepsilon_{ij}^{00}(q)e_i$$

$\Omega_{ij}(e)$是格林张量，它的逆张量 $\Omega_{ij}^{-1}(e) = c_{ijkl}e_k e_l$，$\tilde{\eta}_p(K) = \int \eta_p(r)\exp(-iK\cdot r)\mathrm{d}V$。式(11.56)描述的是相对由母相作无应变的参考态，对结构不均匀的情况，该式尚需加一修正项

$$E_0 = \frac{V}{2}\sum_{p=1}^{\nu} c_{ijkl}\varepsilon_{ij}^{00}(p)\varepsilon_{kl}^{00}(p)\frac{1}{V}\int_V \eta_p(r)^2 \mathrm{d}V \quad (11.57)$$

将式(11.55)、式(11.56)、式(11.57)代入式(11.54)，得到总的自由能表达式

$$F = \int_V \left[\frac{1}{2}\sum_{p=1}^{\nu}\beta_{ij}(p)\frac{\partial \eta_p}{\partial x_i}\frac{\partial \eta_p}{\partial x_j} + f_0\{\eta_p\}\right]\mathrm{d}V +$$

$$\frac{V}{2}\sum_{p=1}^{\nu} c_{ijkl}\varepsilon_{ij}^{00}(p)\varepsilon_{kl}^{00}(p)\frac{1}{V}\int_V \eta_p(r)^2 \mathrm{d}V -$$

$$\frac{V}{2}\sum_{p=1}^{\nu}\sum_{q=1}^{\nu} c_{ijkl}\varepsilon_{ij}^{00}(p)\varepsilon_{kl}^{00}(q)\frac{1}{V}\int_V \eta_p(r)\mathrm{d}V\frac{1}{V}\int_V \eta_q(r)\mathrm{d}V -$$

$$\frac{1}{2V}\sum_{p=1}^{\nu}\sum_{q=1}^{\nu}\int B_{pq}\left(\frac{K}{k}\right)\tilde{\eta}_p(K)\tilde{\eta}_q(K)^{*}\frac{\mathrm{d}^3 K}{(2\pi)^3} \quad (11.58)$$

式中，$f_0(\{\eta_p\})$在$\{\eta_p\}$变量空间的球状最小由序参量的平衡值决定，在母相中作旋转和反演操作时保持不变，当$\{\eta_p\}$在以一组变量表达时，每一个变量描述一个马氏体变体，平衡态相应在ν维空间中的一个ν不消失，而其他为零，则这些点是

$$\{\eta_p\}_{\min} = (\eta_0, 0, \cdots, 0), (0, \eta_0, \cdots, 0), (0, 0, \cdots, \eta_0)$$

母相的化学自由能以$\eta_1 = \eta_2 = \cdots = \eta_\nu = 0$，相变后最小$f_0(\{\eta_p\})$和母相自由能的差$\Delta f$则为总的相变驱动力，而局部相变驱动力由式(11.34)对长程序参量的导数给出

$$\frac{\delta F}{\delta \eta_p(r)} = -\beta_{ij}(p)\frac{\partial^2 \eta_p}{\partial x_i \partial x_j} + \frac{\partial f_0(\{\eta_p(r)\})}{\partial \eta_p} + c_{ijkl}\varepsilon_{ij}^{00}(p)\eta_p(r) -$$

$$c_{ijkl}\varepsilon_{ij}^{00}(p)\sum_{q=1}^{\nu}\varepsilon_{kl}^{00}(q)\frac{1}{V}\int_V \eta_q(r)\mathrm{d}V -$$

$$\sum_{q=1}^{\nu}\int B_{pq}\left(\frac{K}{k}\right)\tilde{\eta}_q(K)\exp(iK\cdot r)\frac{\mathrm{d}^3 K}{(2\pi)^3} \quad (11.59)$$

将式(11.59)代入随机相场动力学方程(11.34)，得

$$\frac{\partial \eta_p(\boldsymbol{r},t)}{\partial t} = -L \left[-\beta_{ij}(p) \frac{\partial^2 \eta_p}{\partial x_i \partial x_j} + \frac{\partial f_0(\{\eta_p(\boldsymbol{r})\})}{\partial \eta_p} + \right.$$

$$c_{ijkl}\varepsilon_{ij}^{00}(p)\varepsilon_{kl}^{00}(p)\eta_p(\boldsymbol{r}) - c_{ijkl}\varepsilon_{ij}^{00}(p) \sum_{q=1}^{\nu} \varepsilon_{kl}^{00}(q) \frac{1}{V} \int_V \eta_q(\boldsymbol{r})\mathrm{d}V -$$

$$\left. \sum_{q=1}^{\nu} \int B_{pq}\left(\frac{\boldsymbol{K}}{k}\right) \tilde{\eta}_q(\boldsymbol{K}) \exp(i\boldsymbol{K} \cdot \boldsymbol{r}) \frac{\mathrm{d}^3 \boldsymbol{K}}{(2\pi)^3} \right] + \xi_p(\boldsymbol{r},t) \quad (11.60)$$

(4) 立方→四角马氏体相变模拟

对这类系统，有 3 个序参量 η_1、η_2、η_3，按式(11.51)将相变 ε_{ij}^0 写成

$$\varepsilon_{ij}^0 = \sum_{p=1}^{3} \varepsilon_{ij}^{00}(p)\eta_p = \frac{\eta_1(\boldsymbol{r})}{\eta_0}\begin{pmatrix} \varepsilon_3 & 0 & 0 \\ 0 & \varepsilon_1 & 0 \\ 0 & 0 & \varepsilon_1 \end{pmatrix} +$$

$$\frac{\eta_2(\boldsymbol{r})}{\eta_0}\begin{pmatrix} \varepsilon_2 & 0 & 0 \\ 0 & \varepsilon_3 & 0 \\ 0 & 0 & \varepsilon_1 \end{pmatrix} + \frac{\eta_3(\boldsymbol{r})}{\eta_0}\begin{pmatrix} \varepsilon_1 & 0 & 0 \\ 0 & \varepsilon_1 & 0 \\ 0 & 0 & \varepsilon_3 \end{pmatrix}$$

化学自由能 $f_0(\{\eta_p\})$ 近似写为

$$f_0(\{\eta_p\}) = f_0(0,0,0) + \frac{1}{2}A(\eta_1^2 + \eta_2^2 + \eta_3^2) -$$

$$\frac{1}{3}B(\eta_1^3 + \eta_2^3 + \eta_3^3) + \frac{1}{4}C(\eta_1^2 + \eta_2^2 + \eta_3^2)^2$$

以 $|\Delta f|$ 除上式的两边，使自由能表达为无量纲形式

$$f_0(\{\eta_p\})^* = f_0(0,0,0) + \frac{1}{2}A^*(\eta_1^2 + \eta_2^2 + \eta_3^2) -$$

$$\frac{1}{3}B^*(\eta_1^3 + \eta_2^3 + \eta_3^3) + \frac{1}{4}C^*(\eta_1^2 + \eta_2^2 + \eta_3^2)^2$$

以 $\tau = tL|\Delta f|$，$\boldsymbol{r}^* = \boldsymbol{r}/l_0$，$l_0$ 为格子晶胞的长度，将式(11.49)中令

$$\zeta = \frac{c_{ikl}\varepsilon_{ij}^{00}(p)\varepsilon_{kl}^{00}(p)}{|\Delta f|}, \quad \phi_{pq} = \frac{c_{ijkl}\varepsilon_{ij}^{00}(p)\varepsilon_{ij}^{00}(q)}{c_{sprt}\varepsilon_{sp}^{00}(m)\varepsilon_{rt}^{00}(m)},$$

$$\beta_{ij}^*(p) = \frac{\beta_{ij}(p)}{l_0^2|\Delta f|}, \quad B_{pq}^* = \frac{B_{pq}(\boldsymbol{e})}{c_{ijkl}\varepsilon_{ij}^{00}(m)\varepsilon_{kl}^{00}(m)}$$

这里 m 是三个号码 1、2、3 中的一个，则可将相场动力学方程式(11.60)改写为

$$\frac{\partial \eta_p(\boldsymbol{r}^*,t)}{\partial \tau} = -\left[-\beta_{ij}^*(p)\frac{\partial^2 \eta_p}{\partial x_i \partial x_j} + \frac{\partial f_0(\{\eta_p(\boldsymbol{r})\})^*}{\partial \eta_p} + \zeta\eta_p(\boldsymbol{r}^*) - \right.$$

$$\zeta \sum_{q=1}^{\nu} \phi_{pq} \frac{1}{V} \int_{V} \eta_q(\boldsymbol{r}^*) \mathrm{d}V -$$

$$\zeta \sum_{q=1}^{\nu} \int B_{pq}^* \left(\frac{\boldsymbol{K}^*}{k^*}\right) \tilde{\eta}_q(\boldsymbol{K}^*) \exp(i\boldsymbol{K}^* \cdot \boldsymbol{r}^*) \frac{\mathrm{d}^3 \boldsymbol{K}^*}{(2\pi)^3}] + \xi_p^*(\boldsymbol{r}^*, \tau)$$
(11.61)

将方程中的梯度项取一简单的形式 $\beta_{ij}(p) = \beta\delta_{ij}$,假定弹性各向同性,此时的格林张量

$$\Omega_{ij}(\boldsymbol{e}) = \frac{\delta_{ij}}{G} - \frac{e_i e_j}{2G(1-\mu)}$$

式中,G 为剪切模量,μ 为泊松比

$$\varepsilon_{ij}^{00}(1) = \begin{pmatrix} \varepsilon_3 & 0 & 0 \\ 0 & \varepsilon_1 & 0 \\ 0 & 0 & \varepsilon_1 \end{pmatrix}, \quad \varepsilon_{ij}^{00}(2) = \begin{pmatrix} \varepsilon_1 & 0 & 0 \\ 0 & \varepsilon_3 & 0 \\ 0 & 0 & \varepsilon_1 \end{pmatrix},$$

$$\varepsilon_{ij}^{00}(3) = \begin{pmatrix} \varepsilon_1 & 0 & 0 \\ 0 & \varepsilon_1 & 0 \\ 0 & 0 & \varepsilon_3 \end{pmatrix}$$

对弹性各向同性的应变能简化为

$$E_{\mathrm{el}}^0 = c_{ijkl}\varepsilon_{ij}^{00}(m)\varepsilon_{kl}^{00}(m) = 2G\mu \frac{(\varepsilon_3 + 2\varepsilon_1)^2}{1-2\mu} + 2G(\varepsilon_3^2 + 2\varepsilon_1^2) \quad (11.62)$$

(5) 模拟结果

对 Fe-30Ni 马氏体相变,$\varepsilon_1 = 0.1322$,$\varepsilon_3 = -0.1994$,$2\varepsilon_1 + \varepsilon_3 = 0.065$。取参数 $A^* = 0.1$,$B^* = 1.5$,$C^* = 0.70166$,$\beta^* = 0.5$,$\zeta = 10, 15, 20$(与被过冷度决定的 $|\Delta f|$ 有关)。$C_{11} = 1.404 \times 10^{11}$ Pa,计算 E_{el}^0。$\Delta f(10) = 3.488 \times 10^8$ J/m^3,$\Delta f(15) = 2.325 \times 10^8$ J/m^3,$\Delta f(20) = 1.744 \times 10^8$ J/m^3,这里 $\Delta f(T) = Q(T_0 - T)/T$,$Q$ 为马氏体相变潜热,T_0 为平衡相变温度。这里 $Q = 3.5 \times 10^8$ J/m^3,相应的过冷度 $\theta(\zeta = 10) = 0.5$,$\theta(\zeta = 15) = 0.665$,$\theta(\zeta = 20) = 0.995$,$\theta = (T_0 - T)/T_0$。

比较计算和观测孪晶表面能,通过仅两个孪晶,以零应变能方法,取超过总表面能比 $\gamma^* = 0.25$,实际表面能 $\gamma = 10^{-2}$ J/m^2,$\gamma^* = \gamma/(\Delta f \cdot l_0)$,估算得 $l_0 \approx 5$ nm,近似的系统物理尺寸为 0.3 μm。

使用 $64 \times 64 \times 64$ 网格,以 $\Delta\tau = 0.01$、$\zeta = 15$ 的模拟结果如图 11.40 所示。

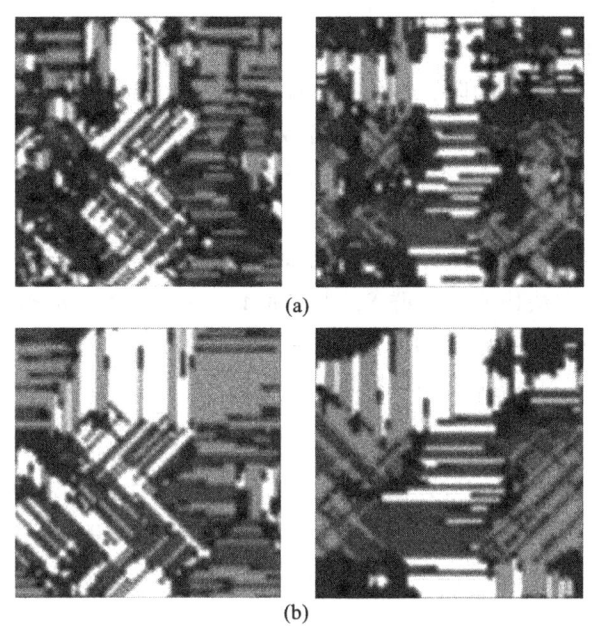

图 11.40　Fe-30Ni 合金 ζ = 15 的模拟：(a) 瞬间；(b) 最终

11.4　群论与相变

群论是研究对称性的一种数学方法，固态相变中的结构相变都涉及晶体的对称性变化，可以通过群论方法来处理。

11.4.1　群的基本概念[43]

1. 群、有限群、交换群和循环群

(1) 群的定义

有限个或无限个数学对象(称为元或元素)A，B，C，…的集合$\{A, B, C, …\}$，其中有一个与次序有关的运算方法(称为群乘)，能从集合中任意两个元 A、B 得出确定的元 C(记为 $AB = C$)，若满足下列 4 个条件，则这一集合称为群，用 G 表示。集合中的元素称为群元。这 4 个条件为

① 封闭性：集合中任意两个元的乘积(包括自身相乘)都在此集合之内。

② 结合律成立：$A(BC) = (AB)C$。

③ 存在单位元：集合中存在单位元 E，使集合中的任意元 A 有 $EA = AE = A$。

第十一章　近代相变理论

④ 存在逆元：$A^{-1}A = AA^{-1} = E$。

(2) 有限群

群元的数目称为群的阶，记作 g，若 g 为有限，称为有限群，否则就是无限群。在无限群中，若群元的数目是可数的无穷多，则称为离散的无限群；若群元的数目是不可数的无穷多，则称为连续群。这里主要讨论有限群。设 A 为 $n \times n$ 阶矩阵，则行列式 $\text{Det}\, A \neq 0$ 的全体 $n \times n$ 阶矩阵按矩阵的乘法构成一个群。单位元为单位矩阵 $E_{n \times n}$，A 的逆矩阵为 A^{-1}。满足 $\text{Det}\, A = 1$ 的全体 $n \times n$ 阶矩阵也按矩阵乘法构成一个群 S，但 $\text{Det}\, A = -1$ 的全体 $n \times n$ 阶矩阵不构成一个群，因为 $\text{Det}\, AB = \text{Det}\, A\, \text{Det}\, B = (-1)(-1) = 1$。

满足 $\text{Det}\, A = \pm 1$ 的 6 个 3×3 矩阵的集合

$$E = \begin{bmatrix} 1 & 0 & 0 \\ 0 & 1 & 0 \\ 0 & 0 & 1 \end{bmatrix},\quad A = \begin{bmatrix} 0 & 1 & 0 \\ 1 & 0 & 0 \\ 0 & 0 & 1 \end{bmatrix},\quad B = \begin{bmatrix} 1 & 0 & 0 \\ 0 & 0 & 1 \\ 0 & 1 & 0 \end{bmatrix},$$

$$C = \begin{bmatrix} 0 & 0 & 1 \\ 0 & 1 & 0 \\ 1 & 0 & 0 \end{bmatrix},\quad D = \begin{bmatrix} 0 & 0 & 1 \\ 1 & 0 & 0 \\ 0 & 1 & 0 \end{bmatrix},\quad F = \begin{bmatrix} 0 & 1 & 0 \\ 0 & 0 & 1 \\ 1 & 0 & 0 \end{bmatrix}$$

构成一个群，因为集合中任意两个元的乘积就是这 6 个元中之一，满足封闭性的要求。单位元及逆元都存在，如 $B^{-1} = B$，$D^{-1} = F$。另外，矩阵的乘法是满足结合律，这个群称为 d_3 群，把 d_3 群的元之间的乘积排成一个表，见表 11.3。

表 11.3　群的乘法表

		右　因　子				
		E	A	B	C	D	F
左因子	E	E	A	B	C	D	F
	A	A	E	D	F	B	C
	B	B	F	E	D	C	A
	C	C	D	F	E	A	B
	D	D	C	A	B	F	E
	F	F	B	C	A	E	D

这样的表明确地给出群的运算规律，称为群的乘法表或简称群表，给出群

表就完全给定了一个群。

(3) 交换群

群乘是将集合中的任意两个元构成唯一的另一个元的一种运算，所以，群乘不一定是通常的代数运算中的乘法，群乘不一定满足交换律，即 $A_i, A_j \in G$，$A_i A_j = A_j A_i$ 不一定成立，如果此式成立，则这个群就称为交换群或阿贝尔群。

由群的定义，可以得到群的几个基本性质：据群定义可证明 $E^{-1}=E$、$(A^{-1})^{-1}=A$ 和 $(AB\cdots FG)^{-1}=G^{-1}F^{-1}\cdots B^{-1}A^{-1}$。

(4) 循环群

如果一个群的所有群元可以由某个元的幂来产生，那么这类群就称为循环群。如集合 $\{1,-1\}$ 在数乘运算下构成一个群；集合 $\{1,-1,i,-i\}$（$i=\sqrt{-1}$）亦构成一个群，这个群中的各个元是由 (i^k) 构成的，其中 $k=0,1,2,3$，$\{1,-1,i,-i\}$ 就是一个循环群，显然，循环群都是阿贝尔群。k 称为循环群的阶，上例的循环群为 4 阶。

2. 子群和陪集

(1) 子群

群 G 中的一些元的集合 S，若在相同的群乘定义下又构成群，则 S 称为群 G 的子群。

由于群乘定义未变，结合律肯定满足，所以，判断是否构成子群，主要检查子集中是否存在单位元、逆元以及各元间的乘积是否仍在子集中（封闭性）。对于有限群，只要证明子集具有封闭性，这个子集就是有限群的子群。

(2) 陪集

设 S 是群 G 中的子群，其群元是 $\{E, S_2, \cdots, S_s\}$，取群 G 中不属于群 S 的一个元 X 右乘子群的所有元，所得的集合 $SX=\{EX, S_2X, \cdots, S_sX\}$ 称为子群关于 X 的右陪集。同样可以有左陪集 XS。

3. 共轭元与类

(1) 共轭元

若群 G 中存在一个元 X，使群中元 A 和 B 满足 $B=XAX^{-1}$，则群元 A 与群元 B 共轭。若 A 与 B 共轭，则 B 也与 A 共轭。

共轭具有传递性。若 A 与 B 共轭，B 又与 C 共轭，则 A 与 C 也共轭。也就是说，A 与 C 均与 B 共轭，则 A 与 C 亦共轭。

对于矩阵群，两个元共轭就是两个矩阵相似。根据共轭性，可把群中的元分成若干共轭类（简称类）。

（2）类及其性质

群中互为共轭元的全集合就称为类。

① 单位元自成一类。

② 群中没有任何一个元是属于两个不同类的，即不同的类中没有共同的元。

③ 除单位元这一类外，其余各类都不是子群，因为这些类中不包含单位元。

④ 交换群（阿贝尔群）中的每个元自成一类，因为交换群中的每个元都可与其他元对易，因此对一切 $X \in G$，都有 $XAX^{-1} = XX^{-1}A = A$，$A \in G$。

⑤ 对于短阵群，同一类中的各元互为相似矩阵，因此，同类中各元具有相同的矩阵迹。

⑥ 同类的元素有相同的阶。

⑦ 对于含转动操作的群，转角相同而转轴可由群中的元转成一致的，属于同一类。

⑧ 若 C 是群 G 的一个类，且 $C = \{C_1, C_2, \cdots, C_m\}$，$C'$ 是 C 中所有元的逆的集合，即 $C' = \{C_1^{-1}, C_2^{-1}, \cdots, C_m^{-1}\}$。那么，$C'$ 也是群 G 的一个类，称为 C 的逆类。

4. 正规子群与商群

（1）正规子群

对于群 G 中的每一个元 X，当 G 的子群 S 满足 $XSX^{-1} = S$ 时，子群 S 称为群 G 的正规子群。由于正规子群 S 所形成的多个共轭子群 XSX^{-1} 都相同，而且就是 S 本身，所以正规子群亦称为不变子群。

① 群 G 的正规子群 S 是由群 G 的一个或几个完整的类构成的。反之，凡是包含群 G 中的一个或几个完整类的子群，都是 G 的正规子群。

② 对于一切 $A \in G$，正规子群 S 对 A 的左陪集 AS 及右陪集 SA 是一样的，即有 $AS = SA$，有时也把这作为正规子群的定义。

③ 正规子群的一个陪集与一个陪集的乘积（包括陪集自身相乘）必为一个陪集或者正规子群。

（2）商群

群 G 的阶是 g，其正规子群 S 的阶是 s，于是存在 $i = g/s$ 个陪集（包括正规子群）：$SA_1(=S)$，SA_2，$\cdots$，SA_i，现在，把正规子群及陪集这 i 个集合作为"数学对象"，以集合的乘法作为群乘而构成的群，定义为群 G 对其正规子群 S 的商群，记作 $G/S = \{S, SA_2, \cdots, SA_i\}$。

① 满足封闭性。

② 满足结合律。

③ 单位元就是正规子群 S，$S = SA_1 = SE$，$SESA_m = S(EA_m) = SA_m$，对所有 SA_m，$1 \leq m \leq I$ 成立。

④ 存在逆元，SA_m 的逆是 SA_m^{-1}，这个元也是商群 G/S 中的一个元，$SA_m SA_m^{-1} = S(A_m A_m^{-1}) = S$。

5. 同构群、同态群与直积群

（1）同构群

有两个群 $G = \{A, B, C, \cdots\}$ 和 $G' = \{A', B', C', \cdots\}$，如果它们群元之间存在一一对应关系，$A \Leftrightarrow A'$，$B \Leftrightarrow B'$，$\cdots$，在各自群乘的定义下，若 $AB = C$，$A'B' = C'$，对一切群元成立，则这两个群称为同构群。互相同构的两个有限群，它们的阶必然相同，且具有相同的群表。

（2）同态群

两个群 $G = \{A_1, A_2, \cdots, B_1, B_2, \cdots, C_1, C_2, \cdots\}$ 和 $G' = \{A', B', C', \cdots\}$，若群元之间存在着多对一的单方面对应关系，即 $A_1 \Rightarrow A'$，$B_1 \Rightarrow B'$，$\cdots$；$A_2 \Rightarrow A'$，$B_2 \Rightarrow B'$，$\cdots$；$\cdots$；在各自群乘的定义下，若 $A_i A_j = C_k$ 均对应于 $A'B' = C'$，则这两个群同态，或称准同构。

（3）直积群

两个群 G_a 和 G_b，它们的阶分别为 g_a 和 g_b，其中 $G_a = \{E, A_2, \cdots, A_{g_a}\}$ 和 $G_b = \{E, B_2, \cdots, B_{g_b}\}$。$G_a$ 及 G_b 中只有单位元 E 是共同的，群 G_a 中所有元均与群 G_b 中所有元对易，于是 $G_a \otimes G_b = \{E, A_2, \cdots, A_{g_a}, B_2, A_2 B_2, \cdots, A_{g_a} B_2, \cdots, A_{g_a} B_{g_b}\}$，形成一个 $g_a \times g_b$ 阶的群，其群元可写成 $A_i B_k$ 的形式，这个群就称为 G_a 与 G_b 的直积群 G，也可以说群 G 是群 G_a 及 G_b 的直接乘积，记为 $G = G_a \otimes G_b$，G_a、G_b 称为 G 的直积因子，只要证明集合 G 具有封闭性，G 就是群。

直积群 G 的类是由群 G_a 的类与群 G_b 的类的乘积形成的，因此，直积群 G 中类的个数是群 G_a 中类的个数与群 G_b 中类的个数的乘积；直积群 G 中每一类中的群元数 h_G 则是群 G_a 的 h_a 与群 G_b 的 h_b 的乘积，即 $h_G = h_a h_b$。

11.4.2 晶体点群与空间群

1. 晶体点群[44]

在笛卡儿几何空间，一矢量 $\boldsymbol{r} = x\boldsymbol{i} + y\boldsymbol{j} + z\boldsymbol{k}$ 经过旋转算符 R 作用后变为 $\boldsymbol{r}' = R\boldsymbol{r} = x'\boldsymbol{i} + y'\boldsymbol{j} + z'\boldsymbol{k}$，此旋转操作作用矩阵形式可表示为

$$\begin{pmatrix} R_{11} & R_{12} & R_{13} \\ R_{21} & R_{22} & R_{23} \\ R_{31} & R_{32} & R_{33} \end{pmatrix} \begin{pmatrix} x \\ y \\ z \end{pmatrix} = \begin{pmatrix} x' \\ y' \\ z' \end{pmatrix} \tag{11.63}$$

第十一章　近代相变理论

在实数范围内，R 为正交矩阵，R 使矢量 r 被作用后，转变为矢量 r'，并保持长度不变。

R 的行与列满足正交性条件。$\text{Det} = \pm 1$ 的全体转动构成全转达群，$\text{Det} = 1$ 的全体 R 构成三维正当转动群，而 $\text{Det} = -1$ 的矩阵称为非正当转动，两个非正当转动构成一正当转动。全体非正当转动不构成一个群，基本的非正当转动有中心反演操作 i 和镜面反映操作 σ。

图 11.41 是在立方晶系中的 $n = 2, 3, 4$ 的旋转轴，使坐标 r 变成 $-r$ 的操作称为对原点的中心反演，如经此操作后晶体与自身重合则为具有中心反演对称，常用字母 i 代表。

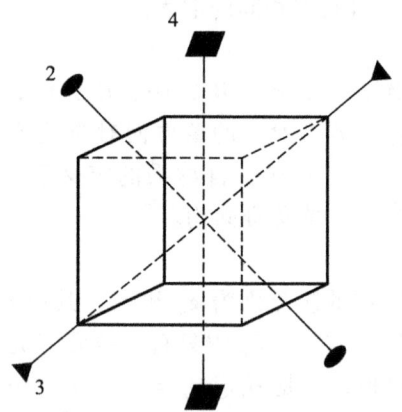

图 11.41　$n = 2, 3, 4$ 的旋转轴

如晶体经绕轴作 n 度旋转与中心反演的复合操作后与自身重合，则称其具有 n 度旋转反演轴对称。晶体由于受周期性的制约，也只可能有 2 度、3 度、4 度与 6 度旋转反演轴，分别用数字符号 $\bar{2}$、$\bar{3}$、$\bar{4}$ 与 $\bar{6}$ 表示。必须注意的是，具有 n 度旋转反演轴 $\bar{n}$ 对称的晶体不一定具有 n 度转轴与中心反演这两种对称性，即具有复合操作对称性不一定意味着同时具备构成复合操作的各单一操作的对称性。反之，如具有单一操作的对称性，必具有由它们复合构成的操作的对称性。图 11.42 表示出 n 度旋转反演轴 $\bar{n}$ 的对称性，由图可以看出，正四面体具有 $\bar{4}$ 对称。

图 11.42 可以看出对称操作 $\bar{2}$ 其实即为对过原点并垂直于转轴的平面的镜像反映对称。镜面对称是晶体的一类很重要的对称性，用 m 代表。显然 $m = \bar{2}$。图 11.43 表示立方体具有的对称镜面的方位。

11.4 群论与相变

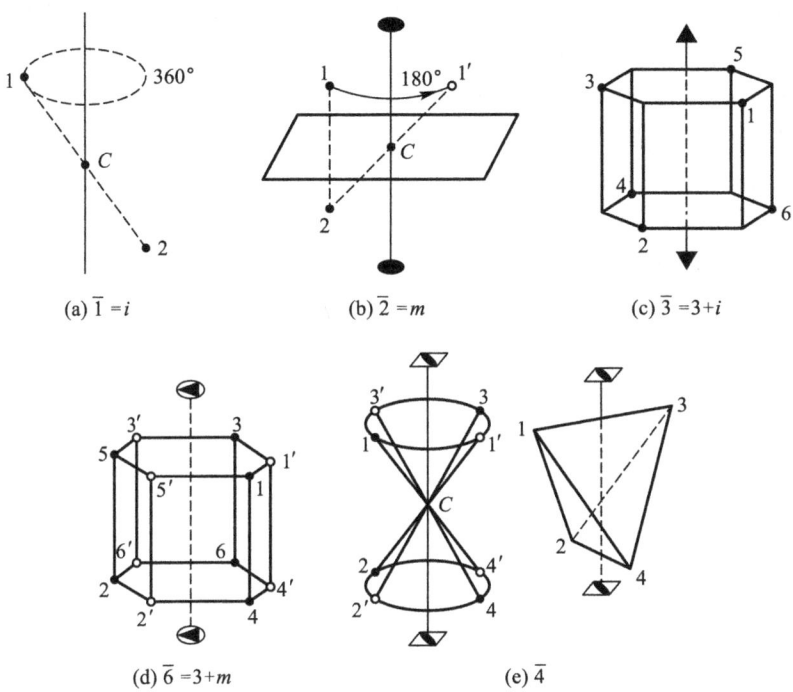

图 11.42 n 度旋转反演轴 $\bar{n}$ 的对称性

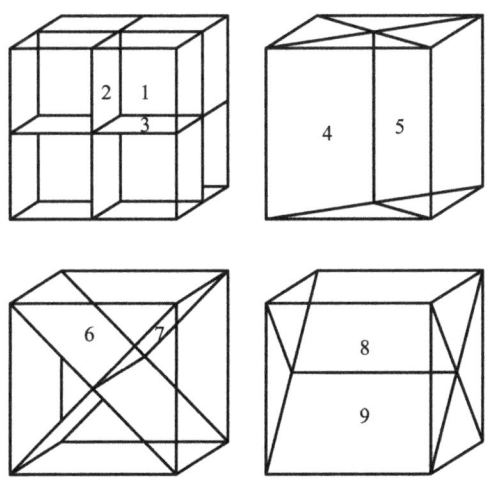

图 11.43 立方体具有的对称镜面的方位

从微观结构上看，如按照操作后使晶体与自身重合的定义，晶体中尚有螺旋轴与滑移面两类对称性，在这两类操作作用下，晶体中不再有任何固定不动的点阵，因而它们不属于点群操作。

点群是全体转动群的离散子群。晶体点群描述了晶体的对称性，受晶体排列的限制，如晶体点群中不存在 5 次旋转轴。晶体的 32 个点群及所属的七大晶系列见表 11.4。表中采用国际符号和申夫利斯符号，$n = 1，2，3，4，6$ 为 n 次旋转轴，$\bar{n} = \bar{1}，\bar{3}，\bar{4}，\bar{6}$ 为 n 次倒反轴，$\bar{n}$ 为 iC_n，表示先作 C_n 旋转操作再作中心反演 i，m 为镜面，n/m 为与 n 次旋转轴垂直的镜面。

表 11.4 晶体 32 个点群

晶系	对称类型		对称操作数
	国际符号	申夫利斯符号	
三斜	1	C_1	1
	$\bar{1}$	$C_i(S_2)$	2
单斜	2	C_2	2
	m	$C_s(C_{1h})$	2
	$2/m$	C_{2h}	4
正交(斜方)	222	$D_2(V)$	4
	$mm2$	C_{2v}	4
	mmm	$D_{2h}(V_h)$	8
三角	3	C_s	3
	$\bar{3}$	$C_{3i}(S_6)$	6
	32	D_3	6
	$3m$	C_{3v}	6
	$\bar{3}2m$	D_{3i}	12
正方(四方)	4	C_4	4
	$\bar{4}$	S_4	4
	$4/m$	C_{4h}	8
	422	D_4	8
	$4mm$	C_{4v}	8
	$\bar{4}2m$	$D_{2d}(V_d)$	8
	$4/mmm$	D_{4h}	16

续表

晶系	对称类型		对称操作数
	国际符号	申夫利斯符号	
六角	6	C_6	6
	$\bar{6}$	C_{3h}	6
	6/m	C_{6h}	12
	622	D_6	12
	6mm	C_{6v}	12
	$\bar{6}m2$	D_{3h}	12
	6mm	D_{6h}	24
立方	23	T	12
	m3	T_h	24
	432	O	24
	$\bar{4}32$	T_d	24
	m3m	O_h	48
总共		32	

2. 空间群[45-47]

广义空间群是由全体转动平移算符构成的一个群，转动平移算符$\{R|t\}$作用到矢量r上。其中R是转动算符，t为平移算符，经作用后，使$r \rightarrow r'$，$r' = \{R|t\}r = Rr + t$。满足两点间变换前后的距离保持不变，对R要有限制，一般情况下$\{R|t\}$不是一个保长变换，即$r \neq r'$。$\{R|t\}$表示先绕某点转动R，然后再整体平移t。若e表示转动操作的单位元，σ为平移操作的单位元，则$\{e|t\}$为纯平移，所有$\{e|t\}$构成平移群$\hat{T}$，$\{R|\sigma\}$为纯转动，$\{e/\sigma\}$为广义空间群的单位元。广义空间群具有以下性质：

① 封闭性。两个转动平移算符的乘积仍为转动平移算符，$\{R_1|t_1\}\{R_2|t_2\} = \{R_1R_2|R_1t_2 + t_2\}$。

② $\{R|\sigma\}$不是线性算符。$\{R|\sigma\}(r_1 + r_2) \neq \{R|t\}r_1 + \{R|t\}r_2$。

③ 满足结合律。$\{R_1|t_1\}\{R_2|t_2\}\{R_3|t_3\} = [\{R_1|t_1\}\{R_2|t_2\}]\{R_3|t_3\}$。

纯转动和平移群$\hat{T}$为广义空间群的两个子群。

广义空间群加上对晶体[布拉维(Bravais)格子]的限制，产生 230 种空间群，空间群的平移$\{e|t\}$只能是取格矢 $r_n = n_1 a_1 + n_2 a_2 + n_3 a_3$，$n_i$为整数，$a_i$是晶格的基矢；$Rr_n$也必须是格矢；转动算符$R$只可取$\frac{2\pi}{n}$，$n = 1, 2, 3, 4$，

6；空间群转动相同的两个群元$\{R|t_1\}$和$\{R|t_2\}$的平移，需满足$t_1 - t_2 =$格矢；空间群的平移只有两种可能，即$t=$格矢和$t=$格矢$+\dfrac{r_0}{n}$（$n = 1$，2，3，4，6），其中r_0为旋转轴方向的单位矢量，$\dfrac{r_0}{n}$为螺旋平移。

在晶格对称的限制下，32个点群与平移群$\hat{T}$组合产生73个空间群，称为简单空间群，空间群加上螺旋轴和镜面滑移等非正当操作，与转动操作组合产生157个非简单空间群，最后可得230个空间群。

11.4.3 群的表示和特征标表

1. 群的表示

群G的一个n维线性表示就是与此群同构的n维非奇异矩阵群。对群G的任意群元a都有一个唯一确定的n维非奇异矩阵$A = \varphi(a)$与之对应，并满足

$$\varphi(ab) = \varphi(a)\varphi(b) \quad (a, b \in G)$$

同构的一一对应称为忠实对应，同态的多一对应，即几个群元对应于同一非奇异矩阵，称为非忠实表示。

设φ和ϕ是群G的两个n维表示，如果有n维非奇异矩阵X存在，则对群G中任意元a都有$\phi(a) = X\varphi(a)X^{-1}$，$\varphi$和$\phi$称为等价表示，等价在数学上表示为本质相同。

若群的一个表示$\tilde{\phi}$可以分为两个低维表示之和，即线性空间直和（直和符号$\oplus$），$\tilde{\phi} = \phi_1 \otimes \phi_2$，则$\tilde{\phi}$称为可约表示，反之为不可约表示。这里要找的是所有不可约的不等价表示。从矩阵角度来看，若n维线性表示$\tilde{\phi}$经任意等价变换后，可化为准对角矩阵形式，则称$\tilde{\phi}$是可约的n维线性表示，反之称$\tilde{\phi}$为不可约的。

例如点群$C_{2p} = \{e, c_z, 0_y, 0_x\}$，它的乘法表见表11.5。

表11.5 点群$C_{2p} = \{e, c_z, 0_y, 0_x\}$的乘法表

	e	c_z	0_y	0_x
e	e	c_z	0_y	0_x
c_z	c_z	e	0_x	0_y
0_y	0_y	0_x	e	c_z
0_x	0_x	0_y	c_z	e

作C_{2p}对三级非奇异矩阵的一个映射φ

11.4 群论与相变

$$e \to \varphi(e) = \begin{pmatrix} 1 & 0 & 0 \\ 0 & 1 & 0 \\ 0 & 0 & 1 \end{pmatrix}, \quad c_z \to \varphi(c_z) = \begin{pmatrix} -1 & 0 & 0 \\ 0 & -1 & 0 \\ 0 & 0 & 1 \end{pmatrix},$$

$$0_y \to \varphi(0_y) = \begin{pmatrix} 1 & 0 & 0 \\ 0 & -1 & 0 \\ 0 & 0 & 1 \end{pmatrix}, \quad 0_x \to \varphi(0_x) = \begin{pmatrix} -1 & 0 & 0 \\ 0 & 1 & 0 \\ 0 & 0 & 1 \end{pmatrix}$$

由表 11.5 可知，$c_z 0_y = 0_x$，用上式直接验算容易证明 $\varphi(0_x) = \varphi(c_z 0_y) = \varphi(c_z)\varphi(0_y)$，并可见上列的表示矩阵都是对角矩阵，因此该表示可以化为三个一维不可约表示。

2. 特征标表

有限群 G 的 n 维线性表示矩阵的迹称为特征标，特征标具有以下特点：

① 群 G 的两个等价表示具有相同的特征标。
② 共轭类中群元的特征标相同。
③ 不等价不可约表示的特征标相互正交。
④ 群 G 同一表示的特征标平方和等于群的阶数 h。
⑤ 群 G 所有不等价不可约表示维数的平方和等于群的阶数（称为维数定理）。

由上述正交关系和维数定理，可以构造出特征标表，即在表上方按行写上各共轭类的代表元，并在元素代表前面注明该共轭类的元素个数，表左按列写上不等阶不可约表示，然后求出表中对应的群元在相应不可约表示下的特征标。

例如点群 $D_3 = \{e, 2c_3, 3c_2'\}$，6 个元素分为三个共轭类，共轭类个数等于不等价不可约表示的个数，因此共有三个不可约表示。按维数定理 $h = 6 = n_1^2 + n_2^2 + n_3^2$，推得 $n_1 = n_2 = 1$，$n_3 = 2$，即有二个一维不可约表示和一个二维不可约表示，见表 11.6。

表 11.6　点群 $D_3 = \{e, 2c_3, 3c_2'\}$ 的特征标表

	e	$2c_3$	$3c_2'$
ϕ_1	1	1	1
ϕ_2	1	a	b
ϕ_3	2	c	d

由行（列）正交关系得 $a = 1$，$b = -1$，$c = -1$，$d = 0$，因此 D_3 的特征标表见表 11.7。

表 11.7　点群 $D_3 = \{e, 2c_3, 3c_2'\}$ 的特征标表

	e	$2c_3$	$3c_2'$
ϕ_1	1	1	1
ϕ_2	1	1	-1
ϕ_3	2	-1	0

由上面的特征标表可见，特征标表列与列之间正交，同一行的特征标平方乘上该共轭元素个数，对各共轭类求和等于群的阶数 h，不同行的特征标相乘后加权乘上共轭类中的元素个数，对各共轭类求和为零，显示了正交关系。特征标表中的第一行为恒等表示，其特征标均为 1，表中第一列的特征值为该不可约表示的维数，第一列特征值平方和即为群 G 的阶数 h，满足维数定理。

11.4.4　群论在相变中的应用[48-52]

1. 群与固体的结构对称性

Landau 曾以群论证明式(11.1)中的系数 $\alpha = 0$，并指出低温相 G 是高温相 G_0 的一个子群，低温相群具有较低的对称性，高温相群具有较高的对称性，相变过程中结构发生对称性的改变。Cahn 和 Kalonj 以群论研究固态相变晶体学的对称性，探讨了相的形态。

当晶体中声子的某一振动模式发生软化，即一个声子频率在 $T = T_c$ 软化为零时，将发生结构相变，每一个声子的模式属于晶体所属空间群的一个不可约表示。因此按群论来说，结构型相变是由母群 G_0 的某一个不可约表示来诱发的。

空间群的不可约表示由波矢 $\{K^*\}$ 和 (m) 标记，在第一布里渊区中选出物理上感兴趣的波矢 K，就可以得到与 K 有关的波矢小群 G_K

$$G_K = \{\{R \mid t\} : RK = K + K_n, \ \{R \mid t\} \in G_0\} \quad (11.64)$$

式中，K_n 为 K 空间的倒格矢量。式(11.64)表明 G_K 是空间群 G_0 所有使 RK 与波矢 K 相等或仅差一个倒格矢操作 $\{R \mid t\}$ 全体，将 G_0 按波矢群 G_K 作陪集展开

$$G_0 = \sum_{0}^{|\sigma|} \oplus g_\sigma G_K, \quad g_\sigma = \{R_\sigma \mid \tau_\sigma\} \in G_0 \quad (11.65)$$

式中，τ_σ 是与点操作 R_σ 相联系的非整平移分量，$\{g_\sigma\}$ 全体称为 G_0 按 G_K 展开的陪集代表，它们共有 $|\sigma|$ 个。将这些陪集代表集合 $\{g_\sigma\}$ 记作 $S(K)$，则波矢星 $\{K^*\} = \{RK: R \in S(K)\}$，小群 G_K 的第 (m) 个允许的不可约表示为 $\hat{G}_K(m)$，这表示为 m 维，负载它的基为 $\{e_1, e_2, \cdots, e_m\}$。若设法求得 $\hat{G}_K(m)$，就可以由它导出母群 $G_0(g)$ 的不可约表示 $\Gamma^{\{K^*\}(m)}$

$$\Gamma^{\{K^*\}(m)} = \hat{G}_K(m) \uparrow G_0(g) \tag{11.66}$$

式中，符号 $\uparrow$ 表示 $\hat{G}_K(m)$ 分化到母群 $G_0(g)$ 产生的不可约表示 $\Gamma^{\{K^*\}(m)}$。

Falk[53] 指出，母相和新相的对称性之间为母群和子群的关系，当单晶母相产生几个变态的新相时，变态之间形成均匀界面，变态与母相之间形成非均匀界面。因此应用对称性原理，可以获得变态的数目、界面的形态和性质(对称性及能量)等信息。Cahn 利用对称性研究相变的表象描述并讨论了子群的产生。Gratias 和 Portier[54] 研究了马氏体相变中母相和马氏体之间的对称关系。Portier 和 Gratias[55] 比较广泛地应用群论阐述相变中的对称群、界面形态、性质和可逆性以及位移波引起的对称性改变(相变)等现象。

居里定理指出，低温相对称群 G 包含高温相对称群 G_0 和 T_c 以下某一给定方向上序参数群 G_S 所共有的一切对称元素。当母相的对称群 G_0 受外界介质对称群 G_L 作用，在 G_L 达到临界值时发生相变。如温度诱发相变，热介质的空间群为各向同性的球对称群 SO_3，假定在某一方向施加外应力来诱发相变，由于外应力的方向性，其对称群为圆柱对称群 $D_{\infty h}$(圆柱以外应力方向为轴)，同时属于 G_0 和 G_L 的任何对称元素产生相变的所有热力学性质不变，因此 H_0 为 G_0 和 G_L 的交积：$H_0 = G_0 \cap G_L$。H_0 在数学上考虑为转换的核，它的所有元素对热力学性质上所做的操作相同。假定在一些区域形成新相核胚，其他核胚经 H_0 的等价操作而形成，H_0 称为等概率新相形核群。

新相核胚一旦形成后，其继续长大将形成新的空间群结构，以群 G_S 表示，G_S 和 G_0 之间出现非均质界面。为求得新相的变态数，必须选择在 H_0 内不属于 G_S 的所有元素的子集，以另一群的交积 N_{01} 表示 H_0 和 G_S 共同对称元素的集合 $N_{01} = H_0 \cap G_S$，在长大的新相 G_S 内可能出现的变态数 n_{01} = 指数 (H_0/N_{01})。可以导得整个马氏体内的变态数 r 为母相群的对称操作元素数 N_{G0} 与马氏体对称群元素 N_G 的比值，即

$$r = N_{G0}/N_G \tag{11.67}$$

在非铁合金马氏体中，为了减少相变应变，往往存在自协作群，几片位向不同的马氏体(变态)组成一群。设自协作群中有 n_1 个变态，自协作组织的对称群为 G_c，群 G_c 中有 $n_1!$ 个对称操作，从中选取 n_1 个独立对称操作形成集合 $\{R_i, i = 1, 2, \cdots, n_1\}$，把它们作用在变态元素 v 上，形成集合 $\{R_{iv}, i = 1, 2, \cdots, n_1\}$，$R_{iv}$ 把变态 v 从初始位置变换到第 i 个等阶的变态位置，就形成了自协作组织。

再设马氏体中存在 n_2 个自协作群，它们之间具有 $n_2!$ 个对称操作，作 n_2 个独立对称操作形成集合 $\{R_i, i = 1, 2, \cdots, n_2\}$，则从第 j 个自协作群 $G_c(j)$ 到第 i 个自协作群 $G_c(i)$ 之间存在关系

$$G_c(i) = R_i G_c(j) R_j^{-1} \qquad (11.68)$$

式中，R_i 为 $1 \to i$ 的对称操作，R_j^{-1} 为 $j \to 1$ 的对称操作。作 n_2 个对称自协作群的集合

$$G_j = \bigcup^{n_2} R_i G_c(j) R_j^{-1} \qquad (11.69)$$

式中，$\cup$ 为集合符号。由式(11.69)可见，G_j 反映了马氏体中自协作组织和变态的对称性及分布规律。

2. Cu-Zu-Al 合金中的马氏体与群[56]

Cu-Zu-Al 合金母相为 B_2 结构，点群为 O_h，有 48 个对称操作，合金 M_s 温度约为 22℃，相变中存在波矢 $K_1 = \frac{1}{3}[001]$、位移方向 $\varepsilon_1 // [011]$ 及 $K_2 = \frac{1}{2}[01\bar{1}]$、位移方向 $\varepsilon_2 // [0\bar{1}\bar{1}]$ 两个横位移波，使母相在转变为正交 $9R$ 后又失去了 $m[011]$、$m[01\bar{1}]$ 和 $m[100]$ 的对称性，如马氏体最终的对称性群为 c_i，有两个对称操作。由式(11.67)得马氏体中的变态数为

$$r = \frac{N_{oh}}{N_{ci}} = \frac{48}{2} = 24$$

这和实验一致。如 Cu-Zu-Al 的点群为 C_{2h}，此时仅有 24 个对称元素，则 $r = 12$，就与实验结果不符。由母相点群 O_h 和马氏体点群 c_i 的特征标表（见表 11.8 和表 11.9），可得诱导相变的不可约表示。

表 11.8 马氏体点群 c_i 的特征标表

	e	i
A_g	1	1
A_u	1	-1

表 11.9 母相点群 O_h 的特征标表

	e	$8c_3$	$3c_2$	$6c_4$	$6c_2'$	i	$8s_6$	$3\sigma_h$	$6s_4$	$6\sigma_d$
A_{1g}	1	1	1	1	1	1	1	1	1	1
A_{2g}	1	1	1	-1	-1	1	1	1	-1	-1
E_g	2	-1	2	0	0	2	-1	2	0	0
T_{1g}	3	0	-1	1	-1	3	0	-1	1	-1
T_{2g}	3	0	-1	-1	1	3	0	-1	-1	1

续表

	e	$8c_3$	$3c_2$	$6c_4$	$6c_2'$	i	$8s_6$	$3\sigma_h$	$6s_4$	$6\sigma_d$
A_{1u}	1	1	1	1	1	-1	-1	-1	-1	-1
A_{2u}	1	1	-1	-1	-1	-1	-1	1	1	1
E_u	2	-1	2	0	0	-2	1	-2	0	0
T_{1u}	3	0	-1	1	-1	-3	0	1	-1	1
T_{2u}	3	0	-1	-1	-1	-3	0	1	1	-1

表 11.9 中 A_{1g}、A_{2g}、A_{1u}、A_{2u} 为不同的一维不可约表示，E_u、E_g 为二维不可约表示，T_{1g}、T_{2g}、T_{1u}、T_{2u} 为三维不可约表示。由从 O_h 特征标表中取出的元素 e 和 i 以及对应的 A_{1g} 和 A_{1u} 组成的特征标表，见表 11.10。

表 11.10　由从 O_h 特征表中取出的元素 e 和 i 以及对应的 A_{1g} 和 A_{1u} 组成的特征标表

	e	i
A_{1g}	1	1
A_{1u}	1	-1

表 11.10 与 c_i 的特征标表比较可得 $A_{1g} = A_g$ 和 $A_{1u} = A_u$，由于 A_{1g} 为恒等表示，A_{1u} 划分到母相 B_2 结构的空间群 P_{m3m} 产生不可约表示 $A_{1u} \uparrow P_{m3m}$，诱发 Cu-Zn-Al 合金发生马氏体相变。

Cu-Zn-Al 合金马氏体的 24 个变态分属 6 个自协作群，每个自协作群由 4 个变态组成，6 个自协作群组成分别围簇在 (011)、($\bar{1}$01)、(0$\bar{1}$1)、(101)、($\bar{1}$10) 及 (110) 极点附近简记为 1、2、3、4、5、6 自协作群。图 11.44(a) 表示一个协作群内的 4 个马氏体变态 A、B、C 和 D，图 11.44(b) 表示在 (011) 极点的变态具有 $m[011]$、$m[01\bar{1}]$ 和 $m[100]$ 的镜面对称性。已知每个变态马氏体的对称性为 c_i，以 c_i 对 e 单位元和上述三个镜面对称操作，作陪集加，就有

$$D_{2h}(011) = \{e + m_{[011]} + m_{[0\bar{1}1]} + m_{[100]}\} c_i,$$
$$D_{2h}(101) = \{e + m_{[101]} + m_{[10\bar{1}]} + m_{[010]}\} c_i,$$
$$D_{2h}(0\bar{1}1) = \{e + m_{[0\bar{1}1]} + m_{[0\bar{1}\bar{1}]} + m_{[100]}\} c_i,$$
$$D_{2h}(\bar{1}01) = \{e + m_{[\bar{1}01]} + m_{[\bar{1}0\bar{1}]} + m_{[010]}\} c_i,$$
$$D_{2h}(\bar{1}10) = \{e + m_{[\bar{1}10]} + m_{[\bar{1}\bar{1}0]} + m_{[001]}\} c_i,$$
$$D_{2h}(110) = \{e + m_{[110]} + m_{[1\bar{1}0]} + m_{[001]}\} c_i$$

可求得 6 个自协作群间的一组独立对称操作为

第十一章 近代相变理论

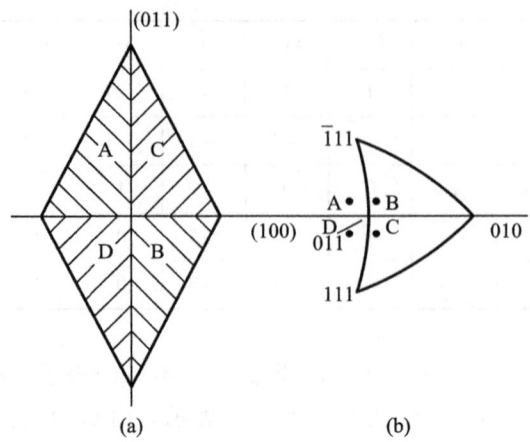

图 11.44 011 极点自协作群示意图

$$R(2/1) = \begin{pmatrix} 0 & -1 & 0 \\ 1 & 0 & 0 \\ 0 & 0 & 1 \end{pmatrix}, \quad R(3/1) = \begin{pmatrix} 1 & 0 & 0 \\ 0 & -1 & 0 \\ 0 & 0 & 1 \end{pmatrix}, \quad R(4/1) = \begin{pmatrix} 0 & 0 & 1 \\ 1 & 0 & 0 \\ 0 & 1 & 0 \end{pmatrix},$$

$$R(5/1) = \begin{pmatrix} 0 & -1 & 0 \\ 0 & 0 & 1 \\ 1 & 0 & 0 \end{pmatrix}, \quad R(6/1) = \begin{pmatrix} 0 & 0 & 1 \\ 0 & 1 & 0 \\ 1 & 0 & 0 \end{pmatrix}, \quad R(1/1) = \begin{pmatrix} 1 & 0 & 0 \\ 0 & 1 & 0 \\ 0 & 0 & 1 \end{pmatrix}$$

利用自协作群的对称性及上述这些自协作之间的对称操作，可求得 24 个惯习面和形变矩阵。

图 11.45 为 (001) 极图中所标出的 24 个惯习面。由形变矩阵可得每个自协作群中的 4 个形变矩阵加在一起，使应变趋于最小。

3. Au_3Cu 合金的有序-无序相变[53]

Au_3Cu 合金的高温无序相群 $G_0 = F_{m3m}(a, b, c_j 0)$ 和低温有序相群 $G = P_{m3m}(a, b, c_j 0)$、相变发生对称性变化，其不变群为 $SO_3 \otimes R^3$

$$H_0 = G_0 \cap G_i = F_{m3m}(a, b, c_j 0),$$
$$N_{01} = H_0 \cap G = P_{m3m}(a, b, c_j 0)$$

变态数 n_{01} 为

$$n_{01} = 指数(F_{m3m}(a, b, c_j 0)/P_{m3m}(a, b, c_j 0)) = 4$$

有 3 个不同的界面

$$F_{m3m}(a, b, c_j 0) = \left[(1|000) + \left(1 \Big| \frac{1}{2} \frac{1}{2} 0\right) + \left(1 \Big| \frac{1}{2} 0 \frac{1}{2}\right) + \left(0 \Big| 0 \frac{1}{2} \frac{1}{2}\right) \right] \times$$
$$P_{m3m}(a, b, c_j 0)$$

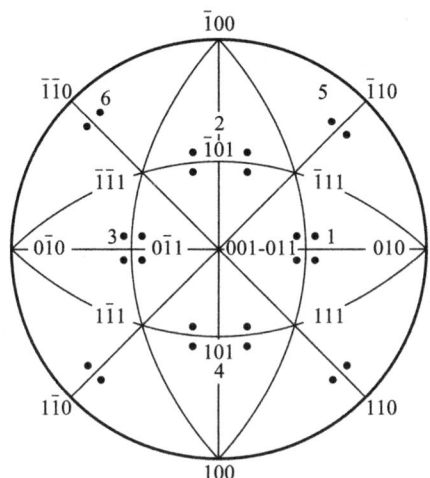

图 11.45　Cu-Zn-Al 合金马氏体惯习面极图

这就是由 H_0 分解为 N_{01} 陪集所得到的三个反相界。在临界温度，母相的对称性被破缺，在新相变态间的界面操作恰恰就是母相失去对称性的操作。

4. 晶体学的可逆性[57]

居里定律指出，低温相对称群 G 包含高温相对称群 G_0 和 T_c（临界转变温度）以下某一方向上的有序参数群 G_s 所共有的一切元素，当母相的对称群 G_0 受外界介质对称群 G_I 作用在 G_I 达临界值时，相变发生。同时，属于 G_0 和 G_I 的任何对称元素产生相变的所有热力学性质是不变的，因此 H_0 为 G_0 和 G_I 的交积在相变时 $H_0 = G_0 \cap G_I$。这里 H_0 为转换的核，它的所有元素在热力学性质上所做操作相同，称为等概率新相形核群。新相核胚长大后形成新的空间群结构以 G_S 表示。$N_{01} = H_0 \cap G_S$，表示 H_0 和 G_S 共同对称元素的集合，在长大的新相内可能出现的变体数 n_{01} = 指数(H_0/N_{01})。逆变时就有 $H_1 = G_S \cap G_I$，$N_{01} = H_1 \cap G_0$。当这两组群对等，即 n_{01} = 指数(H_0/N_{01}) = 1。

产生变态数相等（均为 1）时，就成为晶体学上的可逆。在热弹性马氏体相变中，界面作可逆运动，保持同一界面。晶体学可逆的情况是界面的对称性群必须是母相对称性群的一个子群。马氏体单变体可以通过应力诱发或通过形变再取向来获得。

伪弹性与此相似，但需考虑施加应力场的对称性。对形状记忆效应，逆相变完全是对称控制效应（包括由力学性质所导致的所有约束）。

参考文献

[1]　Laudau L D, Lifshitz E M. Statistical physics[M]. Pergmon Press, 1958: 430-456.

[2] Devonshire A F. XCVI. Theory of barium titanate—Part I[J]. Phil. Mag., 1949, 40: 1040; CIX. Theory of barium titanate—Part II[J]. Phil. Mag., 1951, 42: 1065.

[3] Devonshire A F. Theory of ferroelectrics[J]. Adv. Phys., 1954, 3: 85.

[4] Cahn J W, Hilliard J E. Free energy of a nonuniform system. I. Interfacial free energy [J]. J. Chem. Phys., 1952, 28: 258.

[5] Hilliard J E. Phase transformation[M]. ASM, 1970, 497.

[6] Laudau L D, Ginzburg V L. Ginzburg – Laudau theory I: free energy[J]. Zh. Eksp. Teor. Fiz., 1950, 20: 1064.

[7] Falk F. Model free energy, mechanics, and thermodynamics of shape memory alloys[J]. Acta Metallurgica, 1980, 28: 1773 – 1780.

[8] Falk F. Ginzburg-Landau theory of static domain walls in shape-memory alloys[J]. Zeit. Phys. B, 1983, 51: 177 – 185.

[9] Barsch G R, Krumhansl J A. Nonlinear and nonlocal continuum model of transformation precursors in martensites[J]. Metallurgical Transactions A, 1988, 19A: 761 – 775.

[10] 徐祖耀. 马氏体相变与马氏体[M]. 2版. 北京: 科学出版社, 1999: 675.

[11] 徐祖耀. Fe – C 合金马氏体相变热力学[J]. 金属学报, 1979, 15(3): 329 – 338.

[12] Tang M, Zhang J H, Hsu T Y (Xu Zuyao). One-dimensional model of martensitic transformation[J]. Acta Mater., 2002, 50: 467.

[13] Press W P, Flannery B P, Teukolsky S A, Vetterling W T. Numerical recipes—The art of scientific computing[M]. Cambridge: Cambridge University Press, 1986.

[14] Scott J-Russel. Proc. Roy. Soc. Edinburgh, 1984, 319.

[15] Kortewey D J, de Vries G. XLI. On the change of form of long waves advancing in a rectangular canal, and on a new type of long stationary waves[J]. Phil. Mag., 1895, 39: 422.

[16] Fermi E, Pasta J, Ulam S. Studies of nonlinear problems[M]. I, Los, Alamos, Rep, LA, 1940, 1955.

[17] Toda M. Solid state science 20[M]. New York: Springer-Verlag, 1981.

[18] Zabusky N J, Kruskal M D. Interaction of "solitons" in a collisionless plasma and the recurrence of initial states[J]. Phys. Rev. Lett., 1965, 15: 240 – 243.

[19] Flytznis N, Crowley S, Cell V. Solitonlike motion of a dislocation in a lattice[J]. Phys. Rev. Lett., 1977, 39: 891.

[20] Enz U, Helv. Die dynamik der blochschen wand[J]. Phys. Act., 1964, 37: 245.

[21] Krumhansl A J, Schrieffer J R. Dynamics and statistical mechanics of a one-dimensional model Hamiltonian for structural phase transitions[J]. Phys. Rev., 1975, B11: 3535.

[22] Relovsek P, Sega I. Domain-wall-like excitations in a discrete one-dimensional anharmonic lattice model[J]. J. Phys., 1981, C14: 5609.

[23] Ishibashi Y. Computational method of activation energy of thick domain walls[J].

J. Phys. Soc. Jpa. , 1978, 46: 1254.

[24] Mikeska H J. Solitons in a one-dimensional magnet with an easy plane[J]. J. Phys. , 1978, C11: L29.

[25] Boucher J P, Regnault P L, Rossat-mignot J, Renard J P, Bouillot J, Stirling W G. Solitons in the one-dimensional antiferromagnet TMMC[J]. Solid State Commun. , 1980, 33: 171.

[26] Axd F, Aubry S. Spatially modulated phases of a one-dimensional lattice model with competing interactions[J]. J. Phys. , 1981, C14: 5433.

[27] Brouce D A. Discrete lattice effects in incommensurate systems[J]. J. Phys. , 1980, C13: 4615.

[28] Su P W, Schrieffer J R, Heeger A J. Solitons in polyacetylene[J]. Phys. Rev. Lett. , 1979, 42: 1698; Soliton excitations in polyacetylene[J]. Phys. Rev. , 1980, B22: 2099.

[29] Perring J K, Skyrme T H R, Model A. Unified equation[J]. Nucl. Phys. , 1962, 31: 550 – 555.

[30] 卓崇培，朱献松，肖兴国，等. 非线性物理学[M]. 天津：天津科学技术出版社, 1996: 4 – 9.

[31] Barsch G R, Krumhansl J A. Nonlinear physics in martensitic transformation[M]. [s. l.]: 125 – 126.

[32] Kerr W C, Bishop A R. Dynamics of structural phase transition in highly anisotropic systems[J]. Phys. Rev. B, 1986, 34: 6295 – 6314.

[33] Falk F. Martensitic domain boundaries in shape-memory alloys as solitary waves[J]. J. de Physique, Colloque C4, Supplement an n^0 12, Tom2 43, December 1982, C4: 203 – 208.

[34] Falk F. Driven domain walls in shape memory alloys[J]. J. Phys. C, Solid State Phys. , 1987, 20: 2501 – 2509.

[35] Falk F. Stability of solitary-wave pulses in shape-memort alloys[J]. Phys. Rev. B, 1987, 36: 3031 – 3041.

[36] Zhao Yu, Zhang Jihua, Hsu T Y(Xu Zuyao). Soliton interpretation of relation between driving force and velocity of interface motion in martensitic transformation[J]. J. Appl. Phys. , 2000, 88: 4022 – 4025.

[37] Suezawa M, Suminto K. Lattice distortion and the effective shear modulus along a coherent twin boundary[J]. Phys. Stat. Sol(a), 1976, 36: 263 – 268.

[38] 马大猷，沈山豪. 声学手册[M]. 北京：科学出版社, 1983: 160.

[39] Khachaturyan A G, Shatalov G A. Elastic-interaction potential of defects in a crystal[J]. Soviet Physics-Solid State, 1969, 11(1): 118 – 123; Soc. Phys. JEPT 1969, 29: 557.

[40] Khachaturyan A G. Theory of structural transformations in solids[M]. New York: Wiley, 1983.

[41] Wang Y, Banerjee D, Su C C, Khachaturyan A G. Field kinetic model and computer simulation of precipitation of L12 ordered intermetallics from fcc solid solution[J]. Acta Mater., 1998, 46, 9: 2983 – 3001.

[42] Artemev A, Jin Y, Khachaturyan A G. Three-dimensional phase field of proper martensitic transformation[J]. Acta Mater., 2001, 49: 1165 – 1177.

[43] 徐婉棠, 喀兴林. 群论及其在固体物理中的应用[M]. 北京: 高等教育出版社, 1996.

[44] 陆栋, 蒋平, 徐至中. 固体物理学[M]. 上海: 上海科学出版社, 2003.

[45] Bradey G J, Crackneu A P. The mathematical theory of symmetry in solid[M]. Oxford: Clarenden Press, 1972.

[46] Gerald G, Michael G A. Space group for solid state scientists[M]. New York: Academie Press, 1978.

[47] Koster G F. Space group and their representations[M]. New York: Academie Press, 1964.

[48] Cahn J W, Kalonji G. Proc. Intern. Conf. Solid-Solid Phase Transformations, TMS-AIME, 1982, 3.

[49] 布林斯 R, 契克兹 B. 铁电体栽和反铁电体中的软模[M]. 刘长乐, 等译. 北京: 科学出版社, 1981.

[50] Tao Ruibao. The symmetry theory of second-order phase transitions[J]. Progress in Physics, 1982, 3: 189.

[51] 留巴尔斯基 G Ya. 群论及其在物理学中的应用[M]. 数学研究所, 译. 北京: 科学出版社, 1958.

[52] Cahn J W. The symmetry of martensites[J]. Acta Met., 1977, 25: 721.

[53] Falk F. The symmetry of martensites[J]. Proc. ICOMAT-82, J. de Physique 1982, C4 – 3.

[54] Gratias D, Portier R. Proc., ICOMAT, M. I. T. 1957, 177.

[55] Portier R, Gratias D. Symmetry and phase transformation. Proc. ICOMAT-82, Leuven, Belgium, J. De Physique, 1982, C4 – 17.

[56] Zhu Weiguang, Chen Weiye, Hsu T Y (Xu Zuyao). Group theory and crystallography of the martensitic transformation in Cu – 26.71Zn-15Al shape memory alloy[J]. Acta Metallurgica, 1985, 33: 2075 – 2082.

[57] Xu Zuyao (Hsu T Y). Perspective in development of shape memory materials associated with martensitic transformation[J]. J. Mater. Sci. Tech., 10: 107 – 110.

郑重声明

高等教育出版社依法对本书享有专有出版权。任何未经许可的复制、销售行为均违反《中华人民共和国著作权法》，其行为人将承担相应的民事责任和行政责任；构成犯罪的，将被依法追究刑事责任。为了维护市场秩序，保护读者的合法权益，避免读者误用盗版书造成不良后果，我社将配合行政执法部门和司法机关对违法犯罪的单位和个人进行严厉打击。社会各界人士如发现上述侵权行为，希望及时举报，本社将奖励举报有功人员。

反盗版举报电话　　（010）58581897　58582371　58581879
反盗版举报传真　　（010）82086060
反盗版举报邮箱　　dd@hep.com.cn
通信地址　　北京市西城区德外大街4号　高等教育出版社法务部
邮政编码　　100120

材料科学与工程著作系列
HEP Series in Materials Science and Engineering

已出书目 - 1

☐ 省力与近均匀成形——原理及应用
王仲仁、张琦 著
ISBN 978-7-04-030091-8

☐ 材料热力学（英文版，与Springer合作出版）
Qing Jiang, Zi Wen 著
ISBN 978-7-04-029610-5

☐ 微观组织的分析电子显微学表征（英文版，与Springer合作出版）
Yonghua Rong 著
ISBN 978-7-04-030092-5

☐ 半导体材料研究进展（第一卷）
王占国、郑有炓 等 编著
ISBN 978-7-04-030699-6

☐ 水泥材料研究进展
沈晓冬、姚燕 主编
ISBN 978-7-04-033624-5

☐ 固体无机化学基础及新材料的设计合成
赵新华 等 编著
ISBN 978-7-04-034128-7

☐ 磁化学与材料合成
陈乾旺 等 编著
ISBN 978-7-04-034314-4

☐ 电容器铝箔加工的材料学原理
毛卫民、何业东 著
ISBN 978-7-04-034805-7

☐ 陶瓷科技考古
吴隽 主编
ISBN 978-7-04-034777-7

☐ 材料科学名人典故与经典文献
杨平 编著
ISBN 978-7-04-035788-2

☐ 热处理工艺学
潘健生、胡明娟 主编
ISBN 978-7-04-022420-7

☐ 铸造技术
介万奇、坚增运、刘林 等 编著
ISBN 978-7-04-037053-9

☐ 电工钢的材料学原理
毛卫民、杨平 编著
ISBN 978-7-04-037692-0

■ 材料相变
徐祖耀 主编
ISBN 978-7-04-037977-8

已出书目-2

- 材料分析方法
  董建新
  ISBN 978-7-04-039048-3

- 相图理论及其应用（修订版）
  王崇琳
  ISBN 978-7-04-038511-3

- 材料科学研究中的经典案例（第一卷）
  师昌绪、郭可信、孔庆平、马秀良、叶恒强、王中光
  ISBN 978-7-04-040190-5

- 屈服准则与塑性应力–应变关系理论及应用
  王仲仁、胡卫龙、胡蓝 著
  ISBN 978-7-04-039504-4

- 材料与人类社会：材料科学与工程入门
  毛卫民 编著
  ISBN 978-7-04-040807-2

- 分析电子显微学导论（第二版）
  戎咏华 编著
  ISBN 978-7-04-041356-4

- 金属塑性成形数值模拟
  洪慧平 编著
  ISBN 978-7-04-041234-5

- 工程材料学
  堵永国 编著
  ISBN 978-7-04-043938-0

- 工程材料结构原理
  杨平、毛卫民 编著
  ISBN 978-7-04-046434-4

- 合金钢显微组织辨识
  刘宗昌 等 著
  ISBN 978-7-04-046868-7

- 光电功能材料与器件
  周忠祥、田浩、孟庆鑫、宫德维、李均 编著
  ISBN 978-7-04-047315-5

- 工程塑性理论及其在金属成形中的应用（英文版）
  王仲仁、胡卫龙、苑世剑、王小松 著
  ISBN 978-7-04-050587-0

- 先进高强度钢及其工艺发展
  戎咏华、陈乃录、金学军、郭正洪、万见峰、王晓东、左训伟 著
  ISBN 978-7-04-051837-5

- 粉末冶金学（第三版）
  黄坤祥 著
  ISBN 978-7-04-049362-7

已出书目 – 3

☐ 无机材料晶体结构学概论
　毛卫民　编著

ISBN 978-7-04-052999-9

☐ 液态金属结构与性质
　王海鹏　等　著

ISBN 978-7-04-056444-0

☐ 金属塑性成形计算机辅助优化
　洪慧平　编著

ISBN 978-7-04-053017-9

☐ 碳纳米填料阻燃聚合物
　方征平、郭正虹、冉诗雅　著

ISBN 978-7-04-053666-9